油气田技能人才培训系列教材

集输工（信息化）培训教材

胜利石油管理局有限公司培训中心（党校） 组织编写

中国石化出版社

内 容 提 要

本书依据集输工(信息化)职业技能等级标准组织编写，内容主要包括油气集输基础知识、油气集输设备、油气集输常用泵、集输电气设备、油气集输系统效率、集输计量与化验、油气集输信息化、常用工量具、识图与绘图及安全管理知识等。

本书涉及面比较广，语言通俗易懂，重点突出，实用性和可操作性强，是集输工(信息化)职业技能培训的必备教材。

图书在版编目(CIP)数据

集输工（信息化）培训教材 / 胜利石油管理局有限公司培训中心（党校）组织编写.—北京：中国石化出版社，2019.12（2025.7重印）

油气田技能人才培训系列教材

ISBN 978-7-5114-5657-1

Ⅰ.①集… Ⅱ.①胜… Ⅲ.①油气集输-技术培训-教材 Ⅳ.①TE866

中国版本图书馆CIP数据核字（2019）第299121号

中国石化出版社出版发行

地址:北京市东城区安定门外大街58号

邮编:100011 电话:(010)57512500

发行部电话:(010)57512575

http://www.sinopec-press.com

E-mail:press@sinopec.com

北京艾普海德印刷有限公司印刷

全国各地新华书店经销

*

787毫米×1092毫米 16开本 33.75印张 835千字

2020年6月第1版 2025年7月第2次印刷

定价:110.00元

《油气田技能人才培训系列教材》
编委会

主　　任：魏海泉　盖玉山

副 主 任：杨万山　刘路军　路秀广　王　涛

成　　员：(以姓氏笔画为序)

王　艳　王海峰　王晓琛　王永明　刘树忠
张和群　张　庆　李　媛　林　木　金潮苏
明　光　宫玉坤　胡　萍　祝庆绩　梁晓东
崔彬澎

《集输工(信息化)培训教材》
编写组

主　　编：崔彬澎　张建洪　张　庆

副 主 编：刘树忠　刘庆华

编写人员：(以姓氏笔画为序)

于洪庆　王　艳　王　涛　尹承政　冯国勇
刘　鹏　刘树忠　刘庆华　刘淑芹　齐立军
毕新忠　孙　翔　孙志刚　张和群　张　庆
张春荣　张春芳　张伟红　李玉芬　李学忠
李　强　何　平　宋春丽　苏艳群　苏志强
陈海荣　赵瑞娟　杨智勇　杭雅洁　祝庆绩
宫玉坤　姚　婷　高文伟　高文军　郭念田
梁晓东　崔彬澎　隋迎章

前　言

PREFACE

根据中国石油化工集团有限公司深化改革发展的形势任务要求，胜利油田加快推进油(气)田企业体制机制改革，以信息化建设为支撑，积极开展新型采油管理区建设和专业化管理，大力实施人力资源优化配置，不断优化劳动组织形式。在新的体制机制下，一线员工岗位工作内容和工作方式都发生了深刻的变化，技能操作人员需要掌握更加宽泛的专业知识和操作技能，才能更好地履岗履职。为适应新形势下油田生产经营需要，提升员工岗位履职能力，指导员工技能鉴定升级，根据胜利油田大职业(工种)建设工作计划安排，胜利石油管理局有限公司培训中心(党校)组织有关部门和专家依据集输工(信息化)技能等级标准，编写了《集输工(信息化)培训教材》一书。

本书编写充分结合集输专业化队伍建设的实际工作内容，坚持统一规范、科学适用、继承创新的原则，注重内容的先进性与通用性，内容主要包括油气集输基础知识、油气集输设备、油气集输常用泵、集输电气设备、集输计量与化验、油气集输信息化、常用工量具、试图与绘图、集输安全管理知识等。根据油(气)田集输生产的发展实际，依据技能等级标准，本书新增了硫化氢防护、安全、信息化知识技能和“四新”技术等新内容，涵盖了集输工(信息化)工作要求，满足了集输工(信息化)技能培训和鉴定的要求。书后附有本书使用说明。

本书由胜利石油管理局有限公司组织编写，参加编写的人员有崔彬澎(第一章)，宋春丽、张庆、姚婷(第二章)，齐立军、高文伟、何平(第三章)，郭念田、赵瑞娟(第四章)，杨智勇、苏艳群、冯国勇(第五章)，刘淑芹、王艳(第六章)，于洪庆、孙翔(第七章)，刘庆华、杭雅洁、孙志刚(第八章)，毕新忠、张春荣、隋迎章(第九章)，崔彬澎、李玉芬(第十章)。全书由崔彬澎、张建洪、张庆、刘树忠、刘庆华进行统稿。

由于编者水平有限，书中难免有不妥之处，恳请读者和专家批评指正。

目　录

CONTENTS

第一章 油气集输基础知识

油气集输就是把油气井采出的油、气、水混合物经管道收集、单井产量计量后，汇集到接转站，转输到联合站(脱水站)进行集中处理、加工得到合格产品(油气水)外输的系统工程。

第一节 油田采出液性质及质量指标

一、油气基本性质及质量指标

(一) 原油的基本性质

原油是从地下开采出来的烃类混合物，主要是由碳(83%~87%)、氢(11%~14%)及少量的硫、氧、氮等微量元素组成；原油的理化性质对于原油生产管理工作具有十分重要的意义，其理化性质主要有：

1. 密度与相对密度

单位体积液体油料所具有的质量，称为密度，以ρ表示。

$$\rho=\frac{m}{V} \tag{1-1}$$

式中 m——液体油料的质量，kg；

V——液体油料的体积，m^3；

ρ——液体油料的密度，kg/m^3。

液体油料的相对密度是指某温度下液体油品密度与规定温度(4℃)下纯水的密度的比值，量纲为一。其换算关系式为：

$$d=\frac{\rho}{\rho_{水}} \tag{1-2}$$

式中 d——液体油料的相对密度；

ρ——液体油料的密度，kg/m^3；

$\rho_{水}$——4℃时纯水的密度，kg/m^3。

因为原油的密度是随温度的变化而变化，所以我国常把20℃时原油的相对密度作为标准相对密度，用d_4^{20}表示，其他温度下的相对密度可由式(1-3)求得。

$$d_4^t=d_4^{20}-\beta_t(t-20) \tag{1-3}$$

式中　d_4^t——需换算条件下的相对密度；

d_4^{20}——20℃原油的密度与同容积下4℃水的密度之比；

t——需换算的油温，℃；

β_t——原油体积膨胀系数，1/℃。

2. 黏度

流体(液体或气体)在流动过程中产生的内部摩擦阻力称为黏滞力，其大小与物质种类、温度、浓度等因素有关。黏滞力的大小直接影响管输原油(天然气)所需的动力。流体的内摩擦力与流体内部两层流体的相对运动速度、接触面积及相对距离有关。常用的黏度有动力黏度和运动黏度。动力黏度的物理意义是速度梯度为1时，单位面积上的内摩擦力，常用μ表示。动力黏度的国际单位是帕秒(Pa·s)。

(1) 运动黏度

运动黏度等于动力黏度与流体密度之比，即

$$\nu=\frac{\mu}{\rho} \tag{1-4}$$

式中　ν——运动黏度，m^2/s；

ρ——物体的密度，kg/m^3；

μ——动力黏度，Pa·s(或$N \cdot s/m^2$)。

(2) 相对黏度

为了比较各种油品的黏度，常采用相对黏度。相对黏度最常用的是恩氏黏度，即所测油品在某温度下从恩氏黏度计中流出200mL所需要的时间与同样条件下流出200mL蒸馏水所需时间的比值，称为恩氏黏度，以符号°E表示。除恩氏黏度外，相对黏度还有赛氏黏度、雷氏黏度等。

3. 比热容和发热值

将1kg的物质温度升高1℃时所需热量，称为该物质的比热容，用符号c表示。目前，对于原油比热容的计算方法，国内外尚未有确切的公式，在生产实际应用中，比热容大都是通过实验得出。原油的比热容一般取2.0~2.1kJ/(kg·℃)。由比热容的定义可知，比热容越大的物质，在相同质量下，升高同样温度时，所需要的热量越多。

1kg固体或液体完全燃烧时所放出的总热量，称为该燃料的发热值，以符号Q表示。对于气体来说，发热值是指在标准状态下$1m^3$气体完全燃烧时所放出的总热量。含有氢和水分的燃料燃烧时，要产生水蒸气。在计算燃料发热量时，若把水蒸气冷凝成水时所放出的汽化潜热也计算在内，这种发热量称为燃料的高位发热值，用Q_h表示。不计入这部分水蒸气的汽化潜热，则称为燃料的低位发热值，用Q_l表示。在生产实际中，燃料燃烧时生成的水蒸气一般不能在炉内冷凝，亦即这部分汽化潜热并不能利用，因而通常使用燃料的低位发热值来进行有关计算。

4. 导热系数

原油或成品油传导热量的能力可用导热系数λ来表示。λ表示在单位时间内，当原油或成品油沿热流方向流动，使导热体两侧的温差变化为1℃时，通过单位长度所传导的热量，单位是W/(m·℃)。

5. 蜡熔点、析蜡点、凝点

一般原油中含有各种不同分子量的蜡，蜡是多种高分子的直链烷烃，常温下大都呈固态。每一种单体的蜡高于一定温度时，便转化为液态。蜡的组成不同，转化为液态的温度也不同。蜡从固态变为液态时的温度称为蜡熔点。

原油在静止状态下，开始析出固体蜡的温度称为该原油的析蜡点。不同产地的原油，含蜡量不同，析蜡点也不同。一般情况下，含蜡量高，蜡熔点高的原油，析蜡点也高。在一定条件下，当原油的温度低于析蜡点，蜡晶开始析出，当温度继续降低，析出的蜡晶互相连接，形成网络结构，从而使原油出现凝固现象，丧失流动性时的温度，叫作原油的凝点。原油的凝固不同于水的凝固，不是简单地由液态转变为固态，而是转变成凝胶状。故凝固后的原油介于液体和固体之间。

原油凝点的高低，主要取决于原油的化学组成和含蜡量，一般含蜡量越多的原油，其凝点也越高。两种含蜡量相近的原油，其他组分如胶质、沥青质含量的多少，也会影响凝点，一般含沥青质多的原油凝点低。

6. 闪点、燃点、自燃点、爆炸极限及油品的蒸气压

(1) 闪点

在标准条件下加热油品，油品蒸发出的蒸气与周围空气形成混合物，当油气浓度达到一定量时，以火焰接近，能自行闪火并立即熄灭的最低温度，称为该油品的闪点。不同原油有不同的闪点，一般在20~100℃之间。

(2) 燃点

油品在标准条件下被加热到一定温度，当火焰接近时即发生燃烧，且着火时间不少于5s的最低温度，称为该油品的燃点。

(3) 自燃点

外界无火焰，油品在空气中开始自行燃烧的最低温度，称为该油品的自燃点。

(4) 爆炸极限

当石油蒸气或可燃气体与空气混合，达到一定的浓度时，一旦接触火源，这种混合气体就剧烈燃烧，发生爆炸。混合气能产生爆炸时，油品蒸气或可燃气在混合气中的最低比例称为爆炸下限。其最高比例称为爆炸上限。爆炸上限和爆炸下限间的浓度范围称为石油蒸气或可燃气体的爆炸限。某些油品蒸气或可燃气体与空气形成混合物的爆炸极限见表1-1所示。

表1-1 混合气的爆炸极限

可燃物名称	浓度/%(体积)	
	下限	上限
天然气	5.0	16.0
汽油(原油)	1.1	6.0
煤油	2.0	3.0
氢	9.5	66.3

(5) 油品蒸气压

油品蒸气压是衡量其挥发性的重要指标。在同一温度下，油品的蒸气与液相成平衡状态时所产生的压力，称为该油品的蒸气压。

(二) 天然气基本性质

天然气是从地下开采出来的以碳氢化合物为主的气体混合物，主要成分为甲烷、乙

烷、丙烷等烃类及微量的其他气体，如氮、二氧化碳、硫化氢等。一般情况(常温常压)下，$C_1 \sim C_4$呈气态，是天然气的主要成分；$C_6 \sim C_{16}$呈液态，是石油的主要成分；C_{17}以上碳氢化合物大都呈固态。

1. 天然气的分类

天然气的分类方法有很多，常用的分类方法有以下几种。

(1) 根据矿藏特点分类

天然气可分为气田气和油田伴生气。

油田伴生气是与原油共生的，开采原油时伴生气与原油同时被采出。其组分和气田气差不多，但甲烷含量比气田气低，一般只有80%~90%，而重碳氢化合物的含量较气田气高。

气田气包括纯天然气和凝析气两种。纯天然气是指在开采过程没有或只有较少天然汽油凝析出来的天然气(又称气井气)，其中主要成分是甲烷，还有少量的乙烷、丙烷、丁烷及非烃气体。

凝析气是凝析气田开采出来的，指在开采过程中有较多天然汽油凝析出来的天然气。其成分除了有甲烷、乙烷外，还含有一定数量的丙烷、丁烷、戊烷及戊烷以上的烃类。凝析气田天然气从井口流出来，经过减压降温后，分为气液两相。气相经过净化处理后，即成为商品天然气。液相主要是凝析油，可进行进一步加工，从中可获得几种轻烃产品。与伴生气相比气田气甲烷的含量较高，一般在90%以上。

(2) 根据天然气的组成分类

天然气根据其烃类含量多少可分为干气、湿气、贫气、富气。

干气：是指戊烷以上烃类可凝结组分的含量低于$100g/m^3$的天然气，甲烷含量在90%以上的天然气，乙烷、丙烷、丁烷的含量不多，戊烷以上烃类组分很少。大部分气田气都是干气。

湿气：是指戊烷以上烃类可凝结组分的含量高于$100g/m^3$的天然气。湿气中的甲烷含量一般在90%以下，戊烷以上的组分含量较高，开采中可同时回收天然汽油(凝析油)。一般情况下，油田伴生气和部分凝析气田气是湿气。

贫气：每一标准立方米的天然气中，C_3(丙烷)以上烃类液体的含量不超$94cm^3$的天然气称为贫气。

富气：每一标准立方米的天然气中，C_3(丙烷)以上烃类液体的含量超过$94cm^3$的天然气称为富气。

另外，干气和湿气的区分有时还有天然气中含水与不含水之分。

(3) 根据含硫量分类

根据天然气中含硫量的多少，可将天然气分为洁气和酸性天然气。

洁气：是指含硫量低于$20mg/m^3$的天然气，可直接进行管输和供用户使用。

酸性天然气：是指含硫量大于$20mg/m^3$的天然气，需要进行净化处理，才能达到管输标准的天然气。

2. 天然气的物理性质

(1) 天然气的相对分子质量

众所周知，物质是由许多非常细小的分子所组成的，分子是保持物质原有成分和一切化学性质的最小粒子。一个分子的质量很小，例如一个氢分子的质量是$3.346 \times 10^{-24}g$。所以，化学上采用碳元素 C_{12} 质量的十二分之一作为测量一切分子质量的单位，用这种质量单位表示的分子质量叫相对分子质量。

天然气是由多种组分组成的混合气体，无明确的分子式，也就无明确的相对分子质量。天然气的相对分子质量，是根据天然气各组分的相对分子质量和它们的组成，用求和法计算，通常称为视相对分子质量，简称相对分子质量。

当用摩尔组分表示时，天然气的相对分子质量 M 为：

$$M=\frac{m}{n}=\frac{m_1+m_2+\cdots+m_n}{n}=\frac{n_1M_1+n_2M_2+\cdots+n_nM_n}{n} \tag{1-5}$$

所以：$M=y_1M_1+y_2M_2+\cdots+y_nM_n=\sum_{i=1}^{n}y_iM_i$

此时天然气的相对分子质量等于各组分气体的相对分子质量与其摩尔成分的乘积的总和。

当用质量组分表示时，天然气的相对分子质量为

$$M=\frac{m}{n}=\frac{m}{n_1+n_2+\cdots+n_n}=\frac{m}{\frac{m_1}{M_1}+\frac{m_2}{M_2}+\cdots+\frac{m_n}{M_n}}$$

$$M=\frac{1}{\frac{x_1}{M_1}+\frac{x_2}{M_2}+\cdots+\frac{x_n}{M_n}}=\frac{1}{\sum_{i=1}^{n}\frac{x_i}{M_i}} \tag{1-6}$$

此时天然气的相对分子质量等于各组分气体的质量组分与相对分子质量比值总和的倒数。

式中　M——天然气分子量，kg/kmol；

M_i——天然气第 i 组分气体的相对分子质量，kg/kmol。

(2) 密度及相对密度

单位体积天然气的质量称之为天然气密度。由此可得到如下天然气密度的计算公式：

$$\rho=\frac{m}{V} \tag{1-7}$$

式中　ρ——天然气的密度，kg/m^3；

m——天然气的质量，kg；

V——天然气的体积，m^3。

在石油天然气生产中，经常使用相对密度这一概念。天然气的相对密度，是指在同温同压条件下，天然气的密度与空气的密度之比，即：

$$\Delta=\frac{\rho}{\rho_a} \tag{1-8}$$

式中　Δ——天然气的相对密度；

ρ——天然气的密度，kg/m^3；

ρ_a——同温同压下空气的密度，kg/m^3。

通常所说的天然气相对密度，是指压力为 101.325kPa、温度为 273.15K(即0℃)条件下天然气密度与空气密度之比值，即天然气在标准状态下的相对密度。天然气比空气轻，其相对密度通常在 0.5~0.7 范围内变化。

(3) 天然气的黏度

天然气的黏度，与其组分的相对分子质量、组成、温度及压力有关。在低压条件下，

压力变化对气体黏度的影响不明显；气体黏度随温度的升高而增大，随相对分子质量的增大而减小；非烃类气体的黏度比烃类气体的黏度高。在高压条件下，气体黏度随压力的增大而增大；气体黏度随温度的增高而降低；气体的黏度随相对分子质量的增大而降低。

天然气中的主要烃类组分为甲烷，一般情况下，其体积组成为95%以上，故可以用甲烷的黏度代替天然气黏度。

(4) 天然气的溶解度

在地层压力下，地层水中溶解有部分天然气，我们把每立方米地层水中含有天然气的标准立方米数称为天然气的溶解度。在气藏压力降低时，溶解在地层水中的天然气会释放出来。在某些条件下，还会形成水溶性气藏。

(5) 天然气的热值

天然气作为燃料使用，其热值是一项重要的经济指标。天然气的热值，是指单位数量的天然气完全燃烧所放出的热量，法定单位为 J/Nm^3。天然气的主要组分是由碳和氢构成的烃类，氢在燃烧时生成水并被汽化，由液态变为气态，这样，一部分燃烧热能就消耗于水的汽化。消耗于水的汽化的热叫汽化热(或蒸发潜热)。将汽化热计算在内的热值叫全热值(高热值)，不计算汽化热的热值叫净热值(低热值)。由于天然气燃烧时汽化热无法利用，工程上通常用低热值即净热值。

(6) 天然气的含水量

天然气在地层里长期与水接触，一部分天然气溶解于水之中，一些水蒸气也进入天然气。所以，从地下气藏中开采出来的天然气，总是含有水汽。通常所说的天然气含水量，是指天然气中水汽的含量。

天然气含水量的多少，通常用绝对湿度、相对湿度和露点来表示。天然气的绝对湿度，是指单位数量天然气中所含水蒸气的质量，常用 E 表示，单位是 g/m^3。

天然气含水量的多少，与天然气的压力、温度有关。在天然气的压力和温度一定的条件下，天然气的含水量达到某一最大值时，就不能再增加水汽的含量，同时开始有水从天然气中凝析出来，即此时天然气为水汽所饱和。天然气为水汽饱和时的绝对湿度，称之为绝对饱和湿度，或简称饱和湿度，用 E_s 来表示。饱和湿度是一定压力和温度下天然气的水汽最大含量。

天然气的饱和湿度与压力和温度有关，通常情况下，天然气的饱和湿度随着温度的升高而增大，随着压力的升高而降低。

单位体积天然气中所含水蒸气的质量(即绝对湿度)与相同条件下呈饱和状态的单位体积天然气中所含水蒸气质量之比，称为天然气的相对湿度，常用 ϕ 来表示。在一定压力下，将天然气降温，天然气的含水量就可能由较高温度时的不饱和，变化为达到某一较低温度时的饱和，此时，天然气中开始凝析出液态水，再降低温度，天然气中的水汽就不断凝析出来。在一定压力下，天然气的含水量刚刚达到饱和湿度时的温度，称之为天然气的水露点，简称为露点。露点是一定压力下天然气为水汽饱和时的温度，也就是一定压力下天然气中刚有一滴露珠出现时的温度。

天然气在管输过程中，在输送压力条件下，随着天然气不断流动及输送距离的增长，天然气温度逐渐降低，当天然气的温度降低到其露点温度时，就会凝析出液态水。为此，对天然气进行管输时，必须将天然气中的水汽尽量脱除，使其露点降低到输送压力条件下的输气温度以下，这样天然气在输送过程中就不会出现液态水。

(7) 天然气的可燃性限和爆炸限

可燃气体与空气混合(空气中的氧气为助燃物质)，遇到火源时，可以发生燃烧或爆炸。爆炸是一种剧烈燃烧，与之相对应的就是稳定燃烧。

可燃气体与空气混合物在敞口容器中，遇明火可进行稳定燃烧。此时可燃气体在混合气体中的最低浓度称为可燃下限，最高浓度称为可燃上限，可燃下限与可燃上限之间的浓度范围称为可燃性界限，简称可燃性限。

可燃气体与空气的混合物在封闭容器中，遇明火可以发生剧烈燃烧，即发生爆炸。此项可燃气体在混合气体中的最低浓度称为爆炸下限，最高浓度称为爆炸上限，爆炸上限与爆炸下限之间的可燃气体浓度范围，称为爆炸界限，简称爆炸限。

可燃气体发生爆炸具有很大的破坏力，爆炸在几千之一秒内可产生2000~3000℃的高温和极大的压力，同时发出2000~3000m/s高速传播的燃烧波(即爆炸波)，体积突然剧烈膨胀，同时发出巨大的声响。

有的可燃气体的可燃性限与爆炸限是一致的，有的可燃气体的爆炸限只是可燃性限内的更小区间，例如氢气，可燃性限是4%~74.2%，它的爆炸限是12%~45%。一般情况下，可用可燃性限代替爆炸限，这对于实际工作是适宜的，有利于安全工作。

压力对可燃气体的可燃性限有很大影响，如当压力低于6665Pa时，天然气与空气的混合气体遇明火不会发生爆炸。而在常温常压下，天然气的可燃性限为5%~15%；随着压力升高，爆炸限急剧上升，当压力为1.5×10^7Pa时，其爆炸上限高达58%。

对天然气而言，因其主要组分是甲烷，故可以用甲烷的可燃性限代替天然气的可燃性限。

(三) 原油天然气的质量要求

1. 原油的质量要求(表1-2)

表1-2 原油的质量要求

项目		石蜡基或 石蜡-中间基	中间基或 中间-石蜡基或中间-环烷基	环烷基或 环烷-中间基
水含量[a](质量分数)/%	不大于	0.50	1.00	2.00
交接温度下的蒸气压[b]/kPa	不大于	66.7		
机械杂质含量[a](质量分数)/%	不大于	0.05		
204℃前馏分有机氯含量(质量分数)/(μg/g)	不大于	10		

[a]特殊情况下，双方可按约定执行。

[b]只针对敞口储存和运输的交接原油。

2. 天然气的质量要求(表1-3)

表1-3 天然气的质量要求

项目		一类	二类
高位发热量[a,b]/(MJ/m^3)	≥	34.0	31.4
总硫(以硫计)[a]/(mg/m^3)	≤	20	100
硫化氢[a]/(mg/m^3)	≤	6	20
二氧化碳摩尔分数/%	≤	3.0	4.0

[a]本标准使用的标准参比条件是101.325kPa，20℃。

[b]高位发热量以干基计。

二、油田采出水性质及水质标准

目前，我国多数油田采用注水方式开发，从而导致油井采出液含水量升高，油井采出液在初加工处理过程中，将脱出大量的油田采出水。

如果油田采出水处理不合格就回注，不仅使油田地面设施不能正常运行，而且会因地层堵塞带来危害，影响油田安全生产，因此油田采出水必须处理合格后才能回注。

（一）采出水的特点

（1）采出水中含有一定数量的油。油田采出水含油量一般为 1000mg/L 左右，少部分油田采出水含油量高达 3000~5000mg/L，而且含油量随时间波动。

（2）水温较高，一般在 35~60℃之间。

（3）含有各种盐类，含盐度差别很大，少的可低于 5000mg/L，多的可高于 22×10^4mg/L（海水的平均含盐度为 3.5×10^4mg/L）。这些盐类可电离出离子，主要有 Ca^{2+}、Mg^{2+}、K^+、Na^+、Fe^{2+}等阳离子和 Cl^-、HCO_3^-、CO_3^{2-}、SO_4^{2-}等阴离子。在一定的条件下，这些离子之间可以相互结合，生成沉淀，如 $CaCO_3$、$CaSO_4$、$MgCO_3$沉淀等，这些沉淀悬浮在水中，会使水浑浊，沉积在管壁上，引起管壁结垢。

（4）采出水中还含有非溶性固体悬浮物，俗称机械杂质或悬浮物。其颗粒直径范围在 1~100μm 之间，主要包括泥沙、各种腐蚀产物及垢、细菌、胶质、沥青质等。这些悬浮固体悬浮在水中，会使水浑浊，附着在管壁上，会形成沉淀，引起管壁腐蚀，回注于储油层会使孔隙堵塞，影响油井产量。

（5）含有细菌，主要是硫酸盐还原菌、铁细菌和黏液菌等，这些细菌可促进金属腐蚀。

（6）在密闭集输系统中，采出水内基本不含溶解氧，含铁量也很低，但一般含有 H_2S 和 CO_2。在开式系统中，采出水内含有与大气相平衡的溶解氧，这些溶解气体也促进金属腐蚀。其中 O_2是很强的去极化剂，它能使阳极的铁离子失去电子，生成 Fe^{2+}或 Fe^{3+}，进一步生成 $Fe(OH)_3$沉淀；同样，H_2S、CO_2等酸性气体也能与铁离子结合生成 $Fe(OH)_3$垢或 FeS 沉淀，这都会大大加剧金属设备的腐蚀。

（二）采出水中油的存在方式

1. 浮油

浮油的粒径 $d>100\mu m$，采出水中，浮油约占 25%~50%，它很容易被去除。

2. 分散油

分散油的粒径：$10\mu m<d\leqslant100\mu m$，采出水中分散油尚未形成水化膜，相互碰撞可以聚结成大的油滴，在水中上浮时间较长，一般为 4h 以上。为加快分散油在水中的上浮速度，水处理时要加入混凝剂。

3. 乳化油

乳化油的粒径：$1\times10^{-3}\mu m<d\leqslant10\mu m$，具有一定的稳定性，不能单纯用静止法去除，必须投加破乳剂、混凝剂。

4. 溶解油

溶解油的粒径 $d\leqslant1\times10^{-3}\mu m$，采出水中，溶解油仅占 1%以下。在采出水处理过程中，也除去一定比例的溶解油，但不作为采出水处理的主要对象，在处理后水中主要含溶解油。

（三）油田采出水净化质量指标

油田采出水净化质量指标见表 1-4。

表 1-4　油田采出水净化质量指标

注入平均空气渗透率/μm^2	≤0.01	0.01~0.05	0.05~0.5	0.5~1.5	≥1.5
固体悬浮物含量/(mg/L)	≤1.0	<2.0	<3.0	<10.0	<30.0
悬浮物颗粒直径中值/μm	<1.0	<1.5	<2.0	<4.0	<5.0
含油量/(mg/L)	<5.0	<6.0	<8.0	<30.0	<40.0
平均腐蚀率/(mm/a)	<0.076				
SRB 菌/(个/mL)	<10	<10	<25	<25	<25
铁细菌 IB/(个/mL)	$n\times10^2$	$n\times10^2$	$n\times10^3$	$n\times10^4$	$n\times10^4$
腐生菌 TGB/(个/mL)	$n\times10^2$	$n\times10^2$	$n\times10^3$	$n\times10^4$	$n\times10^4$

注：$1<n<10$。

第二节　油气集输工艺流程

一、油气集输工艺流程分类

油气集输流程是油气在油气田内部流向的总说明，它包括以油气井井口为起点到矿场原油库或输油、输气管线首站为终点的全部工艺过程。常用的流程主要有：

（一）按布站级数划分

在油井的井口和集中处理站之间有不同的布站级数，由此可命名为一级布站流程、二级布站流程和三级布站流程等。

一级布站流程是指油井产物经单井管线直接混输至集中处理站进行分离、计量等处理。该流程适用于距离集中处理站较近的油井。

二级布站流程(如图 1-1 所示)是指油井产物先经单井管线混输至计量站，在计量站分井计量后，再分站(队)混输至集中处理站处理。该流程适用于油井相对集中，离集中处理站不太远，靠油井压力能将油井产物混输至集中处理站的油区，一般是按采油队布置计量站。

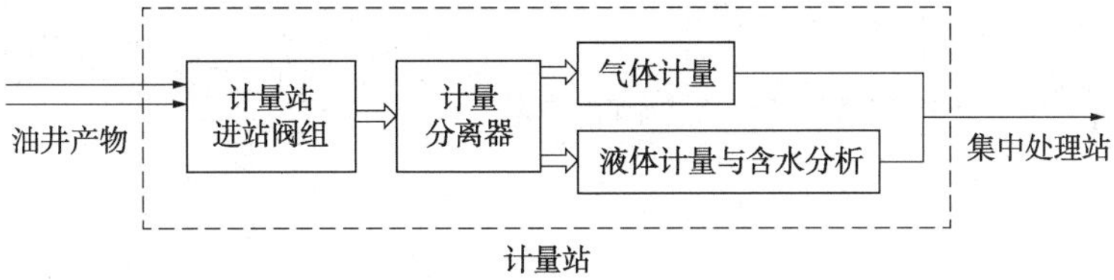

图 1-1　二级布站集输流程

三级布站流程是指油井产物在计量站分井计量后，先分站(队)混输至接转站，在接转站进行气液分离，其中的液相经加压后输至集中处理站进行后续处理，气相由油井压力输至集中处理站或天然气处理厂进行处理。该流程适用于离集中处理站较远，靠油井压力不能将油井产物混输至集中处理站的油区。

总体而言，二级布站流程是较合理的布站方式，其特点是密闭程度较高，油气损耗较少，能量利用合理，便于集中管理。但在实际应用中，要根据具体情况、具体分析确定布站方式。

（二）按加热降黏方式划分

我国油田生产的原油多数是“三高”原油，一般采用加热方式输送。按加热方式的不同可分为井口加热集输流程、蒸汽伴热集输流程、热水伴热集输流程、掺蒸汽集输流程、掺热油集输流程、掺热水集输流程、掺活性水集输流程、井口不加热集输流程等。

1. 井口加热集输流程

井口加热集输流程如图 1-2 所示。油井产物经井口加热炉加热后，进计量站分离计量，再经计量站加热炉加热后，混输至接转站或集中处理站。这是目前我国油田应用较普遍的一种集输流程。

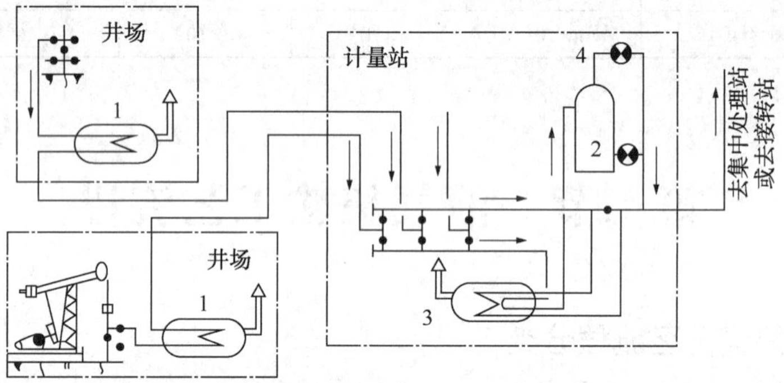

图 1-2　井口加热集输流程

1—井口水套加热炉；2—计量分离器；3—计量站水套加热炉；4—计量仪表

2. 伴热集输流程

伴热集输流程是用热介质对集输管线进行伴热的集输流程。按所用的伴热介质不同可分为蒸汽伴热集输流程和热水伴热集输流程。图 1-3 所示为蒸汽伴热集输流程，通过设在接转站内的蒸汽锅炉产生蒸汽，用一条蒸汽管线对井口与计量站间的混输管线进行伴热。

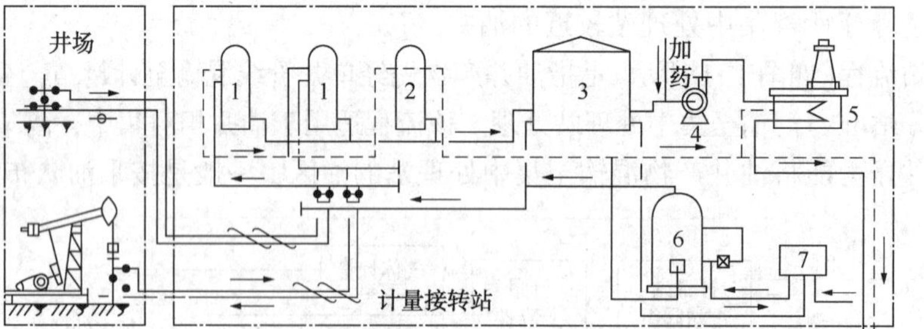

图 1-3　蒸汽伴热流程

1—生产、计量分离器；2—除油分离器；3—缓冲油罐；4—外输油泵；5—外输加热炉；6—锅炉；7—水池

图 1-4 所示为热水伴热集输流程，通过设在接转站内的加热炉对循环水进行加热。去油井的热水管线单独保温，对井口装置进行伴热；回水管线与油井的出油管线共同保温在一起，对油管线进行伴热。

该流程比较简单，适用于低压、低产、原油流动性差的油区集输，但需有蒸汽产生设备或循环水加热炉，一次性投资大，运行中热损失大，热效率较低。

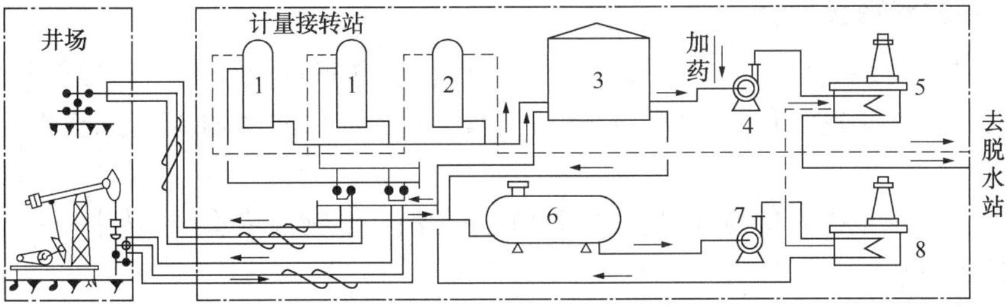

图 1-4　热水伴热集输流程

1—生产、计量分离器；2—除油分离器；3—缓冲油罐；4—外输油泵；

5—外输加热炉；6—缓冲水罐；7—循环水泵；8—循环水加热炉

3. 掺和集输流程

掺和集输流程是将具有降黏作用的介质掺入井口出油管线中，以达到降低油品黏度，实现安全输送的目的。常用作降黏介质的有蒸汽、热稀油、热水和活性水等。

图 1-5 所示为掺活性水集输流程。通过一条专用管线将热活性水从井口掺入油井的出油管线中，使原油形成水包油型的乳状液，使原来油与油、油与管壁间的摩擦变为水与水、水与管壁间的摩擦，以达到降低油品黏度的目的。该流程适用于高黏度原油的集输，但流程复杂，管线、设备易结垢，后端需要有增加破乳、脱水等设施。

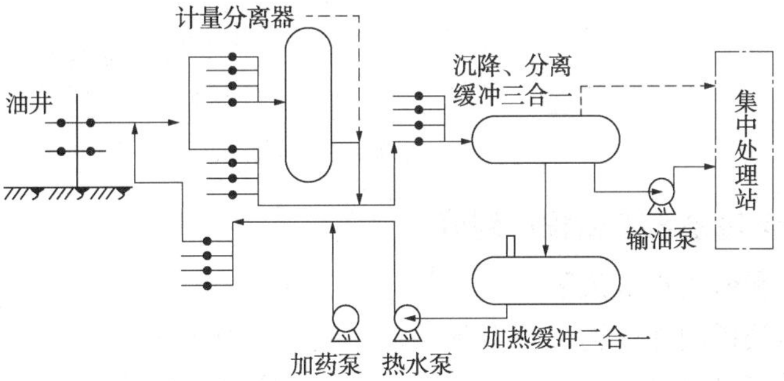

图 1-5　掺活性水集输流程

4. 井口不加热集输流程

图 1-6 所示的井口不加热集输流程，是随着油田开采进入中、后期，油井产液中含水不断增加而采用的一种集输方法。由于油井产液中含水的增高，一方面使采出液的温度有所提高，另一方面使采出液可能形成水包油型乳状液，从而使得输送阻力大为减小，为井口不加热、油井产物在井口温度和压力下直接混输至计量站创造了条件。

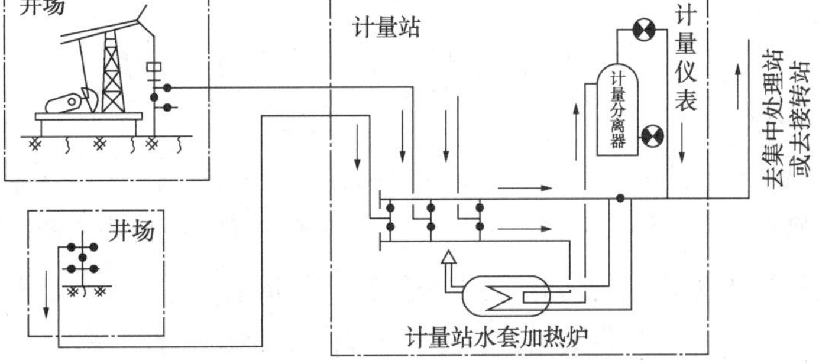

图 1-6　井口不加热集输流程

（三）按布管形式划分

按通往井口管线的根数可分为单管集输流程、双管集输流程和三管集输流程等。此外，还有环形管网集输流程、枝状管网集输流程、放射状管网集输流程、米字形管网集输流程等。

单管集输流程是指井口与计量站之间只有一条油井产物混输管线，如图 1-2 所示的井口加热集输流程。

双管集输流程是指井口与计量站之间有两条管线，一条输送油井产物，另一条输送热介质，实现降黏输送，如图 1-5 所示的掺活性水集输流程。

三管集输流程是指井口与计量站之间有三条管线，一条输送油井产物，另外两条实现热介质在计量站与井口之间的循环，如图 1-4 所示的热水伴热集输流程。

环形管网集输流程如图 1-7 所示，是用一条通往接转站或集中处理站的环形管道将油区各油井串联起来，实现二级或一级布站。该流程多用于油田外围油区的集输。

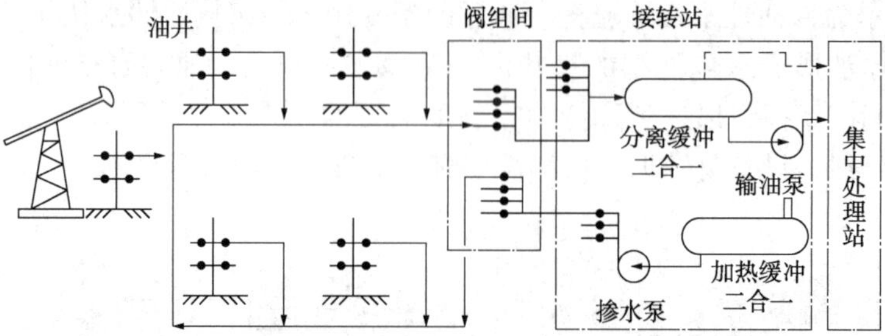

图 1-7　环形管网集输流程

（四）按油气集输系统密闭程度划分

开式集输流程和密闭集输流程。

开式集输流程是指油井产物从井口到外输之间的所有工艺环节当中，至少有一处是与大气相通的，如图 1-8 中的 6、9、13 等储油罐处。这种流程运行管理的自动化水平要求不高，参数容易调节，但油气的蒸发损耗大，能耗大。

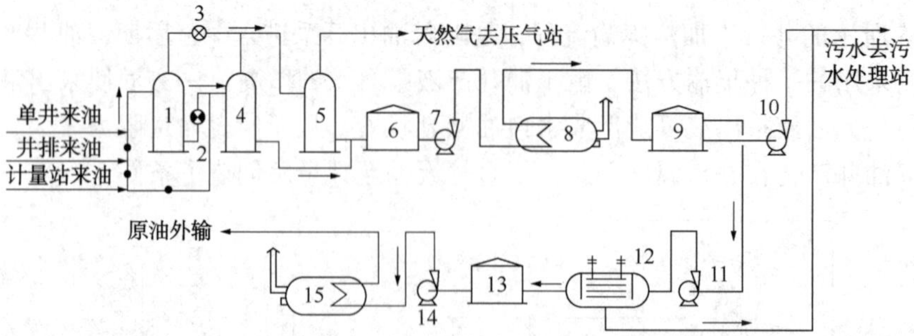

图 1-8　开式集输流程

1—计量分离器；2—液体流量计；3—气体流量计；4、5—二级油气分离器；6、9、13—含水油、沉降、净化油罐；7、11—二级脱水泵；8、15—脱水、外输加热炉；10—油田采出水泵；12—电脱水器；14—外输油泵

密闭集输流程是指油井产物从井口到外输之间的所有工艺环节都是密闭的，如图 1-9 所示。这种流程减少了油气的蒸发损耗，降低了能耗，但由于整个系统是密闭的，若局部出现参数波动，会影响到整个系统，要求运行管理的自动化水平较高。

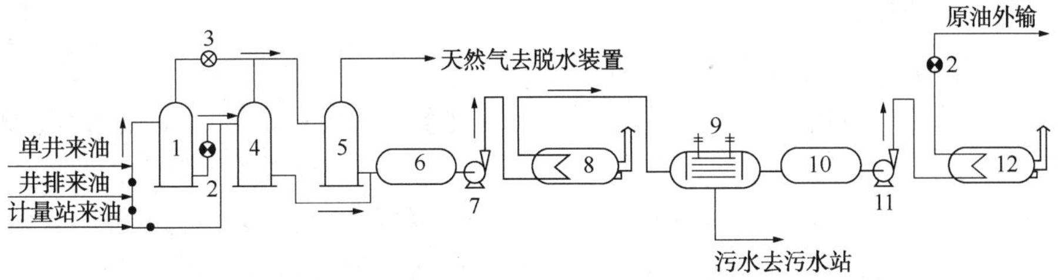

图 1-9　密闭集输流程

1—计量分离器；2—液体流量计；3—气体流量计；4、5—二级油气分离器；6、10-压力缓冲罐；7—脱水泵；8、12—脱水、外输加热炉；9—电脱水器；11—外输油泵

二、注水站工艺流程及组成

(一) 注水站工艺流程

注水(注聚)站内工艺流程以注水泵为中心，主要考虑满足注水水质、计量、操作管理及分层注水等方面的要求。其流程为：

来水进站→计量→储水罐→注水泵。

储水罐有以下作用：

(1) 储备作用。为注水泵储备一定水量，防止因故停水而造成缺水被迫停泵事故现象。

(2) 缓冲作用。避免因供水管网压力不稳，影响注水泵正常工作及其他系统的供水量及水质。

水出罐后，用储水罐水位高差产生的自压，或经供水泵加压后，进入注水泵升压。为测试注水泵性能和外输水量，一般都在泵进口前设置计量仪表，泵出口设置止回阀和控制阀。为测试注水泵性能和平稳启动注水泵，控制阀前设有回流管道，控制阀后设有高压阀组，如图 1-10 所示。经升压后的水由高压阀组分配到各条注水干线或配水间。

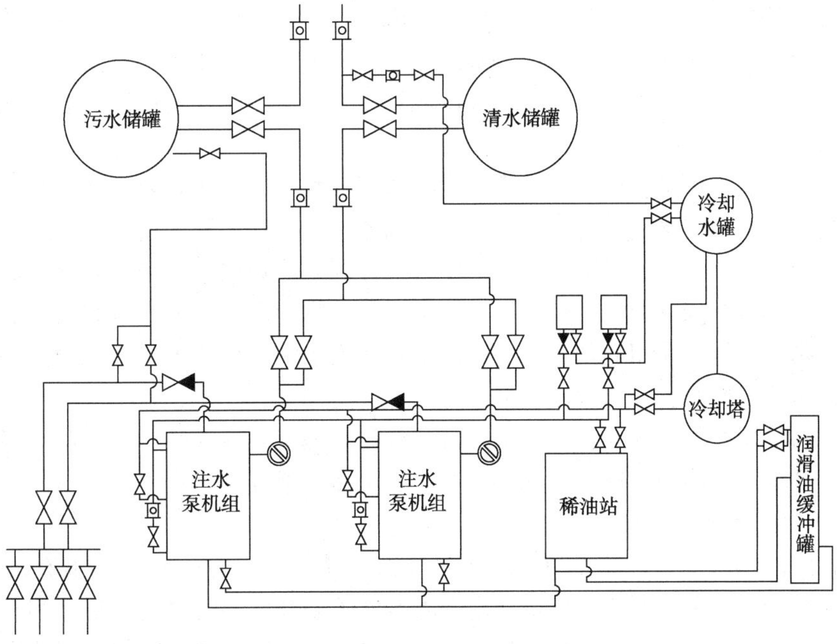

图 1-10　注水(注聚)站内工艺流程

（二）注水站组成

注水(注聚)站组成按其功能可分为：

(1) 供水系统。包括储水罐、供水管网、泵机组、进口过滤器、低压水表、加压泵、高压水管网及阀组。

(2) 供配电系统。包括高压油开关、供电电缆、高低压配电柜、星点柜、电动机等。

(3) 冷却系统。包括风冷和水冷系统。风冷包括进风和排风筒等，水冷包括冷却水泵、冷却水表、电动机冷气器、冷却塔、冷却水罐等。

(4) 润滑油系统。包括储油箱、滤油机、润滑油泵、冷却粗滤器、润滑油管线、润滑油阀门、事故高架油塔、总油压和分油压表等。

(5) 保护系统。包括低水压、低油压保护以及润滑油泵自动切换。

(6) 排水系统。包括水池、排水泵、管线及阀门等。

当清水和油田采出水混注时，为防止注水泵和管网结垢、结膜，在水罐出口处还设有投加阻垢剂、杀菌剂等加药装置。加药系统由溶药池和加药泵组成。

三、注聚站工艺流程

（一）聚合物驱基本知识

1. 聚合物驱

聚合物又称高聚物，是指那些由小分子通过聚合反应而制得的高分子化合物，众多原子或原子团主要以共价键结合而成的相对分子量在10000以上的化合物。

通过在注入水中加入水溶性聚合物，增加水相黏度和降低水相渗透率，改善流度比，扩大波及体积，调整吸水剖面，从而提高原油采收率的方法叫聚合物驱。聚合物驱油的机理是提高水驱油效率，主要有三个方面：①吸附作用。由于聚合物大量吸附在孔壁上，降低了水相的流动能力，而对油相并无多大影响，在相同的含油饱和度下，油相的相对渗透率比水驱时有所提高，使得部分残余重油重新流动。②黏滞作用。由于聚合物的弹性加强了水相对残余油的黏滞作用，在聚合物溶液的携带下，残余油重新流动，被夹带而出。③增加驱动压差。聚合物提高了岩石内部的驱动压差，使得注入液可以克服小孔道产生的毛细管阻力，进入细小孔道中驱油。

聚合物的性质指标有：溶解度、水解度、浓度、黏度、固体含量、颗粒含量、聚合物不溶物含量、残余固体含量、过滤因子、滤网因子、流变性、分子量。

用于驱油的聚合物要满足以下条件：①水溶性好，能够在水中快速溶解；②对地层和环境无污染；③具有较高的分子量，增黏性强；④生物稳定性强；⑤具有较高的化学稳定性和抗剪切降黏性能，使用的聚合物与油层水及注入水中的离子不发生化学降解；⑥较好的抗盐性；⑦注入性好；⑧来源广，易于运输，价格便宜。

目前驱油常用的聚合物有：聚丙烯酰胺、部分水解聚丙烯酰胺、黄原胶、羟甲基纤维素及羟乙基纤维素、阴阳非离子三元共聚物、疏水缔合聚合物。

2. 聚合物溶液的配制及注入

聚合物溶液配制及注入过程为：配比→分散→熟化→泵输→过滤→储存罐→升压计量→配比稀释→混合→注入。配比：在水和聚合物干粉分散混合之前，对水和聚合物干粉分别进行计量，并使水和聚合物干粉按一定比例进入下一道工序；分散：将聚合物干粉颗粒均匀地散布在一定量的水中，并使聚合物干粉颗粒充分润湿，为下一道工序做准备。熟化：将聚合物干粉颗粒在水中由分散体系转变为溶液的过程。聚合物属于高分子物质，其溶解与低分子物质的溶解不同。首先聚合物分子与水分子的尺寸相差悬殊，二者的运动速度也相差很大。水分子能比较快地渗入聚合物分子，而聚合物向水中扩散却非常缓慢。泵输：是为聚合物溶液的过滤提供动力条件。过滤：是为了除去聚合物溶液中的机械杂质和没有充分溶解的聚合物。稀释和混合：将聚合物溶液按配制要求计量，进入到高压注水管道中，与注入的低矿化度水，经静态混合器混合稀释。注入：经混合稀释的聚合物溶液注入地层

在配制注入过程中可通过以下措施降低聚合物黏度损失：①设备选型应充分考虑适合聚合物溶液的流动性特点；②合理的选择管线、设备的材质或防腐方式；③输送、注入管道的流动速度和管道内径的匹配、管道长度的设计合理；④适当缩短熟化时间，以未完全熟化的聚合物溶液进行输送，增加管道熟化过程，可减少黏损；⑤聚合物溶液输送过程中，浓度越高，黏度损失越小，可通过合理提高输送浓度来减少黏度损失。

聚合物在配制注入过程中，可能发生主链断裂，或主链保持不变而改变了取代基的现象，这个现象叫聚合物降解。在聚合物驱油中，通常将聚合物的降解分为：机械降解、化学降解和生物降解。造成聚合物溶液机械降解的原因有：①聚合物在搅拌过程中的降解不但与搅拌器的转速有关，而且还与搅拌器的形状及搅拌器上的叶片分布有关。②在溶液的传输过程中，聚合物的降解与泵的排液量、阀门的形状和开度等有关，一般排液量愈大，阀门的进出口形状愈锐、愈粗糙，阀门的开度愈小，聚合物降解愈严重。③与聚合物的相对分子质量、阴离子含量有关，一般相对分子质量和阴离子含量愈高，降解愈严重。④聚合物在岩石中的降解最严重，在井底炮眼附近的泄流过程中，流体的泄流速度相当大，这个区域聚合物的降解也相当严重。

（二）注聚站工艺流程

注聚站的工艺流程见图 1-11。

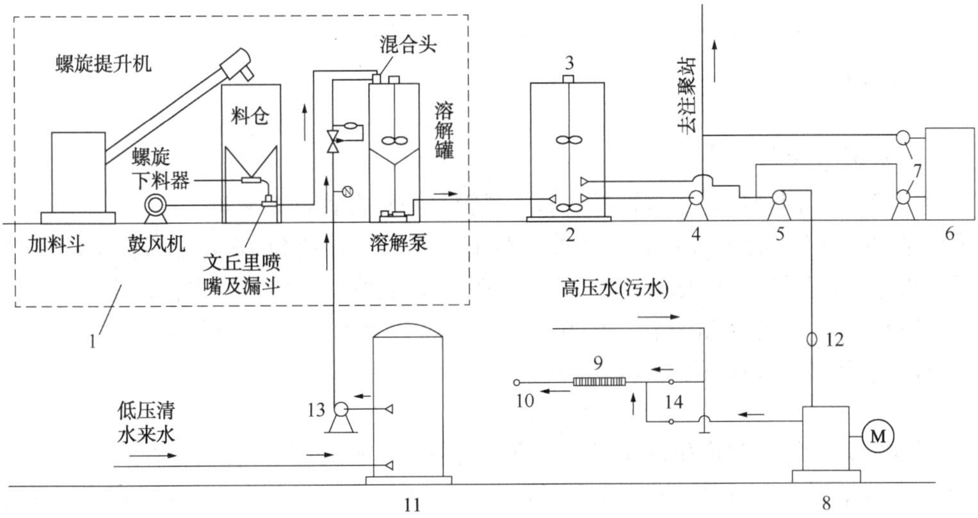

图 1-11　聚合物配注站工艺流程图

1—干粉分散装置；2—熟化罐；3—搅拌器；4—外输泵；5—喂入泵；6—杀菌剂罐；7—杀菌剂泵；8—注聚泵；9—静态混合器；10—注聚井口；11—水罐；12—过滤器；13—水泵；14—流量计

第三节　油气集输管道

一、管道分类

（一）按介质压力分类

（1）真空管道：工作压力（绝对压力）<0.1MPa。

（2）低压管道：工作压力≤1.6MPa。

（3）中压管道：1.6MPa<工作压力≤10MPa。

（4）高压管道：10MPa<工作压力≤100MPa。

（5）超高压管道：工作压力>100MPa。

（二）按介质温度分类

（1）低温管道：工作温度在-40℃以下。

（2）常温管道：工作温度为-40～120℃。

（3）中温管道：工作温度为121～450℃。

（4）高温管道：工作温度超过450℃。

（三）按材质分类

（1）铸铁管道：是指以铸铁为材质的管道。

（2）碳素钢管道：是指以普通碳素钢和优质碳素钢为材质的管道。

（3）合金钢管道：一般是指以低合金钢为材质的管道。

（4）不锈钢耐腐蚀管道：是指能耐大气及酸碱介质腐蚀的管道，其材质为铬钢、镍钢。

（5）有色金属管道：是指以铜、铝、铅、钛等有色金属为材质的管道。

（6）非金属管道：是指以塑料、玻璃、陶瓷、橡胶、玻璃钢、尼龙等为材质的管道。

二、管材

（一）管材种类及规格

管道工程中常用管材有金属管材、非金属管材和复合管材三大类。

管子的外径用 ϕ 表示，其后附加外径数值，例如：外径为 108mm 的管子用 $\phi108$ 表示。管子的公称直径用 DN 表示，其后附加公称直径数值，例如：公称直径为 100mm 的管子用 *DN*100 表示。普通无缝钢管，螺旋、直缝卷焊钢管等用“外径×壁厚”表示，例如：外径为 108mm、壁厚为 4mm 的无缝钢管表示为：无缝钢管 $\phi108\times4$。

1. 金属管材

常用的金属管材有钢管和铸铁管。钢管是集输管道中用量最大的管材。钢管可分为无缝钢管和有缝钢管，在高温、高压工作条件下或输送的介质为易燃、易爆和有毒流体，均采用无缝钢管。有缝钢管又称为焊接钢管，是用钢板或钢带卷成筒形后焊接而成，多用在低温、低压和不重要的地方。铸铁管按承压能力分承压铸铁管和排水铸铁管，承压铸铁管可输送压力流体等。除钢管、铸铁管外，金属管材还包括铜管、铝管和铅管等。

2. 非金属管材

常见的非金属管材有玻璃纤维增强塑料管、热固性树脂压力管道。

3. 复合管材

常见有铝塑复合管(PE—AL—PE、PEX—AI—PEX)和钢塑复合管等。

(二) 管材的连接

钢管的连接方法有焊接、螺旋连接、法兰连接三种。铸铁管的连接方法有法兰连接和承插连接两种。混凝土管分平口连接和承插连接。钢筋混凝土管、陶管等常采用承插连接，叠料管有热熔接和承插连接，石棉水泥管常用套管连接。

三、管阀件

(一) 管件的作用

管件即管子的配件，是用来连接管子的成型零件。这些连接可以是可拆卸的，也可以是不可拆卸的。管件在管道中起连接两根管子、改变管路方向或直径、引出支管或堵塞管路等作用。同一个管件有时可起几种作用。

(二) 管件的分类

1. 按管件材质分

按管件材质分为钢制、铸铁、有色金属等类。石油工业中广泛采用钢制管件，在给排水管道中才大量采用铸铁管件。

2. 按管件用途分

按管件的用途可以分为三通、弯头、大小头、活接头、管接头、管堵、内外螺母、法兰等。

3. 按管件与管道连接形式分

(1) 焊接管件

焊接在管路上的管件称为焊接管件，可以用管子直接制成。管件材料多为碳钢、合金钢和有色金属。其中以低碳钢应用最为广泛，如钢制大小头和弯头等。

(2) 法兰管件

法兰管件主要是配合具有法兰的铸铁管而制成的。铸铁法兰管件用在低压管道上。在高压管道上也常采用焊接方法制成的法兰管件。

(3) 螺纹管件

管子用螺纹连接时，它的延长、分支、变径、转弯要用不同形式的螺纹管件。螺纹管件由铸铁和铸钢制成。螺纹管件公称直径为 *DN*6~150，大于 *DN*70 的管件由于制造和安装不方便，故多不采用。

(4) 承接管件

承接管件都是铸件，所用材料多为铸铁和铸钢。承接管件多用在给排水管道上，管件有弯管(90°、45°、30°及 10°等)、三通管和大小头等。

(三) 常用管件

1. 钢制无缝弯头

无缝弯头有 90°和 45°两种。如按弯曲半径来分有 $R=1.0DN$、$R=1.5DN$ 和 $R=2.0DN$。三种规格，此种弯头用钢制作。对于合金钢无缝弯头壁厚根据设计确定。各种弯头的使用，减少了大量的弯管工作，方便了施工，提高了质量，因而得到了广泛使用。

2. 冲压焊接弯头

冲压焊接弯头制造材料多用10号钢、20号钢。由于冲压有缝焊接，故适用于公称压力$PN \leqslant 40MPa$、温度$t \leqslant 200℃$的管道上。弯头弯曲半径为$R=1.0DN$、$R=1.5DN$及$R=2.0DN$，弯头弯曲角度有90°和45°两种，公称直径$DN200 \sim 1000$。

3. 焊制弯头

在中压、低压管道上，有条件时尽量选用冲压无缝弯头或冲压焊接弯头，这样可满足施工质量要求，可以在现场自制焊制弯头。

4. 异径管

异径管俗称大小头，包括同心大小头和偏心大小头两种。

无缝异径管由于质量好、强度高，故适用于高温、高压管道上，按公称压力分级选用的异径管分为$PN40$、$PN64$和$PN100$三种规格。

5. 活接头

活接头又称由壬，由三个单件组成，即公口、母口和套母。公口为一头带插嘴与母口承嘴相配，一头带内螺纹与管子外螺纹连接。母口一头带承嘴与公口插嘴相配，在中间接合面上加垫片密封，在压力较高的场合，有时不用垫片密封，而是靠压紧两接头体相接触部分的球面或锥面，使其金属紧密接触而达到密封的目的。一头带内螺纹与管子外螺纹连接。套母的外表面呈六角形，内表面有内螺纹，内螺纹与母口上的外螺纹配合。

活接头适用于公称压力$PN \leqslant 40MPa$的可拆卸管段上。活接头最大的优点在于连接或拆卸管子时，只要旋紧或松开连接螺母即可达到目的，不必动用火电焊，故在需要经常拆卸螺纹连接的管段上，要适当地安装一些活接头，以便安装拆卸管子。

6. 螺纹短接、管箍、丝堵

(1) 螺纹短接

螺纹短接又称为丝头，分单头和双头两种。根据需要可用优质碳钢、普通低合金钢、合金钢无缝钢管制作。螺纹短接可焊在管子上用于连接阀门，或配合活接头用于两管之间的连接，双头螺纹短接与活接头配合使用，可同时连接阀门和管子。

(2) 管箍

钢制管箍适用于小直径($DN<50$)低压的输送水、煤气的管道上，分镀锌和不镀锌两种。管箍主要用来连接两根公称直径相同的管子，内部有锥形螺纹，因而易于旋紧密封。

(3) 丝堵

丝堵常与三通、弯头等管件配合使用，用来堵塞管路，阻止管内的介质向管外泄漏，同时可阻止杂物侵入管内。丝堵旋入部分有锥形螺纹，以便易于旋紧密封防止泄漏。

7. 法兰

在石油化工生产中，法兰是容器及管道连接中的重要部件。它的作用是通过螺栓和垫片的连接与密封，保持设备或管道系统不发生泄漏，法兰尺寸标准化是保证阀门能够互换的重要条件之一。

(1) 法兰的分类

法兰类型很多，分类方法也多，常用的有以下几种方法：

① 按连接部位分类

法兰按所连接的部位可分为管法兰和压力容器法兰。用于管道连接的称为管法兰，用于容器封头和筒体或管板与容器连接的称为压力容器法兰，又称为设备法兰。由于容器筒体的公称直径和管子的公称直径所代表的尺寸不同，所以同一公称直径的容器法兰与管法兰，它们的尺寸并不相同，两者不能互相代替。在管道施工中全部采用管法兰。

② 按法兰结构形式分类

a. 平焊法兰，易于制造，成本低，但法兰刚度差，焊接工作量大，在温度和压力较高时容易泄漏。

b. 对焊法兰，又称为高颈法兰，因法兰本体带一段短管，法兰与管子连接时实际是短管与管子的对口焊接，故称为对焊法兰。

c. 活套法兰，又称为松套法兰，法兰不与设备或管道直接连成整体，所以设备或管道不受附加外力。这类法兰特点是拆卸、维修、更换比较方便，但其强度较低，有时不易对正法兰螺栓孔、多用于低压和小直径的有色金属，不锈耐酸钢容器及管道上。

d. 螺纹法兰，法兰和管子端部采用螺纹连接，法兰不与介质接触，安装比较方便。有时法兰采用螺纹与管端连接后，再焊接一次。螺纹法兰多用于高压管道连接。

③ 按法兰形状分类

按法兰形状可以分为圆形法兰、方形法兰和椭圆形法兰。钢制管道施工中广泛采用圆形法兰，方形法兰有利于管子排列紧凑。椭圆形法兰通常用于阀门和小直径的高压管上。

（2）法兰的选用

选择法兰时除了要求合适的尺寸与管、阀配合外，还要特别注意法兰的种类及公称压力等级。

（3）紧固件

法兰连接是由一对法兰、一个垫片(或垫圈)、若干螺母和螺栓组成。法兰通过螺栓来连接，并旋紧螺栓压紧垫片而保证密封。紧固件是指螺栓、螺母和垫片。

① 螺栓

螺栓连接具有安装容易、拆卸方便、操作简单等特点。在检修过程中几乎不浪费钢材，在预制过程中，可大大加深预制程度，减少现场安装的工作量，所以螺栓连接得到广泛的应用。法兰上的连接螺栓，要求均匀分布。如果螺栓数量少，法兰环上螺栓间距较大，管道承受压力后，两螺栓之间的法兰将因此产生较大的弯曲变形，致使密封面处发生泄漏。但螺栓的数量也不宜过多，否则会削弱法兰环的强度，增加机械加工的工作量，成本有所增加。螺栓间距还应考虑扳手活动间距，螺栓数目应为 4 的整倍数，螺栓的螺纹都是三角形公制螺纹(普通螺纹)，分为粗牙螺纹和细牙螺纹。

② 螺母

管道法兰连接中，螺母都采用六角形的，这是为了使用方便和最大限度地利用材料。安装螺母的基本要求如下：

a. 螺母应能用手轻轻地旋到待连接的零件表面上。

b. 螺母的端面必须垂直于螺纹轴线。

c. 螺纹表面必须光滑。

d. 紧固螺母时，必须对称均匀拧紧。

③ 垫片

垫片是用来充填两个结合面间(如阀门与阀盖、阀门法兰与管路法兰等)所有凹凸不平处，防止介质从结合面泄漏。垫片的材质和尺寸，对法兰连接的密封性能以及法兰的尺寸都有很大的影响。对垫片的要求：在工作温度下具有一定的弹性、塑性和足够的强度，以保证密封。应用在酸碱以及各种药品管线上的垫片，必须注意要耐介质的腐蚀。

垫片的分类：垫片可分为软质和硬质两种。软质一般为非金属的，如硬纸板橡胶、石棉橡胶板、聚四氟乙烯等；硬质一般用金属、金属包石棉或金属与石棉缠绕的。垫片的形状：垫片的形状很多，有扁形、圆形、椭圆形、齿形、透镜式及其他特殊形状。

常用垫片特性：橡胶石棉垫片的塑性好，用不大的压力就能达到密封，对温度和压力的作用比较稳定，耐腐蚀性也较好，因此使用十分广泛。缺点是强度不高和易黏附到密封面上，因此使用时最好表面涂上一层石墨粉或油质，以防黏附。钢、铝、不锈钢垫片均用于输送压力较高和有腐蚀性介质的工艺管路密封上。

四、常用阀门

阀门是集输流程和设备上不可缺少的配件。在运行中，通过对各种阀门的操作，实现对集输各工作系统的控制和调节。

（一）阀门的分类

阀门的种类很多，按动力可分为自动阀门（依靠介质自身的力量进行动作的阀门，如止回阀、减压阀、安全阀、疏水阀等）和驱动阀门（依靠人力、电力、液力、气力等外力进行操纵的阀门，如截止阀、节流阀、闸阀、蝶阀、球阀、旋塞阀等）。

按结构特性可分为截止型（关闭件沿着阀座中心线移动，见图 1-12）、闸板型（关闭件沿着垂直于阀座的中心线移动，见图 1-13）、旋塞型（关闭件是柱塞或球，围绕本身的中心线旋转，见图 1-14）、旋启型（关闭件围绕座外的一个轴旋转，见图 1-15）、蝶型（关闭件是圆盘，围绕阀座内的轴旋转，见图 1-16）等。

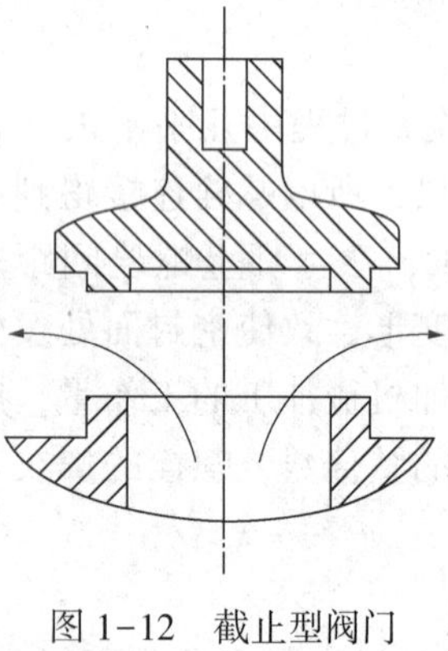

图 1-12　截止型阀门

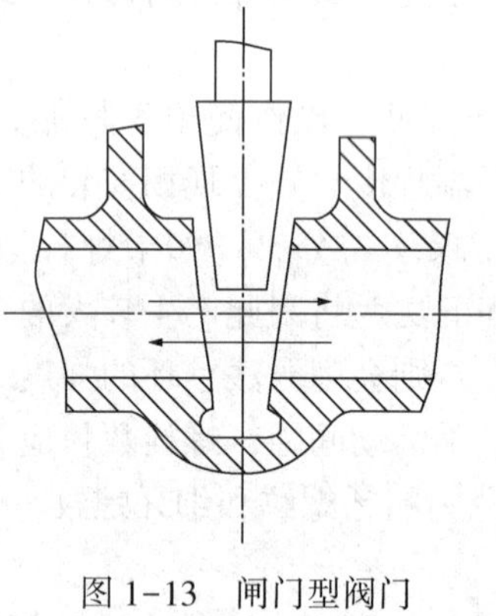

图 1-13　闸门型阀门

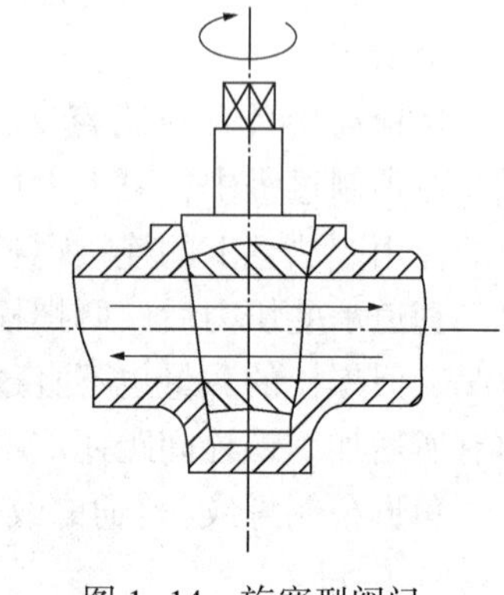

图 1-14　旋塞型阀门

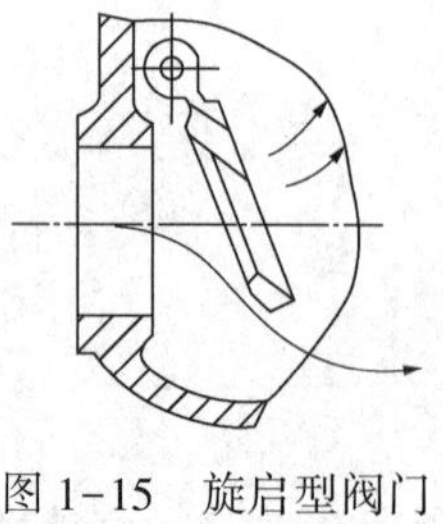

图 1-15　旋启型阀门

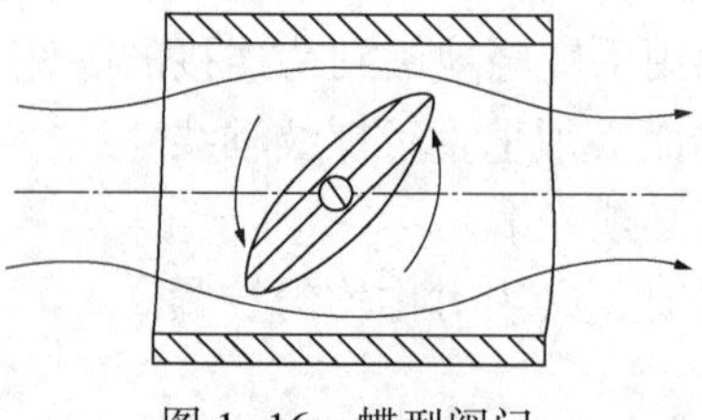

图 1-16　蝶型阀门

按用途可分为开断阀、调节阀、分配阀、止回阀、安全阀、阻气排水阀等。

按操纵方法可分为手动阀门、电动阀门、气动阀门、液动阀门等。

按压力可分为真空阀(公称压力<0.098MPa 的阀门)、低压阀(公称压力<1.6MPa 的阀门)、中压阀(公称压力 2.5~6.4MPa 的阀门)、高压阀(公称压力 10~80MPa 的阀门)、超高压阀(公称压力≥100MPa 的阀门)等。

按介质温度可分为普通阀门(适用于介质工作温度-40~450℃的阀门)、高温阀门(适用于 450~600℃的阀门)、耐热阀门(适用于 600℃以上的阀门)等。

(二)阀门的标识

阀门的铭牌上，标有阀门型号，公称直径、公称压力、温度、介质流向、厂名、并在阀体、手轮及法兰外缘上刷有不同颜色的漆。

1. 阀门型号

国家规定，阀门产品型号由七个单元组成：

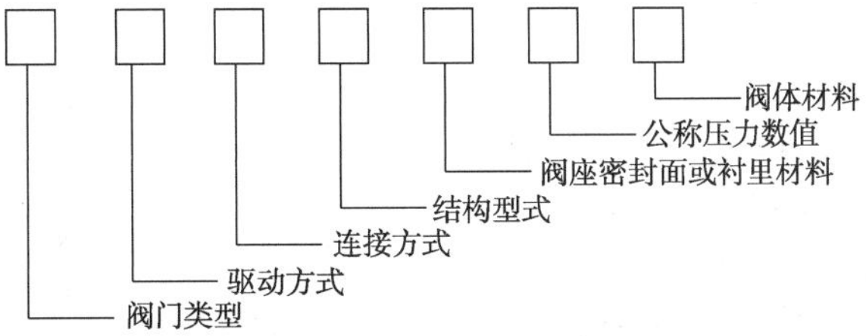

举例说明：Z944T-10 型阀为闸阀，电机驱动，法兰连接，明杆平行式双闸板，密封圈材料为铜，公称压力为 1MPa，阀体材料为铸铁(铸铁阀公称压力小于 1.6MPa，不注材料代号)。

阀门类型代号(用汉语拼音字母表示)，按表 1-5 的规定。

表 1-5　阀门类型代号表

类型	代号	类型	代号
闸阀	Z	旋塞阀	X
截止阀	J	止回阀和底阀	H
节流阀	L	安全阀	A
球阀	Q	减压阀	Y
蝶阀	D	疏水阀	S
隔膜阀	G	柱塞阀	U

传动方式代号(用阿拉伯数字表示)，按表 1-6 的规定。

表 1-6　传动方式代号

传动方式	代号	传动方式	代号
电磁动	0	伞齿轮	5
电磁-液动	1	气动	6
电-液动	2	液动	7
蜗轮	3	气-液动	8
正齿轮	4	电动	9

连接形式代号(用阿拉伯数字代号表示)，按表 1-7 的规定。

表 1-7　连接形式代号

连接形式	代号	连接形式	代号
内螺纹	1	对夹	7
外螺纹	2	卡箍	8
法兰	4	卡套	9
焊接	6		

结构形式代号(用阿拉伯数字表示)，按表 1-8～表 1-17 的规定。

表 1-8　闸阀结构形式代号

<table>
<tr><td colspan="4">闸阀结构形式</td><td>代号</td></tr>
<tr><td rowspan="5">明杆</td><td rowspan="3">楔式</td><td colspan="2">弹性闸板</td><td>0</td></tr>
<tr><td rowspan="7">刚性</td><td>单闸板</td><td>1</td></tr>
<tr><td>双闸板</td><td>2</td></tr>
<tr><td rowspan="2">平行式</td><td>单闸板</td><td>3</td></tr>
<tr><td>双闸板</td><td>4</td></tr>
<tr><td colspan="2" rowspan="2">暗杆楔式</td><td>单闸板</td><td>5</td></tr>
<tr><td>双闸板</td><td>6</td></tr>
<tr><td colspan="2">暗杆平行式</td><td>双闸板</td><td>8</td></tr>
</table>

表 1-9　截止阀和节流阀的结构形式代号

<table>
<tr><td colspan="2">截止阀和节流阀的结构形式</td><td>代号</td></tr>
<tr><td colspan="2">直通式</td><td>1</td></tr>
<tr><td colspan="2">角式</td><td>4</td></tr>
<tr><td colspan="2">直流式(Y 形)</td><td>5</td></tr>
<tr><td rowspan="2">平衡</td><td>直通</td><td>6</td></tr>
<tr><td>角式</td><td>7</td></tr>
</table>

表 1-10　球阀结构形式代号

<table>
<tr><td colspan="3">球阀结构形式</td><td>代号</td></tr>
<tr><td rowspan="4">浮动</td><td colspan="2">直通式</td><td>1</td></tr>
<tr><td>L 形</td><td rowspan="2">三通式</td><td>4</td></tr>
<tr><td>T 形</td><td>5</td></tr>
<tr><td colspan="2">四通式</td><td>6</td></tr>
<tr><td>固定</td><td colspan="2">直通式</td><td>7</td></tr>
</table>

表 1-11　蝶阀结构形式

蝶阀结构形式	代号	蝶阀结构形式	代号
杠杆式	0	斜板式	3
垂直板式	1		

注：垂直板三杆式用 Is 表示。

表 1-12　隔膜阀结构形式

隔膜阀结构形式	代号	隔膜阀结构形式	代号
屋脊式	1	闸板式	7
截止式	3		

表 1-13　旋塞阀结构形式

<table>
<tr><th colspan="2">旋塞阀结构形式</th><th>代号</th></tr>
<tr><td rowspan="3">填料</td><td>直通式</td><td>3</td></tr>
<tr><td>T 形三通式</td><td>4</td></tr>
<tr><td>四通式</td><td>5</td></tr>
<tr><td rowspan="2">油封</td><td>直通式</td><td>7</td></tr>
<tr><td>T 形三通式</td><td>8</td></tr>
</table>

表 1-14　止回阀和底阀结构形式

<table>
<tr><th colspan="2">止回阀和底阀结构形式</th><th>代号</th></tr>
<tr><td rowspan="2">升降</td><td>1</td><td>直通式</td></tr>
<tr><td>2</td><td>立式</td></tr>
<tr><td rowspan="4">旋启</td><td>4</td><td>单瓣式</td></tr>
<tr><td>5</td><td>多瓣式</td></tr>
<tr><td>6</td><td>双瓣式</td></tr>
<tr><td>7</td><td>蝶式</td></tr>
</table>

表 1-15　安全阀结构形式

<table>
<tr><th colspan="4">安全阀结构形式</th><th>代号</th></tr>
<tr><td rowspan="9">弹簧</td><td rowspan="5">封闭</td><td>带散热片</td><td>全启式</td><td>0</td></tr>
<tr><td colspan="2">微启式</td><td>1</td></tr>
<tr><td colspan="2">全启式</td><td>2</td></tr>
<tr><td rowspan="4">带扳手</td><td>全启式</td><td>4</td></tr>
<tr><td>双弹簧微启式</td><td>3</td></tr>
<tr><td rowspan="4">不封闭</td><td>微启式</td><td>7</td></tr>
<tr><td>全启式</td><td>8</td></tr>
<tr><td rowspan="2">带控制机构</td><td>微启式</td><td>5</td></tr>
<tr><td>全启式</td><td>6</td></tr>
<tr><td colspan="4">脉冲式</td><td>9</td></tr>
</table>

表 1-16　减压阀结构形式

减压阀结构形式	代号	减压阀结构形式	代号
薄膜式	1	波纹管式	4
弹簧薄膜式	2	杠杆式	5
活塞式	3		

表 1-17 疏水阀结构形式

疏水阀结构形式	代号	疏水阀结构形式	代号
浮球式	1	脉冲式	8
钟形浮子式	5	热动力式	9
双金属式	7		

阀座密封面或衬里材料代号用汉语拼音字母表示，按表 1-18 的规定。

表 1-18 阀座密封面或衬里材料

阀座密封面或衬里材料	代号	阀座密封面或衬里材料	代号
铜合金	T	渗氮钢	D
橡胶	X	硬质合金	Y
尼龙塑料	N	衬胶	J
氟塑料	F	衬铅	Q
锡基轴承合金(巴氏合金)	B	搪瓷	C
合金钢	H	渗硼钢	P

阀体材料代号(用汉语拼音字母表示)，按表 1-19 的规定。

表 1-19 阀体材料代号

阀体材料	代号	阀体材料	代号
灰铸铁	Z	Cr5Mo	I
可锻铸铁	K	1Cr18Ni9Ti	P
球墨铸铁	Q	Cr18Ni12Mo2Ti	R
铜及铜合金	T	12CrMoV	V
WCB	C		

2. 公称压力、公称直径

公称压力是为了设计、制造、安装和检修的方便，而人为规定的一种压力，通常指阀门在基准温度下允许的最大工作压力，常用 PN 表示。对标明公称压力的阀门，其工作压力随着介质温度的提高而降低。对碳钢制品而言，当介质温度在 200℃以下时，阀门的工作压力等于其公称压力，即阀门的机械强度不受温度的影响。当介质温度高于 200℃时，由于其机械强度降低，工作压力低于公称压力，介质温度越高，工作压力愈低。

公称直径又称平均直径。是指容器、管道及其附件的标准化直径系列。采用公称直径有利于实现零部件的标准化，也方便于设计、制造、修配和管理，降低制造成本。

对于阀门和铸铁管，公称直径就等于其实际内径。而对于工艺设备，公称直径就是设备的内径。公称直径用 DN 表示。各种形式的阀门都以其公称压力、公称直径作为选取的规格。

3. 阀门的手轮和阀体漆色的含义

由于工作介质的性质压力和温度不同，阀体和密封面所用的材料是不同的。

由于在外观上不易看出阀体或密封面的材质，为了便于识别，制造厂在阀门出厂时，用阀体的不同颜色区分阀体的材质，用手轮的不同颜色区分密封面的材质。这给安装使用和维护带来了很大方便，见表1-20~表1-22。

表1-20　阀体的涂漆颜色与阀体材质

颜色	黑	银粉	银灰	浅天蓝	蓝
阀体材料	灰铸铁	球墨铸铁	碳素钢	耐酸钢或不锈钢	合金钢

表1-21　阀门手轮涂漆颜色与密封圈材料

手轮颜色	红	浅蓝	豆绿	绿	浅紫	同阀体颜色
密封圈材料	青铜与黄铜	耐酸钢或不锈钢	硬质合金	硬橡胶	渗氮钢	直接在阀体上制作密封面

表1-22　连接法兰的外圆表面上涂漆颜色与衬里材料

法兰颜色	红色	黄色	绿色	蓝色	白色
衬里材料	搪瓷	铅锑合金	橡胶	塑料	铅

（三）常用阀门及结构

1. 闸阀

闸阀主要由手轮、填料、压盖、阀杆、闸板、阀体等零件组成。

闸阀按闸板形式可分为楔式和平行式两类。楔式大多制成单闸板，两侧密封面成楔形。平行式大多制成双闸板，两侧密封面是平行的。图1-17所示为楔式单闸板闸阀，闸板在阀体内的位置与介质流动方向垂直，闸板升降即是阀门启闭。

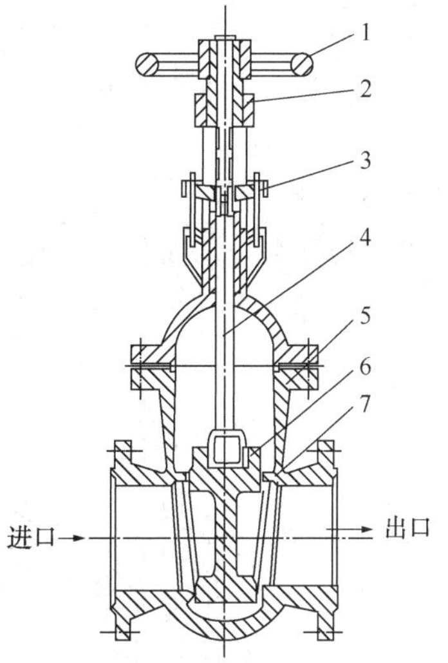

图1-17　楔式单闸板闸阀

1—手轮；2—阀杆螺母；3—压盖；4—阀杆；5—阀体；6—闸板；7—密封面

闸阀在集输上使用很广泛，可用于截断气、水通路(阀门全闭或全开)，不宜用作调节流量(阀门部分开启)。

闸阀的优点是，介质通过阀门为直线流动，阻力小，流势平稳，阀体较短，安装地位紧凑。缺点是，在阀门关闭后，闸板一面受力较大容易磨损，而另一面不受力，故开启和关闭需用较大的力量。为此，常在高压或大型闸阀的一侧加装旁通管路和旁通阀，在开启主阀门前，先开启旁通阀，既起预热作用，又可减少主阀门闸板两侧的压力差，使开启阀门省力。

2. 截止阀

截止阀又称“球形阀”，它的作用主要是切断，也可粗略调节流量，但不能当节流阀使用。

截止阀主要由阀杆、阀体、阀芯和阀座等零件组成，如图1-18所示。

截止阀按介质流动方向可分为标准式、流线式、直流式和角式等数种，如图1-19所示。

截止阀阀芯与阀座之间的密封面形式，通常有平形和锥形两种。平形密封面启闭时擦伤少，容易研磨，但启闭力大，多用在大口径阀门中。锥形密封面结构紧密，启闭力小，但启闭时容易擦伤，研磨需要专门工具，多用在小口径阀门中。

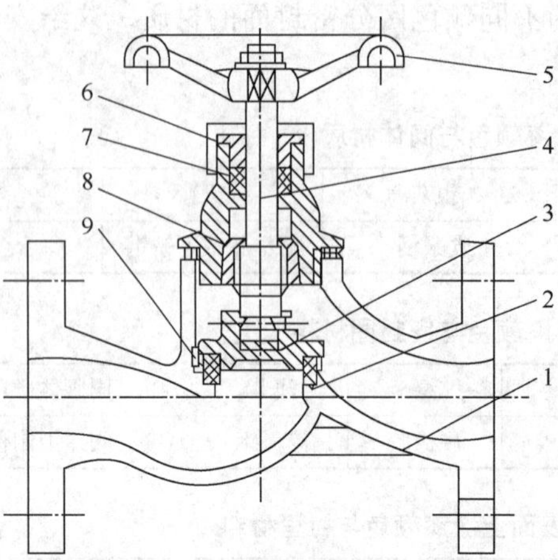

图 1-18　截止阀构造

1—阀体；2—阀座；3—阀瓣；4—阀杆；5—手轮；
6—压盖；7—填料；8—阀盖；9—密封圈

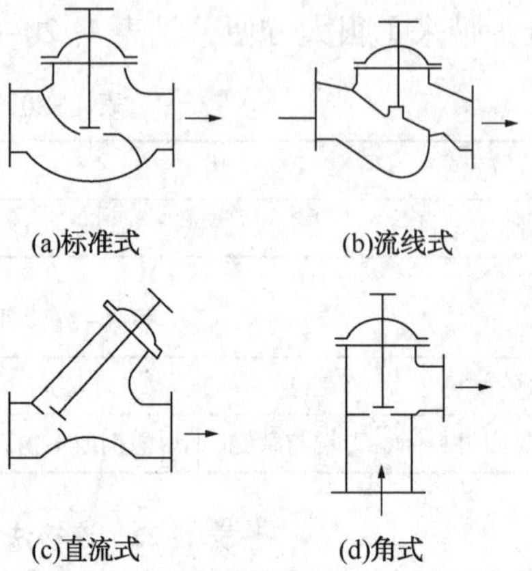

图 1-19　截止阀通道形式

安装截止阀时，必须使介质由下向上流过阀芯与阀座之间的间隙，如图 1-19 中箭头所示方向，以减小阻力，便于开启。并且要在阀门关闭后，填料和阀杆不与介质接触，不受压力和温度的影响，防止气、水侵蚀而损坏。

截止阀的优点是，结构简单，密封性能好，制造和维护方便，广泛用于截断流体和调节流量的场合，例如用作集输主气阀、给水阀等。缺点是，流体阻力大，阀体较长，占地较大。

3. 节流阀

节流阀又名针形阀，主要由手轮、阀杆、阀体、阀芯和阀座等零件组成，如图 1-20 所示。

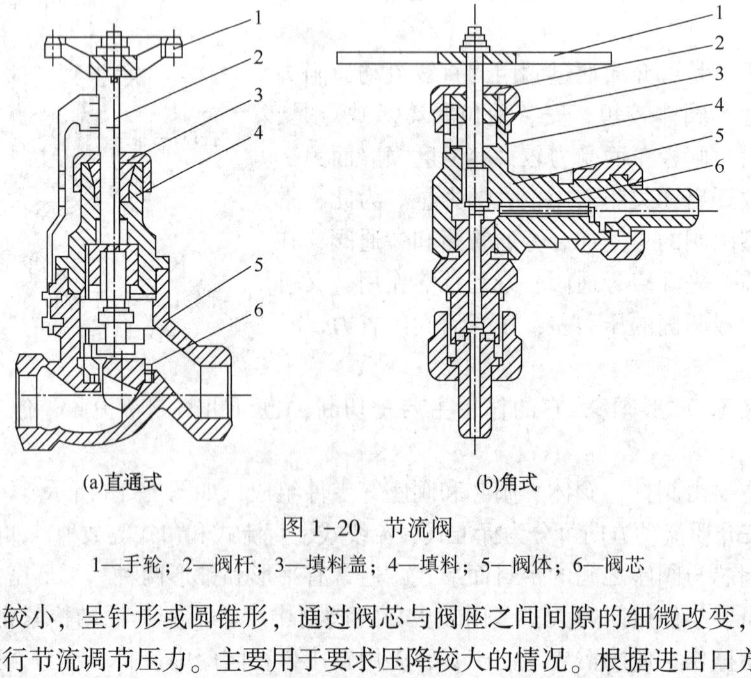

图 1-20　节流阀

1—手轮；2—阀杆；3—填料盖；4—填料；5—阀体；6—阀芯

阀芯直径较小，呈针形或圆锥形，通过阀芯与阀座之间间隙的细微改变，能精细地调节流量，或进行节流调节压力。主要用于要求压降较大的情况。根据进出口方向可分为直通式和角式两种。

节流阀的优点是，外形尺寸小，重量轻，密封性能好。缺点是，制造精度高，加工较困难。

4. 止回阀

止回阀又称逆止阀或单向阀，是依靠阀前、阀后流体的压力差而自动启闭，以防介质倒流的一种阀门。止回阀阀体上标有箭头，安装时必须将箭头的指示方向与介质流动方向一致。

给水止回阀按阀芯的动作，分为升降式和摆动式两种。

(1) 升降式止回阀

升降式止回阀又称为截门式止回阀，主要由阀盖、阀芯、阀杆和阀体等零件组成，如图 1-21 所示。

在阀体内有一个圆盘形的阀芯，阀芯连着阀杆(也可用弹簧代替)，使阀芯能垂直于阀体作升降运动。这种阀门一般应安装水平管道上。例如安装在给水管路上的止回阀，当给水压力比集输管路压力高时，给水顶起阀芯进入集输管路。当给水压力比集输管路压力低时，由于阀芯的自重，再加上集输管路内压力的作用，将阀芯压在阀座上，阻止给水倒流。升降式止回阀的优点是，结构简单，密封性较好，安装维修方便。缺点是，阀芯容易被卡住。

图 1-22 为弹簧式止回阀。这种阀结构与升降止回阀基本相同，不同处是在短杆上加装了一个弹簧。

由于弹簧的压力，阀芯与阀座结合更加严密。大型集输管路采用这种阀。

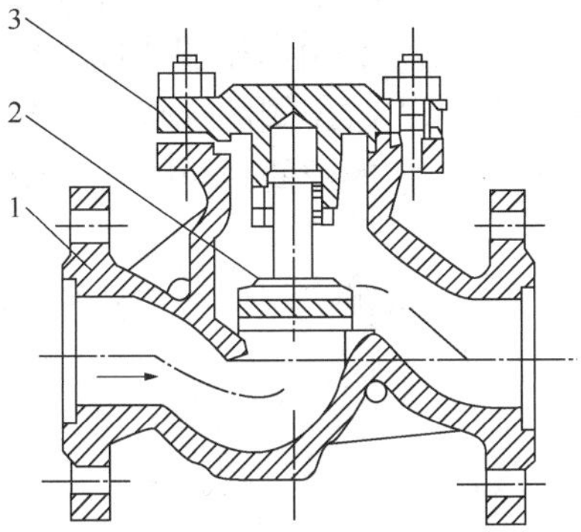

图 1-21　升降式止回阀

1—阀体；2—阀芯；3—阀盖

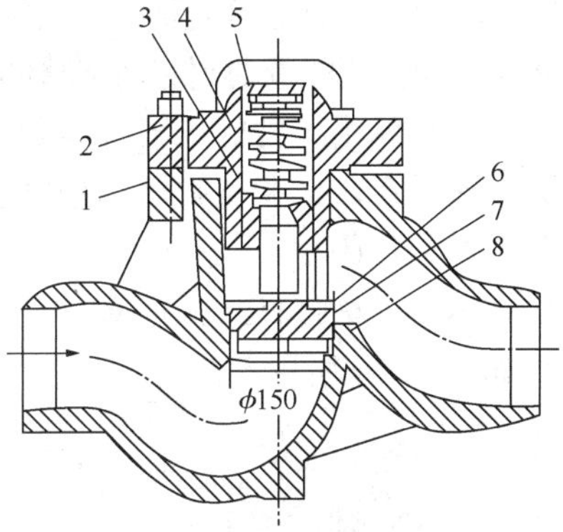

图 1-22　弹簧式止回阀

1—阀体；2—阀盖；3—速动活塞；4—导向衬套；5—弹簧；6—阀芯；7—密封圈；8—阀座

(2) 摆动式止回阀

摆动式止回阀主要由阀盖、阀芯、阀座和阀体等零件组成，如图 1-23 所示。阀芯的上端与阀体用插销连接，整个阀芯可以自由摆动，当给水压力高于集输管路压力时，给水便顶开阀芯进入集输管路。当给水压力低于集输管路压力时，集输管路内压力便压紧阀芯，阻止给水倒流。摆动止回阀的优点是，结构简单，流动阻力较小。缺点是，噪声较大，在集输管路压力低时，密封性差，因此不适用于低压集输的给水管路。

常用的吸水底阀是逆止阀的变形(图 1-24)。

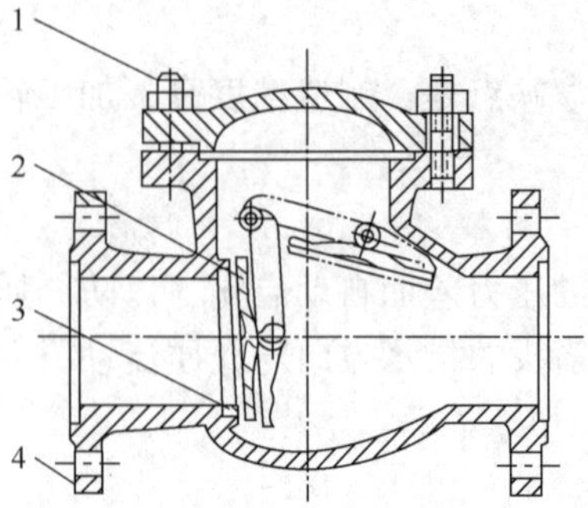

图 1-23　摆动式止回阀

1—阀盖；2—阀芯；3—阀座；4—阀体

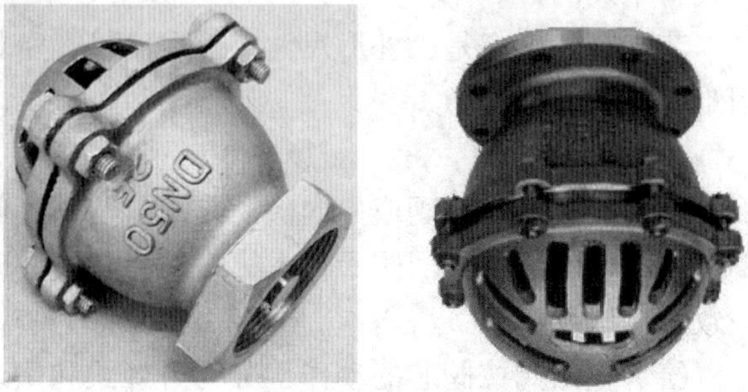

图 1-24　吸水底阀

5. 减压阀

减压阀主要有两种作用，一是将较高的气压自动降到所需的低气压，二是当高压侧的气压波动时，起自动调节作用，使低压侧的气压稳定。

减压阀的作用原理，主要是依靠膜片、弹簧等敏感元件来改变阀芯与阀座之间的间隙，使流体通过时产生节流，从而达到对压力自动调节的目的。

常用的减压阀有弹簧式和薄膜式两种。

（1）弹簧式减压阀

弹簧式减压阀主要由弹簧、薄膜、阀杆、阀芯、阀体等零件组成，如图 1-25 所示。当薄膜上侧的蒸气压力高于薄膜下侧的弹簧压力时，薄膜向下移动，压缩弹簧，阀杆随即带动阀芯向下移动，使阀芯的开启度减小，由高压端通过的蒸气流量随之减少，从而使出口压力降低到规定的范围内。当薄膜上侧的蒸气压力小于下侧的弹簧压力时，弹簧自由伸长，顶替薄膜向上移动，阀杆随即带动阀芯向上移动，使阀芯的开启度增大，由高压端通过的蒸气流量随之增多，从而使出口处的压力升高到规定的范围内。弹簧式减压阀的优点是，调压比较方便，只需旋转手轮，调整弹簧的松紧度即可。缺点是，灵敏度较低，调压范围有限。

（2）薄膜式减压阀

薄膜式减压阀又称杠杆式减压阀，主要由阀体、双阀芯、重锤、阀杆、杠杆和薄膜等零件组成，如图 1-26 所示。

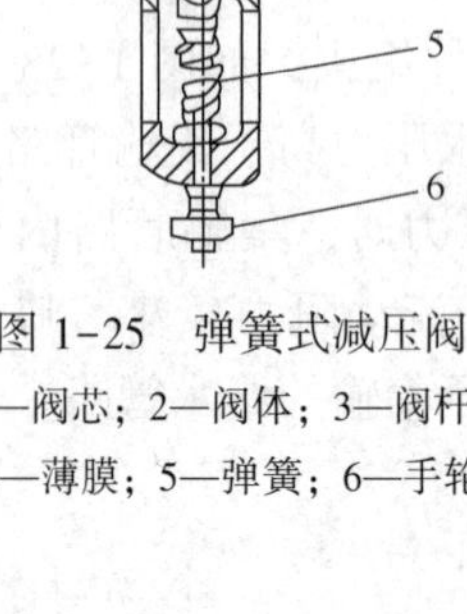

图 1-25　弹簧式减压阀

1—阀芯；2—阀体；3—阀杆；

4—薄膜；5—弹簧；6—手轮

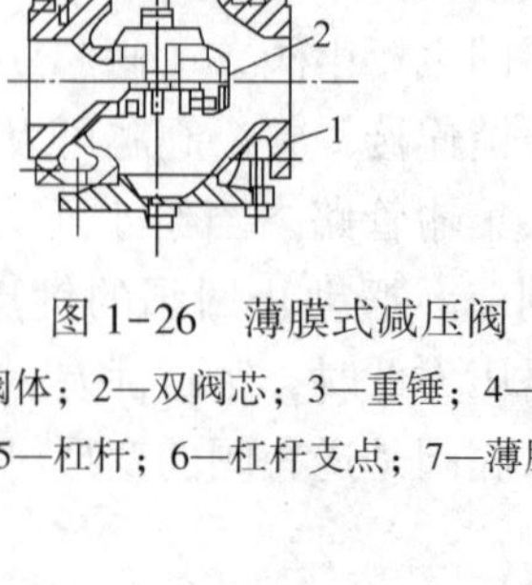

图 1-26　薄膜式减压阀

1—阀体；2—双阀芯；3—重锤；4—阀杆；

5—杠杆；6—杠杆支点；7—薄膜

在薄膜上面设一个小室，并连有一根小管与低压部分相通，因此薄膜上部所受的压力与低压端的压力相同。但由于薄膜面积甚大，所以薄膜上部所受的总压力能将重锤和杠杆作用在薄膜下部的力抵消一大部分，从而使阀芯保持一定的开启度，使阀门两端的压力互相平衡。当高压端蒸气压力增高时，低压端也相应地增加压力，并使薄膜上部的压力增加很多，因而向下推动薄膜，使阀杆下移，减小阀芯开启度，由高压端通过的蒸气流量随之减少，压力也就降低，直至调整到规定的数值；反之，当高压端蒸气压力降低时，低压端的压力也相应降低，并使薄膜上部的压力降低很多，因而薄膜受重锤和杠杆的作用向上位移，带动阀杆上提，阀芯开启度增大，阻力减少，从而使流过的蒸气压力增加，直至恢复到原来规定的数值。

6. 旋塞阀

它依靠旋塞体绕阀体中心线旋转，以达到开启与关闭的目的，它的作用是切断、分配和改变介质流向，操作时，只需旋转90°，适用低压小口径和介质温度不高的场合，不适宜于调节流量。

旋塞按通道分：有直通式和三通式等。

旋塞按密合形式分：①紧定式(图1-27)它依靠拧紧旋塞体下面的螺母来实现旋塞体与阀体的密合。②填料式(图1-28)它通过压紧填料迫使旋塞体与阀体的密分。③自封式(图1-29)旋塞体与阀体的密合，依靠介质自身的力量，介质进入倒置的旋塞体上的小孔，又转向进入旋塞体大头下方，将其向上推紧，下面弹簧起预紧作用。

图1-27　紧定式旋塞阀

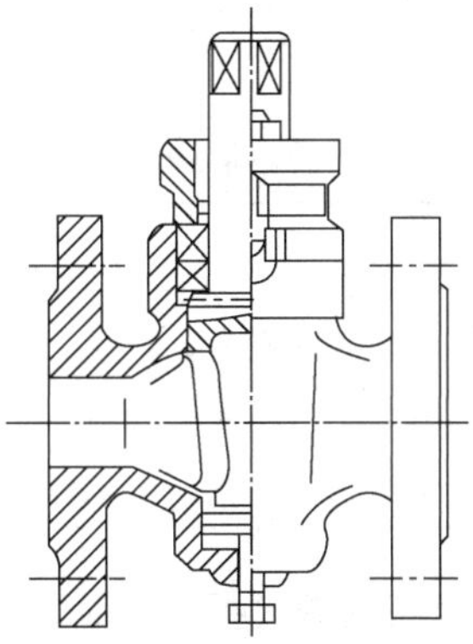

图1-28　填料式旋塞阀

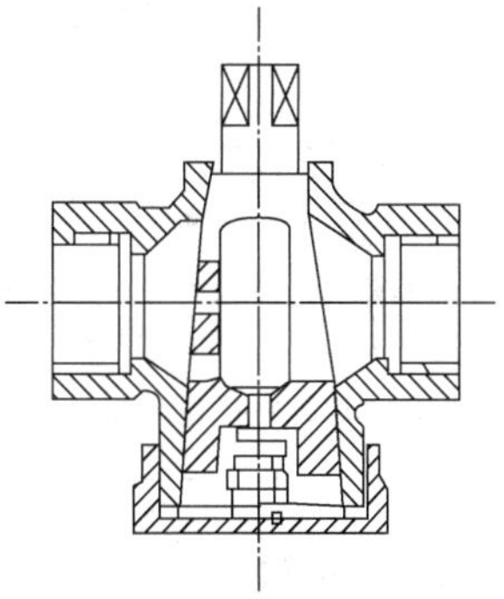

图1-29　自封式旋塞阀

(四) 阀门的使用

1. 阀门安装要求

(1) 阀门安装之前，应仔细核对所用阀门的型号、规格是否与设计相符；

(2) 根据阀门的型号和出厂说明书检查对照该阀门可否在要求的条件下应用；

(3) 阀门吊装时，绳索应绑在阀体与阀盖的法兰连接处，且勿拴在手轮或阀杆上，以免损坏阀杆与手轮；

(4) 在水平管道上安装阀门时，阀杆应垂直向上，不允许阀杆向下安装；

(5) 安装阀门时，不得采用生拉硬拽的强行对口连接方式，以免因受力不均，引起损坏；

(6) 明杆闸阀不宜装在地下潮湿处，以免阀杆锈蚀；

(7) 阀门都应装置在便于操作的地点；

(8) 阀门是一种通用件，各种形式的阀门一般都以其公称压力(*PN*)和公称直径(*DN*)作为选取的规格；选用阀门时，应由使用的介质及其压力和温度，以及工作条件来确定，避免由于使用不当而发生事故；

(9) 在集输管路中安装截止阀和止回阀时，按照介质的流动方向应该是截止阀在后，止回阀在前。

2. 操作阀门时的注意事项

(1) 禁止敲打手轮或用手扳手过猛操作阀门，防止损坏手轮。

(2) 开关阀门时不应用力过猛或过急。

① 开启时不要开过头，当全开后可倒回一圈。

② 自密封式阀门，开关时应开关到极限位置(开启阀门时应开到最大，关闭时应关死、防止盘根受压漏泄)。

③ 开关阀门用力过猛，容易使螺纹损伤，缺乏润滑油时会使阀杆升降机械失灵。

(3) 关闭阀门过急，容易损伤密封面(阀芯和阀座的接合面)。

(4) 开启阀门过急，容易造成管道内介质压力波动，导致高速气体收缩和扩散，引起冲击和湍流，产生气体动力噪声，此时应控制阀门启闭时间或调整阀门开度。

(5) 对传动装置加油，不常开的阀门，应定期活动手轮，以防止门杆锈死。

(6) 对电动阀门应进行行程限位及力矩保护的检查。

(7) 阀门要保温，管道停用后要将水放净，以防天冷时冻裂阀体。

3. 常见故障、原因及排除方法

(1) 阀门本体漏(表 1-23)。

表 1-23　阀门本体漏故障原因及排除方法

产生原因	排除方法
1. 制造时，浇铸不好，有砂眼或裂纹，造成机械强度降低； 2. 阀体焊补中拉裂	1. 对怀疑裂纹处磨光，用 4%硝酸溶液浸蚀，如有裂纹便可显示出来； 2. 对有裂纹处用砂轮磨光或铲去裂纹的金属层，进行补焊

(2) 阀杆及其配合的螺丝套筒的螺纹损坏或阀杆头折断，阀杆弯曲(表 1-24)。

表 1-24　阀杆及其配合的螺丝套筒的螺纹损坏或阀杆头折断，阀杆弯曲故障原因及排除方法

产生原因	排除方法
1. 操作不当用力过猛或用大钩子关小阀门； 2. 螺纹配合过松或过紧； 3. 操作次数过多、使用年限太久	1. 改进操作，一般不允许用大钩子关闭小阀门； 2. 制造产品时要合乎公差要求，选择材料要适当； 3. 重新更换配件

(3) 阀盖结合面漏(表 1-25)。

表 1-25　阀盖结合面漏故障原因及排除方法

产生原因	排除方法
1. 螺栓紧力不够或紧偏； 2. 阀门盖垫片损坏； 3. 结合面不平	1. 螺栓应对角紧，紧力一致，结合面间隙一致； 2. 更换新垫； 3. 解体重新研磨结合面

（4）阀瓣(闸板)与阀座密封面漏(表 1-26)。

表 1-26　阀瓣(闸板)与阀座密封面漏故障原因及排除方法

产生原因	排除方法
1. 关闭不紧； 2. 研磨质量差； 3. 阀瓣与阀杆间隙过大，造成阀瓣下垂或接触不好； 4. 密封圈材料不良或杂质卡住	1. 操作，重新开启或关闭用力不得过大； 2. 改进研磨方法，解体重新研磨； 3. 调整阀瓣与阀杆间隙或更换阀瓣； 4. 重新更换或堆焊密封圈，消除杂质

（5）阀瓣腐蚀损坏(表 1-27)。

表 1-27　阀瓣腐蚀损坏故障原因及排除方法

产生原因	排除方法
阀瓣材料选择不当	1. 按介质性质和温度选用合格阀瓣材料； 2. 更换合乎要求的阀门，安装符合介质的流动方向

（6）阀瓣、阀杆脱离造成开关不良(表 1-28)。

表 1-28　阀瓣、阀杆脱离造成开关不良故障原因及排除方法

产生原因	排除方法
1. 修理不当或未加螺母垫圈运行中由于汽水流动，使螺丝松动而阀瓣脱离； 2. 运行时间过长，使销子磨损或疲劳损坏	1. 根据运行经验和检修记录，适当缩短检修间隔； 2. 阀瓣与阀杆的销子要合乎规则，材料质量要合乎要求

（7）阀瓣、阀座有裂纹(表 1-29)。

表 1-29　阀瓣、阀座有裂纹故障原因及排除方法

产生原因	排除方法
1. 合金钢接合面堆焊时有裂纹； 2. 阀门两侧温度差太大	对裂纹处补焊，按规定进行热处理后，车光并研磨

（8）阀座与壳体间泄漏(表 1-30)。

表 1-30　阀座与壳体间泄漏故障原因及排除方法

生产原因	排除方法
1. 装配太松； 2. 有砂眼	1. 将阀座取下，对泄漏处补焊后，车削再嵌入阀座精车，或直接更换阀座； 2. 补焊砂眼处，车光、研磨

（9）填料盒泄漏(表 1-31)。

表 1-31　填料盒泄漏故障原因及排除方法

产生原因	排除方法
1. 填料材质不当； 2. 加填料方法不对； 3. 填料压盖未压紧或压偏； 4. 阀杆表面光洁度差或变成椭圆	1. 选合格填料； 2. 按规定加接口斜切 45°相邻两圈接口错开 90°~80°； 3. 调整压盖，均匀用力拧紧压盖螺栓； 4. 修磨阀杆

(10) 阀杆升降不灵或开关不动(表1-32)。

表1-32 阀杆升降不灵或开关不动故障原因及排除方法

产生原因	排除方法
1. 冷态下关得太紧受热后胀住或开太大;	1. 用力缓慢试开,或开足并紧时再关0.5~1圈;
2. 填料压得过紧;	2. 稍松填料压盖螺丝试开;
3. 阀杆与填料压盖间隙过小卡住;	3. 适当扩大阀杆与填料压盖的间隙;
4. 阀杆与阀杆螺母丝扣损坏;	4. 更换阀杆与螺母;
5. 填料压盖紧偏卡住;	5. 重新调整压盖螺栓,拧均;
6. 通过高温介质时,润滑不良阀杆严重锈蚀	6. 高温介质通过的阀门应采用纯净石棉粉作润滑剂

(五) 阀门的基本性能及质量检验

1. 阀门的基本性能

阀门的各项基本性能是衡量阀门产品设计水平和加工质量的主要指标。阀门的基本性能有下列各项。

(1) 强度性能:指阀门承受介质压力的能力。

(2) 密封性能:指阀门各密封部位阻止介质泄漏的能力。阀门的密封部位有三处:启闭件与阀座密封面间的接触处;填料与阀杆和填料函的配合处;阀体与阀盖的连接处。前一处的泄漏叫内漏(即关不严),对于截断阀,内漏是不允许的。后两处的泄漏叫外漏(即跑、冒、滴、漏),它影响文明生产、造成物料损失、污染环境,严重时还会造成事故。因而阀门必须具有可靠的密封性能。

(3) 流阻(即流动阻力):介质流过阀门时会产生压力损失,其大小和阀门的类型、结构形式、通道尺寸、内表面加工状况和几何形状等有关,应尽量选用流阻小的阀门以利节约能源。

(4) 动作性能。包括以下:

① 启闭力和启闭力矩:指阀门开启或关闭所必须施加的力或力矩。阀门在启闭过程中,所需要的启闭力和启闭力矩是变化的,其最大值是在关闭的最终瞬时或开启的最初瞬时。

② 启闭速度:指阀门完成一次开启或关闭动作所需的时间。

③ 动作灵敏度和可靠性:指阀门对于介质参数变化,做出相应反应的敏感程度。对于用来调节介质参数的节流阀、减压阀、调节阀等以及具有特定功能的安全阀、疏水阀等阀门来说,其动作灵敏度与可靠性是十分重要的性能指标。

(5) 使用寿命:通常以能保证密封要求的启闭次数来表示,也可用使用时间来表示。

2. 阀门的质量检验

阀门产品出厂前一般只做强度和密封性能试验。

(1) 强度试验。在水压试验装置上进行。试验压力一般为阀门公称压力的1.5倍。压力逐渐提高到试验压力后,在规定的持续时间内未发现泄漏者为合格。对于铸铁阀门,试验时应用铜锤敲打阀体和阀盖。

(2) 密封试验。密封试验压力等于阀门的公称压力。水或蒸汽管线的阀门用水进行试验;轻质石油产品(汽、煤油)和温度大于120℃的其他石油产品的阀门及高压锻造阀门。采用煤油进行密封试验。试验方法和允许泄漏量参阅有关标准。

五、油气集输管道投产与维护

（一）管道投产

热油管道的投产试运程序包括设备的单体试运、站内联合试运、管道预热及管道投油等环节。

1. 热油管道预热

（1）管道预热前的准备工作

首、末站准备足够容量的油罐，用来储存和接收热水，储罐的总容量，一般相当于1.5~2个站间管道的总水量；输油管道的回填加固工作全部完成，以免预热时产生管道热变形事故；充分做好排水准备工作，避免高温水损坏农田和污染环境；切实做好燃料供应工作；确定预热方式，短距离管道可采用单向预热，长距离管道采用正、反输交替输送热水预热；全线所有测温仪表检验准备工作完毕，岗位操作人员就位；确定热水出站温度，应视原油性质和管道防腐保温材料耐热程度而定，一般要低于防腐保温材料耐热温度的5~10℃；确定热水输量，应根据供水和加热炉允许热负荷确定，有条件的情况下，应尽量增大管道的供热负荷，缩短预热时间。

（2）管道预热操作

全线管道预热也是全线联合试运工作的开始，所以预热工作要统一指挥，各站协同工作；要求上下站间、上下级调度之间要加强联系，沟通情况，发生问题及时报告，确保预热工作及试运工作安全、平稳完成。

① 首站储油罐内装满能够充满1.5~2个站间距管道的水量，并倒站内循环流程，启泵、点炉进行站内循环，提高热水温度(预热水温度不应高于原油出站温度)。各中间站结合站内联合试运倒通站内循环流程，并启泵、点炉循环热水，提高热水温度。末站倒通进罐流程，准备接收热水。

② 首站加热炉出炉热水温度达到预定值，并确认下游站倒通进站流程后，倒为正输流程，向干线输送热水，进行干线预热。中间站在下游站倒通进罐流程后，视储油罐水位上涨情况倒通正输流程，向下一站间管段顶热。末站接收热水并严密监视储罐液位。

③ 首站储水罐液位下降到安全罐位下限后停输，各中间站视本站油罐液位情况，等降到安全罐位下限后也依次停炉、停泵、停输。

④ 全线停输后，首站倒为接收热水进罐流程，各中间站均倒为反输流程。末站在全线停输后倒为反输流程，并启泵、点炉，反输预热开始。各中间站反输流程中能够启泵、点炉的启泵、点炉，不能启泵、点炉的倒为反输全越站流程。首站严密监视热水储罐的液位上涨情况。

⑤ 各站间管道温度场建立并达到预定值，管道预热达到预期效果后，可以考虑投油运行。

（3）注意事项

① 要严密注意加热炉的运行情况，对于中间站在水头进入加热炉之前，先倒通热力越站，待水头越过本站后，再进行加热，防止热油管道产生过大的热变形。

② 热水预热时，为了防止管道的热变形过大，除了保证管顶覆土厚度和覆土密实度增加管顶土壤正压力和摩擦力外，还要严格控制出站温度，特别要防止旧热炉汽化造成的加热炉出炉温度过高。

③ 对于小曲率半径的弯头，应采用固定墩和局部增加壁厚，防止因管道弯头变形过

大造成强度破坏。

④ 为了在热状态下考验管道，鉴于热水不能静止稳压，停输稳压又浪费热量，一般采取热水憋压输送办法，控制各站出站压力为管道最高工作压力并且管道最低点压力不超过强度试验压力，进行稳压输送 24h，以检验管道是否会因热变形后强度达不到使用要求而发生破裂或严重漏油，为安全投油打下坚实基础。

⑤ 距离较短的管道采用单向预热时，宜采用较小排量预热，长距离的管道采用正反输，交替预热；初期可采用较小的排量，加速对管周围冷土壤的传热，缩短预热时间，之后由于进站温度升高，应逐渐加大预热排量，使管道较均衡升温。

2. 站内单体试运

站内单体试运操作前的准备：

冲洗、清扫管线：将管线内杂物，泥沙冲洗干净，*DN*500 以上管线要进入清扫和检查。站内单体试运前站内管道必须做强度和严密性试压，合格后方可进行站内单体试运。

设备单体试运及辅助系统调试：

(1) 输油机组试运：先将电动机空载运行 48h，再带负荷试运 72h，观察其流量、轴功率、各部分温升、振动、窜动等性能，其值不超过允许值。

(2) 加热炉、锅炉烘炉试烧：根据加热炉、锅炉设计中给出的升温曲线和具体要求进行烘炉试烧，保证炉体各部分缓慢升温，热应力连续均匀变化。同时，检验加热炉和锅炉的燃烧系统、日温控制系统及调节和保护系统，各系统应动作灵活、安全可靠。

(3) 油罐试水，按规定进行油罐装水，装水后进行沉降试验、强度试压和严密性试压，同时检查油罐各部件齐全、完整、灵活、合格。

(4) 变电所系统试运，供电、变电设备应运行平稳，供电质量合格，各种保护系统动作安全、可靠。

(5) 仪表及自动化系统调试合格，各种仪表检验合格，做到灵敏、可靠。润滑油、风、气、水等辅助系统试运合格。

(6) 通信系统调试合格，与中心调度、上下站联系畅通。

(7) 伴热系统调试打压，试验合格。消防设施齐全、可靠，各种灭火器材就位准确、数量充足。

3. 站内联合试运

站内单体试运完成后转入站内联合试运阶段，具体操作及要求如下：

(1) 倒好站内循环流程，输油机组进行系统冷水循环，利用热水泵对站内伴热管线进行循环，并排出管内气体。

(2) 锅炉，当水温(蒸汽压力)达到规定值后缓慢向伴热管通气进行热水(蒸汽)伴热，使用蒸汽伴热注意防止水击。

(3) 工艺管网不渗、不漏，输油泵运行平衡后，启动加热炉进行热水试运。但要注意，加热炉运行状况，进、出炉水温、水压变化情况(如果是先炉后泵流程，先启动炉前泵对加热炉进行水循环并排出管内气体)，出炉水温绝对不允许超过 70℃。

(4) 各种流程切换演练和输油机组切换演练，观察站内各种流程和设备运行是否正常，是否符合生产要求。

(5) 站工艺管网系统及各单体系统进行大检查，充分暴露问题，在全线联合试运前做好整改。联合试运时间不得少于 72h。

4. 站内热油管道投油

（1）热油管道投油前的准备

① 油源准备。投油时，除了正常输送的油量外，还应有管道本身的存油和全线总容量的一半左右库存量，这些油量由油田及早做好准备，以免投油过程中油源中断。

② 末站转运衔接工作。投油前末站要与有关铁路、炼厂或油运部门密切配合，切实做好转运衔接工作，以免油路堵塞。

③ 管道清扫、试压和预热工作全部完成，并达到投油所需的热力条件。

④ 全线各站油罐进行排水和清扫，以备进油，末站要有足够的空罐准备接储混油和合格原油。

⑤ 确保安全供电、通信畅通。

（2）热油管道投油的条件

各站进站水头温度必须高于原油凝固点 3～5℃；各站间管段的总传热系数应降至 3kW/(m^2·K)以下；管道预热后期可以发送一个清管球，检查管道变形状态，并能畅通无阻。

（3）热油管道的投油操作

① 首站在投油时，先发送一个油水隔离球，记准投油时间和投油量，掌握油头到达下站时间并通知下站。各中间站停炉停泵，倒通全越站流程，并排空站内管网中的热水和清扫储油罐。末站倒通收油排水流程并做好油质化验准备工作。

② 第一个中间站密切注意油头到达时间，当油头通过本站后，通知下站开进、出站阀，倒通压力越站，同时缓慢开启进罐阀，向储油罐充装适量高度（安全高度之内）的原油后启泵、点炉，进行正常外输流程。以下各站均按此操作程序进行操作。

③ 末站在上一站启泵投油后，严密监视排水变化情况。当发现排水口有油质后，立即倒通进罐收油流程，将混油接收进混油罐并加强油质化验，确定混油尾全部进混油罐后，倒通空罐接收合格油品。

④ 在整个投油过程中，各站要严密监视油头温度的变化。一旦发现油温下降到接近原油凝固点时，应迅速采取升温和增大投油量等措施，防止管道凝管事故发生。

（4）技术要求

① 投油后中途无特殊情况，在稳定温度场没有建立之前，一般不允许停输。

② 为减少混油损失，一般在油头发送油水隔离球，一旦发送隔离球时必须掌握两个先决条件：一是管道未产生明显热变形事故，确保隔离球能畅通无阻通过；二是在管道进行预热的后期，进行一次热水通球，为投油时发油水隔离球创造条件。

③ 中间站尽可能采用全越站流程，必须启泵时要在混油段（含油水隔离球）过站后再进。

④ 投油时从管路中置换出的热水，必须妥善处理，因其温度较高并含有少量油污，避免污染环境。若末站储油罐容量足够，可考虑暂存部分热水，以备投产初期发生事故应急处置使用。

热油管道投油最好选择在夏秋季节，一旦发生事故便于处理，同时也给投油工作带来很多有利条件。

⑤ 投油时要增大排量，一般应大于热水预热量的 1 倍，因为排量越大，在出站温度相同的情况下，管内油温越高，越有利于安全投油；并且排量越大，管道产生的混油量也越少。

⑥ 各站要严密监视油头温度变化，一旦发现油温降到危险状态(接近原油凝固点)迅速采取升温、升压措施，增大排量，防止凝管事故发生。

⑦ 投油过程中一旦发生管道破裂、漏油等事故，及时进行抢修，特别是采取降量、降压措施后，更要及时抢修，防止管道冻凝。各站间管段都要配抢修队伍、车辆、抢修工具、器材及通信设备，并处于一级战备状态。一旦发生事故能立即出发，迅速抢修，防止事故扩大。

（二）管道防腐

金属的腐蚀是指金属表面由于受到周围介质的化学、电化学或物理溶解作用而引起的一种破坏现象。金属腐蚀现象遍及国民经济和国防建设各个领域，危害十分严重。腐蚀极易造成设备的跑、冒、滴、漏，污染环境而引起公害，甚至发生中毒、火灾、爆炸等恶性事故。腐蚀使金属变成了无用的、无法回收的散碎氧化物。在油气集输中做好管道的防腐、防垢工作，对于安全生产具有重要意义，主要表现在：

(1) 节约材料：设备和零件被腐蚀后造成材料损失和维修人力的浪费。

(2) 避免事故发生：由于腐蚀使容器壁变薄，管线穿孔，引起集输系统停产。油、气、水的跑漏，影响生产和污染环境，严重时发生严重事故。

(3) 避免火灾发生：腐蚀穿孔时特别是天然气管线穿孔时能引起爆炸着火，造成财产损失和人身事故。

(4) 保护仪表的使用，提高工艺的自动化水平。由于腐蚀造成某些自动化仪表不能正常使用，影响集输工艺的自动化水平。

(5) 保护水质：由于腐蚀，使水中铁离子增加，水质变坏，地层堵塞。

1. 金属腐蚀的分类

金属腐蚀的分类方法很多，根据文献报道，至少有80种腐蚀类型，而且由于金属材料的增加，腐蚀介质的更新，腐蚀类型还在增加。下面只简单介绍一下几种腐蚀的分类方法。

(1) 根据腐蚀机理分类

① 化学腐蚀指金属与腐蚀介质直接发生反应，在反应过程中没有电流产生。腐蚀产物直接生成于发生化学反应的表面区域。化学腐蚀又可分为以下两种：

在干燥气体中的腐蚀：指金属在干燥气体中腐蚀。在高温时，气体腐蚀速度更快，如用氧气、乙炔切割金属或焊接管道时，在金属表面产生氧化皮。

在非电解质溶液中的腐蚀：金属在某些有机液体(如酒精、汽油)中的腐蚀。

② 电化学腐蚀是最常见的腐蚀形式。它是指金属与电解质溶液(大多数为水溶液)发生了电化学反应而产生的腐蚀。其特点是在腐蚀过程中同时存在两个相对独立的反应过程——阳极反应和阴极反应，并与流过金属内部的电子流和介质中定向迁移的离子联系在一起，即在反应中有电流产生。如手电筒中电池的锌皮，在使用前较硬，但当化学电池快用完时，就变软腐烂，就是电化学腐蚀造成的。电化学腐蚀又可分为以下两种：

原电池腐蚀：指金属在电解质溶液中形成电池而发生的腐蚀。

电解腐蚀：指外界的杂散电流使处在电解质溶液中的金属发生电解而形成的腐蚀。

③ 物理腐蚀是指金属由于单纯的物理溶解作用引起的破坏。这种腐蚀是由于物理溶解作用形成合金或液态金属渗入晶界造成的。

④ 生物腐蚀是指金属表面在某些微生物生命活动或其产物的影响下所发生的腐蚀。这

类腐蚀很难单独进行，但它能为化学腐蚀、电化学腐蚀创造必要的条件，促进金属的腐蚀。

（2）根据金属腐蚀的破坏形式(腐蚀形态)分类

根据金属腐蚀的破坏形式可分为：

① 全面腐蚀是腐蚀分布在整个金属表面上，可能是均匀的也可能是不均匀的，它使金属含量减少，金属变薄，强度降低。全面腐蚀的阴阳极是微观变化的。

② 局部腐蚀是发生在金属表面局部某一区域，其他部位几乎未破坏。局部腐蚀的破坏形态较多，对金属结构的危害性也比全面腐蚀大得多。局部腐蚀主要有以下几种类型：

电偶腐蚀：在一定条件下(如电解质溶液或大气)产生的电化学腐蚀，即一种金属或合金由于同电极电势较高的另一种金属接触而引起腐蚀速度增大的现象，称为电偶腐蚀或双金属腐蚀，也称为接触腐蚀。

点蚀：点蚀又称为孔蚀，金属表面上极为个别的区域被腐蚀成一些小而深的圆孔，而且蚀孔的深度一般大于孔的直径，严重的点蚀可以将设备蚀穿。

缝隙腐蚀：金属构件一般采用铆接、焊接或螺钉连接等方式进行装配，在连接部位就可能出现缝隙。缝隙内金属在腐蚀介质中发生强烈的选择性破坏，使金属结构过早地损坏。

晶间腐蚀：腐蚀破坏沿着金属晶粒的边界发生，使晶粒之间失去结合力，金属外形在变化不大时即可严重丧失其机械性能。

剥蚀：剥蚀又称为剥层腐蚀。这类腐蚀在表面的个别点上产生，随后在表面下进一步扩展，并沿着与表面平行的晶界进行。

③ 应力作用下的腐蚀：应力作用下的腐蚀是指材料在应力和腐蚀环境协同作用下发生的开裂及断裂失效现象。

2. 金属在土壤中的腐蚀

随着石油工业的发展，埋地的油气水管道及金属设施等日益增多。它们在与土壤的接触过程中难免会发生腐蚀，如油罐底部、埋地油气水管线等与土壤接触部分会产生的腐蚀，称为土壤腐蚀。

金属在土壤中腐蚀的原因：

（1）因土壤是由固、液、气三态物质组成的复杂混合物。土壤颗粒组成的固体骨架内充满着空气、水和各种盐类，使土壤具有电解质溶液的特征，因而发生电化学腐蚀。

（2）由于外界漏电的影响，土壤中有杂散电流通过地下金属管道，因而发生电解，称为杂散电流腐蚀。电解电池的阴极是遭受腐蚀的部位。

（3）土壤中生活有大量细菌，有些细菌也会使管道产生腐蚀称为生物腐蚀，一般来说，土壤的含盐量、含水量越大，土壤电阻率越小，土壤腐蚀性越强。

金属在土壤中的腐蚀类型：

（1）由于充气不均匀引起的腐蚀——氧浓差电池腐蚀。

（2）由杂散电流引起的腐蚀。

（3）由微生物引起的腐蚀。

（4）其他类型的腐蚀。

3. 管道的防腐方法

（1）地下管道的沥青防腐

埋于地下的管道应根据土层质量、电阻率等参数采取普通级、加强级或特加强级 3 种不同的防腐方法：

① 普通级防腐由沥青底漆—沥青—聚氯乙烯工业膜组成。

② 加强级防腐由沥青底漆—沥青—玻璃布—沥青—玻璃布—沥青—聚氯乙烯工业膜组成，涂层总厚度大于6mm。

③ 特加强级防腐共9层，涂层总厚度大于9mm。

另外，埋地管道的防腐方法还有煤焦油沥青防腐绝缘层、环氧煤沥青防腐绝缘层、塑料胶带防腐绝缘层、环氧粉末防腐绝缘层等方法。石油沥青来自原油，石油沥青防腐层具有原料来源广、成本低、施工工艺简单等优点。

我国石油管道主要采用石油沥青作为防腐材料，对于地下管道的沥青防腐绝缘有以下两方面要求：

① 防腐绝缘性，在土壤或地下水中以及输送介质影响下达到不流淌、不变形、不损坏，能长期起到防腐绝缘作用。

② 具有足够的强度，能够经受施工过程中拉运、装卸、回填等作业的机械外力的影响，能够承受曝晒、冬季冷冻以及使用过程中的土层压力和土壤压力作用。

(2) 管道的阴极保护

目前广泛采用阴极保护方法来保护地下和水中的金属管道。金属结构与电解质溶液相接触，就会形成腐蚀电池。阴极保护就是要消除金属结构的阴极区，主要通过以下两种方法实现：

① 牺牲阳极的保护

在待保护的金属管道上联接一种电位更负的金属或合金，如铅合金，镁合金，使之形成一个新的腐蚀电池。由于管道上原来的腐蚀电池阳极的电极电位比外加阳极的电位要高，整个管道就成为阴极。

② 外加电流的保护

将被保护金属与外加直流电源的负极相连，把另一辅助阳极接到电源的正极，使被保护金属成为阴极。

4. 管道防腐常用涂料

(1) 内防腐常用涂料

环氧树脂涂料：使用温度65~80℃。

乙烯基涂料：使用最高温度65℃。

水泥砂浆涂料：由425号以上的硅酸盐水泥或火山灰水泥、石英砂(1.5mm)和水混合而成。使用风送法工艺时，水泥、沙子、水的质量比为1∶1∶0.4。

(2) 外防腐常用涂料

沥青加玻璃布和硬质聚氨酯泡沫塑料两种。

第四节　集输工艺计算

一、流体力学知识

(一) 流体的基本概念

1. 水静压强

处于静止状态的液体，其内部各质点之间、质点对容器的壁面，均有压力的作用。我们将静止液体内部各质点间作用的压力，以及液体质点对容器壁作用的压力叫作水静压力。静止液体作用在单位面积上的水静压力称为水静压强。

水静压强有两个很重要的特性：一是水静压强的方向垂直并指向作用面；二是静止液体中任意一点的水静压强不论来自哪个方向，其大小都相等。换言之，同一点的水静压强各向等值。

2. 稳定流动与不稳定流动

流体是由连续分布着的质点所组成的。根据流体运动时运动要素是否随时间变化，可以把流体运动分为稳定流(见图 1-30)和不稳定流(见图 1-31)两类。

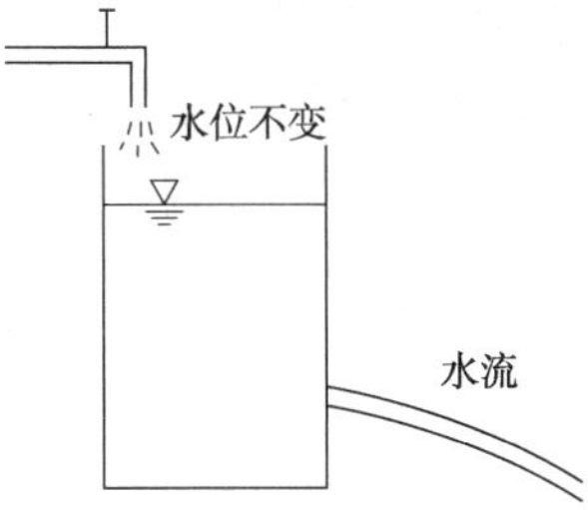

图 1-30　稳定流

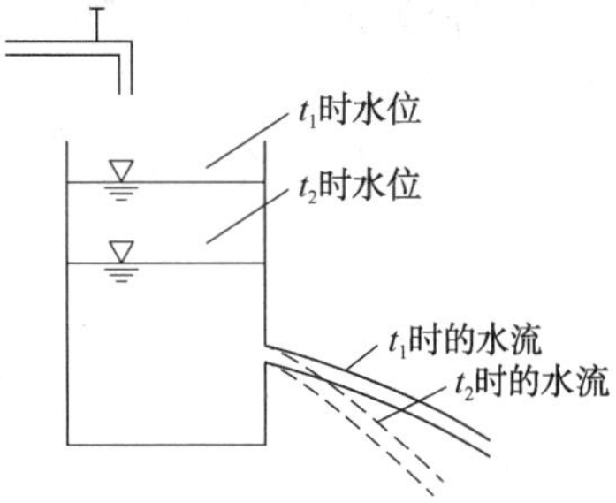

图 1-31　非稳定流

在一个盛水容器中，如果控制好进入及排出容器的水量，使容器内水面高度不变，流体中每一空间点处质点的运动要素均不随时间变化，只是不同位置处的运动要素才有所不同，那么在流场中流体质点通过空间点时所有的运动要素都不随时间变化。这种流动称为稳定流动。如果关闭进水阀则容器内水面将不断下降，这时通过空间点处流体质点运动要素的全部或部分要随时间改变，这种流动称为不稳定流动。

在实际工程中，遇到的问题绝大部分都是不稳定流动。但是，由于不稳定流动问题的复杂性给研究带来很大的困难，同时在实际工程问题中，有许多问题虽然是属于不稳定流动范畴，可是运动要素变化并不显著而接近于稳定流动，所以可将其作为稳定流动来处理。

3. 有效断面、流量和平均流速

流速或总流上垂直于流线的断面，称之为有效断面。因为所有的流线都垂直地通过它，所以沿有效断面上没有流体流动。有效断面可能是平面，也可能是曲面。例如等直径管路中，液流都沿着管轴方向，流线是一簇互相平行的直线，有效断面是平面；在喇叭形管嘴中，液流的有效断面是曲面。

单位时间内流经有效断面的流体量，称为流量。有两种表示方法：一种以单位时间通过的流体体积表示，称为体积流量，或习惯称为流量，记为 Q，其单位符号为 m^3/s，也常用 L/s 或 m^3/h 等辅助单位；另一种以单位时间通过的流体质量表示，称为质量流量，记为 G，其单位为 kg/s。这两种流量之间的换算关系为：

$$G=\rho Q \tag{1-9}$$

式中　ρ——流体密度。

体积流量等于断面平均流速 v 与有效断面面积 A 的乘积。反之，根据断面面积与体积流量，可求得断面平均流速。工程上所说的管道中流体的流速，便是指断面平均流速而言的。

4. 层流

流体流动时，如果质点没有横向脉动，不引起流体质点的混杂，而是层次分明，能够维持稳定的流束状态，这种流动状态称为层流。

5. 紊流

流体流动时，质点具有横向脉动，引起流层质点相互错杂交换，这种流动状态称为紊流。

6. 摩阻损失

在管路中流动的流体质点之间和质点与管路之间的摩擦所消耗的能量，称为管道摩阻损失。它有沿程摩阻损失和局部摩阻损失之分。沿程摩阻损失是油流通过直管段所产生的摩阻损失。局部摩阻损失是油流通过阀门、管件及有关的工艺设备等所产生的摩阻损失。

7. 水力坡降

单位长度的管道摩阻损失称为水力坡降，用 i 表示。

$$i=\frac{h_{\mathrm{f}}}{L} \tag{1-10}$$

式中 h_{f}——沿程摩阻损失，m；

i——水力坡降；

L——管长，m。

（二）水静力学基本方程式

将一侧壁上开有三个小孔的容器灌满水，然后把三个小孔的塞子同时打开，这时可以看到水流分别从三个小孔喷射出来（见图 1-32）。愈靠近容器底部的小孔，其水流喷射的愈远。这个现象说明水中不同深处的压强是不一样的，即压强随着水深度的变化而变化。

如图 1-33 所示，在静止液体中任取一点 M，该点在液面以下的深度为 h。

$$p=p_0+\rho gh \tag{1-11}$$

式中 p——静止液体中任一点 M 的水静压强，Pa；

p_0——液体上的压强，Pa；

ρ——液体的密度；kg/m^3；

g——重力加速度，m/s^2；

h——M 点距液面的铅垂深度，m。

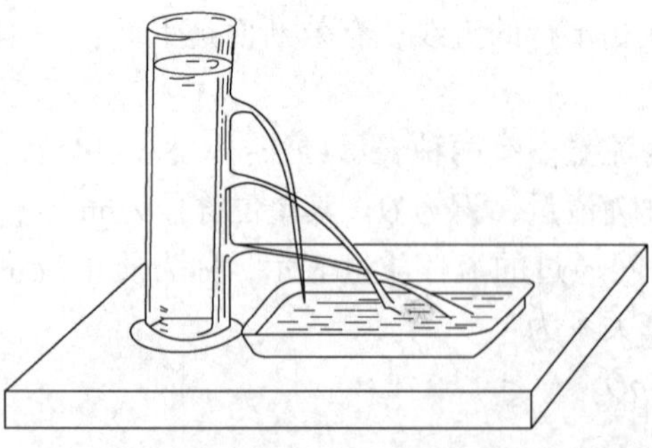

图 1-32 液体的压强与深度的关系示意图

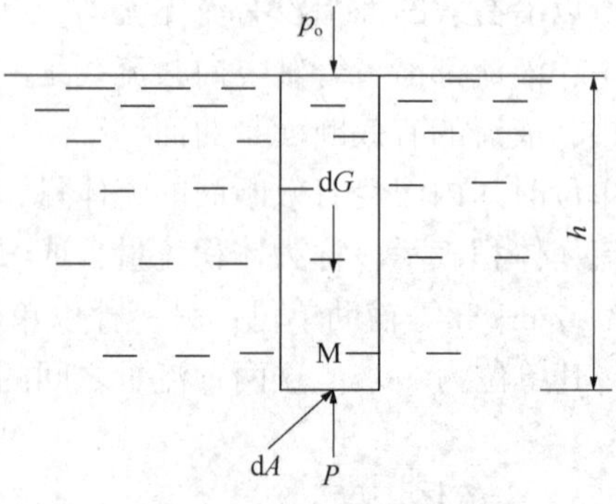

图 1-33 微小液柱示意图

公式(1-12)定量地揭示了静止液体中水静压强与深度的关系，反映了水静压强的分布规律，一般称为水静力学基本方程式。它表明：

（1）液体内任一点的压强 p 由两部分组成，一部分是液面上的压强 p_0，另一部分是由液柱的自重产生的压强 ρgh。液面上的压强是外力作用于液面上引起的。

（2）当液面压强 p_0 一定时，在同一种均质的静止液体中，水静压强 p 的大小与深度 h 之间呈直线规律变化。简言之，p 与 h 成正比。

（3）在同种均质的静止液体中，若各点距液面的深度相等，则各点的压强相等。由这些压强相等的点所组成的面，称为等压面。绝对静止液体中的等压面是水平面。

（4）由于液体内任一点的压强都包含液面上的压强 p_0，因此，液面压强 p_0 的任何变化都会引起液体内部所有液体质点上压强的相应变化，这种液面压强等值地在液体内部传递的规律，称为帕斯卡定律。

（5）根据水静力学基本方程式可得出液体不同深度任意两点（见图 1-34）之间的压强差：

$$p_2=p_1+\rho g(h_2-h_1)=p_1+\rho g\Delta h$$

上式说明液体内任意两点的压强差等于两点间的液柱高度产生的压强。

若取 0-0 为基准面，则 1 点与 2 点到该基准面的铅垂距离又可表示为 Z_1 与 Z_2，显然

$$\Delta h=h_2-h_1=Z_1-Z_2$$

整理得

$$z_1+\frac{p_1}{\gamma}=z_2+\frac{p_2}{\gamma} \tag{1-12}$$

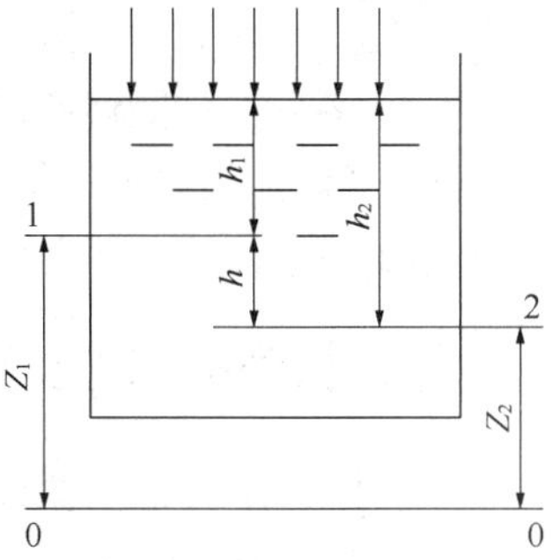

图 1-34　静止液体的压强示意图

上式是水静力学基本方程式的另一种表达形式。

水静力学基本方程式的应用条件是：绝对静止、均质、连续的液体。

（三）水动力学基本方程式

1. 总流的连续性方程式

连续性方程式是反映连续介质在流动时液量的数学关系式。以不可压缩液体为例，根据质量守恒定律可推导出总流的连续性方程式，即

$$u_1A_1=u_2A_2 \quad 或 \quad Q_1=Q_2 \tag{1-13}$$

式中　u_1、u_2——分别为总流过流断面 A_1 和 A_2 上的平均流速；

　　　Q_1、Q_2——分别为总流过流断面 A_1 和 A_2 上的流量。

总流的连续性方程式表明各个过流断面的面积与该断面上平均流速的乘积为一常数，或者说，总流的所有过流断面上的流量都是相等的。

2. 理想液体流速的伯努利方程式

$$Z_1+\frac{p_1}{\rho g}+\frac{u_1^2}{2g}=Z_2+\frac{p_2}{\rho g}+\frac{u_2^2}{2g} \tag{1-14}$$

式中　Z、$\frac{p}{\rho g}$——单位质量液体在重力作用下所具有的比位能和比压能；

　　　$\frac{u^2}{2g}$——单位质量液体在重力作用下的比动能。

此式称为理想液体稳定流流束的伯努利方程式，亦称为理想液体稳定流流束的能量方程式。

理想液体稳定流流束的伯努利方程式表明，液流同一流束的各断面上单位质量液体在

重力作用下总机械能为常数，也就是说液流任一断面的总机械能守恒，即

$$Z_1+\frac{p}{\rho g}+\frac{u^2}{2g}=C(\text{常数}) \tag{1-15}$$

3. 实际液体总流的伯努利方程式

公式(1-16)仅适用于理想液体而不适用于实际液体，实际液体由于液体与外界的摩擦和液体内部的摩擦，以及局部装置所引起的液流扰动，使得液体的机械能沿流动方向逐渐降低的，据此，实际液体流束的伯努利方程式为：

$$Z_1+\frac{p_1}{\rho g}+\frac{\alpha_1 u_1^2}{2g}=Z_2+\frac{p_2}{\rho g}+\frac{\alpha_2 u_2^2}{2g}+h_{w1-2} \tag{1-16}$$

式中 h_{w1-2}——表示流束上1、2两点间单位重量液体的能量损失。

α——动能修正系数。

实际液体总流的伯努利方程式是水力学中很重要的一个公式。它的适用条件共有五个：稳定流、不可压缩液体、流量沿流程不变、质量力只有重力、缓变流断面。

二、管道的水力计算

（一）流体流动阻力形成的原因

流体流动阻力产生的根本原因主要是由于流体本身具有的惯性和黏性。惯性力与黏性力的比可用雷诺数 Re 来表示，其表达式为：

$$Re=\frac{vd\rho}{\mu}=\frac{vd}{\nu} \tag{1-17}$$

式中 ρ——流体密度，kg/m^3；

μ——流体动力黏度，Pa·s；

ν——流体运动黏度，m^2/s；

v——平均流速，m/s；

d——管子内径，m。

紊流状态下，惯性力占主要地位，雷诺数较大；层流状态下，惯性力较弱，黏性力居主导地位，雷诺数较小，故常用雷诺数来判别流态。

当 $Re\leqslant2000$ 时，管内液体流态为层流；当 $2000<Re\leqslant3000$ 时，管内液体流态为层流到紊流的过渡状态；当 $Re>3000$ 时，管内液体流态为紊流。一般输液(低速气体)管路中，如果 $Re\leqslant2000$ 即认为是层流，如果 $Re>2000$ 即认为是紊流。

（二）管路水头损失(摩擦阻力)的计算

单位质量液体在重力作用下，整个流程中的总水头损失 h_w 等于该流程中沿程水头损失与局部水头损失之和，即： $h_w=h_f+h_j$

式中 h_w——液流在整个流程中的总水头损失；

h_f——液流在整个流程中的沿程水头损失；

h_j——液流在整个流程中的局部水头损失之和。

1. 沿程水头损失的计算

(1) 达西公式

用达西公式计算沿程水头损失(对层流和紊流都适用)：

$$h_f = \lambda \frac{L}{d} \cdot \frac{v^2}{2g} \tag{1-18}$$

式中 h_f——紊流状态时沿程水头损失，m；

λ——水力摩阻系数；

L——管线长度，m；

d——管内径，m；

v——液流平均速度，m/s；

g——重力加速度，取 9.8m/s^2。

水力摩阻系数 λ 随流态不同而不同，理论和实验都证明，λ 是雷诺数 Re 和管壁相对粗糙度 ε 的函数。

相对粗糙度：

$$\varepsilon = \frac{2e}{d} \tag{1-19}$$

式中 e——管壁的绝对当量粗糙度，m。

① 管壁的绝对当量粗糙度的确定

管壁的绝对粗糙度是指管子内壁凸起高度的统计平均值。由于制管及焊接、安装过程中的多种原因，管内壁难免是凹凸不平的。计算所用的多是绝对粗糙度的当量平均值，其数值与管材、管径、制管方法、使用年限和腐蚀程度等多种因素有关。

我国《输油管道工程设计规范》GB 50253—2014 中所推荐的管壁绝对当量粗糙度 e 设计取值为：无缝钢管，$e=0.06$mm；直缝钢管，$e=0.054$mm；螺旋缝钢管，$DN250\sim350$mm，$e=0.125$mm；$DN400$mm 以上时，$e=0.10$mm。

② 不同流态的摩阻系数的计算

流体在管道中的流态按雷诺数来划分，在不同流态区，水力摩阻系数 λ 值与雷诺数及管壁粗糙度的关系不同，我国目前常用的公式如表 1-33 所示。

表 1-33 不同流态的 λ 值

流态		划分范围	$\lambda=f(Re,\ \varepsilon)$
层流		$Re<2000$	$\lambda=\frac{64}{Re}$
紊流	水力光滑区	$3000<Re<Re_1=\frac{59.5}{\varepsilon^{8/7}}$	$\frac{1}{\sqrt{\lambda}}=1.8\lg Re-1.53$ $Re<10^5$ 时，$\lambda=0.3164Re^{-0.25}$
	混合摩擦区	$\frac{59.5}{\varepsilon^{8/7}}<Re<Re_2=\frac{665-765\lg\varepsilon}{\varepsilon}$	$\frac{1}{\sqrt{\lambda}}=-1.8\lg\left[\frac{6.8}{Re}+\left(\frac{\varepsilon}{7.4}\right)^{1.11}\right]$
	水力粗糙区	$Re>Re_2=\frac{665-765\lg\varepsilon}{\varepsilon}$	$\lambda=\frac{1}{(1.74-2\lg\varepsilon)^2}$

当雷诺数在 2000 以内时，流态为层流，液流的质点平行于管道中心轴线运动，水力摩阻系数 λ 仅与雷诺数 Re 有关，$\lambda=f(Re)$。

流态由层流转为紊流，是一种突变，突变的雷诺数值一般为 2000~3000。在该范围内流动状态很不稳定，通常应尽量避免在该区域工作。在该区内，λ 值尚无成熟的计算公式，暂按紊流光滑区计算。

（2）达西公式的综合式

使用达西公式计算沿程水头损失，由于 λ 是 Re 和 ε 的函数，很难分析各参数对水头损失的影响。对达西公式中的各参数进行重新整理，可得到达西公式的综合式：

$$h_{\mathrm{f}}=\beta\frac{Q^{2-m}\nu^{m}}{d^{5-m}}L \tag{1-20}$$

式中系数 m 和 β 根据不同流态由表 1-34 确定。其中，$A=10^{0.127\lg\varepsilon-0.627}$。

表 1-34　不同流态时的 m、β 值

流态	m	β	流态	m	β
层流	1	4.15	紊流混合摩擦区	0.123	0.0802A
紊流水力光滑区	0.25	0.0246	紊流水力粗糙区	0	0.0826A

热原油管道上最常见的流态是水力光滑区；轻油管道也多在水力光滑区；输送低黏油品的较小直径管道可能进入混合摩擦区；热重油管道的流态则以层流居多。

2. *局部水头损失 h_j 的计算*

实际管道都是由直管及管件、阀件等局部装置组成的。当液体流经这些局部装置时，由于流道形状及流动状态的变化，会产生局部水头损失。

（1）局部摩阻损失的计算

h_j 可用下式计算：

$$h_{\mathrm{j}}=\xi\frac{v^{2}}{2g} \tag{1-21}$$

式中　ξ——局部装置的局部阻力系数；

v——流速，一般表示液流通过局部装置以后的断面平均流速，m/s。

管件或阀件的阻力系数由实验测定。紊流状态下各种管件或阀件的 ξ 近似为常数。各种不同的局部装置的局部阻力系数可查有关资料，输油管道常用的局部装置在紊流状态下的局部阻力系数参见表 1-35。

表 1-35　输油管上常用的局部阻力

局部阻力	图式	$\frac{L_{当}}{D}$	ζ_0	局部阻力	图式	$\frac{L_{当}}{D}$	ζ_0
无保险门的油罐出口		23	0.50	通过三通		2	0.04
带保险门的油罐出口		40	0.90	通过三通	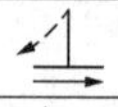	4.5	0.10
带起落管的油罐出口	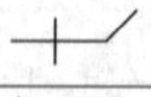	100	2.20	通过三通	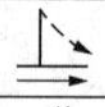	18	0.40
45°焊接弯头	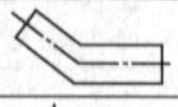	14	0.30	转弯三通	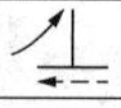	45	1.00
90°单折焊接弯头	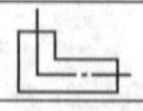	60	1.30	转弯三通		60	1.30
90°双折焊接弯头	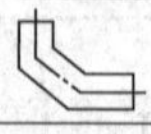	30	0.65	转弯三通	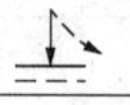	23	0.50
圆弯头 $R=3d$	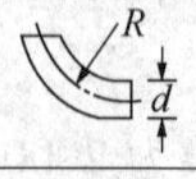	23	0.50	转弯三通		136	3.00
				转弯三通	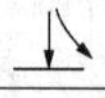	40	0.90
圆弯头 $R=4d$	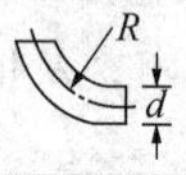	18	0.35	闸阀		18	0.40
				球心阀		320	7.00

续表

局部阻力	图式	$\frac{L_{当}}{D}$	ζ_0
转心阀		23	0.50
带滤网逆止阀	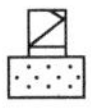	160	3.50
单流供给阀		360	8.00
单流保险阀	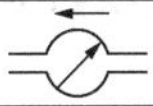	82	1.80
填料函式伸缩节		14	0.30
波纹式伸缩节	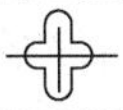	14	0.30
透明油品过滤器	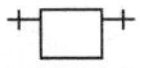	77	1.70
不透明油品过滤器	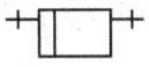	100	2.20

表 1-35 中的 ξ_0 是在 $\lambda=0.022$ 的紊流条件下得出的。因此，如果紊流时管道的沿程阻力系数为 λ，则需要根据下式将 ξ_0 换算成相应的 ξ。

$$\xi=\xi_0\frac{\lambda}{0.022} \tag{1-22}$$

当液体以层流状态运动时，局部阻力系数 ξ 随着雷诺数的不同而变化。一般情况下，可根据以下关系确定。

$$\xi_{层}=\phi\xi_0 \tag{1-23}$$

式中的 ϕ 表示与雷诺数 Re 有关的系数，参见表 1-36。

表 1-36　层流水力摩阻修正系数 ϕ 与 Re 的关系

Re	ϕ	Re	ϕ	Re	ϕ	Re	ϕ
2800	1.98	2000	2.83	1200	3.10	400	4.00
2600	2.12	1800	2.88	1000	3.21	200	4.40
2400	2.30	1600	2.95	800	3.35		
2200	2.48	1400	3.04	600	3.53		

（2）局部阻力的当量长度

如果局部水头损失与某管道的沿程水头损失相等，或局部阻力相当于某管道的沿程阻力，则该管道的长度称为局部阻力的当量长度，用符号 $L_{当}$ 表示，即

$$h_{\mathrm{j}}=\xi\frac{v^2}{2g}=\lambda\frac{L_{当}}{D}\frac{v^2}{2g} \tag{1-24}$$

或

$$L_{当}=\frac{\xi}{\lambda}D \tag{1-25}$$

管道系统中的某些设备（如流量计、加热炉、换热器等）可视为局部阻力源。其摩阻损失可查阅产品说明书，或直接向厂家查询。

（三）管道的水力计算

1. 简单管路

简单管路是工程中最常见的一种管路，也是复杂管路的基本组成部分。一般来说，短途无中间泵站的输油管线和长途两泵站间的管线都属于简单管路。油气站库从泵站到库区的管线以及库内干线也都是简单管路。

2. 串联和并联管路的水力计算

由不同长度、不同直径的管路依序连接的管段称为串联管路。自一点分离而又汇合到另一点处的两条以上的管路称为并联管路。

(1) 串联管路的特点

① 各联结点(称为节点)处流量平衡，即进入节点的总流量等于流出节点的总流量。

② 全线总的水头损失为各分段水头损失的总和，即

$$h_f = h_{f1} + h_{f2} + \cdots + h_{fi} = \sum h_{fi} \tag{1-26}$$

它反映了能量平衡。

串联管路是由简单长管组成的，其水力计算方法与简单长管的计算方法基本相同，只是需要考虑到串联管路的水力特点。

串联管路各管段的直径不同，当流体流量一定时，直径较大的管路其单位长度的水头损失(水力坡降)较小(见图 1-35)。因此，可在长输流管的某段上加大管路直径，降低水力坡降，达到延长输送距离的目的，同理，当输液距离及作用水头一定时，在输液管中串联一段直径较大的管路，可以增大液体的输送量。

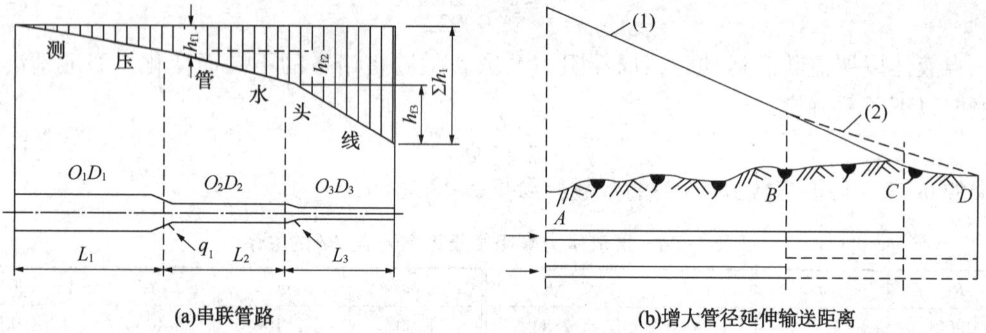

图 1-35 串联管路的特性示意图

(2) 并联管路的特点

① 进入各并联管的总流量等于流出各并联管流量的总流量，即 $Q = \sum Q_i$

② 各并联管内单位重量液体的能量损失(水头损失)都相同，即

$$h_f = h_{f1} = h_{f2} = \cdots = h_{fi} = \text{常数}$$

在输油管路上，常利用铺设并联的副管，以达到增大输送量和降低水头损失的目的。

总之，使用部分加大串联管径或部分铺设并联副管的方法，都是为了降低水力坡降，达到增大流量或延长输送距离，以减少中间泵站的目的。

三、传热学基础知识

传热学是一门研究热量传递规律的科学。它在管道输油领域得到了广泛的运用。热能由物体的一端传向物体的另一端或者由一个物体传向另一物体的过程称为传热过程。而这两个传热物体，称为热载体。

在油气集输过程中，每个环节都是与热能的传递分不开的，在加热炉给原油加热的过程中，总是希望得到较好的传热效果。而在原油的输送过程中，又力求减少热量的传递损失。因此，必须掌握热传递的一般规律来指导生产。

热能通常都是由比较热的载体传向较冷的载体，这是传热过程的一个规律。

热载体可以是气体、固体和液体。在传热过程中，温度较高放出热量的物体称为热载热体。而温度较低吸收热量的物体称为冷载热体。例如加热炉管对原油来说是热载热体，而炉管内的原油则是冷载热体。

传热过程中的两种热载体可以直接接触或通过中间介质来进行热量传递，如热传导、对流。也可以不借助任何介质进行热量传递，如辐射传热。因此，热传递有三种基本方式，即热传导、热对流和热辐射。

(一) 热传导

热传导是依靠物体的分子运动进行的。温度较高物体的分子具有较大的动能，温度较低的物体分子所具有的动能也较低，热量在固体中的传播实际上就是动能较大的分子将其动能的一部分传给邻近的动能较小的分子。

1. 热传导基本概念

(1) 热传导

两个相互接触的物体或同一物体的各部分之间，由于温度不同而引起的热传递现象，称为热传导，简称导热。物体内温度不同的各部分不发生相对位移是纯导热的主要特点。热传导仅依靠分子、原子及自由电子等微观粒子的热运动进行热量传递。导热现象不仅在固体和静止的流体中存在，在流动的流体中也同样存在。

(2) 热流密度

单位面积所传递的热量，称为热流密度(热流)。

(3) 稳定导热和不稳定导热

不随时间变化的导热，称为稳定导热。反之称为不稳定导热。

(4) 温度场

某瞬时物体内部各点的温度分布或温度的总计，称为该物体的温度场。不随时间而变的温度场，称为稳态温度场。反之，随时间而变的温度场为非稳态温度场。

(5) 等温面与等温线

在某一瞬时，温度场中具有相同温度的各点所构成的面称为等温面。等温面上任何一条线都称为等温线。等温面可以是平面也可以是曲面。等温线同样可以是直线或曲线。不同温度的等温面和等温线不会相交，因为在任一点上不可能具有两种不同的温度。物体内温度场通常用画等温面的方法来表示。

(6) 温度梯度

所谓温度梯度，就是相邻两等温面之间的温差与两等温面之间的法向距离比值的极限。温度梯度的数值，等于等温面法向单位距离上温度改变的数量，它表示温度变化的强度。

温度梯度是一种沿等温面法线方向的向量，由低温到高温的方向为正，反之为负。因为在同一等温面上，各处的温度是相同的，所以在同一等温面上没有热传递。热量只能由温度场的高温等温面向低温等温面传递，且热量的传递方向只能沿着等温面的法向进行。即导热的方向与温度梯度的方向相反。

(7) 导热系数

导热系数在数值上等于单位温度梯度所传导的热流密度，称为导热系数。当物质的种类一定时，影响导热系数的主要因素是温度和压力。其值与材料的几何形状无关，主要决定于材料的成分、内部结构、密度、温度、压力和含湿量等。一般来说，在物质三态中，固体的导热系数较大，液体次之，气体最小，导热系数通常根据实验确定，在实际应用时，有关材料的热传导系数可查相关的资料。

2. 热传导定律

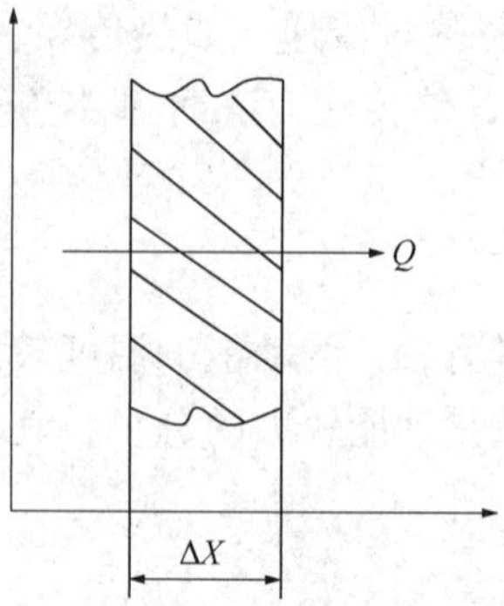

图 1-36 平壁内的热传导及温度分布

设有一平壁（如图 1-36 所示），左面有热烟气流过，右面有冷空气流过，则左边壁面的温度 t_1 必定大于右边壁面的温度 t_2，而且热量是从壁的左面传向右面。如果平壁的面积 F 很大，两个壁面上的温度又是均匀的，显然这时平壁内部的温度分布只能沿 X 方向变化，这样的温度分布叫一维温度场。

通过平壁的导热量 Q 与传热面积 F 成正比，与平壁左右两个表面上的温度差（t_1-t_2），成正比，与平壁的厚度 ΔX 成反比，这就是热传导定律。它是从实践中总结出来的。写成等式为：

$$Q=\lambda F\frac{t_1-t_2}{\Delta x} \tag{1-27}$$

式中 Q——导热量，W 或 kW；

λ——导热系数，W/(m·℃)；

F——平壁面积，m^2；

t_1-t_2——平壁两侧的温度差，℃；

Δx——平壁厚度，m。

将等式的两边都用面积 F 去除，便得：

$$q=\frac{Q}{F}=\lambda\frac{t_1-t_2}{\Delta x} \tag{1-28}$$

式中 q——热流，W/m^2 或 kW/m^2。

从上式可得出：热流等于平壁两面温度差被平壁厚度与导热系数的比值所除的商。当壁面两侧的温度已知时，壁面内部各点的温度可以用数学分析的方法来证明。对于平壁来说，在稳定导热且导热系数不随温度而变化时，壁面内部的温度分布为一直线。

（二）热对流

热对流是热交换三种基本形式之一。这里主要介绍无相变、空间为无限大时，各种流动方式下的对流换热，通过各种形状物体的传热计算等。

1. 热对流基本概念

(1) 热对流

流体由于宏观相对运动，把热量从某一区域移动到另一温度不同的区域时的热传递过程，称为热对流。显然，在热对流时表现为微观粒子间能量传递的导热依然存在。

(2) 对流换热

由于流体流动与温度不相同的壁面之间所发生的热传递过程，称为对流换热。根据流体是否存在相变，常把对流换热分为有相变和无相变两类。无相变的对流换热又分为强迫对流换热和自由对流换热。

(3) 强迫对流换热

由于外力引起流体流动而发生的对流换热，称为强迫对流换热。

(4) 自由对流换热

由于流体温差造成密度差，产生浮升力而使流体流动的现象，称为自由对流换热。自由对流换热因流体所处空间的大小可分为两类。一类是流体处于很大的空间中，因空间很大，流体自由对流不受干扰，称为无限空间中的自由对流换热。另一类是流体封闭在一个小空间的自由对流，称为有限空间中的自由对流换热。无限空间中的自由对流换热是一种较为普遍的现象，如各种炉子、热工设备、输送热流体的管道等在空气中的放热，均属于无限空间中的自由对流换热。

2. 对流换热的计算公式

对流换热过程中，热量的传递采用牛顿公式来计算为：

$$Q=\alpha(t_1-t_2)F\tau$$

用热流的形式表示为：

$$q=\frac{Q}{F\tau}=\alpha(t_1-t_2) \tag{1-29}$$

式中 q——热流，kW/m^2；

F——流体与固体壁面接触的表面积，m^2；

t_1——壁面温度，℃；

t_2——流体平均温度，℃；

α——放热系数，$kW/(m^2 \cdot ℃)$；

τ——换热时间，s。

放热系数 α 的大小决定于流体性质、流动速度及表面形状等因素，由实验来决定。

3. 影响放热系数的主要因素

（1）流体流动状态对放热系数的影响

从水力学知识可知，流体的流动存在着两种不同的状态层流和紊流，并用雷诺数 Re 来判断。流体的流动状态不同，传热的规律也不同，当处于层流时，从壁面向流体的传热只能依靠沿半径方向的导热作用，同一截面上流体温度沿半径方向的变化较大(如图 1-37a)所示。由于液体的导热系数较小，传热量相对来说小得多。但是，当流体是紊流状态时则不同图 1-37(b)所示，由于流体微团间的剧烈混合使热量传递大大强化，引起的热量转移比导热要大许多倍，紊流时半径方向热量传递的主要阻力集中在边界层内，所传递的热量在穿过这一薄层时要克服很大的热阻，大部分温度降就发生在这里。一旦穿过这一薄层，热量很快就被传递走了。对一定的流体，放热系数的大小主要取决于流体的流态，即雷诺数 Re 的大小，雷诺数越大，放热系数越大。

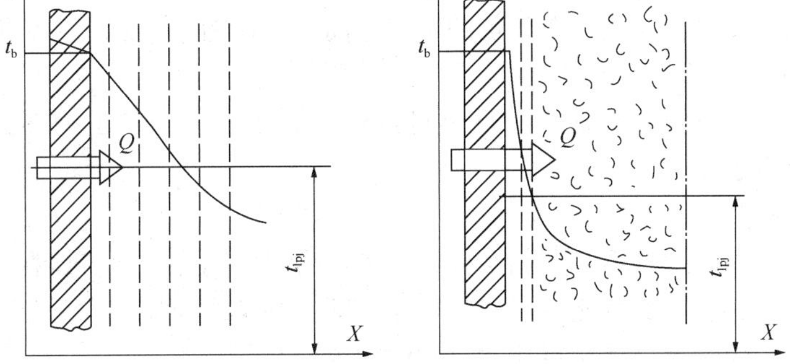

图 1-37 流体被加热时截面上的温度变化

t_b—壁温；t_{lpj}—流体平均温度；Q——传递的热量

(2) 流体流速对放热系数的影响

在紊流状态下流体的流速增高，层流底层厚度变薄，因此在层流底层中的流体导热热阻也就越小，导热增强。此外，当流体流速增高时，流体内部相对位移加剧，因此流体内部的对流也较激烈，由于对流换热是由层流底层的导热和流体内部对流放热所组成，所以当流体流速增高时，对流换热激烈，放热系数就大。

虽然提高流速能增强放热，但提高流速却增加了流体流动的阻力，流动阻力与流速平方成正比，若采用外力来驱动流体流速，则要消耗大量的动能，因此在工程上并不是片面地利用流速越高，放热越激烈的特点，而是综合考虑提高流速后，随着放热系数的增加动能也增加这种情况，选取适当的流体流速。

(3) 流体的导热系数 λ、比热容 c、密度 ρ 及流体的黏度对放热系数的影响

流体的导热系数 λ 大的流体，在层流底层厚度相同时，层流底层的导热热阻越大，则对流放热系数越大。

流体的 c 一般称为单位容积热容量，用以表示单位容积的流体当温度改变 1℃ 所需要的热量。c 值越大，即单位容积的流体温度变 1℃ 所需的热量就越多，载热能力就越强，因而增强了流体与壁面之间的热交换，提高了放热系数。

黏性是流体的一种物理性质，流体的黏性越大，则流体流过壁面时的滞止作用就大，在相同流速下，黏性大的流体，其层流底层的厚度较厚，因此减弱了对流换热，即放热系数较低。

（三）热辐射

热辐射是热量传递的三种基本方式之一，在生产实际中得到广泛的应用。这里主要介绍热辐射的基本概念。

1. 辐射

凡物体都会向外界以电磁波的形式发射携带能量的粒子(光子)，此过程称为辐射，发射的能量称为辐射能。这就是说，从宏观的角度，辐射是连续的电磁波传递能量的过程；而从微观角度，辐射是不连续的光子传递能量的过程。

2. 热辐射

我们把由于热的原因所发生的辐射称为热辐射或温度辐射，不同的辐射过程所遵循的规律是不同的。

热辐射与导热和热对流这两种热量传递的方式在本质上是不同的。当两个物体以热辐射的方式进行热量传递时，不仅有热量的转移，而且还伴随着辐射能和热能之间的转换。

3. 辐射换热

两个物体之间以热辐射的方式进行热量传递的过程，称为辐射换热。物体的温度越高，热辐射的能力越强。

辐射换热的特点是：

(1) 物体间的辐射换热不需要相互接触、也不需要中间媒质，可以在真空中进行。

(2) 辐射换热过程伴随有能量形式的转换，即：物体的内能在向外辐射的过程中变为辐射能，在被别的物体吸收后又重新变为物体的内能。

(3) 在辐射换热过程中，高温物体向低温物体辐射能量的同时，低温物体也向高温物体辐射能量，即使两个物体的温度相同，辐射换热仍在进行，只是一个物体辐射出去的能量等于它从旁的物体吸收的能量，从而处于动态平衡罢了。

四、管道的热力计算

（一）等温输送工艺

常温下，低黏、低凝原油一般不需要加热就可以用泵沿管道输送。在沿管道输送过程中，原油的温度接近于周围土壤温度，油流与土壤之间很少有热量交换，所以又称等温输送。油品沿管道输送时，只需克服油流与管壁及油流层间的摩擦力。油流在输送过程中所消耗的能量，由管线沿线设置的输油泵站逐段供给。

1. 泵站的工作特性

输油泵站的工作任务就是不断地向管道输入一定量的油品，并给油流供应一定的压力能，维持管内油品的流动。

输油泵站的压力能主要是由离心泵机组提供的，所以泵站的工作特性即是运行泵机组的联合工作特性。

泵站的工作特性，反映了泵站的扬程与排量之间的相互关系，即泵站的能量供应特性。泵站的排量就是输油管道的流量，泵站的出站压头（等于进站压头与泵站扬程之和减去站内摩阻）就是油品在管内流动过程中克服摩阻损失、位差和保持管道终点剩余压力所需要的能量。输油管道全线各泵站的能量供应之和必然等于全线管道的能量需求。为了保证完成输油任务，泵站的排量必须大于或等于任务流量。

2. 输油管道的压能损失

管道输油过程中压力能的消耗主要包括两部分，一是用于克服地形高差所需的位能，对某一确定的输油管道，它是不随输量变化的固定值；二是克服油品在管道中流动过程中的摩擦和撞击产生的能量损失，即摩阻损失。

长输管道的摩阻损失包括两部分，一是油流通过直管段所产生的摩阻损失，简称沿程摩阻；二是通过各种阀件和管件所产生的局部摩阻损失，简称局部摩阻。

3. 管道的工作特性

管道的工作特性系指管径、管长一定的某管道，输送性质一定的某种油品时，管道压降 H 随流量 Q 变化的关系。由管道压力能的计算公式可得下式：

$$H=\beta\frac{v^{m}L}{d^{5-m}}Q^{2-m}+\frac{8\xi}{\pi^{2}d^{4}g}Q^{2}+(Z_{Z}-Z_{Q})\qquad(1\text{-}30)$$

由于长距离管道上，局部阻力总是占很少的一部分，上式的第二项可以忽略不计。上式可用图 1-38 的曲线表示，该曲线就称为管道的工作特性曲线。当高程差 $\Delta Z=0$ 时，管道的特性曲线通过坐标原点。当 ΔZ 不为 0 时，纵坐标上的截距即为 ΔZ 值。当 $\Delta Z<0$，曲线由低于坐标原点 ΔZ 处开始。

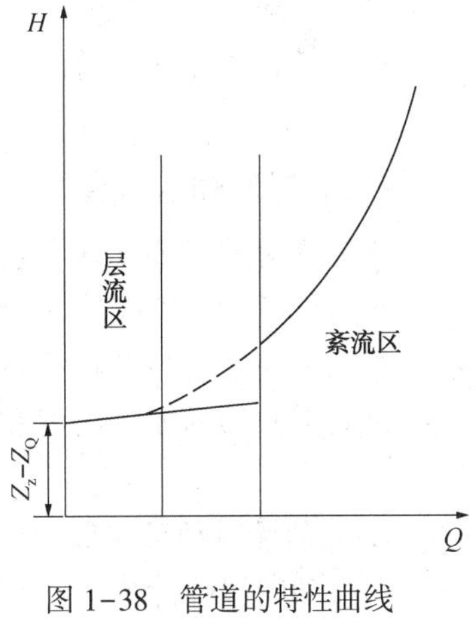

图 1-38　管道的特性曲线

（二）等温输油管道的工艺计算

1. 等温输送工艺计算参数

（1）计算温度

计算温度是指计算或查找油品密度、黏度等物理参数所根据的温度。在等温输送中，对于埋地管道，一般把管线埋深处的年平均地温作为计算温度。

(2) 油品黏度

油品黏度最好是根据计算温度从实验室测出的黏温关系曲线上查找。如果没有这类曲线，则按下列关系式计算。

黏温指数关系式

$$v_t = v_1 e^{-u(t-t_1)} \quad (1-31)$$

式中 v_t，v_1——分别是温度为 t、t_1 时油品的运动黏度，m^2/s；

u——黏温指数，1/℃。可根据两个已知黏度值 v_1、v_2 求得；

$u = \frac{1}{t_2 - t_1} \ln \frac{v_1}{v_2}$，其中 $t_1 < t < t_2$。

(3) 油品密度

一般实验室提供 20℃时的密度，计算温度下的密度由下式换算

$$\rho_t = \rho_{20} - \alpha(t - 20) \quad (1-32)$$

式中 ρ_t——温度 t 时的密度，kg/m^3；

ρ_{20}——温度 20℃时的密度，kg/m^3；

α——温度修正系数，$kg/(m^3 \cdot ℃)$，$\alpha = 1.825 - 0.001315\rho_{20}$。

(4) 设计流量

设计任务书中给定的任务输量为每年若千万吨，工艺计算时应换算成计算温度下的体积流量 $Q((m^3/s)$。考虑到管道维修及事故等因素，设计时年输油时间按 350 天计算。

2. 水力坡降线

管道的水力坡降就是单位长度管道的摩阻损失，可表示为

$$i = \frac{h_1}{L} = \beta \frac{Q^{2-m} v^m}{d^{5-m}} \quad (1-33)$$

水力坡降与管道长度无关，只随流量、黏度、管径和流态不同而不同。

对于长距离输油管道，如果水力坡降 i 已知，全线的压头损失可表示为

$$H = iL + \Delta Z \quad (1-34)$$

(三) 热油输送管道的工艺计算

热油管道的工艺计算应包括两部分：水力计算和热力计算。

水力计算所要解决的问题跟等温输送一样，主要是确定管径的大小和泵站数，解决压能供给和消耗之间的平衡问题，以确保完成规定的输油任务。热力计算所要解决的问题，主要是确定原油的加热温度和加热站数，也就是合理地解决热能供给与散失之间的平衡问题。

1. 热油管道的沿程温降计算

(1) 轴向温降计算式

某两加热站间的一条热油管道，设原油的质量流量为 G，起点油温为 T_R，管道的总传热系数为 K，周围介质温度为 T_0，管道外直径为 D，则距管道起点 L 处的油温可用苏霍夫公式计算：

$$\ln \frac{T_R - T_0}{T_L - T_0} = \frac{K\pi DL}{Gc} \quad (1-35)$$

或

$$T_L=T_0+(T_R-T_0)e^{-\frac{K\pi D}{Gc}L} \tag{1-36}$$

式中　T_R——管路起点油温,℃;

T_L——距起点 L 处的油温,℃;

T_0——周围介质温度，其中，埋地管道取管中心埋深处自然地温,℃;

D——管道外直径，m;

L——管道加热输送的长度，m;

G——原油质量流量，kg/s;

c——原油平均温度下的比热容，J/(kg·℃);

K——管道的总传热系数，W/(m^2·℃)。

(2) 温降计算公式的应用

苏霍夫公式在热油管道的设计、生产管理中得到了广泛的应用，设计及运行中可以用于:

① 当 K、G、D、T_0及加热站进、出口油温 T_Z和 T_R已选定时，确定加热站的间距 l_R;

$$l_R=\frac{Gc}{K\pi D}\ln\frac{T_R-T_0}{T_Z-T_0} \tag{1-37}$$

② 在加热站间距 l_R一定的情况下，当 K、G、D、T_0一定时，确定为保持要求的终点温度 T_Z所必须的加热站的出口温度 T_R;

$$T_R=T_0+(T_Z-T_0)e^{\frac{K\pi Dl_R}{Gc}} \tag{1-38}$$

③ 在加热站间距 l_R一定的情况下，当 K、G、D、T_0、T_R一定时，求终点温度 T_Z;

$$T_Z=T_0+(T_R-T_0)e^{-\frac{K\pi D}{Gc}l_R} \tag{1-39}$$

④ 当 K、D、T_0一定时，在加热站的间距 l_R、加热站最高出口油温 T_{Rmax}和允许的最低进站温度 T_{Zmin}已定的情况下，确定热管道的允许最小输量 G_{min};

$$G_{min}=\frac{K\pi Dl_R}{c\ln\frac{T_{Rmax}-T_0}{T_{Zmin}-T_0}} \tag{1-40}$$

式中　T_{Rmax}——出站油温的允许最高值,℃;

T_{Zmin}——进站油温的允许最低值,℃。

⑤ 热油管道运行时，可反算实际的总传热系数 K，以判断管道的散热及结蜡情况。

$$K=\frac{Gc}{\pi Dl_R}\ln\frac{T_R-T_0}{T_Z-T_0} \tag{1-41}$$

(3) 热油管道的总传热系数 K

热油管道的总传热系数 K 系指当油流与周围介质的温差为 1℃时，单位时间内通过每平方米传热表面所传递的热量。K 越大，表示油流对周围介质的散热越强；反之，K 越小，表示油流对周围介质的散热越弱。在确定热油管道的沿线温降时，K 值是关键参数。

对于无保温层的大直径(500mm 以上)管道，可忽略内外径的差值，K 值可近似按下式计算:

$$K=\frac{1}{\frac{1}{\alpha_1}+\sum\frac{\delta_i}{\lambda_i}+\frac{1}{\alpha_2}} \tag{1-42}$$

式中　α_1——油流到管内壁的放热系数，W/(m^2·℃);

λ_i——第 i 层(结蜡层、钢管壁、防腐绝缘层等)的导热系数，W/(m·℃)；

δ_i——第 i 层的厚度，m；

α_2——管道最外层到周围介质的放热系数，W/(m²·℃)。

对于有保温层的管道，不能忽略内外径的差异。此时可用单位管长的总传热系数 K_L(表示油流与周围介质的温差为1℃时，单位时间内通过每米管长所传递的热量)来代替 K，即 $K_L=K\pi D$。

$$K_L=\frac{1}{\frac{1}{\alpha_1\pi d}+\sum\frac{1}{2\pi\lambda_i}\ln\frac{D_i}{d_i}+\frac{1}{\alpha_2\pi D_W}} \tag{1-43}$$

式中　d——管线内径，m；

D_i——第 i 层的外径，m；

d_i——第 i 层的内径，m；

D_W——最外层的管外径，m；

D——管径，m。如果 $\alpha_1 \gg \alpha_2$，D 取外径；如果 $\alpha_1 \approx \alpha_2$，$D$ 取平均值，即内外直径之和的一半；如果 $\alpha_1 \ll \alpha_2$，D 取内径。

在实际生产中很少采用通过计算方法确定总传热系数 K 的做法。我国输油管道工艺设计规范指出：在设计埋地热输管道中应采用反算法确定总传热系数。根据运行中热油管道较稳定工况的运行参数，代入温降公式中反算得出 K 值。从大量计算值中总结出 K 值的变化范围。设计时参照稳定的 K 值并适当加大，作为新设计管道的总传热系数。这样既可以照顾投产时加热能力需求较大的要求，又不致使加热炉容量过大。

2. 热油管道的水力计算

(1) 热油管道摩阻的计算特点

① 热油管道的单位长度上的摩阻(即水力坡降)不是定值。这是因为热油在管道中流动时，沿线的油温不断下降，黏度不断升高，因此水力坡降不断升高。

② 必须先进行热力计算，才能进行水力计算。水力计算时要用到原油的黏度值，而原油的黏度值与其温度有关，所以必须先进行热力计算，确定了热油沿线的温度情况才能进行水力计算。

③ 热油管道的水力计算是以加热站间距作为一个计算单元。因为只有在一个加热站间原油的温度变化才是连续的，从而原油的黏度变化也是连续的。

(2) 计算热油管道摩阻的方法

常用的热油管道的摩阻计算有平均油温计算法和分段油温计算法。这里介绍平均油温计算法。

如果加热站间起终点温度下的原油的黏度相差不超过1倍左右，且管道的流态在紊流光滑区，总传热系数基本一致，那么可按起终点平均温度下的原油黏度来计算一个加热站间的摩阻。具体步骤为：

计算加热站间的油流的平均温度 T_{pj}；

$$T_{pj}=\frac{1}{3}T_R+\frac{2}{3}T_Z \tag{1-44}$$

式中　T_R，T_Z——管路起、终点的油温，℃；

T_{pj}——平均温度，℃。

由原油黏温曲线查出温度为 T_{pj} 时的原油黏度 v_{pj}；

计算一个加热站间的摩阻 h_R

$$h_R = \beta \frac{Q^{2-m} v_{pj}^m}{d^{5-m}} l_R \tag{1-45}$$

这是我国工程上目前常用的简化方法。简化后，由于将站间的油流黏度用一个不变的黏度值代替，加热站间水力坡降线简化为一直线。使热力和水力计算简单，布站方便。当管道流态在紊流光滑区(含蜡原油加热输送时多在此区域)，摩阻与黏度的 0.25 次方成正比，当大口径管道的加热站间温降不很大时，这种简化方法在工程设计上是可行的。

第二章　油气集输设备

第一节　容器的基本知识

一、压力容器的参数

容器通常分为常压容器和压力容器两种，一般由壳体、端盖、法兰、接管、支座等零部件组成。油田上常用的常压容器有拱顶式油罐、浮顶油罐等。

压力容器是为盛装气体或者液体，承受一定压力的密闭设备。

压力容器的设计压力、设计温度、公称直径和容器壁厚等技术参数是压力容器设计、选材、制造和使用与检验修理等方面的重要依据。

(一) 工作压力和设计压力

1. 压力

压力是垂直均匀地作用于物体表面单位面积上的力。在物理学中称压强，工程上习惯称为压力，单位为 MPa。

2. 表压

用测量压力的仪表所测出的压力值为表压，是表上显示压力的简称。表压只是表明容器内压力高于周围大气压的差值。

3. 工作压力

工作压力也称最高工作压力，是指在正常工作情况下，容器顶部可能达到的最高压力，即标注在产品铭牌上的压力。

4. 设计压力

设计压力是指设定的容器顶部最高压力，与相应的设计温度一起作为设计载荷条件，其值不低于工作压力。设计压力需标注在产品铭牌上。

(二) 温度

1. 介质温度

介质温度是指容器内工作介质的温度，可以用温度仪表测得。

2. 金属温度

金属温度是指容器受压元件沿厚度截面的平均温度。在任何情况下元件金属的表面温度不得超过钢材的允许使用温度。

3. 设计温度

设计温度是指容器在正常工作情况下，设定元件的金属温度(沿元件金属截面的温度的平均值)。设计温度和设计压力一起作为设计载荷条件。设计温度需标注在产品铭牌上。

(三) 公称直径

压力容器的公称直径是按容器的零部件标准化系列而选定的壳体直径，用符号 DN 加数字表示，单位为 mm。应该注意的是，焊接的圆筒形容器，公称直径是指它的内径。而用无缝钢管制作的圆筒形容器，公称直径是指它的外径。

(四) 压力容器的容积

压力容器的容积是指容器内壁面所包围的体积，应标注在产品铭牌上。

二、压力容器的分类

压力容器主要为圆柱形，少数为球形或其他形状。圆柱形压力容器通常由筒体、封头、接管、法兰等零件和部件组成，压力容器工作压力越高，筒壁就应越厚。

(一) 按压力等级分类

压力容器可分为内压容器与外压容器。内压容器又可按设计压力大小分为四个压力等级，具体划分如下：

低压容器(代号 L)：$0.1\text{MPa} \leqslant p < 1.6\text{MPa}$

中压容器(代号 M)：$1.6\text{MPa} \leqslant p < 10.0\text{MPa}$

高压容器(代号 H)：$10.0\text{MPa} \leqslant p < 100\text{MPa}$

超高压容器(代号 U)：$p \geqslant 100\text{MPa}$

(二) 按容器在生产中的作用原理分类

反应压力容器(代号 R)：用于完成介质的物理、化学反应。

换热压力容器(代号 E)：用于完成介质的热量交换。

分离压力容器(代号 S)：用于完成介质的流体压力平衡缓冲和气体净化分离。

储存压力容器(代号 C，其中球罐代号 B)：用于储存、盛装气体、液体、液化气体介质。

在一种压力容器中，如同时具备两个以上的工艺作用原理时，应按工艺过程中的主要作用来划分品种。

(三) 按安装方式分类

1. 固定式压力容器

固定式压力容器是指固定安装和使用地点，工艺条件和操作人员也较固定。

2. 移动式压力容器

移动式压力容器使用时不仅承受内压或外压载荷，搬运过程中还会受到由于内部介质晃动引起的冲击力，以及运输过程带来的外部撞击和振动载荷，因而在结构、使用和安全方面均有其特殊的要求。

上面所述的几种分类方法仅仅考虑了压力容器的某个设计参数或使用状况，还不能综合反映压力容器的危险程度。压力容器的危险程度还与介质危险性及其设计压力 p 和全容积 v 的乘积有关，pv 值越大，则容器破裂时爆炸能量越大，危害性也越大，对容器的设计、制造、检验、使用和管理的要求越高。

（四）按安全技术管理分类

《压力容器安全技术监察规程》采用既考虑容器压力与容积乘积大小，又考虑介质危险性以及容器在生产过程中作用的综合分类方法，以有利于安全技术监督和管理。

该方法将压力容器分为三类：第三类压力容器、第二类压力容器、第一类压力容器。

1. 第三类压力容器

具有下列情况之一的，为第三类压力容器：

（1）高压容器。

（2）中压容器（仅限毒性程度为极度和高度危害介质）。

（3）中压储存容器（仅限易燃或毒性程度为中度危害介质，且 pv 乘积不小于 10MPa · m^3）。

（4）中压反应容器（仅限易燃或毒性程度为中度危害介质，且 pv 乘积不小于 0.5MPa · m^3）。

（5）低压容器（仅限毒性程度为极度和高度危害介质，且 pv 乘积不小于 0.2MPa · m^3）。

（6）高压、中压管壳式余热锅炉。

（7）中压搪玻璃压力容器。

（8）使用强度级别较高（指相应标准中抗拉强度规定值下限不小于 540MPa）的材料制造的压力容器。

（9）移动式压力容器，包括铁路罐车（介质为液化气体、低温液体）、罐式汽车（液化气体运输（半挂）车、低温液体运输（半挂）车、永久气体运输（半挂）车）和罐式集装箱（介质为液化气体、低温液体）等。

（10）球形储油罐（$\geq 50m^3$）；低温液体储存容器（$>5m^3$）。

2. 第二类压力容器

具有下列情况之一的，为第二类压力容器：

（1）低压容器（仅限毒性程度为极度和高度危害介质）。

（2）低压反应容器和低压储存容器（仅限易燃介质或毒性程度为中度危害介质）。

（3）低压管壳式余热锅炉。

（4）低压搪玻璃压力容器。

3. 第一类压力容器

除上述规定以外的低压容器为第一类压力容器。

三、压力容器的安全附件

1. 安全阀

容器内压力高时可自动排出一定数量的介质以减压；当容器内的压力恢复正常后，阀门自行关闭。

2. 爆破片

爆破片装置是不能重复闭合的泄压装置，由入口处的静压力启动，通过受压膜片的破裂来泄放压力。

3. 安全阀与爆破片装置的组合

可采用安全阀与爆破片装置并联组合，安全阀进口和容器之间串联安装爆破片装置，安全阀出口侧串联安装爆破片装置三种组合方式。

4. 爆破帽

超压时其薄弱面发生断裂，泄放出介质以减压；爆破后不可再用，必须更换。

5. 易熔塞

属于“熔化型”（“温度型”）安全泄放装置，容器壁温度超限而动作，主要用于中压、低压的小型压力容器（如液化气钢瓶）。

6. 紧急切断阀、减压阀

紧急切断阀通常与截止阀串联安装在紧靠容器的介质出口管道上，以便在管道发生大量泄漏时进行紧急止漏；一般还具有过流闭止及超温闭止的性能。减压阀间隙小，介质通过时产生节流，压力下降，用于将高压流体输送到低压管道。

7. 压力表

压力表指示容器内介质压力，是压力容器的重要安全装置。

8. 液位计

液位计又称液面计，用来观察和测量容器内液位位置变化情况。特别是对于盛装液化气体的容器，液位计是一个必不可少的安全装置。

9. 温度计

温度计用来测量压力容器介质的温度，对于需要控制壁温的容器，还必须装设测试壁温的温度计。

四、容器接地装置

（一）安装技术要求

（1）固定容器、设备、管道其防雷接地装置的刚性导体引下线，宜采用镀锌扁钢制成，扁钢厚度不小于4mm，宽度不小于40mm，当采用镀锌圆钢时，其直径大于10mm。

（2）固定容器、设备、管道的防静电接地引下线，宜选用厚度不小于4mm，宽度不小于25mm的镀锌扁钢或直径不小于10mm的圆钢制作。

（3）引下线应取最短途径，并避免死弯。

（4）一台设备多点接地时，应设过渡连接的断接卡子。

（5）断接卡子应设在引下线至接地体之间。

（6）断接卡子宜水平安装，距地坪高度以上拆装方便而定。

（7）断接卡子与上下两端采用搭接焊连接，焊接处不应有夹渣、气孔、咬边及未焊透现象，搭接长度应为扁钢宽度的两倍。

（8）断接卡子采用配锁紧螺母或弹簧垫圈的M10×30（镀锌）螺栓紧固，连接金属面应除锈、除油污。

（9）测试点要标示明显。

（二）安全检查规定

（1）金属储油罐、非金属储油罐的防雷、防静电设计应符合设计规范。

（2）金属油（气）储油罐罐体应设有固定式防雷、防静电接地装置，其接地电阻值应不大于10Ω。接地点沿罐底周边每30m不少于一个，但周长小于30m的单罐接地点不少于两个。

（3）油罐上的温度、液位等仪表测量装置，采用铠装电缆或钢管配线，电缆外皮或配线钢管与罐体为电气连接。铠装电缆的埋地长度大于50m。

（4）地上非金属油罐应设有独立避雷装置。油罐的金属附件与罐体外露金属件为电气连接并接地。未做电气连接时，整个罐顶应采用直径不小于8mm的圆钢做成不大于6m×6m的钢网加以铺盖并接地。罐内设置的防静电导体应引至罐外接地，并与油罐金属管线连接，其接地电阻值不大于10Ω。

（5）覆土油罐的罐体及罐室的金属构件，以及呼吸阀、量油孔等金属附件，为电气连接并接地，其接地电阻值不大于10Ω。

（6）浮顶罐的浮船与罐壁之间应有两根截面积不小于25mm^{2}的软铜线作电气连接。

（7）球形储油罐体应设有防雷防静电接地装置，接地点沿球体外围均匀布置，其间距不大于30m，接地电阻值应不大于10Ω。

（8）油、气集输生产装置中的立式和卧式金属容器（三相分离器、电脱水器、缓冲罐等）的本体至少设有两个防静电接地装置，接地点分别设在卧式容器前后封头底部及立式容器两侧地脚螺栓位置，接地电阻值应不大于10Ω。

（9）各种储油罐顶部附件（机械呼吸阀、液压安全阀、阻火器等）的对接法兰必须用直径不少于6mm（截面积不小于29mm^2）的铜线跨接。

（10）油罐罐口检尺量油及定期取样的量油尺、取样器、温度计应采取措施接地，所用的绳索应采用电阻率小于$10^8\Omega \cdot cm$的天然纤维材料。

（11）高架罐（原油罐、成品油罐、燃油罐）的罐体必须设置两处以上防雷防静电接地装置，接地电阻值不大于10Ω。

（12）钢油罐的防雷接地装置可兼作防静电接地装置。

第二节　油气水分离设备

一、油气水分离机理

根据油气分离机理的不同，目前常用的分离方法有重力分离、碰撞分离和离心分离等。

（一）重力分离

重力分离的原理是利用原油与天然气的密度不同，在相同条件下所受地球引力不同的原理进行分离的。这是目前所用的最基本的油气分离方法。实现重力分离的基本途径是使油气混合物所处的空间增大，压力降低，溶于原油中的天然气在重力差的作用下分离出来。其分离过程如图2-1所示。

（二）碰撞分离

碰撞分离是根据分子运动的机理，在油气分子运动的碰撞接触过程中进行的。这种分离方法，主要用于从天然气中除油，是一种辅助的油气分离方法。常用的如各种分离器中的除雾器，图2-2是一种过滤式油气分离器。当含微量液体的天然气通过分离器的滤管时，发生碰撞作用，使雾状分散于气体中的原油聚结成较大的油滴从气体中分离出来。

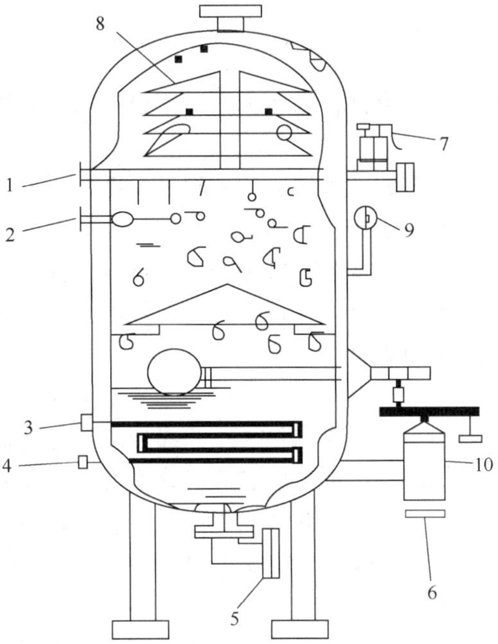

图 2-1　油气重力分离原理

1—天然气出口；2—油气混合物入口；3—加热器热源入口；4—加热器热源出口；

5—排污口；6—原油出口；7—安全阀；8—除雾器；9—压力表；10—液面控制装置

（三）离心分离

离心分离是利用油气混合物作回转运动时产生的离心力进行油气分离的。其分离过程如图 2-3 所示。这种分离方式，常作为辅助手段，用在重力式油气分离器的入口作为分流器。

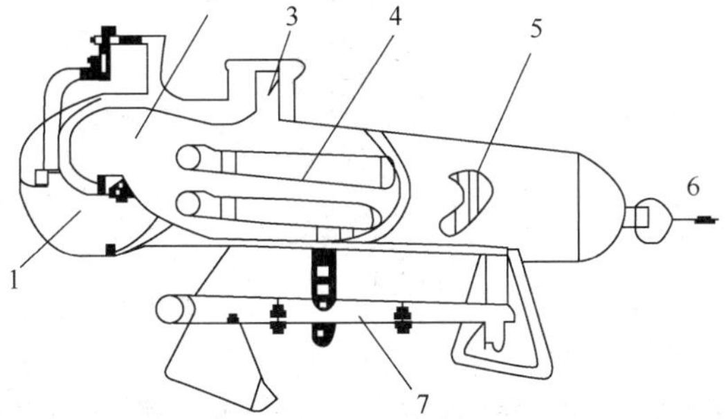

图 2-2　过滤式油气分离器

1—封头；2—入口分离器；3—气体入口；

4—滤管；5—除雾器；6—气体出口；7—液体出口

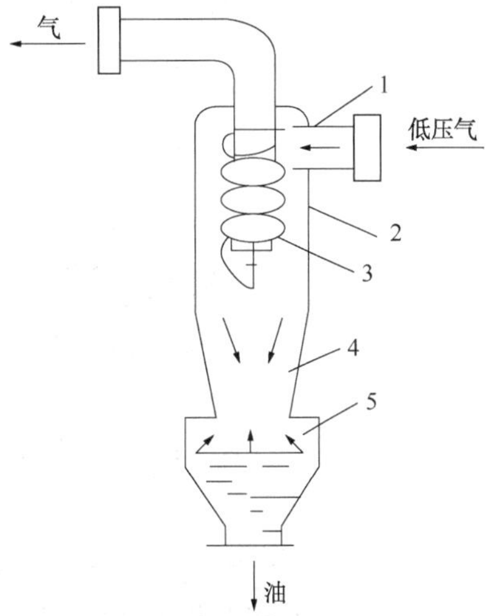

图 2-3　离心式油气分离原理

1—油气入口短管；2—圆筒部分；

3—气体出口管；4—锥筒部分；5—集流部分

二、油气水分离设备结构

常用的油气水分离设备，其结构主要由主体容器、分离部分、液面控制、压力控制和加热器等五部分组成。

1. 主体容器

主体容器是分离器的最基本部件，它所承受的压力决定了分离器的工作压力，它的尺寸决定了分离器的处理能力。

主体容器是由具有蝶形头盖的圆筒制成的，除了大直径以外，多用管材制成圆筒，其强度计算和压力容器一样。容器上连接有油气混合物的入口管、天然气排出口、原油排出管、排污管和安全阀等。分离器经常会有机械杂质和石蜡的沉积，需及时清扫，因而要有能进行清理的开口，大容器通常留有人孔，小容器则采用手孔。另外，还要有控制液面的接口、加热器热源进出口和压力表管嘴等。

2. 分离部分

分离部分包括初次分离、主要分离和除雾器三部分，它直接影响油气分离的质量。

(1) 初次分离部分：油气混合物首先经过入口分流器进入分离器，入口分流器对分离器的分离性能有着重要影响。入口分流器的主要功能为：①减小流体动量，有效地进行气液初步分离；②尽量使分出的气液在各自的流道内分布均匀；③防止分出液体的破碎和液体的再携带。

人们设计过多种多样的分流器，有窄缝式、碰撞式、稳流式、叶片式和旋流式等，如图 2-4 所示。

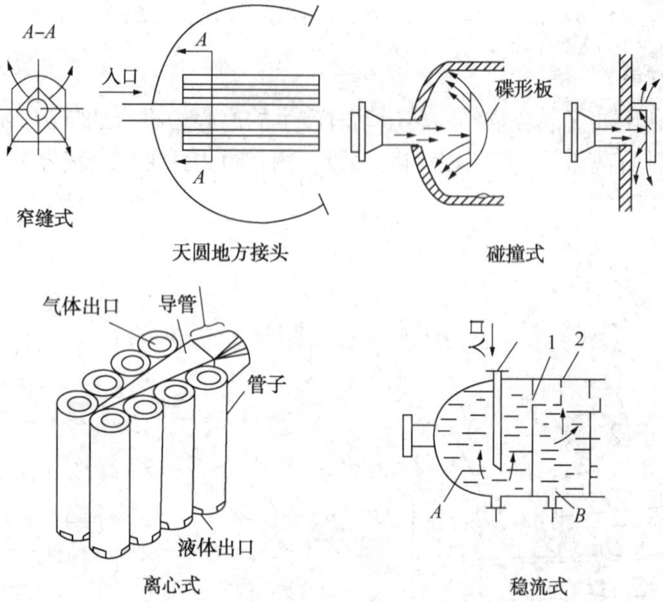

图 2-4　入口分流器

① 窄缝式分流管为两头封闭的水平管，沿管长度方向有多条窄缝，油气混合物经窄缝流出得到气液初步分离。

② 碰撞式分流器使油气混合物碰撞在碟形或锥形板上，迅速改变流体方向和速度，使油气初步分离。碟形和锥形板造成的湍流度要小于平板和角钢式分流器。

③ 旋流式分流器依靠油气混合物自身能量产生旋转运动，由离心力使油气分离，如立式分离器的切向入口。旋流式适合于气油比大的油气混合物，入口流速应达到 6m/s 以上，并可减少原油发泡。

④ 稳流式分流器的油气混合物进入接收室 A 底部，油气经溢流板 1 上方进入疏流室 B，含气原油经开有许多小孔的疏流板时，气泡(油滴)表面积增大，易于破裂(被疏流板润湿表面聚结)而进入气相(下淌至集液区)。

立式分离器的入口管一般装在分离器高度 2/3 处，也就是稍高于最高液面处，这是为了保证气体有一定的上升距离，同时还要给液体留有一定的容积，以保证它在分离器中有足够的停留时间。而卧式分离器进口管一般装在一端蝶形头盖的上半部，入口处也设置碰撞分离部件，以改变油气混合物的流动方向，降低气体流速，使大量液体降落到盛液段。

(2) 主要分离部分：指主体容器本身，它的作用是在气体流速大大降低后，利用沉降分离把直径 100μm 以上的油滴最大限度地从气体中分离出来。在立式分离器中，为使气体流速降低，减少紊流影响，满足气体上升和液体沉降两方面要求，分离器本身要有足够大的直径和高度，一般不必再加设其他构件。在卧式分离器中，为了改变气体的紊流状态，要在主要分离部分加设导流板。导流板的形状各种各样，但原理都相同：当含有油滴的气体通过时，导流板表面湿润，以吸引细小的油滴，使其在表面聚结；另外，气流通过导流板时，使其紊流减小，更有利于油滴的沉降；再者，由于加设了导流板，使油滴重力沉降距离变小，油滴迅速在板上聚结，最后沉降到盛液段。

(3) 除雾器：主要是利用碰撞原理和离心原理，把初次分离和沉降分离后仍留在气体中的细小油滴除去。要求这种部件在满足分离要求的前提下，结构要简单，气体通过时的压降要小。除雾器的类型很多，折板式除雾器、丝网除雾器和填料式除雾器、叶片式除雾器等。

① 折板式除雾器：图 2-5 所示，是利用碰撞、聚结分离的原理。携带油滴的气体进入一组间距很小、流道曲折的板组，气体被迫绕流。由于气流方向的改变和液滴的惯性，使油滴碰到经常润湿的板组结构表面上，与表面上的液膜聚结成较大液滴，靠重力沉降至集液部分。板组内气体流通面积不断地改变，在面积小的流道中，雾滴随气流提高了速度，获得产生惯性力的能量。气流在除雾器中不断改变方向，反复改变速度，造成雾滴与结构表面的碰撞、聚结机会，从气流中分离出油滴。

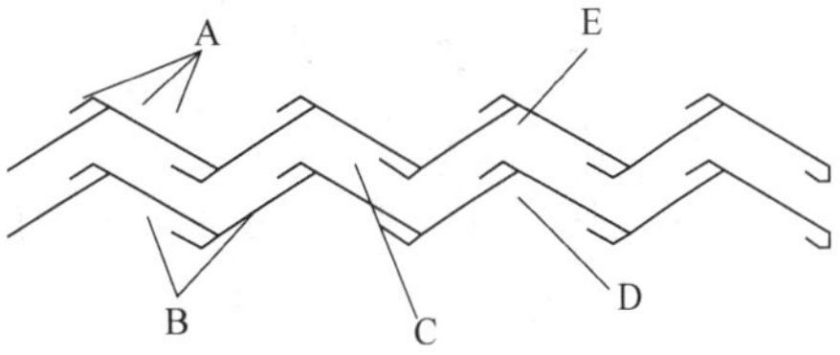

图 2-5 折板式除雾器

A—碰撞；B—改变流向；C—改变流速；D—油滴凝聚；E—液体捕集槽

折板式除雾器可水平或垂直安装，由捕雾器分出的液体汇集后通过降液管进入分离器的集液部分。板组的厚度常为 150~300mm，板间距 7~37mm，由碳钢、不锈钢、聚氯乙烯或聚丙烯制成，压降为 75~200mm 水柱。

折板式除雾器的优点是价格低廉，不易被蜡、固体杂质堵塞，适用于处理较脏的气体。但应在分离器合适位置设置手孔，定期用蒸汽清洗捕雾器的流道，保持捕雾器的分离性能。

② 丝网式除雾器：图 2-6 所示的丝网捕雾器，由直径为 0.05~0.5mm(一般为 0.28mm)的碳钢、不锈钢、蒙乃尔合金、铝、镍或塑料丝编织并叠成厚 100~150mm 的网垫，空隙率达 97%以上，比表面积(单位体积网垫的金属丝表面积)约为 3.5cm^2/cm^3，网垫密度 160~200kg/m^3。丝网捕雾器靠油滴惯性碰撞、丝网直接拦截和油雾的布朗运动捕

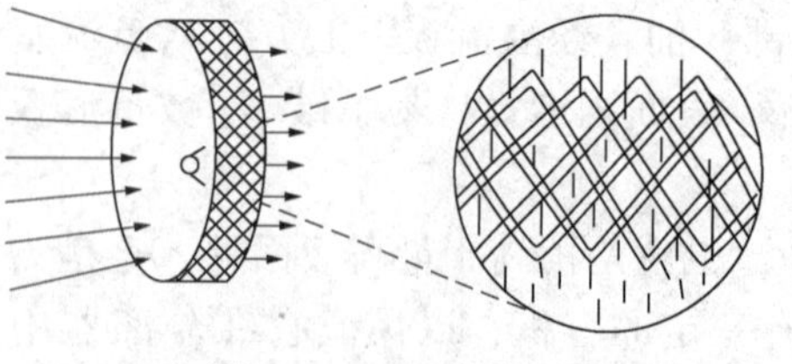

图 2-6　丝网式除雾器

集油滴，正常工作时通过捕雾器的压降约为 25mm 水柱。为提高捕雾效率，截获更小粒径的油滴，可用更细的金属丝或塑料丝加密原有的网垫，构成粗细丝组合式网垫。

丝网捕雾器应水平安装，气流向上垂直通过捕雾器，丝网上捕集并聚结的大油滴通过向上的气流沉降至分离器的集液部分。若丝网与水平面间的夹角大于 30°，在丝网底部将积累较多油泥、脏物和液体，使捕雾器的部分流通面积失效，导致捕雾效率降低。

当气体流量突然增大(如泄压阀开启)时，可能吹走丝网，应将捕雾器牢固地固定于它的框架上。立式和卧式分离器的丝网捕雾器的典型安装见图 2-7 和图 2-8。

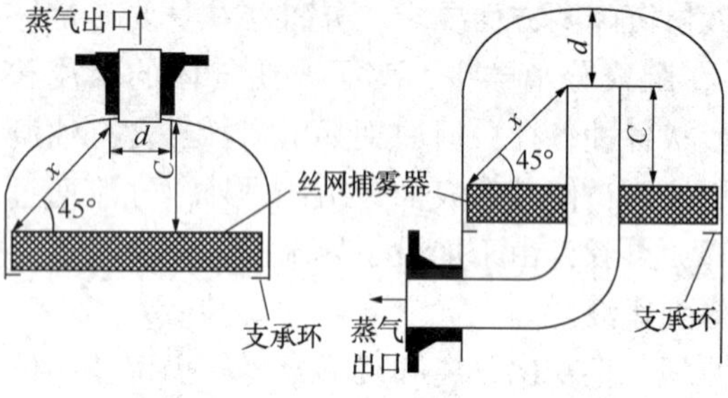

图 2-7　立式分离器捕雾器的安装

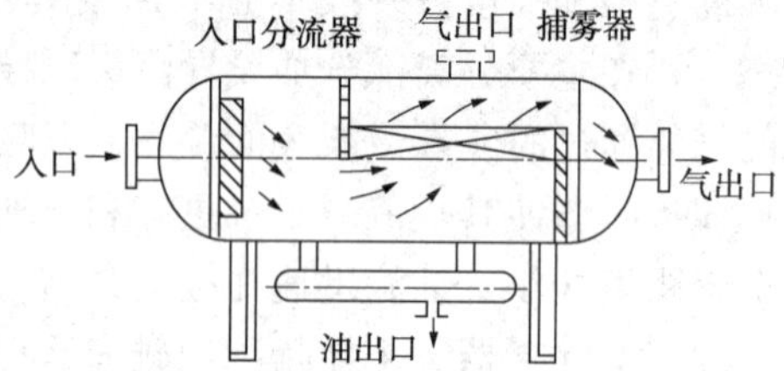

图 2-8　卧式分离器捕雾器的安装

尽管折板式和丝网式捕雾器捕集油滴的原理类同，但由于丝网的捕集表面积大于板式捕雾器，因而压力对丝网捕雾器的影响小于折板式捕雾器。

丝网式捕雾器的价格低廉、捕雾效率高，但不适合处理含蜡高、固体杂质多的气体，否则容易堵塞捕雾器。

③ 填料式捕雾器：见图 2-9，用随机堆放的填料(鲍尔环、拉西环等)作为捕集器，捕集气流中的油滴，但使用不太广泛。

④ 叶片式除雾器：结构见图 2-10，立式分离器的气体出口管一般设置在蝶形头盖的中部或圆筒的最上部，因而除雾器可直接安在分离器内气体出口处。同样，卧式分离器的除雾器也设置在气体出口处。

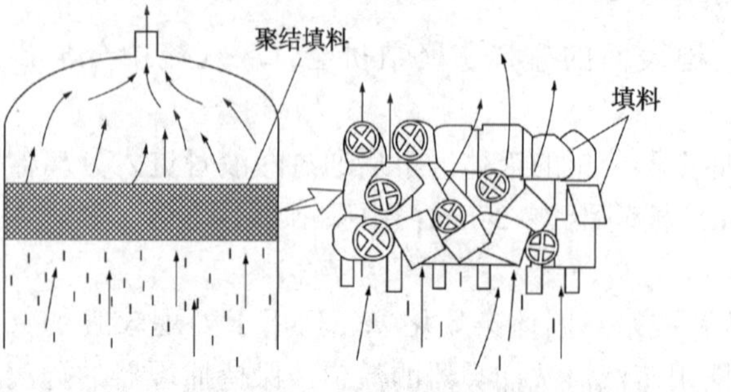

图 2-9　填料式捕雾器

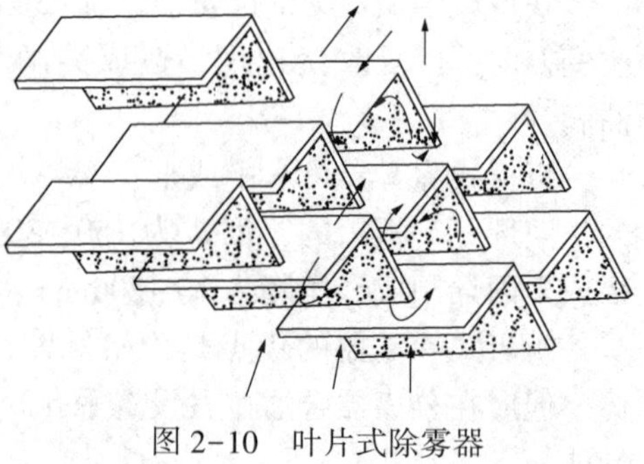

图 2-10　叶片式除雾器

(4) 液面控制机构：为了使分离器有稳定的气相和液相空间，保证分离效果，必须对液面进行调节并控制在一定的位置上，液面控制不灵，超高时将使液体跑到气体空间，甚至跑到气管线而堵塞管路；液面过低，将引起出油管串气，严重时输油泵抽空。所以，液面自动进行调节控制是分离器正常工作的必要条件，否则分离器无法正常工作。

根据油气的分离形式和操作压力的要求，选用不同的液面控制机构，通常有以下几种：①浮子控制机械动作的阀；②浮子控制传动器操作的阀；③置换式控制操作薄膜头阀。

多年来，我国油田生产的分离器，普遍采用如图 2-11 所示的浮子连杆机构带动液位控制阀控制液位，取得了较好效果。

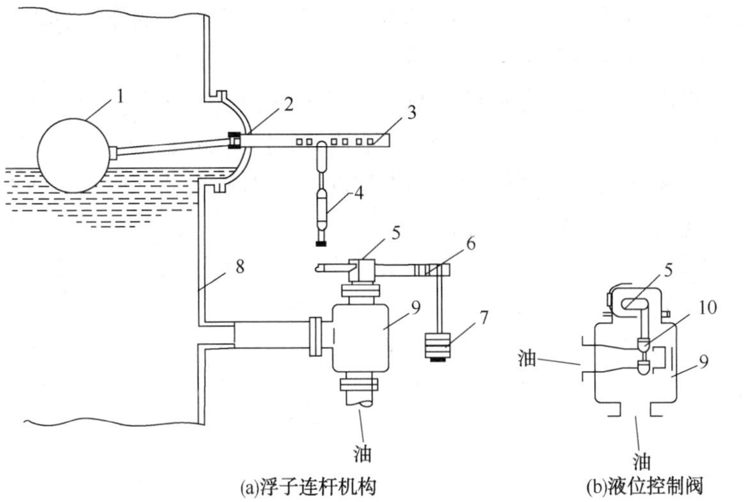

图 2-11　浮子连杆机构和液位控制阀示意图

1—浮子；2、5—转轴；3、6—杠杆；4—拉杆；7—平衡锤；8—分离器；9—液位控制器；10—出油阀

正常工作时，球形的空心浮子漂浮在分离器的液面上，当分离器液面发生变化时，浮子在垂直方向发生相应位移，并带动转轴 2，转轴 2 与杠杆 3 相连接，通过拉杆带动杠杆 6，并通过转轴 5 控制出油管上液位控制阀，从而改变出油凡尔的开启度。当液面降低时，出油凡尔关小，外输油量减少；相反，当液面上升时，出油凡尔开大，外输油量增大，故使分离器液面控制在一定的位置上。

分离器除有浮漂连杆机构调节液面外，还必须安装液位计，方便工人巡回检查调节。分离器上的液位计一般用玻璃管式液位计。玻璃管式液位计的结构由气连管、气旋塞、玻璃管、水连管、气包、盐水包、水旋塞和放水旋塞等部件组成。玻璃管的公称直径有 15mm 和 20mm 两种。液位计与分离器有螺纹和法兰两种连接方式。水泡内要求为盐水。玻璃管式液位计具有结构简单，价格低廉，安装和拆换方便的优点，工作压力应小于 1.3MPa。

(5) 压力控制设备：分离器的工作压力，也是影响分离效果的重要因素。若压力控制不稳，则液面波动严重，分离效果变坏。保持压力稳定的方法，通常是在分离器的排气管安装自力式压力调节阀(图 2-12)。当分离器内压力过高时，压力通过传压管作用于薄膜上部，薄膜下移并带动阀杆，使阀门开启度增大，分离器内的气体大量流出，压力下降；当分离器压力降低时，薄膜上部的压力也变低，在弹簧的作用下薄膜恢复原位并带动阀杆，使阀门开放度关小，气体流出量减少，分离器

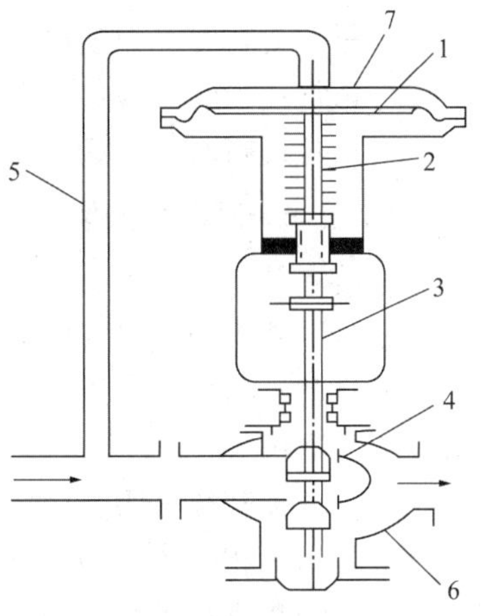

图 2-12　自力式压力调节阀

1—薄膜；2—弹簧；3—阀杆；4—阀芯；5—传压管；6—阀体；7—薄膜盒

压力回升。如此自动调节，使分离器的压力始终控制在一定的范围内。

三、油气水分离设备的操作与管理

（一）三相分离器投运前准备

（1）新建或检修后的三相分离器应具有相应资质部门出具的压力容器检测合格证、施工单位现场试漏、试压原始资料方可使用。

试压通常分强度试压和严密性试压两个阶段进行：强度试压的压力通常为设计工作压力的1.5倍，达到试压压力后，稳压1h，压降不超过0.1MPa为合格；试压介质一般用清水。试压过程中，要注意观察罐体及各部件情况，特别是法兰、阀门、仪表等连接处，发现异常，立即停止试压，处理后再行试压。

（2）检查压力表、温度计、液位计、水位看窗应达到使用条件，安全阀校验合格、定压0.4MPa（或符合现场工艺要求）。

（3）打开安全阀下部切断阀，使其处于全开状态。

（4）检查系统工艺流程，满足投运要求。

（二）三相分离器投运

（1）先打开三相分离器顶部放气阀，再打开进液阀。

（2）三相分离器液位达到1/2后，同时打开油、水出口阀，根据油水界面调整放水量，根据液位调整出油量。

（3）投运初期液面以上的空气和伴生气的混合气应放空，待混合气排净后方可倒入正常的伴生气回收流程。

（4）关闭顶部放气阀，打开三相分离器的气出口阀，分离器的压力控制在0.15~0.25MPa。

（5）记录投产时间、保留档案。

（三）三相分离器运行

（1）每2h进行一次检查，并录取三相分离器的压力、温度、液位、水位。

（2）正常运行时，三相分离器的压力应控制在0.15~0.25MPa。

（3）正常运行时，温度应控制在规定温度（高于原油凝点5℃）。

（4）正常运行时，液位应控制在1/2~2/3之间。

（5）正常运行时，三相分离器水位应控制在中水位。

（四）三相分离器停运

（1）缓慢关闭三相分离器的水出口阀提高油水界面，打开三相分离器放水看窗，待高水位见水时，开大油进口阀门将液位降到底部，关闭油进口阀和气出口阀。

（2）打开水出口阀，用活动压风机将分离段内的水扫入“二合一”或污水罐，关闭水出口阀，打开排污阀。

（3）打开顶部放气阀，排出三相分离器内的可燃气体，关闭排污阀。

（4）关闭三相分离器的放气阀，检查并确认三相分离器的进液阀、油出口阀、水出口阀、气出口阀和排污阀全部处于关闭状态。

（5）停运三相分离器的阀门应挂警示标志，以防误操作。

（6）做好停运记录。

（五）三相分离器紧急停运

1. 三相分离器紧急停运条件

有下列情形之一的应采取紧急停运措施：

（1）三相分离器筒体发生穿孔造成跑油或气体泄漏。

（2）安全阀失灵造成气体泄漏。

（3）三相分离器的阀门损坏造成跑油或气体泄漏。

（4）其他危及安全的情况。

2. 三相分离器紧急停运操作

单台运行的三相分离器应先打开连通阀，然后完成以下操作：

（1）先关闭三相分离器的进液阀，再关闭油出口阀、水出口和气出口阀。

（2）打开三相分离器的排污阀进行排污。

（3）做好三相分离器紧急情形描述并填写紧急停运记录。

（4）紧急停运三相分离器的阀门应挂警示标志，以防误操作。

（六）三相分离器检查维护

1. 三相分离器正常检查

正常情况下运行的三相分离器每年检查维护并清淤一次。

2. 三相分离器维护前准备

（1）三相分离器检查维护前应制定安保措施、事故预案，检查维护过程中要做好人身防护。

（2）按照三相分离器停运操作规程停运待检查维护的三相分离器。

（3）打开三相分离器人孔和通风孔进行通风，必要时进行强制通风。

（4）由专业人员检测三相分离器内的可燃气体浓度，达到规定要求后方可进入罐内进行清淤及检查维护作业，进入前应办理进入有限空间作业票。

3. 三相分离器检查维护内容

（1）检查三相分离器内部防腐层完好情况并对腐蚀部位做防腐处理。

（2）检查填料完好情况并更换损坏的填料。

（3）检查清洗捕雾器并更换损坏的捕雾器。

（4）检查并调整浮球液位调整机构。

（5）检修后的三相分离器应及时封闭人孔和通风孔，并根据生产情况投运或备用。

（七）在分离器的运行管理过程中应注意的问题

（1）经常检查分离器的液位控制与调节机构，确保其灵敏可靠，以保证分离器的液面平稳、适当。分离器的液面高度一般控制在液面计的1/2~2/3之间，太高了容易造成天然气管线跑油，堵塞管线；太低了容易引起原油中带气，影响输油泵的正常工作。

（2）注意分离器的来油温度，特别是冬季，防止温度过低，造成管线凝油。一般情况下，分离器的来油温度要比原油凝点高5℃左右，冬季还要更高一些。

（3）控制适当的分离压力，不能太高，也不能太低，太高不但影响来油管线的回压，而且使分离后的原油带气；太低又容易使天然气管线进油，分离器液面过高。

（4）冬季生产过程中，要注意分离器的采暖、保温等情况。特别是安全阀、压力表，液位计及管线细、流动性差、容易冻结的部位，更要加强其保温防冻。

四、油气水分离设备常见故障及处理

（一）油气水分离器天然气管线进油

造成油气水分离器天然气管线进油的常见原因如下：

（1）油气水分离器液位调节机构失灵；

（2）油气水分离器出油阀卡死；

（3）油气水分离器压力过低。

处理方法：

前两种原因都会引起液体排放不及时，造成油气水分离器内液面上升，解决的方法是及时维修或更换液位调节机构或出油阀。

造成油气水分离器压力过低的原因及处理方法：

（1）天然气出口阀或放空阀开得过大，这时需要关小阀门开度。

（2）管线或容器泄漏，这时要认真检查，找出原因，及时处理，以防事故扩大。

（3）压力调节阀失灵，阀芯被卡，调节失效；维修调节阀。

（4）出油凡尔漏失，关不严；维修凡尔。

（5）来液量少，含气量低；检查来液量，控制出油凡尔开度，协调解决。

（二）油气水三分离器出油管线窜气

1. 引起油气水分离器出油管线窜气的原因

（1）油气水分离器内液面过低；

（2）油气水分离器工作压力过高。

2. 造成油气水分离器内液面过低的原因及处理方法

原因：

（1）油气水分离器出液阀开度过大；

（2）来液量不足；

（3）油气水分离器液面调节机构关闭不严。

处理方法：可调节出液阀门开度，增大来液量，维修或更换液面调节机构。

3. 造成油气水分离器工作压力过高的原因

原因：

（1）压力调节阀开度过小或失灵，阀芯脱落失效；

（2）天然气管线冻结、堵塞；

（3）出油管线冻结、堵塞、出油阀门失灵；

（4）来液量太大，超出分离器处理能力；

（5）压力表损坏失灵；

（6）连杆机构损坏或调节不当；

（7）出油凡尔卡死；

（8）浮漂进油或压扁，浮漂脱落。

处理方法：

（1）调节天然气出口阀或改自动控制为手动控制，打开旁通阀手动控制，并维修更换调节阀；

(2) 清除、疏通天然气管线；
(3) 清除出油管线冻结、堵塞、检修阀门；
(4) 来液量大，可打开旁通或将部分液量倒入其他分离器；
(5) 检查或更换压力表；
(6) 检修连杆机构，重新调节；
(7) 出油凡尔解卡；
(8) 更换，修理浮漂。

(三) 油气水分离器油位过高的原因及解决方法

原因：引起操作油位过高的原因有出油管线阻塞、油位控制系统失灵、油位设定值偏低和报警系统失灵。

解决的方法是通过液位计来检查分离器的油位，具体如下：

(1) 如果油位高于设定值，则是由于出油管线阻塞引起的，检查油出口管线上的截止阀；

(2) 若是由于油位控制系统失灵引起的，则打开旁通阀并关闭上下游截止阀，由旁通阀手动调节油位，并对油位控制系统进行检修；

(3) 若是油位设定值偏低，应重新调整油位设定值。如果油位正常，则是油位设定值偏低，应检修报警系统。

(四) 油气水分离器水位过低

原因：引起操作水位过低的原因是容器或管线渗漏、水位控制系统失灵、报警系统失灵、排放阀打开和水位设定值偏高。

处理方法：通过液位计检查分离器水位。

(1) 若水位低于设定值，则是由于容器或管线渗漏引起的，可通过关闭系统进行检修；

(2) 若是水位控制系统失灵，则通过打开旁通阀并关闭上下游截止阀，由旁通调节水位，对水位控制系统进行检修；

(3) 若是由于打开排放阀引起的，则关闭排放阀；

(4) 若是由于水位设定值偏高，则调整设定值；

(5) 如果分离器水位正常，则是由于报警系统失灵，应检修报警系统。

第三节　集输加热设备

一、加热炉分类和主要技术参数

利用燃料燃烧产生的热能将物质(固体或液体)加热的设备称为炉。

(一) 传热方式

凡是有温差的地方就有热量转移现象的发生，热量永远自发地从温度高的物体向温度低的物体传递。在油气集输生产中可以遇到各种类型的热量传递现象，原油通过加热炉吸收热量，温度升高；锅炉产生的蒸汽输送储油罐将热量传递给原油，而使原油保持一定的温度。根据传热的不同物理过程，热传递从宏观上可以分成热传导、对流换热和辐射换热三种方式。

1. 热传导

在同一物体内部或两个互相接触的物体间，热量从高温部分传给低温部分，这种传热方式称为热传导。各种物体具有不同的热传导能力。传热的实质是物体高温部分分子剧烈振动，并通过与相邻分子的碰撞，将能量传递给后者的过程，其相对位置并不变动。

2. 对流换热

由于流体(液体及气体)质点的移动，将热量由空间的一部分带到另一部分的传热方式，称为对流换热。在工程上所处理的传热问题往往涉及流体与固体壁之间的对流换热，它既包括流体的对流作用，也包括流体的导热作用，因此它是一个受许多因素影响的复杂过程。

3. 辐射换热

物件(固体、液体或某些气体)的热量不借助任何介质，而以辐射能的形式传递的过程，称为辐射换热。物体会因各种不同原因发出辐射能，这些辐射能在空间以电磁波的方式传播。所谓辐射可以理解成为物体以电磁波的方式向外传播能量的过程。我们把由于热的原因所发生的辐射称为“热辐射”或“温度辐射”。物体的温度高于热力学温度零度(−273.15℃)时，物体就向外辐射能量。实际上热传递过程的这三种基本方式，常常同时发生。

(二) 加热炉分类

1. 按结构形式分类

(1) 管式加热炉：分为立式圆筒形管式加热炉、卧式圆筒形管式加热炉。

(2) 火筒式加热炉：分为火筒式直接加热炉、火筒式间接加热炉。

2. 按加热介质分类

(1) 原油加热炉。

(2) 天然气加热炉。

(3) 含水原油加热炉。

(4) 掺热水加热炉。

3. 按使用燃料分类

(1) 燃油加热炉。

(2) 燃气加热炉。

(3) 油气两用加热炉。

4. 按燃烧方式分类

(1) 负压燃烧加热炉。

(2) 微正压燃烧加热炉。

5. 按加热炉的作用分类

(1) 单井计量用加热炉。

(2) 热化学沉降用加热炉。

(3) 电脱水用加热炉。

(4) 原油外输加热炉。

（三）加热炉安全附件

加热炉安全附件包括压力表、温度测量仪表、液位计、安全阀、报警装置等。目前较为先进的技术是加热炉各安全附件安装有两套工作系统：一套是现场可读式，另一套是远传中控式。当加热炉工作出现异常时，报警装置自动报警，操作人员闻警处理。其处理方式一种是在工作现场手动控制，另一种是在自动化中心控制室计算机控制。

1. 压力表

（1）精度等级：加热炉工作压力小于 2.5MPa 时，应高于 2.5 级；加热炉工作压力大于 2.5MPa 时，应高于 1.5 级。

（2）量程范围：通常取加热炉工作压力的 1.5~3 倍，但以 2 倍为最佳。

（3）工作状态：压力表完好、准确且具有合格检定证书。

2. 温度参数检测仪

加热炉有关部位一般应设测量孔，通常温度检测点包括以下主要内容：燃料进燃烧器温度；加热炉排烟温度；空气预热器的空气进出口温度和烟气进出口温度；水套炉出水及回水温度；介质进出口温度。

3. 液位计

每台加热炉至少应设一个液位计。液位计应装在便于观察的位置，有高低安全液位的明显标志，应有安全防护装置，应有安全排污通道，应有防冻防凝措施。当介质含有原油时，应设置盐水包及加盐水装置。

4. 安全阀

安全阀是管式炉、火筒加热炉、水套炉等设备的安全保护装置。当这些设备超过规定的工作压力时，能够自动开启，使压力下降，防止设备发生爆炸事故。安全阀要保证完好且具有有效合格检定证书，排放通道安全畅通。

5. 报警装置

为了确保加热炉安全运行，通常要配备以下报警装置：超温报警；超高超低液位报警；燃烧器灭火报警和风机停机报警等报警装置。

（四）加热炉主要技术参数

1. 热负荷

单位时间炉内介质吸收有效热量的能力称为热负荷，单位为 kW。

加热炉设计图样或铭牌上标注的热负荷称为额定热负荷。根据实际运行参数用热平衡公式计算求得的热负荷称为运行热负荷。运行热负荷一般不大于额定热负荷。油田油气集输中使用的加热炉其单台热负荷小，一般不超过 4000kW，但由于操作条件不稳定，热负荷波动较大。加热炉总热负荷公式为：

$$Q=Q_R+Q_c+Q_e \tag{2-1}$$

式中 Q——加热炉总热负荷，kW；

Q_R——辐射室热负荷，kW；

Q_c——对流室热负荷，kW；

Q_e——其他热负荷，kW。

2. 热效率

加热炉输出有效热量与供给热量之比的百分数叫热效率。是热量被利用的有效程度的一个重要参数。在额定热负荷时按设计参数计算求得的热效率称为设计热效率。而在加热炉运行条件下测试求得的热效率称为运行热效率。热效率计算公式为：

$$\eta=\frac{Q_e}{Q_0}=\frac{Q_0-Q_n}{Q_n}=1-\frac{Q_n}{Q_0} \tag{2-2}$$

式中　η——加热炉热效率,%；

Q_e——每小时加热炉有效利用的热量，kW；

Q_0——每小时供给加热炉的热量，kW；

Q_n——每小时加热炉损失的热量，kW。

加热炉热效率应保持在一个恰当的水平上，并不是越高越好。热效率太低则燃料消耗量大。但过分追求高效率势必要增加受热面，使投资增加经济效益下降。受热面的增加使通风系统的能耗增加，系统效率降低。同时提高热效率必须降低排烟温度，若排烟温度过低，低于烟气中酸性气体的露点则可能造成低温受热面的低温腐蚀。在综合考虑上述因素后一般要求额定热负荷 580kW 以下的加热炉应大于 75%；580～4000kW 应为 82%～85%；而 4000kW 以上的加热炉应大于 88%。

3. 流量

单位时间内通过加热炉内被加热介质的量称为流量，其单位一般为 t/h 或 m^3/s。

4. 压力

管式加热炉只有炉管承受设计内压力，故管式加热炉的压力一般指管程压力；火筒式直接加热炉仅火筒承受外压力，壳程承受内压力；而火筒式间接加热炉的壳程、管程均承受工艺设计所需压力。

5. 压力降

压力降是指被加热介质通过加热炉所造成的压力损失。压降大小与炉管内径、介质流量、炉管长度、介质黏度有关。管式加热炉的允许压降为 0.1～0.25MPa。

6. 温度

加热炉的温度指标主要有被加热介质进出口温度、炉膛温度和排烟温度。加热原油及油井产物时一般由 40℃加热到 70℃左右。加热炉炉膛温度值一般为 750～850℃；而排烟温度则为 160～250℃左右。

7. 过剩空气系数

单位燃料完全燃烧所需要的空气量称为理论空气量。燃料在燃烧过程中，由于燃料和空气常常不能均匀混合，燃料完全燃烧实际需要的空气量要大于理论空气量。实际空气量与理论空气量之比称为过剩空气系数。其计算公式为：

$$\alpha=\frac{L}{L_0} \tag{2-3}$$

式中　α——过剩空气系数；

L——实际空气量；

L_0——理论空气量。

过剩空气系数过小，则导致燃料燃烧不完全；过剩空气系数过大，则燃料燃烧产生的热量用来加热多余空气，炉效下降。油田生产中，一般过剩空气系数控制在 1.1～1.3 之间。

8. 加热炉热平衡方程

加热炉热平衡方程为：

$$Q=Q_1+Q_2+Q_3+Q_4+Q_5 \tag{2-4}$$

式中 Q——燃料完全燃烧产生的热量，m^3/h；

Q_1——被加热介质吸收的热量，m^3/h；

Q_2——排烟损失的热量，m^3/h；

Q_3——燃料未完全燃烧损失的热量，m^3/h；

Q_4——飞灰和灰渣中带有的可燃物造成的热损失，m^3/h；

Q_5——加热炉炉体散失的热损失，m^3/h。

9. 热强度

（1）炉膛体积热强度

炉膛体积发热强度是单位时间内燃料燃烧的发热量除以炉膛体积，简称为体积热强度。炉膛体积大小对燃料燃烧的稳定性有影响，体积过大，炉膛温度低，燃烧速度慢，传热强度低，热效率低；体积过小，燃烧空间不够，燃料在炉膛内停留时间短，易造成不完全燃烧，热效率也低；同时炉膛太小，温度过高，可使炉管外表面温度超温。炉膛体积热强度一般控制在燃油时小于125kW/m^3，燃气时小于165kW/m^3。

（2）辐射管表面热强度

辐射炉管单位表面积、单位时间内所传递的热量。也称为辐射热通量或热流率，单位为W/m^2。

（3）对流管表面热强度

含义同辐射热强度一样，单位也是W/m^2。但它是对对流室而言。为提高对流传热，对流炉管外侧大量使用了钉头或翅片。钉头管或翅片管的表面热强度一般为光管的二倍以上。

二、加热炉的操作与维护保养

（一）管式加热炉

1. 结构及工作原理

工作原理：燃烧器将燃料喷入燃烧室内燃烧，形成高温火焰和烟气。以辐射传热的形式将热量传给辐射炉管，再由炉管传热给管内介质，使炉管内介质温度升高，烟气温度下降。然后烟气经辐射室烟道进入对流室，以较高的速度掠过对流管束将热量传给炉管内介质，最后烟气经烟囱排入大气。

结构：管式加热炉是在炉内设置一定数量的炉管，被加热介质在炉管内连续流过，通过炉管管壁将在燃烧室内燃烧的燃料产生的热量传给被加热介质而使其温度升高的一种炉型。管式加热炉种类较多，目前在油田广泛应用的一种形式是卧式圆筒形管式加热炉。以GW1000-Y/6.4-Y加热炉为例对管式加热炉的结构作简要介绍图2-13。

（1）辐射室

辐射室是炉内火焰与高温烟气以辐射传热为主进行热交换的空间。它一般兼作燃烧室。辐射室由钢制卧式圆筒内衬以轻质耐火保温材料制成，沿内壁圆周方向敷设着炉管。辐射室是整个管式加热炉主要的热交换区域，也是炉内温度最高的地方。

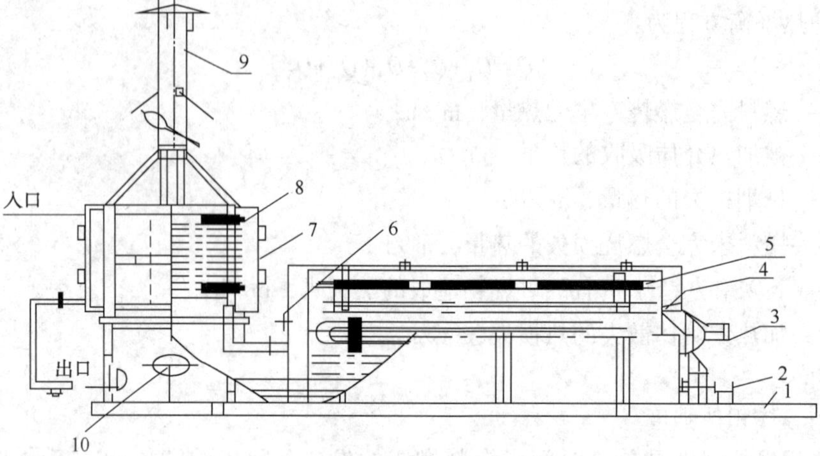

图 2-13　GW1000-Y/6.4-Y 加热炉结构图

1—底座；2—风机；3—燃烧器；4—辐射室；5—辐射炉管；
6—防爆门；7—对流室；8—对流炉管；9—烟囱；10—人孔门

(2) 对流室

对流室是以对流传热为主的部分，一般为矩形钢结构内衬以轻质耐火保温材料。

(3) 辐射室烟道

辐射室烟道是将烟气由辐射室导入对流室而设置的通道，一般为半圆形。

(4) 弯头箱

弯头箱是指将炉管弯头与烟气隔开的封闭箱体，一般分辐射室弯头箱和对流室弯头箱；有的管式加热炉不设置弯头箱。

(5) 炉管

炉管是管式加热炉的受热面。它要求能承受一定的内压力和温度，一般由无缝钢管焊制。其直径、壁厚及材质由工艺计算和机械强度计算确定。布置在辐射室内以吸收辐射热为主的炉管叫辐射炉管，布置在对流室内以对流传热为主的管束则称对流炉管。辐射炉管一般为 1~2 管程，直径较大，常用的辐射炉管外直径为 ϕ114mm、ϕ127mm、ϕ152mm。对流炉管则一般直径较小，常用炉管外直径规格为 ϕ60mm、ϕ89mm、ϕ114mm。为了加强对流传热系数，有时采用钉头管和翅片管作对流炉管。

(6) 燃烧器

燃烧器是将燃料和助燃空气混合并按所需流速集中喷入加热炉内进行燃烧的装置。油田加热炉应用较多的为油燃烧器和天然气燃烧器。

(7) 烟囱

烟囱的作用是将炉内废烟气排入大气并产生抽力以使助燃空气进入燃烧器。烟囱高度及直径由燃烧方式及炉内阻力确定，同时还应符合环保要求。

(8) 吹灰器

吹灰器是指利用压缩空气或过热蒸汽作为介质吹扫对流炉管上积灰的装置。若对流炉管采用翅片管或钉头管时必须采用吹灰器。若采用光管则一般不设置吹灰器。

(9) 防爆门、观火孔、人孔门

防爆门的作用是在发生爆燃等意外事故炉膛内压力瞬时升高时，使炉内气体自动排出的装置。

观火孔的作用是观察炉内火焰、炉管、炉衬状况。

人孔门是供检修人员进入炉内的孔门。

(10) 温度、压力测点

温度、压力测点主要包括炉膛温度、排烟温度、介质进出口温度和炉膛压力、介质进出口压力。

管式加热炉的特点：管式加热炉是一种火焰直接加热设备。它具有单台热负荷大、升温速度快、加热温度高、不需中间传热介质、耗钢少等优点。它被广泛地应用于联合站、油库及长输管道加热站。

2. 管式加热炉的操作

(1) 管式加热炉点炉前的检查

① 检查压力表、流量计、温度计等仪表是否完好。

② 检查防爆门、安全阀、液位计、各种报警装置是否完好。

③ 检查合风装置、烟道挡板是否灵活好用，并清除炉膛内杂物。

④ 检查电气线路。

⑤ 检查供风燃料系统。

⑥ 检查燃烧器。

⑦ 卫生清洁。

(2) 管式加热炉点炉前的准备

与相关岗位联系、导通流程，做好相关准备。

① 打开烟道挡板和调风装置，应开到最大，自然通风不少于15min，排净炉膛内的可燃气体，然后调整好烟道挡板，并检查炉膛是否负压。

② 打开燃料总阀，调整燃气(燃油)压力。

③ 打开出液阀和进液阀，关闭连通阀，导通工艺流程后循环10min，看是否憋压。

④ 准备好点炉用的火柴、点火钩、柴油及布条。

(3) 管式加热炉点炉

① 将布条缠在点火钩上，蘸取柴油并点燃，侧身把点火钩从点火孔送入炉膛内的燃烧器(俗称火嘴)前面，同时缓慢打开燃料阀将火点燃。

② 待火点燃并在炉内燃烧稳定后，取出点火钩将引火熄灭并安装上点火孔盖。

调节管式加热炉火焰和温度：

① 小火烘炉4~5h后，调节燃料阀的开启度，保证炉出口温度达到工艺要求温度。

② 待炉燃烧旺盛后，调节烟道挡板和燃烧器合风，使燃油或燃气能充分燃烧；调整到燃油呈橘黄色火焰，燃气呈淡蓝色火焰，烟囱夏季不冒烟(冬季冒白烟)的状态。

(4) 管式加热炉运行中的检查

① 点火后对加热炉的进出口温度和压力、火焰状况、燃料压力等运行参数进行检查，保证满足生产工艺要求。

② 记录加热炉的运行参数。

(5) 管式加热炉的停炉

① 停炉时，逐渐关小燃料阀，缓慢降温，同时调整燃烧器风门，使火焰由大变小，炉膛温度由高到低。

② 当炉膛内温度降至200℃左右时，关闭燃料阀和燃料总阀，同时关闭合风和烟道挡板，使炉膛温度缓慢下降。

③ 当炉膛温度降到100℃左右时，打开合风及烟道挡板，加速炉子冷却。

④ 当炉膛温度降至50~80℃，加热炉的进出口介质温度基本一致时，打开加热炉的连通阀，关闭进液阀和出液阀。

⑤ 扫线排污，并做好记录。

(二) 火筒式加热炉

火筒式加热炉是指石油工业生产中，在金属圆筒壳体内设置火筒传递热量的一种专用设备。它分为火筒式直接加热炉和火筒式间接加热炉。

火筒式直接加热炉是被加热介质在壳体内由火筒直接加热的火筒式加热炉称为火筒式直接加热炉，简称火筒炉(包括具有加热和其他功能的合一装置)。

火筒式间接加热炉是被加热介质在壳体内的盘管(由钢管和管件组件焊制成的传热元件)中，由中间载热体加热，而中间载热体由火筒直接加热的火筒式加热炉称为火筒式间接式加热炉，以下简称火筒炉。

火筒炉的特点：火筒炉的特点是在炉内设置火管和烟管，被加热介质在炉内连续流过，通过火管和烟管将在炉膛(火管)内燃料燃烧产生的热量传递给被加热介质而使其温度升高的一种炉型。火筒炉是直接式加热炉，如图2-14所示。

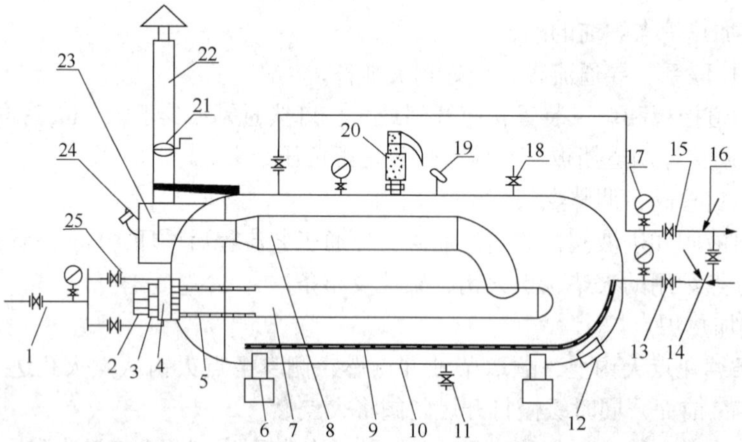

图2-14　火筒炉结构示意图

1—燃料总阀；2—二级合风；3—一级合风；4—燃烧器；5—耐火燃烧道；6—鞍式支座；7—火管；8—烟管；9—进液分配管；10—壳体；11—排污阀；12—人孔；13—进液阀；14—连通阀；15—出液阀；16—温度计；17—压力表；18—放空阀；19—温度变送器；20—安全阀；21—烟道挡板；22—烟囱；23—烟箱；24—防爆门；25—燃料阀

1. 火筒炉的结构及工作原理

工作原理：被加热液体从进液分配管的布液孔进入加热炉的底部，自下而上均匀淹没火管和烟管，吸收炉膛(火管)内燃料燃烧产生的热量，升温后的液体从加热炉的顶部出液口流出炉外。火筒炉主要优点是压力降特别小，耗钢量少，结构简单。其缺点是适应性差。

火筒炉的结构简述如下：

(1) 壳体：壳体用来盛装被加热介质的圆筒形压力容器。

（2）火管：火管即炉膛，也称辐射段，是燃料燃烧并释放出热量的地方。热量以辐射方式通过火管壁传给管外的液体，使之受热升温。

（3）烟管：烟管也称对流段。高温烟气进入烟管，以对流和辐射换热的方式将热量传给管外的液体。

（4）进液分配管：液体通过进液分配管上均匀布置的布液孔分配到火管底部，使液体由下而上绕流火管和烟管，吸热升温后从出液口流出。

（5）烟箱：烟箱即用钢板焊接的半圆形集烟箱，是烟气汇集排出的通道。

（6）烟囱：烟囱通常用钢板焊制，是通风和排烟的装置。

（7）人孔：人孔是由钢管和半球形封头组合的部件，是检修炉内构件的通道。

（8）防爆门：防爆门是用钢管和钢板制成，是加热炉一旦发生爆燃时，泄放炉内压力的安全装置。

（9）鞍式支座：鞍式支座是由钢板焊制，是炉子的全部质量的支承件。

2. 火筒加热炉的操作

（1）火筒炉点炉前的准备

与相关岗位联系，做好准备。

① 新投产或检修后的火筒炉必须按设计要求进行强度试压和严密性试压，合格后方可投产。

② 检查燃烧器、防爆门、烟囱绷绳和挡板、压力表、温度计等附件，应齐全完好、使用正常，并清除炉内杂物。

③ 火筒炉安全阀定压 0.4MPa。

④ 燃料气或燃油阀应关闭，无渗漏。

⑤ 打开烟道挡板，开大合风，自然通风不少于 15min，二次点炉必须强制通风，时间小少于 15min。燃料来源充足，管线畅通。

（2）火筒炉的点炉及运行

① 打开炉的出口阀和进口阀进油，循环 10min，以防憋压，检修后的火筒炉，要注意进液排气。

② 点火前，打开烧火间的门窗，必须充分通风，排净炉内易燃气体，将引燃物放在燃烧器，侧身缓慢打开燃料气或燃料油点火阀点火，点火后，缓慢打开燃料阀，关闭点火阀；新投产或检修后的火筒炉要小火烘炉 4~5h 后再升至所需温度。

③ 加热炉运行后应注意观察压力、温度及炉火燃烧情况，如不正常应及时调节和处理。

（3）火筒炉的停炉

① 正常停炉。

关闭燃烧器，待进出口温度平衡后，依次关闭火筒炉进出口阀。当炉膛内温度低于进口温度后，关闭烟道挡板。

② 紧急停炉。

火筒炉遇有下列情况之一的，应采取紧急停炉措施：

a. 工作压力、温度超过额定值，采取措施仍不能使之下降。

b. 受压元件发生裂缝、鼓包、变形、渗漏等危及安全的缺陷。

c. 安全附件失效，难以保证安全运行的。

d. 出现燃烧设备损坏、衬里烧塌威胁到加热炉的安全运行。

③ 紧急停炉操作。

a. 立即关闭燃料气阀门；若烧火间内燃料气(油)阀门不能关闭，应立即关闭燃料气(油)总阀门。如单台加热炉运行，应打开连通阀，防止憋压。

b. 依次关闭加热炉的进、出口阀门。

c. 采取紧急停炉时，应对相关工艺进行调整。

d. 检修停炉和正常停炉步骤相同，关闭进出口阀门进行扫线，扫净炉内存油。

(4) 火筒炉的维护保养

① 每年进行一次炉内外部检查，检查炉子的表面有无裂纹、变形、腐蚀、结垢；炉膛内部和燃烧道耐火衬里有无裂缝、松动；火筒有无凹陷变形等；

② 烟囱和炉体连接焊口每月检查一次，以防断裂；

③ 烟囱绷绳每月检查一次；

④ 每年春秋两季清理烟箱底部和防爆口内的烟尘各一次；

⑤ 定期对加热炉燃烧器进行检查和清堵。

(三) 二合一加热炉

二合一加热炉广泛应用于油田转油站，属于火筒炉的一种，是加热、缓冲两项功能合二为一的加热设备，简称二合一加热炉。该装置以隔板为界划分为加热段和缓冲段两部分。加热段由火筒式加热炉组成，它通过火管和烟管将燃料燃烧产生的热量传给进入加热段的液体。缓冲段有足够的容积为外输泵平稳供液。

工作原理：来液首先进入加热段，从进液分配管的布液孔流出，自下而上均匀淹没火管和烟管；燃料燃烧产生的热量传给液体使液体升温。液体溢过隔板进入缓冲段。在缓冲段，防冲板和挡板之间的区域液体相对宁静，油水发生重力分离，上部聚集油，定期用收油泵把油收走。水通过挡板的底部进入集水区，通过出水管排出炉外。

二合一加热炉结构如图 2-15 所示。

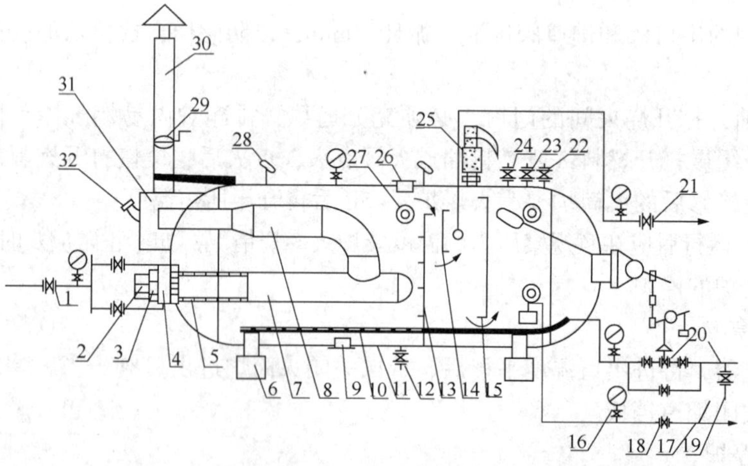

图 2-15　二合一加热炉示意图

1—燃料总阀；2—二级合风；3—一级合风；4—燃烧器；5—耐火燃烧道；6—鞍式支座；7—火管；8—烟管；9—手孔；10—进液分配管；11—壳体；12—排污阀；13—隔板；14—防冲板；15—挡板；16—压力表；17—温度计；18—出液阀；19—连通阀；20—进液浮球液面调节阀；21—收油阀；22—放空阀；23—加水阀；24—平衡管阀；25—安全阀；26—人孔；27—液位继电器；28—温度变送器；29—烟道挡板；30—烟囱；31—烟箱；32—防爆门

(1) 隔板

隔板把加热段和缓冲段分成两部分。隔板的上部使加热段和缓冲段连通，其余部分与壳体焊接。隔板上部水平高度要高出烟管最上面，使火管和烟管始终在液面以下，以保证加热炉安全运行。

(2) 防冲板

加热段的热水溢过隔板进入缓冲段时，由于水体动荡，油水不易分离。有了防冲板后，防冲板与挡板之间形成相对宁静的沉降环境，油水发生重力分离，油聚集在防冲板与挡板之间。

(3) 挡板

挡板的两侧与壳体焊接，上下开口。油水分离后的水从挡板的下部开口进入由挡板和壳体所组成的集水区。

(4) 液位继电器

用浮球带动液位继电器，用于液面的高报和低报。当几台二合一加热炉并联运行时，用平衡管把几台二合一加热炉的液面上部空间连通起来，使液面上部空间的气体压力相同，保证几台二合一加热炉缓冲段的液面高度相同。

(四) 水套式加热炉

水套式加热炉是指中间传热介质为水的火筒式间接加热炉，简称水套炉，是间接加热的油田常用加热设备，它具有效率高、便于操作管理、安全可靠等特点。

水套炉按壳程承压的高低，将水套炉分为以下几种：

(1) 承压水套炉：壳程最高工作压力不小于0.1MPa(表压，不含液体静压力)。

(2) 常压水套炉：壳程最高工作压力小于0.1MPa。

水套炉具有效率高、便于操作管理、安全可靠等特点。水套式加热炉主要是在水套炉内加入水，为水套炉容积的1/2~2/3。燃料燃烧产生的热量通过火管和烟管传给传热质——水，热水再把热量传给加热盘管内的被加热介质。

1. 水套炉的结构及工作原理

水套炉的结构如图2-16所示。工作原理为水套炉在工作前要向水套内加水至水套容积的1/2~2/3处，然后点火。燃料从火嘴喷出，在炉膛内燃烧。在喷嘴压力及烟囱抽风作用下，火焰和烟气沿炉膛及烟道管向烟囱流动。在炉膛内，热通过热辐射传给炉膛。而烟道部分，热是通过对流传给烟管壁。炉壁和烟管壁通过热传导和对流将热传给水套中的水。原油从输油盘管的下部进入，自下而上流经全部原油对流管，再从上部流出。在此过程中，水将热量传给原油，达到加热原油的目的。

(1) 壳体

壳体是组成水套炉的主要部分，由碳钢钢板焊制而成。它能承受一定的内压力和温度并具有可容纳内部构件和一定水量的容积。

(2) 支座

支座用于支承水套炉壳体，一般采用鞍式支座。

(3) 火筒烟管

火筒烟管是火筒式加热炉的传热面，一般为U形结构，个别是由一个主火筒和几个副火筒或细烟管组成。火筒部分以辐射传热为主，烟管部分以对流传热为主。火筒烟管由锅炉钢焊制而成，要求能承受设计外压力和高温。

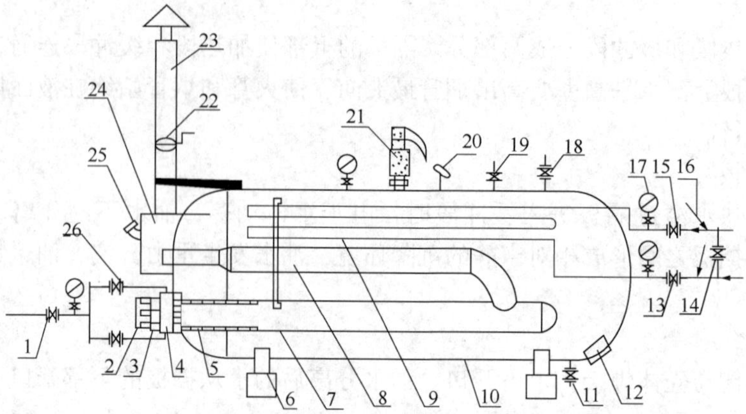

图 2-16　水套式加热炉示意图

1—燃料总阀；2—二级合风；3—一级合风；4—燃烧器；5—耐火燃烧道；6—鞍式支座；7—火管；8—火筒烟管；9—加热盘管；10—壳体；11—排污阀；12—人孔；13—出液阀；14—连通阀；15—进液阀；16—温度计；17—压力表；18—加水阀；19—放空阀；20—温度变送器；21—安全阀；22—烟道挡板；23—烟囱；24—烟箱；25—防爆门；26—燃料阀

（4）盘管

盘管是水套炉的受热面，由无缝钢管和弯头焊成。根据工艺要求，可以是一组，也可以是多组。盘管的直径和壁厚由工艺计算和强度计算求得。常用的水套炉盘管直径规格为 ϕ48mm、ϕ60mm、ϕ89mm、ϕ114mm 和 ϕ159mm。

（5）燃烧器

燃烧器作用与管式加热炉相同。

（6）烟囱

烟囱的作用与管式加热炉相同。

（7）安全附件

安全附件主要包括压力表，水位计，安全阀等。它们是保证水套炉安全运行的重要部件。另外，水套炉还设有加水阀、放空阀、排污阀等。

（8）梯子平台

梯子平台供水套炉检修和更换阀件用。

（9）保温防护层

保温防护层一般由轻质绝热材料组成，其作用是减少炉体的散热损失。

火筒炉与水套炉在结构上的不同之处是火筒炉没有盘管，被加热介质直接进入壳体由火筒烟管对其进行直接加热。

传统式水套炉在油田使用非常广泛，常用的规格有 6×10^4kcal，10×10^4kcal，25×10^4kcal，60×10^4kcal 及 100×10^4kcal 等，前三种在井场、油井干线及计量站使用，而且常和分离器、缓冲罐建造在一起组成联合装置；后两种一般用在油气集输转输油站，进行原油预处理，原油外输等的升温以及对泵站的伴热保温工作。

传统式水套炉建造容易，安装灵活，而且易于搬迁。另外，由于它是采用间热方式，适用于启、停频繁及经常间歇使用的场合，所以它易于控制，工作安全可靠，但是，由于它是采用自然通风负压燃烧的方式（靠烟囱的吸力抽吸空气以供燃烧），所以它不适宜于小口径烟管，高烟气流速的强化燃烧与传热方式，致使它的热效率比较低，一般仅为 60%～

70%。因此，它已不适用于新形势发展的需要，目前正被新型的加热炉——高效水套炉所代替。

图 2-17 是一台高效水套加热炉的构造图，它的主体部分也是一个圆筒形钢筒水套，水套内下部设置有波形火筒和螺旋槽形管制造的小口径高烟速的烟管束，烟管束和前烟箱相通，前烟箱上装有钢烟囱。在水套内上部还安装有油盘管，此盘管也是用螺旋槽形管制成，共两束，可在炉外任意拆卸。故名为可卸式列管加热器。在水套上(外部)装有安全阀、压力表、人孔、热回水进出口及排污口和安装在火管上另一端的看火孔等。该炉使用旋杯火嘴，采用密闭封装，配备了点火自动程序控制及火焰监测系统，在炉门上设置有高压火花塞式(或电容式)的自动点火孔及紫外线光敏管火焰自动监测孔等。

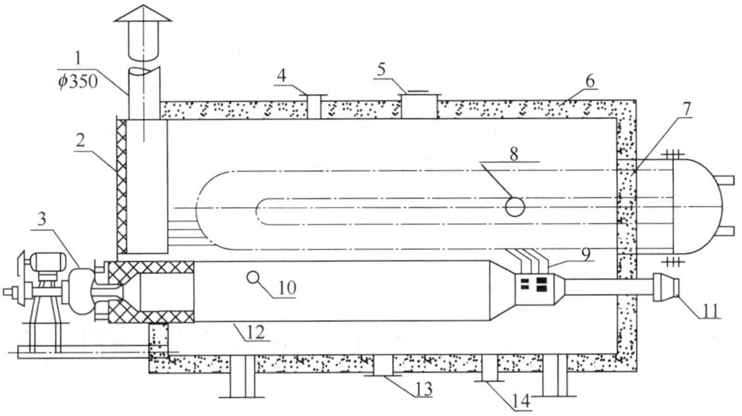

图 2-17　ST 50-YQ 油水加热炉

1—烟囱；2—前烟箱；3—旋杯火嘴；4—安全阀口；5—人孔；6—保温层；7—可卸式列管加热器；8—出水口；9—进水口；10—烟管 $\phi51\times3$ 左右共 14 根；11—看火孔；12—火筒 $\phi800$；13—水连通口；14—放水口

该炉在使用时扳动启动开关，风机首先启动吹扫炉膛 30s，然后进点火燃气，同时电点火。点火成功后，主燃料进炉，点火燃气及电点火器自行关闭。燃料从火嘴喷出后，靠火嘴风机供给空气(全部)在炉膛内强化燃烧，由波形火筒实施强化传热(主要是由于波形火筒的凸筋增加了管壁粗糙度，加剧了流体的扰动，减少了边界层的热阻．使传热过程得到强化)，然后，高温烟气在火嘴风机压力的驱动下，以较高速度(20m/s)流经小口径的由螺旋槽管制成的烟管束，并由螺旋槽管及其凸筋实施强化对流换热(原理同波形火筒)。最后，烟气流向前烟箱，靠火嘴风机的压力从烟囱排出。

在启动的过程中如点火失败，或在使用过程中自动熄火后，由紫外光敏管监测信号实施自动报警，并自动切断油源、电源，进行自动熄火保护。从以上的工作过程可以看出，该炉的自动化程度高，采用了正压燃烧方式(即靠火嘴风机供给燃料所需要的全部空气，排出燃料所生成的烟气，不受烟囱拔力的限制)，从而可靠地实施了强化燃烧与传热，因此使该炉的热效率得到了很大的提高，目前已达 90%，赶上了世界先进水平，超过了国家标准，不愧为名副其实的高效加热炉。

2. 水套炉操作步骤

(1) 水套炉点炉前的检查

① 检查压力表、流量计、温度计等仪表是否完好。

② 检查防爆门、安全阀、液位计、各种报警装置是否完好。

③ 检查合风装置、烟道挡板是否灵活好用。

④ 检查并调整水套式加热炉水位至2/3的位置。要控制好水套式加热炉的水位，水位太高得不到循环，原油得不到良好的加热，热效率也会降低；水位太低则运行不安全。水温控制一般以80~85℃为宜。

（2）水套炉点炉前的准备

① 打开烟道挡板和合风，自然通风不少于15min，排净炉膛内的可燃气体，然后调整好烟道挡板，并检查炉膛是否负压。

② 打开燃料总阀，调整燃气压力。

③ 打开出液阀和进液阀，关闭连通阀，倒通工艺流程后循环10min，防止憋压。

④ 检查燃烧器各部件完好。

（3）水套炉点炉

对于现场已安装PLC燃气机控制器的操作如下(以常用的STYQ250型燃烧器为例)：

如果燃烧器采用自动操作，必须确定炉膛内无可燃气体时，再将开关设定在燃气位置，开启气路上的手动阀门，按[确认]键即可。如果不能确认炉膛内无可然气体，应采用手动操作。操作步骤如下：

① 将开关设定在燃气位置，PLC显示燃气。

② 按[功能]键转手动，手动指示灯亮。

③ 按[风机]键风机指示灯亮，风机开启，配风灯亮，风门自动打开，吹扫炉膛15min。

④ 配风灯灭，点火指示灯亮，点火枪开始点火。

⑤ 着火后，按[主阀]键，主阀指示灯亮，同时配风灯亮，风门自动开启，此时检测指示灯亮。(配用手动风门的燃烧器，待主阀开启着火后，应缓慢打开风门，调至所需位置)

⑥ 燃烧正常后，按[功能]键，自动指示灯亮，燃烧器自动保护。

（4）调节水套炉火焰和温度

① 小火烘炉4~5h后，调节燃料阀的开启度，保证炉出口温度满足工艺要求。

② 待炉燃烧旺盛后，调节烟道挡板，燃烧器合风，使油或气能充分燃烧，调整到燃油呈橘黄色火焰，燃气呈淡蓝色火焰，烟囱不冒烟的状态。

（5）水套炉运行中的检查

① 点火后对加热炉的进口、出口温度、水位、火焰状况、燃料压力等运行参数进行检查，以保证满足生产工艺要求。

② 对加热炉的运行参数进行记录。

（6）水套炉的停炉

① 停炉时，逐渐关小燃料阀，缓慢降温，同时调整燃烧器合风使火焰由大变小，炉膛温度由高到低。

② 当炉膛内温度降至200℃左右时，关闭燃料阀和燃料总阀，同时关闭合风和烟道挡板，使炉膛温度缓慢下降。

③ 当炉膛温度降到100℃左右时，打开合风及烟道挡板，加速炉膛冷却。

④ 当炉膛温度降至50~80℃，加热炉的进出口介质温度基本一致时，打开加热炉连通阀，关闭进液阀和出液阀。

⑤ 扫线、排污。

(7) 加热炉保养知识

为保证加热炉安全平稳运行，提高加热炉效，需要对加热炉进行以下保养：

① 液位计每周清洁一次，保证水位指示正常，不出现假液位。

② 加热炉的燃烧器每月至少要清理一次，保证燃烧效果，燃料充分雾化。

③ 加热炉的风机每班应加一次机油，保证轴承润滑。

④ 烟囱和炉体连接焊口一月检查一次，以防断裂。

⑤ 烟囱拉线每月检查紧固一次，防止发生意外。

⑥ 加热炉每年清洗除垢一次，清除燃烧室、烟道、烟管处堆积物，防止局部过热，严重燃烧变形。

⑦ 防爆门白铁皮每两个月检查一次，发现变形、变薄或损坏立即更换。

⑧ 加热炉做备用设备时，必须放净炉内液体，打开上下人孔，保证炉内干燥，防止锈蚀。

3. 加热炉完全燃烧应具备的条件

(1) 应供给足够的空气，这是实现完全燃烧的重要条件。供给空气要适量，过多会降低炉膛温度，增加排烟热损失；过低会使燃烧不完全，同时会加速换热管的氧化破坏。

(2) 应使燃料化学组成符合规定，特别要控制水分、灰分等杂质不能过多，否则会影响完全燃烧，严重时会破坏燃烧过程的进行。

(3) 应使燃料与空气充分混合，这样可使氧化反应迅速进行，达到强烈燃烧。

(4) 要有足够的燃烧时间，这样可使燃料中可燃物燃尽。

(五) 燃烧器

1. 燃烧器的分类

把燃料和空气按一定比例混合，以一定的速度和方向喷射而得到稳定和高效的燃烧火炬的设备称为燃烧器。

以燃料分类：燃油燃烧器、燃气燃烧器。

以通风方式分类：自燃供风燃烧器、鼓风式燃烧器、无焰式燃烧器。

以燃烧方式分类：扩散式燃烧器、大气式燃烧器、无焰式燃烧器。

2. 燃烧器的结构

(1) 扩散式燃烧器：主要包括配风套筒、调风板、燃气分流器等三部分。它适用于小型负压燃烧炉。其工作原理是：燃气进入燃气分离器后，经燃气分流器前端小孔喷入炉膛，再从进风接口筒吸入、经配风套筒供给的空气边混合边燃烧。

(2) 无焰式燃烧器：主要由调风板、引射管、可燃物分流器、燃烧道等组成。它适用于较低负荷的负压加热炉。其工作原理是：燃烧器从燃气喷嘴进入引射管，由于喉管的收缩和扩张而产生速度后从喷口喷出。燃气燃烧所需的空气依靠燃气喷出时产生的动能，通过引射管吸入，燃气和空气经过充分混合，由喷口进入燃烧道进行燃烧。

3. 燃油燃烧器

输油系统油燃烧器有 B 型比例调节燃烧器、旋杯式燃烧器、机械雾化燃烧器、蒸汽雾化燃烧器等。下面主要对机械雾化燃烧器的雾化机理、性能加以介绍。

机械雾化燃烧器又称为压力雾化燃烧器，它又可分为简单压力式和回油式两种。在长输管道加热炉上主要使用回油式压力雾化燃烧器。现以回油式压力雾化燃烧器为例，说明其工作原理、结构等。

该燃烧器由燃油管送来具有一定压力(0.3～3.0MPa)的燃油，经分盘导入雾化片，雾化片上有缘线槽、旋涡室和喷孔。由于燃料油具有一定的压力，因此，在沿雾化片切线进入旋涡室时，便开始转化为动能。燃油在旋涡室做圆周运动后，由喷孔射出，并产生径向分压(离心力)，由于该力超过了液体表面的张力，同时在空气的作用下促使油膜在喷孔边缘破裂，形成极细的油雾颗粒，同时形成一个空心的圆锥形雾化炬。其结构如图2-18所示。

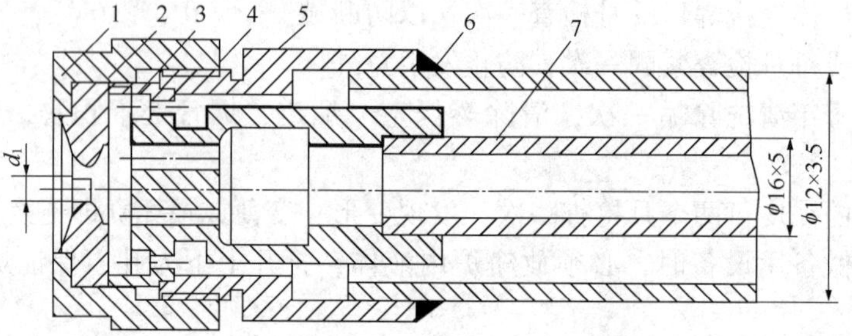

图2-18　机械雾化燃烧器结构示意图

1—螺帽；2—雾化片；3—旋流片；4—分油嘴；5—喷油嘴座；6—进油管；7—回油管

4. 燃料雾化燃烧时应满足条件

(1) 将燃料油雾化成微粒，以增大油与空气接触，并形成一定的流量密度、分布和雾化流喷射角度。

(2) 供给燃烧所必需的空气量，并使它与油雾迅速均匀混合。

(3) 必须使燃料油与空气的混合物处在较高温度场中，以加速和强化燃料燃烧的化学反应过程。

(4) 具有适合炉型要求的火焰形状，既保证火焰充满良好度，又不使火焰冲刷炉管。

(5) 着火迅速，燃烧稳定，热强度高。

(6) 具有较大的调节幅度。

(7) 结构简单、运行可靠、操作方便，易于实现燃烧过程的自动控制。

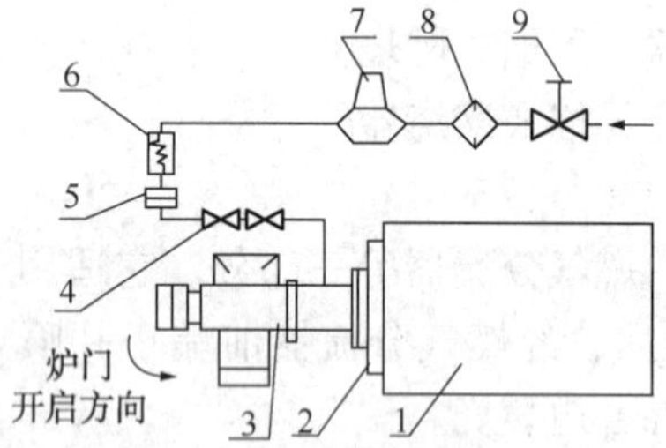

图2-19　常用低压供气系统

1—锅炉；2—炉门；3—燃烧器；4—燃气阀组；5—管接头；6—抗震组件；7—稳压器；8—过滤器；9—切断阀

5. 燃气燃烧器

目前，燃气燃烧器在油田应用较为广泛，其供气系统有低压(4kPa以下)供气系统和中压(1MPa以下)供气系统两种类型，常用低压供气系统见图2-19。

燃烧器的工作原理：

接通电源，进行燃气压力检测，如果气源压力大于最小压力，锅炉蒸汽压力或热水温度未达到要求，启动燃烧器，电机开始工作，风门打开并至最大，进行预吹扫。风压检测正常，风门关小，返回到点火位置，即一级燃烧状态位置，点火变压器得电点火，燃气电磁阀打开供气，点火燃烧，电离子探针进行火焰检测并跟踪。如果需要，在启动二级燃烧，增大火力，提供更多的热能。

(六) 提高加热炉效率的措施

1. 合理控制过剩空气量

在调整加热炉运行时，既要达到燃料完全燃烧，又要控制排烟量最小。过剩空气系数每降低 0.2，则可提高热效率 1.3%左右，所以过剩空气系数必须合理选择。一般控制在 1.1~1.3 之间比较合适，为此，风源要充足，风门要控制合理。燃烧器的合风要进行调整。炉子烧小火时要控制烟囱挡板。对于全封闭式高效节能炉，调整燃料增加或减小时，必须调整燃烧器上的各段合风，以达到完全燃烧。

2. 提高炉管的传热系数

注意烟道清灰，烟管要清焦，定期清理炉体沉砂，酸洗水垢，特别是烟管处要洗干净，保持传热系数的高水平，在炉内加抗垢剂，在冷水补水管线上加磁力除垢器，防止结垢。炉体水位要控制合理，一般在 1/2~2/3 之间，过低不安全易造成炉气化，过高会降低炉效，炉体要尽量减少失水量，认真检查炉体各密封有无渗漏，从烟气上判断炉管是否漏失，水套炉加水补水要采用软化处理后的水，保证水质合格。

3. 搞好炉体炉门保温

减少一切不必要的热损失。炉体密封要完好，炉体保温达到要求，特别是后烟箱，烟室易漏风、漏气部位要密封完好。炉体上的防爆门，观火孔，看点火孔，要有专用材料密封，防止热量散失。

4. 加强维护保养，保证燃烧状态最佳

为保持良好的燃烧状态，火嘴要维护保养好，保证喷油、雾化最好。燃气气道经常清理，保持燃气畅通不节流。根据系统需要的温度，燃烧油枪雾化片孔径、燃油、燃气压力要调整合理。燃气要保证不含油滴和水，火焰呈淡蓝色。燃油火焰呈橘黄色。定期清理燃烧器，处理油、气道的结焦，保证油气燃烧效果。

5. 勤检查，勤观察，勤调整

加热炉运行过程中，应经常检查运行状况，经常根据变化情况进行调整，当炉膛颜色明亮，说明温度高，燃烧完全，当炉膛颜色暗红或发黑，说明燃烧不良应进行调节。控制好排烟温度，太高太低都不好，太高带走热量，使炉效降低，太低由于有水蒸气的存在，易在烟气中形成酸性气体，而腐蚀烟囱。观察排烟情况，排烟颜色太浓，说明空气不足或燃烧不良，调整到有一点浅灰色为最好。

6. 加强测试

要定期组织人员进行测定加热炉效率，对测得结果认真分析，及时调整、改造，使加热炉经常在良好的高效率技术状态下运行。

（七）判断加热炉燃烧好坏的依据

1. 根据仪表指示判断

加热炉出口温度应在规定温度的±5℃范围内为正常，发生温度超范围波动则为不正常。

2. 根据加热炉声音判断

加热炉正常运行时，由于燃料进入炉膛有一定的压力，被鼓入炉内的空气具有一定的速度头，即使是负压炉由于炉膛负压吸入的空气也具有一定的速度头，因此燃烧时会产生一定的声响。响声一直均匀不变，是炉正常运行；当响声突然停止，是加热炉熄灭，或是停电或燃料中断等原因造成；当响声无规则，时高时低，是燃烧器调节不当，进炉介质变化或燃烧量变化等原因造成。

3. 根据加热炉火焰判断

火焰燃烧应达到短火焰、齐火苗、火焰明亮、燃烧完全。燃油时火焰是橘黄色，烧气时火焰呈淡蓝色，烟囱看不见冒烟。凡不符合这些标准时为不正常现象。

火焰燃烧不正常现象有以下几种：

(1) 燃气炉

火焰燃烧不完全，火焰四散，颜色呈暗红色或冒烟。原因是空气量过少。

火焰狭长无力，呈黄色。原因是空气量不足。

火焰短，颜色发紫，火嘴和炉膛明亮。原因是空气量过多。

火焰偏斜，火舌喷到炉膛某一侧，另一侧火焰很少，造成炉膛火焰分布不均。原因是某些喷孔堵塞，喷气不均所致。

(2) 燃油炉

火焰紊乱，燃烧不完全，火焰根部呈深黑色，炉膛回火或冒烟。原因是燃油量和空气量配比不当，空气量过小，雾化不良。

火焰发白，焰面不稳，有跳动偏离现象。原因是空气量过多。

火焰乱飘，燃烧无力，颜色为黑红色，甚至冒烟。原因是空气量过少造成的未完全燃烧所致。

火焰不成形，雾化炬不规则。原因是火嘴喷口结焦或雾化片旋道堵塞所致。

4. 根据加热炉烟囱冒烟情况判断

一般情况下，应以眼睛看不见加热炉烟囱上冒烟为正常

(1) 烟囱冒黑烟：燃料和空气配比不当，燃料过多，燃烧不完全。

(2) 烟囱间断冒小股黑烟：空气量不足，燃料雾化不好，燃烧不完全。

(3) 烟囱冒黄烟：操作乱，调节不好，熄火再点火时发生。

(4) 烟囱冒大股黑烟：给风机入口堵塞，空气量严重不足，燃烧不完全，火嘴喷口结焦，雾化不好或燃料突增所致。

(八) 加热炉常见故障判断与处理

1. 加热炉凝管事故处理

(1) 压力挤压法

先全开出口阀门，后逐步开大进口阀门，慢慢升压将凝管顶挤畅通。值得注意的是，顶挤压力不超过炉管的最大工作压力。该方法优点是操作简单易行，但只适于加热炉初凝时使用。

(2) 小火烘炉法

先全开出口阀门并适当关小进口阀门，后用小火烘炉，再以适当的压力顶挤相辅。在小火烘炉时，如果进口温度和压力急剧上升，应立即停炉(它说明炉外管线严重凝管)。该方法对加热炉严重凝管效果较好，但因使用的是明火，在油气区操作应注意安全。

或在炉内烧木柴烘炉，也可用燃烧器小火焰燃烧，待管壁温度超过100℃后即灭火焖炉，当温度下降到40℃左右再次点炉，直至凝油溶化。

(3) 自然解凝法

先停炉切断进出口来液，然后使进出口两端敞口，利用环境温度解凝。它适用于大气温度较高且允许停炉时间较长的情况下使用。

2. 加热炉炉管漏油(漏气)着火事故处理

(1) 停炉

关闭事故炉燃料油(气)阀门；改流程，打开旁通阀；关闭事故炉进油(气)、出油

(气)阀门。

(2) 灭火

用干粉灭火器或蒸汽灭火；待火熄后通风、扫线。

(3) 诊断

查清穿孔位置；分析故障原因。

(4) 修复

炉管受损程度轻一般采用焊接修补，焊接应在炉膛降温后进行，焊接用焊条应与炉管材质强度相匹配；炉管大面积穿孔或管壁腐蚀严重必须更换新炉管，安装新炉管时应注意保持喷嘴与炉管距离，防止管线受热不均匀而导致爆裂，且花墙修砌应合理、畅通无阻。

(5) 点炉

修复完毕，按规程投运，注意炉温在设计范围内运行，防止炉温太低、燃烧不充分而使炉管受酸碱腐蚀；防止炉温过高而加速炉管氧化。对使用燃料油的加热炉，还应防止出油阀门太小而使油偏流、汽化造成爆炸。

3. 加热炉回火事故处理

(1) 炉火控制

回火较轻时，一般采用调整燃料油(气)阀门，控制炉火；回火严重时应立即熄灭炉火。

(2) 事故诊断

根据具体回火情况，查清回火原因。通常的回火原因包括油(气)风比不合理、烟道挡板开启位置不合理、燃油(气)压力不合理、火嘴堵塞或损坏、炉膛结焦等。

(3) 故障排除

① 调节油(气)风比：以调节至不脱火、不回火，且火焰呈红中带蓝为佳。

② 调节烟道挡板。

③ 调节燃料油(气)压力：不仅要保证压力平稳，而且要使压力满足加热炉工作压力需要。因压力过大易产生不完全燃烧而回火，压力过小影响雾化效果而回火。

④ 检查火嘴：如火嘴堵塞则清理畅通；如火嘴损坏则更换新火嘴。

⑤ 检查炉膛：如结焦较轻时则清理干净；如结焦严重则更换新炉膛。

(4) 点炉

重新点炉，按操作规程投运。

(5) 加热炉冒白烟事故处理

加热炉冒白烟是由于燃料中含水分超标，具体操作措施如下：

① 检查并排除炉前分液器内的液体。

② 检查并排除炉前分液器到加热炉管线内的液体。

③ 打开炉前放空阀，吹扫燃气管线。

4. 加热炉冒黑烟事故处理

(1) 燃料气中重组分增多或分离不彻底。

① 检查进气压力并调节到规定范围。

② 检查并排除炉前分液器内的液体。

③ 检查并排除炉前分液器到加热炉管线内的液体。

④ 打开炉前放空阀，吹扫燃气管线。

（2）检查燃料及阀门：检查燃料是否燃烧不充分，供氧不足；检查燃气调风阀、电器转化阀、连杆机构及自动薄膜调节阀是否灵活；通风口控制叶片控制在一定的范围内。

（3）检查并清洗炉内积炭。

5. 加热炉爆炸回火的原因及防止

加热炉在点火时或运行过程中，有时会有火焰或高温烟气从炉膛内喷出，并伴有轰隆隆的爆炸声，这种现象称为加热炉的爆炸回火。

（1）爆炸回火的原因有以下三种：

① 炉膛内存有一定量的燃料气，点火前未吹扫干净，点火时，气体体积急剧膨胀，来不及从烟囱排出，使火焰或烟气从炉膛内喷出，发生爆炸回火，有时甚至防爆门动作。

② 燃油炉燃烧器雾化不好或操作不当，使过量的燃料油喷入炉膛，燃烧后产生过量的可燃气体，不能正常燃烧，也排不出去，发生爆炸回火。

③ 加热炉超负荷运行，进入炉膛里的燃料过多，产生过量的烟气排不出去，变为正压操作，发生爆炸回火。

（2）要保证加热炉正常运行，防止爆炸着火，主要做到以下几点：

① 加热炉点炉前，要严格按点火操作要求进行，仔细检查供气（或供油）阀门是否渗漏，炉膛内有无可燃气体或燃料油，并先对炉膛通风吹扫符合规定后，再点火操作。

② 要合理操作，防止将过量的燃料气或燃料油喷入炉膛。定期清理燃烧器，处理喷孔堵塞或结焦。

③ 减小燃料用量，避免加热炉超负荷运行。

6. 加热炉“打呛”故障处理

加热炉突然发生正压，炉膛烟气和火从各孔、门喷出，严重时防爆门动作，这种现象称加热炉“打呛”。

原因：

（1）燃料油雾化不好，燃烧不完全。

（2）火嘴灭火后继续喷油，未及时处理。

（3）烟道挡板开度小。

（4）炉超负荷运行，烟气排不出去。

（5）炉膛内残存可燃气体，点火前未吹扫干净。

处理方法：

（1）打呛现象一旦发生，应立即关闭燃料油（气）阀门。

（2）清除炉内积存的可燃物。

（3）开大烟道挡板。

（4）加大送风量吹扫炉膛，时间在10min以上。

（5）吹扫完毕，将烟道挡板调到原位置。

（6）按点火程序重新点火。

7. 出口油温突然上升

原因：

（1）停泵或排量突然下降。

（2）进出口阀门闸板脱落。

（3）燃料油阀门突然开度过大。

（4）炉内发生偏流。

处理方法：

（1）启泵加大排量。

（2）修理阀门。

（3）适当关小燃料油阀门开度。

（4）关小未发生偏流的加热炉出口阀门或将偏流的加热炉压火或停炉。

8. 炉管烧穿

下列情况会出现炉管烧穿事故

（1）输量过低出现炉管内原油偏流或停流。

（2）燃料油直接喷在炉管上燃烧。

（3）部分火焰很长，直接烧到炉管。

（4）炉管材质不好又长期受高温氧化、低温腐蚀或气流冲刷的影响。

（5）花格墙修砌不合理，使局部炉管长期过热。

轻微烧穿时（指降低油压后现象消除）应及时停炉，切换。严重烧穿时，须紧急停炉，吹入消防蒸汽或化学药剂灭火（不可用水灭火），关进出炉阀门并同时打开紧急放空阀。关闭炉体上所有孔门。共用一个烟道挡板。邻近未发生事故的炉子要熄火，继续通油。若火势蔓延已无法切断事故炉油源时，立即倒全越站流程，同时打开所有运行炉的紧急放空阀。

9. 加热炉爆喷

（1）停炉查找原因。

（2）加强通风，用空气吹扫炉膛，将可燃气体排出炉外。

（3）清洗油枪，检查烟道挡板开度。

（4）查明原因处理后，按点火程序重新点火。

（5）尽量避免加热炉超负荷运行。

10. 加热炉原油汽化

（1）检查加热炉流量是否过低，调整进出口阀门开度消除偏流，加大流量。

（2）检查火焰是否烧到炉管，调整油嘴火焰，关小燃料油阀，降低炉膛温度。

（3）检查原油出口管线保温层；严重汽化时，应紧急停炉处理。

11. 二次燃烧

（1）一般较小的二次燃烧可适当降低加热炉的负荷，开大烟道挡板，加大风量，直到二次燃烧消失再恢复正常运行。

（2）严重的二次燃烧应紧急停炉，关闭燃油（或燃气）阀门；关闭烟道挡板，停止送风，使炉内火焰熄灭或采用其他方法灭火；火灭后，及时清除可燃物。

（3）在炉膛着火情况下要判断准确，不可以因为炉管烧穿而采取错误的措施，使事故扩大。

12. 燃烧器故障原因及排除方法

（1）燃气燃烧器不好点火

原因：

①各参数设定值不当；②天然气内有空气或流量不够；③操作间内温度低；④加热炉燃烧室内温度低，负压大。

处理方法：

①按参数给定内容，重新设定各值；②天然气放空，将管道内空气排除干净，将手动

燃气阀门全开；③对操作间实行保温，提高伴热温度；④将防爆门撬开一个缝减小阻力，待着火后，再将防爆门关闭。

(2) 燃烧器只能小火工作不能大火工作

原因：

①小火、大火开关未扳至Ⅱ处或插头脱落，接触不实；②大火信号未输入。

处理方法：

①将开关扳至Ⅱ处，将插头插牢；②检查线路。

(3) 燃烧器只能大火工作不能小火工作

原因：

①大火、小火信号并在一起；②在小火与大火信号之间并入其他设备。

处理方法：

①按图纸恢复正常；②按图查找线路、排除。

(4) 点火电极不打火

原因：

①高压线未接；②点火电极间距不正确或接地；③点火变压器无电流输入或损坏。

处理方法：

①插紧电源线；②修理调整；③检查或更换。

(5) 火焰紊乱不规则或脱火

原因：

①燃气火焰盘阻塞；②燃气/空气配比不当；③炉口不合适。

处理方法：

①清理火焰盘；②调好配比；③重新修炉口。

(6) 燃烧器在运行中发生喘振

原因：

①燃气、空气量调节过大而与机械发生共振；②燃气/空气配比不当；③调压器上没有用的导压管内的垫片丢失。

处理方法：

①调小燃气、空气量；②调好配比；③重做垫片，堵好。

(九) 加热炉典型事故案例

1. 生产概况

某联合站使用3台高效超导炉给原油加热，功率均为2200kW，配用的燃烧器为德国威索MS8Z/2重油燃烧器。该站每天原油加热量为1500m^{3}左右，原油进口温度52℃，出口温度90℃，加热炉采用了2用1备的运行模式。其中1$^\#$炉加热负荷最大，采用二段火燃烧，2$^\#$炉加热负荷控制较小，采用一段火燃烧，3$^\#$炉处于备用状态。

2. 事故经过

2002年某天的16：00，该联合站接班工人在交接班检查中发现该站运行的1$^\#$、2$^\#$炉加热炉烟囱冒白色烟雾，加热炉工便进行检查，对燃油泵前端过滤器进行放水后，烟囱白烟量减少，加热炉工返回值班室进行交班。17：00，当班加热炉工发现运行的两台加热炉冒黑烟，便再次调整油风混合比，并减少了供油量，直至烟囱排烟正常。随后不久，加热炉原油出口加热温度由90℃降至87℃，加热炉工便再次加大了供油压力并调整了进炉空气量。调节后2#炉烟囱排烟出现轻微的冒黑烟状况，该加热炉工根据自己的经验，认为随燃油量的增加烟囱出现轻微的黑烟属正常现象，便返回值班室。19：30，加热炉工在巡回检查中发现2#炉仍然有少量的黑烟冒出，观察发现2#炉进出口温度、压力正常，回值班室填写运行报表。22：00，加热炉工在例行检查中发现2#炉烟囱冒出的黑烟量增加，便再次减少了进油量，并降低了进炉空气量。凌晨1：21分2#炉突然报警停炉，并且从观火孔发现炉膛明亮，当班工人立即向值班干部汇报，值班干部赶到现场后立即关闭燃油阀，并启动风机向炉膛送风降温。维修人员赶到现场拆下燃烧器后发现，炉膛左上方出现结焦，喷嘴支架已出现变形，火焰监测器、稳焰盘和燃烧头烧坏，整个燃烧器前端几乎报废，造成了经济损失3万元。

3. 原因分析

这起事故的原因主要有以下几个方面：

（1）该加热炉工缺乏处理加热炉故障的经验，责任心不够，没有及时将加热炉出现的异常情况向班长和值班干部汇报，没有请求协助诊断排除故障。

（2）接班过程中发现加热炉冒白烟主要是由于当日燃料油含水较高引起，烟气中有较多的水蒸气造成的。水蒸气较多部分燃油没有完全燃烧，导致炉膛出现结焦。加热炉第一次冒黑烟说明随含水量的减少，加热炉燃烧逐渐正常，但结焦导致部分雾化的燃料油不能完全燃烧。

（3）在2#炉第二次冒黑烟时，说明结焦部位体积进一步加大，加上2#炉喷油嘴由于使用时间较长，喷口磨损变形，引起火嘴和稳焰盘结焦，导致雾化效果变差。随着时间的延长，火嘴和稳焰盘结焦越来越严重，最终造成喷油方向偏斜，火炬不规则，造成炉口左上方结焦体积越来越大；值班工人未能及时发现结焦停炉清焦，而是单纯采用了减少进油量的方法来解决冒黑烟的问题，该值班工人操作存在严重失误。

（4）2#炉一直冒黑烟，若调节不能解决，应停炉进行系统的检查。值班工人没能及时停炉，造成了2#炉带病运行。

（5）2#加热炉故障报警停运后，从观火孔处发现明亮，说明炉膛内存在未燃尽的余油，产生了二次燃烧。此时应立即启动风机向炉内通风降温，防止火焰烘烤燃烧器。值班工人没能立即采取措施，耽误了时机，等值班干部赶到进行处置时，燃烧器已经损坏。

4. 经验教训

加热炉烟囱冒黑烟要考虑到炉膛有结焦的可能性，此时要注意观察加热炉炉膛是否结焦，并综合分析造成冒黑烟的原因。黑烟量变大则要紧急停炉并采取必要的措施后进行解决，如果加热炉出现炉膛结焦的情况，应立即停炉清理结焦。加热炉是集输站库安全生产的重点部位，应加强对操作工人的培训，开展故障案例的学习与分析，并制定常见故障的应急预案，增强操作工人判断和处理加热炉故障的能力。

第四节　原油脱水设备

一、油水混合物的性质

从油井生产出来的油气混合物中经常含有大量的水和泥砂等机械杂质，特别是在油田后期生产中，注水驱动方式开采的油藏占有极大的比例，油井出水量可达其产液量的90%以上，泥砂等机械杂质亦多达1%~1.5%。

原油和水在油层内运动时，常携带并溶解大量的盐类，如氯化物(氯化钾、氯化钠、氯化镁、氯化钙)、硫酸盐、碳酸盐等。在油田开采初期，原油中含水很少或基本上不含水，这些盐类主要以固体结晶形式悬浮于原油中。进入中、高含水开采期时，则主要溶解于水中。原油中含水、含盐、含泥砂等杂质会给原油的集输和炼制带来很多麻烦和危害。

原油含水，不但直接影响原油的质量，而且增加了后续处理工艺和输送过程中的动力、能源消耗，引起金属管路和设备的腐蚀，水中携带泥沙、碳酸盐等，还会对输送管道和设备造成磨损，形成结垢等。另外，原油含水，还会影响炼制加工过程的正常进行。因此，含水率是出矿原油的重要技术指标。经过气液分离得到的油水混合物，在进入下一级处理工艺和外输之前，必须进行脱水、脱盐、脱机械杂质的净化处理。由于原油中所含的盐类和机械杂质大部分溶解或悬浮于水中，所以原油的脱水过程实际上也是脱盐、脱机械杂质的过程。

根据水在原油中存在的形式不同，原油中的含水可分为游离水和乳化水两种。乳化水与油形成了一定结构的乳状液，很难用简单的沉降法直接从油中分离出来，通常需要通过一定的方式破乳后，再进行沉降脱水。

(一) 乳化液的形成

乳化液是两种或两种以上互不相溶的液体在乳化剂作用下，通过搅拌而形成的混合液，其中一种液体以极小的液滴形式分散在另一种液体中。乳化液都有一定的稳定性。

原油和水构成的乳化液主要有以下两种类型：一种是水以极微小的颗粒分散于原油中，称为“油包水”型，用符号W/O表示。“油包水”型乳化液中，水是内相或称分散相，油是外相或称连续相。另一种是油以极微小颗粒分散于水中，称为“水包油”型，用符号O/W表示。“水包油”型乳化液中，油是内相，水是外相。此外，还有多重乳化液，即油包水包油型(O/W/O)、水包油包水型(W/O/W)等。

1. 形成稳定乳化液具备的条件

(1) 系统中必须存在两种以上互不相溶的液体；

(2) 要有一定量的乳化剂存在；

(3) 要有强烈的搅拌，使其中一相以微小的液滴分散到另一相中。

2. 油田形成乳化液的要素

(1) 油田采出物是油和水，两者互不相溶；

(2) 原油中有足够的胶质、沥青质、石蜡等，它们都是天然的高性能乳化剂；

(3) 油田开发和油气输送过程中，油、水、乳化剂三者共聚一体，在井筒、油嘴、管道、阀件、机泵中充分搅拌接触混合，使油水乳化液的乳化程度逐渐加深。

(二) 油水乳化液的性质

1. 分散度

分散相在连续相中的分散程度称为分散度。分散度通常用内相颗粒平均直径的倒数表示，有时也用内相颗粒总表面积与总体积的比值表示。分散度的大小直接影响着乳状液的性质，分散率越大，乳状液越稳定。

2. 黏度

影响乳状液黏度的因素主要有外相黏度、内相黏度、原油含水率、温度、分散度、乳化剂性质、内相颗粒表面带电强弱等。原油的黏度越大，生成的 W/O 型乳状液黏度也越大。乳状液黏度与温度的关系同原油类似，随温度的升高而降低。

原油含水率对乳状液黏度影响的一般规律是：含水率较低时，乳状液的黏度随含水率的增加而缓慢上升；含水率较高时，黏度随含水率的增加迅速上升；当含水率超过某一数值时，黏度又随含水率的增加而迅速下降。此时，W/O 型乳状液变为 O/W 型或 W/O/W 型乳状液。此后，随含水率的进一步增加，乳状液的黏度变化不大。

乳状液的分散度越高，其黏度就越大。这是因为内相颗粒表面有一定厚度的乳化剂薄膜，该薄膜可看作内相颗粒体积的一部分，分散度越高，内相颗粒越小，总体积就越大，乳状液黏度就越大。一般情况下，分散度高的乳状液具有较大的黏度。

3. 密度

乳状液的密度ρ，与其含水、含盐的多少有关。若已知乳状液体积含水率为φ、原油和含盐水的密度分别为ρ_0和ρ_W，则乳状液的密度为：

$$\rho=\rho_0(1-\varphi)+\rho_W\varphi \qquad (2-5)$$

4. 电学性质

（1）介电常数

介电常数是乳状液的重要性质，其影响因素较多，应用中可通过实测确定。

（2）电导率

电导率表示了乳状液的导电性能。以水为外相的乳状液导电率高，以油为外相的乳状液则是电的不良导体。原油的电导率约为$(1\sim2)\times10^{-6}/(\Omega\cdot cm)$，含水率越高，乳状液的电导率就越大，当含水在 50%以上时，乳状液的电导率比原油的电导率高 2～3 倍。另外，乳状液的电导率，还随温度的升高而增大，当温度从 25℃升高到 90℃时，乳状液的电导率可增加 10～20 倍。

（3）电泳

把乳状液放在电场中，带电的分散液滴将在电场作用下运动，带正电荷的液滴向负极运动，带负电荷的液滴向正极运动，这种现象称为电泳。

（4）绝缘强度

绝缘强度是指单位厚度的乳状液抗电场击穿的能力。如大庆油田原油在含水 30%以下时构成的乳状液的击穿电场强度是 20～22kV/cm。绝缘强度随乳状液含水率的增高而降低。

5. 稳定性

影响乳状液稳定性的因素主要有乳状液的分散度和原油黏度、乳化剂的类型和保护膜的性质、内相颗粒表面带电、乳状液温度和水的 pH 值等。其中，分散度越高，分散相液滴越小，布朗运动越强烈，乳状液越稳定；原油黏度越大，水滴越不易下沉，乳状液也就越稳定。

随着温度的增高，沥青质、胶质、石蜡等乳化剂的溶解度增加；乳状液的内相颗粒体积膨胀，界面膜变薄，机械强度减弱；内相颗粒的布朗运动加剧，分子互相碰撞机会增多；油水的密度差增大，原油黏度减小，水滴易于沉降，乳状液的稳定性降低。

二、原油脱水方法

根据原油含水的形式和油水混合物的性质，目前常用的原油脱水方法有重力沉降脱水、化学破乳脱水、离心力脱水、粗粒化脱水和电脱水等。

（一）重力沉降脱水

在油水混合物中，重力沉降脱水是靠油和水所受重力的不同实现的。在混合物系中，油的密度小，所受重力小；水的密度大，所受重力大，在重力差的作用下，水滴逐渐从油层中沉降出来。重力沉降脱水多用于原油中游离水脱除。

提高油水混合物的温度，有利于减弱油水界面膜的强度，增大油水密度差，降低原油黏度，使破乳剂更好的分散到油水界面上，提高破乳和沉降效果。故在油气集输的原油脱水过程中，常采取加热的方式提高沉降脱水的效果。

（二）化学破乳脱水

在原油含水很多的情况下，原油是以乳化状态存在的，并且乳状液态具有一定的稳定性，靠一般的沉降方法难以脱除。所以，破乳往往是脱除乳化水的前提。化学破乳脱水，就是在乳状液中加入少量的表面活性物质，破坏乳状液的稳定性，使乳状液破乳。进而使乳化水从乳状液中分离出来，变为游离水，再通过重力沉降将其脱除。

1. 破乳剂

破乳剂是在原油乳化液里加入的一种高分子有机化合物，能够吸附在油、水界面上，降低界面薄膜的机械强度，改变乳化液的类型，破坏乳化液的稳定性的一类物质。目前，常用的破乳剂主要有两种类型，即离子型破乳剂和非离子型破乳剂。

破乳剂是一种表面活性物质，具有很强的活性，能使油水乳化液界面膜强度减弱或破裂使水珠相撞，接触合并，从原油中沉降下来。

2. 破乳剂的破乳机理

破乳剂的破乳机理有以下四种：

（1）正相吸附作用

破乳剂是高效能的表面活性剂，其活性一般随相对分子质量的增加而增加，它可以聚集在乳化液的油水界面上，最大限度地降低界面的机械强度，因而使水滴很容易从“油包水”型的界面膜中解脱出来实现破乳。当破乳剂加入含水原油中时，能降低油水界面张力，使表面自由能减少，油膜内小水珠很容易从油包水界面膜中解脱出来，合并成大水珠而沉降。

（2）反相乳化作用

“油包水”型的乳化液是由原油中憎水的乳化剂形成的，如环烷酸、沥青质等。采用亲水的破乳剂可以将“油包水”型的乳化液改变成“水包油”型乳化液，借乳化液的转化过程及“水包油”型的乳化液的不稳定性可以实现破乳。有些破乳剂可以促使油包水转相形成水包油，水在外面则碰撞很容易聚集合并成大水滴而沉降。

（3）反离子作用

在石油乳化液中呈分散相的微小水滴几乎总是带负电荷，并在自己表面上吸附正离子。因为所带电荷相同，分散相的粒子互相排斥，这使它们不能汇合成更大的聚合体，因而能保持乳化液的稳定性。向乳化液中加入电解质后，使离子发生根本改变，乳化液的离子开始吸附符号相反的电解质离子。因此，带电荷的分散相吸附电解质阴离子，阴离子自然会把这种颗粒上的正电荷中和，结果消除电荷，同时也消除了稳定性。乳化液的颗粒开始合并成大液滴，油水分层达到破乳的目的。

（4）“润湿”和“渗透”作用

表面活性剂有一种很强的“润湿”和“渗透”作用，能穿过“油包水”型乳化液的界面而与水亲和，达到破乳的作用。由于破乳剂具有上述的作用，所以在脱水过程中，加入适量的破乳剂，就能降低乳化液的稳定性，使油水容易分离。

3. 实现化学破乳脱水的条件

（1）要有合适的破乳剂

由于原油本身是由多种碳氢化合物组成的复杂混合物，原油乳化液中起乳化作用的物质种类和特性也复杂，在通常情况下又是未知数，所以必须通过筛选试验，找出适合原油性质的化学破乳剂品种。

（2）要让化学破乳剂与原油乳状液充分接触混合

原油乳化液中水珠的粒径大小不一、数量繁多，分布杂乱。要让数量有限的化学破乳剂都能接触到原油乳化液的油水界面，必须让化学破乳剂与原油乳化液进行剧烈的搅拌混合，使之充分接触。剧烈搅拌还有利于破乳后的水珠接触合并，使其粒径变大并迅速从原油中脱出。

（3）破乳后应有足够沉降分离空间和时间

经过充分接触、混合，实现了化学破乳以后，在一定容积的沉降设备中进行沉降分离，使油水依靠密度差分离成层。由于油水的密度差较小，分离速度较慢，因此需要有足够的沉降分离空间和时间来保证较理想的分离效果。目前，大多数油田都采用较大的沉降罐作为沉降分离设备。

4. 筛选破乳剂

（1）对新进的每桶破乳剂都要进行编号，根据编号顺序依次取样少许，进行脱水率试样化验；

（2）取足够量的没有加任何药剂的含水原油，用蒸馏法测定含水率；

（3）用已知含水的原油和所取破乳剂样，做脱水率试验；

（4）在室内恒温水浴中做脱水效果，此时的加药量为 100μg/g；

（5）根据合适时间，对破乳剂拐点、脱出的水量和已知原油的含水量分别计算出脱水率；

（6）45min 的脱水率在 80%以上的破乳剂为合格；

（7）把合格的破乳剂桶取出放在一侧，不合格的破乳剂桶放在另一侧。

5. 配制破乳剂水溶液

（1）把经过筛选合格的破乳剂用加药泵打到高位的储药罐中；

（2）在两个混合药罐中分别加入 $1m^3$ 清水；

（3）用手动加药法或自动加药法，把储药罐内的破乳剂 20kg 加入混合药罐中；

（4）利用搅拌装置，使破乳剂在清水中充分混合均匀，此时破乳剂水溶液中药液的浓度为：

$$20kg/2000kg \times 100\% = 1\%$$

6. 计算加药比和加药量

（1）启动隔膜计量泵，抽取混合罐中的药液向脱水系统加药。

（2）把隔膜计量泵的排量调节到 $0.42m^3/h$，则每小时加入的破乳剂量为：

$$0.42m^3 \times 1000kg/m^3 \times 1\% = 4.2kg$$

全天的加药量为：

$$4.2kg \times 24 = 100.8kg$$

（3）若全天的来液量为5000m³，来液的密度为0.93t/m³，则加药比为：

$$4.2 \times 24 \div (5000 \times 0.93 \times 1000) = 0.0002167 = 21.67\mu g/g$$

（4）加药量随来液量的不断变化，而发生变化，要想保持加药比相对稳定，则需根据每小时来液量变化，调整加药量，以保证加药比的稳定。

（5）油品脱水的难易程度不同，所选择的加药比是不同的，从9.8~80μg/g不等。

7. 加药方式的选择

加药方式有两种，即手动加药和自动加药。

（1）手动加药

① 根据加药比和全天的来液量计算出全天的加药量；

② 根据全天的加药量折算出每小时的加药量；

③ 把每小时的加药量在储药罐的液位计上，折算出高度值；

④ 所需差值固定，保持混药罐的液位在很小的范围内波动。当班工人每小时向混合罐内加入相应的液位高度。这样就实现了系统的手动加药。

（2）自动加药

自动加药是指用电磁阀和时间继电器自动控制加药。具体要求如下：

① 根据加药比和全天的来液量计算出全天的加药量；

② 根据全天的加药量折算出每小时的加药量；

③ 把每小时的加药量在储药罐的液位计上换算成高度值；

④ 把电磁阀的吸合时间调整到规定的秒数，启动电磁阀，用量筒称量出电磁阀在吸合时间内系统的加药量；

⑤ 根据每小时的加药量和每次电磁阀吸合所加药量的比值，就可以计算出电磁阀在1h之内跳动的次数和间隔跳动时间；

⑥ 适当调节自动加药时间和加药间隔时间，就可以把1h的加药量准确地加入系统中；

⑦ 把隔膜计量泵排量固定，保持混合药罐的液位不变，启动时间继电器就可以自动向系统加药了。

（3）自动加药的优点

自动加药和手动加药相比有以下优点：

① 自动加药每小时可以多次加药，保证药液浓度和加药比相对稳定；

② 采用自动加药只要定时对加药量与手动加药量对比就可以了，减轻了工人的劳动强度。

8. 破乳剂脱水效果分析

（1）在一次沉降罐处看脱水效果

破乳剂加入系统，经过在管线内流动液体的搅拌后，进入一次沉降罐中，在这里进行一定时间的物理沉降脱水和化学破乳脱水。通过沉降罐的看窗和油水界面及放水量的变化就可分析出脱水效果。在系统来液量及含水平稳的情况下，油水界面能保持相对稳定，并且在看窗处能够连续放出清水，而且放水量适当，说明破乳剂的脱水效果好，在测定排出水中含油量应小于80mg/L。反之就要加大破乳剂的用量，继续分析脱水效果，如仍不见好转，就要检查其他方面的原因。

（2）在二次沉降罐处看脱水效果

由于二次沉降设备一般容积较大，油水可以在这里有较长时间的重力分离和破乳分离，容易在沉降罐内形成一个稳定的油水界面，油水界面不随液面的波动而大幅度变化。因此，根据来液含水量和罐放水量及油水界面的变化，就可以判断出脱水效果的好坏。当来液量多于放水量，而油水界面降低，说明脱水效果不好，油水过渡带增宽。当放水量大于来液量，油水界面稳定，说明脱水效果好。当然，影响原油脱水的因素很多，如温度、黏度、采用的措施等，在单一考虑破乳剂脱水时，还应考虑其他因素。

9. 破乳剂的使用注意事项

（1）每进一批破乳剂必须进行同批次抽检取样化验脱水效果，达不到要求应退货，严禁投加、存放；

（2）每次加药时都要目测检查破乳剂的颜色、黏稠、悬浮物多少、桶底沉积量多少，把情况做好记录及时反馈给有关领导；

（3）破乳剂的储药罐每月必须清洗一次，防止罐底有杂物，堵塞加药管线，影响手动和自动加药；

（4）混合罐在投运后，上水要均匀平稳，要稳定在固定液位，以保证加药浓度均匀一致；

（5）计量泵排量调整到一定数值后，要保持稳定，以便在配制药液浓度时，有一个固定的量值；

（6）用自动加药增大加药比时，只要调小间隔加药时间即可，要微调，不要大范围变动；

（7）在分析破乳剂脱水效果时，应先调查有无其他客观因素影响脱水沉降效果，若有应综合考虑进去；

（8）一次、二次沉降罐的放水量根据来液量的大小，适当进行调整，并尽量保证油水界面稳定在一固定值左右；

（9）对一次沉降罐要调整好出口压力，及时放净罐内气体，防止气阻影响沉降效果；

（10）一次沉降脱水后，原油含水应降为20%~30%，二次沉降后原油含水应降为20%以下。

（三）电脱水

1. 电脱水的机理

电脱水又称为电场力脱水。电场力脱水是指将原油乳状液置于高压电场中，在电场力的作用下，削弱水滴界面膜的强度，促进水滴之间的碰撞，使其聚结沉降，从原油中分离出来的脱水方法。水滴在电场中聚结的方式主要有电泳聚结、偶极聚结和振荡聚结。

（1）电泳聚结

把原油乳状液置于通电的两个平行电极中，带正电荷的水滴将向负电极运动，带负电荷的水滴将向正电极运动，这种现象称为电泳。由于原油乳状液中的水滴都带有同性电荷，所以将直流电流通入乳状液中的平行电极时，乳状液中的水滴将朝着相同的方向运动。一方面，水滴在运动中，由于受到原油的阻力而产生拉长变形，并使界面膜机械强度削弱；另一方面，由于水滴大小不等、所带电量不同、运动时受到的阻力不同、在电场中的运动速度不同，使得水滴在运动中发生碰撞、聚结、增大；同时，由于水滴向极性相反的电极区运动，在该电极区附近密集，使水滴在电极附近碰撞聚结的机会增加。这种在电泳过程中发生水滴的碰撞、合并，称为电泳聚结。

（2）偶极聚结

在高压电场中，原油乳状液中的水滴受电场的极化和静电感应作用，使水滴两端带上不同极性的电荷。这时，水滴两端同时受正负电极的吸引，产生拉长变形，削弱了界面膜的机械强度；特别是在水滴两端，界面膜的强度最弱。原油乳状液中许多两端带电的水滴，在电场中顺电力线的方向排列成“水链”。相邻水滴的正负偶极相互吸引，使水滴相互碰撞合并。这种聚结方式称为偶极聚结。

（3）振荡聚结

若将工频交流电通入乳状液中的平行电极，电场方向每秒改变 50 次，水滴两端的电荷极性也随之发生相应的变化，水滴内的各种离子将不断地做周期性的往复运动。离子的往复运动，使水滴界面膜不断地受到冲击，机械强度降低，并使其聚结沉降。这种现象称为振荡聚结。交流电场内水滴以偶极聚结和振荡聚结为主，直流电场内水滴以电泳聚结为主，偶极聚结为辅。

从电场力脱水的机理可知，这种脱水方法只适用于油包水型乳状液。因为原油的导电率很小，油包水型乳状液通过电极间的空间时，电极间的电流很小，可以建立脱水所需的电场强度。带有酸、碱、盐等电解质的水是良导体，当水包油型乳状液通过电极间的空间时，电极间的电压下降，电流猛增，产生电击穿现象，难以在电极间建立起必要的电场强度。同样，用电法脱水处理含水率较高的油包水型乳状液时，也易产生电击穿。因此，在处理高含水率原油乳状液时，一般先经沉降，化学破乳等脱水方法，将含水率降低到一定程度后，再进行电场力脱水，通常把这种脱水工艺称为二段脱水。进入电脱水器的含水率一般在 15%~30%之间为宜。

2. 电脱水器的类型

用于电脱水的装置——电脱水器的分类：按电脱水器的供电方式分为交流电场脱水、直流电场脱水、交直流双电场复合电脱水三种。按电极悬挂方式分平挂电极、竖挂电极两种。

（1）交流电场脱水

在交流电场中，原油乳状液的脱水以偶极聚结和振荡聚结为主。这两种聚结的脱水效果和原油含水率有关，含水率较高时水滴的平均直径也大，会有较好的脱水效果。在交流电场中，水滴界面膜受到的振荡力较大，脱出的水清澈，水中含油率较少。交流电场脱水无需整流设备，电路简单。但经交流电场脱水后的原油含水率较高，大约为直流电场脱水的 3~5 倍。另外，施加于电极上的交流电压呈正弦曲线变化，每一周期内只有两个瞬间使电场强度达到最大值，单位原油乳状液的耗电量约为直流电场脱水的 140%，其效率较低，并且交流电场中的水滴容易排列成水链，使电场发生短路。

（2）直流电场脱水

直流电场脱水避免了交流电场脱水的缺点，其脱水效果较好，电能的利用率较高。但这种方法，需要整流设备，电路比较复杂。

（3）交直流双电场脱水

交直流双电场脱水就是在原油含水率较高的电脱水器中下部建立交流电场，在原油含水率较低的电脱水器中上部建立直流电场，充分发挥交流电场脱水和直流电场脱水各自的优势，取长补短，是使原油脱水效果更好的一种电脱水类型。实践证明，这种电脱水方法能降低净化原油的含水率，并能较大幅度降低电脱水的耗电量。

3. 其他脱水方法

(1) 电磁法脱水

电磁法脱水是先将原油乳状液通过带电元件，使水滴带电，再使该乳状液通过与其流向垂直的单向磁场。在磁力线的作用下，水滴运动方向将发生偏移，偏向的带电水滴与电性不同的带电体相接触而中和，使水滴聚合在易被水润湿而不易被油润湿的聚合床上，从而达到油水分离的目的。

(2) 超声波脱水

超声波具有破坏原油乳状液稳定的作用，用频率为15~17kHz，强度为0.1~0.2W/cm^2的超声波，与化学法和机械法联合使用，可取得很好的脱水效果。

(3) 陶粒法脱水

当固体与液体接触时，固体表层分子能吸引液体分子，使液固界面能最低，这种现象称为润湿。液体对固体润湿的程度与亲和状况可用接触角θ表示，$\theta<90°$为润湿或亲和良好，$\theta>90°$为润湿或亲和状况不好。陶粒法脱水，就是利用陶粒的亲水性，使油水混合物中水滴聚结、分离。

(4) 离心力脱水

离心力脱水是根据油和水的密度不同，在以相同的速度旋转时，所受的离心力不同，而实现油水分离的脱水方法。

(四) 电动脱盐技术

原油脱盐常采用电动脱盐技术，就是电脱水和脱盐合二为一技术。该技术以双电场技术为基础。

1. 电动脱水脱盐简介

电动脱水和脱盐的基本原理是在电动脱水和脱盐操作时，使淡化水与原油成逆向流动状态进入电脱水和脱盐装置，在高强电场作用下，淡化水被碎裂成许多细小颗粒，与逆向而来的原油混合(淡化水“冲洗”作用)，使淡化水与盐水多层次接触，在电场减弱时细小颗粒又会较易结合在一起，并且不断增大最后发生沉降，达到脱水和脱盐的目的，脱水和脱盐在同一装置内完成。

电动脱盐技术主要包括电场强度控制技术、强静电混合技术和淡化水与原油的逆向流动技术三个方面。

(1) 电场强度控制技术就是随时间改变电力分配以控制电场的变化，避免小颗粒长时间处于高电场强度区而发生电弧现象。

(2) 强静电混合技术就是依靠合成电极技术和电载响应控制技术，合成电极板和电载响应控制器是电动脱盐系统的重要设备，静电混合周期由颗粒扩散、混合、结合和集结沉降四个处理阶段组成，四个阶段的电场强度变化是由电载响应器来控制。

(3) 淡化水与原油的逆向流动技术就是通过增压设备往电脱水和脱盐装置中注入淡化水，由淡化水分配管(安装在电极板的上方，较靠近原油出口管，使淡化水与原油成逆向流动)的孔眼注入淡化水，使淡水流出孔眼时成粗颗粒状，这种粗颗粒可以防止其被油流携带走，这种逆向流动的设计提高淡水与盐水接触效率，增加了接触层次，提高了脱盐效果，所以淡化水的用量要比传统脱盐系统少。

电动脱盐技术是以双电场技术为基础进行的技术改进，有很多优点，但也有不足之处。

（1）优点：双电场脱盐和脱水；先进的耐水性合成电极；依靠电载响应控制器控制，使流程受到较小的干扰；多层次的静电混合；淡化水的用量小；逆向流动提高了淡化水与原油接触效率；高强度电场以及电极板分布设计提高了流程抗运动干扰能力；淡水与原油的逆向流动最大限度除去油中固态悬浮物；适合于深度脱盐。

（2）缺点：难以除去结晶盐；需要较大的变压器提供能量；电载响应控制器控制箱与变压器之间的安装距离不能超过500m。

2. 电动脱水脱盐装置中电极的特性

电动脱水脱盐装置中电极的特性是电极结构类似于钢板电极，但材料主要由纤维增强塑料制成，该电极板中心面为石墨纤维，沿板长度方向具有导电性，电极板表面由一些填塞材料制成，能吸附水，在板表面形成薄水层，成为沿板高度方向的导电媒介。它的这一特点增加了电极板的耐水性，克服了钢电板由于过于频繁电弧作用，具有承受高电压及高温等特性。

（1）绝缘衬套是一个技术上要求很高的设备，除了起绝缘作用外，它还具备高压密封、耐高温和防腐蚀等特点。绝缘衬套的中心部分为导电体，由黄铜与不锈钢组成。导体外层为聚酰亚胺和特氟隆，耐高温、耐腐蚀，能抗超过60kV高压电。

（2）电极悬挂器的特点

电极悬挂器是由玻璃纤维、铸造纯特氟隆等材料组成，具有良好的绝缘性、耐高温性和抗拉性等特点。

（3）静电混合周期

静电混合周期由颗粒扩散、颗粒混合、颗粒结合和颗粒集结沉降四个处理阶段组成，每一次的电脱水和脱盐过程就是一个静电混合周期。

① 颗粒扩散阶段：电压急剧上升，直到混合阶段，大量的大颗粒水由于电场作用减少；同时，小颗粒水结合量也在减少。

② 颗粒混合阶段：电场强度最大，水颗粒被最大限度细分并扩散，此时被细分的淡化水最易渗透到原油中。

③ 颗粒结合阶段：电场强度转弱阶段，使小颗粒水相互结合成较大的颗粒，大部分的淡水与油中的盐水结合发生在这个阶段。

④ 颗粒集结沉降阶段：电场强度达到最低，最有利于已结合在一起的大颗粒水发生沉降。大颗粒水由于质量的原因很快沉到水层区，部分小颗粒水沉降速度慢，有可能仍处在电场区，进入下一个周期循环过程。

3. 增强原油脱水脱盐效果可采取的措施

（1）在电动脱盐器前增加一个脱气罐，加强对气体的分离。

（2）提高操作温度，降低操作压力，降低原油黏度，便于脱水沉降和便于脱H_2S。

（3）提高电场电压到60kV，用以加强原油与淡水混合效果。

（4）加入破乳剂，用以加强脱水效果。

三、原油脱水工艺

在实际应用中，因为绝大部分的油井产物都有乳化水的存在，所以很少单独利用重力沉降脱水的情况，通常是根据需要，将化学破乳、电场力破乳、重力沉降等多种形式进行不同的组合，构成复合脱水的工艺流程，常用原油脱水流程如下。

(一) 化学沉降脱水流程

1. 一次破乳-两级沉降脱水流程

图 2-20 为一次破乳—两级沉降脱水流程的示意图。经气液分离后的油水混合物，先进一次沉降罐，在重力沉降的作用下脱去游离水；再在脱水泵的抽吸、搅拌作用下加入破乳剂，并经加热炉升温后进二次沉降罐，乳状液得以破乳沉降。该流程适用于油水混合物乳化较轻，破乳容易，沉降设备较多或要求的原油含水率较高情况。

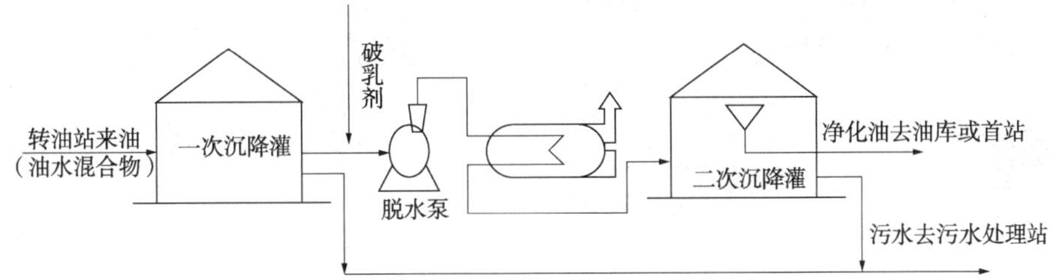

图 2-20　一次破乳-两级沉降脱水流程示意图

2. 二次破乳-两级沉降脱水工艺流程

图 2-21 为二次破乳—两级沉降脱水流程的示意图。经气液分离后的油水混合物，先加入一次破乳剂后，进一次沉降罐，破乳沉降，脱去原油中大约 80%～90%的含水；再加入二次破乳剂，并经加热炉升温后进二次沉降罐，破乳沉降。该流程在一次破乳沉降中脱除了大部分的含水，使二次破乳剂的加入量、加热炉的热负荷、二次沉降罐的容积等都大为减小，提高了脱水的运行效率和脱水效果，适用于油水混合物的含水率较高，乳化较重的情况下。

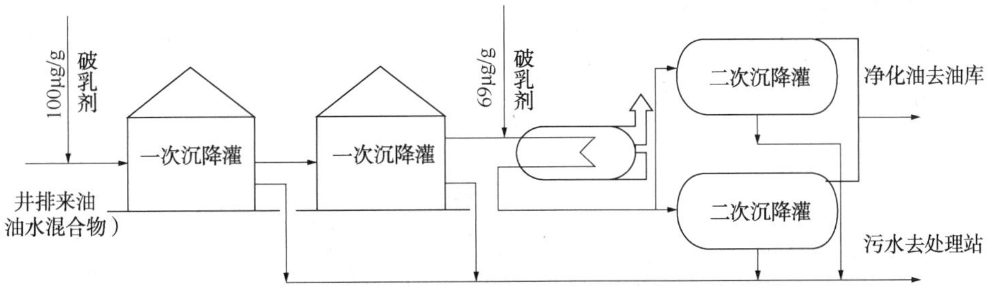

图 2-21　二次破乳-两级沉降脱水流程示意图

值得注意的是，在化学破乳沉降脱水工艺流程中，破乳剂的加入时间，对脱水效果和效率有较大的影响。加入过晚，由于我国目前使用的破乳剂大部分是水溶性的，随着沉降罐中油水的分离，分离出的水会溶解没作用的破乳剂，使破乳剂的利用率降低；加入过早，破乳后游离出来的水不能及时分出，随着在管道中流动、搅拌等作用，会重新乳化。这种二次乳化状态，往往比一次乳化状态更稳定，造成脱水的更大困难。因此，要根据乳状液的性质、流程特点等，确定合适的破乳剂加入点。

(二) 电化学沉降脱水工艺流程

电化学沉降脱水是利用化学破乳、电场力破乳、重力沉降等多种方法的综合脱水工艺根据乳状液的含水、黏度等性质的不同，其工艺过程也有差异。

1. 一段电化学沉降脱水工艺流程

一段电化学沉降脱水工艺流程如图 2-22 所示。在该流程中，以电场力脱水为主，化学破乳为辅。这种流程适用于含水量小于20%的乳状液破乳脱水，其脱水效果较好，成本较低。

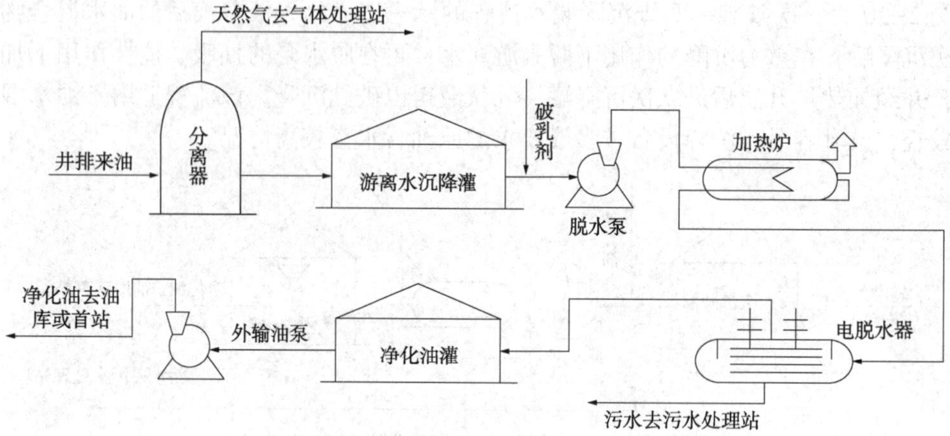

图 2-22　一段电化学沉降脱水流程示意图

2. 二段电化学沉降脱水工艺流程

二段电化学沉降脱水工艺流程如图 2-23 所示。这种流程用于含水率较高的乳状液脱水处理，在一段热化学破乳沉降过程中，脱除大部分水，将乳状液的含水率降低到适应电脱水器工作要求的30%以下；再进行电脱水，使原油含水率达到外输要求。

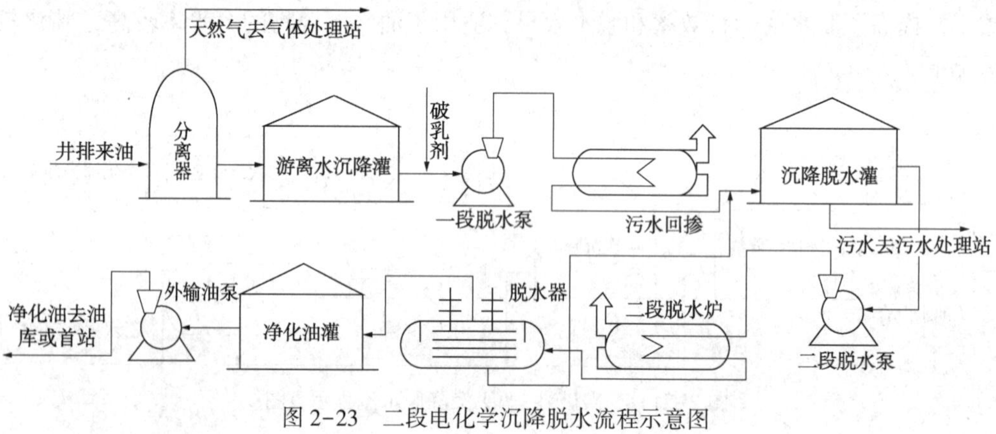

图 2-23　二段电化学沉降脱水流程示意图

3. 高黏度原油脱水工艺流程

高黏原油的脱水工艺流程如图 2-24 所示。高黏度原油的脱水，需要较高的温度，脱水后的原油，若直接外输，不仅浪费能量，而且增加油品的蒸发损耗。为此，在这种流程中设置了换热器，将电脱水后的原油引回换热器，与加热前的原油乳状液换热后再外输，提高了热能的利用率，降低了脱水成本。

（三）密闭脱水工艺流程

在以上介绍的几种脱水工艺流程中，都设有常压的沉降、净化油储油罐。这种工艺流程统称为开式流程(也称为非密闭流程)。开式流程的特点是运行比较可靠，自动化水平要求不高，但油品蒸发损耗多，特别是在温度较高时，这一点更为突出。另外，压能不能叠加利用，系统运行效率较低。

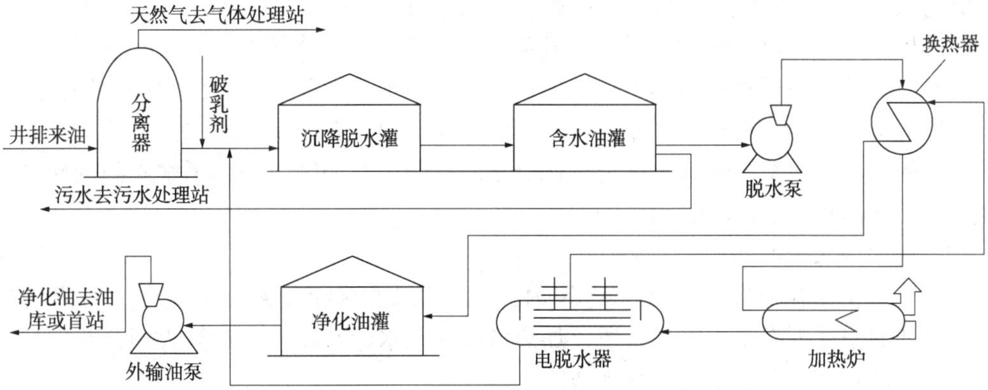

图 2-24 高黏原油脱水流程示意图

如图 2-25 为密闭脱水工艺流程。在该流程中，以三相分离器代替了开式流程中的气液分离器和一次沉降罐，以可承受一定压力的卧式缓冲罐、压力沉降罐等代替了开式流程中的立式常压储油罐，实现了全过程的密闭运行。

密闭流程的特点：具有流程简单，建设投资少，油气蒸发损耗少，避免乳状液老化，有利于实现自动控制等优点。但运行参数的相互影响较大，对自动化水平的要求较高。

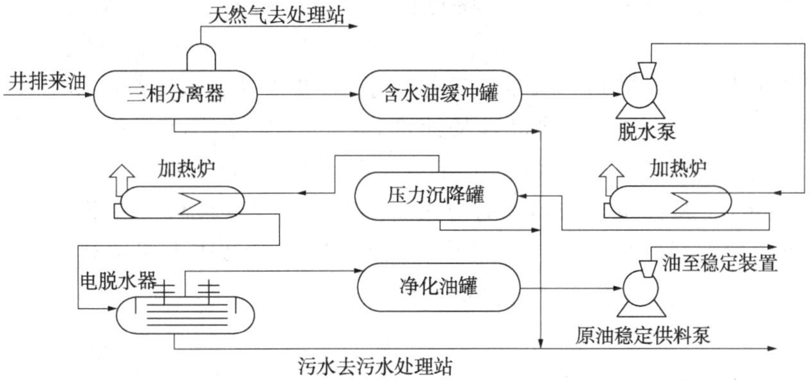

图 2-25 密闭脱水流程示意图

四、原油脱水设备

（一）热化学沉降脱水器

原油热沉降脱水法是使用最早、应用最广泛的脱水方法。目前，它多被用作其他脱水方法的辅助手段。特别在处理“三高原油”时，更是如此。

1. 热沉降脱水的原理

原油乳状液虽因乳化剂的存在而趋于稳定，但它仍是热力学不稳定体系。只要设法降低或削弱油水界面膜的强度，增加水滴的碰撞机会，增大油水比重差，降低外相的黏度等，即可破坏其稳定性。加热是破坏原油乳状液稳定的方法之一。其作用是：

（1）削弱油水界面膜的强度

原油中的主要乳化剂是沥青、胶质、石蜡等。随着温度的升高，这些物质在油中的溶解度增大，使其亲油性能大大增加，几乎全部溶解于油中，从而脱离油水界面，达到降低水滴保护膜机械强度的目的。

温度低时，高分子的石蜡要发生结晶，结晶的石蜡晶体吸附在油水界面膜上，增加了界面膜的机械强度。原油温度的提高，避免了石蜡的结晶，消除了这一脱水过程的不利因素。随着温度的升高，水滴的体积将发生膨胀，使油水界面膜受到膨胀力的作用，这将降低界面膜的机械强度。在水滴膨胀时，界面膜容易破裂，有利于水滴的合并。

温度的提高，向系统输入了能量，使分子的布朗运动加剧，增加了水滴间的碰撞次数和碰撞力，从而加速了油水界面膜的破坏。

(2) 增大油水密度差

实践证明，在温度为0~50℃的范围内，原油和水的膨胀系数是不同的。随着温度的升高，原油的密度下降得比水快，所以加热增大了油水的密度差。计算表明，在同样温升的情况下，油水密度差的变化可增加20%。

在液滴的沉降过程中，液滴的沉降速度与油水的密度差成正比。加热增加了油水密度差，也就加快了水滴的沉降速度。

(3) 降低原油的黏度

原油黏度随温度的升高而降低，特别是乳化原油的黏度随温度的变化更明显，原油含水量越高，黏度随温度的变化越大，在较低的温度范围内，曲线变化较陡，黏度变化较快；而温度较高时，曲线变化则较为平缓，黏度变化的幅度下降。

原油黏度的降低，减少了水滴在沉降过程中的摩擦阻力，加快了水滴在原油中的沉降速度。

(4) 有利于破乳剂分散到油水界面上去，进一步提高化学破乳剂的作用效果

由上所述，加热有利于原油乳状液的油水分离。单从破乳角度来说，加热温度越高，越有利于原油破乳脱水。但温度太高，不仅要耗费大量的燃料，而且会造成原油轻质馏分的蒸发损耗。同时，从比重差和黏度的变化规律来看，温度过高，效果并不明显。因此，原油脱水温度一般控制在80~160℃范围内，而油田生产实践中大多控制在60~110℃。加热的方法很多，但归纳起来可分为直接加热和间接加热两大类。

2. 沉降分离的规律

沉降分离是原油脱水最基础的过程。原油脱水所有工艺参数的制定，都以有利于沉降分离为标准。沉降分离是指脱除以游离状态存在的水和破乳后的水。

在沉降分离的分析中，都引用斯托克斯定律。这不仅是因为该定律深刻地描述了沉降分离的基本规律，而且在生产上也有重要的指导意义。该定律的数学表达式为

$$\omega=\frac{d^2(\rho_w-\rho_1)}{18\nu_1\rho_1}g \tag{2-6}$$

式中 ω——水滴的沉降速度，m/s；

d——水滴的直径，m；

ν_1——操作温度下外相油的黏度，m^2/s；

ρ_w——操作温度下水的密度，kg/m^3；

ρ_1——操作温度下油的密度，kg/m^3；

g——重力加速度，m/s^2。

由上式可见，沉降速度与原油中水滴直径的平方成正比，与油、水的密度差成正比，与外相原油的黏度成反比。例如，从斯托克斯公式分析原油的加热沉降脱水原理是十分明显的。又如一些黏度小、密度小的原油脱水就比重质、高黏原油脱水容易得多。

3. 热化学沉降脱水器的结构

我国各油田采用的热化学沉降脱水器有多种结构类型，图 2-26 热化学脱水器的一种结构类型。

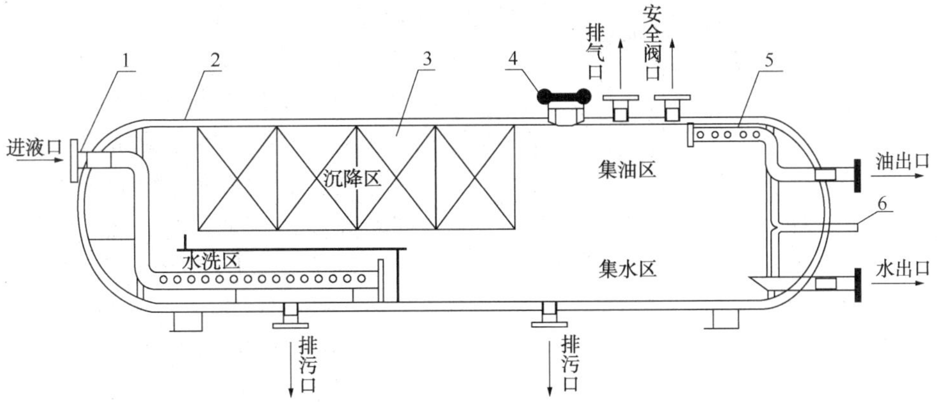

图 2-26 热化学脱水器结构示意图

1—进液装置；2—壳体；3—沉降装置；4—人孔口；5—油出口装置；6—放水看窗

脱水器的两端为椭圆封头的卧式圆筒形压力容器，被支承于双鞍式支座之上，主要有缓冲区、油水分离沉降区、集油区和集水区等。含水原油由设备进液口进入设备并引至设备中心底部缓冲区，设置缓冲区有两种作用：一是能使低含水原油达到水洗的目的，脱出原油中的游离水。二是能减小进液时的搅拌，使进入油水分离沉降区的液体相对平稳。

油水分离沉降区内设置几组沉降器，沉降器由倾角为 60°或 45°的平行钢板组合而成。设计间距一般为 150mm 或 200mm（根据油品性质确定）。低含水原油通过沉降器时，呈层流状态，同时缩短油上浮、水下沉的沉降距离和时间，有利于油水的分离、沉降和聚集。经沉降器聚集分离后的油水分别进入设备后部的油区和水区，油水出口装置均采用汇管收集形式，以避免产生局部涡流，减小液面波动对出口液流质量的影响。

4. 热化学沉降脱水器的选用

（1）设计参数

热化学沉降脱水器的工作性能常用以下指标衡量：

① 沉降时间，油水混合液在脱水器的停留时间，它表示脱水器处理油水混合液的能力。

② 脱水温度，即沉降温度，它与原油性质，加药条件有关。

③ 原油中剩余含水率，一般小于 1000mg/L。

从实践的情况来看，沉降脱水时间、温度主要与原油的乳化程度、破乳剂的作用时间有较密切的关系，可通过室内试验确定合理的沉降脱水时间和脱水温度。

（2）脱水器容积的确定和选用规格

根据沉降时间来确定脱水器的容积，根据所确定的容积，查原油热化学沉降脱水器系列表，选用适合的热化学沉降脱水容积。热化学沉降脱水器不宜少于 2 台。当一台热化学沉降脱水器检修时，其余脱水器负荷大于设计处理能力的 1.2 倍时宜设一台备用。

油田上使用的沉降罐按其外形分为立式和卧式两种。立式沉降罐不耐压，常用于开式流程，有时辅以大罐抽气等措施，使流程的密闭性得以改善。卧式沉降罐则常用于闭式流程。

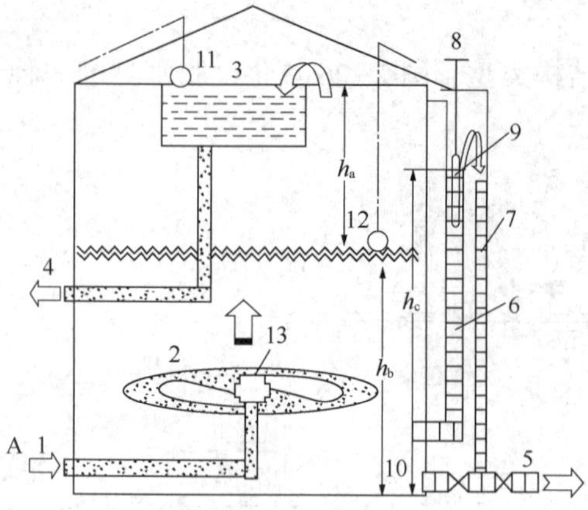

图 2-27　立式沉降罐

1—油水混合物入口；2—辐射状配液管；3—中心集油槽；4—出油管；5—排水管；6—虹吸上行管；7—虹吸下行管；8—液力阀杆；9—液力阀柱塞；10—排空管；11—浮子；12—油水界面和油面浮子；13—配液管中心汇管

（二）原油脱水沉降罐

1. 沉降罐结构

图 2-27 是一种适合于基本不含天然气的常压立式沉降罐。

该装置大多采用具有水封装置的沉降罐，这种沉降罐可自动调节油水界面，以保持沉降脱水的平衡和稳定。加剂油水混合物由入口管经配液管中心汇管和多条辐射状配液管流入沉降罐底部的水层内。为了提高油、水的分离效果，含水原油应在水层顶面以下的一定深度沿进液管进入沉降罐，降低了水滴的沉降高度，又因水比原油的黏度小，故水的沉降速度将加快。这就是所谓的"水洗"作用。在一定的条件下，游离水滴在到达原油底层以前就在油层分离出来了。由于部分水量从原油中分出，从油水界面向上流动的原油流速减慢，为原油中较小粒径水滴的沉降创造了有利条件。当原油上升到沉降罐上部液面时，其水含率大为减少。经沉降分离后的原油由中心集油槽排出沉降罐。罐内水经虹吸管排出。沉降罐的水洗段约占 1/3 罐内液高，沉降段占 2/3 液高。定期清理罐底积存的污泥时，由管 10 排空罐内液体。配液管为沿长度方向在管底部钻有若干小孔的多孔管，沿罐中心向罐壁方向开孔，孔径逐渐增大，使流出的油水混合物沿罐截面分布均匀。虹吸上行管管离罐底高度约 0.5～0.6m。在罐底部还有一条水回掺管线将部分排出水回掺至罐的入口管内，以增加管线内的水含率和加快水滴的聚结速度。

有时将两个沉降罐串联，一级沉降罐流出的含水原油进入二级沉降罐进一步脱水。此时，一级沉降罐应在标准储罐的基础上加高，以利于一级沉降罐的含水油自流进入二级沉降罐。

沉降罐内一般不设加热盘管，若需要设置加热盘管时，盘管应设在油水界面附近的水相区内，否则原油受热产生的对流将严重干扰原油内水滴的沉降。

2. 油水界面

沉降罐内主要依靠水洗段的水洗作用和沉降作用使油水分离。有些含水原油，水洗脱水的效果较为明显，操作时应在罐内保持较高的水层。另一些含水原油沉降脱水效果较为明显，则应适当增加油层高度。油层和水层的高度，即罐内油水界面的位置由装在虹吸管顶端的液力阀调节。把液力阀柱塞向上提升时，减小了水流经柱塞和虹吸上行管间隙处的阻力损失，将使水层高度减小、油层高度增加。因而调节液力阀柱塞位置，就能在较大范围内调节罐内油水界面位置，从而得到较好的沉降脱水效果。

（三）游离水脱除器

游离水脱除器的结构见图 2-28。

其工作原理为：高含水原油从进油口入喷头喷出，气体通过隔板的上沿缺口流向出口、隔板与头盖的空间，油、气、水迅速分成三组。分相时间约为 1～3min，隔板与隔板之间，基本完成油水预分离。隔板是防冲板，保持后空间的静止沉降。隔板与集油槽之间，油水沉降分离约15min，油中的细分散游离水从油中逐渐沉到油水界面以下，水中的浮油向上浮到界面以上，在油水界面处进行油水交换。脱除游离水后的原油，溢流到集油槽中，油从出口排出，水从底部水管线排出。

油水界面处设有界面信号器，可随时检测油水界面位置，并能自动调节放水阀的开启程度。气出口设有自动调节阀，以保持罐内压力平衡。

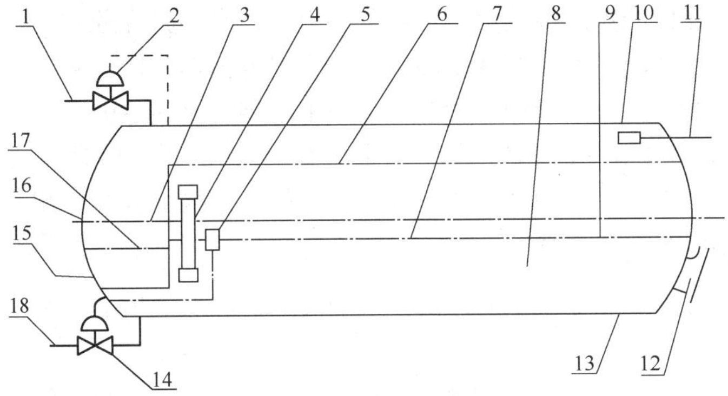

图 2-28　游离水脱除器结构图

1—气出口；2—调压阀；3—集油槽；4—界面计；5—界面信号器；6—油气界面；7—油水界面；8—隔板Ⅱ；9—隔板Ⅰ；10—喷头；11—进油口；12—人孔；13—壳体；14—自动放水阀；15—出油口；16—头盖；17—油气界面；18—水出口

（四）电脱水器

1. 基本结构

电脱水器的基本结构如图 2-29 所示。

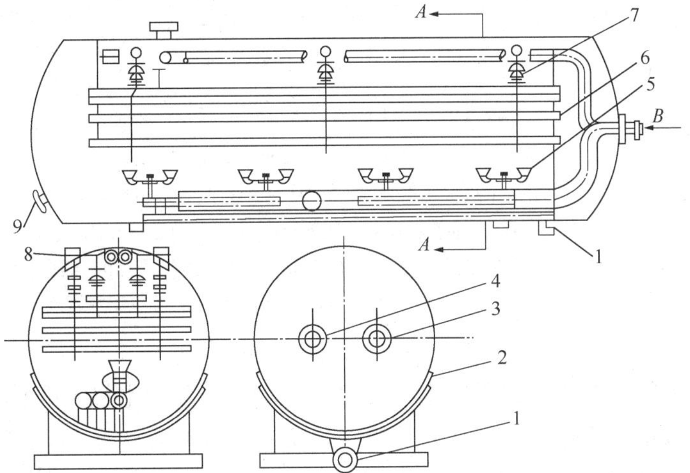

图 2-29　电脱水器结构示意图

1—放水口；2—电脱水器壳体；3—净化油出口；4—净化油进口；5—进液管；6—电极；7—悬挂绝缘子；8—绝缘棒安装孔；9—人孔

2. 电脱水器的工作原理

工作时，含水原油通过进液分配管先进入电脱水器内油水界面以下的水层中，经水洗作用除去游离水；再自下而上沿水平截面均匀地经过电场空间，在高压电场作用下，水滴不断聚结、分离，并沉降至电脱水器底部，经放水排空口排出；原油中的含水率不断降低，最后经顶部管线排出。在油层和水层之间，通常有50~100mm厚的油水共存层。电脱水器内水位的高低，可通过液位表进行观察。

3. 电脱水器电极

电脱水器内的电极由悬垂绝缘子吊在壳体上，通常按偶数层水平放置。根据对脱水效果的要求不同，可以有两层、四层、六层等。使用多层电极时，相间电极以导线相连。两组电极的导线由与壳体绝缘的聚四氟乙烯绝缘棒引出，并连接在脱水变压器的输出端。为了满足原油含水率逐渐减小对电场强度的要求，相邻电极的间距，自下而上逐渐减小，电场强度自下而上逐渐增大。电极的矩形框架由圆钢或钢管制成，框架上铺有用16~18号镀锌铁丝制成的丝网(或由ϕ10mm的钢筋焊接而成)，网格间距一般为60~80mm。为了安装和检修的方便，每层电极又分为若干段，段与段之间由连接板和螺栓相连。

(五) 交直流复合电脱水器

由于交直流复合电脱水器脱水质量高，节能效果好，在油田上应用较为广泛。

1. 结构

交直流复合电脱水器主要由进油管、预沉降室、进油槽．布油孔、电极、悬挂绝缘子、出油管、排水室、出水管和油水界面测量仪等组成，如图2-30所示。

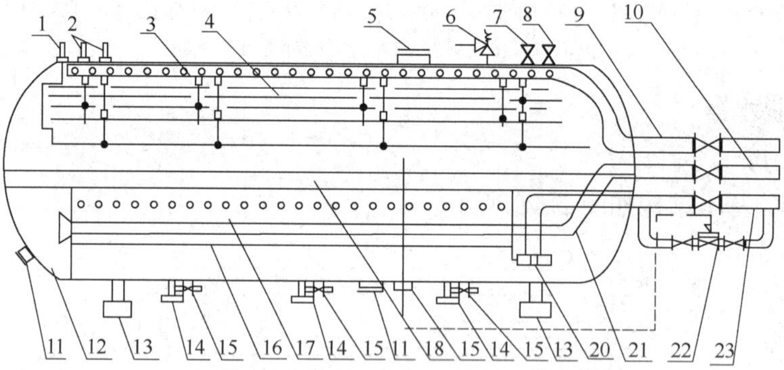

图2-30　交直流复合电脱水器结构简图

1—交流电极接线绝缘棒；2—直流电极接线绝缘棒；3—悬挂绝缘子；4—电极；5—透光孔；6—安全阀；7—小放气阀；8—大放气阀；9—出油管；10—进油管；11—人孔；12—预沉降室；13—鞍式支座；14—排砂口；15—放水口；16—进油槽；17—布油孔；18—油水界面；19—油水界面测量仪；20—破涡板；21—排水室；22—油水界面调节阀；23—出水管

2. 电极

交直流复合电脱水器中，最下层电极提供交流电，最下层电极与壳体之间形成交变电场。上层3个电极提供直流电，形成直流电场。交变电场对乳化原油含水量的变化有较大的适应性，乳化原油中粒径较大的乳化水在交变电场的作用下聚结沉降。粒径较小的乳化水进入直流电场后，在直流电场的作用下聚结沉降，如图2-31所示。

3. 区间划分

交直流复合电脱水器的内部区间分布如图2-32所示，交直复合电脱水器的内部结构有游离水沉降(脱除)区、预处理电场区、高压电场区、安装检修区。

(1) 游离水沉降区的作用

游离水沉降区的作用是高含水原油经过20min沉降，油水就能分层，高含水原油在这个区内进行重力沉降，脱出部分游离水。

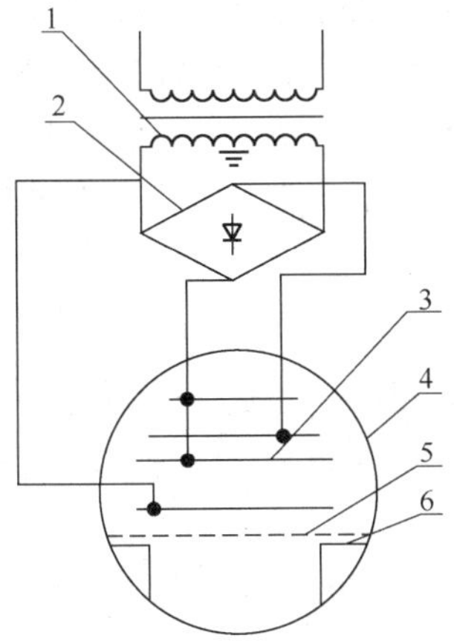

图 2-31　电脱水器电极板电路示意图

1—升压变压器；2—高压硅堆；3—电极；
4—电脱水器壳体；5—油水界面；6—进油槽

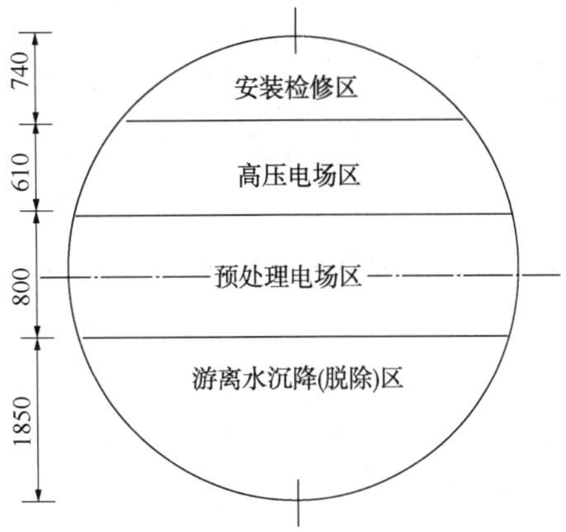

图 2-32　交直流复合电脱水器内部区间分布

（2）预处理电场区和高压电场区的作用

预处理电场区和高压电场区的作用是在底层电极和水洗层间施以交变电场，电场强度为 0.25kV/cm，电场电压为 20kV，在这区域内，含水油中大水滴在交变电场力作用下，偶极聚合，油水分离。高压电场区的作用是在交变电场作用下未能聚合的小水滴进入电脱水器层间的直流电场进行电泳聚合，油水分离，含水油脱至合格油。

4. 工作原理

原油从进油管进入预沉降室，沉降泥沙和部分游离水后，在预沉降室分左右两路进入进油槽，从进油槽上的布油孔均匀进入油水界面下部的水相(游离水沉降区)空间，进行水洗，脱除原油中的残余游离水。水相(游离水沉降区)空间水的浮力使水洗后的原油自下而上经过油水界面进入最下层与壳体之间的交变电场。在交变电场的作用下，乳化原油中粒径较大的乳化水发生振荡聚结和偶极聚结，与原油分离。粒径较小的乳化水与原油一起进入直流电场，在直流电场的作用下发生电泳聚结，与原油分离。脱水后的净化油汇集电脱水器顶部，经出油管排出电脱水器。分离出的水沉降到电脱水器底部，从前端板的底部进入排水室，通过出水管排出电脱水器。

5. 技术要求

（1）对电脱水器进料原油的要求

① 进料原油必须脱除天然气。

② 进料原油经预沉降脱除游离水和泥沙。

③ 进料原油要求原油含水 30%左右，原油含水最高不大于 40%。

（2）对电脱水器操作压力的规定

① 电脱水器控制压力在 0.15~0.25MPa，最高工作压力不大于 0.3MPa。

② 压力波动应小于 0.01MPa。

③ 压力小于 0.1MPa 时不得送电。

④ 安全阀定压 0.4MPa，压力在 0.35MPa 时要报警。

（3）根据原油乳状液脱水的难易程度，确定原油乳状液在电脱水器中的停留时间，一般为 40~60min。

（4）电脱水器的操作温度一般为45~65℃，平均操作温度55℃。

（5）进料原油经电脱水器处理后，净化油含水率小于0.5%，污水含油小于100mg/L。对许多含水原油，特别是重质、高黏原油，利用热化学脱水方法尚不能达到商品原油含水率的规定时，常使用电脱水。电脱水常作为原油乳状液脱水工艺的最后环节，在油田和炼油厂获得广泛使用。

（六）原油电脱水的指标

通过各油田对原油电脱水工艺的生产实践总结出来的一致结论认为：电脱水器处理含水原油的含水率在30%以下时，均可以平稳运行，产品质量符合要求。因此，原油电脱水工艺适宜于处理含水率小于30%的原油。

电脱水后原油的水含量标准，应根据原油的性质有不同范围的要求，按轻质原油、中质原油、重质原油分等级如下：

（1）轻质原油的脱水原油，其质量含水量指标应小于或等于0.5%。

（2）中质原油的脱水原油，其质量含水量指标应小于或等于1.0%。

（3）重质原油的脱水原油，其质量含水量指标应小于或等于2.0%。

从电脱水器脱出的污水中油含量质量分数一般不大于0.5%，输往水处理站的水中油含量不应超过1000mg/L。

（七）原油电脱水器的技术参数

电脱水器的设计技术参数应以实验数据为依据。如果没有实验数据，有关设计参数的确定只能根据原油物性依靠实践经验或有关规范确定。

1. 操作温度

温度是电脱水的主要工艺参数之一。对原油乳状液加热，能使乳状液稳定性降低，有利于原油脱水。但是加热需要消耗燃料，加热使原油乳状液平均体积电导率增加，增加了电脱水过程中的电耗，加热使水滴的电分散加剧，加热还使原油蒸气压增高，增加原油集输过程中的原油蒸发损耗。

电脱水器的设计温度不应高于150℃，这个温度是电脱水器内所使用的聚四氟乙烯绝缘挂板和绝缘棒所能耐热的最高温度。

本着节能的原则，在达到脱水质量要求的前提下，尽可能地对原油乳状液少加热或不加热。原油脱水的后续工序是原油稳定，若根据稳定工艺要求需提高原油温度时，也可相应提高脱水温度，做到“一热多用”。

2. 操作压力

电脱水器的操作压力对电脱水过程的诸因素没有直接影响。当操作压力低于操作温度下原油饱和蒸气压时，电脱水器内将产生气体而影响操作，因此操作压力应比操作温度下的原油饱和蒸气压高0.15MPa。电脱水器的操作压力常受集输系统压力的制约，应能满足整个工艺流程的需要。如渤西终端电脱水器的操作压力为0.65MPa，此压力的确定是从整个流程考虑的，目的是充分利用上游能量，使电脱水器内的原油靠压力能自动流入稳定塔而不必增加动力设备。电脱水器的设计压力一般为0.4MPa、0.6MPa、1.0MPa三个等级。

3. 电压、供电方式的确定

电脱水器中电极的电压、电场强度、供电方式、电极面积和电极个数需针对具体的油品进行试验方能确定。电脱水器通常使用的电压范围为10~35kV。强电场部分的电场强度设计值一般为 0.8~2.0kV/cm；弱电场部分的电场强度设计值为 0.3~0.5kV/cm。值得提出的是，当电场强度过高时，易产生“电分散”。多数情况下，当电场强度过高大于 4.8kV/cm 时，将发生电分散。

电脱水器供电方式应优先考虑采用双电场脱水工艺。因交、直流电场脱水各有利弊，为了能将二者结合，取长补短，可在原油含水率较高的脱水器中下部建立交流电场，在原油含水率较低的脱水器中上部建立直流电场。实践证明，这种双电场脱水法能提高净化原油的质量，并使处理每吨原油的耗电量降为原直流电脱水的 1/2 以下。

4. 电脱水器处理能力

电脱水器的处理能力，应由原油乳状液处理的难易程度、其在电脱水器内的停留时间和电脱水器容积来确定。原油在电脱水段内的停留时间应该适当，停留时间不能小于水滴从油层中沉降下来所需的沉降时间，但也不能太大，因为电分散的存在会增加原油乳状液在电场中的停留时间，不会改善脱水效果，反而会造成设备尺寸设计过大，增大设备投资和占地面积。所以原油在电脱水段内的停留时间应根据原油乳状液处理的难易程度，通过实验确定。

当一台电脱水器检修，其余电脱水器负荷不大于设计处理能力（额定处理能力）的 120%时，可不另设备用；若大于 120%时，可增加一台电脱水器。电脱水器台数的设置一般不少于 2 台，不多于 6 台。

五、原油脱水设备操作与故障处理

（一）电脱水器的操作

1. 投运前的准备

（1）检查系统各部件是否齐全、完好。

（2）各阀门开关灵活、可靠，开启度处在生产规定的范围内。

（3）检查电脱水器各种仪表，安全阀应灵活、好用。

（4）电脱水器及系统试压合格，达到规定的范围。

（5）检查各种电气设备、变压器、整流硅堆、可控硅调压装置，安全阀认真检查并有记录，达到投产要求。

（6）可控硅调压装置上的主回路熔断器，符合要求；检查变压器接线是否正确，变压器油位应在 1/2 以上。

（7）检查绝缘棒和接地电阻，接地电阻不大于 10Ω。

（8）电脱水器内要清扫干净，特别是铁丝、电焊渣及器壁上的尖角、毛刺要清除干净。

（9）检查测量电极间距离、电极与器壁间的距离、高压引线和电极间距。

（10）检查放空阀完好，电脱水器顶部确认无人后，关闭安全门。

2. 电脱水器空载投运

（1）已运行过的电脱水器空载送电试验时，必须用蒸汽吹洗干净，用可燃气体报警器检测合格后方可送电。

（2）打开电脱水器人孔，在人孔适当位置设观察点。

（3）检查电路和电气设备确认无问题时，装上熔断器，然后合闸。

（4）按启动按钮空载送电，从人孔处观察电路和电脱水器内有无异常声音及局部尖端放电现象，发现尖端放电或局部放电，应停电后进行调整。

（5）当空气潮湿时，空载应调为低压。

（6）空载送电时，电压指示应为正常值，电流指示应为零或接近于零。

（7）电脱水器空载送电最好在夜间进行，以便观察放电位置。

3. 电脱水器投运

（1）空载送电确认无问题后封闭人孔，检查流程和附件。

（2）打开电脱水器顶部的大放气阀，向电脱水器内进净化油或含水油，进油时要慢且稳。

（3）当油进到电脱水器容积的3/4时，关闭顶部的大放气阀，打开小放气阀，放净全部气体。电脱水器进油放气时，电脱水器顶部必须有专人看管，防止跑油事故的发生。

（4）油进满后，关闭顶部的小放气阀进行试压，检查人孔、绝缘棒、法兰、阀门等处应无渗漏。

（5）控制电脱水器压力为0.15~0.25MPa。

（6）关闭安全门，装上熔断器，然后合闸送电。

（7）按启动按钮送电试运，送电后注意观察电流和电压变化。

（8）电脱水器正常工作后，电流小于50A，电压为380V左右。

（9）电脱水器运行中操作应做到“三勤，五平稳”，即勤检查，勤调整，勤分析；排量、压力、加药量、温度、水位平稳。

（10）控制好电脱水器水位，当油水界面稳定后，逐步打开放水阀和看窗，及时放水，水位保持中水位，放水看窗清澈透明。净化油含水率应低于0.5%，发现问题及时分析处理。

4. 电脱水器的停运

（1）停电脱水器前，提前半小时控制加热炉的火，防止脱水炉发生汽化。

（2）按停止按钮，停止送电，断空气开关，并打开电脱水器顶部安全门；拔掉电脱水器主要电路上的大、小熔断器，并挂上“勿送电”的警示牌。

（3）打开电脱水器旁通阀门，关闭电脱水器进、出油阀门。

（4）若长时间停运，用压缩空气进行扫线、排空。

（二）电脱水器检修

1. 电脱水器检修内容

（1）检修时重点检查电器部位的电极、悬挂绝缘棒及供电系统是否正常。

（2）清洗极板，清除电脱水器内的沉积物。

（3）检修时应挂“检修禁止送电”警示牌，并设监护人。

（4）检修后要在安全部门协助下进行探伤，符合质量要求，方可投产。

2. 电脱水器维护保养

（1）电脱水器二级保养内容及要求

电脱水器二级保养时间为7200h。

① 电脱水器控制柜重新进行调试

调整截止电流值准确无误，检验移相环节、稳流环节、截止环节性能是否可靠，插件板完好无损。

② 检修供电设备

清洗变压器、硅整流器，其变压器油放出过滤后进行耐压值实验，达到耐压要求。整流器内硅管进行性能测试达到可靠。

③ 清洗电脱水器

检查电脱水器内部接线端子是否可靠，拆下绝缘套管、悬挂绝缘子和绝缘棒，进行 12×10^4V 耐压实验，达到可靠。

④ 清洗电极板

检查电极板损坏情况及时修补，检查极板平整，极板不平度小于 10mm，极板不水平度小于 10mm，极板间距误差小于 3mm。

⑤ 检查仪表及安全装置

重新调安全阀，达到灵敏，重新检验标定油水界面指示调节仪，达到灵活好用，线性好。

⑥ 检查供电设备的接地及绝缘性能

利用万用表或摇表检查电脱水器接地性能及硅整流器、变压器绝缘性能，满足原设计要求。

（2）电脱水设备三级保养的内容及要求

电脱水设备三级保养时间为 14400h。

① 进行二级保养的全部内容。

② 更换电脱水器控制柜内的两块插件板。

③ 更换电脱水变压器、硅整流器内变压器油。

④ 更换电脱水器内绝缘套管，悬挂绝缘子及绝缘棒。

⑤ 根据情况更换硅整流器内硅管，保证使用性能。

⑥ 电脱水器进、出油管线、排污管线进行吹扫，达到流程畅通。

⑦ 电脱水器内极板进行维修平整达到二级保养要求，严格防止局部尖端放电。

⑧ 安全阀、调节阀、油水界面探头重新进行调试，工作平稳可靠。

⑨ 控制柜上电流、电压表进行校正，更换调整电位器。

（3）电脱水器检查时间及内容

① 每年停产检修、清淤一次，原油含砂多的半年清淤一次，并认真进行检修。

② 变压器每季度擦洗高压引线瓷瓶一次，每半年对变压器油进行一次耐压试验。

③ 硅整流器每季度擦洗高压引线瓷瓶一次，每半年测反向绝缘电阻、硅管耐压和变压器油耐压试验一次。

④ 每半年对可控硅电压自动调节器的稳流、截止进行一次调试。

⑤ 电脱水绝缘棒每季度清洗一次，并规定两年更换，防止事故发生，影响正常生产。

⑥ 每季度对脱水压力调节、油水界面调节系统调校一次。

（三）电脱水器的故障及处理

1. 电脱水器电场波动

（1）现象：电脱水器电压、电流表指针突然上下摆动，从电脱水器内连续发出“啪啪”的放电声。

（2）原因：正常运行时，电脱水器极间从上到下已经建立了一个比较稳定的电场梯度，在电场空间的原油含水率从下至上逐渐降低，维持了各层电极之间电压平衡。当高含水原油或严重乳化的原油突然进入电脱水器电场时，已经建立的电场秩序被打乱，由于高含水原油和乳化原油的导电性强，在电场中形成水链，引起极间放电，脱水电流突然上升，电压下降。另外，操作不稳、电脱水器水位过高、放水不及时、电脱水油温过低等，也会产生同样的现象。

（3）判断：检查电脱水器水位控制是否过高，油温是否过低，化验进电脱水器的原油含水是否有异常变化，是否有老化油或回收落地油进站等。

（4）处理：若是电脱水器水位过高，应立即加强放水降低水位；若是原油含水突然升高，应控制电脱水器处理量，查找含水变化原因，并处理；若是进电脱水器油温过低，要立即升温或降低处理量提高温度；若是严重乳化的原油进入电脱水器，要加大破乳剂浓度或用量。

（5）预防：操作要做到勤检查、勤分析、勤调整，严格控制电脱水器水位；对沉降罐要定时进行巡回检查，严防把沉降罐底水打入电脱水器内；处理长期存放的乳化或落地油时，要各岗位密切配合，加大破乳剂用量，并提高加热炉温度，根据电场的工作情况适当控制电脱水器处理量；经常检查加热炉燃烧器的燃烧情况，如不正常要及时拆卸检查，防止喷嘴出现堵塞。

2. 电脱水器电场破坏

（1）现象：电脱水器电流急剧上升，电压大幅度下降，关闭电脱水器出口阀门，静止通电时，电压也迟迟不能恢复。

（2）原因：在电脱水器内悬挂的水平电极极间距离从下到上逐渐减少；在施加固定的高压电以后，上层电极间的电场强度高，下层电极间的电场强度低，含水原油从底层进入电场，在高压电作用下水滴相继沉降脱出，从下到上含水逐渐减少，导电率逐渐降低，正好维持各电极间电压平衡。如果电场空间某局部区域原油性质突然发生变化，例如含水升高，原油乳化严重等，这时电场的平衡状态就会遇到破坏，电流不断上升，电压大幅度下降，电脱水器失去正常的脱水电场。

（3）判断：检查操作过程的脱水温度、流量是否变化太快，水位控制是否过高，进入电脱水器内的原油含水是否较高，了解是否有老化油或落地油打入电脱水器内。

（4）处理：提高脱水温度，加大破乳剂浓度和用量，帮助恢复电场；减小或关闭电脱水器出油阀门，保持正常工作压力，进行静止通电恢复电场；或从电脱水器出油管线压入净化油，替换电脱水器电场空间中的含水油，使电流下降，电压上升，电场恢复。若上述方法都不能使电场恢复，则需将电脱水器内的油水混合物全部排出，用净化油按投产方法重新进行投产。

（5）预防：保证平稳操作，控制脱水流量、压力、温度变化要缓慢，水位不能过高，一般保持中水位；沉降罐（或游离水脱除器）要注意放水，使水位尽可能保持稳定，防止进电脱水器的原油含水突然增加；处理存放时间长的乳化油或落地油时，要事先做好准备，加大破乳剂使用量；在操作中发现电场波动时，要及时进行处理。

3. 电脱水器绝缘棒击穿

（1）现象：电流突然上升，电压下降到接近零，严重时电脱水器根本送不上电。

（2）原因：绝缘棒击穿有两种可能：一是安装时在绝缘棒台阶处产生裂痕，被高压电击穿；二是当绝缘棒外表面附着水分或其他绝缘性能差的泥沙时，高压电通过绝缘棒表面与壳体接地导通，形成高压短路将绝缘棒表面击穿烧坏，出现树枝状裂纹，严重时可将绝缘棒全部烧透剥开。

（3）判断：可先用摇表检查导电杆是否接地，需要时再拆出绝缘棒检查。

（4）处理：更换绝缘棒，其操作步骤是：关闭电脱水器进出口阀门，拉下送电闸刀，拔下电脱水器主电路的熔断器和控制线路上的熔断管，并挂上“禁止送电”安全牌；从放水阀泄压，使出口压力表指示为零；待电脱水器顶部变压器接地放电后，打开绝缘棒法兰处的放空阀，检查电脱水器内是否带压，油面是否降到法兰短节以下；拆卸绝缘棒外部高压引线，卸下绝缘法兰盘，取出绝缘棒；将绝缘棒与电极引线连接的螺丝卸下，并将引线固定在法兰上，防止脱落掉进电脱水器内；更换绝缘棒后，按上述相反次序进行安装。

（5）预防：平稳操作，防止水位过高等可能引起绝缘棒击穿的原因发生；选用机械强度高、表面光滑、憎水的绝缘材料做绝缘棒；改进绝缘棒的外部形状，减少水滴或其他导电物的附着等。

4. 电脱水器电极损坏

（1）现象：电脱水器电流突然升高，电压降至零；送不上电，检查绝缘棒与外界电路均无损坏。

（2）原因：在电脱水器内，由于高压电场作用，乳化原油中的水滴不断碰撞、合并、沉降，当水滴在电极间形成水链时，局部高压短路，引起电极放电，在电脱水器外可以听到“叭、叭”的放电声，电脱水器放电的一瞬间不仅电流突然升高，而且对电极有一定的锤击作用。当电极丝已经发生局部腐蚀的时候，由于放电作用，电极很容易被打断，打断的极丝脱落到下层电极上，形成高压短路，电流很高，电脱水器送不上电。

采用高压直流电脱水时，因为电流在电极间定向移动，阳极的电极丝更容易腐蚀损坏，电极丝由于材质不均匀，表面不光滑，在原油中所含硫化物、盐类的作用下，往往在较短时间里就会发生局部腐蚀。

（3）判断：电脱水器送不上电，首先检查绝缘棒与外部电路，如无损坏可拆掉绝缘棒高压引线，用摇表测量两相电极是否短路；如果电脱水器在送不上电以前放电声很大，突然送不上电，可能是电极烧坏；电脱水器抽空扫线后，打开入口进行空载送电，在送电时如果发现电极间有弧光放电，证明电极丝已经脱落在另一相电极上；在空气潮湿的季节里，有时电极无损坏，空载送电时也会产生极间放电现象，这时的放电并不是电极短路，而是由于电脱水器内空气击穿造成的，只要降低电压则无此现象。

（4）处理：电脱水器停产扫线，按操作要求进行电脱水器内补焊检修电极，如果电极丝普遍腐蚀，应全部更换。

（5）预防：平稳操作，避免因流量过大，水位过高，温度过低等引起严重放电现象发生；电极安装要保证水平，电极间距误差一般不超过10mm；选择耐腐蚀、强度高、导电好的金属材料做电极极丝；将电极绕成网状结构，这样即使电极丝腐蚀烧断，也不会脱落造成高压短路。

5. 电脱水器沉砂与放水管线结垢

（1）现象：电脱水器水位经常升高，将放水阀全部打开仍不能降低水位，必须降低处理量才能维持正常生产。

（2）原因：在高黏度原油的采集过程中，一部分油层含砂往往同油气一起被携带到地面。在低温下因为原油黏度较大，它们不易从原油中沉降出来。当加热进入脱水器以后，黏度小，流速减缓，泥沙同水一道沉降，泥沙易于和盐一起形成垢物，堵塞放水管线，使水无法正常排出。

（3）判断：敲打放水管线，如无污垢则发出清脆的回音；如声音发闷，证明管线已经严重结垢；一般稍有结垢时，放水阀门关闭不严，由此可以判断已有结垢产生。电脱水器沉砂，一般是周期性的，沉砂严重时水位经常波动，水带油较多。

（4）处理：电脱水器沉砂严重时，需要停产扫线，进行清砂；清砂后，可用50%的稀盐酸清洗电脱水器和管线；若管线结垢严重，应更换管线。

（5）预防：掌握电脱水器沉砂周期，定期进行清理；采用大罐沉降放水的方法，把沉砂处理在沉降油罐内；适当加大放水管线直径，延长结垢处理周期；在原油含水不高时，可用降低破乳剂溶液浓度，增大加入量的方法，冲淡含盐浓度。

6. 电脱水器爆炸

电脱水器抽空扫线后，内部存在着大量的油气，它们和空气混合到一定比例，就成为危险的可爆气体。为了避免空载送电时，电极间产生的火花引起爆炸，电脱水器人孔应该打开，而且操作人员要离开人孔位置，确信不会发生爆炸以后方可靠近人孔观察。

电脱水器每次投产时，都要把容器内的气体放净，直到电脱水器顶部最高位置放空阀见油后才允许送电。电脱水器在正常运行时，压力要控制在0.15~0.25MPa，压力低于0.1MPa不得送电。

7. 电脱水器跑油

电脱水器跑油主要是由于操作疏忽造成的。电脱水器进油时，顶部放气阀不应离人，特别是在油面上升接近到电脱水器顶部时，要随时掌握油的上升速度和位置，并对放气阀进行控制，避免从放气阀溢油。

在正常运行时，操作人员要经常检查水位的变化，防止因放水过多，水位过低引起污油从排水管放出。

第五节　油田采出水处理设备

一、油田采出水处理概述

油井采出液中，含有大量的水，随着油田开采进入中、后期，采出液的含水量会越来越高。这些含水，将在原油脱水和集输过程中被脱出。在脱出的水中，由于含有原油等主要污染物，因此脱出的水通常称为油田采出水。

（一）采出水含油的危害

（1）能使采出水处理滤罐中的滤料黏结失效。

（2）含油量较大的采出水回注地层后，会形成乳化段塞，堵塞油层孔隙，降低油层的吸水能力，影响油井产量。

（3）会吸附采出水处理过程中加入的化学药剂，使其失效，影响采出水处理效果。

未经任何处理的采出水称原水；经过自然除油或混凝沉降除油后的采出水称为除油后水；经过过滤的采出水称滤后水；经过处理后的采出水达到相应的回注标准称之为净化水。采出水主要来自原油脱水站，其次是联合站内各种原油储罐的罐底水。在生产过程中，这些采出水需要回注油层。回注油层的水，必须达到油层要求的质量标准；因此，在水回注前必须对其进行处理。

（二）净化采出水回注水质标准

1. 注水水质基本要求

注水水质必须根据注入层物性指标进行优选确定。通常要求：①在运行条件下注入水不应结垢；②注入水对水处理设备、注水设备和输水管线腐蚀性要小；③注入水不应携带超标悬浮物，有机淤泥和油；④注入水注入油层后不使黏土发生膨胀和移动，与油层流体配伍性良好。

如果油田采出水处理后与其他供给水（如浅层地下水、地面净化污水和地面江河湖泊水等）混注时，必须具备完全的配伍性，否则必须进行必要的处理改性后方可混注。考虑到油藏孔隙结构和喉道直径，要严格限制水中固体颗粒的粒径。

2. 回注水水质指标

由于各油田采出水的物理及化学性质差异较大，油田的地层渗透率也不同，因此，对注水水质的要求也不相同。注水水质标准执行 SY/T 5329《碎屑岩油藏注水水质推荐指标》，水质主控指标见第一章表 1-4。

3. 注水水质辅助性指标

除了上述对注水水质的主要控制指标外，SY/T 5329 还对注水水质的辅助性指标作出指导性规定。注水水质辅助性指标主要包括溶解氧、硫化氧、侵蚀性二氧化碳、铁、pH 值。

（1）溶解氧

水中含溶解氧时可加剧腐蚀，当腐蚀率不达标时，应首先检测溶解氧浓度。一般情况要求，油田采出水溶解氧浓度小于 0.05mg/L，特殊情况下不能超过 0.1mg/L。清水中的溶解氧含量要小于 0.50mg/L。

（2）硫化氢

如果原水中不含硫化物，而发现采出水处理和注水系统硫化物含量增加，说明系统细菌增生严重。硫化物含量过高的采出水，可引起水中悬浮物增加，通常清水中不应含硫化物，油田采出水中硫化物含量应小于 2.0mg/L。

（3）侵蚀性二氧化碳

水中侵蚀性二氧化碳含量等于零时，稳定；大于零时，可溶解碳酸钙垢，并对设施有腐蚀作用；小于零时，有碳酸盐沉淀析出。一般要求侵蚀性二氧化碳含量为-1.0~1.0mg/L。

（4）pH 值

水的 pH 值应控制在 7±0.5 为宜。

（5）铁

当水中含亚铁离子时，由于铁细菌作用可将二价铁离子转化为三价铁离子，生成氢氧化铁沉淀，当水中含硫化物（H_2S）时，可生成 FeS 沉淀，使水中悬浮物增加。

二、采出水除油方法及设备

采出水除油是含油采出水处理的主要内容。根据油水分离机理的不同，目前常用的有重力除油、化学除油、旋流除油、聚结除油、气浮除油和过滤除油等多种。

（一）重力除油

1. 基本机理

重力除油是利用油和水的密度差使油从水中上浮，达到油水分离的目的。重力除油需要有较大的油水分离容器，以便提供足够的沉降时间。

这种理论忽略了进出配水口水流的不均匀性、油珠颗粒上浮中的絮凝等影响因素，认为油珠颗粒是在理想的状态下进行重力分离的，即假定过水断面上各点的水流速度相等，且油珠颗粒上浮时的水平分速度等于水流速度；油珠颗粒是以等速上浮；油珠颗粒上浮到水面即被去除。

采出水在重力分离池中的分离效率为：

$$E=\frac{u}{Q/A} \tag{2-7}$$

式中 E——油珠颗粒的分离效率；

u——油珠颗粒的上浮速度，m/s；

Q/A——表面负荷率，$(m^3/s)/m^2$；

Q——处理流量，m^3/s；

A——除油设备水平工作面积，m^2。

这里的分离效率是以大于浮升速度 u 的油珠颗粒去除率来表示的，也就是除油效率。表面负荷率 Q/A，是一个重要参数，当除油设备通过的流量 Q 一定时，加大表面积 A，能去掉上浮速度 u 更小的油珠颗粒，这就意味着有更小直径的油珠颗粒被分离出来，因此加大表面积 A，可以提高除油效率或增加设备的处理能力。

油珠浮升速度 u 可用斯托克斯公式计算：

$$u=\frac{g}{18\mu}(\rho_w-\rho_0)d_0^2 \tag{2-8}$$

式中 u——油珠颗粒的浮升速度，m/s；

g——重力加速度，m/s^2；

μ——采出水的动力黏度，Pa·s；

ρ_w——采出水的密度，kg/m^3；

ρ_0——油的密度，kg/m^3；

d_0——油珠颗粒直径，m。

由斯托克斯公式可知，若采出水中的油珠颗粒直径，水密度、油的密度和水温一定时，则油珠颗粒的浮升速度亦为定值。

2. 重力除油设备

目前常用的重力除油设备是除油罐。

(1) 立式除油罐

① 立式除油罐的基本结构

图 2-33 为目前油田常用的 $1000m^3$ 立式除油罐的结构图。这种除油罐主要靠自然沉降进行油水分离，但分离效率不够高，除油效率比较低，多用于除去水中的浮油和大部分分散油，同时兼有调节和储存功能。

② 立式除油罐工作过程

工作时，含油采出水通过进水管配水室的配水支管和喇叭形配水头从除油罐的上部进入除油罐；采出水在罐内自上而下缓慢流动，靠油水密度差进行分离；分离出来的原油浮至液面，并流入位于罐上部四周的集油槽，经出油管流至回收油罐；除油后的水经位于罐底部的集水头、集水管、中心立管和出水管排出罐外。

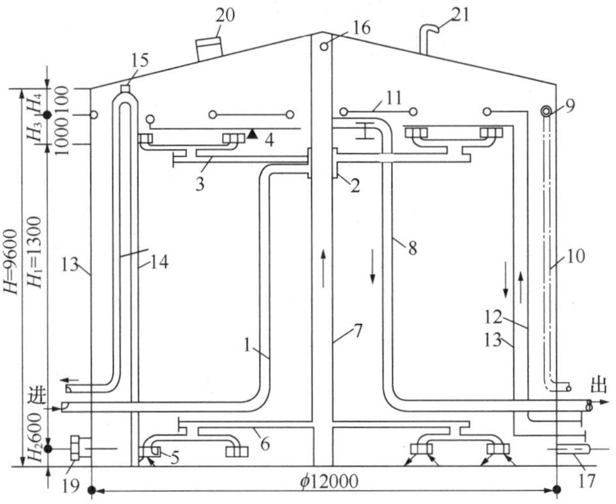

图 2-33　立式除油罐结构图

1—进水管；2—配水室；3—配水管；4—配水头；5—集水头；6—集水管；7—中心立管；8—出水管；9—集油槽；10—出油管；11—加热盘管；12—蒸汽管；13—回水管；14—溢流管；15—通气管；16、21—通气孔；17—排污管；18—罐体；19—人孔；20—透光孔

为防止溢罐，在罐内设有倒 U 形溢流管，当罐内液面超出溢流管顶部高度时，在罐内液柱产生的压力作用下，罐内水从底部进入倒 U 形管排出罐外，避免顶部原油溢出罐外；当罐内液面下降到溢流管顶部高度以下时，罐内气相空间内的气体经通气管进入溢流管，避免了溢流管出现虹吸现象；当罐内液位低于倒 U 形管下边缘时，溢流停止。为防止顶部原油凝固，在油层部位和集油槽内一般都设有蒸汽加热盘管。为了控制油层的厚度，通常在罐外壁的顶部设置出水槽和可调堰板，通过调节堰板高度控制油层厚度。

（2）立式斜板（管）式除油罐

① 斜板（管）式除油罐的工作原理

考虑立式除油罐存在的缺陷，为了提高除油效率，减少除油罐的容积，常在除油罐内的油水分离区设置如图 2-34 所示的斜板（斜管），构成斜板（斜管）除油罐。

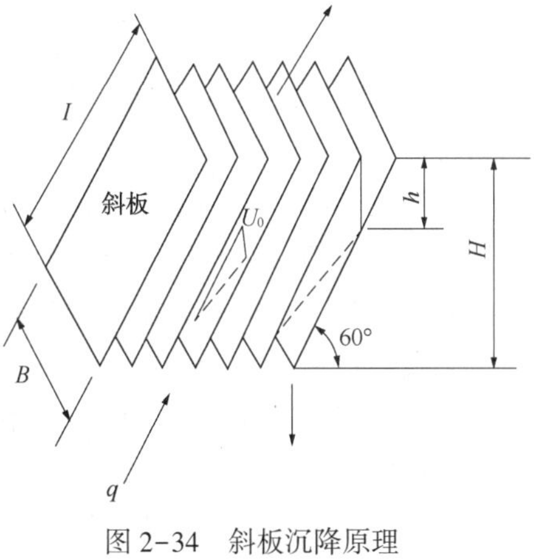

图 2-34　斜板沉降原理

斜板（管）除油是目前最常用的高效除油方法之一，它同样属于物理法除油范畴。斜板（管）除油的基本原理是"浅层沉淀"，又称"浅池理论"，通俗地讲，若将水深为 H 的除油设备分隔为 n 个水深为 H/n 的分离池，而当分离池的长度为原除油分离区长度的 $1/n$ 时，便可处理与原来的分离区同样的水量，并达到完全相同的效果。

为了让浮升到斜板（管）上部的油珠便于流动和排除，把这些浅的分离池倾斜一定角度（通常为 45°~60°），就形成了所谓的斜板（管）除油罐。

在斜板（管）除油罐中，采出水从平行板或管的一端流到另一端，相邻两板（管）间就相当于一个小的沉降罐，采出水每通过一组斜板（管），就相当于进行了一次分离，与自然沉降除油罐相比，在容积相同的情况下，过水面积增大，流动雷诺数减小，水流易处于层流状态，其处理能力和除油效率都有明显的提高。

假设除油设备的高度为 H，油珠颗粒分离时间为 t，则表面负荷率可表示为 $Q/A=H/t$，将其代入分离效率公式，可得：

$$E=\frac{u}{Q/A}=\frac{u}{H/t}=\frac{ut}{H} \tag{2-9}$$

从式(2-9)可见，重力除油设备的除油效率是其分离高度的函数，减小除油设备的分离高度，可以提高除油效率。在其他条件相同时，除油设备的分离高度越小，油珠颗粒上浮到表面所需要的时间就越短，因此在油水分离设备中加设斜板，增加分离设备的工作表面积，缩小分离高度，从而可提高油珠颗粒的去除效率。

② 立式斜板除油罐结构及工作过程

立式斜板除油罐的结构型式与普通立式除油罐基本相同，其主要区别是在普通除油罐中心反应筒外的分离区一定部位加设了斜板组，如图 2-35 所示。

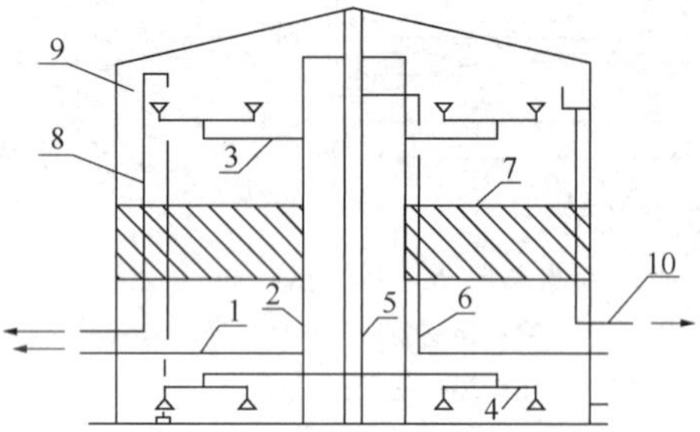

图 2-35　立式斜板除油罐结构图

1—进水管；2—中心反应筒；3—配水管；4—集水管；5—中心柱管；6—出水总管；7—斜管(板)；8—溢流管；9—收油槽；10—排油管

采出水在进口管处与加入的混凝剂混合后经进水管进入中心反应筒，边旋转边自下而上流动，进一步与混凝剂混合、反应后，经配水管流入分离区，先在上部分离区进行初步的重力分离，较大的油珠先行分离出来，然后采出水通过斜管(板)区，油水进一步分离。分离后的水在下部集水区流入集水管，汇集后的水由中心柱管上部流出沉降罐；在斜管(板)区分离出的油珠颗粒上浮到水面，进入集油槽后由收油管排出到收油装置。

斜板材质应是在采出水中长期浸泡不软化、不变形、耐油、耐腐蚀的材料。常用聚丙烯、聚氯乙烯或玻璃钢制造。斜板常做成瓦楞形或波纹形，以利于排油和排放机杂。常用的斜板规格有多种，如：板长 1750mm，宽度 750mm，板厚 1.5~1.9mm，每块板有 6 个波，波长 130mm，波高 15~25mm，波峰处的夹角 101°。为安装和检修方便，把斜板拼装成若干个斜板组块，斜板组块排列在除油罐内的钢支架上。

立式斜板除油罐的主要设计参数如下：斜板间距 80~100mm，斜板倾角 45°~60°，斜板水平投影负荷为 $1.5\times10^{-4}\sim2.0\times10^{-4}m^3/(s\cdot m^2)$，其他设计数据与普通除油罐基本相同。实践证明，在除油效果相同的条件下，与普通立式除油罐相比，同样大小的除油罐的除油处理能力可提高 1.0~1.5 倍。

(二) 化学除油

重力沉降方法，通常只能除去采出水中粒径较大的以游离状态存在的原油，对于采出水中以水包油型乳状液形式存在的乳化油，必须通过化学破乳后，使细小的油滴相互聚合成较大的油滴，才能将其除去。这种通过向采出水中加入一定的化学破乳剂，使乳化液破乳，并使油滴聚合、沉降、分离的方法称为化学除油，也称为混凝除油或絮凝除油。

1. 化学除油常用的药剂

目前，常用于采出水除油的药剂有：硫酸铝[$Al_2(SO_4)_3$]、硫酸铁[$Fe_2(SO_4)_3$]、硫酸亚铁[$FeSO_4 \cdot 7H_2O$]、碱式氯化铝[$Al_n(OH)_mCl_{3n-m}$]等无机混凝剂和一些高分子絮凝剂等。工程上，对这些药剂的要求是：用量少，混凝快，适用范围广，来源丰富，价格便宜，对采出水水质无不良影响。

2. 混凝除油罐

用于化学除油的混凝除油罐的结构如图 2-36 所示。

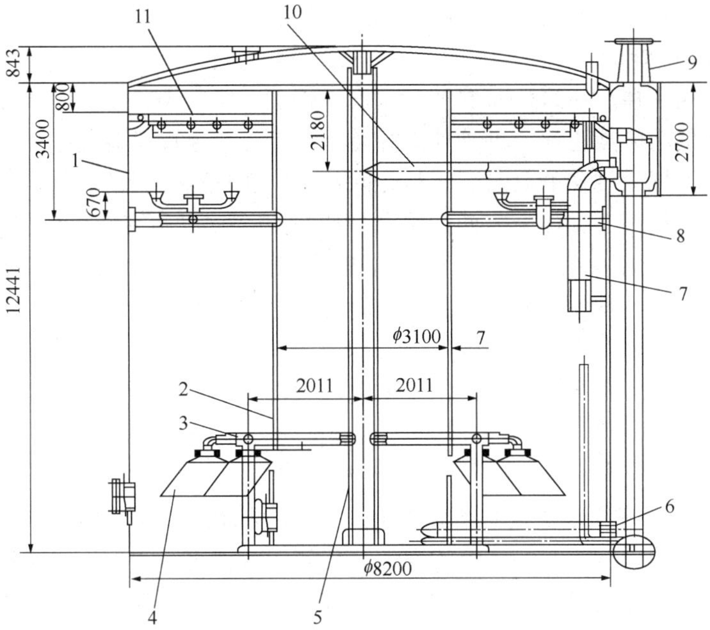

图 2-36 混凝除油罐结构示意图

1—罐体；2—反应器；3—连通器；4—斜板箱；5—中心柱管；6—进水管；7—溢流管；8—分配器；9—出水调节器；10—出水管；11—集油槽

为了使得加入的破乳剂与采出水均匀混合，并有足够的反应时间，应用中常通过图 2-37 所示的简易管式混合器在除油罐的进口管线处加入药剂。

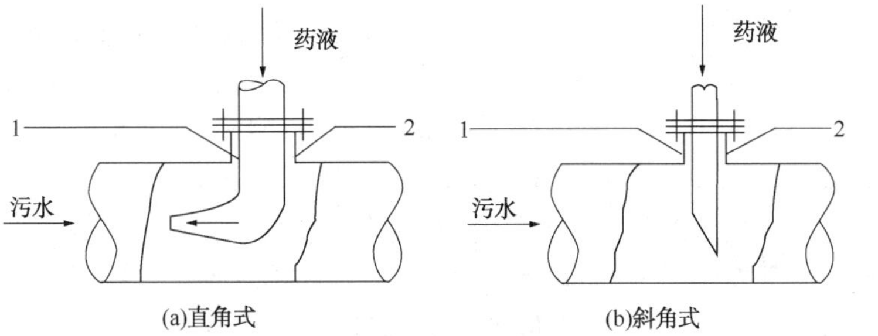

图 2-37 简易管式混合器示意图

1—塑料投药管；2—钢管

采出水在进口管处与加入的混凝剂混合后经进水管进入中心反应器，边旋转边自下而上流动，进一步与混凝剂混合、反应后，经分配器流入分离区，先在上部分离区进行初步的重力分离，较大的油珠先行分离出来，然后采出水通过斜板箱，油水进一步分离。分离后的水在下部集水区流入集水管，汇集后的水由中心柱管上部流出沉降罐；在斜管(板)区分离出的油珠颗粒上浮到水面，进入集油槽后由收油管排出到收油装置。

（三）粗粒化（聚结）除油

1. 粗粒化

所谓粗粒化，就是使采出水通过一个装有填充物（也叫粗粒化材料）的装置，在采出水流经填充物时，使油珠由小变大的过程。经过粗粒化后的采出水，其含油量及污油性质并不发生变化，只是更加容易用重力分离法将油除去。粗粒化处理的对象主要是采出水中的分散油，粗粒化除油是粗粒化及相应的沉降过程的总称。

2. 粗粒化除油机理

根据斯托克斯定律，在采出水含油率、油水密度一定的条件下，采出水中油珠的上浮速度与油珠直径的平方成正比，即油珠直径越大，上浮的速度就越快。为了提高除油设备的除油效率，就要增大油珠的直径，粗粒化除油就能实现这个目的。

关于粗粒化的机理，大体上有两种观点，即“润湿聚结”和“碰撞聚结”。

“润湿聚结”理论建立在亲油性粗粒化材料的基础上。当采出水流经由亲油疏水性材料填充的滤床时，分散油珠便在材料表面润湿附着，这样材料表面几乎全被油包住，再流来的油珠也更容易润湿附着在上面，因而附着的油珠不断聚结扩大并形成油膜。由于浮力和反向水流冲击作用，油膜开始脱落，于是材料表面得到一定更新。脱落的油膜到水相中仍形成油珠，该油珠粒径比聚结前的油珠粒径要大，从而达到粗粒化目的。例如用聚丙烯塑料球及无烟煤作粗粒化材料的聚结，就属于“润湿聚结”。

“碰撞聚结”理论建立在疏油材料基础上。无论由粒状的或是纤维状的粗粒化材料组成的粗粒化床，其空隙均构成互相连续的通道，犹如无数根直径很小交错的微管。当采出水流经该床时，由于粗粒化材料是疏油的，两个或多个油珠有可能同时与管壁碰撞或互相碰撞，其冲量足可以将它们合并成为一个较大的油珠，从而达到粗粒化的目的。例如蛇纹石及陶粒作粗粒化材料的聚结就属于“碰撞聚结”。

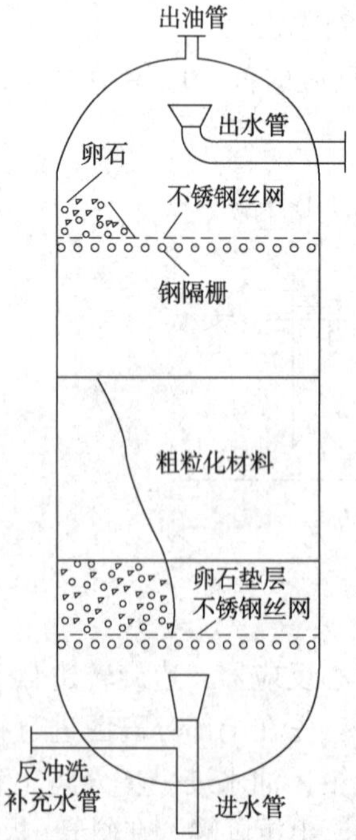

图 2-38　粗粒化罐结构示意图

当然，无论是亲油的或是疏油的材料，两种聚结都是同时存在的，只是前者以“润湿聚结”为主，也有“碰撞聚结”，原因是采出水流经粗粒化床时，油珠之间也有碰撞；后者以“碰撞聚结”为主，也有“润湿聚结”，原因是当疏油材料表面沉积油泥时，该材料便有亲油性，自然有“润湿聚结”现象。因此无论是亲油性材料或是疏油性材料只要粒径合适，都有比较好的粗粒化效果。

3. 粗粒化除油罐

立式粗粒化罐一般为压力反向流形式，与其配套的除油罐原则上是各种构造形式均可以使用。

粗粒化罐结构如图 2-38 所示，采出水从粗粒化罐底部进入，反向经粗粒化层以后，进入除油罐进行油水分离，部分粒径较大的油珠经上部出油管流出。

粗粒化罐各部件材质、构造尺寸确定和作用如下：

（1）壳体用普通碳素钢制造，承压通过流程各部分的阻力进行计算，一般可选 0.6MPa。当采出水平均腐蚀率为 0.125mm/a 及以下时，内涂环氧树脂漆；采出水平均腐蚀率大于 0.125mm/a 时，可用玻璃钢衬里或采用其他防腐措施。

（2）进、出水管线一般用低压碳素钢管，管径及承压力通过水力计算得出。

（3）选择粗粒化材料及粒径。国内工业化的材料有无烟煤、陶粒及蛇纹石。粒径大小根据进水含油量及出水含油量决定。总的来说粒径越小除油效果越好，但粗粒化床阻力增大，并且反冲时易被水冲走，所以粒径最小 3mm 为宜。

（4）垫层一般用卵石，级配如表 2-1 所示。

表 2-1　垫层级配表

层次	粒径/mm	厚度/mm
下	16～32	100
中	8～16	100
上	4～8	100
总厚		300

（5）罐下部设钢格栅及不锈钢丝网。格栅用以承托垫层和粗粒化层物料，格栅用 ϕ16mm 圆钢或 ϕ21.25×2.75mm 钢管制成。格栅直径用 d 表示，格栅之间净距用 S 表示，S 比粗粒化材料粒径上限大 1～2mm。例如选用无烟煤粒径为 3～4mm，则 S 为 5mm 即可。不锈钢丝网的设置是为防止粗粒化材料漏料，孔眼要比粗粒化材料粒径下限小。

（6）当选用聚丙烯等相对密度小于 1.0 的粗粒化材料时，必须设置上部钢格栅，不锈钢丝网及压网卵石。粒径选用 16～32mm，厚度一般为 0.3m。

（四）气浮除油

1. 气浮除油机理

气浮除油就是在采出水中通入气体（常用氮气），使水中产生微细气泡，有时还需加入浮选剂或混凝剂，采出水中的细小油滴或悬浮颗粒黏附在气泡上，随气泡一起上浮到水面并加以回收，从而达到采出水除油的目的。

按产生气泡的方式不同，常用的有溶解气浮、布气气浮和电气浮三种类型。这里仅介绍溶解气浮除油。

2. 溶解气浮除油

溶解气浮除油装置如图 2-39 所示。

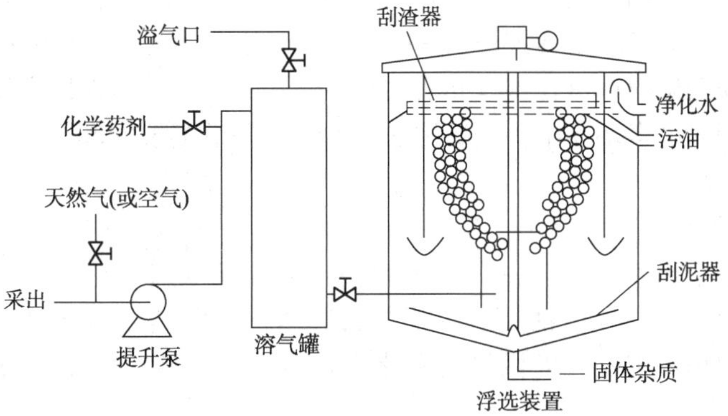

图 2-39　溶解气浮除油装置示意图

工作时，首先在加压、加药的条件下，在溶气罐中将气体溶于采出水中；再将溶于气体的采出水引入浮选装置的底部，随着体积增大，压力降低，溶入水中的气体便释放出来；随着气泡在水中的上浮，将油珠和悬浮物吸附并携带至浮选装置表面，通过排油口排出；除油后的采出水从浮选装置底部经隔板，从位于浮选装置顶部的净化水出口排出。

(五) 旋流除油

1. 旋流除油机理

旋流除油是依靠离心分离原理，即采出水沿切向进入旋流分离器，与液体在其内部产生高速旋转，高速旋转的物体能产生离心力。含悬浮物(或分散油)的水在高速旋转时，由于颗粒和水的质量不同，因此受到的离心力大小也不同，质量大的被甩到外围，质量小的则留在内围，通过不同的出口分别导引出来，从而回收了水中的悬浮颗粒(或分散油)，并净化了水质。

2. 旋流除油器

用于采出水除油的旋流除油器结构如图 2-40 所示。

影响旋流器除油效果的因素，主要有旋流器的结构尺寸、操作条件、油和水的性质等。其中，水的相对密度大、液体温度高、油滴尺寸大，除油效果好；油的相对密度大、黏度高、表面活性剂含量高，除油效果差。增大操作压力，可提高旋流器的处理量，便于调节，在设计范围内对除油效果影响不大。

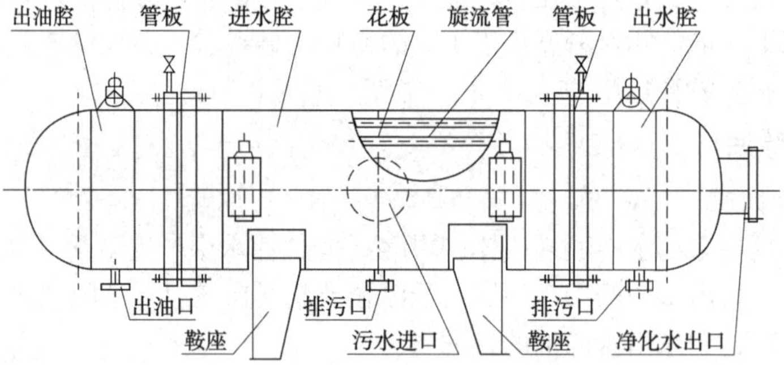

图 2-40　多管采出水除油水力旋流器结构图

(六) 过滤除油

1. 过滤除油机理

过滤除油是指将采出水通过一定厚度且多孔的粒状物质的过滤床，这些粒状物滤床，通常是由石英砂、无烟煤、核桃壳、磁铁矿砂、金刚砂等组成，并由垫层支承。通过物理、化学作用，使杂质被截留在这些介质的孔隙里和介质上，从而使水得到进一步净化。

在采出水处理的诸多环节中，过滤往往作为最后一道把关的环节。选择合适的滤料是实现过滤除油的基础。

2. 滤料与过滤层

目前，常用于采出水过滤除油的材料有石英砂、无烟煤、核桃壳、石榴石、磁铁矿砂、金刚砂、铝矾土、陶粒、活性炭、聚苯乙烯球粒、聚氯乙烯球粒等。作为滤料的材料，要具有一定的相对密度、机械强度和化学稳定性；具有合适的粒度、孔隙度和级配要求。

滤料的粒度表示粒径的大小，级配表示粒径的均匀程度。选择滤料时，既要考虑粒度，又要考虑级配。

在滤料的技术规格中，级配通常以不均匀系数 K_{80} 表示，其表达式为：

$$K_{80}=\frac{d_{80}}{d_{10}} \tag{2-10}$$

式中 K_{80}——滤料粒径不均匀系数；

d_{10}——通过10%滤料的筛孔直径，mm；

d_{80}——通过80%滤料的筛孔直径，mm。

常见滤料的级配要求见表2-2。

滤料层的孔隙度，是指滤层中的孔隙体积与滤层总体积的比值。其值与滤料颗粒形状、均匀程度以及压实程度等因素有关。常用石英砂滤料的孔隙度在0.42左右，无烟煤滤料的孔隙度大约在0.5~0.6之间。

为了防止滤料从配水系统中流失，并保证反冲洗过程中的均匀布水，滤料层底部往往需加一层承托层。承托层一般采用天然卵石，其粒径和厚度取决于反冲洗的强度，反冲洗强度越大，要求卵石的粒径和厚度越大。

表2-2 单层及双层滤料级配要求

类别	滤料组成				滤速/(m/h)	强制滤速/(m/h)
	粒径/mm		K_{80}	厚度/mm		
单层石英砂	$d_{max}=1.2$，$d_{min}=0.6$		2.0	700	8~12	10~24
双层滤料	石英砂	$d_{max}=1.2$ $d_{min}=0.6$	2.0	400~500	12~16	14~18
	无烟煤	$d_{max}=1.8$ $d_{min}=0.8$	2.0	400~500	12~16	14~18

3. 滤罐

滤罐的种类很多，根据作用能量的不同，可分为压力式和重力式两大类；根据其滤料的不同，可分为单滤料、双滤料和多滤料三种；根据过滤速度快慢不同，可分为慢滤、快滤、高速过滤和超速过滤等。

(1) 压力式滤罐

① 压力式滤罐的基本结构

压力式滤罐是密闭式的圆柱形钢制容器，在一定压力下工作，适用于大阻力配水系统的污水过滤。目前常用的立式压力滤罐的结构如图2-41所示。

② 压力滤罐工作过程

经初步除油后的采出水从进水喇叭口进入滤罐内，自上而下通过滤料层，乳化油和悬浮物被吸附在滤料的表面，或被截留在滤料的孔隙中，从而达到采出水净化的目的。过滤后的净化水通过配水支管和总管流出罐。

滤罐工作一定时间后，滤层吸附和截留的悬浮杂质和乳化油逐渐达到饱和，滤料将失去过滤能力，造成过滤后的水质达不到质量要求，滤罐的压力损失增加。为使滤层恢复工作能力，必须定期对滤料进行反冲洗。反冲洗过程与过滤过程相反，将滤后的水从滤罐底部引入，自下而上依次通过配水系统、承托层、滤料层，最后通过反冲排水管送回立式除油罐。为保证反冲洗的效果，要根据不同滤料的最佳膨胀率来确定反冲洗的强度和时间等参数。

③ 冲洗强度及时间

反冲洗时，滤罐每平方米面积每秒通过的水量叫反冲洗强度，单位为L/(s·m^2)。通

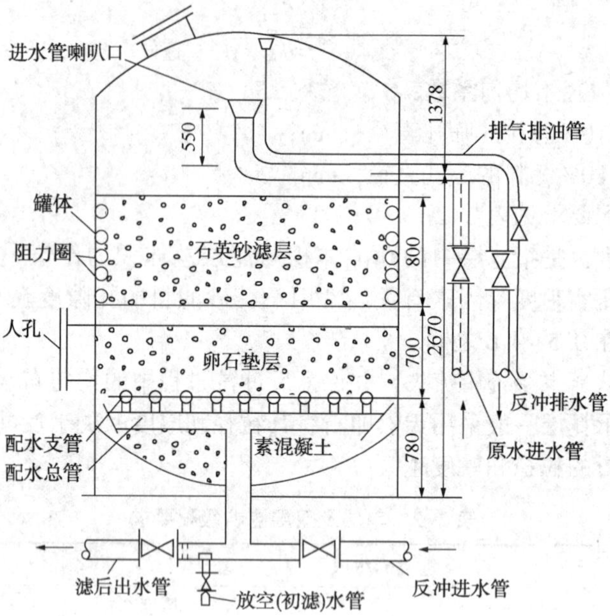

图 2-41　立式压力滤罐结构图

常反冲洗强度为 12~15L/(s·m^2)；反冲洗时间随滤层污染程度的增加而增加，通常滤罐反冲洗的时间为 10~15min，最好的反冲洗操作是分 2 次以上完成。

(2) 重力式滤罐

重力式滤罐与大气相通，在大气压力下工作，采出污水靠自身重力通过过滤层。这种滤罐适用于小阻力配水系统的采出水过滤。目前常用的有重力式无阀滤罐和重力式单阀滤罐。

① 重力式无阀滤罐

重力式无阀滤罐的结构如图 2-42 所示。

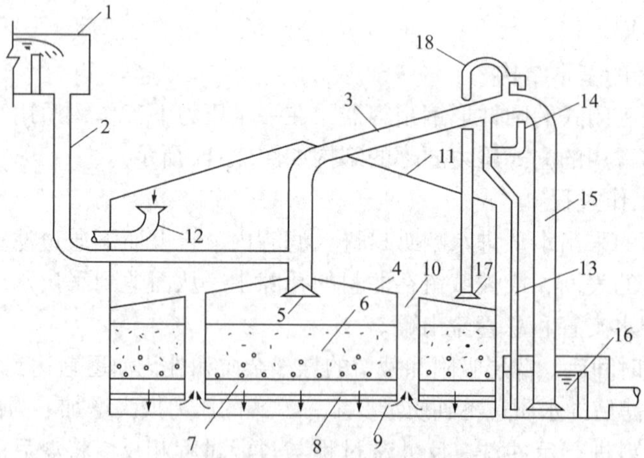

图 2-42　重力式无阀滤罐结构图

1—进水分配槽；2—进水管；3—虹吸上升管；4—顶盖；5—挡板；6—滤料；7—承托层；8—配水系统；9—底部空间；10—连通渠；11—反冲洗水箱；12—出水管；13—虹吸辅助管；14—抽气管；15—虹吸下行管；16—水封井；17—虹吸破坏斗；18—虹吸破坏管

从图中可看出，重力式无阀采出水过滤系统，是靠水力控制实现采出水过滤和自动反冲的。正常工作时，采出水由进水分配槽经进水管进入滤罐内，自上而下依次通过滤料层、承托层，到达底部空间；通过底部空间进入连通渠，上升至反冲洗水箱，最后经出水管排出罐外。

重力式无阀滤罐的反冲洗是依靠虹吸现象进行的。在滤罐运行过程中，随着滤料层吸附乳化油和悬浮杂质的增加，其通过能力减弱，阻力增大，虹吸上升管的水位升高；当水位到达虹吸辅助管的顶端时，水从该管流出，并通过抽气管将虹吸上升管的空气抽走，形成虹吸；反冲洗水箱中的水在位差的作用下，通过连通渠自下而上，依次通过配水系统、承托层、滤料层，实现对滤料的反冲洗；当反冲洗水箱中的液位下降到虹吸破坏斗的位置时，空气由此进入，虹吸被破坏，反冲洗结束，恢复正常工作至下次反冲洗开始，依次循环。

② 重力式单阀滤罐

重力式单阀滤罐的结构如图 2-43 所示。

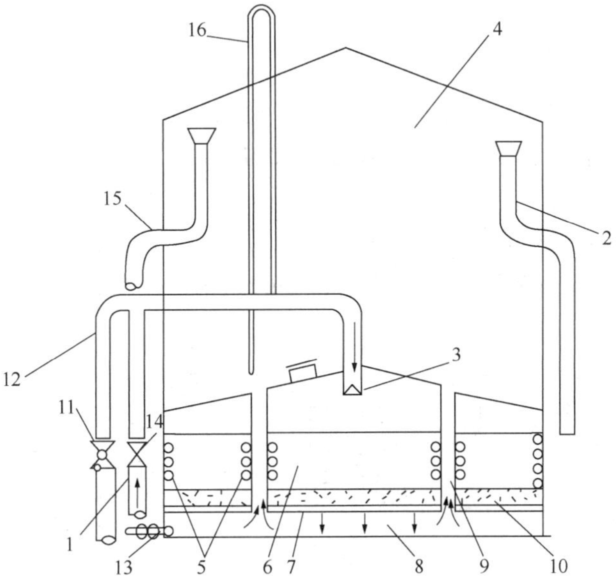

图 2-43　重力式单阀滤罐结构图

1—进水管；2—出水管；3—进水挡板；4—反冲洗水箱；5—阻力圈；6—滤料层；7—配水系统；8—集水室；9—连通管；10—承托层；11—电动排水阀；12—反冲洗排水管；13—放空管；14—进水阀；15—溢流管；16—虹吸破坏管

从图 2-43 中可知，整个单阀滤罐分成上、下两部分。上部是反冲洗水箱，下部是过滤部分。这种滤罐的进水管上装有控制阀，出水管上没有阀，故称为单阀滤罐。

正常工作时，采出水由进水管经进水挡板均匀地进入滤罐内，自上而下通过滤料层、承托层，配水系统，到达集水室；通过集水室，进入连通渠，上升至反冲洗水箱，最后经出水管排出罐外。

对滤罐进行反冲洗时，打开反冲洗排水管上的电动排水阀，反冲洗水箱中的水通过连通管自下而上依次通过集水室、配水系统、承托层、滤料层，实现对滤料的反冲洗。工程上，通过将反冲洗系统的压力损失设计为小于进水的压力损失，反冲洗排水阀打开，便实现反冲洗。在反冲洗时，一般不关闭进水管上的进水阀。这样，只要配置快速作用的反冲洗排水阀，如蝶阀、电动阀等，就可以快速实现反冲洗与正常工作的切换。

三、油田采出水的缓蚀、杀菌与除垢

油田采出水中除含有一定量的原油外，还含有若干腐蚀性物质、结垢物质、溶解氧及多种工业细菌等。这些物质的存在，加快了采出水处理设备及管线的腐蚀、结垢速度。因此，缓蚀、杀菌、除垢也是油田采出水处理的重要内容。

（一）减少采出水中氧的含量

采出水中溶解氧的存在，是加剧设备与管线腐蚀的重要因素。在高矿化度采出水的处理系统中，即使很低的溶解氧含量，也会引起严重的腐蚀。当采出水中同时存在二氧化碳、硫化氢和溶解氧时，腐蚀更加严重。减少采出水中氧的含量，是降低腐蚀的重要措施。

1. 密闭隔氧

密闭隔氧就是采取一定措施，隔绝氧与采出水的接触，从而减少采出水中氧的含量。在油田采出水处理过程中，常用的有天然气密闭隔氧、薄膜气囊密闭隔氧和浮床式密闭隔氧等。

（1）天然气密闭隔氧

天然气密闭隔氧，就是将一定压力的天然气通入采出水储罐的液面上，以避免空气与采出水的直接接触。根据密闭系统压力调节方式的不同，常用的有调压阀调压和低压气柜调压两种形式。

① 压阀调压天然气密闭系统

调压阀调压的天然气密闭系统流程如图 2-44 所示。该系统适用于天然气气源补给能力较充足的情况。

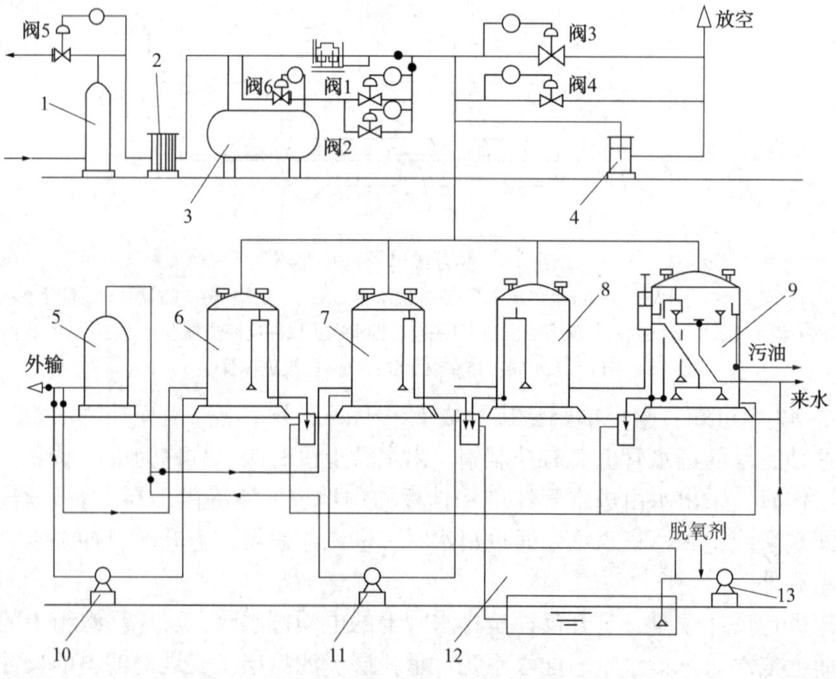

图 2-44　调压阀调压天然气密闭系统流程图

1—分离器；2—过滤器；3—储气罐；4—水封罐；5—压力滤罐；6—反冲洗水罐；7—回收水罐；8—缓冲罐；9—除油罐；10—反冲洗水泵；11—采出水外输泵；12—污泥浓缩池；13—采出水回收泵

这种流程可实现单罐调压，即在进入每座采出水储罐的天然气管道上设补气调压阀，根据需要进行单罐补气，利用罐顶呼吸阀排气调压。也可以实现统一调压，即对采出水站所有需要密闭的设备集中设置补气调压系统，通常采用自力式调压器补气，气动或电动组合单元仪表控制薄膜调节阀排气。合理确定密闭系统的补气压力、补气量和排气压力、排气量等参数，是保证密闭系统正常有效工作的前提。

补气压力是指调压系统开始补气时的最低压力，其大小由被密闭设备的承压能力和调压器的性能确定。自力式调压器的补气压力一般为 0.8~1.0kPa；组合单元仪表控制薄膜阀调压系统的补气压力一般为 0.6~0.8kPa。

补气量是指单位时间内进入被密闭容器的气体量，其值由被密闭容器在单位时间内液面下降所形成的空间决定。设计时按最大的情况计算，因此，也称为最大补气量。

排气压力是指调压系统开始排气时的压力。为了避免出现频繁补气与排气的现象，补气压力和排气压力要有一定的差值，排气压力通常定为 1.5kPa。

排气过程发生在加压泵或外输水泵停运，而采出水仍进罐的情况下，排气量由被密闭容器在单位时间内液面上升所形成的空间决定。

② 低压气柜调压天然气密闭系统

低压气柜调压的天然气密闭系统流程如图 2-45 所示。该系统适用于天然气气源补给能力不足的情况。

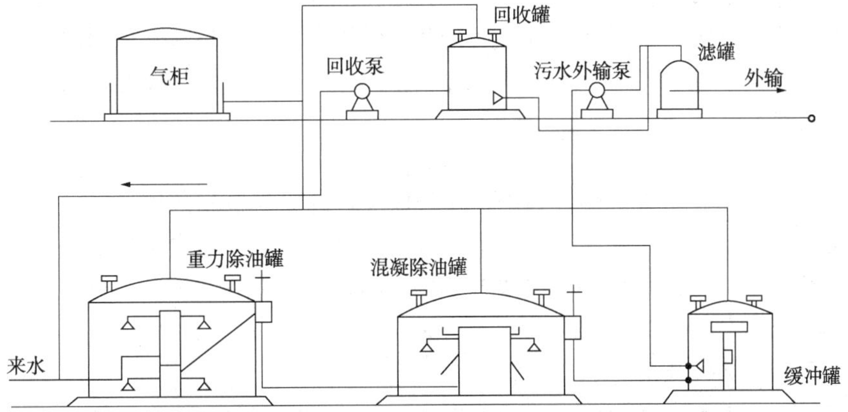

图 2-45　低压气柜调压天然气密闭系统流程图

将低压气柜与需密闭的容器上部空间连通，形成一个密闭的系统。这种密闭系统靠气柜浮顶的升降实现压力的调节，运行中一般不排气。

低压气柜密闭系统的操作压力由气柜浮顶重量、天然气排出管的压力损失、被密闭容器的承压能力等参数确定，一般不超过 2kPa。气柜的有效容积应能保证在补气量最大的情况下有足够的天然气供给。

(2) 浮床式密闭隔氧

浮床式密闭隔氧装置局部截面构成如图 2-46 所示。

浮床式密闭隔氧装置是针对敞开式储水罐控制溶解氧上升的问题而设计的，它是采用两层具有长期防水性能的防水布制成条状密闭口袋，在口袋内充填低密度浮板，并在水罐内液面上形成一个连续覆盖整个水面的圆形浮床。浮床边缘预留适量过盈量，并采用柔性材料搭接密封，使水面与空气全部隔绝。浮床随罐内水面的升降而同步波动，保证水中的溶解氧含量不再上升，从而达到在水罐中隔氧的目的。

(3) 薄膜气囊式密闭隔氧

薄膜囊式密闭隔氧装置如图 2-47 所示。

薄膜囊式密闭隔氧装置是在被密闭容器内安装一个具有隔氧作用的高分子密闭隔氧膜，使水和大气隔开，从而达到密闭隔氧的目的。隔氧膜自罐壁中下部周边生根紧固。隔氧膜形成的圆柱体直径略小于罐直径，在隔氧膜圆柱体和罐壁之间的环形空间内充入清水水封。膜顶设浮动引线，引入控制柜。为防止停产检修时损坏隔膜，在罐壁周边生根高度下适当位置设置由角钢和圆钢焊制而成的隔膜支承网格。

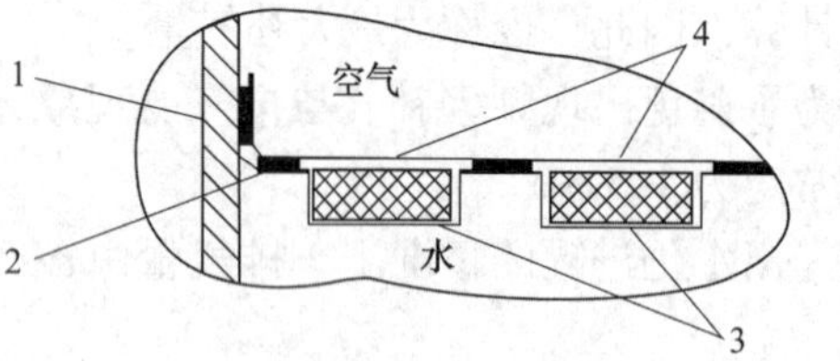

图 2-46　浮床式密闭隔氧装置局部截面示意图

1—罐壁钢板；2—塑料封边；

3—低密度浮板；4—高强度防水布

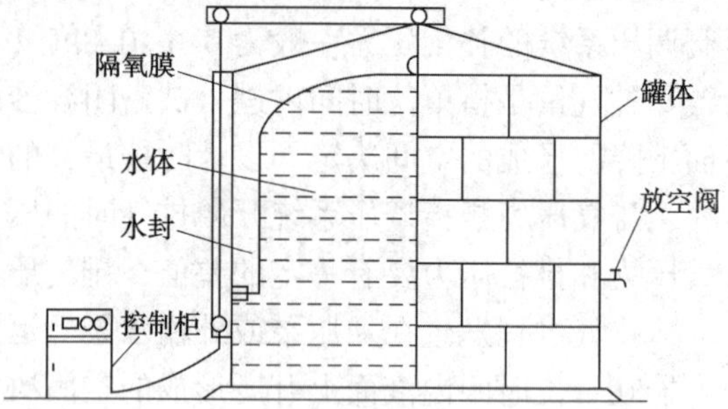

图 2-47　薄膜囊式密闭隔氧装置结构示意图

隔氧膜密闭隔氧装置具有不消耗能量、无损耗部件、无易燃易爆材质、设备简易、操作简单、运行安全平稳、隔氧性能好、运行费用低等优点；但要求隔氧膜必须具有良好的防水性，抗酸、碱、盐腐蚀，良好的韧性，较高的机械强度和均匀的加工厚度，耐油溶胀，耐温，抗老化，经济实用。

2. 除氧剂除氧

目前，在油田采出水处理的过程中，在采取一定的隔氧措施的同时，往往还向采出水中加入一定的除氧剂，利用除氧剂与水中溶解氧的氧化反应，减少采出水中氧的含量。油田采出水处理中常用的除氧剂多为亚硫酸盐，如亚硫酸钠(Na_2SO_3)、亚硫酸氢钠($NaHSO_3$)、亚硫酸氢铵(NH_4HSO_3)、二氧化硫(SO_2)等。

(二) 加入化学缓蚀剂

化学缓蚀剂是指在腐蚀介质中添加少量就能明显减缓金属腐蚀的物质。作为缓蚀剂的物质，按其组成可分为有机和无机两大类，见表 2-3。

表 2-3　油田采出水处理常用缓蚀剂

无机类	有机类	无机类	有机类
铬酸盐、重铬酸盐	羟基喹啉类	硅酸盐	咪唑啉衍生物
硝酸盐、亚硝酸盐	烷基胺(RNH_2)类	钼酸盐	有机硫化物
磷酸盐、亚磷酸盐	烷基氨化吡啶类		杂环化合物

目前，在油田采出水处理中应用效果比较好的缓蚀剂有含氮的有机化合物、脂肪胺及其盐类、酰胺及咪唑啉类等。

(三) 加入化学阻垢剂

1. 结垢及其危害

结垢是油田生产系统中遇到的严重问题之一，结垢可发生在生产系统的多个部位或环节，如采油、集输、油气处理、采出水处理及注水系统。水垢的形成主要取决于其中盐类是否过饱和以及盐类结晶的生长过程。影响结垢的主要因素是水的成分和类型。如油田采出水含有较高浓度的碳酸盐、硫酸盐、氯化物，具有形成碳酸钙、硫酸钙等垢的基本化学条件，只要环境条件发生改变(如温度、系统压力、溶解气体)，打破了原来水中的离子平衡，就会形成水垢。

油田采出水处理系统形成的水垢，除了碳酸钙、硫酸钙、硫酸钡等无机化合物以外，还有有机质(污油、细菌及其代谢产物、有机残渣等)和腐蚀产物[$FeCO_3$、FeS、Fe_2O_3、$Fe(OH)_3$]及黏土等。生产中所形成的堵塞物实质上是由水垢、有机质和腐蚀产物组成的混合物。

油田生产系统结垢是经常发生的事，特别是采出水输送管线、采出水处理设备和注水设备、管线结垢严重，使管线有效直径减小，表面状况恶化，摩阻增大、能耗增加，结垢还会影响正常生产，增加生产成本，甚至被迫停产。

2. 常见垢分类、组成

油田生产系统常见垢有碳酸盐垢、硫酸盐垢和铁化合物垢等，其主要组成如下：

(1) 碳酸盐垢

以 $CaCO_3$、$MgCO_3$为主。

(2) 硫酸盐垢

以 $CaSO_4 \cdot 2H_2O$、$CaSO_4$、$BaSO_4$为主。

(3) 铁化合物垢

主要是腐蚀产物：$FeCO_3$、FeS、$Fe(OH)_3$、Fe_2O_3。

3. 水垢的鉴别

鉴别垢样组成的方法，无论在实验室或在现场进行，一般步骤大致一样，不同之处是在实验室可以进行定量分析，而在现场仅可进行定性分析。通常情况下，可根据以下方法初步判断垢的组成：

(1) 用磁铁检查水垢样品的磁性，若磁性强，说明含有大量 Fe_3O_4；若磁性弱，就表明垢中 Fe_3O_4很少。

(2) 在样品中放入 15%的盐酸溶液，如反应剧烈有大量气泡产生，就证明是碳酸钙水垢。若样品不反应，也不产生气泡，则证明是硫酸盐水垢。如反应强烈，并有硫化氢恶臭味，就证明有硫化亚铁存在。

(3) 把样品放入淡水中，如果溶解说明有氯化钠垢。

(4) 把样品放入溶剂中，如果溶剂颜色变深，就说明垢中有烃类物质存在。

(5) 用放大镜辨认硫酸盐晶体和硅酸盐颗粒。

(6) 根据水的颜色辨别。如“黑水”是有硫化亚铁存在，“红水”是有氧化铁存在。

4. 油田常用阻垢剂

目前，常用于油田污水处理中的阻垢剂有：

(1) 无机磷酸盐类

主要有磷酸三钠(Na_3PO_4、焦磷酸四钠($Na_4P_2O_7$)、三聚磷酸钠($Na_5P_3O_{10}$)和六偏磷酸钠[$(NaPO_3)_6$]。这类阻垢剂的价格低，防 $CaCO_3$垢较有效，但易水解产生正磷酸盐，可与钙离子反应生成不溶解的磷酸钙，随着水温的提高，水解速度加快，使用最高温度为 80℃。

(2) 有机磷酸及其盐类

主要有氨基三甲叉磷酸(ATMP)、乙二胺四甲叉磷酸(EDTMP)、羟基乙叉二磷酸钠(HEDP)等。这类阻垢剂不易水解，用量较低，防垢效果较好，使用温度可达100℃以上，与其他采出水处理药剂混合使用时，配伍性较好，是较广泛应用的阻垢剂类型。

(3) 聚合物类

主要有聚丙烯酸(PAA)、聚丙烯酰胺(PMA)、聚马来酸酐(HPMA)等，其中聚马来酸酐防止$CaSO_4$、$BaSO_4$垢效果较好。

(4) 复配型复合物

将几种特点不同、且相互间不发生反应、无抵消作用的阻垢剂按一定比例混合在一起，组成复合阻垢剂，可发挥各自的特点，提高适用范围的阻垢效果。

(四) 加入杀菌剂

1. 采出水处理系统常见的细菌及其危害

油田采出液温度一般在25~65℃，含有大量的有机物质，含氧低，为细菌特别是厌氧菌的繁殖生长提供了有利条件。在众多的细菌中，对油田生产造成危害的主要有硫酸盐还原菌(SRB)、腐生菌(TGB)、铁细菌等。

① 硫酸盐还原茵(SRB)

在厌氧条件下能将硫酸盐还原成硫化物的细菌叫硫酸盐还原菌。硫酸盐还原菌生长繁殖的pH值范围很广，一般为5.5~9.0之间，最适宜pH为6.5~7.5。生长繁殖温度因种类而异，分中温型与高温型两种，中温型的生长繁殖温度范围在20~40℃之间，高于45℃停止生长，高温型的生长温度为55~60℃。硫酸盐还原菌在油田采出水处理系统中的生存部位很广，易生存于水流较慢的地方或死水区，主要部位有：采出水管线的滞流点(弯头、阀门)，采出水罐罐壁及底部，过滤器滤料中等。SRB的生长繁殖对油田造成的危害主要表现在引起设备腐蚀，堵塞地层及使油品加工性能变坏。硫酸盐还原菌在厌氧条件下将水中的硫酸盐还原成硫化氢，从而对采出水管线及处理设备产生腐蚀，产生的腐蚀产物硫化亚铁(FeS)使水质变差，增加采出水处理难度，同时硫酸盐还原菌及硫化亚铁随水注入地层，会引起地层堵塞。因此有效控制硫酸盐还原菌十分必要。

② 黏泥生成菌(TGB)

在有氧条件下，凡是能形成黏膜的细菌统称为黏泥形成菌，习惯称为腐生菌(TGB)。腐生菌的种类繁多，一般认为，当腐生菌的总数量大于10^5个/mL时，必须采取杀菌措施。腐生菌通常存在于敞开的水罐(池)中，漂浮的黏状物质附着在罐(池)的周边，它们颜色可能是白、黄、褐或黑色，如果有藻类存在，也可看到绿色的黏状物。这些黏状物还存在于供水井中、吸附在管壁上、含水油罐的油水界面处，严重时会引起过滤器、注水井堵塞，附着在管壁、设备上的黏液会产生浓差电池，造成设备腐蚀。另外，附着在壁上的黏液为硫酸盐还原菌提供局部厌氧环境，引起腐蚀，并使杀菌剂难以杀死其中的细菌。

③ 铁细菌

铁细菌在代谢过程中，产生大量的高铁，这种不溶性铁化合物排出菌体后就沉淀下来，并在细菌周围形成大量棕色黏泥，从而引起管道和油井堵塞。铁细菌产生的氢氧化铁可以在管壁上形成铁瘤，铁瘤与铁细菌代谢形成的黏液附着于管壁，形成浓差电池，引起腐蚀。与腐生菌一样，铁细菌也为SRB生长提供适宜的生长环境，并阻止杀菌剂与细菌的接触。

2. 杀菌剂种类和杀菌机理

（1）杀菌剂种类

按杀菌剂的化学成分可分为无机杀菌剂和有机杀菌剂两大类。无机杀菌剂有：氯、臭氧、次氯酸钠等。有机杀菌剂有：季铵盐、有机氯类、二硫氰基甲烷、戊二醛等。

按杀菌机理可分为氧化性杀菌剂和非氧化性杀菌剂。氯、次氯酸钠等属于氧化性杀菌剂，季铵盐、戊二醛属于非氧化性杀菌剂。

（2）杀菌机理

杀菌剂的杀菌机理可分为以下三种：

① 渗透杀伤或分解菌体内电解质；

② 抑制细菌的新陈代谢过程，如抑制蛋白质合成；

③ 氧化络合细菌细胞内的生化过程。

3. 杀菌剂的选择与投加

（1）杀菌剂的选择

① 选择杀菌剂要根据不同的水质及细菌的种类，特别是 pH 值。因为当 pH 值较高时，不宜用氯气等氧化性杀菌剂，而季铵盐类杀菌剂 pH 值越高越好。当水中含 Fe^{2+} 和 H_2S 时，不宜使用氧化性杀菌剂，因为不仅增加氧化性杀菌剂用量，而且影响采出水处理的水质。

② 杀菌剂要与其他采出水处理药剂有良好的配伍性，不能与其他水处理剂反应相互抵消其效果。

③ 杀菌剂要具有良好的溶解性，能均匀地溶解于水中，且不影响水质。

④ 同一个采出水处理系统应间隔选用不同种类的杀菌剂，以免细菌产生抗药性。

⑤ 杀菌剂应高效、低毒、易降解、无环境污染。

（2）杀菌剂的投加

根据需要，杀菌剂可连续投加，也可间歇突击投加。其中，突击投加主要用于杀灭大量细菌，连续投加主要用于控制细菌数量的增加。

加入杀菌剂的地点一般设在采出水处理系统的远端，如进站来水处(除油罐前)。为确保注水水质，一般也在采出水处理的滤后或注水泵进口处设加入杀菌剂的地点。

四、采出水处理工艺流程

目前，国内采出水处理工艺流程种类较多，由于采出水水质不同，净化处理要求不同，采出水处理工艺也有所不同。按照主要处理工艺过程，大致可划分为重力式处理流程、压力式处理流程、浮选式处理流程和生化处理流程等。

（一）重力式采出水处理流程

重力式采出水处理流程如图 2-48 所示。

该流程对采出水的处理过程是：自然沉降—混凝沉降—压力过滤—杀菌处理—合格水外输。

该流程对采出水的含油量、流量等变化的适应性强，处理效果好，但需要的设备，特别是压力滤罐的数量较多，操作量大，自动化程度较低。

（二）压力式采出水处理流程

压力式污水处理流程如图 2-49 所示。

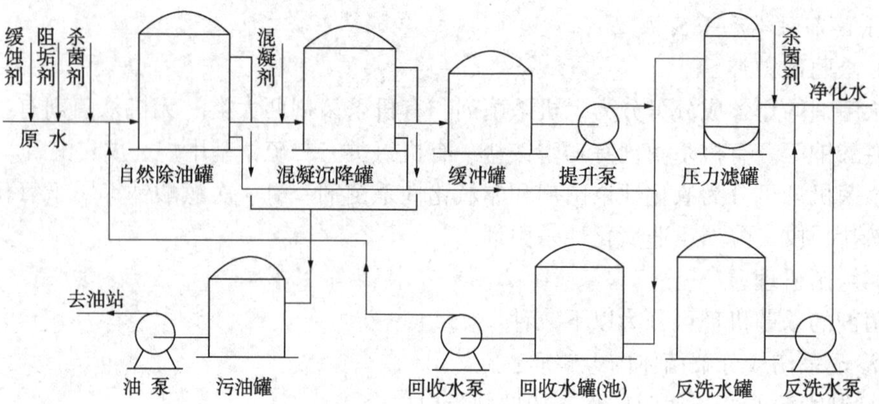

图 2-48 重力式采出水处理流程图

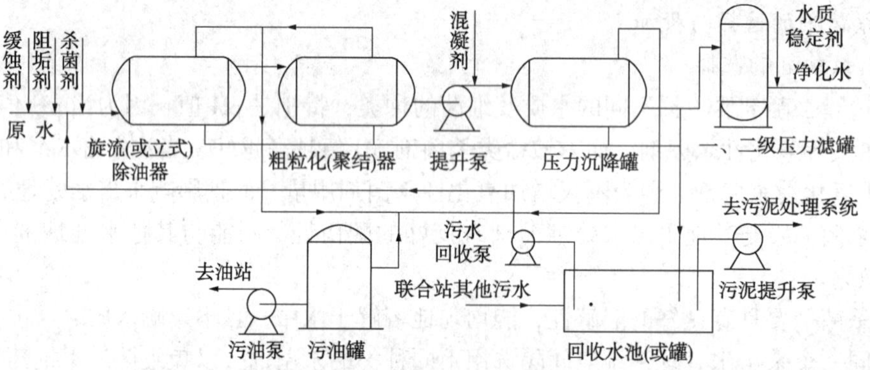

图 2-49 压力式采出水处理流程图

该流程对采出水的处理过程是：旋流或立式除油罐除油—聚结除油—压力沉降除油—压力过滤—杀菌处理—合格水外输。

在该流程中，若来水压力较高，可通过旋流器除油；若来水压力较低，可通过立式除油罐除油，这样可使系统的压能得到充分利用。同时，在压力沉降除油之前增加了粗粒化聚结除油，使油珠粒径变大，提高了沉降分离除油的效果。

这种采出水处理流程，处理效率高，效果好，采出水在系统内的停留时间短，自动化程度高，但对采出水的含油量、流量等变化的适应性较差。

（三）浮选式采出水处理流程

浮选式采出水处理流程如图 2-50 所示。该流程采用气浮除油方式取代沉降、混凝等除油方式，具有处理效率高、自动化程度高、现场施工工作量小等特点，被广泛应用于海上采油平台与陆上稠油的采出水处理系统。其缺点是运行的动力消耗与维护工作量较大。

（四）生化式采出水处理流程

生化式采出水处理流程如图 2-51 所示。

开式生化处理流程是针对部分油田采出水采出量较大，不能完全回注，需要部分处理达标排放的实际设计的。采出水经过平流隔油池除油沉降，再经过溶气气浮池净化，然后进入曝气池、一级和二级生物降解池和沉降池，最后经提升泵提升至滤池进行砂滤或吸附过滤达标外排。一般情况，通过上述开式生化处理流程净化，排放水质可以达到采出水排放标准的要求。

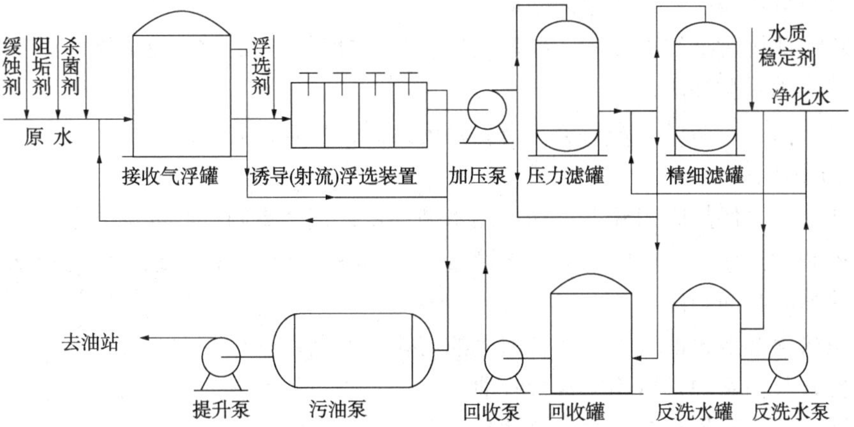

图 2-50　浮选式采出水处理流程图

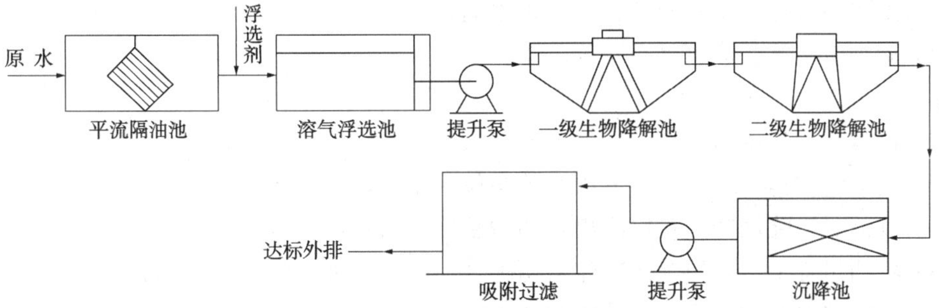

图 2-51　生化式采出水处理流程图

上述几种流程是目前油田采出水处理较常用的流程。实际流程的选用，要根据不同油田采出水的具体情况而确定。另外，对于水温较高的采出水，若直接外排，不但造成能量的损失，还会引起环境的破坏，这时，通常采用采出水余热回收利用的综合处理流程。对于矿化度较高的采出水，需采用除盐软化的处理流程。

五、采出水处理操作

（一）除油罐操作

1. 除油罐投运

（1）打开罐底及收油槽内的采暖伴热管线阀门。

（2）关闭罐出口阀，排污阀和出、入口连通阀。

（3）打开罐入口阀门，缓慢向罐内进液。

（4）进液量达到 1/2 时，停止进液，观察罐体及基础下沉情况。

（5）继续进液，待液位升到设计出水高度时，打开出口阀门，并检查阀件、罐体、基础等部位是否正常。

（6）取出口样检查水质情况。

2. 除油罐停运放空

（1）将罐顶的污油全部收回。

（2）打开罐出入口旁通阀，关闭罐进出口阀门。

（3）拆掉罐顶的呼吸阀。

（4）打开排污阀门，放净罐内液体。

（5）有罐底排污反冲设施的，要反复反冲几次排污，然后放净罐内液体。

（6）关闭采暖循环阀门。

（7）打开人孔，通风良好后进入清除罐内污泥，检查罐内壁防腐情况。

3. 除油罐收油

（1）开大采暖伴热阀门开度，加大热水循环量，提高罐内、收油槽处温度。

（2）控制除油罐出口阀门，减少出液量，提高罐内液位，使罐顶污油能够进入集油槽内，打开除油罐收油阀门。

（3）用热水置换收油管线，使管内凝油熔化，不堵塞管线。

（4）打开收油罐的入口阀门进行收油。

（5）当收油罐液位到2/3时，启动收油泵，向系统内打油。

（6）检查污油收净后，停收油泵，关收油罐入口阀。关闭除油罐收油阀，调整除油罐出口阀，使罐内液位至正常液位，投入正常运行。

（7）检查所有工艺流程是否正确。

4. 除油罐操作注意事项

（1）投运时严禁罐溢流。

（2）放水时排污要缓慢，与站内有关岗位联系，防止跑水。

（3）收油时，除油罐液位以高出收油槽2~5cm为宜。

（4）收油过程中，要与生产岗位密切配合，防止除油罐溢流，收油罐冒油。

（5）收油前要对收油管线用热水冲洗10~30min。

（6）除油罐进液含油要小于5000mg/L，出水含油要小于100mg/L，其采出水在分离区的流速为0.5~1mm/s，停留时间约为3~4h。

（7）除油罐出水悬浮物含量要小于30mg/L。

（8）除油罐要定期进行清洗，一般每年至少要清污1次。

（9）对油罐的梯子和罐顶的腐蚀程度每半年进行1次检查，防止伤人。

（10）一般每季要测试1次接地电阻，雨季每月测试1次。除油罐接地电阻要小于10Ω。

（11）一般每8h对罐内的污泥进行反冲排污1次。

（二）压力过滤罐操作

1. 压力过滤罐投运

（1）关闭过滤罐进出口阀门及反冲洗阀门，打开排污阀门。

（2）打开过滤罐旁通阀门，启动加压泵对管线进行扫线冲洗。

（3）打开过滤罐滤前、滤后阀门，关闭滤罐旁通阀门、排污阀门，向滤罐进水。

（4）过滤罐进水满后，停加压泵，关闭滤前、滤后阀门。

（5）打开反冲洗出、入口阀门，启动反冲泵，对滤罐进行反冲。

（6）反冲完毕后，打开过滤罐进口阀门，下部排污阀门，启动加压泵进行初滤，待排污排出的水质合格后，打开滤罐出口阀门，关闭排污阀门，投入正常生产。

（7）每2h检查一次过滤前后的水质情况，记录1次过滤罐前后压差，发现超标及时处理。

2. 压力过滤罐停运放空

（1）停运加压泵，关闭过滤罐进出口阀门，打开反冲洗进出口阀门。

（2）启动反冲泵对过滤罐进行反冲。待滤罐上部没有污油后，停止反冲泵，关闭反冲出、入口阀门。

（3）打开滤罐上排气阀，打开滤罐下排污阀，对滤罐进行放液。

（4）待液体排净后，关闭上排气阀和下排污阀。

3. 反冲洗压力过滤罐

（1）准备工作

① 储备反冲洗水源，达到满足反冲洗用水量。

② 降低反冲洗回收水罐（或池）的液位。

③ 准备 100mL 取样管两支。

④ 按离心泵启动前准备工作要求，检查反冲洗水泵。

（2）操作步骤

① 关闭压力过滤罐过滤进水阀门和出水阀门。

② 打开压力过滤罐排污阀和压力过滤罐顶部排气阀，排污 3～5min，然后关闭排污阀和排气阀。

③ 打开压力过滤罐反冲洗出水阀门。

④ 打开压力过滤罐反冲洗进水阀门。

⑤ 启动反冲洗水泵。

⑥ 反冲洗过程中对反冲洗进水和出水取样观察。

⑦ 反冲洗完毕后，停运反冲洗水泵。

⑧ 关闭压力过滤罐反冲洗进水阀门和出水阀门。

⑨ 打开压力过滤罐排污阀。

⑩ 打开压力过滤罐过滤进水阀门，3～5min 后，打开压力过滤罐过滤出水阀门，关闭排污阀门。打开压力过滤罐顶部排气阀，排完滤罐内空气之后关闭。

4. 压力滤罐操作注意事项

① 反冲洗水泵启动和停运按离心泵启动和停运操作要求进行。

② 反冲洗前要彻底排污，形成冲击空间。

③ 反冲洗强度控制在过滤罐设计范围之内，一般为 12～15L/（s · m^2）。

④ 停运某压力过滤罐时，要观察其他运行的压力过滤罐的压力变化，及时调整加压泵排量，避免压力过滤罐超压。

⑤ 控制反冲洗排量应由反冲洗水泵出口阀门或压力过滤罐反冲洗进水阀门控制，不得由反冲洗出水阀门控制。

⑥ 压力过滤罐反冲洗时间 10～15min，其间进行取样对比，当进出水质一致时，方能停止反冲洗。

⑦ 反冲洗过程中要密切注意反冲洗储水罐和反冲洗回水回收罐的液位，防止抽空和溢罐。

⑧ 反冲洗完后，在过滤运行时，先排掉初滤水，并排空过滤罐内的空气。

⑨ 过滤生产时，出入口压差要小于 0.05MPa。

⑩ 过滤前污水含油应小于 100mg/L。

（三）加药装置

加药是油气田采出水处理过程中的重要环节。药剂通过配制、计量和输送，在工艺流程的特定部位投加，直接或诱发与水中需要处理的成分发生化学反应，从而消除或减少有害物质含量，为后续的处理工艺创造良好的条件，使最终的水质达到规定的要求。

1. 加药工艺流程

加药工艺流程配套于主体采出水处理工艺流程，加入药剂的不同决定了加药流程的不同。这里以常用的沉降、过滤、稳定外输水处理工艺条件下的加药配套工艺为例介绍加药工艺流程。

（1）“三防”药剂加药工艺流程

为使处理水质持续稳定，需加入杀菌剂、缓蚀剂和阻垢剂(简称“三防”药剂)。其加入工艺流程一般如下所示：加药罐(或池)→加药(计量系)→加药点。

各油气田采出水处理工艺不同，“三防”药剂的加入位置有所不同。

（2）净化处理药剂加入工艺流程

为使采出水中胶体等有害成分去除，发挥混合沉降作用，达到采出水净化目的、需要在沉降之前加入氧化剂、pH 值调整剂、混凝剂等起净化用的处理剂。投加方法一般有干式法和湿式法两种，其工艺流程一般如下所示：

干式法流程：药剂输送→粉碎→提升→计量→加药混合。

由于干湿法流程存在人身危害大，计量不准确，加药浓度不易控制等弊端，目前，一般不用这种方法。

湿式法流程：溶解池(罐)→溶液池(罐)→定量控制设备→加药泵→混合反应。

固体石灰、氢氧化钠等用作 pH 调整剂时，其加入流程即为湿式流程。首先药剂在溶解池(或罐)溶解成液体，经溶液池(罐)稀释，再通过计量加药泵加入混合反应罐内，起到调整 pH 值作用。

2. 加药工艺技术要求

（1）药剂加入之前，必须制定加药方案。

a. 分析掌握采出水的性质和处理规模。

b. 进行室内试验，确定多项药剂协同加入浓度。

c. 进行油藏配伍性试验。

d. 制定室内试验药剂投加制度。

e. 符合现场运行工艺，试验并确定多项药剂协同加入浓度。

f. 生成试验报告。

g. 制定现场加药运行方案。

（2）来液量控制平稳，波动幅度小。

（3）药剂配制浓度稳定，加药量平稳。

（4）加药设备、仪表控制系统定期维护和校验。

3. 加药控制方式

加药控制是指按照工艺流程和处理的需要，对投加药剂的时间、浓度等进行合理的调节控制。一般可分为自动调节和手动调节两种。

（1）自动调节方式

自动调节方式是根据工艺指标利用 PLC 模块或电脑程序控制等方法，实现加药自动调节。目前，现场使用较多的是根据流量自动控制加药泵的输出药量，来液量大，泵输出药量就大，反之，来液量小，则药泵输出的药量就减少。现场使用的另一种方式是根据 pH 值进行自动控制，被控对象为加药后采出水的 pH 值，通过 pH 计将加药后采出水的 pH 值检测出来并作为反馈信号送到计算机系统中与预先设定的 pH 值进行比较，如果两者存在差别，则由 PLC 模块或电脑程序调节输出量，从而达到自动调节加药量的目的。

(2) 手动调节方式

手动调节方式是根据需要通过操作人员现场调节设备设施的手段，实现对工艺参数控制。

4. 加药运行管理

(1) 定时巡回检查，检查内容包括：

① 流程是否运行正常，有无管线、阀件渗漏、损坏。

② 各运行参数是否正常。

③ 各加药设备运行是否正常，油位和温度是否正常。

④ 各药剂容器液位是否正常。

⑤ 加药房内通风换气扇运转是否正常。

⑥ 各显示仪表是否准确可靠。

⑦ 各药剂加药量是否正常。

(2) 定期对反应器出水水质进行监测，当反应效果不佳时及时调整药剂配方。

(3) 定期对各药剂质量进行监测，严把药剂质量关。

(4) 定期对各药剂罐内的沉淀物进行清理，并清理过滤器。

六、采出水处理常见故障处理

1. 沉降罐沉降效果差

(1) 药剂的投加浓度不够，不利于沉降。

排除方法：及时调整药剂投加浓度。

(2) 来水量过大，超出了沉降罐的处理能力，或来水量波动较大，不利于沉降。

排除方法：合理控制来水量，保持水量平稳。

(3) 排污时间制定不合理或排污量不够，造成罐内污泥高度超过允许高度。

排除方法：合理调整排污时间和排污量。

(4) 沉降罐内部构件损坏，使采出水得不到有效沉降。

排除方法：停检修沉降罐。

(5) 排泥构件不合理或损坏、污泥不能有效排出。

排除方法：停罐检修。

2. 压力过滤罐过滤效果差

① 滤料结垢、污染严重，使滤料过滤能力降低。

排除方法：对滤料进行酸洗，酸洗后仍无效则需要更换滤料。

② 反冲洗强度过大，滤料被冲走。

排除方法：按设计反冲洗强度进行反冲洗，并补充滤料。

③ 反冲洗强度不够，反冲洗时间短。

排除方法：按设计反冲洗强度进行反冲洗，并延长反冲洗时间。

④ 反冲洗周期过长，使截留物穿透有效滤层，使过滤效果变差。

排除方法：根据水质变化规律合理确定反冲洗周期。

3. 压力过滤反冲洗压力高

① 反冲洗进出口阀门故障未打开。

排除方法：对进出口阀门进行检修。

② 滤罐集水管内有堵塞物。

排除方法：检修集水管清理堵塞物。

③ 布水头因结垢堵塞。

排除方法：清除结垢物，疏通布水头。

4. 压力过滤罐过滤压力高

① 滤罐进出口阀门故障未打开。

排除方法：对进出口阀门进行检修。

② 滤罐布水头、集水管因结垢堵塞。

排除方法：检修布水头、集水管清理结垢物。

③ 滤罐内因滤料结垢膨胀阻力增加。

排除方法：酸洗或更换滤料。

5. 改性纤维过滤罐过滤效果差

① 过滤罐上下压板没有压紧，使滤料间隙过大，造成过滤效果差。

排除方法：检查压紧过滤压板，使滤料压实。

② 来水含油量或悬浮固体含量过多，超出滤罐处理能力。

排除方法：加强前一工序的处理工作，降低来水含油和悬浮固体的含量。

③ 改性纤维污染严重，使过滤截留能力降低。

排除方法：对改性纤维进行酸洗，酸洗后仍无效则需要更换改性纤维。

④ 改性纤维滤料没有固定紧，被水流冲走，造成滤料流失，对改性纤维滤料进行补充，并固定紧纤维滤料。

⑤ 反冲洗强度不够，或反冲洗时搅拌装置没有运行。

排除方法：按设计反冲洗强度进行反冲洗，并启动反冲洗搅拌装置以增加反冲洗效果。

⑥ 反冲洗周期过长，使截留物穿透纤维滤层，使过滤效果变差。

排除方法：根据水质变化规律合理确定反冲洗周期。

6. 金属膜过滤器故障及排除

① 放空管气体放不净，金属膜反冲时不能充分有效地气吹。

排除方法：调整延长放空时间和更换较粗的放空管。

② 底部地漏被沉积下来的残存油泥等杂质堵塞，造成水质波动。

排除方法：定期每周进行一次地漏放空排泥。

③ 电磁损坏。

排除方法：更换同型号电磁阀。

④ 气动阀开关不严。

排除方法：更换阀门橡胶，阀板顶丝松动进行紧固。

⑤ 滤后水水质变差。

排除方法：加强反冲洗次数和反冲洗强度，金属膜污染需进行酸洗。

7. 过滤器压差高的故障判断

(1) 现象

过滤器出现压力升高的现象，进口压力与出口压力差增加，导致提升泵效率下降，外输水量下降。严重时过滤器会出现各部法兰渗漏甚至出现刺垫子故障的发生。

(2) 原因分析

① 过滤器长时间没有反冲洗，大量的油滴和固体悬浮物吸附在滤料周围，滤料孔隙堵塞，导致过水速度下降；

② 过滤器来水中含油量和固体悬浮物含量超标，造成过滤器内部滤料污染；

③ 过滤器进出口阀门开关不灵活或失灵；

④ 出水口筛管堵塞。

(3) 处理方法

过滤器出现压差增加的情况主要是由于其滤料污染造成的，大量的油滴和固体悬浮物填满滤料间孔隙，造成采出水无法通过，提升泵流量下降，压力随流量的下降逐步升高，最后造成压差增加。

① 立即导通流程，对压差增加的过滤器进行反冲洗操作，并及时跟踪观察反冲洗出水口水质的变化情况，如果反冲洗出水口水质较为浑浊带有大量的油滴和固体悬浮物，这说明反冲洗效果较好，应观察水质由浑浊逐渐变干净的时间，由此来判断反冲洗的效果，估计过滤器内滤料的再生效果；如果反冲洗出水口水质较为清洁，这说明反冲洗强度较低，应加大反冲洗水量，直至反冲洗出口有大量的油滴和固体悬浮物排出；在这个过程中要注意观察反冲洗泵的运行情况，保持水量的平稳。

② 由于前端水质处理不合格，造成过滤器进口水质变差，含有大量的油滴和固体悬浮物，在很短的时间造成过滤器的污染，导致了过滤器压差增加。遇到这种情况，应立即启动反冲洗泵对过滤器进行反冲洗，并组织人员排查进口指标变差的原因。通过对系统的调整，将来水含油指标控制在≤30mg/L，固体悬浮物含量≤20mg/L。

③ 近几年使用的过滤器自动化程度较高，其运行基本实现了无人操作程序控制。但由于其使用的是自动控制，因此控制阀门一般都是带气动头的蝶阀，这些阀门由于经常的开启、关闭，其密封面磨损较快。再加上频繁开关时，受到水流的冲击力较大，会导致阀杆断裂，密封面破损的情况出现，进出水阀门如果出现无法开启的情况，就会导致进口压力增加。

④ 出水筛管堵塞的情况一般是由于过滤器内滤料严重污染，导致滤料表面沉积物在压力作用下向下部穿透，当达到筛管部位时某些絮状体堵塞筛管。遇到这种情况一般情况下应该是过滤器内滤料由于磨损或其他情况导致滤料跑失，滤料层厚度较低造成，可以通过出口水质的指标来判断，如果出口水质变差，反冲洗后效果没有大的改观，应停运过滤器并开罐检查滤料层高度，如果缺失应添加滤料至要求高度。

8. 滤料跑失

(1) 现象

① 过滤器压差变小或几乎没有压力差。

② 出口水质和进口水质指标差别较小。

③ 反冲洗时间缩短。

(2) 原因分析

过滤器在正常运行中，进、出口压差变小，并且出口水质变差，处理效果降低，严重时，进出口水质几乎没有很大的区别，这时应该果断停运过滤器对内部滤料层厚度进行检查。

(3) 处理方法

在过滤器运行时，检查出口水内是否有携带滤料的情况，如果没有则表明出水筛管不存在跑料情况。如果有滤料颗粒，则基本可以判断内部出水筛管断裂或腐蚀穿孔，这时应及时停运过滤器检查内部筛管，将过滤器内部滤料清出，对底部和顶部筛管逐一检查，并更换破损或断裂的筛管。如果在反冲洗时出水口携带滤料颗粒，则说明是顶部筛管出现问题，也应停运过滤器进行更换。

9. 滤料板结

(1) 现象

过滤器前后压差增加，过水量远远小于设计处理量，开罐清出的滤料黏附在一起。

(2) 判断及分析

出现滤料板结的现象主要是由于过滤器内部滤料污染，在反冲洗的过程中，滤料不能得到有效的再生或滤料的再生能力下降，在进出口压差的作用下，滤料和吸附于其表面的油滴和固体悬浮物紧紧黏附在一起形成板结。另一种情况是来水水质变差或水中夹杂着一些黏稠的不能通过滤料层的物质，导致滤料快速污染，并造成滤料的板结。

(3) 处理方法

① 增加反冲洗时间，利用有效的反冲洗使板结的滤料再生，恢复其过滤功能。

② 加入化学清洗剂等活性物质对滤料进行浸泡，并适当提高容器内部温度，将板结的滤料泡至松软，然后配合清洗剂除去外表的油泥，然后使用大流量的反冲洗，将附着于滤料表面的物质清除，从而完成滤料的再生。

③ 如果滤料板结严重，通过加入化学药剂的方法不能有效再生的情况下，应将板结的滤料清除，更换新滤料来解决滤料板结的问题。

10. 反冲洗时，反冲洗压力增加

遇到这种情况，一般可以判断是滤料污染较为严重，在反冲洗时，出水携带大量的固体悬浮物，导致过滤器出口筛管堵塞造成。出水口筛管堵塞的情况一旦出现，便会导致反冲洗泵扬程升高，流量下降，严重时反冲洗泵流量几乎为零。

故障处理方法：当判断故障为过滤器出水筛管堵塞时，应立即停运反冲洗，将过滤器切换至正常的运行状态，利用提升泵的压力冲开堵塞筛管，然后再次将流程切换至反冲洗状态，并打开排油、排气阀，让部分较脏的水从排油、排气阀流出，继续观察反冲洗泵压力变化的情况，如有升高应再次切换流程重复操作，直至滤料完成再生，出口水质变得清澈。

11. 气动阀不动作

(1) 现象

切换流程后出现故障，电磁阀处于打开或关闭状态，气动按钮无效。这时应判断气动蝶阀是否出现轴断裂和卡死的现象，并检查驱动气压力。

(2) 原因分析

① 检查气动蝶阀阀杆是否断裂，拆卸气动头，采用手动的方式转动阀杆，若是阀杆断裂应更换蝶阀；如果蝶阀关闭不严，有较大的水流声，则要更换蝶阀或密封部位。

② 检查气动头是否有漏气现象，若没有则检查气动头是否开关灵活。

③ 检查电磁阀是否灵活好用，使用手动控制的方式检查电磁阀是否漏气或烧毁。若电磁阀烧毁，应立即更换电磁阀。

④ 查驱动气配气管路有无漏气现象。

⑤ 检查压缩机运行正常，设定压力应在 0.4~0.8MPa 之间，若压力低，则应设置到正常范围内。

12. 过滤器出口水质变差

（1）现象

过滤器出水口含油和固体悬浮物含量增加，水质恶化。

（2）原因分析

出口水质差主要原因是过滤器内部滤料污染或滤料层出现“短路”造成的。再就是缓冲罐液位过低，来水水质变差造成污染。

（3）处理方法

检查过滤器反冲洗情况，判断反冲洗过程中滤料的再生能力是否得到恢复；检查过滤器内部滤料，是否存在由于大水量反冲洗导致滤料分布不均匀，滤床较薄的部分出现“短路”现象。若是过滤器内部滤料分布不均，应从新添加部分滤料或人工摊平；若滤料缺失，应及时添加滤料。检查缓冲罐液位是否在运行中出现过过低情况，液位过低顶部油层进入过滤器造成污染，影响出口指标。

对于出口水质变差的过滤器要重新设定反冲洗的时间，提高反冲洗强度，通过这些有效的手段，快速使滤料再生，恢复其过滤功能。

13. 反冲洗效果差

（1）现象

反冲洗效果差会造成内部滤料再生能力下降，如不及时处理，随时间的延长，过滤器会被污染，滤料失去功能。

（2）原因分析

① 检查反冲洗泵压力，流量是否符合反冲要求，如果是因为反冲洗泵的原因，应及时更换内部部件。

② 检查过滤器所有阀门，看是否存在密封部件损坏导致关闭不严的情况，如果有应立即更换蝶阀，防止因蝶阀的损坏导致反冲洗强度降低的情况。

③ 检查反冲洗时间是否合适，随着滤料使用时间的延长，滤料的再生能力下降，部分滤料在反复冲洗过程中出现破损，泥化、跑失的情况，这时应补充部分滤料，保持滤床高度，并适当延长反冲洗的时间，保证滤料的过滤性能。

14. 压力滤罐滤后水不合格

（1）压力过滤罐滤后水不合格的原因

① 反冲洗周期长

压力过滤罐在过滤过程中，在滤层沉积和截留有许多机械杂质。随着时间的延长，有两种情况产生，一是在滤料表面形成致密的滤层，阻碍水的通过，使采出水量降低达不到水处理量的要求；二是沉积和截留物在压力作用下下移，沿集水管到后续流程中失去或部分失去过滤作用，造成滤后水质不合格。

② 反冲洗强度小或反冲洗时间短

压力过滤罐反冲洗强度小时，不能有足够的冲洗流量，滤层膨胀率过小，不能带出沉积或截留的沉积物，滤料冲洗不干净。即使反冲洗强度合适，而反冲洗时间短时也不能完全将滤料冲洗干净，造成滤后水质达不到要求。

③ 滤层结垢或油污染

滤层结垢主要是铁垢和钙垢，结垢之后使滤料颗粒直径增加，或者形成大的团块，降低滤层有效过滤面积，使滤后的水质不合格。

④ 来水含油量高

采出水水温一般在40℃以上，当滤罐进水含油量太高时，滤料在油污染的同时，相当一部分原油会随滤后水流出，造成滤后水质不合格。

⑤ 滤料流失量太多

压力滤罐滤料流失的原因有两方面，一是格栅损坏之后，滤料全部被水冲走，这方面的危害最大，有时连垫层也会被冲走，整个滤罐变成一个空容器，更谈不上过滤了，滤后水质完全不合格。二是滤罐反冲洗时的滤料流失，而又不能及时补充，随着时间的延长，滤料流失量过大，达不到有效过滤，致使滤后水质不合格。

（2）压力滤罐滤后水质不合格的处理方法

① 反冲洗周期长

根据水质和水量的要求，制定出合适的反冲洗周期，并根据压力滤罐进水水质情况对反冲洗操作加强，适当缩短反冲洗周期。

② 反冲洗强度小或反冲洗时间短

按设计反冲洗强度要求，合理控制好反冲洗水泵排量，而且要单一的对一个滤罐进行冲洗，冲洗时间按操作参数进行，只有这样才能保证反冲洗强度，又有足够的反冲洗时间。

③ 滤层结垢或油污染

用2%~5%(质量分数)的盐酸溶液及0.5%~1%(质量分数)的甲醛和破乳剂溶液浸泡24小时，然后排空酸液，用40℃以上热水反洗，直到水质合格，若酸洗无效，则要进行滤料更换。

④ 来水含油量高

加强前段工序的污油回收，并加强前段工序的存油量检查，控制合适的液位，减少污油进入滤罐之内。如果整个处理系统含油量特别高，则应及时与原油脱水处理站联系，提高脱水效果，降低脱水含油率，同时对压力过滤罐内污油进行回收。

⑤ 滤料流失太多

对格栅等有牢固的防腐措施或应用耐腐蚀非金属材料，同时要定期检查滤料，1年至少要检查2次，并及时补充滤料。另外，要对反冲洗强度要求的排量和时间严格控制，在反冲洗过程中取样观察，反冲洗出水中不能有任何滤料，否则要降低反冲洗排量。

第六节 储 油 罐

一、油罐的分类

储存原油及其产品的容器称为油罐。目前，国内外油罐种类越来越多，容量越来越大，各种油罐大致可分为以下几类。

（一）按使用材质分类

1. 非金属油罐

凡是用非金属材料作为建罐主要材料的油罐均为非金属罐，常见的有砖砌油罐、钢筋混凝土油罐等，这类油罐大多数建于地下或半地下，多用于储存原油和重油。

（1）非金属油罐的优点：钢材耗量小，便于就地取材；较隐蔽，原油蒸发损失小；耐腐蚀性比金属罐强。

（2）非金属油罐的缺点：易发生渗漏，不适于储存轻质原油；抗拉性能差，当罐底发生不均匀沉陷时，罐底及罐壁易发生裂纹，修复很困难；投资大，施工周期长，清理罐底沉积物困难。

2. 金属油罐

金属罐一般为钢质油罐，常用的有立式圆柱形和卧式圆柱形金属罐。这种油罐大都建在地上。金属罐具有安全可靠、不易渗漏、施工方便、施工期短、投资少、适宜于储存各类油品等优点。但耗用钢材量大，一般不宜建造在地下洞穴等潮湿条件下。

（二）按结构形式分类

1. 立式圆柱形油罐

立式圆柱形金属油罐按其顶盖形式可分为四种类型。

（1）锥顶油罐

油罐顶盖呈锥体形，一般锥度为1/20~1/40。根据油罐直径的大小，顶盖有不同的承重形式。这类容积罐一般承受压力为-0.25~2.0kPa。

（2）悬链式无力矩顶油罐

油罐的顶盖是用2.5mm厚的薄板，由中心立柱和罐壁支承成悬链曲线状。中心柱立于焊在罐底中心的导向套管中。这种悬链曲线状的顶板只受拉力，不出现弯曲力矩，故称为无力矩顶油罐。油罐储油时，由于温度变化或收发油而引起油罐内气体空间压力变化时，罐顶随之升降一定距离，以调节气体空间体积，降低原油的蒸发损失。但由于顶盖上、下移动，容易产生疲劳破坏，且罐顶挠度最大部位易存积雨水，若清理不及时，往往造成较严重的腐蚀。其结构形式如图2-52所示。

（3）拱顶油罐

罐顶盖呈圆拱形。顶盖本身就是承重结构，罐内无桁架和支柱，结构简单，应用广泛。拱顶油罐承压能力较高，正压为2.0kPa，负压为0.5kPa。

拱顶形有两种：一种是横截面为圆弧拱，实际上其为球壳的一部分，故也称为球顶罐；另一种是横截面由三个圆弧组成。中间圆弧大，两端圆弧小，故称为准球顶。这两种结构的罐见图2-53所示。

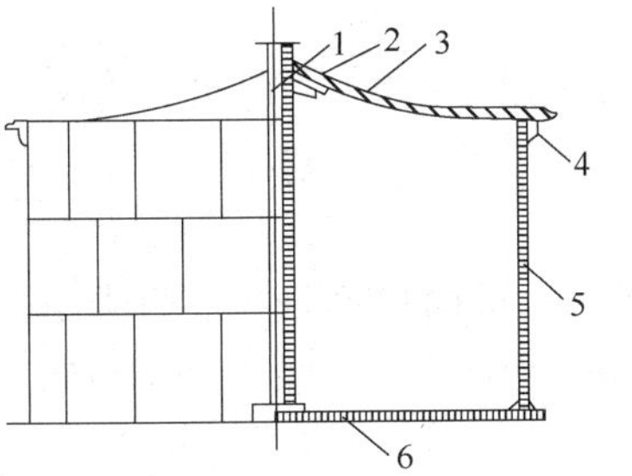

图2-52　无力矩顶油罐

1—中心柱；2—顶部伞形罩；3—悬链板；
4—包边角钢；5—罐壁；6—罐底

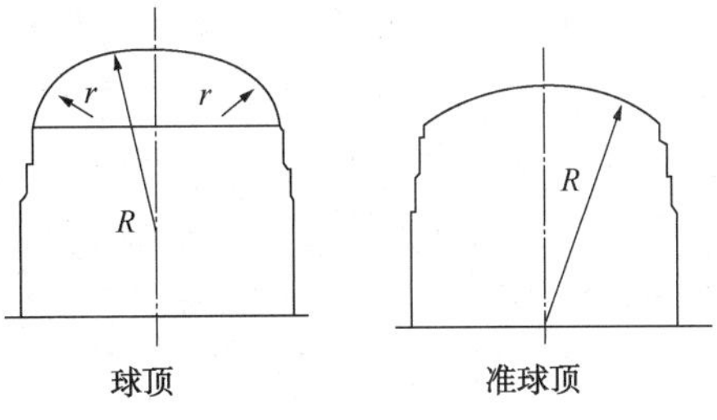

图2-53　拱顶罐的两种顶部结构形式

（4）浮顶油罐

浮顶油罐顶盖浮于油面，并随着油面的变化上下浮动，故称为浮顶油罐。浮顶油罐具有减少大小呼吸损耗、降低火灾危险、降低油罐腐蚀的优点。

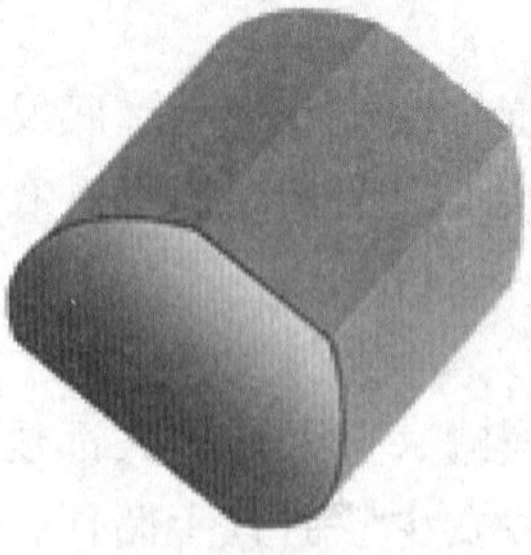

图 2-54　滴形卧式罐

2. 卧式钢罐

(1) 卧式圆柱形油罐

它由圆柱形罐身和两个端盖组成。端盖一般分平盖和蝶形盖两种，少数采用锥形盖。

(2) 滴形卧式罐

它是根据水滴形状建造的卧式罐，外形如图 2-54 所示。

(3) 椭圆形卧式油罐

油罐的横截面为椭圆形，端盖有平盖、蝶形和椭圆形三种。

3. 双曲率油罐

球形罐如球状，如图 2-55 所示，多用于储存液化气。其一般指滴形罐和球形罐。滴形罐成水滴形状，如图 2-56 所示，多用于储存轻质油。

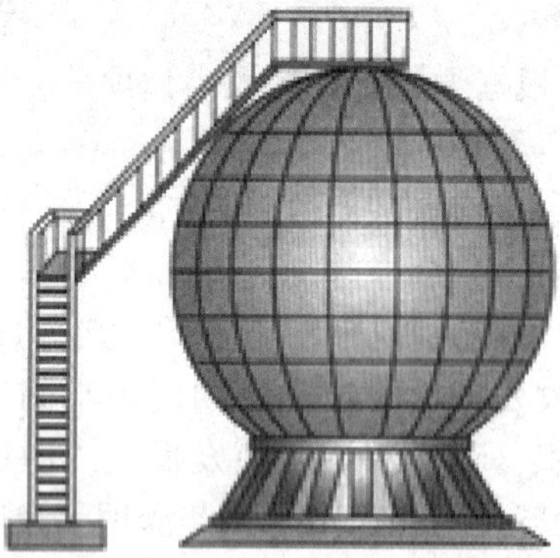

图 2-55　球形

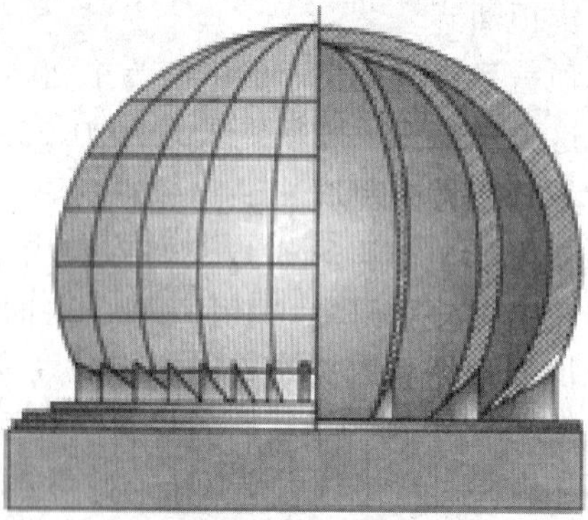

图 2-56　滴形罐

(三) 按油罐安装位置(或建造方式)分类

1. 地上油罐

油罐的底板标高等于或高于周围地面标高的(罐底埋深小于油罐标高的 1/3)油罐叫地上油罐。其优点是投资少，施工快，便于管理和维修。其缺点是占地面积大，原油蒸发损耗大，安全性差。

2. 半地下油罐

半地下油罐的最高液面比邻近自然地面低 0.2m 以上；油罐埋在地下的深度(从罐底算起)，一般相当于油罐高度的 2/3 左右。

3. 地下油罐

地下油罐建造在地下，指油罐被周围土壤埋起来，罐内最高液面低于周围土层表面 0.2m 的油罐。其具有原油加热损失小，原油蒸发损失少，安全性高，隐蔽的优点；缺点是造价高，施工慢，使用操作不便。

二、拱顶油罐及锥顶油罐

(一) 拱顶油罐

拱顶油罐的罐顶为球缺形，球缺半径一般取为油罐直径的 0.8~1.2 倍。拱顶本身是承重构件，有较大的刚性，能承受较高的内压，有利于降低油品蒸发损耗。一般的拱顶油罐可承受 2kPa 压力，最大可至 10kPa。拱顶油罐的最大经济容积一般为 10000m^3，容积过大则拱顶矢高较大，单位容积的用钢量反而比其他类型的油罐多，而且不能储油的拱顶部分过大会增加油品的蒸发损耗。

我国输油管道常使用的是5000m³立式圆柱形拱顶钢罐，该罐的内径12.6m，罐壁高13.95m，总高18.55m。这类罐的承压能力均为正1961Pa（200mm水柱），负压490Pa（50mm水柱）。

（二）锥顶油罐

输油管道上使用的锥顶油罐采用大容积平锥顶梁柱式钢油罐，其结构如图2-57所示。

油罐顶盖和一般木结构屋相似，是由顶板椽檩和立柱等构件组成，如图2-57、图2-58所示。顶盖锥度由中心柱、内外立柱和壁板支承角钢之间相互交叉构成，目的在于排除雨水。一般，顶盖取1/20~1/40的锥度。

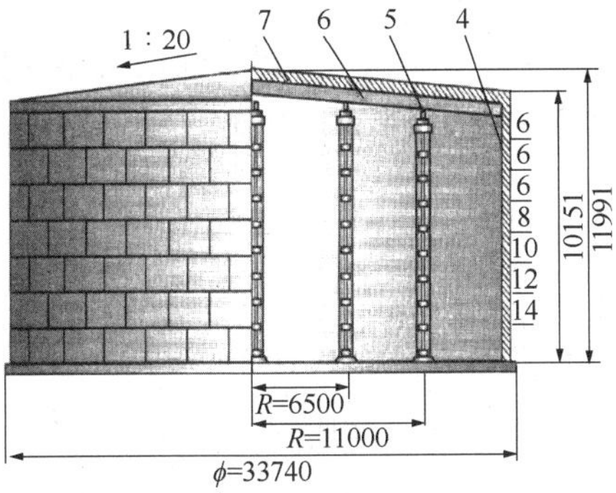

图2-57　梁柱式锥顶罐结构图

1—中心立柱；2—内立柱；3—外立柱；4—罐壁；5—内外檩；6—椽；7—顶板；8—底板

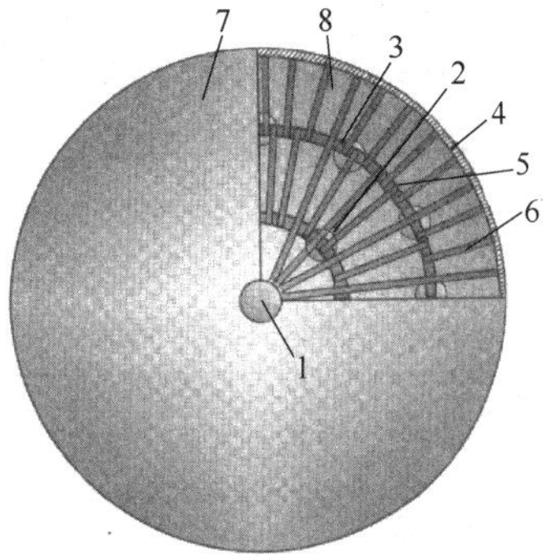

图2-58　油罐顶盖结构示意图

1—中心立柱；2—内立柱；3—外立柱；4—罐壁；5—内外檩；6—椽；7—顶板；8—底板

三、浮顶油罐

（一）外浮顶油罐

1. 浮顶油罐结构

浮顶（又名外浮顶）油罐主要有一个浮盘覆盖在油面上，并随着油面的升降而升降，由于浮盘与油面间几乎不存在气体空间，因此，可以大大地减少原油蒸发损耗，还可提高储油的安全性。由于该类罐易受尘埃、雨水积聚，故常用以储存原油。

浮顶油罐浮顶的上方是完全敞口的。浮顶结构有单盘和双盘两种形式。容积10000~200000m³的油罐采用单盘式浮顶。单盘式浮顶的外圈是双层，浮盘中心部分则是单层钢板。双浮盘顶为上下两层的圆形浮舱。所有浮舱，不论是单盘或双盘，都要用径向隔板分成若干个互不连通的隔舱，以防个别隔舱渗漏造成浮顶下沉。图2-59为单盘式外浮顶油罐示意图。浮顶下面有许多支柱，当液面下降到距罐底一定高度时，支柱将浮盘支承住，不使浮盘落到

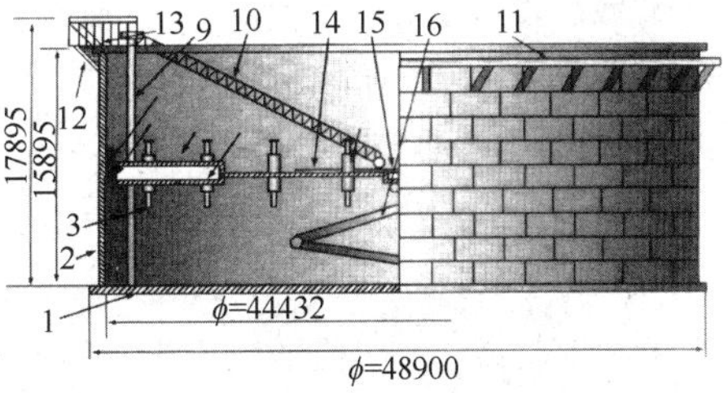

图2-59　单盘式外浮顶油罐示意图

1—底板；2—罐壁；3—浮船单盘；4—浮船船舱；5—浮船支柱；6—船舱人孔；7—伸缩吊架；8—密封板；9—量油管；10—浮梯；11—抗风圈；12—盘梯；13—罐顶平台；14—浮梯轨道；15—集水坑；16—折叠排水管

罐底上，以便对浮盘和罐底进行检修。一般支柱高度为1800mm。浮盘中心稍呈凹形，向中心坡度一般不小于15%。下雨时，浮顶上积聚的雨水便于汇集到浮顶中间，通过浮顶下面的可随浮顶升降和伸缩的排水折管排至罐外。而底板的坡度则是为了使油面上的油气汇集于单盘边沿，以便从透气阀排出。另外，油罐顶部装有防风圈和加强圈，以增强罐壁强度。油罐上壁的顶端还有供操作人员走向罐顶的活动扶梯。浮顶升降时，扶梯能沿罐顶上的专设扶梯导轨滑动。

为保证浮顶能随液面的升降上下移动，在浮顶与周围罐壁间应留有200~300mm间隙。在浮顶间隙处，浮顶外缘装有密封装置以防原油蒸气从这个间隙中逸出。

油罐容积较大时，为了节省钢材，在保证有足够浮力的条件下，浮顶一般为单层浮顶，其周边上也做成双层浮舱，除中间部分为单层钢板外，其余设施与双层浮顶相同。

2. 密封装置分类

浮顶罐在结构上一般差别不是很大，其主要区别在密封装置上。而浮顶油罐使用效果的好坏很大程度上取决于密封装置的可靠性及严密性。密封装置分类见图2-60。密封装置结构如图2-61~图2-63所示。

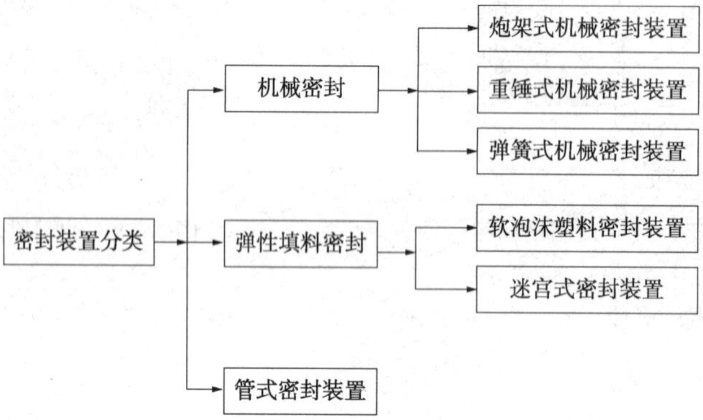

图2-60　密封装置分类

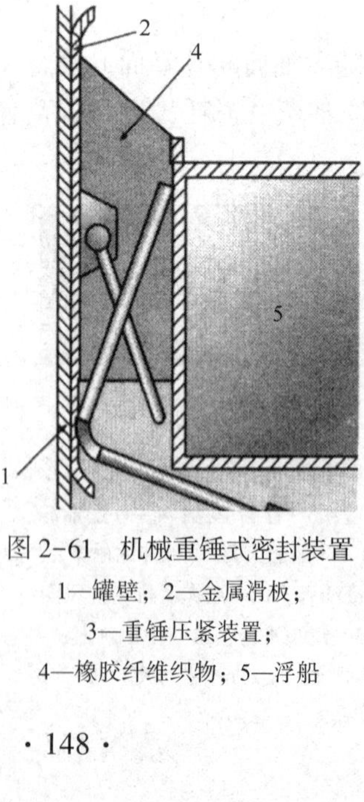

图2-61　机械重锤式密封装置

1—罐壁；2—金属滑板；3—重锤压紧装置；4—橡胶纤维织物；5—浮船

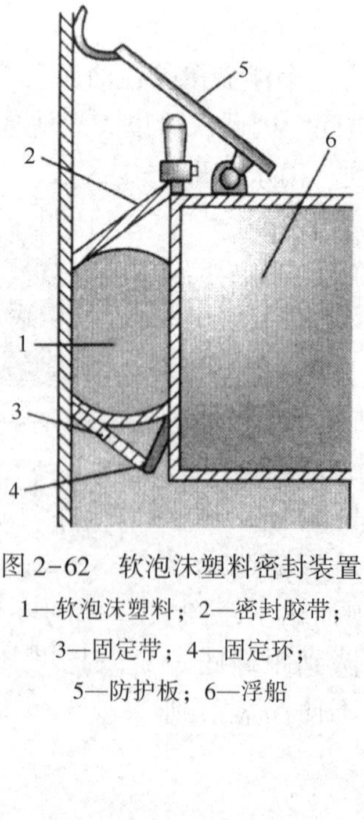

图2-62　软泡沫塑料密封装置

1—软泡沫塑料；2—密封胶带；3—固定带；4—固定环；5—防护板；6—浮船

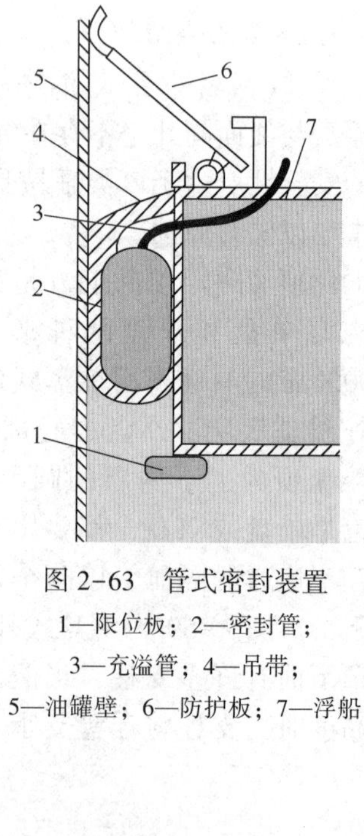

图2-63　管式密封装置

1—限位板；2—密封管；3—充溢管；4—吊带；5—油罐壁；6—防护板；7—浮船

3. 浮顶罐的优缺点

（1）原油蒸发损失小。由于浮船浮在油面上，气体空间不大，减小了原油的蒸发。温度升高，油气集于单盘下面的空间，温度降低时又可凝结到原油中。同时，这部分油气又起到绝缘冷却作用，防止油气继续蒸发，大大降低了原油蒸发损耗。

（2）油罐容积的利用率高。在原油接近油罐包边角钢时，罐的浮顶密封装置有一部分可伸到罐壁外面去。浮顶随液面降到最低位置时，由于自动通气阀的开启，液面还可以继续降到出油口的位置。因此，油罐容积的有效利用率比一般油罐高。

（3）火灾危险性小。浮顶直接接触油面，顶下无空气空间存在，基本消除了大小呼吸损耗。由于油的顶上聚积油气较少，且浮顶又是一个密封的整体，因而发生火灾的危险性较小。

浮顶油罐的缺点是消耗钢材比较多，结构比较复杂，造价高，施工周期长。

（二）内浮顶油罐

1. 内浮顶油罐的结构

内浮顶油罐罐体外形结构与拱顶油罐大体相同。其结构示意图见图 2-64。与浮顶油罐相比，它多了一个固定顶，这对改善原油的储存条件，特别是对防止雨水杂质进入油罐和减缓密封圈的老化有利。同时，内浮顶也能有效减少原油损耗，所以，内浮顶油罐兼有固定顶油罐和浮顶油罐的优点。

从耗钢量来看，虽然内浮顶油罐比浮顶油罐增加了一个拱顶，但也省去了罐壁与罐顶周围的抗风圈、加强环、滑动扶梯和折水管等，因此，钢材总耗量仍略少于浮顶油罐。

2. 内浮盘的结构、密封和附件

（1）内浮盘的结构

内浮盘可用钢板、铝板或玻璃纤维增强聚酯及环氧物、硬泡沫塑料及各种复合材料建造。内浮顶的浮舱结构形式有单层和双层两种，它也可分为隔包式、浮船式、浮盘式、浮筒拼接式等多种。图 2-65 为浮盘式内浮顶结构简图。

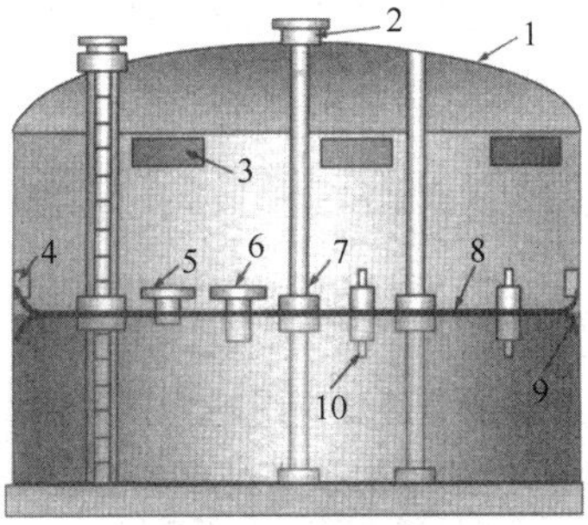

图 2-64　内浮顶油罐示意图

1—罐顶；2—罐顶通气孔；3—罐壁通气孔；4—密封装置；5—单盘人孔；6—自动通气孔；7—罐顶立柱；8—内浮顶；9—导向板；10—浮盘立柱

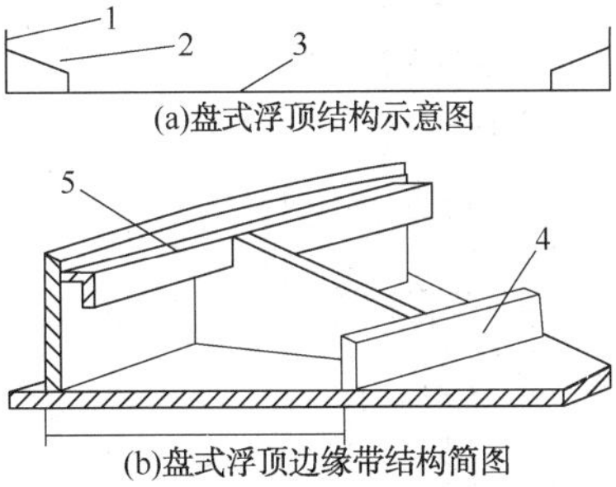

图 2-65　盘式内浮顶结构

1—边缘板；2—筋板；3—浮盘板；4—加强板；5—加强角钢

这种形式的浮顶易发生沉盘事故，故现在常将图中的加强环板增高，使加强环板高于堰板。这样做有两个作用，一是可以起第二道堰板的作用，二是油罐失火时常从浮盘周边着火，加强环板可起挡住沿罐壁而下的空气泡沫，能尽快与罐壁形成有一定厚度的泡沫环带以加快灭火。

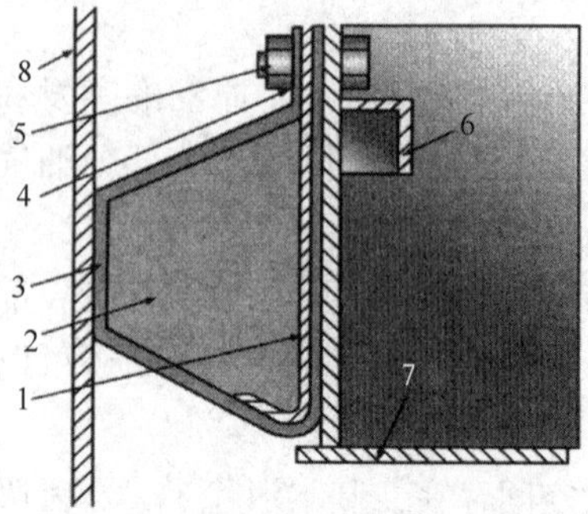

图 2-66　内浮顶油罐填料式密封装置

1—支撑板；2—聚氨酯泡沫塑料；
3—丁腈橡胶带；4—压条；5—螺栓；
6—角钢；7—浮盘；8—罐壁

（2）内浮盘的密封

内浮盘主要采用弹性填料式密封。图 2-66 为 3000m^{3}内浮顶油罐的弹性填料式密封装置。整个密封圈的外层是夹有尼龙布层的丁腈橡胶袋，里面以聚氨酯软泡沫塑料为填料，用压条和螺栓固定在浮盘周围的堰板外侧。

（3）内浮盘附件

内浮盘附件是直接安装在浮盘上的附件，它们与内浮盘的浮动过程及检修有关。

① 人孔

在内浮盘上通常设有 2 个人孔，其作用也是检修时通风及供操作人员进出。

② 支柱套管和支柱

支柱的作用是在油罐放空时支承内浮盘，使其与罐底保持一定高度。内浮盘有 2 个控制高度，第一控制高度由支柱套管控制，支柱套管穿过浮盘，并以加强圈和筋板与浮盘焊接。在浮盘加强环板处的支柱套管高出浮盘 900mm，其余部位的套管高出浮盘 400mm。支柱套管高出浮盘面的一端都设有法兰与盲板，平时用密封垫圈和螺栓、螺母紧固严实。浮盘以下支柱套管长度均为 500mm。这样，在平时收发油作业时，浮盘下降的最低高度便控制在 500mm。

当需对内浮盘或油罐底部进行检修时，一般将浮盘控制在距罐底 1800mm 左右的高度。方法是选用外径小于支座套管内径(间隙应稍大些)的无缝钢管，每个支柱一端设有与支柱套管法兰相同型号的法兰，如需要将浮盘控制在检修高度，可先向罐内注水使浮盘上升到带芯人孔下缘部位，然后打开人孔进入浮盘上面，取下支柱套管顶端的盲板，将备用支柱插入套管，并将支柱上的法兰与套管上的法兰用螺栓连接紧固。支柱套管和支柱结构见图 2-67。

③ 自动通气阀

为保证内浮盘被支承在距罐底 500mm 时仍能顺利进出原油，在内浮盘与罐底部组成的这一局部空间也设有供收发油作业时呼吸用的内浮盘自动通气阀，见图 2-68。

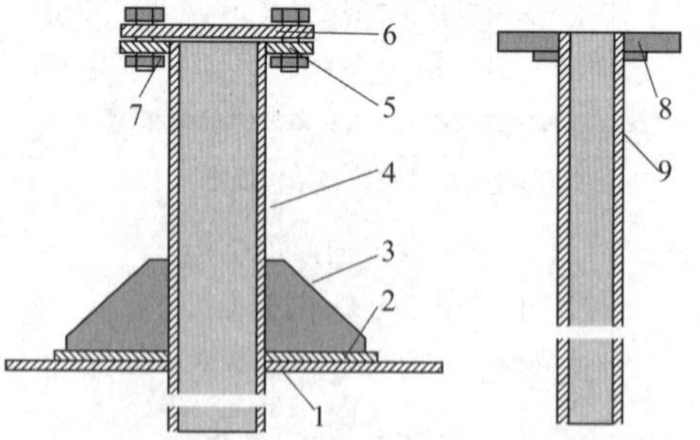

图 2-67　支柱套管和支柱

1—浮盘板；2—补强圈；3—筋板；4—支柱套管；
5—密封垫圈；6—盲板；7、8—法兰；9—支柱

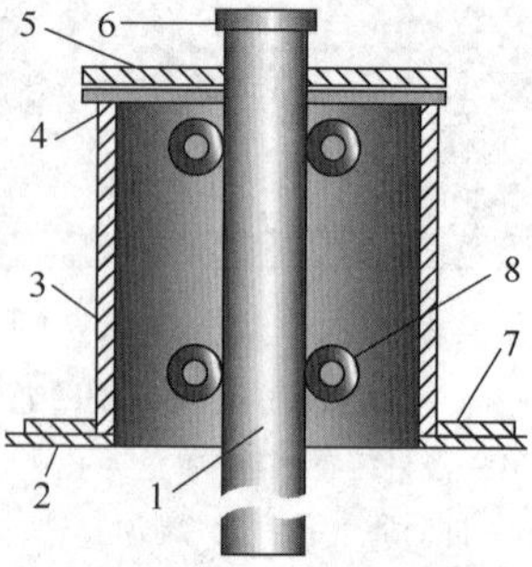

图 2-68　浮盘自动通气阀

1—阀杆；2—浮盘板；3—阀体；4—密封圈和压紧圈；
5—阀盖；6—定位管销；7—补强圈；8—滑轮

自动通气阀由阀体、阀盖和阀杆组成。阀体高 370mm，直径 300mm，固定在浮盘底板上，内有两层滚轮制导阀杆上下滑动。阀盖由定位销轴与阀杆连接，通过滑轮插盖在阀体

上面。阀杆总高一般为110mm。浮盘在正常浮动时，阀盖和阀杆的自重使阀盖紧贴在阀体上面，约有730mm的阀杆悬伸在浮盘下的油层中，当浮盘下降至距罐底730mm时，阀盘就先于浮盘支柱套管接触罐底，并随着浮盘的继续下降逐渐把阀盖顶起，当浮盘下降至支柱套管支承位置时，阀盖已高出阀体口230mm，使浮盘上下气压保持平衡。如浮盘因进油或检修进水浮到距罐底730mm以上高度时，阀体口将阀盖和阀杆带起，恢复紧闭密封状态。自动通气阀在浮盘检修时应将阀盖连同阀杆拔出，以便盘下放水并兼作通风口用。

3. 内浮顶油罐罐体专用附件

(1) 通气孔

储存在内浮顶油罐的原油液面已全部为内浮盘所覆盖，所以，在罐顶不再安装呼吸阀。但在实际使用时，还会有油气逸出。在浮盘下降时，黏附在罐壁上的油膜也要蒸发，故在浮盘与拱顶间的空间仍会有油蒸气积聚，为及时稀释并扩散这些油气，防止油蒸气浓度增大到燃、爆极限，罐顶与罐壁周围开有通气孔。

罐顶通气孔如图2-69所示，其安装在拱顶中间，孔径不小于250mm，周围及顶部以金属丝网和防雨罩覆盖。

罐壁通气孔安装在罐壁顶部周围。每个孔口的环向间距应不大于10m，每个油罐至少应设4个；总的开孔面积要求按油罐直径每一米不少于0.06m^2。通气孔出入口安装有金属防护罩，图2-70为罐壁通气孔的安装位置示意图。

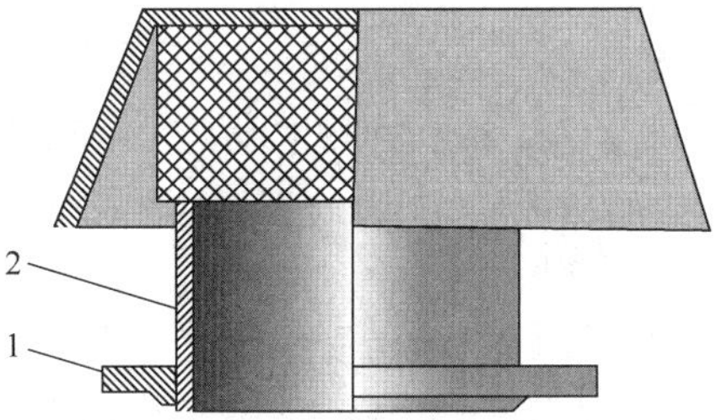

图2-69 罐顶通气孔

1—平焊法兰；2—接管

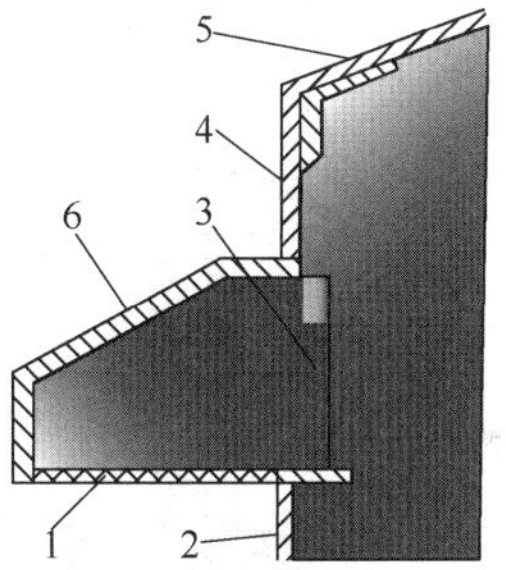

图2-70 罐壁通气孔

1—不锈钢丝网及压条；2、4—罐壁；3—罐壁开孔；5—罐顶；6—罩板

罐壁通气孔在储油液位超高和自动报警系统装置失灵时还兼起溢流作用。罐壁通气孔一般为双数呈对称开设，使其充分对流，以尽量降低油罐空间内的油蒸气浓度。

(2) 气动液位信号器

它是油罐在最高液位时的报警装置，如图2-71所示。

气动液位信号器安装在罐壁通气孔下端油罐最高液位线(安全高度线)上，由浮子柄操纵气源启闭，气源管连通设在安全距离以外的气电转换装置上。当液位上升到安全高度时，浮子升起，通过罐外的气电转换器传到油泵房，并自动切断油泵电机电源，停止输油。

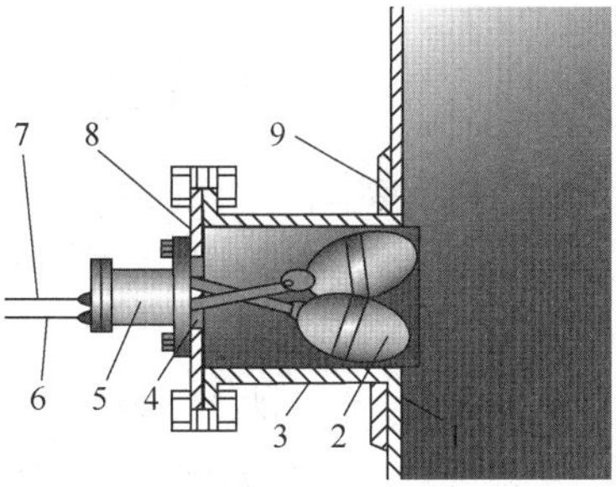

图2-71 气动液位信号器

1—罐壁；2—浮子；3—接管；4—密封垫圈；5—气动液位信号器；6—出气管；7—进气管；8—法兰盘；9—补强圈

（3）量油导向管

由于内浮盘的缘故，罐顶量油孔下连接一根钢管穿过浮盘直插罐底部，内浮顶油罐内原油的计量、取样都通过该导管进行。该管还兼有防止浮盘水平漂移和限制浮盘只能沿管道上下浮动的导向作用，故称为量油导向管。量油导向管的结构见图2-72。为避免浮盘升降时与导向管摩擦产生火花，在浮盘上安装有导向轮座和铜制导向轮；为防止原油泄漏，导向轮座与浮盘联结处以及导向管与罐顶连接处都安装有密封填料盒和填料箱。

（4）静电导出装置

在作业过程中，由于浮盘与罐壁间采用橡胶、塑料等高绝缘体作密封材料，所以，很容易形成静电聚集。静电导出装置是在浮盘与罐顶光孔间安装一根静电导线。在选用静电导线时，一方面要选择合适的截面积，另一方面要选择足够的强度。

（5）带芯人孔

内浮顶油罐罐体人孔一般至少设两个。一个与一般油罐一样，设在底部圈板，高度约700mm，常称为底部位人孔；另一个设在第二圈板中部，高度约在2.5m左右，为操作人员进入浮盘上部时用，常称作高部位人孔。

带芯人孔即高部位人孔的结构见图2-73。它在孔盖内加设一层与罐壁弧度相同的芯板，并与罐壁齐平，其功用是有利于内浮盘升降和密封。为便于启闭，在孔口结合筒体上还装有转臂和吊耳，操作时可将盖板(带芯)像门一样打开。

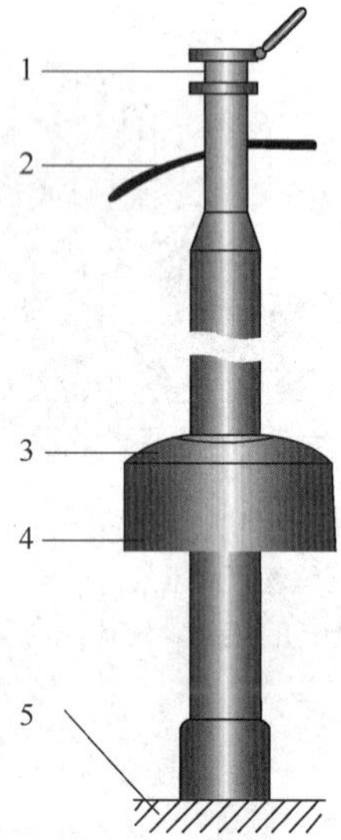

图2-72　量油孔导向管

1—量油孔；2—填料箱罐顶；
3—导向轮；4—内浮盘；5—罐底

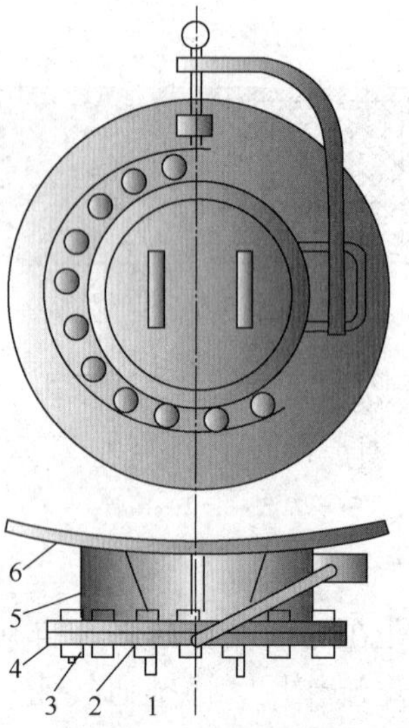

图2-73　带芯人孔

1—立板；2—筋板；3—盖；
4—密封垫圈；5—筒体；6—补强圈

4. 内浮顶储油罐浮顶沉没事故

成品油库使用的内浮顶油罐较多，容易发生内浮盘沉没事故，造成内浮盘沉没的主要原因有：

① 浮盘变形。腐蚀、油温变化、罐体变形等的影响使浮盘变形，浮盘变形后，在运动中由于各处受到的浮力不同，以致出现一边浸油深，一边浸油浅，浮盘倾斜，浮盘导向滑轮卡住，浮盘运动倾斜逐渐增大。当浮盘所受浮力不能克服上升阻力时，油品就会从密封圈及自动呼吸阀孔跑漏到浮盘上造成沉盘。

② 浮盘立柱松落或损坏失去支承作用。一般内浮盘立柱为 22 根，均匀分布在浮盘底部。若立柱销轴安装不当，浮盘就会失去立柱的支承，使浮盘受力不均，当浮船损坏进油速度过快时也会使浮盘受力不均变形而沉盘。

③ 液泛问题。液泛就是指油气夹带液沫喷溅到内浮盘上。它之所以会造成内浮盘沉没，是因为：一方面油料输送到使罐压力降低，使原来的相平衡破坏，在常压下为了达到新平衡，就会产生大量的油气。另一方面，对于炼油厂、油库，由于进罐温度可能较高，或油料未经稳定脱气，致使一部分轻组分气化，产生大量气体，这些气体在罐内形成气泡，聚积在浮盘下和密封装置处，而且在输油作业中，由于油料在罐内的剧烈扰动，使得内浮顶倾斜、旋转，此时若在罐壁与密封装置处有微小缝隙，气体便会夹带液沫从缝隙中喷出，并在内浮顶上聚集从而造成浮盘沉没。

④ 浮盘密封圈损坏并撕裂翻转。出现这类事故的原因有：浮盘密封圈内的软填充物没有填充均匀；罐壁局部凸凹度超标引起密封圈老化龟裂等。

⑤ 中央排水管升降不灵活。中央排水管在安装时尺寸不正确导致排水管升降不灵活，浮盘运行受阻而沉盘。

⑥ 浮盘和船舱腐蚀。随着浮顶罐运行时间的增加，浮顶会出现腐蚀穿孔，严重时浮顶船舱进油，压沉浮盘。

⑦ 单盘的凸凹变形引起的积水过多。

⑧ 浮盘、罐体建造质量有缺陷。如油罐的基础、油罐罐体制造、内浮盘的安装等方面若有缺陷，就会增大油罐沉盘的可能性。如罐体不垂直、内壁面凹凸不平、浮盘歪斜、密封不好等都可能造成油品串入浮盘上面，而引起沉船事故。

⑨ 内浮顶油罐内静电接地软铜覆绞线缠绕浮顶支柱。

⑩ 浮舱与单盘角钢焊接连接处的疲劳破坏。

（2）防止沉船事故发生应注意的事项

① 新投运或清罐后第一次进油时，最好先用水将浮盘托起(水的浮力大于油)，然后再进油，当进油量达 300t 左右时缓慢将水放尽。

② 空罐进油时初速度不超过 1mm/s，油品浸没进出油接合管后其流速仍不宜超过 4.5mm/s；罐内存油不得超过安全高度，对 1000～3000m^3 罐最低液位不小于 1500mm，5000m^3 罐最低液位不小于 1200mm。

③ 每月检查一次密封装置、导向轮、浮盘立柱，浮盘表面凹凸情况及运行平稳状况等，发现问题及时采取有效措施。

④ 对炼厂油库，降低进油温度，增设油料稳定和脱气设施，保证进油蒸汽在 80kPa 以下。

⑤ 内浮顶罐设外浮标，以便操作人员及时掌握浮盘的运行状况及油面高度。

⑥ 设内浮顶油罐高、低液位报警器，以便操作人员及时引起警觉，减少失误。

⑦ 对安装浮顶的油罐应进行内壁防腐处理，避免加重罐顶腐蚀以及增大浮顶运行阻力或产生不均匀组力。

⑧ 增加浮顶导向管，避免浮顶运行时产生偏移、卡槽现象，确保浮顶上下自由运行。

⑨ 在进油管上合理设置缓冲扩散管，以减少油品进罐时对浮盘的冲击，使浮盘平稳运行。

（3）防止沉船事故的日常管理

防止沉船事故还需要加强储油罐的日常管理工作，具体要求如下：

① 制定浮顶油罐的操作、维护、保养和修理规程，严格按规程管理，确保油罐的正常运行。

② 浮顶油罐实际储存油品高度严禁超过油罐的安全储油高度。

③ 油罐浮顶不得有积水、积油等，发现积油(水)，及时排除。

④ 冬季油罐运行时，必须保证除蜡装置的供热，以避免因结蜡脱蜡而砸坏浮船或造成浮顶倾斜变形。

⑤ 严禁使用压缩气体或蒸汽向罐内扫线，需要用蒸汽吹扫前必须倒空油罐。

⑥ 内浮顶油罐储存油量低于规定值时，不得倒油或循环作业。

⑦ 当浮顶罐清罐或新罐投入使用时，要对浮顶罐的浮盘密封装置、倒向轮完好情况、浮盘面的凹凸情况、浮盘平稳情况、活动情况、支柱完好情况等进行一次全面、认真、细致的检查，发现问题及时处理。

⑧ 在油罐正常运行情况下，在浮顶上积水达到相当于75mm 量之前，就应打开排水管出口阀。当排水管保持开启状态时，应经常检查，防止油品泄漏。

⑨ 调节内浮顶支承高度时，必须将浮顶上的自动通气阀阀杆连同所有浮顶支承一起调节，不得有遗漏。

⑩ 在新建罐投入使用的最初3年内，每年均应测定罐基础下降情况。沉降量超过设计要求时，应对基础进行返修，3年后应定期检查。

四、油罐容量及数量的确定

(一) 储油罐容量的确定

储油罐的容量应按站内液量的平均日处理量和本企业的一些特殊的规定，并考虑到进站来液量的含水率，含水上升速度，以及由于生产需要或季节变化增加掺水量等因素的影响，确定储罐容量要留有余地，以适应油气生产的需要，计算站内储罐总的容量用下式：

$$V=\frac{KGT_1}{\rho \cdot e_t} \tag{2-11}$$

式中 V——油站所需的油罐总容量，m^3；

G——油站每天的进液量，kg/d；

T_1——油品的储备天数(大型站 $T_1=2d$，中小型 $T_1=0.5d$)；

ρ——油品的密度，kg/m^3；

e_t——油罐利用系数(金属罐 $e_t=0.85$，非金属罐 $e_t=0.75$)；

K——油罐的综合系数。

(二) 储油罐数量的确定

储油罐数量的确定是根据所在站生产规模、处理量变化的影响，按照实际工作中，一般中小型以上的站不应少于2座，小型可选1座，依此来确定罐的公称容量。并按油罐规格系列选取。

储油罐的数量可按下式计算：

$$n=\frac{V}{V_{罐}} \tag{2-12}$$

式中 n——储油罐的数量，座；

V——所需储油罐总的容量，m^3；

$V_{罐}$——储油罐的公称容量，m^3。

[例]某油库来油量为 350×10^4t/年，罐的利用系数 0.85，油品密度 0.87t/m^3，该站最多储存为 3d，(1)求该站的储存能力是多少？(2)如建 10000m^3罐需几座？(该油库为净化油 $K=1$)

已知：$G=350\times10^4$t/年，$e_t=0.85$，$\rho=0.87$t/m^3，$T_1=3$d，$V_{罐}=10000m^3$，$K=1$。

求：(1)$V=$？(2)$n=$？

解：

$$V=\frac{KGT_1}{\rho\cdot e_t}=\frac{1\times3500000\times3}{365\times0.87\times0.85}=38900.8(m^3)$$

$$n=\frac{V}{V_{罐}}=\frac{38900.8}{10000}\approx4(座)$$

答：(1)该站的储存能力是 38900.8m^3；(2)如建 10000m^3罐需 4 座。

五、油罐附件

油罐附件是油罐的重要组成部分。除了一部分通用附件之外还配置一些专用附件，以满足安全与生产的需要。

(一)油罐的一般附件

1. 扶梯与栏杆

扶梯是专供操作人员上罐检尺计量、测量、取样巡检、维护而设置的。栏杆则作为扶梯和罐顶的护栏，以便工人安全操作。浮顶罐设有转动扶梯，它的一端吊挂在罐顶平台上，另一端可随着浮顶升降而沿着浮顶上的轨道移动。

2. 人孔

如图 2-74 所示，人孔是清洗维修油罐时供操作人员进出油罐而设置的。检修时，人孔也可用于通风。对于浮顶罐，浮船人孔共 18 个，单盘人孔 1 个。工作人员可通过浮船人孔进入船舱或通过单盘人孔进入罐内。

3. 透光孔

如图 2-75 所示，透光孔设在罐顶，在检修时用作采光通风。非检修时一律上紧螺栓，保持严密，防止原油蒸发。

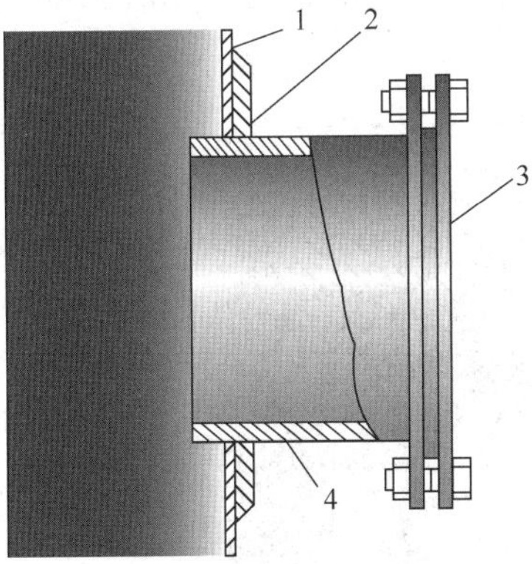

图 2-74　人孔

1—罐壁；2—人孔加强板；3—人孔盖；4—人孔接合管

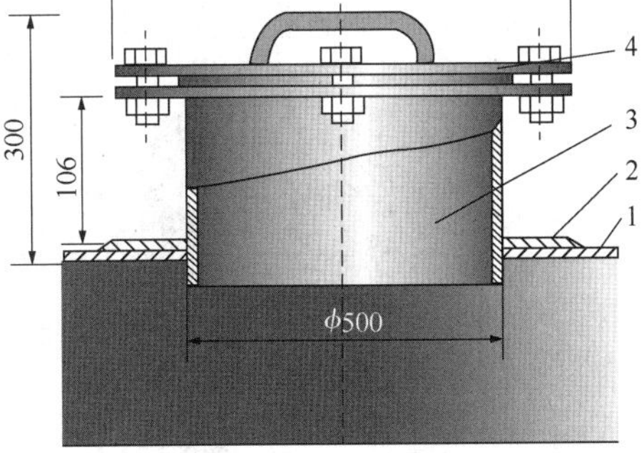

图 2-75　透光孔

1—油罐顶板；2—加强板；3—接合管；4—透光孔盖

4. 量油管

如图 2-76 所示，量油管是为检尺、测温、取样所设，安装在罐顶平台附近，每个油罐只装一个量油管，量油管平时应关闭，计量和取样时轻轻打开。为防止量油管盖关闭时因碰撞而产生火花，盖下密封槽嵌有耐油橡胶、塑料及铅铝等软金属。对于浮顶罐，量油管不仅用于量油，同时也对浮顶起导向作用。

5. 排水管

如图 2-77 所示。排水管是专门为排除罐内积水和清除罐底污油残渣而设的。常见排水管有固定和集污式两种。根据油罐容积大小确定排水管的直径，一般为 50~100mm。带集污坑的放水管装在油罐底部。平时用来脱水，清罐时，罐底污泥经集污坑排出罐外。固定式放水管出口中心一般距油罐底板 300mm，进口中心与油罐底板的垂直距离为 20~50mm。放水时，打开放水管上的阀门，油罐底水在罐内原油压力作用下从放水管排出。

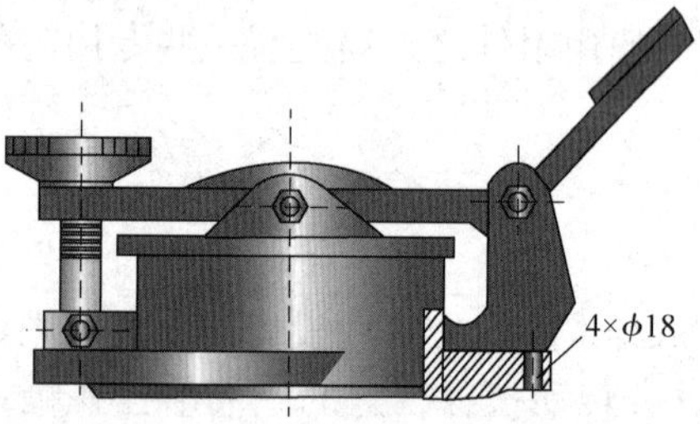

图 2-76　量油孔

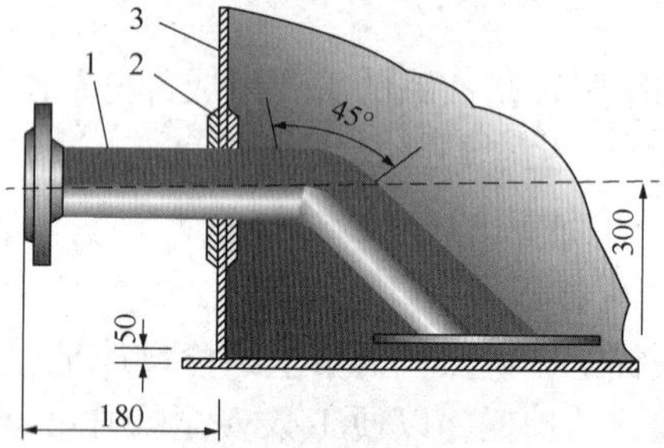

图 2-77　固定式放水管

1—放水管；2—加强板；3—罐壁

排水管在罐外一侧装有阀门，为了防止阀门不严或损坏，通常安装两道阀门。冬天还要做好阀门与排水管的伴热保温，以防冻凝或冻裂。对于浮顶罐，除正常的排水管外，还设有紧急排水管。当浮顶上部积存雨水过多，排水管来不及排出，积存雨水超过一定高度时，即可从紧急排水管排入罐内，以免浮船沉没。

6. 进出油短管

如图 2-78 所示，进出油短管在罐底圈板上，外侧与进出油管道上的罐根阀相连，内侧大多设成呈 45°角坡口朝上形式，以利导出静电。

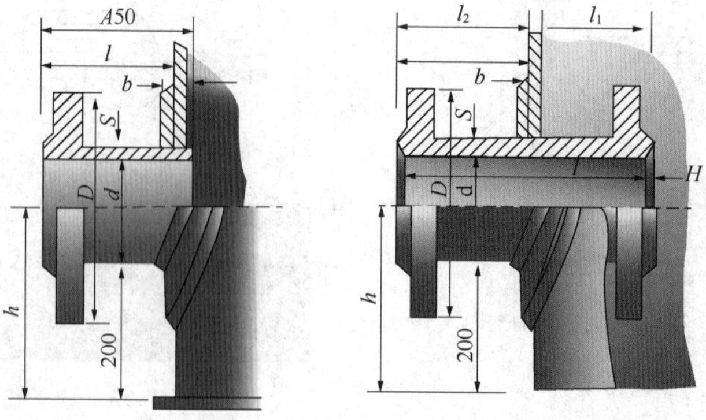

图 2-78　进出油短管

7. 排污孔与平齐型清扫孔

排污孔是由直径为600mm的钢管对分制成的，见图2-79，设在油罐底板的下面，伸出罐外一端有排污孔法兰盖，法兰盖上附设放水管。平时可以从放水管排出底水，清洗油罐时还可以清扫出污泥。

油罐常见清扫孔形式为平齐型清扫孔，见图2-80。它是为清除罐底沉积物而设置的。其结构是一个上边带圆角的矩形孔，孔高、孔宽均大于1200mm，底边与罐底平齐。

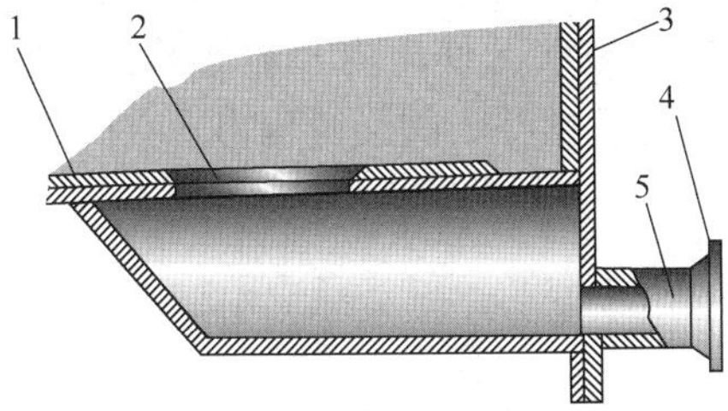

图2-79　排污孔

1—油罐底板；2—排污孔；3—罐壁；4—排污孔法兰；5—放水管

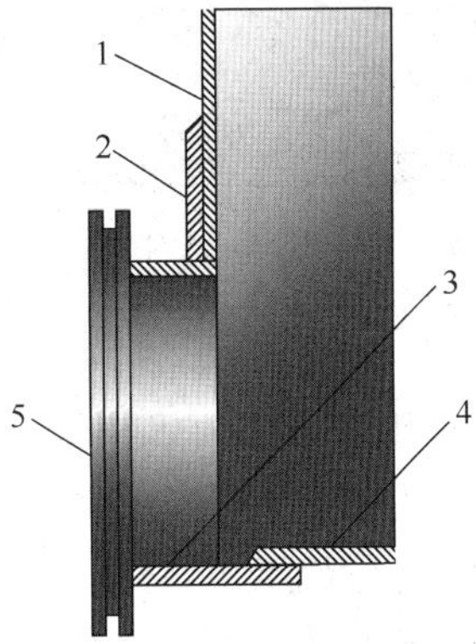

图2-80　平齐型清扫孔

1—罐壁板；2—加强板；3—清扫孔；4—底板；5—清扫孔盖板

8. 胀油管或泄压短管

胀油管起泄压作用，用于收发油作业后不放空的管路(图2-81)。

进气支管专门用于管路放空时进气，一般设在进出油管线阀门外侧，直径为40mm，亦可设在泵前过滤器上。进气支管上设球阀，管路放空后应及时关闭。

9. 避雷针及接地线

根据设计规范确定和设置避雷针等避雷设置。油罐应有良好接地，接地点不少于2处，间距不大于30m，其接地电阻不大于10Ω。

10. 盘梯静电消散扶手

其安装在油罐上罐扶梯开始处。加装一段1m左右的镀锌钢管或不锈钢管，将人体静电在上罐作业前通过扶手消散。消散扶手与油罐防静电防雷电接地装置连成一个完整的系统。

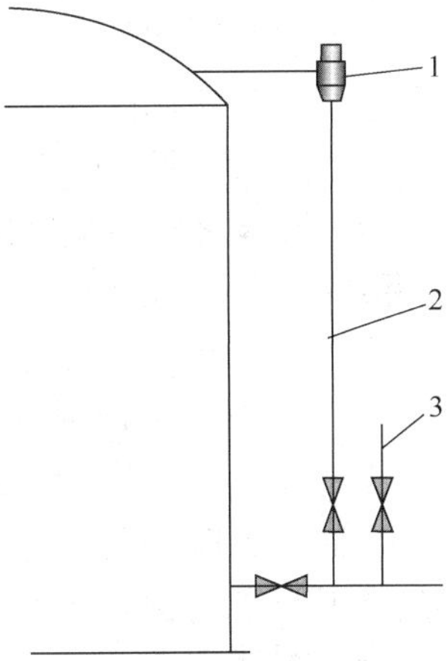

图2-81　胀油管和进气支管

1—安全阀；2—胀油管；3—进气支管

(二) 油罐的专用附件

油罐上必须安装一些专用附件，以便于做好油品的收发和储存，保证油罐的安全运行。

1. 机械呼吸阀

(1) 机械呼吸阀的作用

保持油罐气体空间正负压力在一定范围内，以减少蒸气损耗，保证油罐的安全运行。当油罐大量进油时，经机械呼吸阀呼出罐内混合气体。当油罐大量排油时，经机械呼吸阀

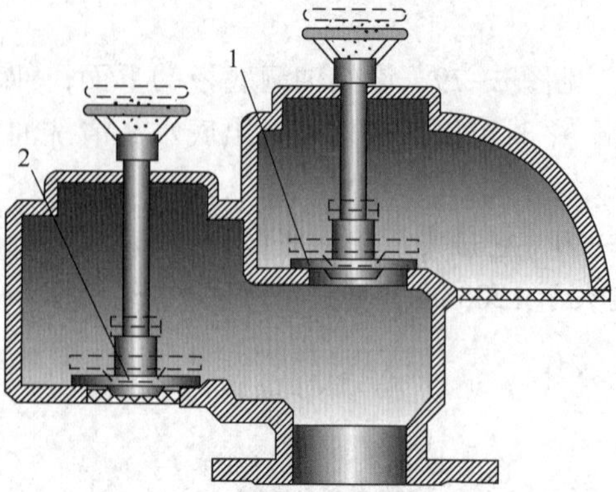

图 2-82　机械呼吸阀
1—压力阀；2—真空阀

吸入空气。油品在罐内储存过程中，因温度和气压的变化而使油罐发生小呼吸时，也是通过呼吸阀排气和吸气的。

（2）机械呼吸阀的工作原理

机械呼吸阀安装在油罐顶上，是由压力阀和真空阀两部分组成，其结构见图 2-82。当罐内气体空间的压力超过油罐设计压力时，压力阀被罐内气体顶开，气体从罐内排出，使罐内压力不再上升。当罐内气体空间压力低于设计的允许真空压力时，大气压力顶开真空阀盘，向罐内补入空气，使压力不再下降，以免油罐抽瘪。因此机械呼吸阀又叫压力真空阀。

（3）机械呼吸阀的维护保养

① 检查并调整机械呼吸阀的法兰应水平。

② 检查阀盘是否能在导杆上灵活移动。

③ 检查阀瓣重量是否符合设计要求。

④ 清除防护网的锈蚀和杂物等。

⑤ 检查阀盘与阀座接合面是否光洁、严密。

⑥ 检查密封垫片是否完整、不渗漏、不硬化。

⑦ 清洗阻火器。

⑧ 机械呼吸阀静电引出装置必须良好。

2. *液压安全阀*

（1）液压安全阀的作用

液压安全阀的结构如图 2-83 所示。当机械呼吸阀因锈蚀或冻结而不能动作时，通过液压安全阀的作用可保证油罐的安全。液压安全阀的压力和真空度值一般都比机械呼吸阀高出 10%。在正常情况下，它是不动作的，在机械呼吸阀因阀盘锈蚀或卡住而发生故障或油罐收发作业出现罐内超压或真空度过大时，它将起到油罐安全密封和防止油罐损坏的作用。它与机械呼吸阀并列在罐顶中央同一高度，利用环形空间液面差压保持油罐有良好的密封状态。但在使用中常出现“喷油”现象，污染罐顶，且加油和换油较麻烦。

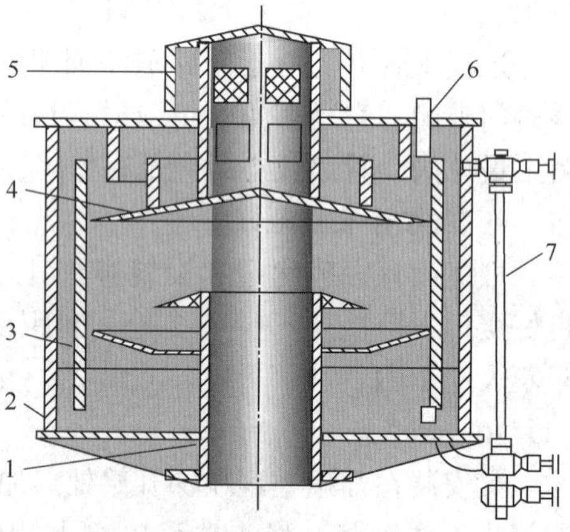

图 2-83　液压安全阀
1—连接短管；2—盛液槽；3—悬式隔板；
4—罩盖；5—带铜网的通风短管；
6—装液管；7—液面指示器

为了保证液压安全阀在各种温度下都能工作，阀内应装有沸点高、不易挥发、凝固点低的液体作为液封。如变压器油、轻柴油等。

（2）液压安全阀工作原理

液压安全阀的工作原理如图 2-84 所示。当罐内压力增高时，罐内的气体通过中心管的内环空间把油封挤入外环空间；若压力继续升高，内环油面和中间隔板下缘相平时，罐内气体通过隔板下缘逸入大气，使罐内气体压力不再上升(图 2-84a)。相反，当罐内出现负压时，外环空间的油封将被大气压入内环空间，外环液面达中间隔板的下缘时，空气进入罐内，使罐内压力不再下降(图 2-84b)。中间隔板下部做成锯齿形，可使油封流动均匀，而使液压阀动作稳定。

液压安全阀上有特别的金属杆，用来测量阀体内封液的多少，罩子上有调节螺栓用来调节内部的浸油深度。液压安全阀内封液被罐内气体吹出后，必须及时补充，否则油气外溢，增加罐区危险。

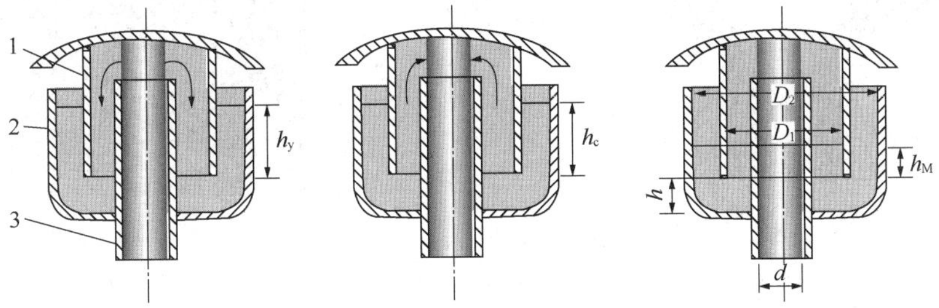

图 2-84　液压阀动作图解

1—悬式隔板；2—盛液槽；3—连接管

(3) 液压安全阀的维护保养

① 检查法兰是否水平，否则进行调整。

② 检查各组件是否完整，表面是否清洁无锈蚀。

③ 检查阀门安装尺寸是否符合设计要求。

④ 检查液封油高度是否符合规定，不足时应加油。

⑤ 液封油变质时应更换新油(重新更换的液封油质量应符合要求)。

⑥ 清洗阻火器。

⑦ 液压呼吸阀各部件如有严重锈蚀应更换新件。

⑧ 液压呼吸阀的定压值应比机械呼吸阀定压值高 10%。

⑨ 阀门静电导出装置应完好无损。

3. 阻火器

阻火器安装在机械呼吸阀和液压安全阀下面。它是一个装有铜、铝或其他高热容、导热良好的金属皱纹网箱体，如图 2-85 所示。

阻火器的作用是当有火焰通过防火器时，金属皱纹网吸收燃烧气体的热量，使火焰熄灭，从而防止外界的火焰经呼吸阀引入罐内。

4. 呼吸阀挡板

呼吸阀挡板是为减少易挥发原油的蒸发损耗而设的节能装置，其结构见图 2-86，它通常装在阻火器下面并伸入罐内。

在发油时，如果液面下降过快，吸入罐内的空气气流会冲散油面上的油气浓度层，使原油蒸发加快，在呼吸阀下面安装一挡板后，可使吸入气流折向罐壁，以免直接冲击油面。

呼吸阀挡板具有结构简单、易于制造、安装方便等优点。

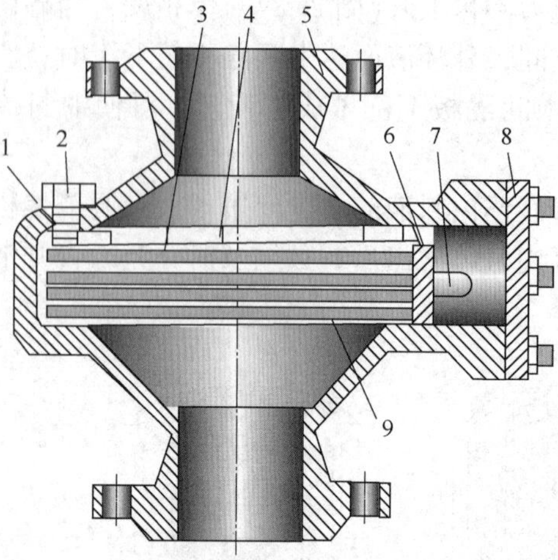

图 2-85 阻火器

1—密封螺帽；2—小方头紧固螺帽；3—铜丝网；4—铸铝压板；5—壳体；6—铸铝防火匣；7—手柄；8—盖板；9—软垫

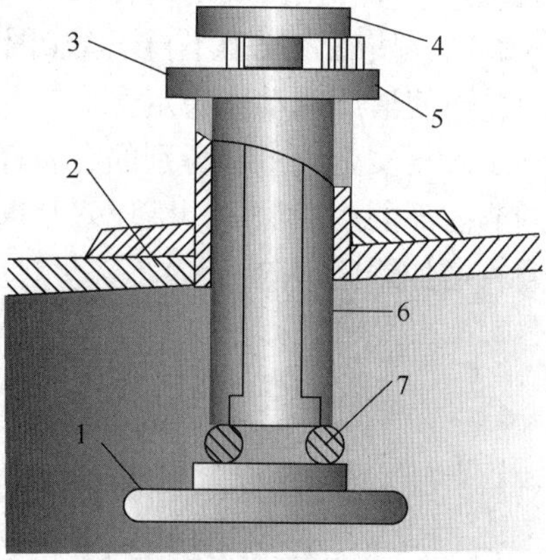

图 2-86 呼吸阀挡板

1—挡板；2—罐顶；3—短管法兰；4—环板；5—横梁；6—吊杆；7—颌轴

5. 泡沫发生器

泡沫发生器安装在油罐壁的上层圈板上。使用时，泡沫液在压力的作用下，冲破泡沫发生器中的隔膜，沿着泡沫管喷射装置进到油面上，以隔绝空气，窒息火焰。隔膜的作用是防止油品蒸发漏失。

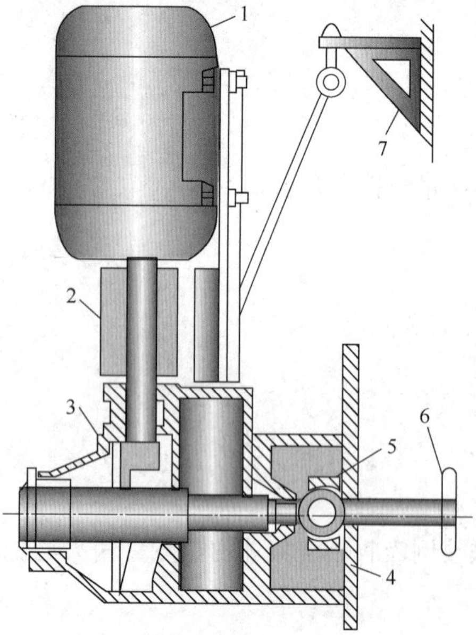

图 2-87 油罐搅拌器结构示意图

1—防爆电机；2—联轴节；3—齿轮转动装置；4—油罐法兰盖；5—密封装置；6—螺旋浆叶片；7—吊架

6. 油罐搅拌器

油罐搅拌器主要用于防止沉淀物积聚。目前，使用的多为侧向伸入式搅拌器。

侧向伸入式搅拌器是由防爆电机、减速传动装置、吊架、密封装置及搅拌螺旋桨组成（图 2-87）。

油罐搅拌器的作用：

（1）防止罐内水、机械杂质、胶质、沥青质、石蜡等堆积于罐底，起到清罐、提高油罐利用率的作用。

（2）罐内原油经搅拌能混合均匀，防止分层。

（3）改善罐内原油热交换条件，使原油升温快，温度分布均匀，节省了蒸气。

侧向伸入式搅拌器的传动装置有齿轮传动和皮带传动两种。螺旋桨也有两种类型，一种为固定插入角式，它的搅拌器主轴只转动而不摆动；另一种为可调插入角式，它的主轴既可旋转又可左右 30°摆动。

7. 加热器

加热器是给高黏度、高凝点原油加温防凝提高其流动性的设备。加热器一般为用直径 50~100mm 钢管制成的盘管，其距离罐底一般为 20~60mm。普遍采用蒸气加温，蒸气压力为0.3~1.0MPa。

8. 中央排水管与紧急排水口

中央排水管也称排水折管，是安装在外浮顶油罐上的专用附件。它装于浮顶中央下边，为直径100mm的几段钢管，通过活动接头相连起来，可随浮顶的升降而伸直和折曲。通过它把积存在浮盘上的雨水和融化的积雪及时排走，以防浮顶积水沉没。根据油罐直径大小，每个罐可设1~3根排水折管，也可用直径4in、管长10~12m的带钢丝的橡胶管做中央排水管，使用效果较好。

如果排水折管失灵，积存于浮顶上的雨水还可通过浮顶上的紧急排水口流入罐内，从而防止浮顶过载而沉没。

9. 通气短管

通气短管常装在罐顶中央，呈“T”形，为防止雨水和杂质进入，通气口常朝下开，使油罐直接和大气相通，为油罐进行收发油作业时的呼吸通道。通气管口径一般和进出油管的直径相同，通气管截面上装有铜丝网或其他金属网封口。平时要保证通气短管的畅通。

六、储油罐的操作与维护

（一）操作油罐

1. 进油前的准备工作

（1）检查油罐进出口阀门、放水阀门、排污阀门是否灵活好用，排污阀是否关闭，各阀门是否处于关闭状态。

（2）检查油罐各安全保护设施是否齐全、灵活好用，量油孔、人孔、透光孔是否密封完好。

（3）检查液压安全阀中的变封油油位高度应符合标准，应无积水。

（4）检查呼吸阀是否灵活好用，浮标是否灵活完好。

（5）检查防火设施是否完好。

（6）打开循环水阀门，将罐内凝油层溶化。

2. 进油操作

（1）导通流程，缓慢打开进油阀门，听见进油声音正常后开大进油阀门，油罐转入正常进油。

（2）进油过程中必须有专人监护油位高度，随时观察液位计，其进油高度不得超过油罐的安全高度，即不得超过泡沫发生器的安装位置。

（3）进油过程中要随时检查与油罐连接的所有法兰、人孔、阀门等有无渗漏。

（4）根据进油量大小，及时检查、计量，做好记录。

（5）上罐量油时，不准穿钉鞋及化纤衣服，不准在罐顶使用不防爆手电。

（6）遇紧急情况时，一次上罐同时不得超过5人。

（7）控制好输油量，油罐尽可能在恒定液面下工作。

3. 油罐放水操作

（1）当油罐内的油水界面过高时，可打开放水阀门放水。

（2）放水调整油水界面时，放水量要相对稳定，保证油水界面缓慢下降，防止波动大，破坏界面。

（3）油罐放水必须有专人在现场观察水中含油情况，水含油不许超过0.2%。

4. 停运操作

（1）关闭油罐的进油阀门。

（2）用泵将罐内油抽到最低位置，计量余油，关闭出口阀门。

（3）如短期停运，应保持循环水畅通。

（4）如长期停运，应清理罐内余油，并将所有油气进出口阀门关严。

5. 倒罐操作

（1）按进油前的检查工作检查各油罐。

（2）按进油操作投运备用油罐。

（3）按停运油罐操作，停运预停罐。

（4）倒罐中要以先开后关为原则。

（5）倒罐正常后，注意来油管线压力变化和大罐液面变化情况。

6. 操作油罐技术要求

（1）新罐必须经计量标定合格后才准使用。

（2）罐上的机械呼吸阀、泡沫发生器、阻火器应灵活好用。

（3）应每 30m 有一个合格的接地点，电阻小于 10Ω。

（4）大罐梯子第一个台阶应刷黄色提示漆，第一台阶扶手处应打磨光滑，以便释放静电。

（5）油罐进油前，应提前 30min 投运采暖管线预热。

（6）倒流程时要本着先开后关的原则，防止管线及系统憋压。

（7）进油前罐内有凝油时，要等油熔化后再进油。

（8）进油后掌握液位变化情况，罐油位的安全高度为泡沫发生器进出口最低位置以下 30cm 处。

（9）上罐顶量油作业时，必须穿防静电劳保，使用防爆手电。

（二）油罐检尺、取样操作

1. 油罐人工检尺

（1）检查量油尺是否符合要求。

（2）上罐前应手摸静电导出装置。

（3）上罐后，操作人员应站在上风口，打开量油孔盖板。

（4）油尺沿量油孔检尺槽垂直下尺，量油尺沾油，垂直收尺。

（5）记录下尺高度与沾油高度。

（6）盖好量油孔盖板，擦净量油尺及量油孔上的原油。

（7）计算油罐液位。

2. 取样前的准备工作

（1）检查取样器是否清洁，密封部位完好，取样器内应没有存液。

（2）检查取样器上的标尺，应刻度清晰、连续，长度满足取样要求。

（3）检查取样器下端的重锤与标尺连接牢固。

（4）准备一个清洁干净的样桶，干净棉布一块。

（5）检查油罐取样孔盖是否灵活，密封部分胶皮是否完好。

（6）根据取样点的深度，计算出到取样孔的相应高度。

3. 油罐取样操作

（1）拿取准备好的取样器、样桶、棉布到油罐取样孔现场。

（2）打开取样孔处密封盖，盖好取样器塞子。

（3）将取样器从取样孔处平稳地下到要取样点处。

（4）取样器到达取样点后，拉动重锤，打开塞子，使油品进入取样器。

（5）待取样器内气泡全部排出后，缓慢上提取样器，从罐内取出。

（6）盖好取样孔盖，把取样器内的试样倒入样桶中。

（7）用汽油清洗取样器，以备下次使用。

4. 油罐取样操作技术要求

（1）取样器必须符合安全使用要求，连接可靠，密封良好。

（2）取样的层次深度根据油罐液面和罐高度来确定。

（3）层次取样方法按以下三层位置取出试样，再制成该罐的平均试样。上层：取样点液面上 200mm 处；中层：取样点液面处；下层：取样点液面下 100mm 处。

（4）取样器的盖子不宜太紧，以防下罐后打不开；也不宜太松，未到所需深度就脱盖。

（5）到达取样点时，提绳抖动要迅速，不要抖动时间过长，使样品偏离取样点。

（6）抖动提绳后注意液面要有气泡溢出，否则就要重新取样。

（7）取出的样品必须倒入清洁干燥的样桶中。

（8）五级以上大风雪天、雨天禁止上罐取样。

（三）检查油罐

1. 油罐进油前的检查

（1）检查罐护坡完好。护坡的宽度、坡度符合要求，与罐接触处无裂缝。

（2）检查罐体保温层完好，镀锌铁皮牢固可靠。

（3）检查罐进、出口阀门，伴热阀门和排污、放水阀开关灵活，压力符合要求。

（4）检查伴热管高度和排列是否符合换热要求。

（5）检查管线的进、出口高度是否和实际相符，不相符的做好实际高度记录。

（6）检查扶梯、护栏是否牢固完好。

（7）检查排污孔、清扫孔是否密封完好，高度符合技术要求。

（8）检查液位计应灵活好用，导向轮固定，钢线绳槽深度合适，标尺指示在零位上。差压液位计要打开一次表阀门，差压传感器投入使用。

（9）检查罐顶各呼吸阀、液压安全阀、阻火器及检尺孔完好无损，灵活好用。

（10）检查罐顶的液压呼吸阀的油位应在规定高度范围内。

（11）检查泡沫发生器护罩完好，发生器内玻璃片完好。

（12）检查罐顶防腐是否完好，有无积水、积雪、积油、杂物、油污等。

2. 油罐正常运行时的检查

（1）检查和控制油罐在安全液位范围内。

（2）人工检尺并校验液位的准确性，每 2h 检查一次浮标。

（3）检查罐前所有阀门应不渗不漏。

（4）检查机械呼吸阀、液压安全阀、阻火器应处于良好工作状态。

（5）检查伴热管线是否有漏失。

（6）检查清洗防火器，以防堵塞。

(7) 罐壁罐底要定期检查并测试厚度，发现超过规定则应进行修理。

(8) 检查取样孔，正常情况下应密封完好不漏气。

(9) 检查油罐接地电阻应在 10Ω 以下。

3. 浮顶油罐检查

(1) 使用前应细致检查浮梯是否在轨道上，导向架有无卡阻，密封装置是否完好，顶部人孔是否封闭，透气阀有无堵塞等。

(2) 在使用过程中应将浮顶支柱调到最低位置。

(3) 对罐顶的积水、积雪和油污要及时清除，保证浮顶正常浮动。

(4) 对浮顶中央集水坑要经常检查，防止因折叠排水管转动部分失灵，顶破集水坑漏油。

(5) 对每个浮舱要定期检查，防止腐蚀破裂漏油。

4. 检查油罐焊接质量

(1) 底板焊缝渗漏检查：当第一圈罐壁安装焊接后，用真空箱沿有肥皂水的焊缝逐条检查，无肥皂泡为合格，试压负压 2kPa。

(2) 罐壁焊缝严密性检查：在焊缝处刷一层白粉，待干燥后，于内壁涂上溶有蜡红的煤油，24h 后观察油罐外壁，未发现痕迹为合格。也可在罐内装满水到顶板与身板连接边，无渗水为合格。

(3) 罐顶板焊缝密封性检查：在焊缝上涂以肥皂水，罐内装高度大于 1m 的水，通入 2kPa 压力的压缩空气或注水升压，以未发现肥皂泡为合格。

(4) 焊缝质量检查：焊缝无裂纹，无夹渣，无气孔，无焊瘤及大于 0.5mm 的咬口等。

(5) 凹凸度检查：罐底局部凹凸度不超出±50mm，罐壁局部凹凸度用 1m 长样板测量时，钢板与样板间隙小于 10mm，焊缝处小于 15mm，油罐总凹凸度小于 45mm。

5. 注意事项

(1) 进罐区前必须认真阅读《进罐区须知》，准备好一切安全防护用品、用具。

(2) 油罐的液面高度必须控制在安全高度范围内。

(3) 一次上罐顶不得超过 5 人，不准在罐顶上跳跃。

(4) 上下罐应用手扶好栏杆，5 级以上大风禁止上罐。

(5) 禁止穿带钉子鞋上罐，禁止在罐顶开关非防爆型手电筒。

(6) 量油孔的防火垫圈应及时更换，保持完整。

(7) 对于用铁皮保温的油罐，保温铁皮要定期进行刷漆，防腐。

(8) 对于保温灰抹壳的油罐，检修后要将脱落、破损的及时补齐。

(9) 要保证避雷针稳固牢靠，接地良好。每年春、秋两次测试大罐接地电阻应小于 10Ω。

(10) 要调节控制，保持油罐液面相对稳定。

(11) 对裸露在外、保温不良的罐底排污阀，冬天要做好妥善的保温，以防冻裂跑油。

(12) 检查液位时，对浮标要轻拉慢放，防止产生火花。

(13) 检查油罐的焊接质量，按操作步骤中要求的标准执行。

(四) 处理油罐紧急着火

油罐着火后，由于油品性质、油罐结构、材质及罐内液位高低不同，以及其可能会出现爆炸或沸溢等情况，故扑救的工作程序也不同。

1. 扑救拱顶油罐火灾区的工作程序

（1）火炬燃烧的扑救

火炬燃烧一般是指在罐顶呼吸阀、透光孔或裂缝处燃烧。

应根据火焰燃烧的特点判断在短期内油罐是否会发生爆炸。若火焰呈橘黄色，发亮冒黑烟时，油罐则不会爆炸。这时罐内油气混合气体的浓度超过爆炸极限，处于富气状态，且混合气体中缺氧，为不完全燃烧。这种情况下，可靠近着火处，采取关闭盖子或用覆盖物（如浸湿的棉被、麻袋、石棉、毡等）窒息灭火，也可以用手提式化学干粉灭火器、1211灭火器灭火。若火焰呈蓝色不亮、无黑烟时，说明罐内空气混合物的浓度处在爆炸极限范围内，在短期内有可能发生爆炸，这种情况下，人员千万不要靠近油罐，应采取以下工作程序：

① 当班人应立即报告站库领导和上一级值班调度，并拨打 119，说明着火地点及部位。

② 启动站库内的报警器报警。

③ 消防岗当班人立即启动消防泵，站库消防人员启运消防栓喷射水流或采用泡沫进行切割封闭的方法灭火，并冷却着火罐和临近油罐。

④ 听从站库领导指挥。待相联岗位切换流程后，切断着火罐和临近罐的进出口油阀门。

⑤ 待消防车到场后，协助消防人员扑灭火灾。

（注：当发生火炬燃烧时，决不要将罐内油品外输，这样会使罐内形成负压，将罐外火焰吸入罐内引起爆炸。）

（2）油罐罐盖全部掀掉时的扑救

对这类油罐火灾，如果固定消防设施未遭到破坏，应首先启动清水系统，对着火罐和邻近罐进行冷却；接着启动泡沫系统，对着火罐油面火焰进行泡沫灭火。

当固定消防设施遭到破坏时，应采用移动式灭火设备及时控制火势，等待消防车扑灭火灾。

对具有可能产生沸溢现象的原油或重油罐着火爆炸后顶盖全部掀掉，在处理这类油罐火灾时，可采取如下措施：

① 在热波中注入冷却水，即着火后和施放泡沫前，用软管喷头将水注入到油品表面形成的热波中，水流速度控制在 0.08～0.2L/min 的范围内。这时油品表面起泡，导致缓和的溢出起到冷却热波层和减少热波传递速度的作用。此操作继续到安全施放泡沫为止。

② 当罐内油位较高时，可用空气搅拌法破坏热波层。因为当热波深度超过罐中油品的 1/4 时，若罐底有水，则可能发生沸溢；若罐底无水，而油温超过水的沸点，则施放泡沫时，也会发生缓和的沸溢。

③ 当液位较低时，可用泵输入部分冷油来降低热波温度。

④ 用泡沫扑灭沸溢性油品的火灾，施放泡沫一般应在着火后的 30min 内，也就是有效热波厚度约在 30～50cm 以下时将火扑灭。

（3）罐盖部分破坏或塌落在罐内的扑救

当罐顶呈凹凸不平的状态时，火焰将液面的罐盖烧得很热，对泡沫有破坏作用；另外由于罐顶凹凸不平，泡沫不易覆盖遮挡部分的火焰，不能发挥灭火作用。在这种情况下，当油位较低时，可以提高液位，使液面高出罐盖，然后再注入泡沫，扑灭火灾。

如果是原油罐或重油罐，在使用泡沫灭火不能发挥作用时，应根据估算可能发生的沸溢时间，将油品外输一部分以减少油品损失，而且为油品沸溢在罐内准备了更多的空间，不至于油品外泄过多，扩大火势。

(4) 罐壁或罐底破坏时的处理

油罐着火后，无论罐壁或罐底遭到破坏，都会使油品流散，在防火堤内形成大面积燃烧，油罐周围全是火，灭火人员根本无法接近着火罐，即使固定泡沫灭火设备未被破坏，也无法使用。在这种情况下，应组织足够的灭火力量，采用截堵包围的灭火方法。首先可用化学干粉灭火器，由远及近逐渐向着火罐推进式扑灭或控制防火堤内流散的火焰，然后再处理罐内的火灾。

2. 扑救浮顶油罐火灾的工作程序

浮顶油罐的火灾，几乎全是发生在罐顶边缘密封处。储存在浮顶罐中的原油，由于不完全具备发生沸溢的条件，尽管在密封圈处发生火灾，油罐也不会发生沸溢现象。对于这类火灾，可用便携式泡沫水龙带或手提式化学干粉灭火器即可扑灭。如果周围都有火焰，应由两三人合作进行同时灭火。

当浮顶罐钢板被烧得温度很高时，应先用水冷却油罐，然后再使用泡沫。

如果浮顶发生了沉没，油品液面卷入火灾。在这种情况下，应将油品转移到罐外安全地方。转移油品的数量，应使降低的液位到浮顶沉降到的深度为止，其灭火方法和步骤与拱顶罐爆炸着火相同。

3. 扑救非金属罐火灾的工作程序

当非金属罐紧急着火后，首先按照拱顶油罐爆炸灭火工作程序进行。但不能使用清水系统进行冷却，应立即采用泡沫灭火。在罐的对面两点或三角方向上的 3 个点向罐内喷射泡沫方法灭火。

若罐内油火已经四处流淌，这时可根据具体情况组织人力采取筑堤堵流，把流散的油品堵截在一定范围内，控制火势的发展，或把油品引导到一个安全的地方。

4. 注意事项

(1) 当金属拱顶油罐发生火炬燃烧时，决不要将罐内油品外输，这样会使罐内形成负压，将燃烧火焰吸入罐内引起爆炸。

(2) 扑救浮顶罐火灾时，要特别注意的是泡沫和水雾不能以大流量直冲密封处，防止油品从此溅到浮顶上，引起大面积燃烧。同时，要防止泡沫和冷却水大量注入到浮顶上，易致使浮顶负荷太重而沉没。在灭火过程中，要打开浮顶上的排泄阀。

(3) 及时停止着火油罐进油，打开旁通使油进其他外输油罐。

(4) 应组织力量，迅速投运站内各种消防设施，采用先控制、后灭火的原则。

(5) 要用水冷却着火罐和临近罐，特别是下风口的临近罐，受着火罐的辐射热最强，罐壁温度高达 80~90℃，不冷却易被引燃扩大火灾趋势。

(6) 因泡沫隔热时间一般为 6min，应将泡沫集中使用，进行交叉或平行位移喷射，增大面积覆盖，隔绝火源。

(7) 对周围可能受到威胁的设备、建筑物进行疏散、拆迁，对原油可能流散的方向、部位迅速筑防火堤，堵塞通道，控制火灾范围，以防扩大。

(8) 在确定灭火方案时，应根据油罐着火现场具体情况而定。当油罐内原油不多，扑救火灾的可能性又小，火灾也不能蔓延，周围设备建筑物均能受到保护或油罐处于偏僻得不到外援的地区，而本单位又无足够的力量达到灭火的目的时，可采取放弃灭火，让其在限制范围内燃烧，把重点放在控制和防止火灾的蔓延上，以防止造成更大的损失。

（五）油罐的故障处理

储油罐常见事故原因分析及处理措施：

1. 机械呼吸阀、液压安全阀不动作的原因及处理

（1）原因：①机械呼吸阀和液压安全阀卡阻。②锈蚀或冻结。

（2）处理方法：①检修和校验机械呼吸阀的阀盘。②清除锈蚀。③检查液压安全阀内有无结冰。④检查液压安全阀的油位是否正常。

2. 油罐量油孔盖打不开的原因及处理

（1）原因：①凝油或石蜡黏连。②水蒸气冻凝。

（2）处理方法：热水进行加热处理。

3. 油罐量油孔量油尺下不去的原因及处理

（1）原因：油品黏度过大或油温过低使原油凝固。

（2）处理方法：降低油品黏度，提高油温。

4. 油罐轻微振动并有声响的原因及处理

（1）原因：①原油中伴有气体。②流量过大。③加热盘管发生水击或加热盘管损坏。

（2）处理方法：①原油脱气、控制流量。②检修加热盘管。

5. 油罐接地电阻不合要求（$R_{地}>10\Omega$）的原因及处理

（1）原因：①土壤干燥或连接线腐蚀。②土壤电阻太大。

（2）处理方法：①加深埋地电阻的深度。②更换合格的连接线。

6. 油罐放水（排污）阀放不出水的原因及处理

（1）原因：放水（排污）阀堵塞或冻结所致。

（2）处理方法：①修理这些阀门。②清除放水（排污）阀堵塞物或处理冻结。

7. 油罐连接部位渗漏的原因及处理

（1）原因：①连接部位螺钉或螺栓松动。②密封垫料、垫片等老化。

（2）处理方法：①根据实际情况紧固螺钉或螺栓。②更换密封垫料、垫片等。

8. 油罐加热盘管不能加热的原因及处理

（1）原因：①油罐加热盘管冻结或蒸气压过低。②流程未导通。③阀门损坏。

（2）处理方法：①调整蒸汽压力。②检查流程并导通。③检修阀门。

9. 油罐跑油的原因及处理

（1）原因：①阀门或管线冻裂。②密封垫损坏。③排污阀开得过大，无人看守。

（2）处理方法：①立即倒罐。②提高输量。③迅速关闭排污阀，平时排污阀开得不宜过大，并有人看守。

10. 油罐抽瘪的原因及处理

（1）原因：①机械呼吸阀和液压安全阀冻凝或锈死。②阻火器堵死。

（2）处理方法：①停止抽油。②检修机械呼吸阀和液压安全阀。

11. 油罐鼓包的原因及处理

（1）原因：①呼吸阀和安全阀冻凝或锈死。②阻火器堵死。③罐内上部存油冻凝下部加热。

（2）处理方法：①停止进油。②从上向下加热凝油。③修机械呼吸阀和液压安全阀。

12. 拱顶罐溢罐的原因及处理

（1）原因：①首站或中间站进罐流程未导通；②中间站旁接油罐流程停泵，未及时倒通压力越站流程；③旁接油罐流程或进罐流程未及时掌握来油量的变化，调节不及时；④油罐加热温度过高，罐底积水突沸；⑤液位计失灵或检尺检查不及时；⑥密闭输油时，低压泄压阀泄压未及时发现；⑦密闭输油时，进油阀关闭不严，出现泄漏未及时发现；⑧站内循环进罐阀突然开启，未及时发现或判断失误，错误操作。

（2）处理方法：①停止油罐进油，立即倒罐；②因电动机故障造成停泵，应立即倒压力越站流程；③停止油罐加热，降低原油温度；④中间站旁接罐流程加大输油量；⑤人工检尺校验液位计，修复液位计；⑥故障处理应严格执行安全规范，并采取必要的安全防范措施；⑦溢油发生后立即停止罐区周围的动火作业，确保溢出的油不向周围外流。

第七节　其他设备

一、过滤器

过滤器是油气处理和管输工艺中不可缺少的管道附件。一般设置在润滑油进入设备之前；燃料油进入喷嘴之前；流体介质进入泵之前；气体介质进入压缩机之前；蒸汽凝结水进入疏水阀之前；液体或气体介质流经流量计之前的管道中。

（一）过滤器的结构

过滤器主要由接管、筒体、滤篮、法兰、法兰盖及紧固件等组成。

（二）过滤器基本原理

当介质流经过滤器时，滤网截留住管道介质中某一直径以上的固体杂质，从而达到保护设备和仪表的作用。

（三）过滤器的类型

过滤器按结构可分为篮式过滤器、T形过滤器、Y形过滤器等。见图2-88~图2-90。

图2-88　篮式过滤器

图2-89　T形过滤器

图2-90　Y形过滤器

（四）过滤器选型原则

1. 进出口通径

原则上过滤器的进出口通径不应小于相配套的泵的进口通径，一般与进口管路口径一致。

2. 公称压力

按照过滤管路可能出现的最高压力确定过滤器的压力等级。

3. 孔目数的选择

孔目数的选择主要考虑需拦截的杂质粒径，依据介质流程工艺要求而定；目数越大，说明物料粒度越细，目数越小，说明物料粒度越大。

目数：即孔数，1in(25.4mm)滤网长度中孔数目。

公式：过滤网目数≥25.4/(3×间隙)。

这里间隙是指设备转子与壳体之间、转子与转子之间的间隙。

4. 过滤器材质

过滤器的材质一般选择与所连接的工艺管道材质相同，对于不同的服役条件可考虑选择铸铁、碳钢、低合金钢或不锈钢材质的过滤器。

一般来讲，普通过滤器常选用Y形过滤器。介质流向发生90°变化的宜选用T形过滤器。管径≤80mm，宜选用Y形过滤器；80mm<管径<400mm，宜选用T形过滤器；管径≥400mm，宜选用篮式过滤器。对于原油，由于原油里含有的杂质多，原油黏度大，宜选用篮式过滤器。

二、换热器

换热器是用来完成各种不同传热过程的设备，在石油石化行业应用较广。换热器应满足下列要求：传热效率高，流体阻力小；强度、刚度、稳定性足够；结构合理，节省材料，成本较低；制造、拆装、检修方便。这里主要介绍常用的管壳式换热器的类型和结构。

（一）固定管板式换热器

固定管板式换热器的结构特点是在壳体中设有管束，管束两端用焊接或胀接的方法将管子固定在管板上，两端管板直接和壳体焊接在一起，壳程的进出口管直接焊在壳体上，管板外圆周和封头法兰用螺栓紧固，管程的进出口管直接和封头焊在一起。

其优点是结构简单、紧凑、能承受较高的压力，造价低，管程清洗方便，管子损坏时易于堵管或更换。其缺点是不易清洗壳程，壳体和管束中可能产生较大的热应力。适用于壳程介质清洁，不易结垢，管程需清洗以及温差不大或温差虽大但是壳程压力不大的场合。为减少热应力，通常在固定管板式换热器中设置柔性元件(如膨胀节、挠性管板等)，来吸收热应力。

（二）浮头式换热器

浮头式换热器两端的管板，一端不与壳体相连，该端称浮头。管束连同浮头可以沿轴向自由伸缩，可以完全消除热应力。其优点是管内和管间清洗方便，不会产生热应力。其缺点是结构复杂，设备笨重，造价高。若浮头密封失效，将导致两种介质混合，且不易觉察。适用于壳体和管束之间壁温相差较大，或介质易结垢的场合。

（三）U形管式换热器

U形管式换热器内只有一块管板，每一根管子都弯成U形，管子两端都固定在同一块管板上。其优点是结构简单，价格便宜，承受能力强，不会产生热应力。管束可以抽出清洗。其缺点是布管少，管板利用率低，管子坏时不易更换。管内清洗不便，管束中间部分的管子难以更换。特别适用于管内走清洁而不易结垢的高温、高压、腐蚀性大的物料。

（四）填料函式换热器

填料函式换热器的结构与浮头式换热器相类似，浮头部分露在壳体以外，在浮头与壳体的滑动接触面处采用填料函式密封结构。由于采用填料函式密封结构，使得管束在壳体轴向可以自由伸缩，不会产生壳壁与管壁热变形差而引起的热应力。其结构较浮头式换热器简单，加工制造方便，节省材料，造价比较低廉，且管束从壳体内可以抽出，管内、管间都能进行清洗，维修方便。其优点是结构简单，加工制造方便，造价低，管内和管间清洗方便。其缺点是填料处易泄漏。填料函式换热器不适用于易挥发、易燃、易爆、有毒及贵重介质，其使用温度受填料的物性限制。

管壳式换热器中，哪一种流体布置在管内，哪一种布置在管外，要根据具体情况做出选择。如从便于清洗管壁出发，则应将容易玷污壁面的流体布置在管内，因为管子内壁比管子外壳和壳体内壁容易清洗。如考虑尽可能节约昂贵的耐腐蚀金属，则应把具有腐蚀性的流体安排在管内，以确保较大的外壳免被腐蚀。为防止管子堵塞，较黏的流体以布置在管外为宜。管子的承压强度较大，应该把高压流体置于管内。

第三章 油气集输常用泵

泵是一种水力机械，它从原动机得到能量，一部分能量用于克服本身转动所产生的阻力，大部分能量传给了液体，使液体具有一定的压力能和速度能。油田注水生产中的常用泵，按其工作原理和结构特点可分为两大类：一是速度式泵。主要包括各种离心泵。它依靠高速旋转的叶轮，把机械能传递给液体介质，使液体比能增加。具有体积小、结构简单、易于制造、流量稳定、运转方便等特点。二是容积式泵。依靠泵体容积的周期性变化，由往复运动或旋转运动的活塞或转子挤压液体，使液体比能增加。常用的有往复泵、齿轮泵、螺杆泵等。

目前，油田注水生产中常用的注水泵机组分为高压离心泵机组和高压柱塞泵机组。对于注水量较大（1000m^3/d）、地层压力较低（25MPa 以下）的大面积注水的整装油田，一般采用高压离心泵注水。当离心泵注水扬程不能满足注水需要时，则选用柱塞泵注水。

第一节 离 心 泵

离心泵是叶片式泵的一种。由于这种泵主要是靠一个或数个叶轮旋转时产生的离心力而输送液体的，所以叫离心泵。

一、离心泵分类及型号

（一）离心泵的分类

离心泵的类型很多，按照使用目的的不同，有多种结构。通常有如下分类方式。

1. 按叶轮数目分

（1）单级泵：轴上只有一个叶轮的离心泵，适用于出口压力不太大的情况，如图 3-1 为单级双吸式离心泵。

（2）多级泵：轴上不止一个叶轮的离心泵，离心泵的级数就是指轴上的叶轮数，如图 3-2 为分段式多级离心泵，可以达到较高的压头。我国生产的多级离心泵一般为 2~9 级。

2. 按吸入方式分

（1）单吸泵：叶轮上只有一个吸入口，液体从叶轮的一面进入，如图 3-3 所示，适用于输送量不大的情况。

（2）双吸泵：叶轮两侧都有吸入口，液体从两面进入叶轮，适用于输送量很大的情况（图 3-1）。

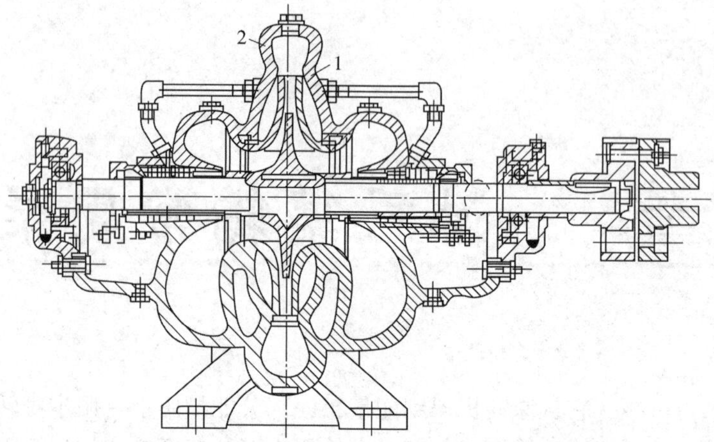

图 3-1　单级双吸式离心泵

1—双吸式叶轮；2—泵壳

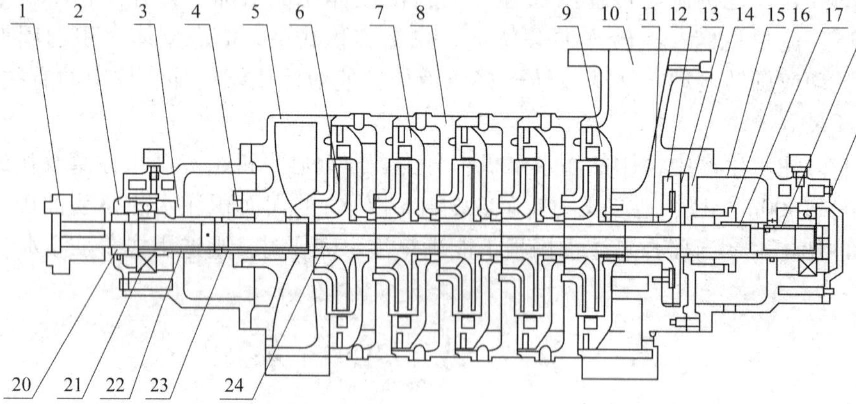

图 3-2　分段式多级离心泵

1—联轴器；2—左轴承压盖；3—左轴承座；4—左填料压盖；5—进水段；6—叶轮；7—导叶；8—中段；9—末导叶；10—出水段；11—平衡套；12—平衡环；13—平衡盘；14—填料体；15—右轴承座；16—右填料压盖；17—右填料轴套；18—右轴承衬套；19—右轴承压盖；20—左轴承压盖；21—轴承；22—左轴承衬套；23—左填料衬套；24—轴

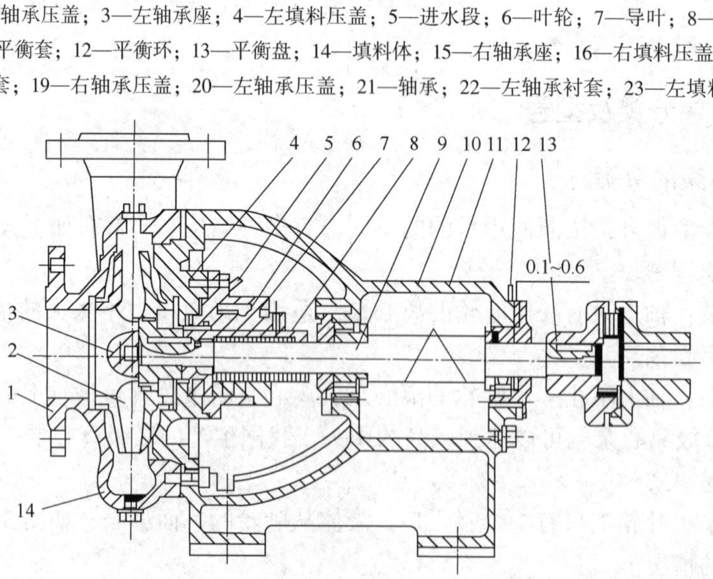

图 3-3　离心泵的基本结构示意图

1—泵体；2—叶轮；3—叶轮螺母；4—泵盖；5—冷却冲洗水管；6—密封；7—密封箱；8—轴套；9—轴；10—托架；11—标牌；12—转向牌；13—联轴器；14—蜗壳

3. 按泵体剖分方式

(1) 中开式泵：泵体在通过泵轴中心线的水平面上分开，该水平面上开有泵体接合缝，即泵体被此水平面上下分开(图 3-1)。

(2) 分段式泵：泵壳是按叶轮级数连成一串，接缝与轴垂直，用螺栓紧固在一起，泵体按与泵轴垂直的平面被左右剖分(图 3-2)。

4. 按泵壳结构分

(1) 蜗壳泵：泵体呈螺旋形状，液体自叶轮甩出后，直接进入泵壳的螺旋型流道，再进入排出管(图 3-1)。

(2) 导叶泵：在叶轮的外边具有固定的导轮。液体自叶轮中流出后，先经过导轮的导流和转换能量，再流入蜗壳中，二次升压；垂直分段式泵只有导轮而没有蜗壳，一次升压。

5. 按工作压力分

(1) 低压泵：$p<1.5$MPa。

(2) 中压泵：1.5MPa$\leqslant p \leqslant$5MPa。

(3) 高压泵：$p>5$MPa。

6. 按比转数 n_s 分

(1) 低比转数泵：比转数在 50~80 范围内。

(2) 中比转数泵：比转数在 80~150 范围内。

(3) 高比转数泵：比转数大于 150。

7. 按离心泵不同用途分

(1) 水泵：输送清水和物性与水相近、无腐蚀性且杂质很少的液体的泵。

(2) 耐腐蚀泵：接触液体的部件(叶轮、泵体)用耐腐蚀材料制成。耐腐蚀泵性能要求：结构简单、零件容易更换、维修方便、密封可靠。常用的耐腐蚀泵的材料有铸铁、高硅铁、各种合金钢、塑料、玻璃等。

(3) 油泵：输送石油产品的泵，性能上要求密封完善。如 Y 形泵。

(4) 杂质泵：输送含有固体颗粒的悬浮液、稠厚的浆液等的泵，又细分为采出水泵、砂泵、泥浆泵等。杂质泵性能上要求不易堵塞、易拆卸、耐磨，在构造上要求叶轮流道宽、叶片数目少。

8. 按传动方式分

(1) 电动泵：电动机直接传动的泵。

(2) 柴油机泵：柴油机带动的泵。

(3) 汽(燃气)轮机泵：蒸汽(燃气)轮机带动的泵。

(二) 离心泵的型号

离心泵的型号亦即离心泵的命名方式，一般包含其结构特点、尺寸、主要性能参数及应用范围等信息。型号是区别此设备和彼设备的重要标志，是设计选型、施工配套、运行管理及维修工作的重要依据。离心泵的型号一般由汉语拼音字母和数字表示，分四部分组成。

型号的第一部分为阿拉伯数字，表示泵的吸入口直径。单位是毫米(mm)或英寸(in)。例如：150D170×9 型泵的吸入口径为 150mm；8Sh-6 型泵的吸入口径为 8in。

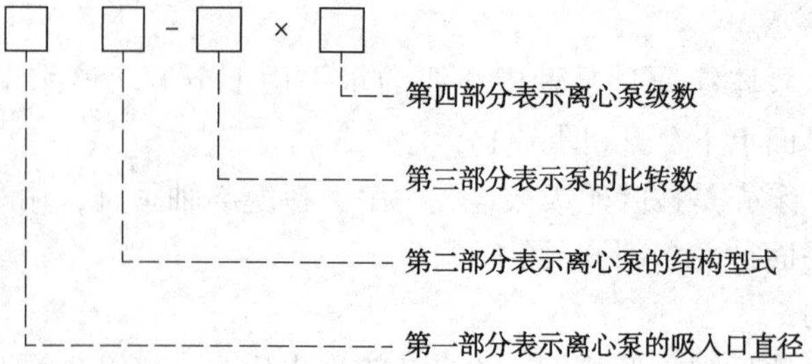

型号的第二部分为拼音字母，固定的字母就代表一种固定结构型式的离心泵，一般取泵名称中显示其结构特征的汉字的第一个拼音字母，容易记忆，也比较方便，现介绍如下：

IS(旧型号 BA、B)——单级单吸悬臂式离心泵；

S(旧型号 Sh)——单级双吸水平中开式离心泵；

D——多级单吸分段式离心泵；

F——悬臂式耐腐蚀离心泵；

DA——多级单吸分段式离心泵；

DS———多级双吸离心泵；

DF——耐腐蚀多级离心泵；

DK——中开式多级离心泵；

G——单级管道泵；

J——深井泵。

型号的第三部分由阿拉伯数字组成，较常见的有如下四种意义：

(1) 表示泵比转数的十分之一。例：6Sh—9 型号泵中的数字“9”，表示泵的比转数是 90。

(2) 表示泵的额定流量和扬程。例：6D100—150 型号泵中的“100—150”，分别表示泵的额定流量是 $100m^3/h$，扬程是 150m。

(3) 表示泵的额定扬程。例：200D43×8 型号泵中的“43”，表示泵的单级扬程为 43m。

(4) 有少数泵表示特殊意义。部分水源深井泵表示额定流量，例：10J80×3 型号泵中的“80”，表示额定流量是 $80m^3/h$。

型号的第四部分为阿拉伯数字，表示离心泵具有的叶轮级数。例：D300—150×11 型离心泵的叶轮级数为 11 级；D155—170×9 型离心泵的叶轮级数为 9 级。

目前，有些水泵厂采用国际标准生产的水泵，其型号意义比较特殊。例如：长春第一水泵厂生产的，IS80-65-160 型单级单吸悬臂式离心泵，“IS”表示采用国际标准的离心泵；“80”表示吸入口直径为 80mm；“65”表示排出口的直径为 65mm；“160”表示叶轮的名义直径为 160mm。

以上是泵型号的基本说明。需要注意的是并非所有的泵都由以上四部分构成，同一字母在不同的型号中表示的意义也往往不同，在识读一个泵型号时，要结合具体设备，综合考虑，灵活运用。下面举例说明。

(1) 2B—6A：依次表示吸入口直径为 2in，单级单吸悬臂式离心泵，比转数为 60，叶轮经过一次切割。

(2) 250D—60×5：依次表示吸入口直径为 250mm，多级分段式离心泵，单级扬程为

60m，5 级叶轮。

(3) D155—170×11：依次表示多级分段式离心泵，额定流量为 155m^3/h，单级扬程 170m，共有 11 级叶轮。

(4) DF140—150×11：依次表示耐腐蚀多级离心泵，额定流量为 140m^3/h，单级扬程 150m，共有 11 级叶轮。

二、离心泵结构及原理

(一) 离心泵结构

如图 3-3 所示，是一台单级离心泵结构示意图。从图中可知，离心泵主要是由转动部分、泵壳部分、密封部分、平衡部分、轴承部分和传动部分组成。

1. 转动部分

转动部分由叶轮、叶轮螺母、轴、轴承、轴套、联轴器等构件组成，是离心泵的能量产生组件。

叶轮是离心泵中最重要的零件，它将动力机的能量传给液体。对叶轮的主要要求是：单级叶轮能给予液体较大的理论扬程，以便在达到高扬程时，采用较少的级数，使机器结构紧凑、叶轮的效率较高、抗汽蚀性能好以及特性曲线形状满足工艺生产要求等。

叶轮是一个均匀分布着若干叶片的轮盘，它通常由 6～12 片后弯叶片所组成，叶片数高时可以改善液体流动状况，适当提高泵的扬程；但叶片数增加会使流道面积减少，叶片与液体间摩阻损失增大，从而降低泵效，因而一般不大于 9 片，本身被固定在泵轴上并随之旋转。根据其结构和用途分为开式、半开式、闭式和双吸式四种。如图 3-4 所示。

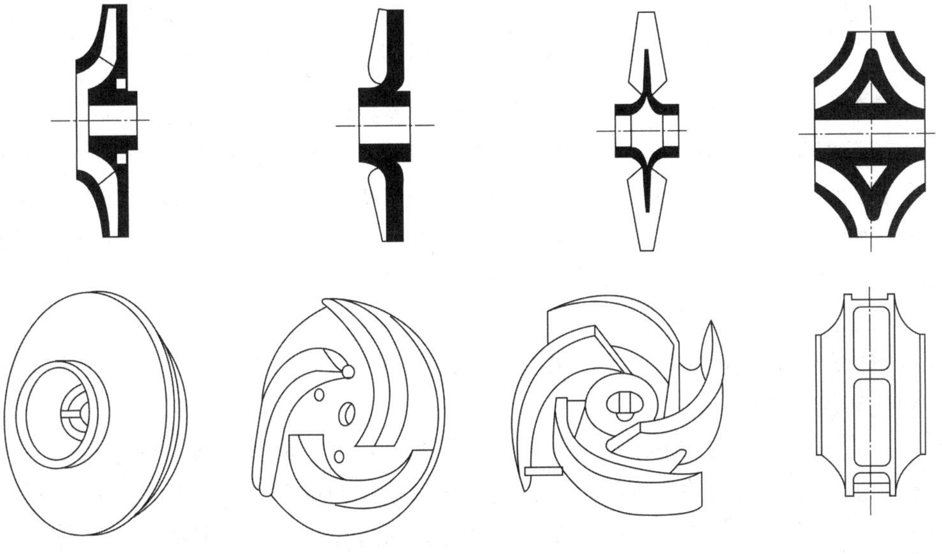

(a)闭式叶轮　(b)半开式叶轮　(c)开式叶轮　(d)双吸叶轮

图 3-4　离心泵叶轮形式

闭式叶轮叶片的内侧带有前后盖板，适于输送干净流体，效率较高；开式叶轮没有前后盖板，适合输送含有固体悬浮物的液体；半闭式叶轮只有后盖板，可用于输送浆料或含固体悬浮物的液体，效率较低；双吸式叶轮，两个轮盖都有吸入孔，液体从两侧同时进入叶轮。

离心泵工作时，叶轮通过泵轴在驱动机(如电机)的带动下高速旋转，受到较大的离心力和水力冲击力，其工作环境较差，故对叶轮材料的要求较高。当圆周速度较大时，多用青铜或钢制造；当需输送介质温度较高时，多用铸钢或合金钢制造；当输送腐蚀性液体时，多用青铜或不锈钢制造。

泵轴是将动力传给叶轮的主要零件，轴上装有叶轮、轴套等零件，借轴承支承，在泵体中高速回转。离心泵运行中，泵轴在承受很大扭矩和弯矩情况下，其最大挠度不能超过泵内的最小密封间隙，所以泵轴的强度、刚度及加工后的精度必须得到保证。

轴套套装在轴上，一般是圆柱形。轴套有两种：一种是装在叶轮与叶轮之间，主要起固定叶轮的作用；另一种是装在轴两头密封处，防止轴磨损，起保护轴的作用。

2. 泵壳部分

泵壳可分为吸入室和压水室两部分，是液体的吸入、排出和能量转换组件。

(1) 吸入室

吸入室装置于叶轮前，其作用是将液体均匀地引入叶轮。常用的吸入室有锥管式、半蜗壳式和圆环式，如图 3-5 所示。

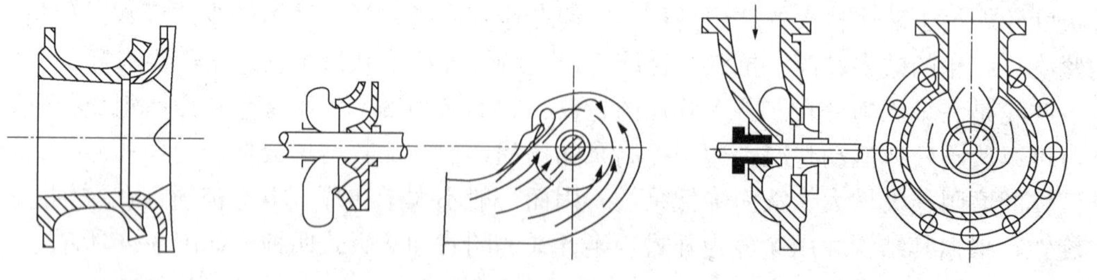

(a)锥管式　　(b)半蜗壳式　　(c)圆环式

图 3-5　离心泵吸入室类型

其中锥管式[图 3-5(a)]吸入室的作用是使液体集流，加速并均匀地引向叶轮，多用于小型单吸单级悬臂式离心泵。半蜗壳式[图 3-5(b)]也称螺旋式吸入室，可使液体在叶轮入口前预旋，有利于改善吸入性能，多用于单级双吸或水平中开式多级离心式油泵。圆环式[图 3-5(c)]也称环形吸入室，其轴向尺寸较短，多用于单吸分段式多级离心泵，其缺点是流动不够均匀。

(2) 压水室

压水室的作用是收集叶轮排出的液体将其送入下一级叶轮或排水管，并在这个过程中将部分动能转换为压能。

单级或水平中开式离心泵中常用蜗壳扩压管式压水室，如图 3-6(a)所示。

蜗壳是截面逐渐增大的螺旋线型式，因形状如蜗壳而得名。蜗壳与后面的扩压管一起构成离心泵的排出室，收集叶轮不断排出的液体并通过逐渐扩大的截面积将液体获得的动能转换为压能后排入排出管。蜗壳扩压管式压水室也称为螺旋式压水室。

多级分段式离心泵中常用环形压水室，如图 3-6(b)所示。其中导叶起了螺旋式压水室中蜗壳的作用。导叶可以看成是由正向导叶和反向导叶组成的若干个小螺旋形压水室。其中正向导叶用于收集叶轮排出的液体，并将液体的大部分动能转变为压能；反向导叶用于消除旋绕，并将液体引入下一级叶轮入口或排出管。导叶的叶片数不应与叶轮的叶片数相等，一般为 4~7 片。

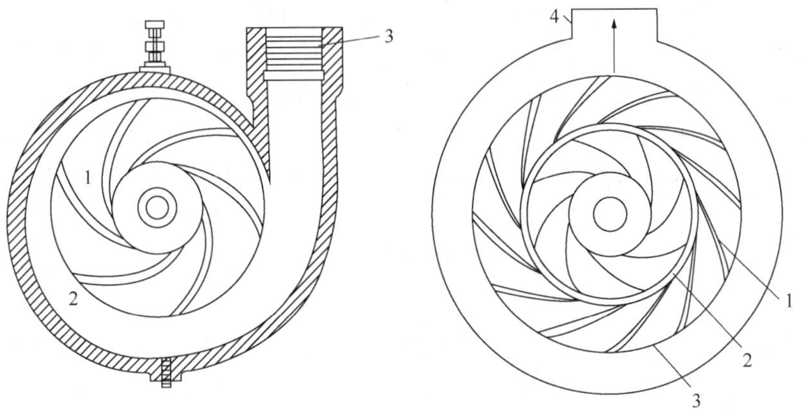

(a) (b)

图 3-6 离心泵压水室类型

a—蜗壳扩压管式压水室：1—叶轮；2—蜗壳；3—扩压管

b—环形压水室：1—导叶片；2—叶轮；3—导叶；4—压水管

导叶按其结构型式可分为流道式和径向式两种。流道式导叶(图 3-7)的正向导叶和反向导叶铸在一起，中间有一连续流道，液体在连续流道内流动，不易形成死角和突然扩散，速度变化比较均匀，水力性能较好；其缺点是结构复杂，制造困难。径向式导叶(图 3-8)，结构较简单，制造工艺性好，应用较广泛。

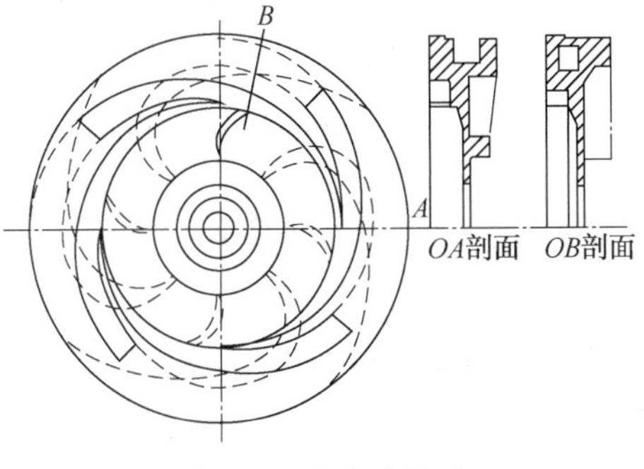

图 3-7 流道式导叶

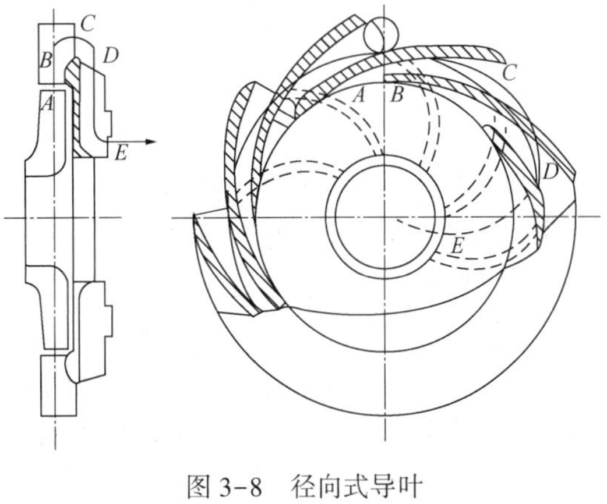

图 3-8 径向式导叶

3. 密封部分

离心泵的转动部分置于泵壳内，泵轴与泵壳间必然存在着间隙。当离心泵工作时，出口端处于高压，压力一定高于当地大气压；吸入端处于低压，压力一般低于当地大气压。若在泵轴与泵壳之间没有合适的密封装置，泵的出口端将有较多的液体泄漏，吸入端将有空气吸入。这不但大大降低泵的效率，严重时使泵根本无法工作。所以，合适的密封装置是保证离心泵正常工作不可缺少的重要组成部分。对于耐高温、耐腐蚀泵而言，密封装置更有着特殊的重要作用。

目前，常见的离心泵密封装置有填料密封、机械密封、迷宫式密封、浮动环密封等。

(1) 填料密封

填料密封[图 3-9(a)]是将软填料填入填料箱中，通过适当拧紧压盖螺母，在压盖斜面上产生一定的径向分力，使填料适当抱紧泵轴，达到密封的目的。

为了保证密封效果，填料箱一般需要较长，这样沿轴向填料的压紧程度往往出现靠外边的紧，靠里边的松的情况，使得磨损不均匀，密封效果差。为了减少压紧力，并使里外承受的压紧力均匀，提高密封效果，可在填料中间加一个水封(或油封)环，水封环的结构[图3-9(b)]。当泵内压力低于大气压时，可向水封环中注入一个大气压的水，防止空气进入；当泵内压力高于大气压时，可将一定压力的水引入水封环中，以减少出口泄漏。水封环中的水或油，还可起到冷却和润滑的作用。

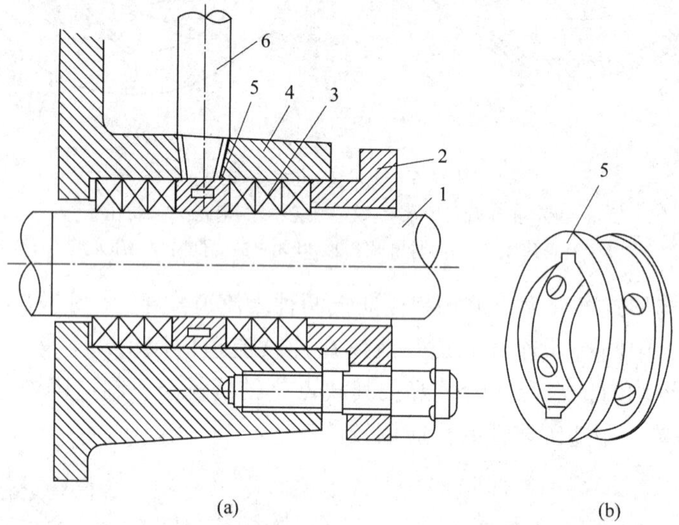

图3-9　带液封环的填料密封

1—轴；2—压盖；3—填料；4—填料箱；5—液封环；6—引液管

填料密封的密封效果与使用寿命的前提是根据使用条件，选择合适的填料。目前常用的有软填料、半金属填料、金属填料三种。

软填料是由石棉、橡胶、棉纱等动植物纤维和聚四氟乙烯树脂等合成树脂纤维纺织而成，用石墨、润滑脂等浸渍的一种非金属材料填料，其横断面成方形或圆形。软填料只能用于温度与压力均较低的场合。一般低压清水，温度小于40℃时可用棉纱浸稠黄油或石墨；压力低于1MPa，温度小于250℃清水时可用石棉绳油浸石墨。

半金属填料是将石棉等软纤维用铜、铅、铝等金属丝加石墨、树脂等纺织或压制而成。其横断面成方形或圆形。该填料适用于中压、中温场合。

金属填料是将巴氏合金、铝或铜等金属丝浸渍石墨、矿物油等润滑剂压制而成，一般成螺旋形状。金属填料一般用于液体温度低于150℃，泵叶轮圆周速度小于30m/s的情况下。

填料密封标准：正常压力和转速下，盘根漏失量10~30滴/分为合格。

离心泵密封填料发热的原因主要有：①密封圈加得过紧或压盖压得过紧；②密封圈冷却水不通；③水封环未加或加的位置不对，密封圈堵塞了冷却水通道；④密封圈压盖或水封环加偏，与轴套或锁紧螺母相摩擦。

（2）机械密封

机械密封也叫端面密封，它是离心泵或其他旋转机械上广泛采用的一种新型旋转轴的密封方式。机械密封比上述的轴封机构密封性能好，并且寿命长，消耗功率少，在运转中可达到几乎不漏的程度，所以对它的生产和运用得到日益发展。随着技术的发展和对机械密封的认识，目前在大多数注水泵中都采用机械密封方式。

机械密封的典型结构如图 3-10 所示，转动部分由轴、动环、弹簧、弹簧座、固定螺钉和密封圈构成，固定部分由静环、压盖、密封圈、防转销和泵壳构成。

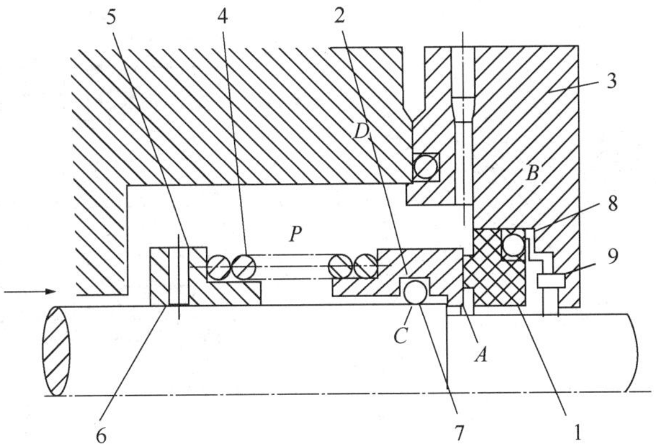

图 3-10　机械密封结构图

1—静环；2—动环；3—压盖；4—弹簧；5—弹簧座；
6—固定销钉；7、8—O 形密封圈；9—防转销

被密封的流体的可能泄漏点有四个：*A*、*B*、*C*、*D*，其中 *B*、*C*、*D* 三处皆为静密封，比较容易实现。*A* 处为动、静环的端面彼此贴合，作相对滑动的动密封。它是机械密封中的主要密封，是决定机械密封性能和寿命的关键，所以机械密封又称为端面密封。离心泵机械密封一般有四个密封点，其中三处静密封(压盖与壳体的接合处，静环与压盖之间，动环与轴套之间)靠加密封垫或密封圈密封，另一处动密封，靠动、静密封环端面的紧密贴合来达到密封的目的。

密封机理：①机械密封是靠静止密封环与旋转密封环的端面间的相互贴合进行密封的；②静环通过填料环压在泵体上，动环套在轴上与轴一起旋转，并由密封圈进行密封；③动环与静环密封面，由弹性和泵内压力压紧形成密封面，起端面密封作用。

机械密封的特点为：性能好、泄漏量少、使用寿命长、轴和轴套不易受到损坏、功率消耗小、泵的效率比较高等；但构造复杂、价格贵、制造安装时技术要求比较高。

机械密封的正常使用，除了严格的材质要求和精密的加工工艺外，还要有正确的安装方法。因此，了解机械密封的性质和掌握安装标准是现场上很重要的工作之一。

目前，机械密封分为单端面密封和双端面密封，单弹簧和多弹簧及平衡型和不平衡型、内装式和外装式等。

(3) 迷宫式密封

迷宫式密封是由密封片与轴组成微小间隙，液体通过这些间隙时由于节流作用使压力降低，从而达到密封的目的。图 3-11 是迷宫式密封装置的一种——碳精迷宫密封。它是在轴套表面加工出如方形螺纹状的密封片，密封片外侧是装置于密封室中并由弹簧固定的若干组碳精环，密封片与碳精环内侧构成密封面。工作时，压力侧液体通过迷宫式密封面，压力逐渐降低，起到密封的效果。由于密封片尖端与碳精环内侧接触面较小，且在密封面上有液体的润滑作用，所以工作时产生的热量与磨损都较小，这种密封的使用寿命较长，密封效果较好，被应用于汽轮机、压缩机与大排量的泵中。

(4) 浮动环密封

浮动环密封是将机械密封与迷宫式密封原理结合起来的一种密封形式。其结构如图3-12所示。

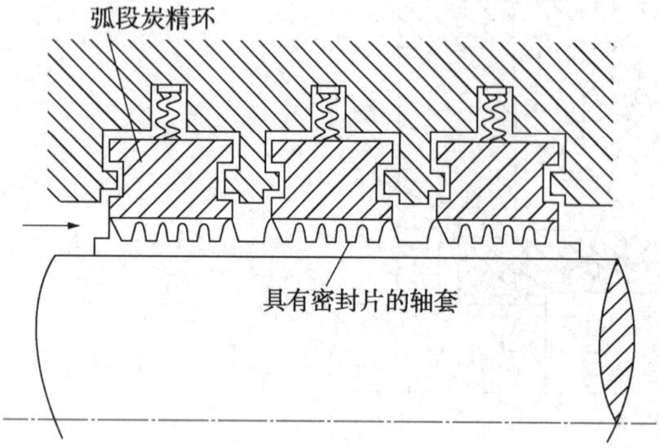

图3-11 碳精迷宫式密封

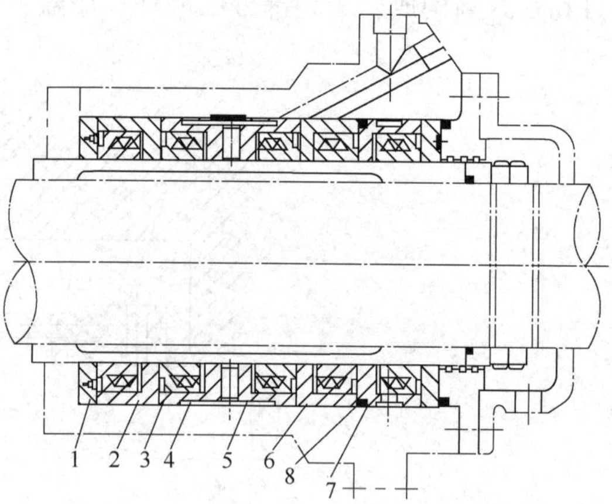

图3-12 浮动环密封

1—密封环；2—浮动套(甲)(支承环)；3—浮动环；4—弹簧；5—浮动套(乙)；6—浮动套(丙)；7—浮动套(丁)；8—密封圈

浮动环(装置于轴套上，相当于机械密封中的动环)与浮动套(装置于泵体上，相当于机械密封中的静环)构成一个密封单元，经过精细加工的浮动环与浮动套径向密封端面在液体压力和弹簧力(也可以不用弹簧)的作用下紧密接触，使液体得到径向密封。为了提高密封效果，在一套密封装置中，安装若干组密封单元，如迷宫密封，使液体压力逐渐降低。

4. 平衡部分

平衡部分主要用来平衡离心泵运行时产生指向叶轮进口的轴向推力。泵在工作之前，叶轮四周的液体压力都一样，因而不产生轴向推力。当泵开始工作后，因压出室内产生了压力，并且由于叶轮两侧在进、出口存在压差，便产生了轴向力。

离心泵转子上的轴向力很大，特别是在多级泵中此力更大。为了减轻轴承的轴向负荷和摩擦，必须采取轴向力平衡措施。

单级泵的轴向力的平衡措施如下：

(1) 采用双吸式叶轮，如图3-13(a)所示，由于双吸式叶轮两侧对称，所受压力不同，故轴向力可以达到平衡，但实际上由于铸造偏差和两侧口环处漏损不同，可能有残余不平衡轴向力存在。在使用中，采用双吸式叶轮，不仅是为了轴向力平衡，而且是综合考虑到增大流量和提高吸入能力而采用的。

(2) 开平衡孔，如图3-13(b)所示。在叶轮后盖板与泵壳之间，添设口环，其直径与前盖板口环直径相等。当液体流过此处时，压力降低，同时，在叶轮后盖板与吸入口对应的地方沿圆周开几个平衡孔，使该处液体能流回叶轮入口，使叶轮两侧液体压力达到平衡。但由于液体通过平衡孔产生阻力，前后液体的压力差不可能完全消除，约有10%~25%的轴向力未能平衡。此外，采用这种方法由于漏回吸入口的液流方向与吸入液流方向相反，使吸入液流的均匀性遭到破坏，从而使泵的效率降低约4%~6%。此法的优点是结构简单，但效率不高，而且不能完全平衡轴向力，其残余轴向力由轴承承受。

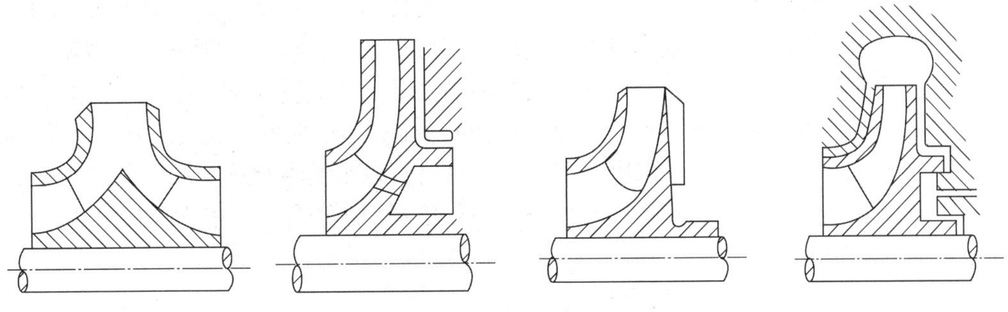

图 3-13　轴向力平衡措施

(3) 采用平衡叶片在叶轮后盖板的背面安置几条径向筋片，如图 3-13(c)所示。这种平衡方法的平衡程度，取决于平衡叶片的尺寸和叶片与泵体的间隙。在参数选择适当时，可以使轴向力达到完全平衡，但只能是在一种额定工况下平衡。一般此种方法也有残余轴向力也由轴承来承受。

(4) 采用平衡管，如图 3-13(d)所示。与开平衡孔的方法相同，在叶轮后盖板上与吸入口对应处设置口环，利用平衡管将此封闭腔内的液体引回到泵入口，使这部分液压与叶轮入口压力平衡，从而使轴向力达到平衡。采用此法时，平衡管的过流断面积应等于或大于口环间隙过流面积的 4~5 倍。

(5) 采用止推轴承或利用原有轴承承受轴向力，这是机械平衡方法，只适合于小型离心泵。

多级泵的轴向力平衡可采用以下三种方法：

① 叶轮对称布置

采用叶轮对称布置的方法，如图 3-14 所示。一般用于多级泵叶轮的级数是偶数的情况下；若级数为奇数时，则第一级叶轮采用双吸式；这样就可以采用各级单吸式叶轮入口相对或背靠背的方法来平衡轴向推力。

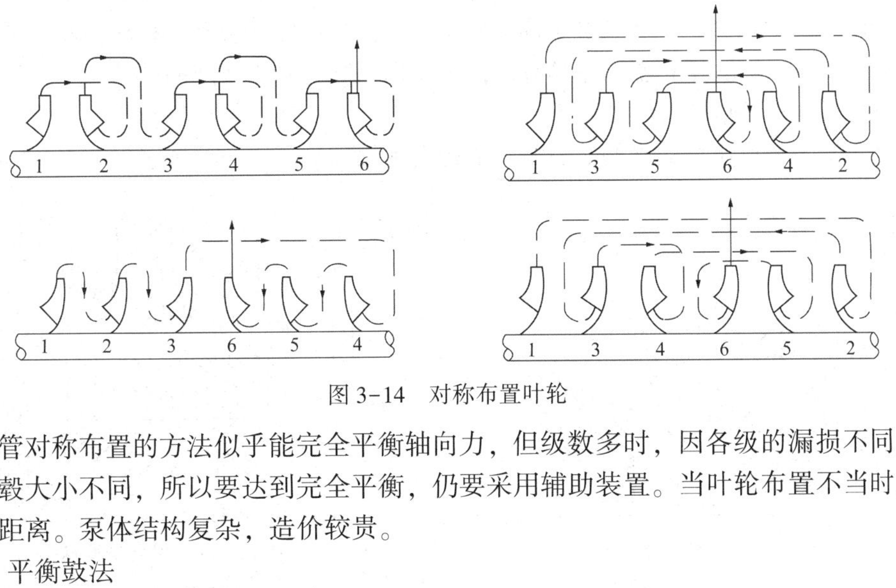

图 3-14　对称布置叶轮

尽管对称布置的方法似乎能完全平衡轴向力，但级数多时，因各级的漏损不同，各级叶轮轮毂大小不同，所以要达到完全平衡，仍要采用辅助装置。当叶轮布置不当时，会增长轴承距离。泵体结构复杂，造价较贵。

② 平衡鼓法

平衡鼓法是一种径向间隙式，如图 3-15 所示。

它装在最后一级叶轮和平衡室之间，与轴一起旋转的叫平衡鼓轮。静止部分称为平衡鼓轮头。当用一管路将平衡室连接泵的进口或是其他吸入区，这样平衡室的压力就等于进口压力与连通管路中损失压力之和。而平衡鼓前面是最后一级叶轮的后泵腔，这里的压力接近于排出压力，所以在平衡鼓的两个断面之间，有一个很大的压力差，把平衡鼓向后推。一般取平衡鼓的直径等于叶轮吸入口直径，这时可以平衡掉90%~95%的轴向力。

为了减少液体漏失到平衡室里的漏失量，必须控制平衡鼓轮和平衡鼓头之间的径向间隙，一般为0.25~0.3mm。

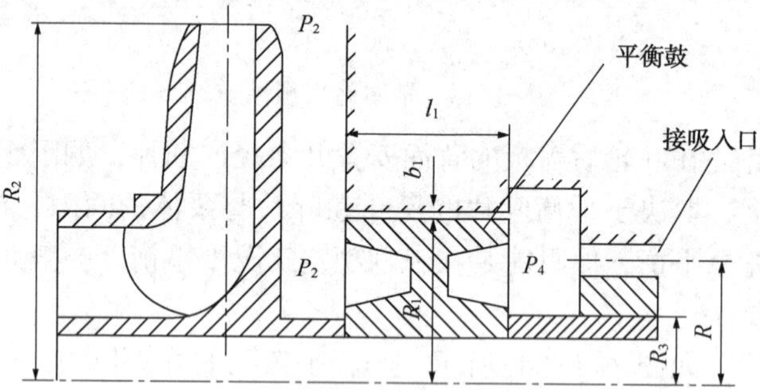

图3-15 平衡鼓法

③ 平衡盘法

平衡盘是一种轴向间隙液压平衡装置，如图3-16所示。它装在最后一级叶轮和平衡室之间，与轴一起旋转的称为平衡盘，静止不动的称为平衡环。从叶轮流出来的一部分液体，经过平衡盘与平衡环之间的轴向间隙则进入平衡室，再经过管路和泵的进口与其他吸入区相连。平衡盘背面所受的压力是平衡室压力；平衡盘正面所受压力，在盘的最小直径上是排出压力，而在周界上是平衡室压力。一般取平衡盘的直径略大于叶轮吸入口的直径。假使泵的轴向力增加，这额外的压力就把转子向前推，而使平衡盘与平衡环之间的轴向间隙减小。所以经过这个间隙的漏失量就减少。平衡室的压力就降低，这时平衡盘前面的压力差就增大，使轴向推力平衡为止。相反，如泵的轴向力减小，就会造成平衡盘与平衡环间的轴向间隙增加，从而增加了漏失和平衡室内的压力，直到入口获得新的平衡。

在泵内无压力时，平衡盘与平衡环之间的轴向间隙为0.1~0.5mm。

④ 平衡盘与平衡鼓组合法

平衡盘与平衡鼓组合的平衡装置是一种径向和轴向液压平衡装置，如图3-17所示。

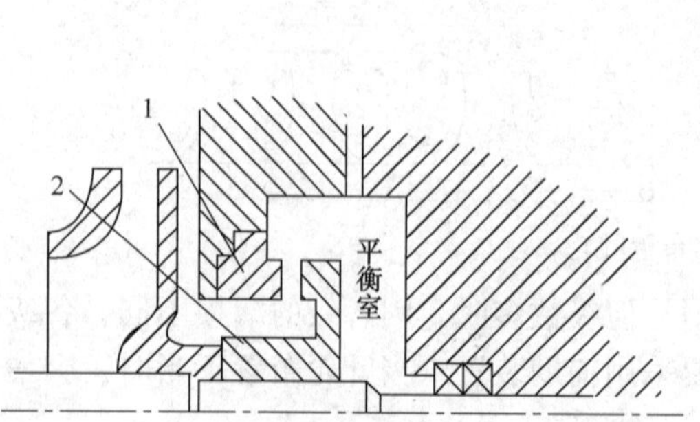

图3-16 平衡盘法

1—平衡环；2—平衡盘

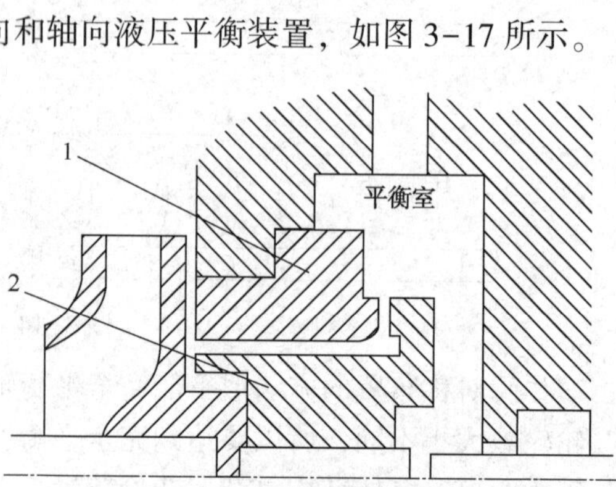

图3-17 组合平衡法

1—平衡鼓；2—平衡盘

轴向间隙由平衡盘的外圆半径 R 来决定，一般取轴向间隙 = (0.001～0.0015)R，式中 R 的单位为 mm；径向间隙很重要，否则会造成泵运转不起来，一般径向间隙在直径方向上最少为 0.3mm。

平衡盘常用铸铁和铜合金制成，平衡鼓常用铸铁或锻钢制成。由于这两个零件相互之间有摩擦，因此就会有磨损，常使平衡环的硬度大于平衡盘的硬度，这样在磨损后，只修或换平衡盘就可以了。

5. 轴承部分

轴承部分主要用来支承泵轴并减少泵轴旋转时的摩擦阻力，在离心泵中通常采用滑动轴承和滚动轴承平衡径向负荷。

(1) 滚动轴承

滚动轴承间隙小，能保证轴的对中性，摩擦系数小，泵启动力矩小，轴承的轴向尺寸小，而且互换性好，维修方便。但承受冲击能力差，高速时有噪声；安装要求准确；而且承载能力有限。因而高转速大型离心泵，都用滑动轴承，注水泵就是用滑动轴承。检查滚动轴承的好坏：①滚动体及滚道表面不能有斑、孔、凹痕、剥落、脱皮等现象；②转动灵活，用手转动后应平稳，并逐渐减速停止，不能突然停下，不能有振动；③隔离架与内外圈应有一定的间隙，可用手在径向推动隔离架试验；④检查间隙是否合适。

(2) 滑动轴承

滑动轴承是由轴承盖、上轴瓦、下轴瓦及轴承体组成。轴瓦内表面镶有巴氏合金，以承受压力和起耐磨作用。轴承体下部有油室及冷却水套。滑动轴承一般用油环带油润滑。由于润滑油具有吸振能力，所以滑动轴承能承受较大的冲击载荷。对于大型泵还采用自动调心滑动轴承，轴瓦球面能自动调心。高压注水泵和配用电机就是这种轴承；它加工较复杂，并由专门润滑系统提供强制润滑油。

滑动轴承与滚动轴承的区别：①滑动轴承和滚动轴承的区别在于它们和轴之间的接触或摩擦方式不同；②前者与轴是滑动产生的摩擦叫滑动摩擦；③后者与轴之间是滚动产生的摩擦，称为滚动摩擦。

6. 传动部分

离心泵与电动机中间的连接机构称为联轴器。它起着传递电动机的能量，缓冲轴向、径向的振动以及自动调整泵与电动机中心的作用。常用的联轴器有三种：爪形弹性联轴器和弹性圈柱销联轴器以及齿形联轴器。

(1) 爪形弹性联轴器

这是小型离心泵上广泛应用的一种联轴器。这种联轴器的结构简单，安装和拆卸都很方便，而且在安装上要求精度不高，允许联接轴间有小量的偏差。它是由电动机联轴节和泵联轴节及爪形弹性块组成，联轴器的材质一般是灰口铸铁，爪形块为橡胶。

(2) 弹性圈柱销联轴器

这种联轴器主要用于大型离心泵，它的特点是弹性较好，能减少冲击，不需润滑，并具有电气绝缘性能。缺点是外型尺寸大，需要较高的加工精度，弹性圈容易磨损需要更换。在弹性圈柱销联轴器的两个对轮之间留有 3～7mm 间隙，对于较大机组间隙还要大些，这主要是考虑机泵轴在工作中可能发生窜动时，不致使转子发生碰撞或顶死，以保证机组的正常运行。

(3) 齿形联轴器

这种联轴器属于典型的刚性可移动联轴器，它由两个具有外齿的半联轴器和两个具有内齿的外壳组成，内外齿数相同。两个半联轴器用键分别与主动轴和从动轴相连接，两个外壳的内齿套在半联轴器的外齿上，并用螺栓连接在一起。外齿的齿顶制成球面，而且内外齿间具有较大的齿侧间隙，因此这种联轴器允许有较大的综合位移。联轴器内注有润滑油，以减少齿的磨损。齿形联轴器的优点是能够传递很大的转矩和补偿较大的位移，因此在重型机械中得到广泛应用。

综上所述，离心泵各部分的作用是：①转动部分：决定泵的流量、扬程和效率；②泵壳部分：将液体的动能转为压能；③密封部分：防止泵内液体泄漏和外界空气进入泵内；④平衡部分：平衡离心泵运行时产生的轴向推力；⑤轴承部分：支承泵轴并减小泵轴旋转时的摩擦阻力；⑥传动部分：连接泵和电动机，传递能量。

（二）离心泵工作原理

图 3-18 为离心泵与管路联合工作的装置示意图。离心泵工作时，在驱动机的作用下，充满叶轮的液体由许多弯曲的叶片带动旋转，在离心力的作用下，液体沿叶片间流道，由叶轮中心甩向边缘，再通过蜗壳流向排出管。液体从叶轮获得能量，使压力能和速度能增加，并依靠此能量将液体输送到排出管。

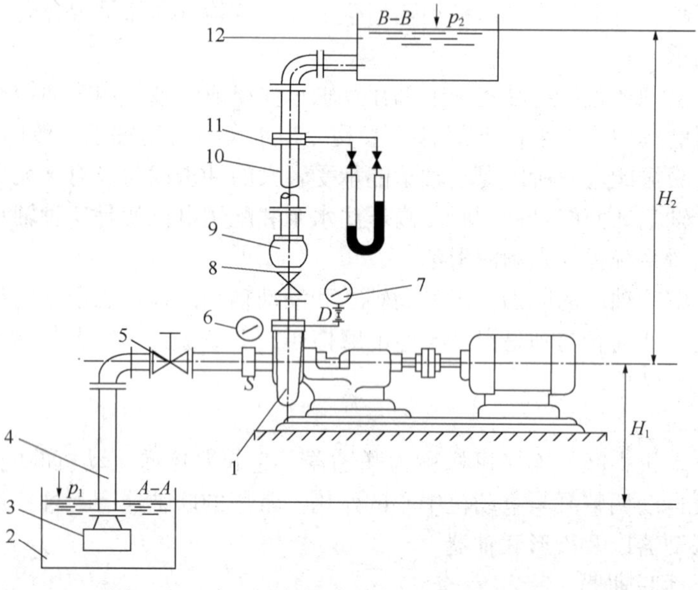

图 3-18　离心泵与管路联合工作的装置示意图

1—泵；2—吸液罐；3—底阀；4—吸入管路；5—吸入管调节阀；6—真空表；7—压力表；8—排出管调节阀；9—单向阀；10—排出管路；11—流量计；12—排液罐

液体被甩向叶轮出口的同时，叶轮入口中心处就形成了低压，在吸入管和叶轮中心处的液体之间就产生了压差，吸入管中的液体在这个压差的作用下，通过吸入管流入叶轮中心，再由叶轮甩出，如此不断循环，吸入管中的液体就会源源不断地输送到排出管。离心泵之所以能输送液体，主要是依靠高速旋转叶轮所产生的离心力，因此称为离心泵。

离心泵在准备开始工作时，如果泵体和吸入管路中没有液体，它是没有抽吸液体的能力的。因为它的吸入口和排出口是相通的，叶轮中无液体而只有空气时，由于空气的重度比液体的重度小得多，不论叶轮怎样高速旋转，叶轮进口都不能达到较高的真空。因此，离心泵启动前必须要在泵内和吸入管中灌满液体或抽出空气后才能启动工作。

在生产实际中，上述单个叶轮产生的扬程，不能满足需要时，就出现了多级离心泵。

现在油田注水生产中使用的 D300−150×11 型高压泵，就是分段式多级离心泵。这种泵实际上等于把几个叶轮装在一根轴上，串联起来工作。所以，泵的扬程较高，等于所有叶轮扬程的总和。

油田注水泵都是灌注式的，也就是由水罐或用小泵为注水泵供水，这种工况叫作进口正压上水。一般离心泵在设计上都允许有负压吸入，就是能把泵中心线以下的水吸上来，其吸上扬程可达 4~8m。在负压吸入时，必须在开泵前，首先给泵和进口管线上水，而且必须有严密的底阀才可以保证正常运行，在条件允许时，负压吸入的离心泵，最好装设真空泵，这样用真空泵抽出吸入管和泵中的空气，水从进水池吸上来，使用就更方便了。

综上所述，离心泵的工作原理是：①叶轮在泵壳内高速旋转，产生离心力，充满叶轮的液体受离心力的作用，从叶轮的四周被高速甩出，高速流动的液体汇集在泵壳内，其速度降低，压力增大；②根据液体总要从高压区流向低压区的原理，泵壳内的高压液体进入压力低的出口管线，在吸入室中心处形成低压区，液体在进口压力的作用下，源源不断地进入叶轮，使泵连续工作。

三、离心泵的性能参数

离心泵的主要性能参数包括：流量 Q、扬程 H(或压头)、转数、功率、效率、允许吸入高度、比转数等。

(一) 流量

流量也称排量，就是泵在单位时间内排出液体的数量，可用体积流量和质量流量两种单位表示。流量的质量单位和体积单位的换算如下：

$$G=Q\rho \tag{3-1}$$

式中 G——质量流量，kg/s；

Q——体积流量，m^3/s；

ρ——液体密度，kg/m^3。

测定方法：

1. 容积测量法

离心泵一般采用容积测量法，即以经过计量的标准容器来测量流量。在油田注水站往往用经过标定计量的储水罐作为标准容器，在稳定工况下，通过一定时间内注水泵从储水罐中抽出的水量，来测量注水泵的流量的。具体方法是：在注水泵稳定工况下，即压力、流量稳定的情况下，开始计时并测量出储水罐的液位，经过一定时间后，终止计时并再次测量出储水罐的液位。两次测量结果之差，即为离心泵在这一时间内所输出的水量。把泵的输出水量与时间代入下列公式，即可计算出离心泵的流量。

$$q_v=\frac{V_1-V_2}{T} \tag{3-2}$$

式中 q_v——离心泵的流量，m^3/s；

V_1——计时开始时刻储水罐的体积，m^3；

V_2——计时终止时刻储水罐的体积，m^3；

T——测量设定时间，s。

2. 流量观察法

观察测量法就是用精度等级较高的流量计量仪表，在离心泵稳定工况下，从流量计上直接读取流量值，用测得的流量除以设定时间，就是该泵的流量。

（二）扬程

扬程又称压头，是指单位质量液体通过泵获得能量的大小。用 H 表示，单位为 m。离心泵工作时，往往用压力表来测扬程，单位是帕(Pa)。压力与扬程的关系为：

$$p=\rho gH \tag{3-3}$$

式中 p——压力，Pa；

g——重力加速度，9.8m/s^2；

H——扬程，m。

泵的总扬程包括吸入扬程、出水扬程和泵进出口液体流速速度头之差，即：

总扬程=吸入扬程+出水扬程+速度头之差

测定方法：

生产现场的扬程测量一般是采用压力折算来进行的。具体步骤是：在离心泵进出口法兰处，分别安装量程合适、精度等级为0.4的压力表和真空压力表，按启泵操作程序倒好流程并启动泵，启动泵后根据工艺给定压力，将泵压按从大到小的顺序调节到合适位置上。在压力稳定的工况下，分别读取出口压力表值和进口真空压力表值，并做好记录，然后折算成扬程，即可得出泵的实际扬程。

扬程计算公式为：

$$H=\frac{p_a}{\rho g}-\frac{p_b}{\rho g}+\frac{v_a^2-v_b^2}{2g} \tag{3-4}$$

式中 H——扬程，m；

p_a——泵出口压力，Pa；

p_b——泵进口压力，Pa；

v_a——泵出口取压点处横截面上的平均流速，m/s；

v_b——泵进口取压点处横截面上的平均流速，m/s；

ρ——输送介质的密度，kg/m^3；

g——重力加速度，m/s^2。

如果泵进出口取压点处的管线横截面积相等，则扬程计算公式为：

$$H=\frac{p_a-p_b}{\rho g} \tag{3-5}$$

（三）转数

转数是指泵轴每分钟旋转的次数，用符号 n 表示，单位为 r/min。为使工作稳定，要求转数不变。一般泵产品样本上规定的转数是指泵的最高转数许可值。实际工作中最高不超过许可值的4%。转数是离心泵的一个重要参数，它的改变可以影响泵的性能，引起流量、扬程和轴功率的变化，因此每台泵都有一个设计要求的转数，称为泵的额定转数。

（四）功率

泵在单位时间内对液体所做的功，称为功率。用符号N表示，单位为瓦特(W)。泵的功率有：轴功率、有效功率和原动机功率三种。轴功率是指离心泵的输入功率，用符号

$N_{轴}$表示；有效功率指泵在单位时间内对液体所做的功，用符号 $N_{有}$表示。三种功率之间的关系为：

$$N_{有}=\rho gQH \tag{3-6}$$

$$N_{轴}=N_{有}/\eta \tag{3-7}$$

$$N_{原}=(1.1-1.2)N_{轴} \tag{3-8}$$

式中　　η——泵效,%；

$N_{有}$、$N_{轴}$、$N_{原}$——三种功率，W。

通常泵铭牌上标明的功率不是有效功率，而是指与泵配合的原动机的功率，称为配用功率。有些铭牌上标明轴功率，它是指泵需要的功率。

测定方法：

1. 有效功率

泵的有效功率表示在单位时间内泵输送出去的液体从泵中获得的有效能量，也就是泵的质量流量和扬程的乘积，常用 $N_{有}$表示。测定了泵的体积流量、泵的扬程来计算出泵的有效功率。按下式计算：

$$N_{有}=\frac{\rho gQH}{1000}(\mathrm{kW}) \tag{3-9}$$

$$N_{有}=\frac{\rho \cdot Q \cdot H}{102}(\mathrm{kW}) \tag{3-10}$$

式中　$N_{有}$——泵的有效功率，W、kW；

ρ——泵输送液体的密度，kg/m^3；

Q——泵的流量，m^3/d 或 m^3/s；

H——泵的扬程，m。

从上面的式子中，泵的有效功率是与所输送液体的密度有关，在测定有效功率时，应根据输送介质密度的不同进行计算。

2. 轴功率

电动机输出功率即为轴功率，常用 $N_{轴}$表示，由于泵内有各种损失，所以轴功率比有效功率要大些，轴功率的测定方法是用电流表、电压表测出其运行电流，电压值(要求精度不低于 0.5 级)，然后按下式计算：

$$N_{轴}=\frac{\sqrt{3}UI\cos\varphi\eta_{机}}{1000} \tag{3-11}$$

式中　$N_{轴}$——电动机输出功率，kW；

U——运行时测定的电压，V；

I——运行时的测定电流，A；

$\eta_{机}$——电动机效率；

$\cos\varphi$——功率因数。

功率因数 $\cos\varphi$ 由厂家提供的 $N_{轴}-\cos\varphi$ 曲线查出，或用功率因数表测得，也可用三相电度表直接测出电动机输入功率，然后按下式计算：

$$N_{轴}=N_{原}-P \tag{3-12}$$

式中　$N_{轴}$——电动机输出功率，kW；

$N_{原}$——电动机输入功率，kW；

P——总损耗，它包括电动机定子和转子的铜损、铁损及附加损耗(0.5%)，可经试验求得，kW。

(五) 效率

效率是衡量功率中有效程度的一个参数，用符号 η 并以百分比表示。

泵的功率大部分用于输送液体，使一定量的液体增加了压能，即所谓有效功率；而另一部分功率消耗在泵的轴与轴承及填料和叶轮与液体摩擦上，以及液流阻力损失、漏失等各方面，这部分功率称为损失功率。即：

$$\eta = N_{有}/N_{轴} \times 100\% \tag{3-13}$$

它也等于泵的容积功率、机械效率和水力效率的乘积，即：

$$\eta = \eta_{容} \cdot \eta_{机} \cdot \eta_{水} \tag{3-14}$$

$$\eta_{容} = \frac{Q-q}{Q} \times 100\% \tag{3-15}$$

$$\eta_{机} = \frac{N_{轴} - N_{损}}{N_{轴}} \times 100\% \tag{3-16}$$

$$\eta_{水} = \frac{H}{H_t} = \frac{H_t - h_t}{H_t} \tag{3-17}$$

式中 Q——泵的流量，m^3/h；

q——泵的漏失量，m^3/h；

$N_{损}$——损失功率，W；

H——泵实际产生的压头，m；

H_t——理论压头，m；

h_t——总压头损失，m。

1. 离心泵在运行过程中发生的能量损失

离心泵在运行过程中发生的能量损失主要有容积损失、机械损失和水利损失三个方面。

(1) 离心泵的容积损失

① 密封环泄漏损失：在叶轮入口处设有密封环(口环)。在泵工作时，由于密封环两侧存在着压力差，所以始终会有一部分液体从叶轮出口向叶轮入口泄漏，形成环流损失。漏失量的大小取决于叶轮口环的直径、间隙的大小和两侧的压差。

② 平衡装置的泄漏损失：在离心泵工作时，平衡装置在平衡轴向力时将使高压区的液体通过平衡孔、平衡盘及平衡管等回到低压区而产生的损失。

③ 轴端密封装置的泄漏损失：泵在运行中，一部分液体从轴端密封泄漏到外部而造成的损失。

(2) 离心泵的机械损失

① 轴承、轴封摩擦损失：泵轴支承在轴承上，为了防止液体向外泄漏，设置了轴封。当泵轴高速旋转时，就与轴承和轴封发生摩擦，损失的大小与密封装置的形式和润滑的情况有关。

② 叶轮圆盘摩擦损失：离心泵叶轮在充满液体的泵壳内旋转，这时叶轮盖板表面与液体发生相互摩擦，引起摩擦损失。它的大小与叶轮的直径、转数及输送液体的性质有关。随级数的增加可成倍的加大，加工精度对它的影响也很大。

(3) 离心泵的水力损失

① 冲击损失：泵在工作点工作时，液体不发生与叶片及泵壳的冲击，这时泵效率较高。但当泵偏离工作点时，其液流方向就要与叶片方向及泵壳流道方向发生偏离，产生冲击。这种损失与流速或流量的平方成正比。

② 旋涡损失：在泵中，过流截面积是很复杂的空间截面，液体在这里通过时，流速大小和方向都要不断地发生变化，因而不可避免地会产生涡流损失。另外过流表面存在着尖角、毛刺、死角区时，会增大旋涡损失。

③ 流动摩擦阻力损失：由于泵内过流表面的粗糙和液体具有黏性，所以液体在流动时产生摩擦阻力损失。

2. 测定方法

(1) 流量法

一般采用在离心泵进出口法兰处，分别安装精度等级为 0.4 的压力表和真空压力表；在进出口测温孔内插入±0.1℃的标准温度计。在泵机组正常运行平稳，电压、电流、压力、流量等参数稳定的工况下，同时录取泵进出口压力、流量、电压和电流等相关资料数据。将测量的数据或给定的相关数据，代入流量法计算泵效的公式，即可得出泵效。

$$N_{轴}=\frac{\sqrt{3}\,UI\cos\varphi\eta_{机}}{1000}$$

$$N_{有}=\frac{\rho\cdot Q\cdot H}{102}$$

$$\eta=\frac{N_{有}}{N_{轴}}\times100\%$$

式中　η——离心泵效率,%；

$N_{有}$——泵的有效功率，kW(或 kJ/s)；

$N_{轴}$——泵的轴功率，kW(或 kJ/s)。

(2) 温差法

一般采用在离心泵进出口法兰处，分别安装精度等级为 0.4 的压力表和真空压力表；在进出口测温孔内插入±0.1℃的标准温度计。在泵正常运行且温度、压力、流量等参数稳定的工况下，同时录取进出口压力、温度等相关资料数据。将测得的数据或给定的相关数据，代入温差法计算泵效的公式，即可得到注水泵效率。

$$\eta=\frac{\Delta p}{\Delta p+4.1868\times(\Delta T-\Delta T_s)}\times100\% \tag{3-18}$$

式中　η——离心泵效率,%；

Δp——泵进出口压差，MPa；

ΔT——泵进出口温差,℃；

ΔT_s——等熵值(查表)。

(六) 允许吸入高度

泵的允许吸入高度也叫真空度，表示离心泵能吸上液体的允许高度，一般用 $H_{允}$ 或 H_s 表示，单位为 m。为保证泵的正常工作，必须规定这一数值，以保证泵入口液体不汽化，不产生汽蚀现象。

（七）比转数

任何一台泵，根据相似原理，可以利用比转数 n_s 按泵叶轮的几何相似与动力相似的原理对叶轮进行分类。比转数相同的泵即表示几何形状相似，液体在泵内运动的动力相似。

当流量改变到 0.075m^3/s 时，扬程改变到 1m，有效功率改变为 0.735W 时，泵所具有的转速称之为比转数。用 n_s 表示。

它与流量、扬程和转数之间的关系用公式表示如下：

$$n_s=\frac{3.65n\sqrt{Q}}{H^{\frac{3}{4}}} \tag{3-19}$$

式中 n——泵的转数，r/min；

Q——泵的额定流量，双吸泵为 $Q/2$，m^3/s；

H——泵的额定扬程，多级泵为 (H/i)，m；

i——泵的级数。

一般来说，比转数越小的泵，扬程越高，排量较低；比转数越大的泵，扬程越低，排量较高。比转数是离心泵用来分类、比较、设计和选型的重要参数，同一台泵在不同的工况下，具有不同的比转数，通常取泵的最高效工况点的比转数作为该泵的比转数。

四、离心泵的性能曲线与工况调节

（一）离心泵的特性曲线

在泵的转数不变的情况下，泵的流量、压头、轴功率和效率等之间存在着相互关系，这些相互关系可用曲线图来表示，这种曲线图就叫泵的特性曲线。曲线图上一个参数变化，其他的数值也会相应地改变，离心泵的特性曲线是根据试验获得的数据绘制的。

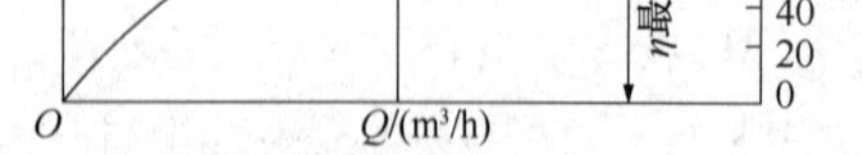

图 3-19 离心泵的特性曲线

图 3-19 所示为一台离心泵的三种特性曲线图：流量-扬程（$Q-H$）特性曲线、流量-功率（$Q-N$）特性曲线、流量-效率（$Q-\eta$）特性曲线。

特性曲线图的横坐标为流量（Q），纵坐标为扬程（H）、轴功率（N）、效率（η）。

1. $Q-H$ 特性曲线

由图 3-19 可看出，离心泵在正常工作范围内，压力随着流量的增大而变小；反之，压力随流量的减小而变大。

2. $Q-N$ 特性曲线

由图 3-19 可看出，流量增加功率随之增加；反之，流量减少，功率也减少。不同比转数的 $Q-N$ 特性曲是不一样的。

3. $Q-\eta$ 特性曲线

由图 3-19 可看出，流量—效率曲线是一条向上凸起的曲线，随流量的增加而增加，达到最高点后，流量增加则效率开始下降。这个最高点称该泵的额定工作点，即最优工作点（图 3-19 中的 A 点）。相应地，这一点的流量、扬程、功率分别称为额定流量、额定扬程和额定功率。泵应在额定点 A 附近的区域工作，否则效率低，浪费动力。

当泵出口阀关死时，泵的排量为零，这时泵的功率最小，一般为额定功率的 30%，因此在开泵时，为减小电动机的启动负荷必须把出口阀关死。

（二）离心泵的工作点

管路中流量与克服流体流经管路时所需的能量之间存在着一定的关系，用曲线表示这一关系，其称为管路特性曲线（Q–h），如图 3-20 所示。

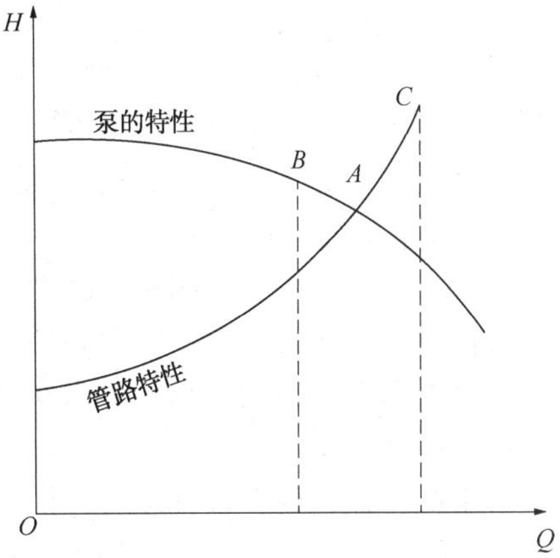

图 3-20　离心泵的工作点

泵在管路系统工作时，泵给出的能量与管路消耗的能量相等的点称为离心泵的工作点。这一点就是泵的特性曲线（Q–H）与管路特性曲线（Q–h）的交点 A。如图 3-20 所示。当离心泵在管路中工作时，其（Q–H）特性曲线和（Q–h）特性曲线确定后，则工作点就确定了；反之，（Q–H）特性曲线或（Q–h）特性曲线发生变化，则工作点也相应改变。

如果泵不在 A 点，而在左边的 B 点工作，则泵绘出的能量大于鉴定管路所需要的能量，使之流量增大，管路摩擦随之增加，一直到能量平衡，又回到 A 点为止。反之，如果在 A 点右边 C 点工作，则泵绘出的能量小于管路所需的能量，使流量下降，直到能量平衡又回到 A 点。所以离心泵在管路中工作，每一个工作状况下，只有一个工作点，而必然是泵特性曲线与管路特性曲线的交点。

（三）离心泵的并联和串联

1. 离心泵的并联

当使用一台泵不能满足流量要求，或输量变化很大，为发挥泵的经济效果，使泵处在高效范围内工作，常采用两台泵或数台泵并联工作，以满足流量变化的要求。

根据水力学原理，两泵并联工作时，扬程不变，流量相加，两泵并联后的总性能曲线等于两泵性能曲线在同一扬程下的各对应点流量叠加起来。并联有两种情况，即相同性能的泵并联和不同性能的泵并联。如图 3-21、图 3-22 所示。

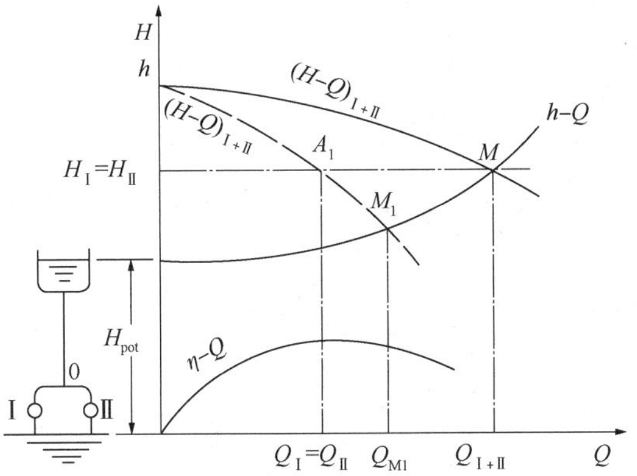

图 3-21　相同性能的离心泵并联

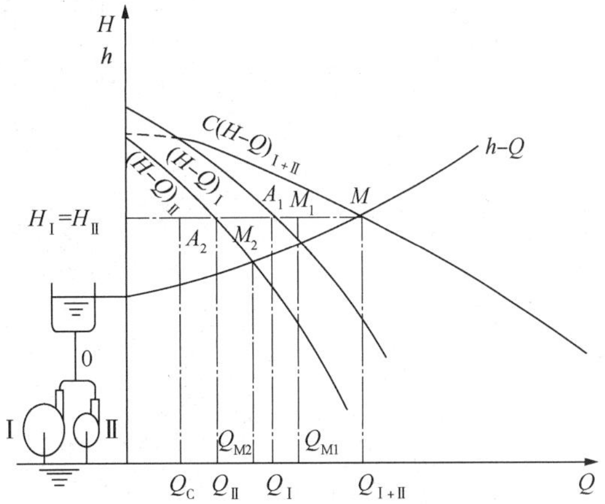

图 3-22　不同性能的离心泵并联

（1）相同性能的泵并联

两台泵并联后的总流量等于两泵在同一扬程下的流量相加，即 $Q_{\mathrm{I+II}}=Q_{\mathrm{I}}+Q_{\mathrm{II}}$，$H_{\mathrm{I}}=$

H_{II}。两泵并联后总性能曲线等于两泵性能曲线在同一扬程下的各对应点流量的叠加，即图 3-21 中$(H-Q)_{\text{I+II}}$曲线。

当画出管路特性 $h-Q$ 后，并联后总性能曲线$(H-Q)_{\text{I+II}}$交于 M 点。M 点对应的流量 $Q_{\text{I+II}}$即为并联后管路中的流量。为了确定并联时每台泵的工况，过 M 点作水平线，交单泵性能曲线于 A_1，即每台泵并联工作时单泵的工作点。该点决定了并联时每台泵的工作参数。泵Ⅰ、泵Ⅱ工作扬程相等，等于并联后工作扬程；并联后流量为泵Ⅰ与泵Ⅱ流量之和，使 $Q_{\text{I+II}}$提高了。

若每台泵单独在管路中工作时，泵的工作点为 M_1。从图 3-21 看出，并联后扬程比单泵工作时高，而流量小于一台泵单独工作时流量的两倍。这是因为并联后管路阻力由于流量的增加而有所增大，从而要求每台泵都提高它的扬程来克服这个增加的阻力损失，相应的流量就减少了。

由此可知，两台泵并联工作时，管路特性越平坦，则并联后的流量 $Q_{\text{I+II}}$就越接近泵单独运行时的两倍，达到增加流量的目的。泵的性能曲线越平坦，并联后的流量 $Q_{\text{I+II}}$就越小于单独工作时流量 Q_1的两倍，为此，泵的性能曲线应陡一些为好。从并联工作的泵台数来看，数量越多，并联后所能增加的流量越少，则每台泵输送的流量越少，故并联台数过多并不经济。

（2）不同性能的泵并联

如图 3-22 中，由于大泵的起始扬程高，当两泵的扬程开始相等时（C 点）开始并联，这种并联称不完全并联或局部并联。同样，两台泵并联后的总流量等于两泵在同一扬程下的流量相加，两泵并联后的总性能曲线为$(H-Q)_{\text{I+II}}$曲线，与管路特性曲线$h-Q$ 的相交于 M 点，即并联工作时的工作点，此时 $Q_{\text{I}}+Q_{\text{II}}=Q_{\text{I+II}}$，$H_{\text{I}}=H_{\text{II}}$。由图可以看出，并联后扬程比单泵工作时高，而流量小于两泵单独工作时的流量之和。

由图还可看出，当两台不同性能的泵并联工作时，若流量小于 Q_{C}，任意流量下大泵的扬程要高于小泵的起始扬程，则实际上只有大泵在工作，应停止小泵运转。因此特性曲线相差很大的泵不宜并联工作。

2. 离心泵的串联

串联是指前面一台泵的出口向后面一台泵的入口输送液体的工作方式。如图 3-23、图 3-24 所示。

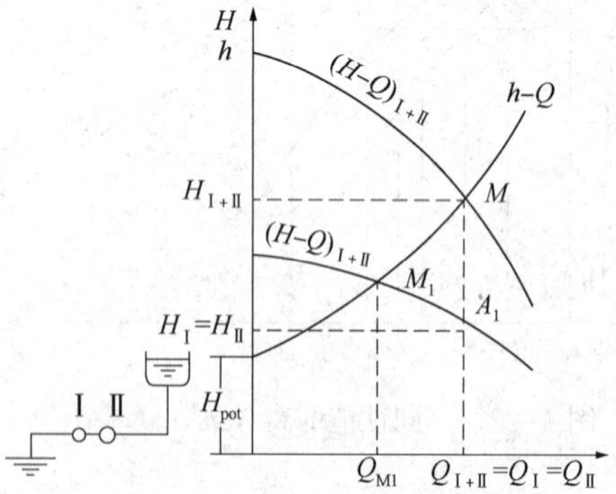

图 3-23　相同性能的离心泵串联

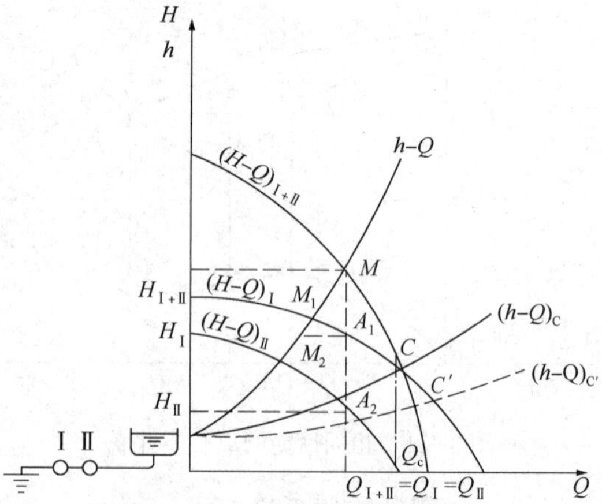

图 3-24　不同性能的离心泵串联

根据水力学原理，串联后流量不变，扬程相加，即两泵串联后的总性能曲线等于两泵性能曲线在同一流量下的各对应点扬程叠加起来。串联也有两种情况，即相同性能的泵串联和不同性能的泵串联。

（1）相同性能的泵串联

如图 3-23 所示，串联后的总性能曲线$(H-Q)_{Ⅰ+Ⅱ}$曲线与管路特性曲线 $h-Q$ 的相交于 M 点，由图可知：

串联后的总扬程等于同一流量下两泵扬程之和，即 $H_M=H_Ⅰ+H_Ⅱ$，但低于单泵单独工作时扬程的两倍。串联后的总流量大于单泵单独工作时的流量，即 $Q_M>Q_{M1}$。

串联工作时应注意：泵壳体的强度问题、密封问题，因后面一台泵承受的压力逐渐升高；启停泵时，应按顺序操作：启第一台泵→开第一台泵出口阀→启第二台泵→开第二台泵出口阀→向管道供液。

管路曲线越陡，泵性能曲线越平坦，串联后增加的扬程越高。

（2）不同性能的泵串联

如图 3-24 所示，串联后的总性能曲线$(H-Q)_{Ⅰ+Ⅱ}$曲线与管路特性曲线 $h-Q$ 的相交于 M 点，由图可知：串联后的总扬程等于同一流量下两泵扬程之和，即 $H_M=H_Ⅰ+H_Ⅱ$，但低于单泵单独工作时扬程之和。串联后的总流量大于单泵单独工作时的流量，即$Q_M>Q_{M1}$。

应注意的问题：C 点是极限状态，工作点只有在 C 点左侧工作时才合理；参加串联的各台泵的设计流量应相同或相近。

（四）离心泵的工况调节

改变运转泵的工作点称工况调节。由于泵的工作点是泵性能曲线和管路特性曲线的交点，所以任何一条曲线发生变化，都会使工作点改变。因此，改变工作点有如下两种途径。

1. 改变管路特性

（1）管路节流调节：改变离心泵出口管线上的调节阀开度，实质是改变管路特性曲线。当阀门关小时，管路的局部阻力加大，管路特性曲线变陡。当阀门开大时，管路阻力减小，管路特性曲线变得平坦一些，如图 3-25 所示。

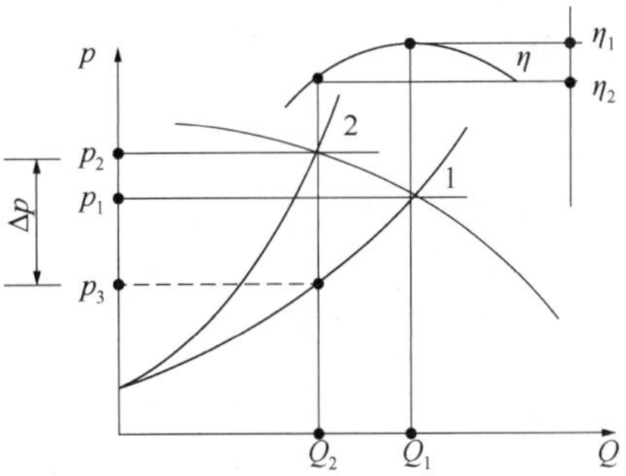

图 3-25　节流调节

优点：设备简单，调节方便。

缺点：耗能大（存在节流损失），效率低。因此长期调节是不经济的。

由图可以看出：用关小出口阀调节排量时，泵的轴功率会有所减少，注水系统的总能耗下降，但随着排量的降低，出口阀门节流损失越来越大。泵提供的能量的有效利用程度下降，使整个注水系统效率降低，单耗上升，因此长期这样调节是很不经济的。特别是对具有陡降特性的离心泵，采用这种调节方法更不经济。注意：同性能泵并联，要同步节流，以防偏流，不同性能泵并联，用大泵节流。

（2）回流调节：旁路回流调节就是通过回流管路让泵出口的油流一部分流回入口，这种情况下泵的排量大于管路中的流量，靠泵排量的增加降低泵的扬程，从而达到降低主管路排量的目的。采用这种方法时要防止原动机过载，一般很少采用。

由图 3-26 可以看出：旁路打开时，主管中的流量减小，使工况得以调节，但泵的流

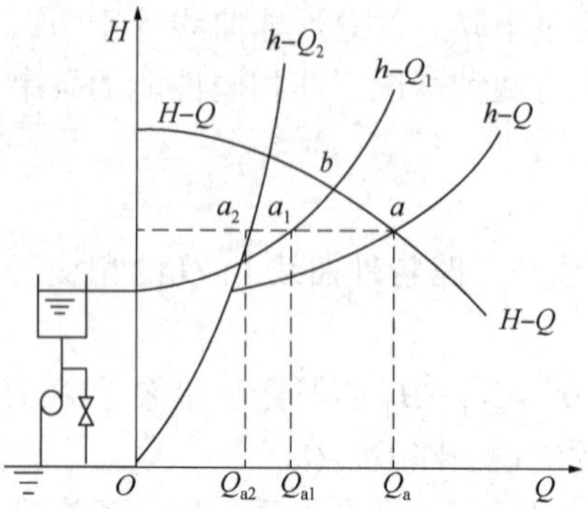

图 3-26　回流调节

量反而增大。由于一般离心泵的轴功率随流量的增大而增大，因此采用旁路调节减少主管路流量时，泵的轴功率却要增加，注水系统的总能耗和单耗都要上升，长期这样调节是很不经济的。一般只在排出管路短，流量调节范围大时才采用。

2. 改变泵或泵站特性

（1）改变转速调节

由比例定律可知，当泵的转速由额定转速 n 降为 n_1时，H–Q 性能曲线向左下方移动。当泵的转速由额定转速 n 升为 n_2时，H–Q 性能曲线向右上方移动。此方法优点是不造成附加能量损失，调节效率高。缺点是需要变转速动力机或变频调速器。但随着变频技术的推广，已成为离心泵的主要节能方法。

由图 3-27 可以看出：当管路特性不变时，改变转速可以得到不同的工作点 1、2、3、4。一般来说，泵转速下降不超过 20%时，最佳点向左平移，泵效基本不变；转速降低大于 20%后，泵效降低；转速降低大于 50%后，泵效明显下降；所以调速时转速降低不宜大于 50%。注意：同性能调速泵与恒速泵并联时，调速复杂幅度受限。而不同性能调速泵与恒速泵并联时，用大泵调速时，调节范围大，具有较强的工况调节能力。

（2）切割叶轮外径调节

由切割定律可知，当泵的叶轮外径由 D_2减小到 D_2'、D_2''时，工作点由变为 M'、M''，流量 Q 和扬程 H 均相应降低。如图 3-28 所示，这种调节方法没有附加的能量损失，附加费用也较少。但需更换叶轮和拆装泵，适用于在较长时期内改变输量时使用。由于叶轮直径不能切割太多，调节能力较小。

优点：在切削量不大时，与原泵几乎等效率，但只能切小。

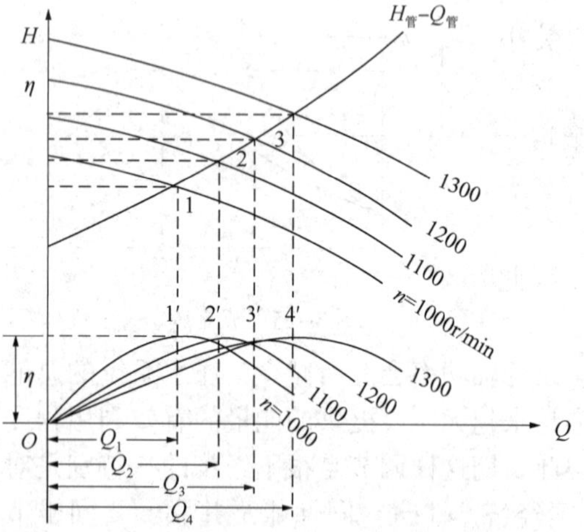

图 3-27　不同转速时的工况点

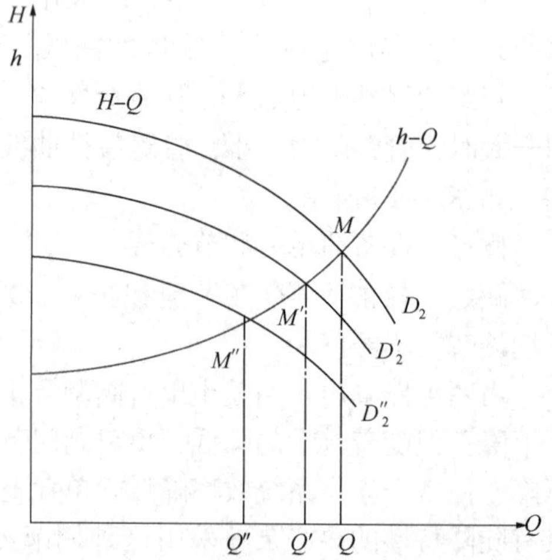

图 3-28　车削叶轮外径时泵特性曲线的变化

（3）改变叶轮级数

适用于输送管路较长、管路特性很陡，输量变化大的管路系统。该调节方法没有附加能量损失。如果在拆级时对导叶做适当改造，泵效没有明显下降，实现工况调节的附加费用也较少。但实现这种调节需拆、装泵，适用于长期调节。由于泵的首级和末级叶轮不能拆除，故这种调节方法用于3级以上的泵。

(4) 改变泵的运行台数，即改变泵站特性曲线

因为并联工作可以获得较大的流量，串联工作可以获得较高的压头。因此可针对管路的特性选择适当的组合方式，以增大流量和扬程。对于低阻输送管路 a，并联组合泵流量的增大幅度大于串联组合泵；对于高阻输送管路 b，串联组合泵的流量增大幅度大于并联组合泵，如图3-29所示。

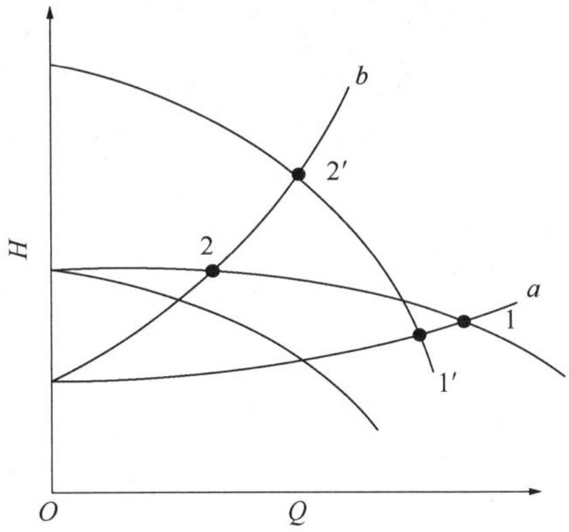

图3-29　组合方式的选择

五、离心泵的气蚀与吸入特性

由离心泵的工作原理可知，在离心泵叶轮中心(叶片入口)附近形成低压区。液流是在吸入管压力 p_A 和叶轮入口最低压力 p_k 间形成的压差(p_A-p_k)的作用下流入叶轮的，则叶轮入口处压力 p_k 越低，吸入能力就越大。但若 p_k 降低到液体在输送温度下的饱和蒸气压 p_t 时，就会出现汽蚀现象。

(一) 汽蚀现象及其危害

1. 汽蚀现象

在一定的温度和压力下，水的物理状态是可以互相转化的。例如：在一个大气压下(1.03×10^5Pa)，100℃的水就要汽化；在水温为20℃时，压力降低到 2.4×10^3Pa 时就开始汽化。在某一温度下使水开始汽化的压力称为水在该温度下的汽化压力 p_v。

当离心泵叶轮入口处压力 p_k 低于汽化压力 p_v 时，液体就开始汽化，同时还可能有溶解在液体中的气体从液体中逸出，形成大量小气泡，即产生了汽化。当这些小气泡随液体流到叶轮内高压区时，由于气泡内是汽化压力 p_v，而外面的压力则高于 p_v，那么这些小气泡在四周液体压力的作用下，便会被压破而重新凝结，体积缩小(即又变成液体)，好似形成一个空穴，这时周围液体就以极高的速度向这个空穴冲来，液体质点发生碰撞而形成局部水力冲击，这种瞬间产生的局部冲击压力可达数百个大气压。气泡越大，所形成局部水力冲击越大。如果这个气泡是在叶片表面附近破裂、凝结，那么液体质点的冲击就像无数个小弹头一样连续打击在叶片的金属表面，由于这种水力冲击速度很快，频率又高(有时高达600~2500Hz)，金属表面很快会因疲劳而损坏(即表面被剥蚀)。若产生的气泡内还夹杂某种活泼气体，由于气泡凝结时放出的热量，这些气体借助泡凝结时放出的热量使叶片局部升温达200~300℃，对金属表面产生电化学腐蚀。由于机械剥蚀和化学腐蚀的共同作用，更加快了叶片的破坏速度。

综上所述，离心泵汽蚀产生的过程是：①叶轮旋转时，泵吸入口形成低压区，这个低压区降至水温所对应的汽化压力时，就会引起一部分液体汽化而产生气泡，产生的气泡不断被吸入；②当气泡被送入泵内高压区时，周围水的压力大于气泡的饱和压力，气泡急剧凝结，减少，使周围流体以巨大的加速度冲击刚消失的气泡中心，久而久之，汽蚀就产生了。

2. 汽蚀对泵工况的影响

离心泵开始汽蚀时，汽蚀区域较小，对泵的正常工作没有什么影响，但当汽蚀发生到

一定程度时，气泡大量产生，对泵的正常工作产生很大的影响。即产生如下危害：

(1) 噪声和振动、压力波动，严重时压力表无指示。这是因为气泡溃灭时，液体质点互相碰撞产生强烈冲击，从而产生各种频率的噪声。

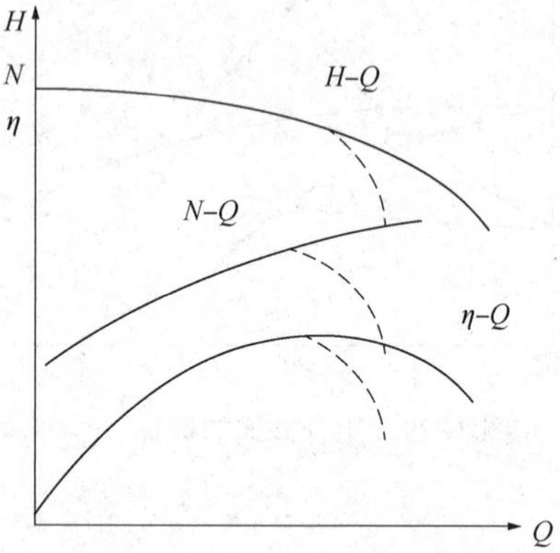

图 3-30　离心泵汽蚀性能曲线

(2) 对泵性能曲线的影响：如图 3-30 所示，初始时无明显影响；当汽蚀发生到一定程度时，出现断裂工况，即气泡大量产生，填塞流道，使泵内液体连续性遭到破坏，此时，H、Q、η、N 下降，泵就抽空断流了。

(3) 对叶轮材料的破坏：由于机械腐蚀和电化学腐蚀的共同作用，使叶轮材料受到破坏，在叶片入口处和靠近前盖板处附近有麻点或蜂窝状。严重时整个叶片和前后盖板都有这种现象，甚至将叶片和盖板蚀穿。

综上所述，离心泵汽蚀的危害是：①机组的振动与噪声，严重时可听到泵内有劈劈啪啪的响声；离心泵性能急剧恶化，泵效下降，由于小气泡的不断聚集长大，最后造成脱流，使离心泵因“抽空”而吸不上油来；②由于疲劳腐蚀和电化学腐蚀的综合作用，使叶片甚至叶轮的前后盖板产生蜂窝状的点蚀或沟槽状的金属剥蚀，严重时甚至将叶片穿透，使叶轮完全报废。

(二) 汽蚀余量

通过对汽蚀发生的原因分析，要避免汽蚀，应满足 $p_K > p_t$，而从泵入口 S 处到叶轮中心压力最低点 K 处，仍有流动阻力损失，所以泵入口处液体具有的能头除了要高出液体的汽化压力 p_t 外，还要有一定的富余能头，这个富余能头称汽蚀余量，用 Δh 表示。国外一般叫静正吸上水头，用 NPSH 表示，汽蚀余量又分为有效汽蚀余量和泵必需汽蚀余量(如图 3-31 所示)。

1. 有效汽蚀余量 Δh_a

有效汽蚀余量是指液流自吸液罐经吸入管路到达泵吸入口后，所具有的推动和加速液体进入叶轮流道所高出汽化压力以上的有效压力或能头。它反映吸入装置对汽蚀的影响(如图 3-32 所示)。

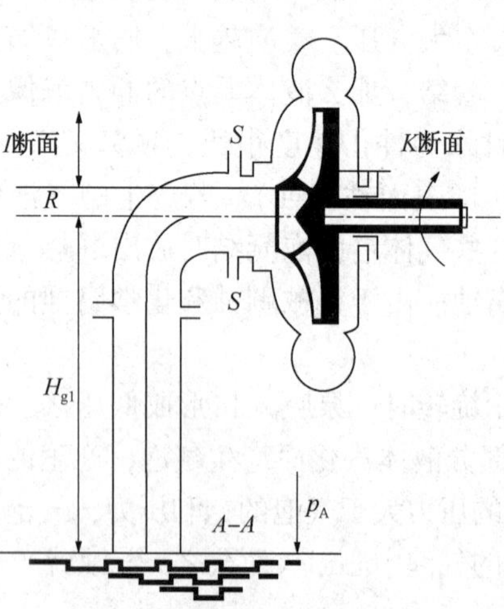

图 3-31　离心泵吸入装置图

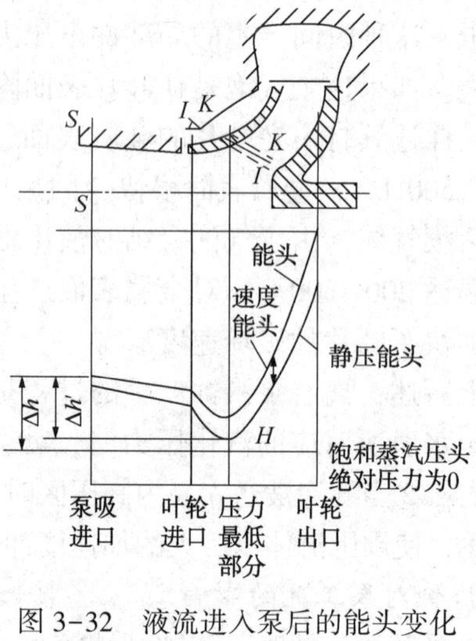

图 3-32　液流进入泵后的能头变化

$$\Delta h_a=\left(\frac{p_s}{\rho g}+\frac{v_s^2}{2g}\right)-\frac{p_t}{\rho g} \tag{3-20}$$

式中 p_s——液流在泵入口处的压力，Pa；

v_s——液流在泵入口处的流速，m/s；

ρ——被输送液体的密度，kg/m^3。

p_t——液体在输送温度下的汽化压力(即饱和蒸气压)，Pa。

显然，这个富余能量越多，即 Δh_a越大，泵就越不容易发生汽蚀。列出液面 $A-A$ 和泵入口处 $S-S$ 两断面间的能量方程：

$Z_A+\frac{p_A}{\rho g}=Z_s+\frac{p_s}{\rho g}+\frac{v_s^2}{2g}+h_{A-s}$可得：

$$\frac{p_s}{\rho g}+\frac{v_s^2}{2g}=\frac{p_A}{\rho g}-(Z_s-Z_A)-h_{A-s}$$

因为 $\Delta h_a=\left(\frac{p_s}{\rho g}+\frac{v_s^2}{2g}\right)-\frac{p_t}{\rho g}$　又 $Z_s-Z_A=H_{gl}$，则

$$\Delta h_a=\frac{p_A}{\rho g}-\frac{p_t}{\rho g}-H_{gl}-h_{A-s} \tag{3-21}$$

由上式可知，Δh_a就是吸入罐液面上的压头 $p_A/\rho g$ 在克服吸入管路中的流动损失 h_{a-s}并把液体提高到 H_{gl}高度后，所剩余的超过汽化压力的能头。Δh_a的大小只与装置的操作条件(H_{gl}的大小、h_{a-s}的大小)有关，与泵本身的结构无关，故称为装置的有效汽蚀余量。

Δh_a越大，泵越不容易发生汽蚀，泵的吸入性能越好。

2. 泵必需汽蚀余量 Δh_r

列出泵入口处断面 $S-S$ 液面和压力最低点 K 处断面 $K-K$ 两断面间的能量方程：

$$Z_s+\frac{p_s}{\rho g}+\frac{v_s^2}{2g}=Z_k+\frac{p_k}{\rho g}+\frac{v_k^2}{2g}+h_{s-k}$$

对一般泵，$Z_S=Z_K$，则上式有：

$$\frac{p_s}{\rho g}+\frac{v_s^2}{2g}-\frac{p_k}{\rho g}=\frac{v_k^2}{2g}+h_{s-k}$$

当 K 点的压力 p_K下降到汽化压力，即 $p_K=p_t$时，离心泵开始汽蚀，上式变成：

$$\frac{p_s}{\rho g}+\frac{v_s^2}{2g}-\frac{p_t}{\rho g}=\frac{v_k^2}{2g}+h_{s-k}$$

等式左边等于 Δh_a，等式右边等于 Δh_r，可用下式表示：

$$\Delta h_r=\lambda_1\frac{v_1^2}{2g}+\lambda_2\frac{v_2^2}{2g} \tag{3-22}$$

Δh_r的定义：反映液流从泵入口到叶轮内最低压力点 K 处的全部能量损失。换句话说，Δh_r就是液流进入泵后，在未从叶轮获得能头前，因流速变化和流动损失引起的压力能头降低的值。

影响 Δh_r大小的因素：泵本身的结构(如吸入室与叶轮进口的几何形状)以及泵的转速和流量等。与吸入管路系统无关。

3. 判别汽蚀的条件

当 $\Delta h_a>\Delta h_r$时，泵不发生汽蚀；此时 $p_K>p_t$；

当 $\Delta h_a = \Delta h_r$时，泵开始发生汽蚀；此时 $p_K = p_t$；

当 $\Delta h_a < \Delta h_r$时，泵严重汽蚀；此时 $p_K < p_t$。

Δh_r越小，$\Delta h_a > \Delta h_r$，表明液体流到叶轮入口最低压力点 K 处时，其压力还高于液体的饱和蒸气压 p_t而不致汽化，所以不会发生汽蚀；反之，Δh_a不能弥补损失的能量，使压力 $p_K < p_t$而导致汽蚀的发生。

4. 泵的允许汽蚀余量[Δh]

为泵的安全起见，应在必需汽蚀余量 Δh_r的基础上再加一个安全裕量，一般取 0.3~0.5m，称允许汽蚀余量。则

$$[\Delta h] = \Delta h_r + (0.3 \sim 0.5) \tag{3-23}$$

（三）吸上真空度 H_s

1. 吸上真空度概念

为保证泵不发生汽蚀，条件为 $\Delta h_a > \Delta h_r$，由于 Δh_a 不易直接测出，直接用仪表测量得到的是泵入口法兰处所装的真空表的读数，称之为吸上真空度，用 H_s表示。它的定义式为

$$H_s = \frac{p_a - p_s}{\rho g} \tag{3-24}$$

其意义反映吸入罐液面上的大气压力能头与泵入口处压力能头的差。

Δh_a与 H_s的关系为：

$$\Delta h_a = \frac{p_a}{\rho g} - \frac{p_t}{\rho g} + \frac{v_s^2}{2g} - H_s \quad 或 \quad H_s = \frac{p_a}{\rho g} - \frac{p_t}{\rho g} + \frac{v_s^2}{2g} - \Delta h_a$$

式中 p_a——当地大气压，Pa。

2. 最大吸上真空度

最大吸上真空度反映了汽蚀临界状态下的吸上真空度。

利用 $\Delta h_a = \Delta h_r$的条件，即当 Δh_a下降到 Δh_r时，泵就开始汽蚀，此时的 H_s称最大吸上真空度。用$(H_s)_{max}$表示，即：

$$(H_s)_{max} = \frac{p_a}{\rho g} - \frac{p_t}{\rho g} + \frac{v_s^2}{2g} - \Delta h_r \tag{3-25}$$

3. 泵的允许吸上真空度

为保证泵安全运转不发生汽蚀，必须使泵的吸上真空度 H_s比$(H_s)_{max}$小，即要留有安全裕量 K，这个考虑了安全裕量的吸上真空度称泵的允许吸上真空度。用$[H_s]$表示，即：

$$[H_s] = (H_s)_{max} - K (K = 0.3 \sim 0.5\text{m})$$

4. H_s的大小及影响因素

$$H_s = \frac{p_a}{\rho g} - \frac{p_A}{\rho g} + \frac{v_s^2}{2g} + H_{gl} + h_{A-s} \tag{3-26}$$

若 p_A为当地大气压，即 $p_A = p_a$时，则：

$$H_s = \frac{v_s^2}{2g} + H_{gl} + h_{A-s} \tag{3-27}$$

由上式可知，H_s的影响因素有：H_{gl}的大小、吸入管路的流速、流动损失和液面压力等。

（四）吸入特性

由于 Δh_r标志着离心泵抗汽蚀性能的好坏，是离心泵的一个重要性能参数，所以把表示 Δh_r与流量 Q 的关系曲线称之为泵的吸入特性，它反映了泵在各种流量下的汽蚀性能。如图 3-33 所示。

$[\Delta h_r]-Q$ 吸入特性曲线，是由泵制造厂通过实验测定得出的。对于一台结构尺寸一定的泵，在一定的转速和流量下，Δh_r 是一个定值。而装置的有效汽蚀余量 Δh_a是随装置的操作条件的变化而变化。在进行汽蚀实验时，在一定的流量和转速下，只改变 Δh_a的大小，使泵刚好开始发生汽蚀(一般规定取以断裂特性扬程下降 1%时作为泵开始汽蚀的点)，由于此时 $\Delta h_a=\Delta h_r$，从而测出了该泵在这一流量下的 Δh_r值。变换几个流量值，测出相应的 Δh_r值，在每个值上再加上安全裕量 0.5m，即可作出$[\Delta h_r]-Q$ 吸入特性曲线，即泵的吸入特性。

目前，我国大多数离心泵厂家不给出$[\Delta h_r]-Q$ 吸入特性曲线，通常是用允许吸入真空度$[H_s]-Q$ 曲线来反映泵的汽蚀性能。在离心泵的工作范围内，允许吸入真空度$[H_s]$是随流量而变化的，且随着流量的增加$[H_s]$是下降的，如图 3-34 所示。

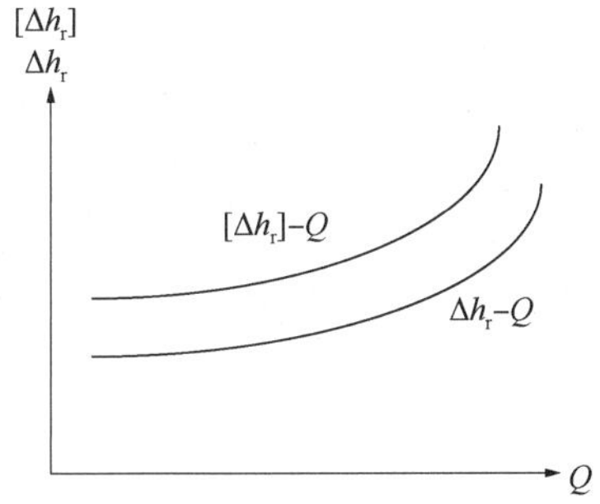

图 3-33　$[\Delta h_r]-Q$ 吸入特性曲线

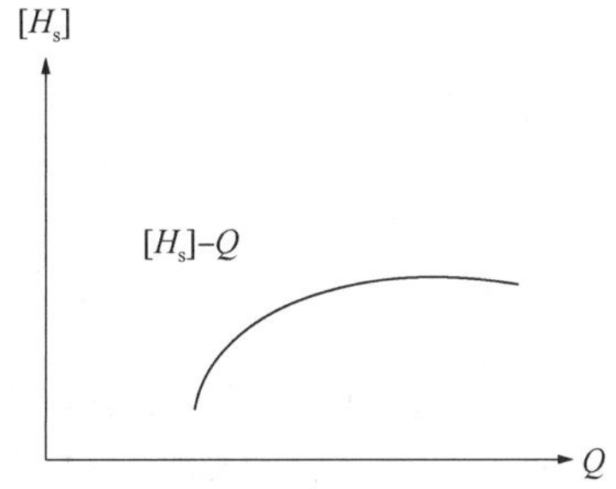

图 3-34　$[H_s]-Q$ 吸入特性曲线

应当注意的是，泵样本上给出的$[H_s]$值，是泵制造厂在一个标准大气压下用 20℃的清水做实验得出的。若泵使用地点的大气压和输送液体温度与上述实验条件不同，则应对样本上给出的$[H_s]$用下式进行修正。

$$[H_s]'=[H_s]-10+\frac{p_a'-p_t'}{\rho g} \tag{3-28}$$

式中　$[H_s]'$——修正后的允许吸入真空度，m；

$[H_s]$——泵样本上给出的允许吸入真空度，m；

$\frac{p_a'}{\rho g}$——泵使用地点的大气压头，m；

$\frac{p_t'}{\rho g}$——液体在输送温度下的饱和蒸气压头，m。

不同海拔高度的大气压如表 3-1 所示，表中 $1mH_2O$ 相应为 9.807×10^3Pa。

表 3-1　不同海拔高度的大气压强

海拔高度/m	0	100	200	300	400	500	600	700	800	1000	1500	2000	2500
大气压强/$1mH_2O$	10.33	10.20	10.09	9.95	9.85	9.74	9.6	9.5	9.36	9.16	8.64	8.15	7.62

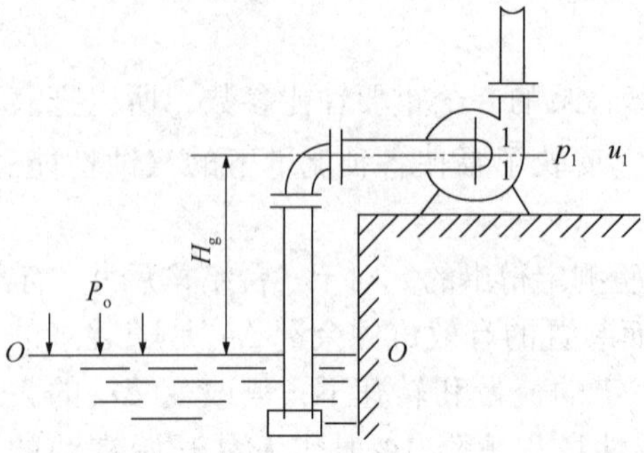

图 3-35　离心泵的安装高度

（五）离心泵的允许几何安装高度

为避免泵发生汽蚀，必须使：$p_k>p_t$、$\Delta h_a>\Delta h_r$或$H_s<[H_s]$；而H_s与Δh_a的大小与吸入管路有关。下面介绍两种计算方法：如图 3-35 所示。

1. 由$[H_s]$确定泵的几何安装高度

$$H_{gl}=H_s-\frac{p_a}{\rho g}+\frac{p_A}{\rho g}-\frac{v_s^2}{2g}-h_{A-s} \quad (3-29)$$

当$p_A=p_a$时，则：

$$H_{gl}=H_s-\frac{v_s^2}{2g}-h_{A-s} \quad (3-30)$$

用$[H_s]'$代替上式的H_s，便可得到泵发生汽蚀时的允许几何安装高度：

$$[H_{gl}]=[H_s]'-\frac{p_a}{\rho g}+\frac{p_A}{\rho g}-\frac{v_s^2}{2g}-h_{A-s} \quad (3-31)$$

当$p_A=p_a$时，则：

$$[H_{gl}]=[H_s]'-\frac{v_s^2}{2g}-h_{A-s} \quad (3-32)$$

2. 由$[\Delta h_a]$确定泵的几何安装高度

$$[H_{gl}]=\frac{p_A-p_t}{\rho g}-h_{A-s}-[\Delta h_a] \quad (3-33)$$

式中　$[\Delta h_a]$——泵样本上提供的泵的允许汽蚀余量，m；

$[H_s]'$——修正后的泵的允许吸入高度，m；

h_{A-s}——吸入管路的总流动损失，m；

v_s——吸入管路内的流速，m/s；

p_A——吸入罐的液面压力，一般为常压，Pa。

（六）提高离心泵抗汽蚀性能的措施

由于泵不发生汽蚀的条件是：$\Delta h_a>\Delta h_r$，因此提高离心泵抗汽蚀性能的措施有两个途径：一是改进泵进口的结构参数，使泵具有尽可能小的必需汽蚀余量Δh_r，或采用耐汽蚀材料，以提高泵的使用寿命；另一方面正确合理地设计吸入管路尺寸、安装高度等，使泵入口处有足够的有效汽蚀余量Δh_a，从而使泵不发生汽蚀。

1. 提高离心泵本身抗汽蚀性能的措施

（1）改进叶轮进口的几何形状，如适当加大叶轮吸入口直径D_0和叶片入口边宽度b_1，合理改进叶轮吸入口或吸入室的形状。

（2）采用双吸式叶轮。双吸式叶轮相当于两个单吸叶轮背靠背的合并在一起工作，每个叶轮通过 1/2 的泵流量。对整个叶轮来说相当于维持了原单吸的吸入性能，而流量却加大一倍。若流量Q、转速η和比转数n_s相同的两台泵，则双吸叶轮泵的Δh_r与单吸叶轮泵的Δh_r之比等于 0.63，所以双吸叶轮具有较好的抗汽蚀性能。

（3）采用合理的叶片进口边位置及前盖板的形状。实验说明，叶片进口边向吸入口延伸越多，抗汽蚀性能越好；前盖板圆弧半径越大，抗汽蚀性能越好。

(4) 采用诱导轮。诱导轮装在泵的第一级叶轮的前面，又称为前置诱导轮，当液体流过诱导轮时，诱导轮对液体做功而增加能量，相当于对进入后面叶轮的液体起了增压作用，从而提高了泵的吸入性能。

(5) 采用抗汽蚀材料。当受使用条件所限，不可能完全避免发生汽蚀时，应采用抗汽蚀材料制造叶轮，以延长叶轮的使用寿命。实践证明，材料的韧性和强度越高，硬度和化学稳定性越高，叶轮流道表面越光滑，则抗汽蚀性能越好。

综上所述，防止汽蚀的方法有：①改善进口条件，如改进和合理设计进口流程；②保持一定进口液面高度，一般大罐水位不低于 3.5m，必要时进口增设加压泵，提高进口压力或组装诱导轮改善进口条件等；③合理设计叶轮流道和提高铸造精度；④改进叶轮材质和进行流道喷镀。

2. 提高装置的有效汽蚀余量 Δh_a 的措施

由 $\Delta h_a=\frac{p_A}{\rho g}-\frac{p_t}{\rho g}-H_{gl}-h_{A-s}$ 可知，增大吸液罐的液面上的压力 p_A，合理确定泵的几何安装高度 H_{gl}，都可以提高装置的有效汽蚀余量 Δh_a，从而使泵不发生汽蚀。所以常采用正压进泵，即吸液罐的液面高于泵轴线位置，可大大提高 Δh_a。油田注水站内的注水泵至少要有 2m 以上的灌注头。

此外，尽量减小吸入管路的阻力损失，降低液体的饱和蒸气压，即在设计时尽可能选用管径大些，长度短些，弯头和阀门少些，输送液体的温度尽可能低些等措施，都可提高装置的有效汽蚀余量。若工作条件允许，适当地减小泵的流量或转速，也可避免泵发生汽蚀的可能。

3. 如何避免或减轻离心泵汽蚀

(1) 加大泵的吸入管线，改造和更换泵的进口管线；

(2) 密切观察大罐水位，尽可能保证高水位和泵的吸入压力；

(3) 保持离心泵较高的排量和扬程；

(4) 运行中发生汽蚀，应立即提高储水罐水位、泵压，降低排量。

六、离心泵的运行维护与管理

要想运行管理好注水泵，还必须了解离心泵机组的安装、试运、操作、维护保养和故障诊断等方面的基本知识。本节主要讨论高压离心注水泵在以上几方面的有关内容。

(一) 机泵安装

对于机泵运转是否平稳、使用寿命长短和以后维修等工作，在很大程度上取决于安装质量的好坏。一台机泵如果安装的好，符合质量要求，运转起来就不容易发生故障，维护检修也比较方便。因此，安装校正工作一定要按有关规定进行。

1. 机泵安装技术要求

泵的组装由安装单位进行，检查验收由使用单位负责。

(1) 泵壳件检验

① 检查盖和泵下体有无残存铸造气孔，砂眼、结瘤、流道光滑程度。

② 检查接合面的加工精度、光洁度及介质导向机械密封孔道是否畅通。

(2) 泵轴件检验

① 检查轴表面，不允许有裂纹、磨损、擦伤和锈蚀等缺陷，泵轴允许弯曲程度：轴

中部弯曲不得大于0.05mm，轴颈处不得大于0.015mm。如发现泵轴不合格时，及时向安装单位提出进行校直或换轴。

② 检查轴颈圆度，(轴颈两端轴径的差)允许为0.02mm，椭圆度不大于0.02mm。

③ 检查键槽中心线对轴中心线的不同轴度为0.03/100。

④ 检查轴瓦表面，不应有裂纹、脱层、乌金内夹砂及金属屑等缺陷。轴瓦安装时，(用压铅丝方法)测轴瓦与轴颈间的间隙，对于转数1500r/min的顶间隙，取轴颈的1.5/100~2/100，两侧间隙为顶间隙的1/2。

⑤ 采用油环润滑的轴承，油环槽两侧要光滑，以保证油环自由转动，轴承安装时，要测轴承间隙，轴承间隙要求达到出厂技术标准。

(3) 叶轮检验

① 检查叶轮铸造是否有气孔、砂眼、裂纹、残存铸造砂等缺陷，流道光滑程度，外形是否对称。

② 新更换叶轮时，要做静平衡试验，叶轮的静平衡不平衡量允许差值按表3-2的有关规定执行。

表3-2 不同直径叶轮静平衡允差表

叶轮直径 *D*/mm	叶轮最大直径的静平衡允差/g	叶轮直径 *D*/mm	叶轮最大直径的静平衡允差/g
≤200	3	401~500	10
201~300	5	501~700	15
301~400	8		

③ 检查叶轮轮毂两端对轴线的不垂直度，不得大于0.01mm。

(4) 转子件检验

① 转子窜量不大于0.01~0.15mm。

② 检查轴套、叶轮与轴不同心度不大于0.01mm。

③ 检查转子晃动度。

各项跳动允差见表3-3~表3-7。

表3-3 轴颈、轴套、叶轮径向、端面跳动允差

单　位	轴颈处/mm	轴套处/mm	口环处/mm	叶轮边缘/mm
径向跳动	0.02	0.05	0.08	0.5
端面跳动			0.05	0.2

表3-4 密封环外径径向跳动允差

名义尺寸/mm	50	50~120	120~260	260~500
跳动允差/mm	0.06	0.08	0.09	0.10

表3-5 轴套、挡套、平衡盘外国径向跳动允差

名义尺寸/mm	50	50~120	120~260	260~500
跳动允差/mm	0.03	0.04	0.05	0.06

表 3-6 平衡盘端面跳动允差

名义尺寸/mm	50~120	120~260	260~500
跳动允差/mm	0.04	0.05	0.06

表 3-7 装有机械密封轴和轴套径向跳动允差

轴或轴套直径/mm	16~18	30~60	65~80	85~100
径向跳动允差/mm	0.06	0.08	0.10	0.12

④ 轴、叶轮与轴承肩，轴套两端面以协同中心线的不垂直度应小于 0.5mm。

⑤ 轴与轴固定接合的圆柱面必须同心，不同心度不得大于 0.01mm。

(5) 填料压盖、填料环检验

① 填料压盖与轴套直径间隙一般为 0.75~1.0mm。

② 填料压盖端面与轴的中心线允许不垂直度为填料压盖外径的 1/100。

③ 填料压盖外径与填料箱内径间隙一般为 0.1~0.15mm。

④ 填料环与轴套外径间隙一般为 1.0~1.5mm。

⑤ 填料环的端面与轴中心线的不垂直度允许为填料环外径的 1/1000。

⑥ 填料环外径与填料箱内径间隙为 0.15~0.2mm。

(6) 泵体、叶轮口环检验

检查泵体口环与叶轮口环径向间隙见表 3-8 规定。

表 3-8 泵体口环与叶轮口环间隙表

口环直径/mm	安装间隙/mm	报废间隙/mm	口环直径/mm	安装间隙/mm	报废间隙/mm
80~120	0.25~0.44	0.96	180~220	0.4~0.63	1.30
120~150	0.30~0.50	1.20	220~250	0.4~0.68	1.30
150~180	0.30~0.56	1.20			

(7) 机泵同心度检验

① 联轴器与轴采用 *D/gc* 配合如表 3-9。

② 联轴器拆除必须用专用工具，联轴器表面要保光洁，不得用锤敲打，不许有碰伤。

③ 联轴器的找同心，每半个联轴器装在轴上，其端面跳动不得超过表 3-10 的规定。

④ 两个半联轴器连接前，将两轴作相对转动，任何螺丝对准时，柱销应均能自由穿入各孔。

⑤ 两个半联轴器连接后，端面的间隙应略大于轴向窜量，并符合表 3-10 的规定。

⑥ 联轴器连接找正检查同心的方法与机组找同心方法相同。

⑦ 机泵安装后，要按技术规范、质量标准检验合格。

表 3-9 *D/gc* 配合松紧程度表

直径/mm	*D/gc*		直径/mm	*D/gc*	
	间隙/mm	过盈/mm		间隙/mm	过盈/mm
18~30	0.021	0.017	80~120	0.032	0.026
30~50	0.024	0.020	120~180	0.036	0.030
50~80	0.024	0.023			

表 3-10　半联轴器对轴跳动和两轴不同心允差

联轴器外形最大直径/mm	半联轴器对轴径向跳动允差/mm	半联轴器对轴端面跳动允差/mm	两轴不同心度不应超过	
			径向位移/mm	倾斜
105~170	0.07	0.16	0.05	0.2/1000
190~260	0.08	0.18	0.05	0.2/1000
190~350	0.09	0.20	0.10	0.2/1000
410~500	0.10	0.25	0.10	0.2/1000

2. 高压泵机组的安装工艺方法

（1）泵基础合格后可放线，中心线应以基准线量得。

（2）垫铁、地脚螺栓、基础孔壁、上平面应符合标准。

（3）机、泵吊装就位时，不得将钢丝绳、索具等直接绑扎在加工面上，并严禁碰撞，敲击。

（4）按指定的位置放好垫铁，将机、泵平稳就位。

（5）就位后可按基础中心线与机、泵中心找正，使之两线重合。

（6）泵的标高、纵、横中心线基本重合后调整垫铁，并采用方框千分水平仪操平。

（7）机、泵纵向中心线是以轴中心为准，横向中心线以泵出口管的中心为准，纵、横中心线应符合图纸要求，若无要求时，允许偏差为±5mm，标高允许偏差为±10mm。

（8）安装时电机与泵联轴器轴向间隙应按图纸规定留出，无规定时应在 4~6mm 之间。

（9）机、泵安装经检查各项要求符合规定后，方可二次灌装。

（10）联轴器找正质量要求见表 3-11。

表 3-11　联轴器找正质量要求

名称	连接形式	径向间隙（外圆）/mm	轴向间隙（平面）/mm
联轴器	弹性圆柱销	≤0.08	≤0.06

3. 联轴器找正法

（1）中小型机泵

中小型机泵一般用直尺或平直物找正。

直尺找正法：将直尺紧靠在电动机一侧的半联轴器的外圆上，检查泵一侧半联轴器外圆与直尺之间是否有间隙。采用直尺找正时，应用直尺从联轴器的水平和垂直两个方向，分上、下、左、右四个位置进行检查，保证两轴心线在同一直线上，联轴器的径向允差在 0.10mm 以下，再将塞尺或块规插入联轴器之间、从联轴器的水平和垂直两个方向看，分上、下、左、右四个位置进行测量两半联轴器在垂直平面内的间隙是否相等，间隙相等表示机泵轴完全平行，端面的不平行度允差在 0.10mm 以下。

当机泵轴同心状态不在要求范围内时，通过调整垫片来找正。可先将电动机完全固定好，以电动机为基准，通过增减泵的四个地脚螺丝处的垫片数量来找正。待中心校正后，拧紧机组与底座连接螺丝和联轴器螺栓。

注意：机泵地脚调整垫片不宜过多。

（2）大型机泵

大型机泵使用两块百分表找正，这种方法较精确。装好联轴器联结螺栓后，将联轴器找正架卡在泵或电动机半联轴器上，然后将测量径向和轴向的两块百分表对准被测联轴器，分上、下、左、右四个点进行测量，并分别从百分表上读取记录测量值。将上、下、左、右测量值分别相加，即可计算出径向偏差。用同样的方法可得出轴向偏差。找正不能一次成功，应盘动联轴器一周对测量值进行复核，两侧测量值应相等。一般的注水泵误差是径向和轴向不超过 0. 10mm。

当机泵轴同心状态不在要求范围内时，通过调整垫片来找正。可先将电动机完全固定好，以电动机为基准，通过增减泵的四个地脚螺丝处的垫片数量来找正(也可以以泵为基准，调整电动机)。待中心校正后，拧紧机组与底座连接螺丝和联轴器螺栓。

注意：机泵地脚调整垫片不宜过多。机组试运后，还需用百分表检查一次找正的误差，并与冷态时对比，最后调整到所要求的误差范围内。

4. 电动机的安装

(1) 电动机外壳应有良好的接地，如电动机底座与基础框架能保证可靠的接触，则可将基础框架接地。

(2) 电动机底座上部的垫板应进行研磨，垫板与机爪间接触面应达到 75%以上，用 0. 50mm 塞尺检查，大中型电动机不应塞进 5mm，小型电动机不应塞进 10mm。为了方便找平，在机爪下允许垫金属垫片。

(3) 检查电动机轴承底面与支承框架结合面，必须清理干净，使其接触均匀良好。

(4) 安装滑动轴承时，转子的轴向窜量应按表 3-12 的规定进行检查。

表 3-12　电动机转子轴向窜动范围

电动机容量/kW	轴向窜动范围/mm	
	向一侧	向两侧
30~70	1. 00	2. 00
70~25	1. 50	3. 00
125 以上	2. 00	4. 00
轴颈直径大于 200mm	2/100 轴颈直径	2/100 轴颈直径

(5) 检查测定电动机的定子绕组在运行温度下的绝缘电阻值，不得小于 1MΩ/kV，电压在 1kV 以下和容量在 100kW 以下的，其绝缘阻值不得小于 0. 5MΩ，转子绕组的绝缘阻值不得小于 0. 5MΩ。

(6) 电动机在试运下，滑动轴承温度不超过 70℃，滚动轴承不超过 75℃，电动机温升不超过 80℃。

(7) 检查验收电动机安装记录和技术资料。

(二) 机泵试运

1. 试运前的检查

(1) 供水系统是否正常，供水量是否能满足试运要求；

(2) 供电系统是否达到使用要求，电气仪表配套齐全，电气设备接地良好，电动机的绝缘电阻在 5~7MΩ；

(3) 泵的部件、仪表齐全良好，冷却系统及润滑系统可满足泵试运要求；

(4) 联轴器和两轴是否同心，端面间隙是否在 3~6mm 之间，各部固定螺丝是否紧固，防护罩是否上好；

（5）试运使用的工具、量具及记录报表是否齐全；

（6）提前通知变电所，提出合闸要求并得到允许。

2. 注水机泵试运

（1）电动机空试

① 首先确定电动机正反转，电动机转向应与泵相符；

② 电动机转向符合泵的要求以后，开始空运电动机、检查电压、电流、振动、轴瓦温度，空试电动机时间一般 8h 为宜；

③ 待电动机空运合格后，将联轴器连接螺丝装好，将对轮护罩装好，进行机泵联合试运。

（2）机泵联合试运

① 开泵的进口阀门及出口放气阀，灌泵排气，排完后关闭出口放气阀；

② 打开冷却系统及润滑油系统的有关阀门，使油压、水压合乎要求；

③ 盘泵 3~5 圈，无轻重不均感觉；

④ 按动配电柜启动按钮，待电流下降，出口泵压上升，平稳打开泵出口阀门；

⑤ 试运时间：单机 500kW 以下试运 4h，500kW 以上试运 8h 以上，试运时及时录取资料并做好记录。

3. 试运时的检查及注意事项

（1）滑动轴承温度不得大于 65℃，滚动轴承温度不得超过 75℃；

（2）机泵振幅一般不允许大于 0.06mm；

（3）泵密封漏失量以滴水为合格；

（4）机泵运转正常，无杂声；

（5）各附属设备工作正常无渗漏；

（6）流量、扬程、电流等参数达到设计要求，试运时间达到后，按停泵要求做好停泵工作。

（三）高压离心注水泵机组的操作

1. 启泵操作

（1）注水泵启动前的准备工作

① 注水泵站启泵前，首先检查电机和注水泵循环油路是否畅通，分油压调整到 0.074~0.083MPa，并注意空试低油压保护和低水位保护必须灵敏可靠。注水泵轴瓦油盒油位应在规定的高度上，油环在正常位置，检查联轴器间隙是否合适，然后扳动转子检查窜量，按泵的旋转方向盘泵 2~3 圈，无发卡现象，联轴器螺栓不松动，护罩位置适当，四周无妨碍机泵运行的物品。

② 检查大罐水位，关闭排污阀，打开进口压力表阀门，泵进口阀门，放空阀门，轴瓦冷却水管线阀门，防尘环要紧扣在轴上。同时察看各种仪表，包括机泵进出口压力表、管压表、平衡管压表、润滑油压表及配电盘上的各种仪表，做到准确无误。

③ 检查油箱油品有无进水现象，如有此情况发生必须要及时更换，或过滤除掉水，以防造成烧瓦。打开泵出口放空阀放空，确认无气泡后关闭放空阀门。检查泵出口阀门应灵活好用，并关闭出口阀门，做好启动控制准备工作。打开机泵冷却水循环阀门，控制好冷却水量和压力，待上述准备无误后方可进行启动操作。

(2) 注水泵启泵的操作

高压离心注水泵机组是大型动力设备，电压等级一般在6000V，启动电流很大。所以，启泵时必须由技术人员在现场监护，并由电工配合操作。首先向变电所控制室发出要求合闸信号，待得到允许启动信号时方可启泵。然后由电工按动配电柜电动机启动控制盘上的电动机启动按钮，电动机启动后电流迅速下降，待电流降到空载运行电流或泵压升到额定压力时(一般时间为3~8s)，再平稳打开泵出口阀门，并逐渐调整到正常注水压力。

泵启动正常后，应及时检查电压、电流、平衡压力、吸入压力，润滑油压、出口压力等变化情况；检查润滑油温和轴瓦温度，将分油压降到0.054~0.064MPa之间；查看油盒内油位、油色和油环带油情况，听机泵声音及振动等情况，查看密封的漏水量，必要时进行调整，以不发热、不刺水为宜。

运行正常后，随时观察罐位，防止抽空，并在机组上挂运行牌。

(3) 注意事项

启泵时非操作人员应离泵机组3m以外，操作人员要严格按启泵操作规程进行，不得强行启动机泵。操作人员要精力集中，禁止在泵管压差较大的情况下开着泵出口阀启动。

电动机启动后又停机时，必须查明原因。二次启动间隔时间应在30min以上。泵启动后，一定待电流指针降到空载电流时方可打开出口阀门，否则应及时停机检查。

泵启动时，发现泵压、电流波动较大，压力低，声音异常时，应立即停泵查明原因。

注水泵机组正常运行时的注意事项：

① 注意泵压、电流、电压的变化情况，电动机实际工作电流不允许超过额定工作电流；

② 注意泵的轴承温度，滚动轴承温度不得超过80℃，滑动轴承温度不得超过70℃；

③ 检查机油盒的油位及油环的工作情况，润滑部位低于规定油位时，必须增加润滑油；

④ 检查电动机轴承温度不超过80℃，定子绕组温度在允许范周之内；

⑤ 检查密封圈漏失量是否正常，密封盒温度是否过高、发烧、冒烟等，否则要采取措施进行排除和调节；

⑥ 听机泵各部位声音是否正常，如有噪声或不正常异响，应停泵查明原因并处理；检查电动机及泵体振动情况，若超过规定范围应立即停机检查；

⑦ 检查泵和管路各部位有无漏水和漏气现象，要保证泵的吸入部分不漏气，否则影响泵正常的工况。

(4) 启泵时易出现的故障

① 判断润滑油进水的方法

如油中进水过多，则在油环的拨动下，从看窗中可观察出油液显乳白色(注：油温度低或油中微小气泡很多时，油液也显乳白色)。从放油孔放油时，可发现下部有水流出。如果运行时间过长，轴瓦比较热，油液就可变为黄锈色或灰黑色，这就证明锈蚀和磨损情况较严重。采用强制润滑的油进水时，可以取油样进行化验，便可立即得出结果。在油箱下面的放油孔放出油液可以看出油中是否带水珠。

② 离心泵汽蚀现象

离心泵汽蚀现象是经常遇到的问题，泵产生汽蚀后，泵的流量和扬程下降，泵压表和电流表指针摆动，泵体振动并伴有很大的噪声。泵的汽蚀，不仅严重影响泵的流量和效率，而且会很快侵蚀泵内零部件，甚至使整个泵毁坏。因此，在使用中不允许有汽蚀现象。

产生汽蚀现象的原因：启泵前未放空或放空不彻底；大罐水位过低；吸入端管线、过滤器堵塞，进口阀门闸板脱落；密封圈及连接部位密封不严进气；输送水温过高或流量控制得过小；开泵台数过多，相互争水等。

2. 停泵操作

（1）停泵操作

首先与生产调度或有关单位取得联系，然后缓慢关闭泵的出口阀门。待阀门接近关闭，电流降至空载电流时，电工应立即按动电动机停止按钮，泵工迅速关死出口阀门，切断电源。然后注意观察泵停转情况，待机组惯性空转停稳之后，盘车 2~3 圈，关闭泵进口阀门，打开泵排污阀或放空阀。切断机泵润滑油回路和冷却水回路，挂上设备停运标志牌，并做好停运记录，控制好大罐水位，向调度或有关单位汇报。

停泵时，首先要把电流降至空载电流，然后按动按钮停泵，以防止机泵发生故障，保护机泵的安全。

（2）紧急停泵

紧急停泵是事故状态下所应采取的首要措施，停泵时必须做到迅速、沉稳、果断。当出现下列情况之一时，必须紧急停泵：

① 由于设备运行而引起的人身事故。

② 轴瓦温度超过规定或供油中断，危及设备安全运行。

③ 机泵出现不正常响声或剧烈的振动。

④ 电机电流突然发生较大幅度的波动。

⑤ 机泵温度因超过规定值而发生冒烟或出现焦糊味。

⑥ 泵抽空或发生汽蚀现象，泵压变化异常，泵身发烫。

⑦ 泵油盒进水、润滑油严重变色或含水过高。

⑧ 管压高、泵排量很小或排不出水，效率极低。

⑨ 泵体刺水、机泵转子移位或注水站系统发生刺漏、管线破裂等事故。

⑩ 运行设备或注水站内发生火灾。

（3）注意事项

正常停泵时，一定要把电流降下来，当电流接近空载电流时，按动停泵按钮，以保证电机和泵的安全。

按动停泵按钮，电流表指针归零后，观察转子惰走情况，观察有无阻卡或反转现象。

开多台泵时，如其中有一台停止运行，应立即检查并调整另外几台泵运行参数，以免电动机过载出现其他问题。立即调整控制好大罐水位，避免大罐水位过低导致泵抽空或大罐水位过高出现溢流冒罐现象发生。

3. 倒泵操作

当运行机泵发生故障需临时换泵时，应进行倒泵操作如下：

首先，按启泵前应检查的内容，认真检查备用泵机组，达到启泵条件后，再将准备停用泵的出口阀门关小，控制好排量，注意压力等参数的变化情况，并做好启动备用泵的各项准备工作。然后按照有关规定与相关单位进行联系并供电。

然后由一人操作，一人监护，按照启泵的操作方法启动备用泵，调节好压力与排量。同时按照停泵要求及操作步骤，停下欲停用的机泵。同时，认真检查电流、电压、进出口压力及润滑压力等有关参数有无明显变化，倒完泵之后，要做好各项记录，向上级有关部门汇报并与有关单位做好联系。

4. 高压离心注水泵检查的技术要求与规范

（1）用兆欧表测量注水电动机绝缘阻值，6000V 电动机用 2500V 级的兆欧表测量电动机定子线圈的绝缘电阻，电阻值在电动机热态下每千伏绝缘电阻值应不小于于 1MΩ，一般在常温下应大于 500MΩ，不同温度下，绝缘电阻值见表 3-13。

表 3-13　不同温度下的绝缘电阻值

定子线圈温度/℃	10	20	30	40	50	60	70	80
电阻/MΩ	540	280	140	70	35	17	9	6

（2）电动机运行电压最高不超过额定电压的 10%，最低不低于额定电压的 5%。若电压不正常，应及时与供电单位联系进行调整。

（3）电动机的实际运行电流不得超过其额定电流。

（4）泵机组轴瓦温度一般保持在 45℃，不得超过 70℃，轴瓦油温不得超过 65℃，风冷电动机进口风温不高于 40℃，水冷电动机进口水温不高于 33℃，出口水温不高于 63℃。调整控制好冷却水量。

（5）电动机定子、转子温升应符合以下规定：

A 级绝缘不超过 60℃；E 级绝缘不超过 65℃；B 级绝缘不超过 75℃；F 级绝缘不超过 85℃；H 级绝缘不超过 95℃。

（6）机泵轴瓦振幅不大于表 3-14 规定，泵内应无金属摩擦声、水击声等其他异响。

表 3-14　不同转速下的机泵振动最大值

额定转速/(r/min)	3000	1500	1000	750 以下
振幅值(双振幅)/mm	0. 06	0. 1	0. 13	0. 16

（7）泵前后密封圈漏失量一般在 30～50 滴/min 为宜，密封圈松紧适宜，不过热、不冒烟、不甩水。

（8）润滑油应无变色、无变质，油环带油正常，润滑油路应畅通无阻，阀门及连接处不渗不漏，润滑油总油压应控制在 0. 15～0. 20MPa，分油压应控制在 0. 05～0. 10MPa，看窗油位应在 1/3～1/2。

（9）大罐应保持一定的水位，一般不得低于 2. 5m，保证泵进口的吸入压力。

（10）及时进行调整控制泵压、排量、平衡管压、冷却水压力等生产参数，使之达到工艺规定的要求。

5. 高压离心注水机泵运行检查内容

（1）运行泵机组的电流、电压变化情况。

（2）泵机组轴瓦温度、润滑油温度、电动机定子温度、冷却水温度情况。

（3）泵机组声音及振动情况。

（4）泵前后密封圈漏失及密封盒下水畅通情况。

（5）泵压、平衡管压、冷却水压力等变化情况。

（6）润滑油路及油盒看窗油位、油色、油质、油环带油等变化情况。

（7）大罐水位的变化情况。

（四）高压离心注水泵机组的操作

1. 启泵操作

（1）注水泵启动前的准备工作

① 注水泵站启泵前，首先检查机泵润滑油路是否畅通，分油压调整到 0.074～0.083MPa，空试低油压保、低水位保护灵敏可靠。注水泵轴瓦油位合适，油环工作正常，检查联轴器间隙、转子窜量在允许范围内，按泵的旋转方向盘泵 2～3 圈无卡阻，联轴器护罩、螺栓齐全、紧固，机泵周围无妨碍运行的异物。

② 检查大罐水位，关闭排污阀，打开进口压力表阀门，泵进口阀门，放空阀门，轴瓦冷却水阀门，防尘环紧扣在轴上。察看各种仪表，包括机泵进出口压力表、管压表、平衡管压表、润滑系统油压表及配电盘各种仪表，做到准确无误。

③ 检查油箱油品有无进水现象，如有发生须及时更换或进行过滤除水，以防造成烧瓦。打开泵出口放空阀放空，确认无气泡后关闭放空阀门。检查泵出口阀门应灵活好用，并关闭出口阀门。打开机泵冷却水循环阀门，控制好冷却水量和压力，待上述准备无误后方可进行启动操作。

（2）注水泵启泵的操作

高压离心注水泵机组是大型动力设备，电压等级一般为 6000～10000V，启动电流很大。首先向变电所控制室发出要求合闸信号，待得到允许启动信号后方可启泵。按动配电柜电动机启动控制盘上的电动机启动按钮，电动机启动后电流迅速下降，待电流降到空载运行电流或泵压升至额定压力时(一般时间为 3～8s)，平稳打开泵出口阀门，调整到正常注水压力。

泵启动正常后，应及时检查电压、电流、平衡压力、吸入压力，润滑油压、出口压力等变化情况；检查润滑油油温和轴瓦温度，将分油压降到 0.054～0.064MPa；查看油盒内油位、油色和油环带油情况，听机泵声音及振动等情况，查看轴封漏水量，必要时进行调整，以不发热、不刺水为宜。

运行正常后，调整控制罐位，防止抽空，在机组上挂运行牌。

（3）注意事项

启泵时非操作人员应离泵机组 3m 以外，操作人员严格按启泵操作规程启泵，不得强行启动机泵，禁止在泵管压差较大的情况下开着泵出口阀启动。

电动机启动后又停机时，必须查明原因。二次启动间隔时间应在 30min 以上。泵启动后，一定待电流表指针降到空载电流或泵压升至额定压力时方可打开出口阀门，否则应及时停机检查。

泵启动时，发现泵压、电流波动较大，压力低，声音异常时，应立即停泵查明原因。

注水泵机组正常运行时的注意事项：

① 注意泵压、电流、电压的变化情况，电动机实际工作电流不允许超过额定工作电流；

② 注意泵的轴承温度，滚动轴承温度不得超过 80℃，滑动轴承温度不得超过 70℃；

③ 检查机油盒的油位及油环的工作情况，油位低于规定油位时，必须添加润滑油；

④ 检查电动机轴承温度不超过 80℃，定子绕组温度在允许范周之内；

⑤ 检查密封圈漏失量是否正常，密封盒温度是否过高、发烧、冒烟等，否则要采取措施进行排除和调节；

⑥ 听机泵各部位声音是否正常，如有噪声或不正常异响，应停泵查明原因并处理；检查电动机及泵体振动情况，若超过规定范围应立即停机检查；

⑦ 检查泵和管路各部位有无漏水和漏气现象，要保证泵的吸入部分不漏气，否则影响泵正常的工况。

(4) 启泵时易出现的故障

① 判断润滑油进水的方法

如油中进水过多，则在油环的拨动下，从看窗中可观察出油液显乳白色(注：油温度低或油中微小气泡很多时，油液也显乳白色)。从放油孔放油时，可发现底部有水流出。如果运行时间过长，轴瓦比较热，油液可变为黄锈色或灰黑色，这就证明锈蚀和磨损情况较严重。采用强制润滑的油进水时，可以取油样进行化验，便可得出结果。在油箱底部放油孔放出油液可以看出油中是否带水珠。

② 离心泵汽蚀现象

离心泵汽蚀现象是经常遇到的问题，泵产生汽蚀后，泵的流量和扬程下降，泵压表和电流表指针摆动，泵体振动并伴有很大的噪声。泵的汽蚀，不仅严重影响泵的流量和效率，而且会很快侵蚀泵内零部件，甚至使整个泵毁坏。因此，在使用中不允许有汽蚀现象。

产生汽蚀现象的原因：启泵前未放空或放空不彻底；大罐水位过低；吸入端管线、过滤器堵塞，进口阀门闸板脱落；密封圈及连接部位密封不严进气；输送水温过高或流量控制得过小；开泵台数过多，相互争水等等。

2. 停泵操作

(1) 停泵操作

首先与生产调度或有关单位取得联系，然后缓慢关小泵的出口阀门。待阀门即将关闭，电流降至空载电流或泵压升至额定压力时，立即按动电动机停止按钮，关闭出口阀门，切断电源。然后注意观察泵停转情况，待机组惯性空转停稳之后，盘车 2~3 圈，关闭泵进口阀门，打开泵排污阀或放空阀。切断机泵润滑油回路和冷却水回路，挂设备停运标志牌，并做好停运记录，控制好大罐水位，向调度或有关单位汇报。

停泵时，首先要把电流降至空载电流，然后按动按钮停泵，以防止机泵发生故障，保护机泵的安全。

(2) 紧急停泵

紧急停泵是事故状态下采取的首要措施，停泵时必须做到迅速、沉稳、果断。当出现下列情况之一时，必须紧急停泵：

① 由于设备运行而引起的人身事故。

② 轴瓦温度超过规定或供油中断，危及设备安全运行。

③ 机泵出现不正常响声或剧烈的振动。

④ 电机电流突然发生较大幅度的波动。

⑤ 机泵温度因超过规定值而发生冒烟或出现焦糊味。

⑥ 泵抽空或发生汽蚀现象，泵压变化异常，泵身发烫。

⑦ 泵油盒进水、润滑油严重变色或含水过高。

⑧ 管压高、泵排量很小或排不出水，效率极低。

⑨ 泵体刺水、机泵转子移位或注水站系统发生刺漏、管线破裂等事故。

⑩ 运行设备或注水站内发生火灾。

（3）注意事项

正常停泵时，一定要把电流降下来，当电流接近空载电流时，按动停泵按钮，以保证机泵的安全。

按动停泵按钮，电流表指针归零后，观察转子惰走情况，观察有无阻卡或反转现象。

开多台泵时，如其中有一台停止运行，应立即检查并调整另外几台泵运行参数，以免电动机过载出现其他问题。调整控制好大罐水位，避免大罐水位过低导致泵抽空或大罐水位过高出现溢流、冒罐现象发生。

3. 倒泵操作

当运行机泵发生故障需临时换泵时，应进行倒泵操作如下：

首先，按启泵前应检查的内容，认真检查备用泵机组，再将停用泵的出口阀门关小，控制好排量，注意压力等参数的变化情况，并做好启动备用泵的各项准备工作。然后按照有关规定与相关单位进行联系并供电。

然后由一人操作，一人监护，按照启泵的操作方法启动备用泵，调节好压力与排量。同时按照停泵要求及操作步骤，停下欲停用的机泵。同时，认真检查电流、电压、进出口压力及润滑压力等有关参数有无明显变化，倒完泵之后，要做好各项记录，向上级有关部门汇报并与有关单位做好联系。

4. 高压离心注水泵检查的技术要求与规范

（1）用兆欧表测量注水电动机绝缘阻值，6000~10000V 电动机用 2500V 级的兆欧表测量电动机定子线圈的绝缘电阻，电阻值在电动机热态下每千伏绝缘电阻值应不小于 1MΩ，不同温度下，绝缘电阻值见表 3-15。

表 3-15　不同温度下的绝缘电阻值

定子线圈温度/℃	10	20	30	40	50	60	70	80
电阻/MΩ	540	280	140	70	35	17	9	6

（2）电动机运行电压最高不超过额定电压的 10%，最低不低于额定电压的 5%。若电压不正常，应及时与供电单位联系进行调整。

（3）电动机的实际运行电流不得超过其额定电流。

（4）泵机组轴瓦温度一般保持在 45℃，不得超过 70℃，轴瓦油温不得超过 65℃，风冷电动机进口风温不高于 40℃，水冷电动机进口水温不高于 33℃，出口水温不高于 63℃。调整控制好冷却水量。

（5）电动机定子、转子温升应符合以下规定：A 级绝缘不超过 60℃；E 级绝缘不超过 65℃；B 级绝缘不超过 75℃；F 级绝缘不超过 85℃；H 级绝缘不超过 95℃。

（6）机泵轴瓦振幅不大于表 3-16 规定，泵内应无金属摩擦声、水击声等其他异响。

表 3-16　不同转速下的机泵振动最大值

额定转速/(r/min)	3000	1500	1000	750 以下
振幅值(双振幅)/mm	0.06	0.1	0.13	0.16

（7）泵前后密封圈漏失量一般在 30~50 滴/min 为宜，密封圈松紧适宜，不过热、不冒烟、不甩水。

（8）润滑油应无变色、无变质，油环带油正常，润滑油路应畅通无阻，阀门及连接处不渗不漏，润滑油总油压应控制在0.15~0.20MPa，分油压应控制在0.05~0.10MPa，看窗油位应在1/3~1/2。

（9）大罐应保持一定的水位，一般不得低于3m，保证泵进口的吸入压力。

（10）及时进行调整控制泵压、排量、平衡管压、冷却水压力等生产参数，使之达到工艺规定的要求。

5. 高压离心注水机泵运行检查内容

（1）运行泵机组的电流、电压变化情况。

（2）泵机组轴瓦温度、润滑油温度、电动机定子温度、冷却水温度情况。

（3）泵机组声音及振动情况。

（4）泵前后密封圈漏失及密封盒下水畅通情况。

（5）泵压、平衡管压、冷却水压力等变化情况。

（6）润滑油路及油盒看窗油位、油色、油质、油环带油等变化情况。

（7）大罐水位的变化情况。

（五）高压离心注水泵的维护保养

1. 注水泵例行保养作业操作规程

运行8h由值班人员进行例行保养作业。

（1）检查泵和电动机轴承运行情况，润滑油油质和油量，必要时停机更换或补充。

（2）检查和调整密封漏失情况，防止漏失量过大，水进入轴承。

（3）检查、紧固各部螺栓，确保无松动、滑扣现象。

（4）处理低压流程一般渗漏。

（5）做好机组清洁卫生工作。

（6）检查各种仪表灵敏、准确，如有问题及时上报。

2. 注水泵一级保养作业操作规程

运行1000h±8h由值班人员进行一级保养作业。

（1）检查机泵联轴器减震胶圈是否完好，连接螺栓有无松动、滑扣，受力是否均匀。

（2）检查填料函泄漏量及轴套磨损情况，调整填料压盖松紧度，要达到不发烧、不冒烟、不刺水，渗漏量在30~50滴/min；更换密封填料，做到压盖平行端正，压入1/2；轴套无明显磨损和损坏。

（3）测量机组轴向间隙，检查泵前后轴承有无明显磨损，轴套端面磨损量不超过2~3mm。

（4）清洗轴瓦和轴承室，更换润滑油。润滑油室应清洁无杂质，润滑油颜色正常、无杂质，油量合适，油环无毛刺、变形。润滑油位应在看窗的1/2~1/3为宜。

（5）打开过滤器，检查清洗和更换过滤网，达到清洁畅通，滤网无损坏。

（6）检查校对各种仪表，更换新表。仪表应达到校验合格、量程合适、指示准确灵敏。

（7）测量电机绝缘电阻，检查电机接线头及接地线有无松动、烧损和漏电。

（8）检查紧固各连接部位，处理渗漏，搞好机组清洁卫生。

3. 注水泵二级保养作业操作规程

运行3000h±24h进行二级保养作业。

（1）完成一级保养内容。

(2) 检查测量泵前后轴承轴瓦间隙，必要时进行调整或更换。

(3) 检查联轴器中心允差，径向允差 0.06mm，轴向允差 0.06mm，间隙 4~6mm，胶圈数量、间隙是否正常。

(4) 检查平衡装置，看平衡压力是否在规定范围内，平衡盘与平衡套有无磨损，并调整轴窜量，窜动量在 2~6mm，必要时检修或更换新件。

(5) 检查注水电动机轴瓦并测量其间隙，更换润滑油，润滑油室内清洁无杂质，油色、油位正常，油环带油正常。

(6) 测量机组振动情况。转速 1500r/min 以下的泵运行时，振幅不大于 0.09mm，转速 1500r/min 以上的泵运行时，振幅不大于 0.06mm。

4. 注水泵三级保养作业操作规程

运行 10000h±48h，由专业泵修理工进行。

(1) 完成二级保养内容。

(2) 拆卸泵上的所有管路，进行检查清洗，确保畅通无渗漏。

(3) 检查联轴器螺丝及胶圈磨损情况。

(4) 清洗检查轴瓦，达到乌金无脱落、起皮、断裂现象，轴瓦与轴接触均匀。顶间隙、侧间隙符合要求(顶间隙一般为轴颈的 2/1000，侧间隙为轴颈的 1/1000)。

(5) 清洗检查平衡机构磨损情况，必要时对接触面进行维修或更换，并调整轴向间隙和径向间隙，达到规定要求。

(6) 分解泵体：

① 卸下出水段地脚螺丝和穿杠螺丝，将出水段移位。

② 清洗过流部件表面水垢、油污。

③ 检查、测量各部配合间隙。叶轮与口环的配合间隙及过盈量不应超过规定允许值；口环与导翼配合严密无松动；挡套与承磨套的配合间隙不超过 1.2mm，表面无严重磨损及腐蚀；轴与联轴器配合紧固，且键与键槽配合完好。

④ 校正、检修泵轴。一般轴的最大弯曲度不超过 0.06mm，轴表面光滑无伤痕。

⑤ 叶轮静平衡试验，不大于 5g，转子整体动平衡试验不大于 5.88×10^{-3}N·m。

⑥ 口环和衬套间隙达到规定要求，必要时更换新件。

⑦ 检查叶轮和导翼的冲刷、腐蚀情况，必要时修理或更换。

⑧ 按工艺要求修理中段和进出水段，并做工作压力 1.5 倍的耐压试验。

(7) 转子小组装：安装在轴上的零件其端面平行度允差 0.05~0.08mm，轴套径向跳动量允差 0.03~0.06mm，叶轮出水口与导翼之间的间隙允差 0.10mm。

(8) 整体组装：

① 叶轮出水口中心与导翼对正允差 0.5mm。

② 总窜量不小于 5mm。

③ 盘动转子无偏重现象。

(六) 高压离心注水泵常见故障诊断排除

1. 注水泵启动后泵压高，电流低的原因及处理方法

注水泵启动后泵压高、电流很低，说明注水泵负荷过小，其主要原因是：

(1) 泵出口阀没打开或闸板脱落；

(2) 泵出口止回阀卡死；

(3) 注水干线回压过高；

(4) 泵压表、电流表指示失灵。

出现上述情况时，应立即逐一进行检查，及时进行调整和排除。

2. 判断润滑油中进水的方法

(1) 油盒中进水过多后在油环的拨动下，从看窗观察油液显乳白色(温度低，油中微小气泡很多时，也显乳白色)；从放油孔放油时，可以发现有水流出，如果运行时间过长，轴瓦比较热，油液变为黄锈色或灰黑色，证明锈蚀和磨蚀较严重。

(2) 采用强制润滑的润滑油进(含)水可以取样化验，也可以在油箱底部的放油孔放油液，看油中是否有水珠。

3. 造成电动机或注水泵轴瓦向外窜油的原因

造成轴瓦向外窜油的主要原因是：

(1) 进瓦润滑油压力过高。

(2) 上、下瓦紧固螺栓松动。

(3) 轴承盖垫片破裂或轴承盖螺丝没拧紧。

(4) 轴瓦接触不好，间隙过大或者过小。

(5) 轴瓦损坏或部分损坏。

(6) 回油不畅，有堵塞。

(7) 挡油环密封不好。

4. 启泵后，泵在运行中有异常响声的原因及处理

(1) 噪声很大，振动也加大，电动机电流下降且摆动，泵压表指针摆动也大并且下降，排量降低，这是汽蚀现象。可以采取提高吸入压力和逐渐控制排量的措施，直到异常响声消失为止，情况严重时要立即停泵。

(2) 如果泵内传出无多大变化的“嚓嚓”摩擦声，各种运行参数正常，表明叶轮与导翼或中段等发生轻微的摩擦。这种情况泵可以继续运行，响声在运行一段时间后自行消失。

(3) 泵内出现敲击声，泵的压力变化不大而电流增大或波动，这是由于启动未按操作规程进行，或是其他原因引起定子、转子间出现撞击或严重摩擦，致使口环、衬套脱落下来，此时应立即停机。

5. 油泵打不起压力的原因

(1) 油箱油面低，吸不上油或吸气太多；

(2) 吸油管路、法兰等处漏气严重；

(3) 泵体漏气不密封；

(4) 泵组装不合格，叶轮装反或两侧盖板间隙过大；

(5) 叶轮、侧盖板磨损，间隙过大；

(6) 油泵反转；

(7) 回流阀门开得过大或安全阀失灵回油量过大；

(8) 出油管线穿孔或分油压阀门开得过大或跑油。

6. 注水泵启动后发热的原因

(1) 整体发热，后部温度比前部略高，这是由于泵启动后出口阀门未打开，轴功率变成热能所致。

(2) 泵前段温度明显高于后段，这是由于启动前空气未排尽，启动时出口阀门开得过

快，或大罐水位过低，泵出现抽空汽化所致。

（3）泵体不热，平衡机构尾盖和平衡回水管发热。这是由于平衡机构失灵或未打开而造成平衡盘与平衡套发生严重研磨。

（4）轴封处发热，由于填料加的不好或压得过紧，也可能是填料漏气发生干磨的原因所致。

7. 注水泵密封圈发热的原因

注水泵密封圈发热的原因有：

（1）密封圈加得过紧或压盖压得过紧。

（2）密封圈冷却水不通。

（3）水封环未加或加的位置不对，密封圈堵塞了冷却水通道。

（4）密封圈压盖或水封环加偏，与轴套或背帽相摩擦。

8. 注水泵轴端密封刺出高压水的原因和处理方法

（1）原因

① 泵后段转子上的叶轮、挡套、平衡盘、卸压套和轴套端面不平，磨损严重，造成不密封，使高压水窜入，且“O”形橡胶密封圈同时损坏，最后高压水从轴套中刺出。

② 轴两端的反扣锁紧螺帽没有锁紧，或锁紧螺帽倒扣，轴向力将轴上的部件密封面拉开，造成间隙窜渗。

③ 密封填料压得过紧，密封圈与轴套摩擦发热，使轴套膨胀变形拉伸或压缩轴上部件，冷却后轴套收缩，轴上部件间产生间隙窜渗。

④ 轴套表面磨损严重，密封圈质量差、规格不合适或加入方法不对。

（2）处理方法

① 检修或更换转子上端面磨损的部件，更换损坏的O形橡胶密封圈。

② 重新上紧或更换轴两端的锁紧螺帽。

③ 更换表面磨损严重的轴套、选用符合技术要求的密封圈，按正确的方法，重新添加。

9. 注水泵振动的原因及处理

（1）原因

① 机泵不同心或联轴器减震弹性胶圈损坏，连接螺栓松动。

② 轴承轴瓦磨损严重，间隙过大。

③ 泵轴弯曲，转子与定子磨损。

④ 叶轮损坏或转子不平衡。

⑤ 平衡盘磨损，轴向推力过大。

⑥ 泵基础地脚螺栓松动。

⑦ 泵汽蚀抽空。

⑧ 泵排量控制的过大或过小。

⑨ 电动机振动引起泵体振动。

（2）处理方法

① 检查调整机泵同心度，更换联轴器减震弹性胶圈，紧固联轴器连接螺栓。

② 检修调整轴瓦间隙或更换新瓦。

③ 检修校正弯曲的泵轴。

④ 更换叶轮，进行转子的平衡试验并进行调整。

⑤ 研磨平衡盘磨损面或更换新盘。

⑥ 紧固泵基础地脚螺栓。

⑦ 控制好大罐液位，清除进口管线、过滤器及叶轮流道内的堵塞物，放净泵内的气体。

⑧ 将泵控制在合理的工作点运行。

⑨ 单独运行电动机，处理电动机振动。

10. 如何避免或减轻汽蚀

(1) 加大吸入管线，特别是改造或更换泵的进口；

(2) 尽可能保持较高的大罐水位，保证泵的吸入压力；

(3) 在减小泵管压差的同时，不可把泵压控制得太低；

(4) 注意检查倒泵之后的吸入压力。吸入压力过低时，不宜把排量控制得过大；

(5) 在运行中，发现较轻的汽蚀现象时，可以不停泵，采取提高大罐水位，缓慢提高泵压，降低泵的排量等措施，直到汽蚀现象消失为止。

11. 泵轴串量过大的原因

(1) 定子或转子级间积累误差过大，装上平衡盘之后，没有进行适当的调整就投入运行，这是由于叶轮、挡套的尺寸精度不高或转子的组装质量不好的结果。可以用缩短平衡盘前面长度或平衡套背面加垫子的办法来调整。

(2) 转子锁紧背帽没有拧紧，在运行中松动倒扣，使平衡盘等部件向后滑动。

(3) 启泵时，平衡盘未打开，与平衡套相研磨，致使平衡盘严重磨损，串量过大。

(4) 平衡盘或平衡套材质较差，磨损较快，也会使串量变大，作适当调整即可。

12. 离心注水泵启泵后不出水或泵压过低的原因及处理方法

(1) 原因

① 启泵后不出水，泵压很高，电流小，吸入压力正常。其原因是：出口阀门未打开；出口阀门闸板脱落；排出管线冻结；或管压超过泵的死点扬程。

② 启泵后不出水，泵压过低且泵压表指针波动。其原因是：进口阀门没打开；进口阀门闸板脱落；进口过滤器或进口管线堵塞；大罐液位过低。

③ 启泵后不出水，泵压过低，且泵压表波动大，电流小，吸入压力正常，且伴随着泵体振动、噪声大。这是由于：启泵前泵内气体未放净；密封圈漏气严重；启泵时，打开出口阀门过快而造成抽空和汽蚀现象。

④ 启泵后不出水，泵压过低，电流小，吸入压力正常。其原因是泵内各部件间隙过大、磨损严重，造成级间串水。

(2) 处理方法

① 检查出口阀门开启度；打开出口阀门；修理或更换出口阀门；组织人员进行解堵；减少同一注水干线管网的开泵台数，降低注水干线管网压力。

② 打开进口阀门；开大进口阀开启度；检修或更换进口阀门；清除进口管线及过滤器内的堵塞物；提高大罐液位。

③ 停泵，重新排净泵内空气；调整密封圈松紧度或重加密封圈；启泵时，要缓慢打开出口阀门。

④ 检修更换转子损坏部件。

13. 注水泵启动后泵压高、电流低的原因及处理方法

注水泵启动后泵压高、电流很低，说明注水泵负荷过小，其主要原因是：

(1) 泵出口阀没打开或闸板脱落；

(2) 泵出口止回阀未打开；

(3) 注水干线压力过高；

(4) 泵压表、电流表指示失灵。

出现上述情况时，应立即逐一进行检查，及时进行调整和排除。

14. 离心注水泵停泵后机泵倒转的原因及处理方法

(1) 原因

停泵后，机泵发生倒转，是由于出口阀门及止回阀关闭不严，使干线中的高压水倒流，冲击泵的叶轮，造成机泵倒转。

(2) 处理方法

机泵长时间倒转，会导致电动机烧毁，注水泵转子部件损坏。发现机泵出现倒转后，应立即关闭干线切断阀门，打开泵回流阀门；检修泵出口阀和止回阀。

15. 注水站紧急停电处理方法

(1) 关闭泵的出口阀门，防止干线高压水倒流，使机泵反转，烧毁电动机。如确认止回阀好用，可先进行其他工作。

(2) 关闭储水罐来水阀门，防止溢流、冒罐发生。

(3) 关闭事故油箱供油阀门，防止事故邮箱内的油流回地下油箱，造成跑油。

(4) 检查大罐液位，并做好停电和岗位运行纪录。

(5) 及时向有关单位汇报，并与供电单位联系，了解停电原因。

(6) 认真检查泵机组，并做好供电恢复的启泵准备工作。

16. 启泵后不上水，压力表无读数，吸入真空压力表有较高负压的原因及处理

发生这种现象是由于泵吸入端阻力过大、供水不畅等原因造成。

(1) 主要原因

① 泵进口阀门未打开或开启度不够。

② 泵进口阀门的闸板脱落。

③ 泵前过滤器被杂物堵死。

④ 泵进口管线被杂物或淤沙堵塞。

⑤ 新投产试运时，泵进口阀门法兰垫没开孔。

(2) 处理方法

① 首先，全打开泵进口阀门。如果仍消除不了，应停泵，关闭进、出口及储水罐出口阀门，打开泵出口放空阀门，进行卸压放空。并打开泵前过滤器排污阀门，排净泵内及进口管段的存水。

② 检修泵进口阀门。

③ 清除泵前过滤器内堵塞杂物，清洗滤网。

④ 检查、疏通、冲洗进口管线淤沙和杂物。

⑤ 检查进口阀门法兰垫子，进行重新开孔或更换垫子。

17. 离心泵振动并发出较大噪声的原因及处理

发生这种现象是由于泵汽蚀或机械故障造成的。

（1）主要原因

① 启泵前未放空或泵内空气未放净。

② 叶轮、进口管线及滤网堵塞，来水不畅通，供水不足。

③ 泵进口端连接部位或密封圈密封不严、漏气。

④ 轴瓦严重磨损，间隙过大。

⑤ 泵的排量控制得过大或过小，引起汽蚀或憋泵。

⑥ 叶轮损坏，或转子不平衡引起振动。

⑦ 泵轴弯曲或机泵轴不同心，使转子与定子相摩擦。

⑧ 平衡盘严重磨损而失效，造成轴向推力过大。

⑨ 基础地脚螺栓固定不牢，或设计安装不合格。

⑩ 联轴器不规矩或连接螺栓松动，及减震胶圈损坏严重，引起不平衡和不吸振。

⑪ 电动机振动而引起泵振动。

⑫ 进出口管线支座固定不牢，管线悬空引起振动。

⑬ 泵轴瓦托架松动或紧偏。

（2）处理方法

① 首先，调整泵出口阀门开启度，合理控制泵的工作点。如果仍不能消除，必须进行停泵检查处理。

② 打开泵出口放空阀，排净泵内空气，重新启泵。

③ 检查清除叶轮、进口管线及泵前过滤器的堵塞物。

④ 检修或更换轴瓦，并调整其间隙达到技术要求。

⑤ 校直泵轴或机泵重新找同心。

⑥ 检修或更换平衡机构。

⑦ 重新调整泵轴瓦抬量达到技术要求。

⑧ 检查紧固连接螺栓，更换联轴器或减震胶圈。

⑨ 检查调整轴瓦托架紧固情况。

⑩ 单独运行电机，消除振动原因。

⑪ 检查紧固地脚螺丝，按设计要求重新安装。

⑫ 检查加强管线支架。

18. 启泵后，泵压达不到额定要求的原因及处理

（1）原因

① 几台泵并联运行互相干扰，或进口总汇管管径太小，上水不好，供液不足。

② 级间密封失效，窜漏量过大，泵容积损失过大。

③ 泵内过流部件粗糙，液流水头损失过大。

④ 压力表损坏或指示不准。

（2）处理方法

① 减少开泵台数，或更换来水管线。

② 解体检查，更换损坏的密封附件。

③ 打磨、清理过流部件。

④ 校验或更换压力表。

19. 启泵后，流量不够达不到额定排量的原因及处理方法

（1）原因

① 开泵数太多，来水不足。

② 罐内积砂太多，出口管路堵塞。

③ 供水管线直径太小，阻力过大。

④ 泵前过滤器堵塞。

⑤ 叶轮有堵塞现象或叶轮导翼损坏。

⑥ 口环与叶轮，挡套、衬套的间隙过大。

⑦ 泄压套间隙过大，平衡压力过高。

⑧ 注水干线回压过高。

⑨ 流量计损坏或指示不准。

（2）处理方法

① 调整开泵台数或更换来水管线，保证供水量。

② 清理大罐底部和进口管线淤沙。

③ 拆洗泵前过滤器及滤网。

④ 检查处理叶轮堵塞，更换导翼。

⑤ 调整干线回压。

⑥ 检修或更换卸压套。

⑦ 进行三保作业，检修更换损坏零配件。

⑧ 校验或更换流量计。

20. 启泵后，压力表压力正常但不出水的原因及处理方法

（1）原因

① 干线压力高于泵压。

② 出口阀门闸板脱落。

③ 止回阀卡死，打不开。

（2）处理方法

① 首先，汇报生产调度，调整同一注水管网的开泵台数。

② 停泵，关闭泵进、出口阀门，打开放空阀门，卸压放空，检修或更换出口阀门。

③ 检修或更换出口止回阀。

21. 离心泵不能启动或启泵后轴功率过大的原因及处理方法

（1）原因

① 出口阀门开得太大，压力过低，排量过大，偏离工况点太多。

② 填料压得太紧。

③ 电源电压太低，不在规定范围内。

④ 电动机与泵严重不同心，振动严重。

⑤ 泵内转子和定子部件摩擦严重。

⑥ 轴承磨损严重。

⑦ 平衡盘严重磨损或破裂。

⑧ 卸压套或平衡盘径向间隙过小，偏摆过大，运转中磨损。

⑨ 泵或电动机窜动量过大，轴瓦端面研磨。

⑩ 泵内口环等配合间隙过小或定子部分不同心。

⑪ 泵轴质量差，弯曲变形。

⑫ 转子抬量过高或过低，与定子摩擦严重。

(2) 处理方法

① 在不停泵的情况下，调整出口阀门开启度，使泵在正常工况下运行。

② 调整填料压盖松紧度，使漏失量达到规定要求。

③ 与供电单位及生产调度联系，调整电源电压或开泵台数。

④ 检修或更换平衡盘。

⑤ 调整卸压套和平衡盘的径向间隙。

⑥ 重新进行找正找同心，机泵同心度一般不小于 0.06mm。

⑦ 检修调整轴瓦抬量与间隙。

⑧ 调整电动机或泵的窜量。

⑨ 重新检修调整口环、叶轮的配合间隙。

⑩ 检查轴瓦，更换轴承。

⑪ 检修更换泵轴。

⑫ 调整转子抬量。

22. 离心泵泵耗功率过大的原因及处理方法

(1) 原因

① 机泵匹配不合理，电动机的配用功率太小，即小马拉大车。

② 泵出口阀门开得过大，泵压过低，泵排量过大，偏离工作点太多。

③ 改造后的泵或更换的泵，其压力和排量比原泵有所提高。

④ 电源电压过低，电流超过额定值。

⑤ 电动机或泵轴瓦缺油发生严重磨损或烧瓦。

⑥ 电动机单相运行(差流保护失灵)或某相存在故障。

⑦ 电动机转子磁场窜动，位置不正，轴颈台阶与轴瓦端面或联轴器与油封盖研磨。

⑧ 联轴器减震胶圈过紧，泵前串推动电动机联轴器与轴承封盖相磨。

⑨ 泵平衡盘未打开，发生严重研磨。

⑩ 泵抽空、汽化发热，导致各部间隙发生严重研磨。

⑪ 泵启动时，内部出现严重故障，如口环、衬套脱落。

⑫ 电动机本身出现故障。

(2) 处理方法

① 依据现场情况，及时采取相应措施予以处理：与供电单位取得联系，将供电电压调整到规定范围；调整出口阀门开启度，使之运行在正常工况点；控制泵压和排量，降低电动机运行电流。

② 如采取以上措施仍不能消除，应停泵进行检查处理：重新放空，排净泵内空气；检查调整润滑油路压力，检修或更换轴瓦；更换联轴器减震胶圈；检修或更换平衡盘；进行三保作业，检修更换损坏的零部件；配合专业队伍处理电动机故障。

③ 向上级生产管理部门和设计单位，提出改进泵机组不匹配问题的意见和建议：更换电动机；叶轮减级或切削叶轮。

23. 运转中的泵停泵后转子盘不动的原因及处理

(1) 原因

① 泵内部结垢严重，间隙过小。

② 运转时间长，转子有破碎现象，卡死泵轴。

③ 操作不当平衡盘咬死。

④ 泵轴刚度不够，弯曲严重。

(2) 处理方法

发生此类现象时，应对泵进行解体检查处理：

① 清洗污垢；

② 检修更换内部零部件；

③ 检修或更换平衡盘；

④ 检修或更换泵轴。

24. 平衡管压力过高的原因及处理

(1) 原因

① 平衡套与平衡盘磨损，间隙过大。

② 卸压套或安装套磨损。

③ 平衡管结垢。

④ 平衡管压力表损坏。

(2) 处理方法

① 检修更换平衡机构。

② 更换磨损严重的零部件。

③ 清除平衡管内污垢。

④ 校验或更换平衡管压力表。

25. 离心泵轴承发热的原因及处理

(1) 原因

① 缺油或加油过多。

② 轴承或轴瓦内有杂质。

③ 带油环卡死。

④ 轴瓦间隙过小，造成轴严重磨损。

⑤ 泵轴弯曲，轴承偏斜。

⑥ 润滑油不清洁，有杂质，轴承(或轴瓦)进水。

⑦ 输送液体温度过高，影响轴承(或轴瓦)温度。

(2) 处理方法

① 补充或减少润滑油。

② 更换合格的润滑油。

③ 检查和调整带油环。

④ 检查轴瓦或更换研磨轴瓦。

⑤ 检查泵轴弯曲度和轴承偏斜，进行及时修理和调整。

⑥ 重新过滤润滑油，清洗轴承盒。

⑦ 降低输送介质温度。

26. 泵的总扬程不够的原因及处理

（1）原因

① 电动机转数不够。

② 出口阀开度过大，排量过大。

③ 叶轮流道堵塞。

④ 泵内过流部件间隙过大。

⑤ 密封口环磨损严重。

⑥ 平衡机构磨损严重。

⑦ 泵压力表失灵，指示不准或压力表损坏。

（2）处理方法

① 查明处理电动机转数较低的原因。

② 控制出口阀，调整排量在合理范围内。

③ 清除叶轮流道堵塞物。

④ 停泵，解体检查和调整泵内各部间隙。

⑤ 更换级间密封口环。

⑥ 停泵检查平衡盘间隙。

⑦ 校验或更换压力表。

第二节 往 复 泵

往复泵的类型很多，往复泵是容积式泵的一种，它是依靠在泵缸内做往复运动的活塞或柱塞来改变工作室的容积，从而达到吸入和排出液体的目的。由于泵缸内主要工作部件做往复直线运动，因而称为往复泵。

往复泵适应于输送流量较小，压力较高的介质。特别是当流量小于 $100m^3/h$，排出压力大于 9.8MPa 时，更加显示出它较高的效率和良好的运行性能。因此，它被广泛应用于石油生产中。在油田注水系统中，当高压离心泵注水扬程不能满足生产需要时，一般选用柱塞式往复泵注水，简称柱塞泵。特别是地层压力较高（25MPa 以上）、注水量较小（$1000m^3/h$ 以下）的小断块油田，通常选用高压电动柱塞泵，目前常用的有三柱塞往复泵和五柱塞往复泵。

一、柱塞泵分类及型号

（一）柱塞泵的分类

柱塞式往复泵是动力往复泵，即由电动机或柴油机为原动机，通过曲柄连杆机构等带动柱塞作往复运动的，最常见的就是电动柱塞往复泵。它的分类方法很多，一般可按以下几种方式进行分类。

1. 按泵的作用方式分

（1）单作用柱塞式往复泵：吸入阀和排出阀装在柱塞的一侧，泵往复一次，只有一次吸入与排出过程，流量不均。

（2）双作用柱塞式往复泵：液缸两端都有阀盒，分别有独立的吸入阀和排出阀，共用吸入和排出管，无论柱塞向左或向右运动，柱塞两侧均交替吸液和排液。因而双作用泵的流量比较均匀。

（3）差动柱塞往复泵：排出阀和吸入阀装在柱塞一侧，泵的排出或吸入管路与柱塞另一侧（即没有吸入阀和排出阀的工作室）相通。柱塞往复一次，有一次吸液和两次排液或两次吸液和一次排液过程。差动泵的流量比单作用泵均匀，结构上又比双作用泵少两个阀门，比较简单。

2. 按泵缸位置分

（1）卧式泵：液缸中心线与地面平行。

（2）立式泵：液缸中心线与地面垂直。

3. 按泵缸数目分

（1）单缸泵：一台泵有一个液缸。

（2）双缸泵：一台泵有两个液缸。

（3）多缸泵：一台泵有三个以上液缸。

4. 按用途和输送的液体分

按用途和输送的液体不同，还可分为一般柱塞往复泵、专用柱塞往复泵和特殊柱塞往复泵等。

柱塞泵主要应用于小流量、高压力的场合。有的液体黏度很高并随着温度的变化而变化很大，这类液体的输送只能使用柱塞泵。当泵的吸入高度变化时，离心泵流量变化较大，而柱塞泵流量则几乎保持不变。同时柱塞泵效率一般比离心泵高 10%～20%，特别是在小流量下它还有较高的效率。

由于柱塞泵的往复次数低，因而体积大，质量大。另外结构复杂，成本高，而且流量不均匀。因柱塞泵存在这些缺点，因此它的发展速度和应用范围不如离心泵。但在小流量、高压力，输送特殊液体，要求自吸能力高的场合，它有独特作用，所以柱塞泵大多属于专用特殊新产品，这也是往复泵今后的发展方向。

以上仅列出电动柱塞往复泵的分类，事实上往复泵的种类很多，图 3-36 是几种典型往复泵示意图。

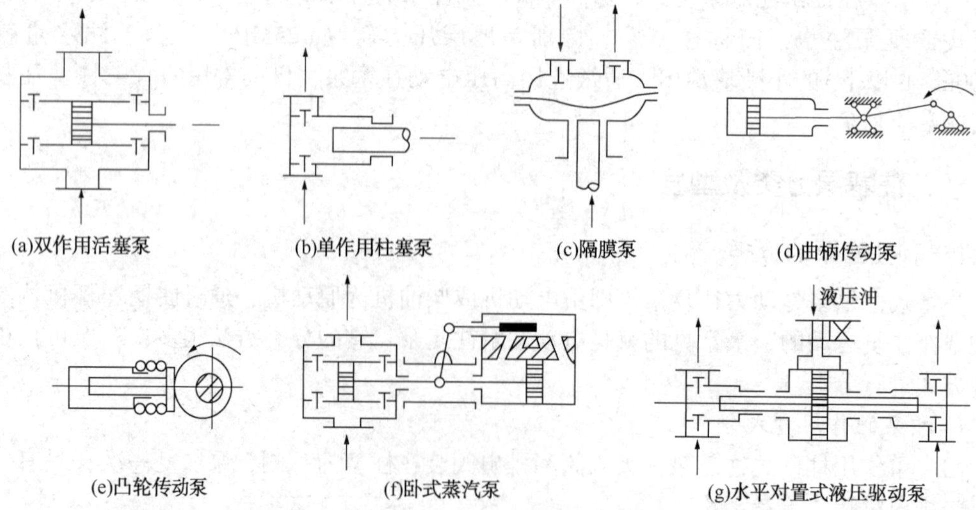

图 3-36　往复泵类型示意图

（二）柱塞泵的型号

柱塞泵的标准代号通常由以下几部分组成：代号示例：如 3ZL12.5/25Q，表示柱塞数目为 3 的立式球阀泵，其额定流量为 12.5m^3/h，额定压力为 25MPa。

某些特殊用途的柱塞泵，还在其代号前面加某些代号，如 SD3Z8/20B，为卧式三柱塞板阀泵，额定流量 8m^3/h，额定压力为 20MPa，SD 表示水力活塞泵的地面泵。

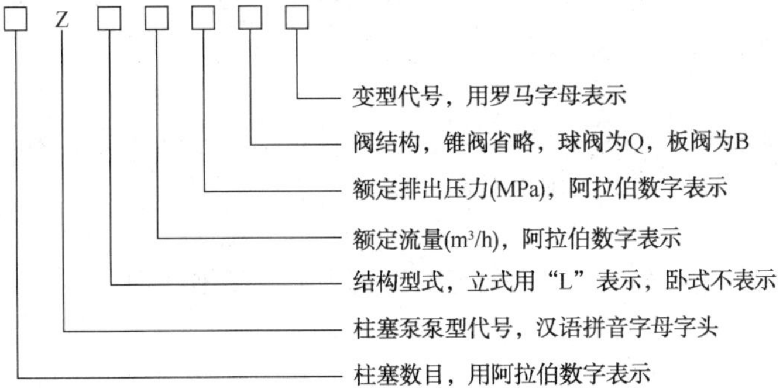

二、柱塞泵结构及原理

（一）柱塞泵的结构组成

油田注水(或聚合物)使用的柱塞式往复泵通常都是卧式三柱塞泵和卧式五柱塞泵。

由于三柱塞泵与五柱塞泵的结构与工作原理相同，只是工作缸数目不同而已。下面以卧式三柱塞泵为例，说明电动柱塞泵的结构。

柱塞泵主要由动力端和液力端两大部分组成，并附有皮带轮、止回阀、安全阀、稳压减震装置、润滑系统等组成。

1. *动力端*

动力端的作用是将原动机的能量传给液力端，变旋转运动为往复运动。包括曲轴、连杆、十字头等。

（1）曲轴

曲轴是往复泵的重要运动件，它将原动机的功率经连杆、十字头传给柱塞，推动柱塞做往复运动并做功。曲轴常采用曲拐轴整体形式，为了使其平衡，各曲柄销与中心互成 120°。

（2）连杆

连杆将柱塞上的推力传递给曲轴，又将曲轴的旋转运动转换为柱塞的往复运动，其杆截面采取工字形，大头为剖分式，轴瓦采用对分薄壁瓦形式，小头瓦采用轴套式，并以其定位。

（3）十字头

十字头连接摇摆运动的连杆和往复运动的柱塞，它具有导向作用，它与连杆为闭式连接，与柱塞卡箍相连。

（4）浮动套

浮动套固定在机座上，它一方面起隔绝油箱与污油池的作用，另一方面对十字头导杆起一个浮动支承点的作用，能提高运动密封部件的使用寿命。

(5) 机座

机座是安装动力端和连接液力端部分的受力构件，机座后部两侧有轴承孔，前部设有与液力端连接的定位销孔保证滑道中心与泵头中心的对中性，在机座的前部一侧设有放液孔，用来排放渗漏的液体。

2. 液力端

动力端的作用是直接输送液体，把机械能转换成液体的压能。包括泵头、柱塞、泵阀等。

(1) 泵缸

泵缸为不锈钢整体锻造而成，吸、排液阀垂直布置，吸液孔在泵头底面，排液孔在泵头的侧面，同阀腔相通，简化了排出管路系统。

(2) 密封函

密封函与泵头以法兰连接，柱塞的密封形式为碳素纤维纺织的矩形软填料，具有良好的高压密封性能。

(3) 柱塞

柱塞的作用是通过柱塞在液缸中的往复运动交替地在液缸内产生真空(低压)或压力(高压)，从而吸入或排出液体。

柱塞泵通常在比活塞泵更高的压力下工作，排出时缸内的高压液体极易从柱塞密封处泄漏。为了防止泄漏，必须保证密封件压紧在柱塞上，但这会加剧密封件和柱塞的磨损，缩短密封寿命。统计表明，柱塞及其密封件的消耗费用大约占柱塞泵易损件费用的70%。

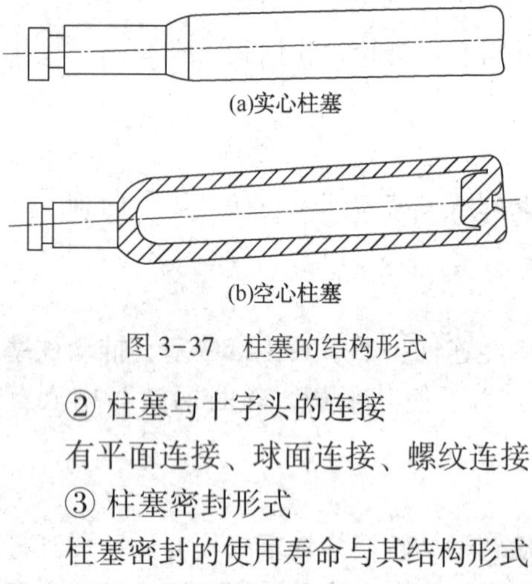
(a)实心柱塞
(b)空心柱塞

图 3-37　柱塞的结构形式

① 柱塞结构形式

柱塞的结构形式可分为实心和空心的两种，当柱塞的直径较小，重量较轻时的一般做成实心的，这样加工制造方便。当柱塞的直径较大时，做成空心可以减轻重量，防止密封的偏磨，可以延长密封的使用寿命。如图 3-37 所示。

高压柱塞泵的柱塞采用 45 号钢，表面喷涂镍基合金，可以提高表面质量和耐磨性。

② 柱塞与十字头的连接

有平面连接、球面连接、螺纹连接。

③ 柱塞密封形式

柱塞密封的使用寿命与其结构形式、材料及工作条件等有关。目前，碳纤维密封和自封式密封应用比较广泛。

自封式密封装置如图 3-38 所示。它是由连接法兰、密封盒、柱塞密封、支承环、压套、背帽等组成。法兰上有 4 个 45°凹槽，密封盒上有 4 个 45°凸键，将密封盒上的凸键对准法兰上的凹槽，转动 45°，通过 4 个大螺栓压紧法兰，使二者形成端面结合，并通过连接法兰将密封盒与阀箱连接起来。密封盒与阀箱之间靠矩形密封圈密封。作用在密封盒与柱塞之间环形面积上的高压液体产生的轴向力，由 4 个连接螺栓承受。法兰外径与泵壳前板上的孔形成严格的定位间隙配合；泵壳前板上的孔与泵壳安装十字头导向套的孔为同一定位基准。

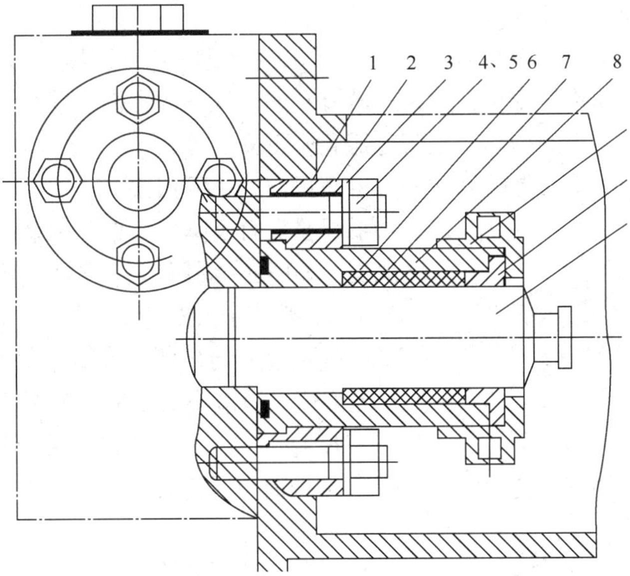

图 3-38 自封式柱塞密封总成

1—矩形密封圈；2—连接法兰；3—连接螺栓；4、5—螺母和垫圈；6—支撑环；
7—自封式密封圈；8—密封盒；9—背帽；10—压套；11—柱塞

自封式密封圈由骨架、帘布增强橡胶、改性聚四氟乙烯和高耐磨丁腈橡胶等高压硫化而成。骨架的作用是保证安装和高压下不产生轴向和径向变形。密封圈截面为“L”形，唇部采用高耐磨橡胶，与柱塞有一定的过盈量；当高压液体进入唇部，唇口胀大，抱紧柱塞，起自封作用；安装时，唇部涂有二硫化铝减摩剂，减小摩擦力。

柱塞的密封结构形式很多，常见的有：

自封式 V 形密封：这是常用的密封结构，其密封圈唇部前面的夹角大于背部夹角，在压差的作用下唇部自动胀开，进行封严。

压紧力自调式密封：由几个特别的密封环、两个金属垫环和一个弹簧等组成，如图 3-39 所示。工作时，靠液体工作压力压紧密封件，实现自封；磨损后弹簧自动张紧，故安装后无需调整。

J 形密封：如图 3-40 所示，密封圈有内、外两个密封唇，内环密封活塞杆，外环密封盒的内壁，中间部分承受轴向力，一般不会出现密封压垮和互相卡住的现象，故又称作“压不垮式”密封。

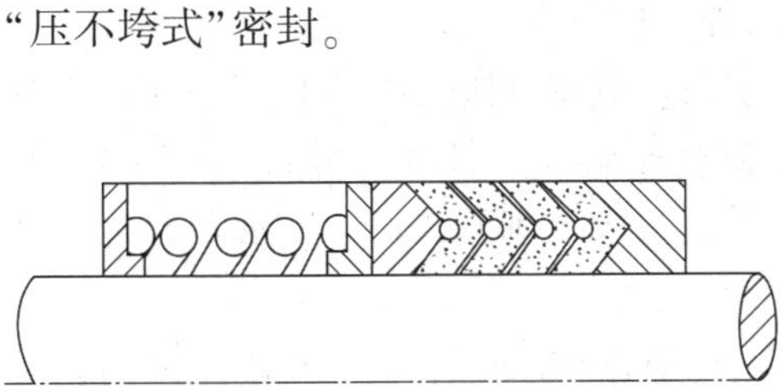

图 3-39 压紧力自调式密封结构

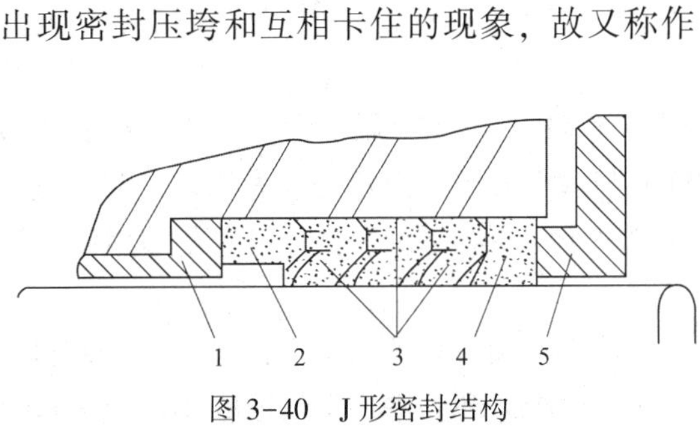

图 3-40 J 形密封结构

1—垫环；2—下适配环；3—密封圈；
4—上适配环；5—压盖

(4) 泵阀

泵阀包括进液阀、排液阀，是柱塞泵最重要的易损件之一。主要作用是使液缸与排出管及吸入管交替连通或隔开。

对一定流量的泵来说，因为 $Q_V = mFS_n$，所以冲次提高，可以减小泵的缸径或冲程长度，因而使泵的体积和重量变小，这是非常有利的。但冲次提高，使泵内相对往复运动件加快磨损，且随着泵冲次的提高，泵阀寿命急剧下降。

实际表明，泵阀的寿命是限制往复泵寿命提高的主要因素。

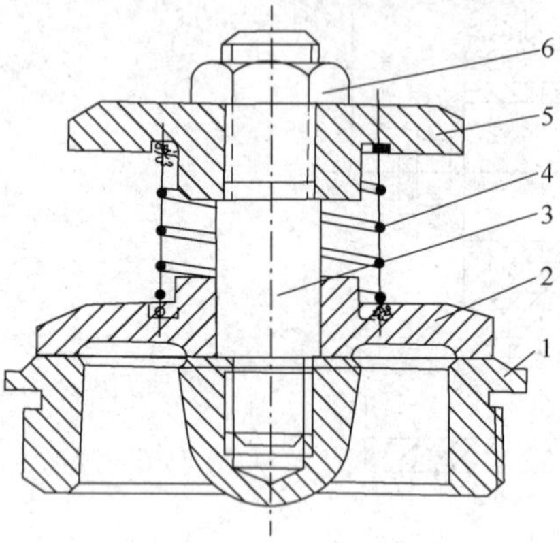

图 3-41　泵阀

1—阀座；2—阀板；3—导向杆；4—弹簧；5—升程限制器；6—紧固螺母

泵阀通常由阀座、阀板、弹簧、升程限制器等零件组成，如图 3-41 所示。

① 对泵阀的要求

a. 阀应能及时启闭，关闭速度和关闭滞后角不应大于允许值，以减小关闭冲击和回流损失。

b. 密封可靠，减小或避免关闭后的漏损。

c. 结构简单，拆装方便、工艺性好，尽可能有良好的互换性。

d. 工作平稳、噪声小。

e. 最大允许往复次数。

对某一特定的柱塞泵来说。当泵的冲次超过某一范围后，就会使阀板在落到阀座上时产生撞击，引起振动，阀门很快磨损，使柱塞泵不能正常工作，这一柱塞泵冲次称为柱塞泵的临界往复次数，或称最大允许往复次数。最大往复次数确定的方法有很多，大多是以阀的无撞击条件为基础。

② 泵阀种类及特点

球阀：如图 3-42 所示。其特点为：结构简单，互换性强，拆装方便，磨损均匀；密封接触面较小，密封性能好，泵容积效率较高，故用于计量泵；水力阻力小，适用于输送黏度较高的液体。适用于没有弹簧，阀板惯性力影响较大，往复次数较低、流量不大的泵。

平板阀：如图 3-43 所示。主要用于柱塞泵和部分活塞泵。泵阀采用 3Cr13 不锈钢，表面渗碳处理，或采用 45 号钢喷涂，耐腐蚀、抗磨损；阀板采用新型聚甲醛工程塑料，综合性能好，质量小、硬度高、耐磨、耐腐蚀，与金属表面相配合后密封可靠；弹簧采用圆柱螺旋形式，材料为 60Si2MnA，经过强化喷丸处理，疲劳寿命长。

盘状锥阀：主要用于大功率的活塞泵及部分柱塞泵。盘状锥阀的阀体和阀座支承密封锥面与水平面间的斜角一般为 45°~55°。阀座与液缸壁接触面的锥度一般为 1∶5~1∶8。锥度过小，泵阀下沉严重，且不易自液缸中取出；锥度过大，则接触面间需加装自封式密封圈。

锥面盘阀有两种结构形式，一种是双锥面通孔阀，如图 3-44 所示。其阀座的内孔是通孔，由阀体和胶皮垫等组成的阀盘上下运动时，由上部导向杆和下部导向翼导向。这种阀结构简单，阀座有效过流面积较大，液流经过阀座的水力损失小，但阀盘与阀座接触面上的应力较大，阀盘易变形，影响泵的工作寿命。另一种是双锥面带筋阀，如图 3-45 所示。主要特点是阀座内孔带有加强筋，阀盘上下部都靠导向杆导向，增加了阀盘与阀座的接触面和强度，但阀座孔内的有效通流面积减小，水力损失加大。

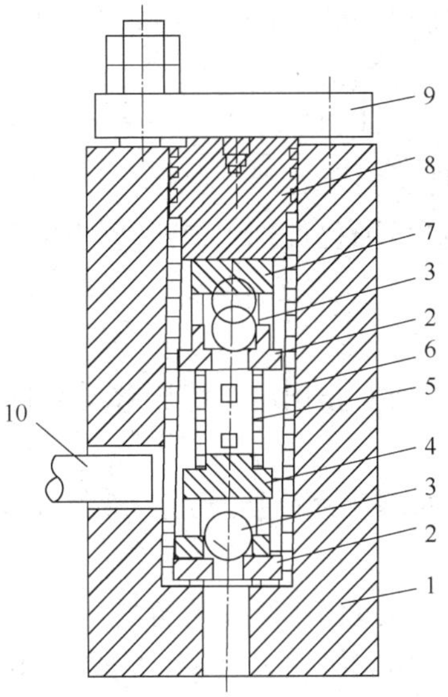

图 3-42　球阀组装结构

1—泵头；2—阀座；3—球阀；4—下阀套；5—压套；
6—阀筒；7—上阀套；8—连接盖；9—压盖；10—柱塞

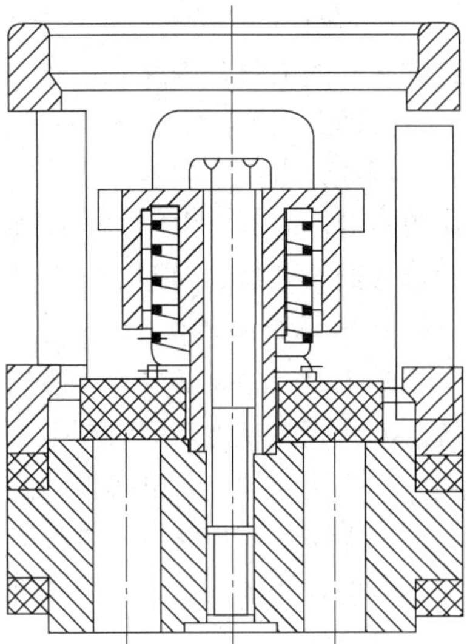

图 3-43　平板阀结构

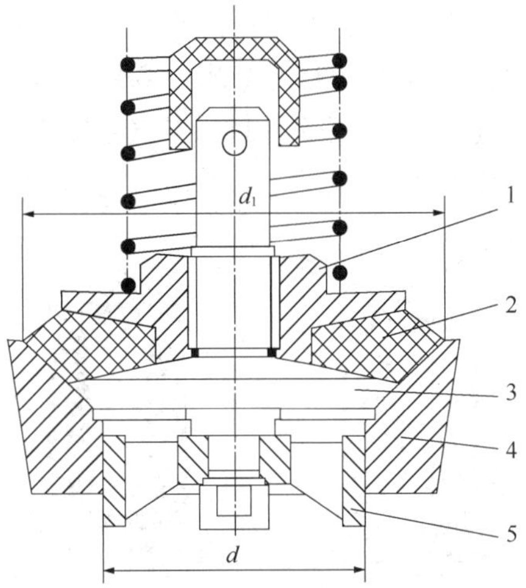

图 3-44　双锥面通孔泵阀结构

1—压紧螺母；2—橡皮垫；3—阀体；4—阀座；5—导向翼

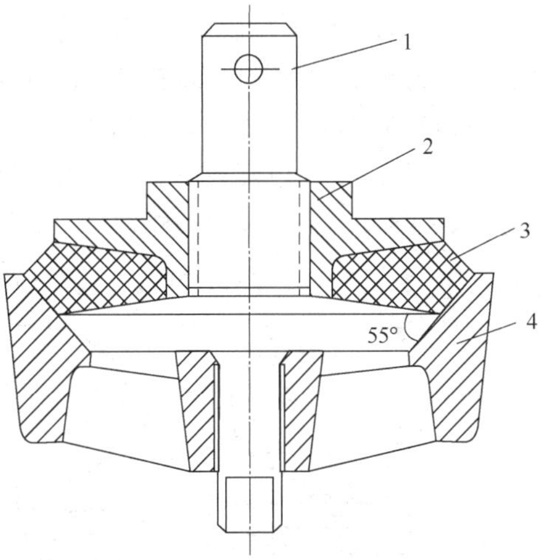

图 3-45　双锥面带筋泵阀结构

1—阀体；2—压紧螺母；3—橡皮垫；4—阀座

③ 提高泵阀寿命的方法

a. 合理确定液体流经阀隙时的速度，即阀的结构尺寸要与泵的结构尺寸和性能参数相对应，保证阀隙流速不要过大。

b. 控制泵的冲次，对于阀盘或阀座上有橡皮垫的锥阀，按照元冲击条件 $h_{max}n \leqslant 800 \sim 1000$ 确定泵的冲次 n，单位为 min^{-1}，h_{max}是泵阀的最大升距，单位为 mm。

c. 阀体和阀座采用优质合金钢 40Cr、40CrNi2MoA 等整体锻造，经表面或整体淬火，表面硬度达 HRC60~62，橡胶圈由丁腈橡胶或聚氨酯等制成。

d. 保证正常的吸入条件，首先要满足最低吸入压力大于液体的汽化压力，其次，吸入系统不应吸入空气或其他气体，吸入的液体应尽可能少含气体。若不能保证正常的吸入条件，则阀将极易损坏，特别是吸入阀。

e. 净化工作液体，液体中若含有磨砺性的固体颗粒，极易损坏泵阀和阀座的密封面，造成泵阀的失效，因此，往复泵工作时应尽量保证液体的清洁。

此外，阀箱虽然不是易损件，但在高压液体的交变作用下，容易发生裂纹，导致破坏。

因此，全部采用整体优质钢(如 30CrMo 等)锻件，调质处理。在圆孔相贯处采用平滑圆弧过渡，降低集中应力；在阀箱内腔采用喷丸或高压强化处理，或进行镍磷镀，能较好地解决阀箱开裂等问题。

3. 附属配套部分

除了以上主要部分外，还包括附属配套部分，主要有止回阀、稳压减震装置、润滑系统、安全阀、压力表等。

(1) 止回阀：泵缸排出的液体，通过低阻尼止回阀流入高压管道，液体反向流动时，止回阀关闭，防止高压液体流回泵体。

(2) 稳压减震装置：泵头排出的高压脉动液体，经过稳压减震装置后，变为较平缓的高压液体流动。空气包是目前常见的也是很有效的稳压减振装置之一。它是利用气体的压缩和膨胀来储存或放出一部分液体以达到减小管路中流量不均匀度为目的的辅助装置。

空气包有排出和吸入之分，有常压和预压两类。一般为预压式。其结构方案如图 3-46 所示。其中图 3-46(a)、(b)为球形橡胶气囊预压式，1 为外壳，2 为气室；图 3-46(c)、(d)、(e)为圆筒形橡胶气囊预压式，1 为气室，2 为外壳，3 为多孔衬管；图 3-46(f)的气室 5 为金属波纹管，2 为外壳；图 3-46(g)的气室 3 与下液腔用金属活塞环 4 隔开。当输送液体温度高于橡胶的允许温度时，采用图 3-46(f)、(g)方案。排出空气包安装在排出口附近，吸入空气包安装在泵的吸入口附近。空气包结构形式很多，如图 3-47、图 3-48 所示是吸入和排出空气包的一种。

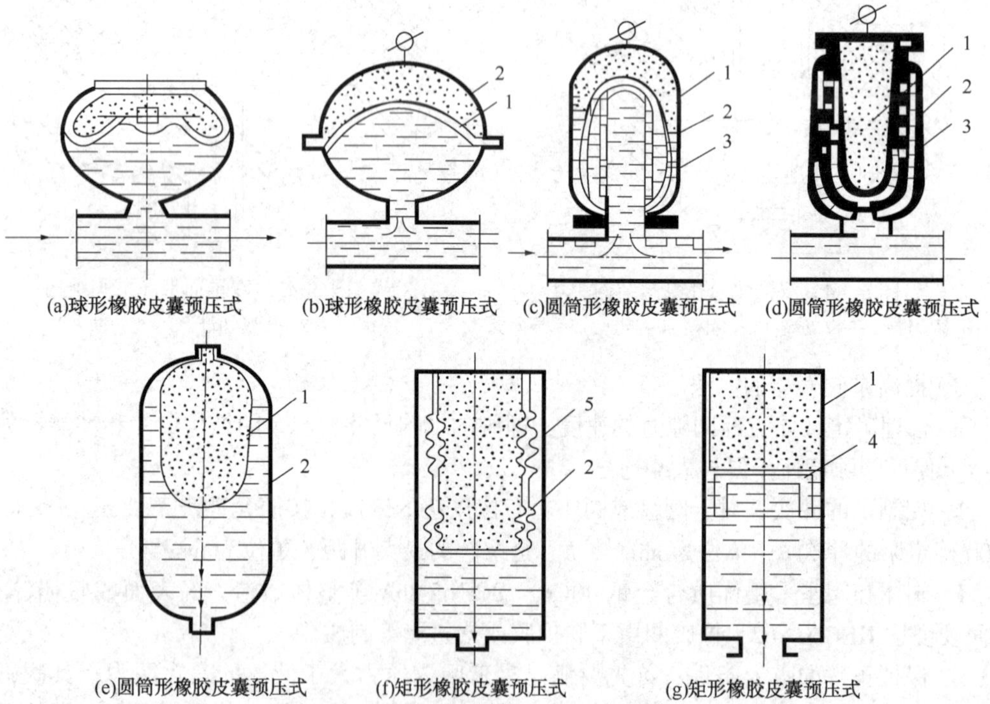

图 3-46　预压式空气包结构方案

1—气室；2—外壳；3—多孔衬管；4—金属活塞环；5—金属波纹管

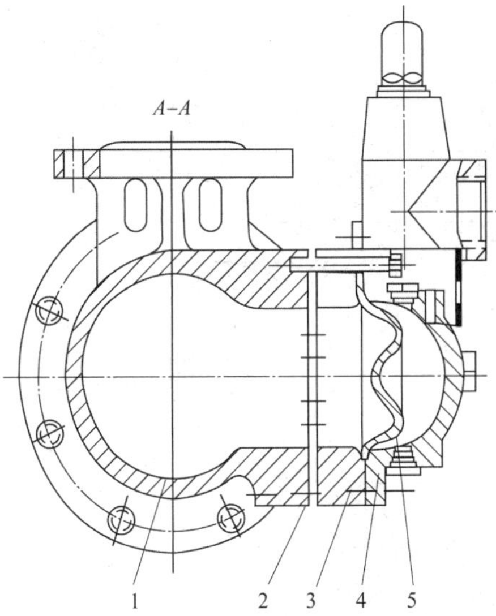

图 3-47 隔膜预压吸入空气包

1—吸入歧管；2—孔板；3—间隔圈；4—端盖；5—胶皮隔膜

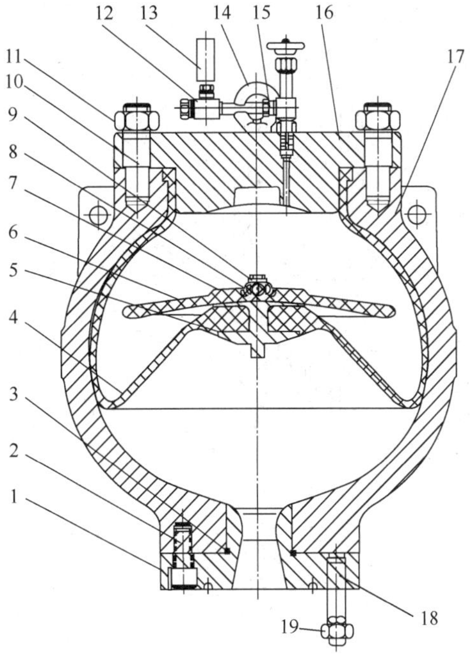

图 3-48 带稳定片的球形空气包

1—间隔块；2—内六角螺钉；3—密封圈；4—气囊；5—铁芯；6—胶板；7—压板；8—垫片；9、11、19—螺母；10、18—双头螺栓；12—截止阀；13—压力表；14—吊环螺钉；15—O 形密封圈；16—胶板压盖；17—壳体

空气包气囊内一般充以惰性气体，如氮气或空气，充气预压视泵的工作压力而定。

(3) 润滑系统：主要是由齿轮油泵从油箱中抽油，给曲轴，十字头等转动部位润滑。

(4) 压力表：有普通压力表和电接点压力表。

(5) 安全阀：柱塞泵一般都在高压下工作，为了保证安全，在排出口处装有安全装置，即安全阀，以便将泵的极限压力控制在允许范围内。常见的安全阀为销钉剪切式，还有膜片式和弹簧式等安全阀。

如图 3-49~图 3-51 所示，分别是膜片式安全阀、直接销钉剪切式和杠杆剪切式的结构图。活塞或膜片下端作用高压液体，当压力达到一定值后，活塞推动连杆，切断销钉，活塞上移，或膜片破裂，高压液体由安全阀排出口进入吸入罐或大气空间，达到泄压保证安全的目的。

直接销钉剪切式安全阀结构简单，拆卸容易，但安全销钉的材料、尺寸及加工工艺必须恰当，还要防止安全阀的活塞和导杆在缸套内锈蚀，否则灵敏度降低，不能准确地控制排出压力；当安全阀打开后，不需停泵更换安全阀。

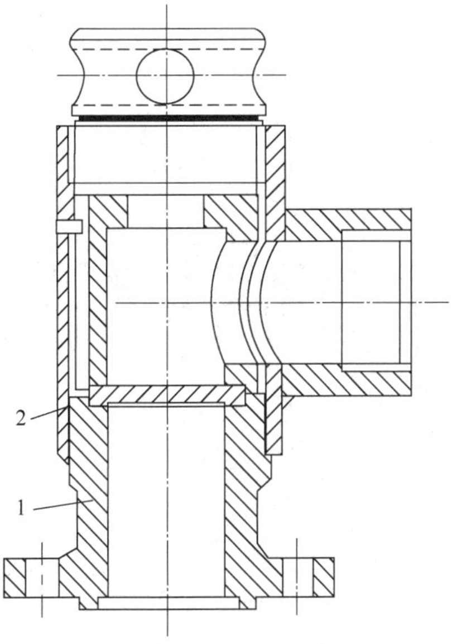

图 3-49 膜片式安全阀

1—阀体；2—膜片

杠杆剪切式安全阀只需要同一种材料和同一截面的销改变安全阀销钉的位置即可，销钉距离力的作用

点越远，承受的压力就越高。

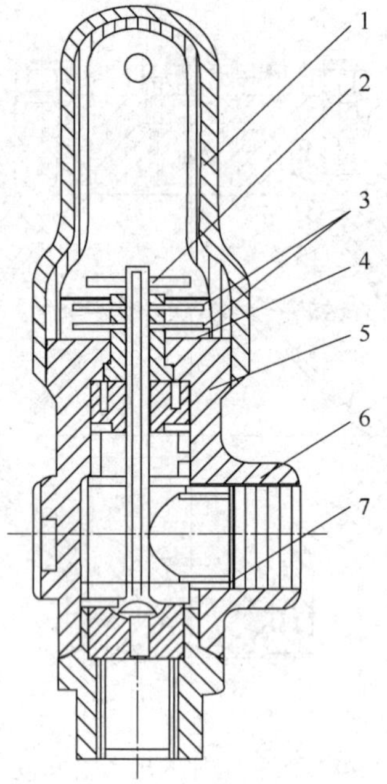

图 3-50　直接销钉剪切式安全阀

1—阀帽；2—活塞杆；3—安全销钉；
4—活塞杆；5—密封；6—阀体；7—活塞

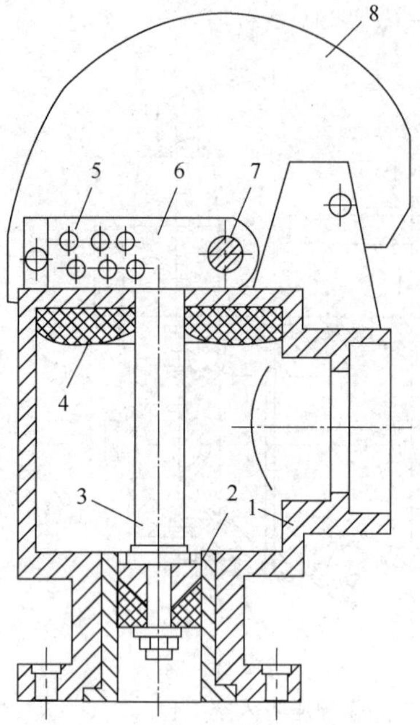

图 3-51　杠杆剪切式安全阀

1—阀体；2—衬套；3—安阀杆阀芯总成；4—缓冲垫；
5—剪切销钉；6—剪切杠杆；7—销轴；8—护罩

（二）柱塞泵的工作原理

图 3-52 为最简单的柱塞式往复泵的工作原理图。它主要由柱塞、液缸、吸入阀、排出阀、吸入管和排出管等组成。柱塞和吸入阀排出阀之间的空间称为工作室。

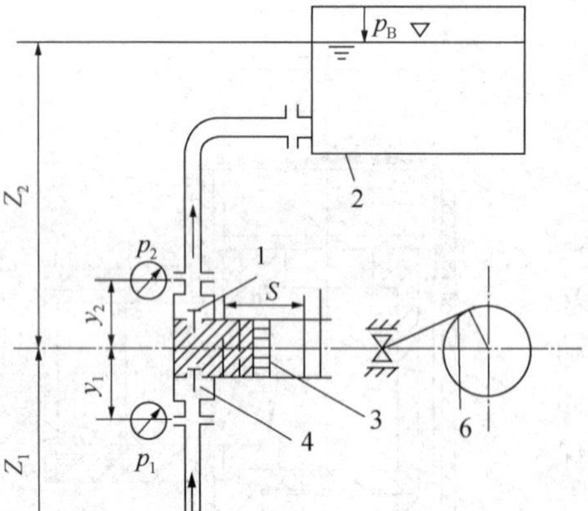

图 3-52　往复泵装置示意图

1—排出阀；2—排出罐；3—活塞；4—吸入阀；
5—吸入罐；6—传动部分

柱塞式往复泵的工作原理可分为吸入和排出两个过程。

当柱塞由原动机带动从液缸左端开始向右端移动时，液缸内工作室的容积逐渐增大，压力逐渐降低形成局部真空。这时排出阀紧闭，容器中的液体在大气压的作用下，便进入吸入管并顶开吸入阀而进入工作室。当柱塞移动到右顶端，工作室容积达到最大值，所以吸入液体也达到最大值。这个过程就叫做吸入过程。当柱塞向左移动，液缸内的液体受到挤压，压力增高，将吸入阀关闭，而推开排出阀，液体从排出管排出。若柱塞移动到左顶端位置时，将所吸入的液体排尽。这一过程就叫做排出过程。柱塞在原动机的带动下这样来回往复一次，完成一个吸入过程和排出过程，称为一个工作循环。当柱塞不断地作往复运动时，泵就会不断地吸入和排出液体。

在吸入或排出过程中，活塞(或柱塞)移动的距离称为活塞的冲程，以 S 表示；若曲柄半径用 r 表示，则它们之间的关系为 $S=2r$。

三、柱塞泵的性能参数

柱塞泵的主要性能参数有流量、有效压头、有效功率、轴功率、效率等。

（一）流量

流量指的是泵在单位时间内输出液体的体积或质量的数值。体积流量的单位是立方米/小时(m^3/h)，立方米/秒(m^3/s)，升/秒(L/s)；质量流量的单位是吨/小时(t/h)，千克/秒(kg/s)。质量流量用 G 表示，其单位为吨/小时(t/h)、吨/秒(t/s)或千克/秒(kg/s)。体积流量与质量流量的关系是：

$$G=\rho Q \tag{3-34}$$

式中 ρ——所输送液体的密度，kg/m^3。

1. 理论流量

所谓理论流量就是泵在单位时间内不考虑因漏失、吸入不良等因素影响而排出的体积量。理论流量又分为理论平均流量和理论瞬时流量两种。

泵的作用方式不同，其理论平均流量也不同。

(1) 单缸单作用泵

若已知 F 为泵的活塞(或液缸)的截面积，S 为活塞的冲程，n 为冲数，则理论平均流量为：

$$Q_{理平}=\frac{F\cdot S\cdot n}{60} \tag{3-35}$$

式中 $Q_{理平}$——单作用泵的理论排量，m^3/min；

F——活塞面积，m^2；

S——活塞冲程，m；

n——曲柄转数，r/min。

(2) 单缸双作用泵

理论平均流量为：

$$Q_{理平}=\frac{(2F-f)\cdot S\cdot n}{60} \tag{3-36}$$

式中 f——活塞杆面积，m^2。

(3) 多缸泵

多缸泵只需在单缸基础上乘以缸数即可求出多缸泵的流量。若以 m 代表缸数，则理论平均流量分别为：

多缸单作用泵理论平均流量：

$$Q_{理平}=m\cdot\frac{F\cdot S\cdot n}{60} \tag{3-37}$$

多缸双作用泵理论平均流量：

$$Q_{理平}=m\cdot\frac{(2F-f)\cdot S\cdot n}{60} \tag{3-38}$$

2. 往复泵的瞬时流量

往复泵活塞的运动是非匀速的，故泵在每一时刻的流量也是变化的，为此，引入瞬时流量的概念，瞬时流量就是泵在某一瞬时(或曲柄转到某一角度时)所排的液体数量。以 $Q_{瞬时}$ 表示。

由于瞬时流量的脉动，引起吸入和排出管路内液体的非均匀流动，从而产生加速度和惯性力，增加泵的吸入和排出阻力，吸入阻力的增加将降低泵的吸入性能，排出阻力的增加使泵及管路承受额外负荷，还会引起管路压力脉动及管路振动，破坏泵的稳定运行。往复泵流量不均匀性可以采取以下方式加以解决：

(1) 合理布置曲柄位置。

由往复泵的流量曲线可知，单缸泵的流量脉动与活塞加速度有相同的波形，因此，可以将多缸泵各缸的曲柄错开一定角度，使叠加后的流量趋于均匀。由前所述，缸数增多脉动减小，但比较而言，奇数缸比偶数缸效果好，可取各缸曲柄的相位差为 $2\pi/i$(双作用泵为 π/i)。

(2) 采用多缸泵或无脉动泵。

(3) 缩短管路长度、增大内径、减小往复次数(即降低曲柄角速度)，均可以减小惯性能头。

(4) 设置空气包。

为减小流量的波动可以在往复泵的吸入或排出口设置空气包，排出口空气包的作用原理是：当泵的瞬时流量大于平均流量时，泵的排出压力升高，空气包中的气体被压缩，一部分液体(超过平均流量的部分)进入气室储存；当瞬时流量小于平均流量时，排出压力降低，空气包向排出管排出一部分液体，从而使空气包后的管路流量趋于均匀。吸入空气包的作用原理刚好相反，当泵的瞬时流量大于平均流量时，气室内气体膨胀，向泵释放一部分液体；当泵的瞬时流量小于平均流量时，吸入压力升高，气室内气体被压缩，吸入管路中一部分液体流入气室，这样也可使吸入气室前，管路中的流量比较稳定。

3. 实际平均流量

往复泵实际排出液体的体积要比理论上计算的体积小。因此在单位时间内泵所排出的真实液体量称为实际流量。

若以 λ 表示实际平均流量与理论平均流量的比值，则

$$\lambda = Q_{实际}/Q_{理平} \tag{3-39}$$

式中 $Q_{实际}$——实际平均流量，m^3/s；

λ——流量系数(又称容积系数)，一般 $\lambda = 0.85 \sim 0.95$。

泵的实际平均流量：

$$Q_{实际} = \lambda \cdot Q_{理平} \tag{3-40}$$

多缸单作用泵的实际平均流量：

$$Q_{实际} = \lambda \cdot m \cdot \frac{F \cdot S \cdot n}{60} \tag{3-41}$$

多缸双作用泵的实际平均流量：

$$Q_{实际} = \lambda \cdot m \cdot \frac{(2F - f) \cdot S \cdot n}{60} \tag{3-42}$$

一般 $\lambda = 0.85 \sim 0.95$，对于大型而吸入条件好的新泵，λ 可取大些，有的甚至可达 $0.97 \sim 0.99$。

[例]已知双缸双作用泵活塞直径 $D = 130mm$，活塞杆直径 $d = 75mm$，活塞冲程长度

$S=400\text{mm}$，活塞冲数 $n=65$ 次/min，求该泵的理论平均流量和实际平均流量。

解：
$$F=\frac{\pi}{4}\cdot D^2=\frac{\pi}{4}\times0.13^2=1.33\times10^{-2}(\text{m}^2)$$

$$f=\frac{\pi}{4}\cdot d^2=\frac{\pi}{4}\times0.75^2=4.42\times10^{-3}(\text{m}^2)$$

理论平均流量为：

$$Q_{理平}=m\cdot\frac{(2F-f)\cdot S\cdot n}{60}=2\times\frac{(2\times1.33\times10^{-2}-4.42\times10^{-3})\times65\times0.4}{60}=1.92\times10^{-2}(\text{m}^3/\text{s})$$

4. 测量方法

柱塞泵流量的测量及计算方法应按《水泵测量的测定方法》的规定进行。

容积式或重量式测量法：在油田注水站采用经过标定计量的储水罐作为标准容器，通过一定时间内注水泵从储水罐中抽出的水量，来测量注水泵的流量。具体方法是：在注水泵稳定工况下，即压力、流量稳定的情况下，开始计时并测量出储水罐的液位，经过一定时间后，终止计时并再次测量出储水罐的液位。两次测量结果之差，即为注水泵在这一时间内所输出的水量。把泵的输出水量与时间代入下列公式，即可计算出注水泵的流量。

$$q_v=\frac{V}{T} \tag{3-43}$$

式中 q_v——注水泵的流量，m^3/s；

V——柱塞泵输出水的体积，m^3；

T——测量设定时间，s。

注意：

(1) 采用容积或重量法测量流量时，测量时间应和测量柱塞泵往复次数的时间相同。

(2) 柱塞泵流量一般脉动较大时，不宜采用观察法测定流量。

(二) 泵的有效压头

单位重量(质量)液体流经柱塞泵后所获得的能量称有效压头或扬程。它表示柱塞泵的扬水高度，用 H 表示，单位是 m 液柱或 J/N。柱塞泵的有效压头可表示为

$$H=\frac{p_{表}}{\rho g}+\frac{p_{真}}{\rho g}+\frac{v_{排}^2-v_{吸}^2}{\rho g}+H_0 \tag{3-44}$$

式中 H_0——泵压表与真空表之间的位差，m；

$p_{表}/\rho g$——泵出口压头，m；

$p_{真}/\rho g$——泵进口压头，m；

ρ——液体的密度，kg/m^3；

$v_{排}$——排出管的液体流速，m/s；

$v_{吸}$——吸入管的液体流速，m/s。

一般由于柱塞泵的排出管和吸入管直径相等或相近，即 $v_{排}=v_{吸}$。则上式变为：

$$H=\frac{p_{表}}{\rho g}+\frac{p_{真}}{\rho g}+H_0 \tag{3-45}$$

在实际计算中，由于柱塞泵的排出压力较高，泵表压也很高，真空度和两表间距相对很小，可忽略不计。因此，通常用表压代表泵的有效压头。即：

$$H = \frac{p_{表}}{\rho g} \tag{3-46}$$

一般柱塞泵的铭牌上只给出排出口处的表压力，显然，由表压力的大小，可确定泵的有效压头。

柱塞泵的全压力即扬程的测定方法与离心泵相同。

（三）功率

1. 有效功率

设泵的有效扬程为 H，体积流量为 Q，则单位时间内液体由泵所获得的总能量即为泵的输出功率 N_e，也可称为泵的有效功率，可以写为：

$$N_e = \frac{\rho g Q H}{1000} \tag{3-47}$$

式中　N_e——泵的有效功率，kW；

Q——泵流量，m^3/s；

ρ——被输送液体密度，kg/m^3；

g——重力加速度，m/s^2；

H——扬程，m。

由于泵的扬程以排出压力表示，即：$H = \frac{p_{表}}{\rho g}$，则：

$$N_e = \frac{p_{表} Q}{1000} \tag{3-48}$$

式中　$p_{表}$——泵的出口压力，单位 Pa。

柱塞泵的有效功率的测定方法与离心泵相同。

2. 轴功率

轴功率是指单位时间内原动机传递到泵轴上的功，也称电机的输出功率即泵的输入功率。用 N 表示，其计算公式为：

$$N = \frac{\sqrt{3} \cdot I \cdot V \cdot \cos\varphi \cdot \eta_{电}}{1000} \tag{3-49}$$

式中　I——电机的线电流，A；

V——电机的线电压，V；

$\cos\varphi$——电动机功率因数，一般取 0.85；

$\eta_{电}$——电动机效率。

轴功率的测定方法有两种：一种是直接测量法；另一种是间接测量法。

（1）直接测量法：就是用电动机测功仪直接进行测量。

（2）间接测量法：测出电动机的输入功率，再根据电动机的效率曲线查出电动机的效率，代入电动机输出功率公式计算，即可得出柱塞泵的轴功率。

电动机输出功率计算公式见式(3-11)。

3. 配套功率

配套功率是指带动泵的原动机(一般指电机)的功率，用 $N_{配}$ 表示，其计算公式为：

$$N_{配} = K \cdot \frac{N}{\eta_{传}} \tag{3-50}$$

式中　K——功率储备系数；

$\eta_{传}$——传动效率，直接传动为 1，间接传动<1。

4. 转化功率

转化功率是指克服泵内齿轮传动、轴承、活塞、盘根和十字头等机械摩擦后，由活塞传给液体的功率，也称指示功率。用 $N_{示}$表示：

也就是由机械能转化为液体能的那部分功率，可通过测试求得：

$$N_{示}=\frac{\rho g Q_{示} H_{示}}{1000} \tag{3-51}$$

其中
$$N_{示}=N-\Delta N_{机}$$

式中　$\Delta N_{机}$——机械摩擦消耗的功率。

$Q_{示}$——单位时间内从活塞得到能量的液体量，即指示流量 m^3/s；

$H_{示}$——单位重量液体从活塞获得的能量，也称转化压头，m。

(四) 效率

效率反映泵对动力的有效利用程度。

1. 泵的总效率

有效功率与轴功率之比称泵的总效率，用 η 表示，即：

$$\eta=\frac{N_e}{N} \tag{3-52}$$

2. 机械效率

指示功率与轴功率之比称泵的机械效率，用 η_m表示：即：

$$\eta_m=\frac{N_{示}}{N} \tag{3-53}$$

3. 水力效率

单位重量液体通过泵后所增加的能量与活塞对单位重量液体所做的功之比称泵的水力效率，用 η_h表示：即：

$$\eta_h=\frac{H}{H_{示}}=\frac{H}{H+h_w} \tag{3-54}$$

式中　h_w——泵内各项水头损失之和，m；

$H_{示}$——转化扬程，m。

4. 容积效率

实际平均流量 Q 与单位时间内进入到往复泵内液体体积 Q 示之比称泵的容积效率，用 η_v表示，即：

$$\eta_v=\frac{Q}{Q_{示}}=\frac{Q}{Q+\Delta Q} \tag{3-55}$$

式中　ΔQ——因密封不严而造成的高压液体的漏失。

因 ΔQ 而损失的功率用 $\Delta N_{漏}$表示。

5. 转化效率

泵的有效功率与指示功率之比称泵的转化效率，用 η_i表示，即：

$$\eta_i=\frac{N_e}{N_{示}}=\frac{\frac{\rho gQH}{1000}}{\frac{\rho gQ_{示}H_{示}}{1000}}=\frac{QH}{Q_{示}H_{示}}=\eta_v\cdot\eta_h$$

$$\eta=\frac{N_e}{N}=\frac{N_e}{N_{示}}\cdot\frac{N_{示}}{N}=\eta_v\cdot\eta_h\cdot\eta_m \tag{3-56}$$

往复泵的转化效率 η_i 反映了液力部分的完善程度，而机械效率 η_m 则反映了泵的传动端的完善程度。

柱塞泵的泵效的测定方法与离心泵相同。

四、柱塞泵的特性曲线及性能调节

(一) 柱塞泵的特点

从柱塞泵的工作原理中可以看出柱塞泵有以下特点：

(1) 瞬时流量是脉动的。

因为液体介质的吸入和排出过程是交替进行的，而且柱塞在往复过程中，其速度又在不断地变化，所以在只有一个工作腔(单缸泵)的泵中，泵的瞬时流量不仅随时间而变化，而且是不连续的。

多缸泵的瞬时流量等于同一瞬时各缸瞬时流量之和。缸数增多脉动减小，奇数缸比偶数缸好，在具有多个工作腔(多缸泵)的泵中，如果工作腔的工作相位安排适当则可减少排出集液管路中瞬时流量的脉动幅度，直到可达到实用上认为是稳定流的地步。

由于瞬时流量的脉动，引起吸排管路内液体的非匀速流动，从而产生加速度和惯性力，增加泵的吸排阻力，使泵的吸入性能降低，造成过流现象，甚至引起管路压力脉动及管路振动，破坏泵的稳定工作。

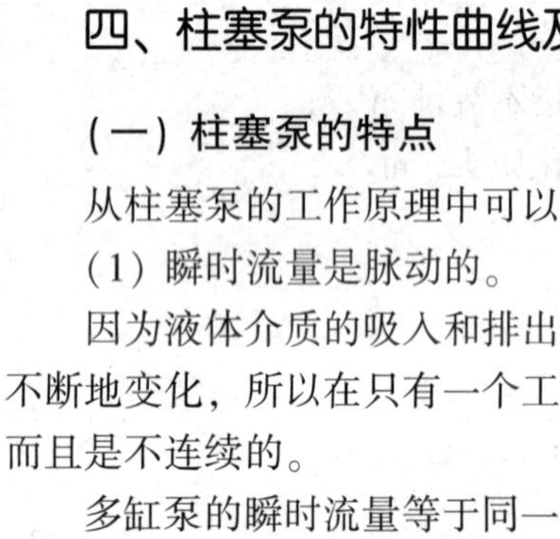

图 3-53 柱塞泵特性曲线

(2) 平均流量是恒定的。

泵的流量取决于泵的主要结构参数：冲次、冲程、柱塞直径和柱塞数目．而在理论上与排出压力无关，且与输送液体的温度、黏度等物理化学性质无关。当泵的每分钟往复次数一定时，泵的流量也是恒定的，流量与排出压力的关系基本上是一条直线，只有在压力较高时，由于泄漏损失的增加，使泵流量稍有减少。如图 3-53 所示。因此往复泵不能用改变排出压力的方法来调节流量。关闭排出阀时，会因排出压力急增而造成电机过载或泵的损坏。

(3) 泵的压力取决于管路特性。

离心泵流量和扬程是由泵本身决定的，流量与扬程是密切相关的，即某一流量对应着某一扬程。柱塞泵则不同，它的排出压力取决于它在其中工作的装置特性，当排出阀开启越少，或排出管径越小，则液体流动阻力越大，泵缸内液体越难流出，但活塞(或柱塞)的一个往复行程是近似恒定的，而液体又是不可压缩的，所以排出压力也就越高，而与流量、转速无关。只要泵本身的动力、强度和密封性能足够，从理论上说，柱塞泵的排出压力可以无限高。也就是说，同一台柱塞泵在不同的装置中可以产生不同的扬程。

因此，柱塞泵与离心泵在启动和操作过程中有很大的差别。

① 在柱塞泵的排出管线上必须设置安全阀，以保证泵的排出压力不高于它的额定值。

② 在启动泵前，必须把管路上的排出阀门全部打开，且不允许排出管路堵塞，否则就有可能造成设备或人身伤亡事故。

③ 柱塞泵允许降压使用，此时不会产生超载，也没有机件损伤的可能，只不过没有充分发挥原设计的功能而已。

(4) 泵对输送的液体有较强的适应性。

机动往复泵适用于高压、小流量和高黏度的液体。

(5) 有良好的自吸性能，在启动前通常不需要灌泵。

柱塞泵是依靠柱塞在液缸内改变容积而吸入和排出液体的，运行时吸入口和排出口是相互隔开不相通的。因此柱塞泵在启动时能把吸入管内的空气逐步抽上排出，因而具有很强的自吸能力。但在实际使用时仍希望泵缸内有液体，一方面可以立刻吸排液体；另一方面避免活塞(或柱塞)在泵缸(或与填料箱)产生干摩擦，减少磨损。

(二) 柱塞泵的特性曲线

柱塞泵的特性曲线是表示泵的流量、输入功率和效率与压力间变化关系的曲线，如图3-54所示。

由前面分析可知，柱塞泵在单位时间内排出的液体体积取决于活塞或柱塞的截面面积F、冲程长度S、冲次n以及缸数m，而与柱塞泵的排出压力无关。因此，若以横坐标表示泵的流量，纵坐标表示排出压力，在保持泵的冲次不变的条件下，泵的理论Q-p应是垂直于横坐标的直线。实际上随着泵压的升高，泵的密封处的流量损失将增加，即流量系数将减小。所以，实际流量随着泵压的升高略有减小，反映在图3-55中的Q-p曲线略为倾斜。流量不同，Q-p曲线的位置也不同。此外机械传动往复泵的输入功率(轴功率)N、总效率η及容积效率η_v等也随着泵压的升高而变化。图3-54为柱塞泵的基本性能曲线，可以通过实验求出。

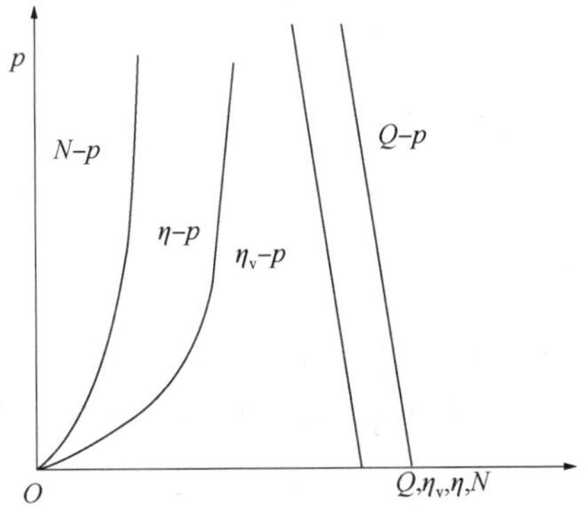

图3-54　柱塞泵的性能曲线

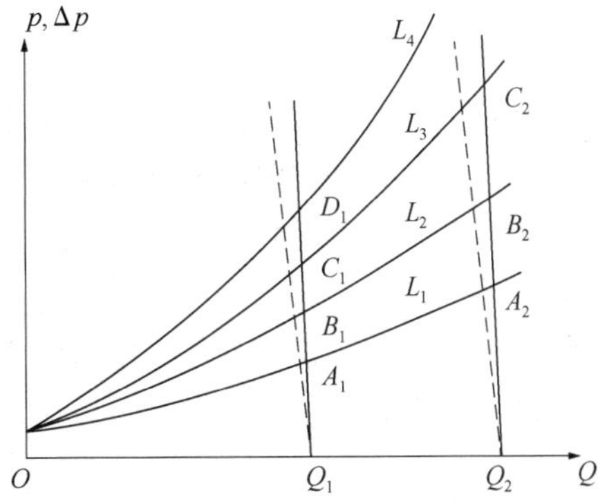

图3-55　往复泵的装置特性和工况点

(三) 柱塞泵的工况

将泵的流量-压力特性曲线按同样比例绘在管路特性曲线上，两曲线的交点为泵的工况点。如图3-55所示。

可见，泵实际给出的工作压力总是与管路装置直接相关的，装置阻力增大，泵压就升高，反之，泵压就下降。

（四）柱塞泵的性能调节

柱塞泵与一定的管路系统组成统一的装置后，其工况点一般也是确定的。有时为了工艺需要，希望人为地调节泵的流量，以改变工况，称为性能调节。

1. 流量调节

由 $Q_V = mFSn$ 可知，当往复泵结构确定后，Q 的大小取决于 F、S、n，故调节流量通常用以下方法。

（1）更换不同直径的缸套

设计柱塞泵时，通常把缸套直径分成若干等级，各级缸套的流量大体上按等比级数分布，即前一级直径较大的缸套的流量与相邻下一级直径较小缸套的流量比近似为常数。根据需要，选用不同直径的缸套就可以得到不同的流量。

（2）调节泵的冲次

这种调节方法是通过调节原动机的转速，改变泵曲轴的转速，进而改变柱塞泵的往复次数，来达到调节流量的目的。这种流量调节方法功率损失小，调节方便，所以说它是一种经济调节流量的方法。可采用电动机变频调速器、燃气轮机等作动力。

（3）减少泵的工作室

在其他调节方法不能满足要求时，现场有时采用减少泵的工作室的方法来调节流量。

（4）旁路(回流)调节

现场应用较广的一种调节方式，在泵的排出管路上并联旁路管路，将多余的液体从泵出口经过旁路回吸入罐或吸入管路，改变旁路阀门的开度大小，即可调节流量。这是柱塞泵调节流量的一种常用方法，它也是一种不经济的调节方法。要注意的是，柱塞泵不能采取出口阀门来调节流量。

（5）行程调节

即改变柱塞泵行程长度，调节流量的一种方法。行程的调节方法有：改变偏心距、柱塞行程、连杆长度和位置等。改变行程调节流量的方法一般用于计量泵。

2. 压力调节

由柱塞泵的性能可知，排出压力取决于装置特性、结构强度、液力端的密封质量和原动机的额定功率。泵的结构形式和装置确定后，柱塞泵压力的调节是通过改变泵的转速，即改变柱塞的冲次来实现的。

3. 泵的并联运行

为满足一定的流量需要，生产中常将多台柱塞泵并联工作，柱塞泵的并联也是流量调节的一种方式。柱塞泵并联工作时，以统一的排出管向外输送液体，柱塞泵并联工作时有以下特点：

（1）当各泵的吸入管大致相同，排出管路交汇点至泵的排出口距离很小时，可以认为泵在相同的压力下工作。

（2）排出管路中的总流量为同时工作的各泵的流量之和。

（3）泵组输出的总功率为同时工作各泵输出的功率之和。

（4）在管路特性一定的情况下，对于机械传动的柱塞泵，并联后的总流量仍然等于每台泵单独工作时的流量之和，而并联后的泵压大于每台泵在该管路上单独工作时的泵压，因为流量增加，消耗在管路中的阻力损失加大。

五、柱塞泵的运行维护和管理

(一) 柱塞泵安装标准及技术要求

1. 安装前的准备工作

(1) 基础的检查验收应符合规定。

(2) 柱塞泵应采用垫铁安装。

2. 机泵安装要求

(1) 将地脚螺栓上的油脂、锈痕洗净，并将地脚螺栓预留孔内的泥沙、污物等清除干净，把地脚螺栓放入预留孔内。

(2) 按规定位置放好垫铁，机泵就位，穿地脚螺栓，拧上螺帽。

(3) 在地脚螺栓预先浇灌好的基础上安装时，应检查地脚螺栓的位置是否与泵底座螺栓孔位置相符。

3. 机泵的抄平找正要求

(1) 以基础中心线为基础标准，使泵中心重合于中心线，其中心及标高偏差应符合表3-17的要求。

表 3-17 往复泵安装中心及标高允许偏差

项 目	活塞环安装间隙/mm	
	平面位置	标高位置
与其他设备无机械连接时	±5	±5
与其他设备有机械连接时	±2	±1

(2) 机泵水平度应小于 0.3mm/m。

(3) 地脚螺栓为二次灌浆，应符合要求。

(4) 混凝土达到设计强度后，对机泵进行精找正找平，拧紧地脚螺栓后，纵向、横向水平度允差 0.2mm/m，中心标高允差应符合要求。

4. 机泵同心度找正规定

(1) 有共同底座的机泵找同心度，应先固定泵端，然后以泵端为基准，对电动机的方位高低程度进行调整，使两机轴的同心度达到要求。

(2) 没有共同底座的机泵找同心时，先将泵体找平，拧紧地脚螺栓后再进行电动机的初找平，并以泵为基准找与电机的同心度。

(3) 同心度应符合表 3-18 的规定。

表 3-18 机泵安装同心度允许偏差值

连接形式	活塞环安装间隙	
	径向移位/mm	倾斜
刚性连接	<0.03	<0.05/1000
弹性连接	<0.05~0.10	<0.2/1000

5. 用皮带传递动力的机泵安装要求

(1) 两轴中心距应在规定范围内，并有足够的调节行程。

(2) 三角皮带轮，应使两轮角槽对正，平皮带则应使两轮的中心线重合，两轴中心必须平行。

(3) 三角皮带的规格、数量应符合产品要求，紧力应符合规定。

(二) 柱塞泵的安装工艺调试

1. 机身

整体运往现场的柱塞泵机身应位找正找平时，与现场组装时的找正找平相同，其测量部位在机身、滑道、液缸镜面或轴承座上。气缸中心线与机体中心线不重合度或平行度的允许偏差应符合表 3-19 的要求。

表 3-19 液缸中心线与机体中心线允许偏差

液缸直径/mm	平行位移/mm	倾斜
<100	0.05	—
100~300	0.07	0.02/1000
300~500	0.10	0.04/1000
500~1000	0.15	0.06/1000
1000~1500	0.20	0.08/1000

2. 曲轴与主轴组装

(1) 轴瓦检修应符合要求。

(2) 曲轴安装时，其中心线与机身滑道中心线的不垂直度允许偏差为 0.2mm/m。

(3) 曲轴的弯曲、轴颈的椭圆度、锥度应符合表 3-20 的要求。

(4) 曲轴和主轴的油路应畅通。

表 3-20 曲轴的弯曲椭圆度、锥度允许偏差

项　目	允许偏差
曲轴颈对主轴颈的不平等度	<0.02/1000
曲轴颈和主轴、主轴颈的椭圆度和锥度	<二级精度公差的 1/2
中间主轴泵对两端主轴颈表面最大跳动值	0.05mm

3. 十字头、滑履、连杆组装要求

(1) 十字头之滑履与机身滑道的接触面积不得小于滑履面积的 60%，其间隙应符合表 3-21 的要求。

表 3-21 十字头的安装间隙允许偏差

十字头直径/mm	安装间隙/mm	十字头直径/mm	安装间隙/mm
50~80	0.09~0.20	180~260	0.29~0.34
80~120	0.20~0.24	260~360	0.34~0.39
120~180	0.24~0.29	360~500	0.39~0.46

(2) 刮研连杆大头瓦和小头瓦(套)，使其与曲柄销和十字头销接触面积均在 80%以上。连杆大头瓦径向间隙为曲柄销直径的 0.7~0.8/1000，小头瓦〈套)径向间隙为十字头销直径的 0.5/1000。

（3）连杆的大、小头瓦和滑履的油道应畅通。

（4）各部连接螺栓要拧紧。

4. 柱塞、柱塞环、柱塞杆的组装要求

（1）柱塞环要进行漏光检查，允许在缸内周长上有少于两处漏光，每处漏光弧长应小于45°，与锁口相错不小于30°。

（2）柱塞环装入柱塞腔中应转动灵活，其锁口间隙、侧间隙应符合表3-20的要求。

（3）柱塞杆及柱塞表面应光滑，无裂纹及麻斑等缺陷，柱塞杆最大弯曲度不得大于0.1mm/m，柱塞杆与柱塞、十字头的连接螺栓均要拧紧锁牢。

（4）柱塞与液缸的安装间隙应符合表3-22的要求。

（5）调整柱塞前后死点位置。

表3-22　液缸、柱塞、柱塞环安装间隙允许偏差

缸直径/mm	活塞安装间隙/mm	活塞环安装间隙/mm	
		锁口间隙	槽侧间隙
50~100	0.40~0.50	0.60	0.04~0.08
100~200	0.50~0.65	0.80~1.20	0.04~0.06
200~300	0.65~0.75	1.40~1.60	0.07~0.10
300~400	0.75~0.90	1.80~2.00	0.12
400~500	0.90~1.00	2.00~2.50	0.12

5. 润滑系统管线和润滑油的规定

润滑系统管线和润滑油应符合相应规定，曲轴相连接的油泵，其转动机构灵活，无阻滞现象。

6. 阀板装配要求

（1）阀板用涂色法检查，接触良好，用煤油试漏5min应无渗漏为合格。

（2）阀杆起跳高度误差不超过5%。

（3）各阀板的质量应符合要求。

另外，三柱塞泵的安装应按设备技术文件规定进行，一般要求可执行电动往复泵安装的有关规定并应符合表3-23的要求。

表3-23　三柱塞泵安装允许偏差

序号	部位	内容	允许偏差/mm
1	机座	两主轴孔中心偏差	≤0.05
		两主轴孔中心线与三个十字头滑道中心线垂直高偏差	≤0.15m
2	曲轴	曲轴之间主轴颈对中心线的跳动	≤0.04
		曲轴中心线对三个曲拐轴中心线平行度偏差	≤0.02m
		主轴颈椭圆、锥度允许偏差曲拐轴颈圆锥度允许偏差	直径公差1/2
3	柱塞	柱塞椭圆度、圆锥度允许偏差	直径公差1/2
4	连杆小头	连杆小头球面(曲轴侧)	0.15~0.20

（三）电动柱塞泵的操作使用

1. 开泵前的准备

（1）检查泵的传动机构有无卡位或不灵活的现象。

（2）检查润滑油是否符合要求，填料是否严密，各部件连接是否牢固可靠。

（3）检查阀、底座、阀弹簧是否完好。

（4）检查阀门的密封性和灵活性，并按施工要求开通或关闭。

（5）检查保险销、保险凡尔胶皮、安全阀是否完好、正常。

（6）开泵前应首先打开排出管道上的所有阀门，这是由于容积泵启动后压力剧升，会造成设备破坏。为减少启动电流还应将回流阀打开，待电机启动正常后，再缓慢关闭回流阀。

2. 启泵

（1）开泵前盘泵 1~2 圈。

（2）开泵时要注意观察泵压的变化，如发现泵压猛增，立即停泵检查。

（3）起泵和换挡要平稳、迅速。

3. 运转中的维护

往复泵在运转中禁止关闭排出阀，由于液体几乎是不可压缩的，因此在启动或运转中如果关闭排出阀，会使泵或管路憋坏，还可能使电动机烧坏。

在运转中应当用“听声音，看仪表，摸机器温度”的办法随时掌握工作情况。同时要保证各部润滑良好。

（1）新安装的泵连续运转 5d 后应换一次油，经 15d 再换一次油，以后三个月换一次油。

（2）在运转中应经常观察压力表的读数。

（3）润滑油的温度不超过 60℃。

（4）当油面低于油标时，应添加同种机油至要求高度。

（5）阀有剧烈的敲击声或传动部分的零件温升很高时，应停车检查处理。

（6）每月清洗吸入过滤器一次。

（7）定期检查电气设备的连接及绝缘情况。

（8）详细记录在运转中和修理中的情况。

4. 停泵

（1）应先打开回流阀，再关泵，最后关闭出口阀门。

（2）冬季要注意防冻，停泵后放净泵及管线内的积液。

5. 提高柱塞泵抗汽蚀性能的措施

必须注意的是，工作中要避免柱塞泵发生汽蚀现象。因为柱塞泵在吸入过程中，液缸内的压力 $p_{吸}$ 一般都比较低，在液体温度为某一数值情况下，$p_{吸}$ 有时可能小于或等于 p_t，部分液体在液缸内开始汽化，其结果将使泵的吸入充满程度开始降低，甚至产生水击现象。严重的水击导致泵零件损坏，降低泵的使用寿命。为了避免上述现象，则应使液缸内的最小吸入压力 $p_{吸}$ 始终大于液体在同温度时的汽化压力 p_t。因此，在柱塞泵的吸入计算中，以 $\frac{p_{吸\min}}{\rho g}>\frac{p_t}{\rho g}$ 作为保证正常吸入的充分条件，只有满足这个条件，才能保证泵的正常工作。为了保证泵正常工作，采取下列措施都是有效的。

（1）降低泵的安装高度。

（2）尽量缩短吸入管线，装吸入空气包以降低吸入管内液体的惯性水头。

（3）一般情况下，液体在大气压力 Pa 作用下，是可以保证正常吸入的。如果特殊需要，如吸入管线必须很长，或在高原地区工作，则应采取离心泵进行灌注，这样就相当于把吸入池液面的压力提高到了离心泵的排出压力。

（4）柱塞泵的吸入是由于液缸内形成真空实现的，如果形成真空的条件被破坏，那么泵也不可能进行正常吸入。比如，吸入管接头密封不严，或其他各处密封不严，或由于柱塞磨损、吸入阀刺坏等原因引起的故障也造成泵的上水不良。这在实际操作中是应该注意的。

（四）柱塞泵的故障判断和处理

1. 烧轴瓦、烧曲轴

这类故障一般都发生在寒冷季节。曲轴、轴瓦烧坏的主要原因是：曲轴箱内的机油温度低、黏度大，没有进行充分的盘泵和跑温磨合，致使轴瓦与曲轴的工作面没进入足量的机油，导致摩擦过热，使曲轴与轴瓦工作面烧坏或烧结在一起。此类故障一般不易及时发现，一旦发现，轴瓦、曲轴已严重损伤，只能报废或换新的。

预防措施：除了保证柱塞泵使用的机油对路、质量优良、清洁、按严格的定期检验制度进行检定更换外，在冬季由于机油黏度大，又无预热条件，要严格做好启泵前盘车、跑温工作。

2. 泵头刺穿、裂纹

泵头刺穿、裂纹的主要类型有：

（1）泵头工作缸中的高压水沿柱塞运动方向正面刺穿；

（2）泵头工作缸与泵头螺丝孔之间横向刺穿；

（3）泵头内侧柱塞孔边缘出现径向裂缝；

（4）阀座的侧面刺穿。

前三种主要是由损坏部件的材料组织不均匀，或应力集中造成的，即泵在工作过程中受交变应力和冲击应力的作用下逐渐形成裂纹，最终被高压水穿透，导致泵头作废。

后一种故障的原因是：检修或更换排液阀座时，安装孔和阀座表面不清洁，砂粒、铁屑之类的脏物未清除干净。安装后使阀座与阀座孔之间接触不良，有微小缝穴，当泵工作时，高压水沿阀座侧有杂物的地方渗流逐渐形成缺口并刺透阀座。

3. 柱塞拉伤

柱塞拉伤是指柱塞表面的镀层拉伤，而导致泄漏。柱塞拉伤的原因是：密封圈上沾有沙土或铁屑之类比较坚硬的小颗粒，当把这种密封圈装入柱塞总成上使用时，由于运动着的柱塞与密封圈始终紧密接触，将造成柱塞表面拉伤和损坏。

4. 曲轴断裂

多见于曲轴尺寸较长的五柱塞泵，造成曲轴断裂的主要原因：

（1）材料组织不均匀、存有气孔、夹杂质等缺陷；或因热处理、机械加工不完善而形成的应力集中等；

（2）泵在运行中，遇到突然停电、系统憋压停泵、紧急停泵等非正常情况时，急速停转，使曲轴在瞬间承受较大的冲击载荷，易造成曲轴的损伤、裂纹甚至断裂。

5. 柱塞泵打不起压力或压力不够的主要原因及排除方法

(1) 主要原因

① 柱塞规格与实际需要不符。

② 柱塞磨损严重，泄漏量大。

③ 泵吸入阀损坏打不开或关不严。

④ 泵排出阀损坏打不开。

⑤ 供液不足，泵的吸入压力过低。

⑥ 泵体放空没放净，有空气。

⑦ 泵压力表损坏，显示有误。

⑧ 电动机转速不够，泵工作达不到要求冲次。

(2) 排除方法

① 更换与实际需要相符的柱塞总成。

② 更换新的柱塞。

③ 检修或更换泵吸入阀。

④ 检修或更换泵排液阀。

⑤ 改善泵的吸液状况。

⑥ 对泵体重新放空，排净泵内空气。

⑦ 更换泵压力表。

⑧ 检查供电电压及电机各部分是否良好。

6. 高压柱塞泵曲轴箱油温过高的主要原因及排除方法

(1) 主要原因

① 使用的油脏或油变质。

② 油位过高或过低，导致润滑或散热不良。

③ 曲轴及连杆等部件偏磨或损坏。

④ 环境温度过高等。

(2) 排除方法

① 更换曲轴箱内的润滑油。

② 调整曲轴箱油位，保证其润滑良好。

③ 检修或更换曲轴及连杆等部件。

④ 加强通风降温等措施。

7. 柱塞泵工作时，柱塞刺水的主要原因及排除方法

(1) 主要原因

① 密封填料没压紧或已破损。

② 密封填料装配方法不正确。

③ 添加密封填料数量不够。

④ 柱塞磨损严重。

⑤ 柱塞安装不正，偏磨填料。

⑥ 泵外部干压高于泵压或出现憋泵现象。

⑦ 泵的排液阀损坏打不开。

⑧ 泵的实际工作压力高于其铭牌设计值。

（2）排除方法

① 检查调整其密封填料。

② 对密封填料进行重新装配。

③ 添加足量的密封填料。

④ 更换已损坏的柱塞。

⑤ 重新调整或安装柱塞。

⑥ 靠更换柱塞调整泵的工作压力，以满足需要。

⑦ 检修或更换泵的排液阀。

⑧ 调整泵的工作压力。

8. 柱塞泵振动较大的主要原因及排除方法

（1）主要原因

① 机泵找正同轴度及找正水平度较差。

② 各部装配间隙过大。

③ 泵吸入压力低，供水不足。

④ 泵十字头与连杆、介杆连接不良。

⑤ 泵曲轴与连杆等部件配合不好。

⑥ 曲轴窜量较大。

⑦ 曲轴轴承、十字头等部件出现故障。

⑧ 泵的进、排液阀出现故障。

⑨ 泵出现憋压运行现象。

⑩ 泵的进出口管线安装有憋劲现象。

⑪ 泵基础不牢或紧固螺栓松动。

⑫ 泵的外部干压大于泵的工作压力。

（2）排除方法

① 机泵重新校正同轴度和水平度。

② 调整各部装配间隙。

③ 检查泵的供液情况。

④ 检查调整十字头、连杆、介杆等件。

⑤ 重新调整曲轴、连杆配合。

⑥ 检查并调整曲轴窜量。

⑦ 查修轴承十字头等部件。

⑧ 检修泵的进、排液阀。

⑨ 检查泵的出口阀门及管网畅通情况。

⑩ 检查泵的进出口管线装配情况。

⑪ 调整泵基础或重新紧固螺栓。

⑫ 调整泵的工作压力。

9. 柱塞泵噪声较大的主要原因及排除方法

（1）主要原因

① 机泵找正同轴度及找正水平度较差。

② 各部装配间隙过大。
③ 泵吸入压力低，供水不足。
④ 泵十字头与连杆、介杆连接不良。
⑤ 泵曲轴与连杆等部件配合不好。
⑥ 曲轴窜量较大。
⑦ 曲轴箱油面过高或过低。
⑧ 润滑油较脏或变质。
⑨ 泵体紧固螺丝松动。
⑩ 曲轴轴承、十字头等部件出现故障。
⑪ 泵的进、排液阀出现故障。
⑫ 泵出现憋压运行现象。
⑬ 泵的进出口管线安装有憋劲现象。
⑭ 泵基础不牢或紧固螺栓松动。
⑮ 泵的外部干压大于泵的工作压力。
(2) 排除方法
① 机泵重新校正同轴度和水平度。
② 调整各部装配间隙。
③ 检查泵的供液情况。
④ 检查调整十字头、连杆、介杆等件。
⑤ 重新调整曲轴、连杆配合。
⑥ 检查并调整曲轴窜量。
⑦ 调整曲轴箱油面高度。
⑧ 换加合格的润滑油。
⑨ 对泵体各部螺丝进行重新紧固。
⑩ 检修轴承十字头等部件。
⑪ 检修泵的进、排液阀。
⑫ 检查泵的出口阀门及管网畅通情况。
⑬ 检查泵的进出口管线装配情况。
⑭ 调整泵基础或重新紧固螺栓。
⑮ 调整泵的工作压力。

10. 柱塞泵上水不足的主要原因及排除方法

(1) 主要原因
① 水源水压太低。
② 泵上水管太细。
③ 泵放空不良，泵体内有气体。
④ 泵吸液阀总成故障。
⑤ 柱塞质量不合格过磨损严重。
⑥ 泵上水阀门损坏。
(2) 排除方法
① 调整来水压力。

② 加大上水管。
③ 重新彻底放空。
④ 查修泵的吸液阀。
⑤ 查修或更换柱塞。
⑥ 检修泵的上水阀门。

11. 柱塞泵泵压波动较大的主要原因及排除方法

(1) 主要原因
① 稳压器胶囊损坏或其充气压力不够。
② 柱塞磨损严重，泄漏量大。
③ 泵吸入阀损坏，开关不良。
④ 泵排液阀损坏，开关不良。
⑤ 供液不足，泵的吸入压力过低。
⑥ 泵体放空没放净，有空气。
⑦ 泵压力表损坏，显示有误。

(2) 排除方法
① 查修泵的进出口稳压器。
② 更换新的柱塞。
③ 检修或更换泵吸入阀。
④ 检修或更换泵排液阀。
⑤ 改善泵的吸液状况。
⑥ 对泵体重新放空，排净泵内空气。
⑦ 更换泵压力表。

12. 柱塞泵断泵头螺丝的主要原因及排除方法

(1) 主要原因
① 螺丝强度不够或锈蚀断裂。
② 螺丝受力不均匀。
③ 螺丝承受交变载荷。
④ 泵头振动厉害。
⑤ 螺丝质量不合格。
⑥ 泵进出口管线连接憋劲。

(2) 排除方法
① 采用合格螺丝，并定期检查。
② 调整螺丝使其受力均匀。
③ 检查调整螺丝，消除其承受的交变载荷。
④ 针对泵头振动原因，进行检查调整。
⑤ 采用质量合格的螺丝。
⑥ 调整泵进出口管线连接情况。

第三节　螺　杆　泵

一、螺杆泵的分类、结构及工作原理

螺杆泵是在泵类产品中出现较晚的一种泵。由于它是利用一根或数根螺杆相互啮合空间的容积变化来输送液体的，因此称为螺杆泵。

螺杆泵的主要特点是液体沿轴向移动，流量连续均匀，脉动小，流量随压力变化很小。运转时比齿轮泵平稳，无振动和噪声。泵的转速较高，目前有高达1800r/min的，另外泵的吸入性能较好，允许的输送黏度变化范围大。因此它广泛地应用在化学、石油、矿山、造船、食品和机床等工业部门用来输送各种液体，如润滑油、燃料油、煤油、水、汽水和牛奶等。还广泛地应用在各种机械的液压传动系统或液压调节系统，特别在一些工作可靠性要求较高的如精密机床液压传动系统中多被采用。

但是螺杆泵的螺杆螺旋面加工工艺较复杂，所以目前世界各国，螺杆泵的产量较其他类型泵都少得多。螺杆泵的一般常用性能范围：流量为1.5~500m^3/h，排出压力一般低于200kgf/cm^2。目前，大型螺杆泵的流量有的高达1500m^3/h。

根据互相啮合同时工作的螺杆数目的不同，通常可分为单螺杆泵、双螺杆泵、三螺杆泵和五螺杆泵等。按螺杆轴向安装位置还可分为卧式和立式两种，立式结构一般为船用。

（一）单螺杆泵

单螺杆泵是一种内啮合的密闭式螺杆泵。如图3-56所示，为一种普通的单螺杆结构。其转子为圆形断面的螺杆，定子通常为泵体内具有双头螺纹的衬套。转子的螺距为定子内螺纹螺距的一半。螺杆在衬套内做行星运动，因此一般都通过万向联轴节(或偏心联轴器)来传动。

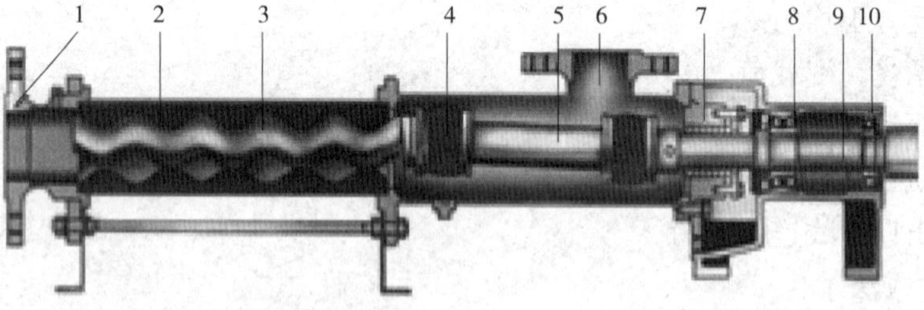

图3-56　单螺杆泵

1—排出体；2—定子；3—转子；4—万向节；5—中间轴；
6—吸入室；7—轴封件；8—轴承；9—传动轴；10—轴承体

单螺杆泵的螺杆和衬套相配合形成一个个互不相通的封闭腔。当螺杆转动时，封闭腔沿轴向由吸入端向排出端方向运动，封闭腔在排出端消失。同时在吸入端形成新的封闭腔，装满液体的封闭腔就随着向前运动，由吸入端推挤到排出端。螺杆做行星运动，封闭腔不断形成，向前运动以至消失即将液体向前推进，从而产生抽送液体的作用。

单螺杆泵能连续均匀地输送液体，无脉冲，排除能力强，自吸性能好，结构简单，零部件少。

（二）双螺杆泵

双螺杆泵是外啮合的螺杆泵。它主要是由定子(即泵体内衬套)、主动螺杆和从动螺杆组成的。如图 3-57 所示。主动螺杆和从动螺杆具有不同的螺纹，一个螺杆为左螺纹，另一个则为右螺纹。

当主动螺杆在原动机带动下旋转时，依靠两螺杆相互啮合空间(即工作室)的容积变化来输送液体。在靠吸入室一侧的啮合空间打开时，与吸入室容积接通，使吸入室容积增大，压力降低，吸入管内液体在压差作用下被吸入，并充满工作室。液体充满工作室后，随螺杆旋转做轴向移动。液体移动相当于一螺母在螺杆上相对移动，螺母本身不转动，当螺杆转动时，使螺母沿轴向移动，液体的移动和螺母的移动相似。为了使液体不能旋转只做轴向移动，必须以一固定挡板紧密地靠住螺纹内将液体挡住。双螺杆泵的从动螺杆与主动螺杆齿穴接触的凸齿就起了挡住液体，使它不能旋转的挡板的作用。当主动螺杆不断旋转时，液体便从吸入室不断沿着泵体内衬套轴向移动至排出室。

（三）三螺杆泵

三螺杆泵通常是一种外啮合的密闭式螺杆泵。如图 3-58 所示。其中转子为中间主动(凸)螺杆和两侧从动(凹)螺杆(有的将从动螺杆算为分隔元件)。定子即泵体内衬套，两端与吸入室和排出室衔接，定子内壁与螺杆的外圆柱面形成间隙密封，螺杆便在衬套内旋转。

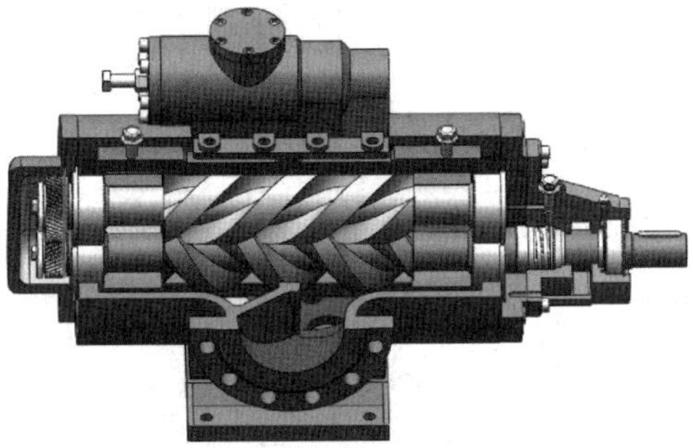

图 3-57　双螺杆泵

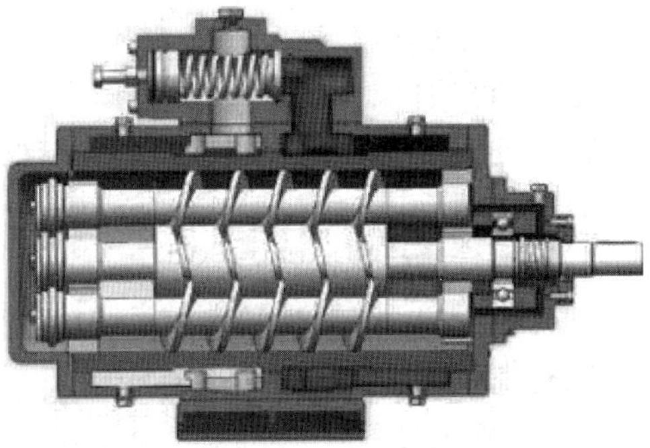

图 3-58　三螺杆泵

主动、从动螺杆上的螺纹转向相反，当主动螺杆为左螺纹时，则从动螺杆为右螺纹。螺杆的法向截面齿廓由摆线形成，主动螺杆具有双头等螺距的凸螺纹，从动螺杆同样具有双头等螺距的凹螺纹。主动螺杆与从动螺杆比较，前者较粗，因为它在工作过程中承受主要的负荷，从动螺杆只作阻止液体从排出室漏回吸入室的密封元件，即与主动螺杆啮合而形成密闭容积，将排出室和吸入室隔开。在正常工作过程中，从动螺杆不是由主动螺杆驱动，而是由输送液体的压力作用旋转的。

目前我国生产较多的是三螺杆泵。

螺杆泵的特点是自吸性能好、工作无噪声、寿命长、效率比齿轮泵稍高(0.70%~0.95%)。在发电厂中作为油泵使用，如汽轮机的主油泵和有些汽动给水泵的主油泵，就是采用螺杆泵。

（四）螺杆泵在检修时测量的间隙

（1）螺杆与外壳的径向间隙，一般取 0. 10～0. 15mm，使用塞尺测量。

（2）螺杆与螺杆啮合处的顶部、侧部间隙，一般为 0. 10～0. 15mm。

（3）从动螺杆轴头与外壳的轴向间隙，一般取为 2mm±0. 5mm。

（4）轴瓦间隙为 0. 08～0. 12mm。

二、螺杆泵维护检修规程

（一）总则

1. 主题内容与适用范围

（1）本规程规定了螺杆泵的检修周期与内容、检修与质量标准、试车与验收、维护与故障处理。

（2）本规程适用于石油化工单螺杆泵、双螺杆泵、三螺杆泵的维护和检修。

（二）检修周期与内容

1. 检修周期

检修周期见表 3-24，根据运行状况、运行状态及监测结果可适当调整检修周期。

表 3-24　检修周期

检修类别	小修	大修
检修周期/月	6	24

2. 检修内容与程序

（1）小修项目

① 检查轴封泄漏情况，调整压盖与轴的间隙，更换填料或修理机械密封。

② 检查轴承。

③ 检查各部位螺栓紧固情况。

④ 消除冷却水、封油和润滑系统在运行中出现的跑、冒、滴、漏等缺陷。

⑤ 检查联轴器及同心对齐情况。

（2）大修项目

① 包括小修项目内容。

② 解体检查各部件磨损情况，测量并调整各部件配合间隙。

③ 检查齿轮磨损情况，调整同步齿轮间隙。

④ 检查螺杆直线度及磨损情况。

⑤ 检查泵体内表面磨损情况。

⑥ 校验压力表、安全阀。

（三）检修与质量标准

1. 检修前准备

（1）掌握运行情况，备齐必要的图纸资料。

（2）备齐检修工具、量具、配件及材料。

（3）切断电源及设备与系统联系，内部介质冷却、吹扫、置换干净，符合安全检修条件。

2. 拆卸与检查

（1）拆卸联轴器。

（2）拆卸检查同步齿轮。

① 拆卸泵后端盖，检查垫片、止推垫片、轴承、轴向定位塞(单或三螺杆泵)。

② 拆卸泵后端盖，拆卸检查轴承及密封(双螺杆泵)。

（3）拆卸前端盖，拆卸检查主、从动螺杆及密封。

（4）必要时更换端盖与泵体之间垫片。

（5）联轴器对中。

3. 检修与质量标准

本标准为一般性的要求，对于不同的螺杆泵，以设备生产厂家设计指标为准。

（1）螺杆

① 螺杆表面要求不得有伤痕，螺旋型表面粗糙度为 $R_a1.6$，齿顶表面粗糙度为 $R_a1.6$，螺旋外圆表面粗糙度为 $R_a1.6$。

② 螺杆轴颈圆柱度为直径的 0.25%D。

③ 杆轴线直线度为 0.05mm。

④ 螺杆齿顶与泵体间隙冷态为 0.11~0.48mm。

⑤ 螺杆啮合时齿顶与齿根间隙冷态为 0.11~0.48mm，法向间隙为 0.10~0.29mm，且处于相邻两齿中间位置。

（2）泵体

① 泵体内表面粗糙度为 $R_a3.2$。

② 泵体、端盖和轴承座的配合面及密封面应无明显伤痕，粗糙度为 $R_a3.2$。

（3）轴承

① 滚动轴承与轴的配合采用 H7/k6。

② 滚动轴承与轴承箱配合采用 H7/h6。

③ 滚动轴承外圈与轴承压盖的轴向间隙为 0.02~0.06mm。

④ 滚动轴承采用热装时，加热温度不得超过 100℃，严禁用火焰直接加热，推荐采用高频感应加热。

⑤ 滚动轴承的滚子和内外滚道表面不得有腐蚀、坑疤、斑点等缺陷，保持架无变形、损伤。

⑥ 滑动轴承衬套与轴的配合间隙(经验值)如表 3-25 所示。

⑦ 滑动轴承衬套与轴承座孔的配合为 R7/h6。

表 3-25　滑动轴承衬套与轴的配合间隙

转速/(r/min)	1500 以下	1500~3000	3000 以上
间隙/mm	1.2/1000D	1.5/1000D	2/1000D

注：D 为轴颈直径。

（4）密封

① 填料密封

a. 填料压盖与填料箱的直径间隙一般为 0.1~0.3mm。

b. 填料压盖与轴套的直径间隙为0.75~1.0mm，周向间隙均匀，相差不大于0.1mm。

c. 填料尺寸正确，切口平行、整齐、无松动，接口与轴心线成45°。

d. 压装填料时，填料的接头必须错开，一般接口交错90°，填料不宜压装过紧。

e. 安装填料密封应符合技术要求。

液封环与填料箱的直径间隙一般为0.15~0.20mm。

液封环与轴套的直径间隙一般为1.0~1.5mm。

填料均匀压入，不宜压得过紧，压入深度一般为一圈盘根高度，但不得小于5mm。

② 机械密封

a. 压盖与垫片接触面对轴中心线的垂直度为0.02mm。

b. 安装机械密封应符合技术要求。

（5）联轴器

① 联轴器与轴的配合根据轴径不同，采用H7/js6、H7/k6或H7/m6。

② 联轴器对中偏差和端面间隙如表3-26所示。

表3-26　联轴器对中偏差和端面间隙

<table>
<tr><th rowspan="2">类型</th><th rowspan="2">联轴器外径</th><th colspan="2">对中偏差</th><th rowspan="2">端面间隙</th></tr>
<tr><th>径向位移</th><th>轴向倾斜</th></tr>
<tr><td rowspan="2">滑块联轴器</td><td>≤300</td><td><0.05</td><td><0.4/1000</td><td></td></tr>
<tr><td>300~600</td><td><0.10</td><td><0.6/1000</td><td></td></tr>
<tr><td rowspan="3">齿式联轴器</td><td>170~185</td><td><0.05</td><td rowspan="2"><0.3/1000</td><td>2.5</td></tr>
<tr><td>220~250</td><td><0.08</td><td>2.5</td></tr>
<tr><td>290~430</td><td><0.10</td><td><0.5/1000</td><td>5.0</td></tr>
<tr><td rowspan="13">弹性套柱销联轴器</td><td>71~106</td><td><0.04</td><td rowspan="13"><0.2/1000</td><td>3</td></tr>
<tr><td>130~190</td><td><0.05</td><td>4</td></tr>
<tr><td>220~250</td><td><0.05</td><td rowspan="2">5</td></tr>
<tr><td>315~400</td><td><0.08</td></tr>
<tr><td>475</td><td><0.08</td><td rowspan="2">6</td></tr>
<tr><td>600</td><td><0.10</td></tr>
<tr><td>90~160</td><td rowspan="2"><0.05</td><td>2.5</td></tr>
<tr><td>195~220</td><td>3</td></tr>
<tr><td>280~320</td><td rowspan="2"><0.08</td><td>4</td></tr>
<tr><td>360~410</td><td>5</td></tr>
<tr><td>480</td><td rowspan="3"><0.10</td><td>6</td></tr>
<tr><td>540</td><td rowspan="2">7</td></tr>
<tr><td>630</td></tr>
</table>

（6）同步齿轮

① 主动齿轮与轴的配合为H7/h6，从动齿轮与锥行轮毂的配合为H7/h6，锥形轮毂与轴的配合为H7/h6。

② 锥形轮毂质量应符合技术要求，内表面粗糙度为R_a0.8，如有裂纹或一组锥形轮毂严重磨损时应更换。

③ 齿轮不得有毛刺、裂纹、断裂等缺陷。齿轮的接触面积，沿齿高不小于 40%，沿齿宽不小于 55%，并均匀地分布在节圆线周围，齿轮啮合侧间隙为 0.08~0.10mm。

（四）试车与验收

1. 试车前准备

（1）检查检修记录，确认符合质量要求。

（2）轴承箱内润滑油油质及油量符合要求。

（3）封油、冷却水管不堵、不漏。

（4）检查电机旋转方向。

（5）盘车无卡阻，无异常响声。

（6）必须向泵内注入输送液体。

（7）出入口阀门打开，至少应有 30%开度。

2. 试车

（1）螺杆泵不允许空负荷试车。

（2）运行良好，应符合下列机械性能及工艺指标要求：

① 运转平稳，无杂音。

② 振动强度应符合 SHS 01003《石油化工旋转机械振动标准》相关规定。

③ 冷却水和油系统工作正常，无泄漏。

④ 流量、压力平稳。

⑤ 轴承温升符合有关标准。

⑥ 电流不超过额定值。

⑦ 密封泄漏不超过下列要求：

机械密封重质油不超过 5 滴/min；轻质油不超过 10 滴/min；

填料密封重质油不超过 10 滴/min；轻质油不超过 20 滴/min；

（3）安全阀回流不超过 3min。

（4）试车 24h 合格后，按规定办理验收手续，移交生产。

（5）试车期间维修人员和检修人员加强巡检次数。

（6）停车时不得先关闭出口阀。

3. 验收

（1）检修质量符合 SHS 01001《石油化工设备完好标准》项目内容的要求和规定，检修记录齐全、准确，并符合本规程要求。

（2）设备技术指标达到设计要求或能满足生产需要。

（3）设备状况达到完好标准。

（五）维护与故障处理

1. 日常维护

（1）定时检查泵出口压力。

（2）定时检查泵轴承温度及振动情况。

（3）检查密封泄漏及螺栓紧固情况。

（4）油封压力应比密封腔压力高 0.05~0.1MPa。

（5）泵有不正常响声或过热时，应停泵检查。

2. 常见故障与处理(表 3-27)

表 3-27　常见故障与处理

序号	故障现象	故障原因	处理方法
1	泵不吸油	吸入管路堵塞或漏气 吸入高度超过允许吸入真空高度 电动机反转 介质黏度过大	检修吸入管路 降低吸入高度 改变电动机转向 将介质加温
2	压力表指针波动大	吸入管路漏气 安全阀没有调好或工作压力过大，使安全阀时开时闭	检查吸入管路 调整安全阀或降低工作压力
3	流量下降	吸入管路堵塞或漏气 螺杆与衬套内严重磨损 电动机转速不够 安全阀弹簧太松或阀瓣与阀座接触不严	检查吸入管路 磨损严重时应更换零件 修理或更换电动机 修整弹簧，研磨阀瓣与阀座
4	轴功率急剧增大	排出管路堵塞 螺杆与衬套内严重摩擦 介质黏度太大	停泵清洗管路 检修或更换有关零件 将介质升温
5	泵振动大	泵与电机不同心 螺杆与衬套不同心或间隙大、偏磨 泵内有气 安装高度过大，泵内产生汽蚀	调整同心度 检修调整 检修吸入管路，排除漏气部位 降低安装高度或降低转速
6	泵发热	泵内严重摩擦 机械密封回油孔堵塞 油温过高	检查调整螺杆和衬套间隙 疏通回油孔 适当降低油温
7	机械密封大量漏油	装配位置不对 密封压盖未压平 动环和静环密封面碰伤 动环和静环密封圈损坏	重新按要求安装 调整密封压盖 研磨密封面或更换新件 更换密封圈

第四节　其他类型泵简介

一、齿轮泵

齿轮泵是容积回转式泵的一种，它一般用于输送具有润滑性能的液体。

(一) 齿轮泵的分类

齿轮泵按齿轮啮合方式一般可分为外啮合齿轮泵和内啮合齿轮泵。按齿轮形状可分为正齿轮泵、斜齿轮泵(螺旋齿轮泵)和人字形齿轮泵等。

(二) 齿轮泵的结构

齿轮泵构造比较简单，由泵壳、互相咬合的主动轮和从动轮、齿轮轴、轴承、轴承座盖及安全阀等组成，图 3-59 所示的齿轮泵为外啮合正齿的齿轮泵。

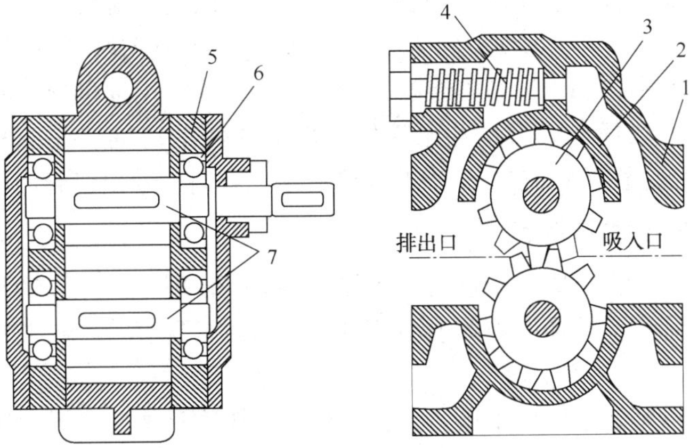

图 3-59　齿轮泵结构示意图

1—泵壳；2—转子；3—从动轮；4—安全阀；5—轴承座盖；6—轴承；7—齿轮轴

齿轮的齿顶与壳壁、齿侧面与轴承座侧盖的间隙要尽量减小，以防止被输液体的倒流。

一般规定壳壁与齿顶径向间隙为 0.1～0.15mm，齿侧面与轴承座侧盖轴向间隙为 0.04～0.1mm。

为了防止出口压力过高，在泵壳上装有安全阀，阀体被弹簧压在阀座上。当泵内压力超过最大允许压力时，液体便把阀体顶开，油品就经泵壳内流道回流到吸入腔内，以保证泵与管路不被挤坏，拧动安全阀上的调节杆改变弹簧的松紧度，就可以改变安全阀的控制压力。

齿轮泵可通过皮带传动或联轴器直接与动力机械(电动机)相连接。齿轮泵按顺时针方向旋转。从动齿轮与主动齿轮几何尺寸通常相同，在特殊情况下也可以不一样大。

为了让泵平衡工作，减少啮合的声音，两个齿轮都是斜齿轮装配成“人”字形，所以，叫人字形齿轮泵。工作时，齿与齿是逐渐啮合的，所以，工作平衡，转速得到了提高，输送油品也比较均匀。

(三) 齿轮泵的工作原理

如图 3-60 所示，当泵内灌满液体时，电动机带动主动齿轮旋转，主动齿轮和从动齿轮的一对啮合齿轮在转到右边时就逐渐脱开，这时两齿轮右边的齿穴(吸入室 1)中的齿间容积就逐渐增大，使吸入侧压力降低，形成局部真空；因此，吸入罐中的油品在大气压作用下进入右边吸油室，填满齿穴空间。齿轮旋转时，将吸入的油品沿齿轮圆周与泵体形成的空间压送到左边压油室中。此时，主、从齿轮的齿互相啮合，齿穴(排出室 4)的容积减小，将左边齿穴中的油挤入排出管中，向压油腔输出，这样，就完成了吸油过程和压油过程。齿轮不断地旋转，液体沿壳体内壁不断地吸入和排出并连续工作。

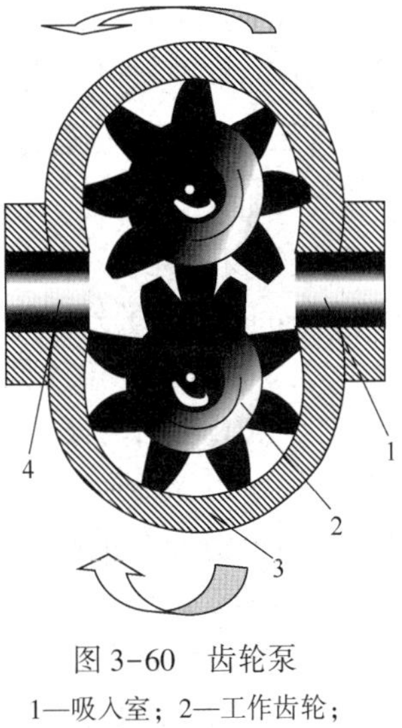

图 3-60　齿轮泵

1—吸入室；2—工作齿轮；3—泵壳；4—排出室

齿轮泵与往复泵不同，它不是做往复运动，而是做旋转运动；齿轮泵与离心泵也不同，它不是依靠离心力的作用工作，而是依靠容积的变化而工作的，它是容积式泵的一种。

因为齿轮泵是靠工作室容积间隙的变化而输液的，因此，对一确定的齿轮泵，转速确定时，流量亦确定，是一个不变定值，即不管外界压力如何变化，它的流量都是固定不变的。又因为齿轮泵的出口和入口是隔绝的，所以，在外界需用油量减少时，会引起出口管道的压力急剧升高，致使出口管道和泵壳发生爆破或使电动机超载，因此，齿轮泵出口(或出口管道上)设有溢流阀，它在压力升高到一定程度时，使出口管内的一部分油泄掉。

（四）齿轮泵的性能和特点

（1）齿轮泵的扬程大小取决于输送高度和管路损失。理论上，齿轮泵的扬程只受到电动机功率、泵体、管道机械强度等的限制，只能达到某一数值，齿轮泵的扬程可用计算排出端压力求得。

（2）齿轮泵流量基本上与排出压力无关，只与泵转速有关。由于齿轮啮合时齿间容积变化均匀，流量不均匀，导致流量和排出压力的脉动。另外，由于结构上的原因使得部分液体从排出室被压回到吸入室，造成容积损失，这部分流量称为泄漏流量，泄漏流量与转速、扬程及泵的结构有关。一般来说，转速越大，扬程越高，齿轮和泵壳之间的间隙越大，则泄漏量越大。齿轮泵的实际流量应等于理论流量减去漏失流量。

（3）齿轮泵与往复泵相比，在结构上，不需要吸、排阀门，且流量也较往复泵均匀，结构简单，运转可靠。齿轮泵体积小，重量轻，可直接用电动机带动。

（4）齿轮泵特别适合输送具有润滑性能的液体，但不适合输送含有固体颗粒的液体和清水，否则，可能使转子磨坏或使转子咬住不转动。同时，磨损增加会影响泵的压头和流量。

（5）齿轮泵的扬程较高，排量较小。流量比较均匀，但脉动现象比离心泵大，比往复泵小。

（6）其一般具有一定的自吸能力，但在首次起泵时要求充满液体后再启动，以免磨损齿轮。

（7）转数较高，可以与原动机直接连接。

（8）结构简单紧凑(加工精度要求高)，使用管理方便，占地面积小，操作可靠。

（9）当压力增大时会产生噪声和振动，同时会使流量和效率降低。

（10）排出管线上如果装有阀门，启泵和运转时出口阀门都必须打开，否则，会引起电动机超载或零件损坏。

（五）常用的齿轮泵

1. Ch 型齿轮泵

这类齿轮泵有 Ch-4.5、Ch-7.5、Ch-30 型，它们排出压力均为 3.3MPa，当 $n=100r/min$时，流量分别为 4.5L/min、7.5L/min、30L/min。Ch 型齿轮泵被用来输送无腐蚀、无固体颗粒、温度低于 60℃、黏度在恩氏黏度 200°E 以下的各类油品。

2. KCB 型齿轮泵

这类齿轮泵有 KCB—18.3、KCB—33.3、KCB—55、KCB—83.3、KCB—483.3、KCB—300 等 6 个系列，各系列泵的性能基本相同，只是选配的电机功率不同，其型号意义为：K-该泵自设安全阀；CB-齿轮泵；数字-流量，L/min。

3. 2CY 型齿轮泵

2CY 型齿轮泵分轻油泵和润滑油泵两个系列。轻油泵适于输送各种油品及润滑油介质，不适于输送含硫过高或有硬质颗粒、纤维等杂质的介质，也不宜输送挥发性高、闪点低的介质。被输送介质的温度不能超过60℃，润滑油泵多作为机床、大型机器、大型离心泵等的辅助泵，供强制润滑系统的供油用泵。

该型泵有2CY—1.08/2.5、2CY—2.1/2.5、2CY—3.03/2.5、2CY—4.2/2.5等系列，它们的意义为：2-齿轮数；CY-外啮合齿轮；2.5-排出压力2.5MPa；1.08、2.1、3.03、4.2-流量，m^3/h。

（六）齿轮泵常见故障与排除方法

常见故障及排除方法见表3-28。

表3-28　齿轮泵常见故障与排除方法

故障现象	产生原因	排除方法
泵不吸油	1. 吸入管堵塞； 2. 安全阀卡住； 3. 泵反转； 4. 吸入管或填料筒漏气； 5. 间隙过大	1. 清除吸入管杂质； 2. 检修； 3. 调换电动机的电源接头； 4. 检修； 5. 调整
流量不足	1. 吸入管和填料筒漏气； 2. 间隙过大； 3. 回流阀未关紧； 4. 泵与电机轴不对称	1. 检修； 2. 调整； 3. 检修； 4. 提高转速
泵运转中有噪声	1. 油中有空气； 2. 泵转速太高； 3. 间隙太小； 4. 泵与电机轴不对称	1. 排除气体； 2. 降低转速； 3. 调整； 4. 校正轴心线
轴功率过大（负荷过大）	1. 排出管堵塞或排出阀未开； 2. 间隙太小； 3. 填料筒过紧； 4. 泵与机轴不同心； 5. 所输油品黏度过大	1. 清理排出管，打开排出阀； 2. 调整； 3. 调整； 4. 校正轴心线； 5. 将油品加温

（七）齿轮泵操作规程

1. 启动前的准备工作

（1）检查机泵各紧固螺钉是否松动。

（2）检查泵体及出入管线是否连接好。

（3）检查轴承室润滑油是否合格。

（4）盘车检查有无卡磨现象。

（5）检查供电设备和接地线是否完好。

（6）检查压力表应完好，打开截止阀门。

（7）打开泵出入口阀门。

2. 启泵操作

（1）按启动按钮，泵启动运行。

（2）调节回流管线阀的开度，调到所需压力。

（3）检查泵和电动机的运行状况。

3. 停泵操作

（1）按停泵按钮，把泵停下来。

（2）关闭泵进出口阀门。

（3）通知相关岗位做好停泵记录。

4. 技术要求

（1）盘车时转动应轻便灵活，无卡、磨现象。

（2）润滑油的质量及数量应符合规定要求。

（3）打开进、出口阀门后方能启动泵，否则容易损坏部件。

（4）启动后应观察泵压、管压、电流、电压等工作参数。

（5）通过泵回流阀调节泵的工作参数。

（6）油泵较长时间不使用时，应在无压状态下运转10min，才能进入工作状态。

（7）泵正常运行后，泵及电动机轴承振动不超标，密封填料漏失量10~30滴/min，电流不应超过额定电流。

（8）对于长期停用的泵，应尽量放净泵内液体。

5. 齿轮泵的操作特点

（1）齿轮泵启动、运转和停泵中都应禁止关闭排出阀，否则，会憋坏或烧坏电动机。为了安全，除泵上装有安全阀外，在管组上应安装回流管，启动时打开回流阀门以减轻电动机的负荷。

（2）齿轮泵的各活动部件靠吸入的油品润滑，所以，齿轮泵不能长期空转和用来输送汽油、煤油等黏度小的油品。对长期停用的泵，在使用之前要向泵内灌一些所要输送油品，使齿轮得到润滑并密封间隙。用来输送黏油时，油温不能太低，太低会使泵得不到足够的润滑而发生噪声并加速泵的磨损。

二、旋涡泵

旋涡泵又叫涡流泵。它因依靠叶轮旋转使液体产生旋涡运动而吸入和排出液体，故称为旋涡泵。

（一）旋涡泵结构

旋涡泵大多数为单吸悬臂式结构，主要由泵体、泵盖、叶轮、泵轴、托架及轴封装置等部件所组成。

旋涡泵的叶轮是一个等厚的圆盘，在两个端面上沿盘的外缘间隔地铣去圆盘上的一部分，剩下的部分构成叶片，铣去部分的空间相当于叶片的通道。

泵体与泵盖组成一个等截面积的环形流道，吸入口和排出口间有隔板，隔板与叶轮流向有很小的间隙，隔开吸入口，其构造如图3-61所示。

（二）旋涡泵工作原理

如图3-62所示，当原动机通过轴带动叶轮在泵内旋转时，液体由吸入口4进入流道，受旋转叶轮的离心力作用，液体被甩向周围环形流道内，使液体在流道内移动。因每一个液体质点都受到离心力的作用，叶轮侧液体受到离心力的作用比流道内液体受离心力作用要大(离心力与圆周速度平方成正比)。因此，某一流道断面的液体所受力，除有一个离心合力外，还一个有因离心力而形成的力矩，使液体产生旋转运动，液体沿着流道的纵长方向旋转。由于这个旋涡作用，液体不断进入及流出叶轮，并且每次液体的能量都增加。旋涡泵就是利用旋涡进行能量传递的。

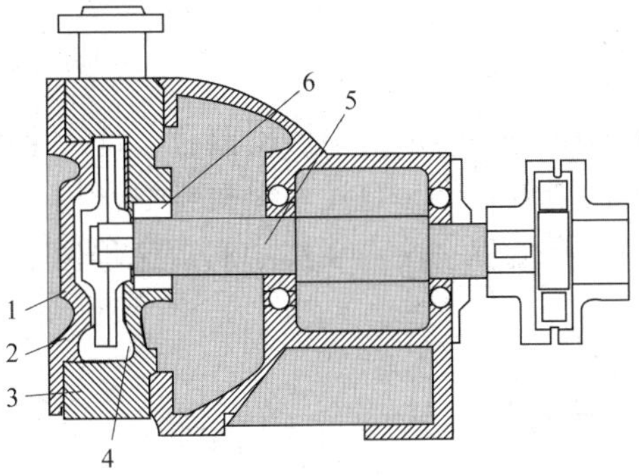

图 3-61　旋涡泵的结构示意图

1—泵盖；2—叶轮；3—泵体；

4—托架；5—泵轴；6—轴封装置

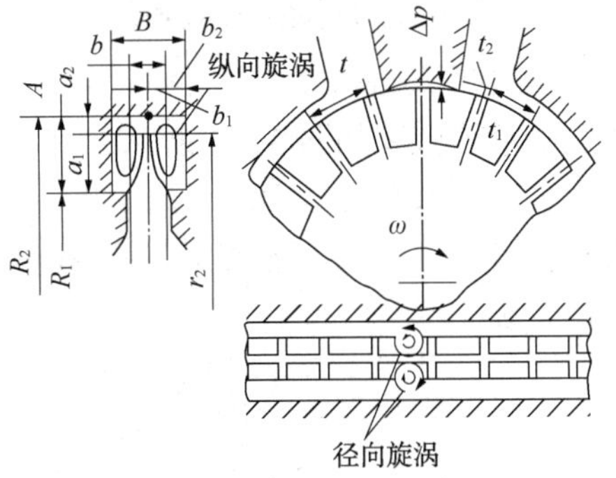

图 3-62　旋涡泵工作原理图

1—泵盖；2—叶轮；3—泵体；

4—吸入口；5—隔板；6—排出口

旋涡泵的特性曲线和离心泵的特性曲线有很大的差别。其主要差别为旋涡泵的扬程一流量曲线比离心泵的功率—流量曲线陡；旋涡泵的功率一流量曲线是陡降的，而离心泵的功率一流量曲线则是平坦上升的。为了防止电流过大，旋涡泵启动时要将出口阀全开，这与离心泵正好相反。

(三) 旋涡泵的特点

(1) 旋涡泵是结构最简单的低比转数泵，与同体积的离心泵相比，扬程高 2~4 倍；与同扬程的容积泵相比，尺寸小，结构简单。一般适用于扬程高、流量小的情况。

(2) 由于结构简单，故容易铸造加工。

(3) 有一定的自吸能力，有些旋涡泵还可输送气液混合物，这是离心泵所不具备的优点。

(4) 旋涡泵效率低，一般为 30%～38%，最大不超过 45%。但比低比转数离心泵效率高。

(5) 旋涡泵不适用于输送黏性较大的介质，否则，将使其性能有较大的下降。

(6) 抗汽蚀的性能较差。

第五节　辅助设备

注水泵机组是注水泵站的主要设备，其辅助设备主要包括润滑油泵机组、冷却水泵机组、采出水泵机组，这些辅助设备的正常运行直接决定着注水泵站的安全运行。注水泵机组的安全高效运行与辅助系统是密切相关的。

一、注水泵机组润滑系统

润滑系统是注水泵站的组成部分之一，主要作用是对注水泵机组轴承进行润滑。注水泵机组大部分为大中型旋转设备，除少数中型电动机采用润滑脂润滑外，其余均采用润滑油强制润滑或复合润滑方式。注水泵大都为强制润滑，少量中型注水泵为复合式润滑，个别泵为油环润滑。油环润滑是指将油环套在泵轴上，当泵轴旋转时带动油环转动，将油从油盒带入摩擦面的间隙中，形成自动润滑。而强制润滑则是一种连续的压力润滑。

(一) 离心式注水泵机组润滑油系统

1. 润滑系统流程

润滑系统流程如图 3-63 所示，其流程分为两类。一类是集中润滑流程，即一套润滑设备供数台注水泵机组润滑用油，另一类是一套润滑设备供一台注水泵机组润滑用油的分散流程。目前油田注水泵站大多采用电动机集中润滑流程、注水泵集中润滑流程两个独立的润滑系统流程。

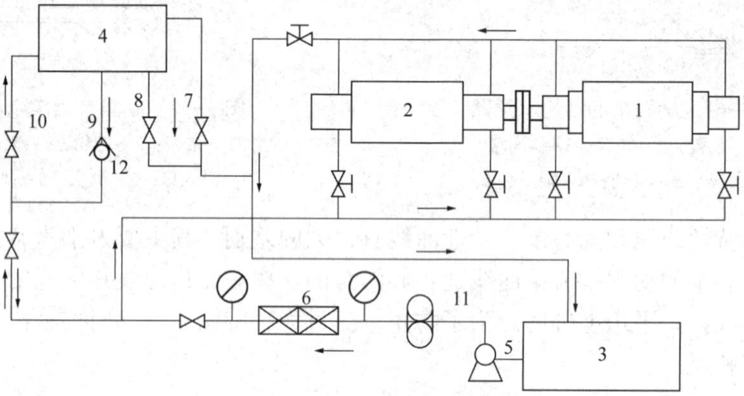

图 3-63 注水站润滑系统流程图

1—注水泵；2—电动机；3—地下油箱；4—事故油箱；5—油泵；6—润滑油冷却器；7—事故油箱溢流管线；8—事故油箱排污管线；9—事故油箱下油管线；10—事故油箱上油管线；11—过滤器；12—微阻单流阀

2. 润滑系统的组成

润滑系统主要包括润滑油泵、启动控制盘、油箱、冷却过滤器、事故油箱、单流阀(事故油箱、泵出口)、分油器、油管道、阀门、压力表等。

(1) 润滑油泵

油田注水站常用润滑油泵有以下几种：

① 浸入式多级离心泵

浸入式多级离心泵多用于稀油站，型号为 CDLK4-220/5SWPC 浸入式多级离心泵主要技术参数如下：

排量：$4m^3/h$；

扬程：40m；

配电动机功率：1.1kW；

转速：2890r/min。

② Ch 型齿轮油泵

Ch 型齿轮油泵可输送黏度在 $1.5\times10^{-3}m^2/s$ 以下的各种油类和其他无腐蚀性，无固体颗粒的液体，温度不得超过 60℃。其主要技术参数见表 3-29。

③ KCB 型齿轮油泵

KCB 型齿轮油泵可抽汲温度 60℃以下，运动黏度为 $7.6\times10^{-5}m^2/s$ 以下的石油及类似液体。主要技术参数见表 3-30。

表 3-29　Ch 型齿轮油泵主要技术参数表

型号	排量/(m^3/h)	转数/(r/min)	功率/kW		效率/%	最大吸入高度/m	排出压力/MPa	泵质量/kg
			轴功率	电机功率				
Ch4. 5	3. 3	1450	0. 8	1. 7	38	3	0. 33	15. 6
Ch7. 5	5	1450	1. 3	2. 8	42	3	0. 33	17. 03

表 3-30　KCB 型齿轮油泵主要技术参数表

参　数	型号			
	KCB-53. 3	KCB-55. 2	KCB-83. 3-2	KCB-83. 3-4
流量/(m^3/h)	3. 2	3. 3	4. 92	5
排出压力/MPa	0. 33	0. 33	0. 33	0. 33
转数/(r/min)	1430	1400	1430	1410
电机功率/kW	1. 6	1. 1	2. 7	1. 5
电机型号	JBS22-4	JO2-21-4	JBS22-4	JO2-22-4
允许吸上真空高度/m	3	3	3	3
泵组质量/kg	97	52	105	60

(2) 启动控制盘

启动控制盘主要由启动按钮、停止按钮、自动切换开关、空气开关组成。通过自动切换开关可以选择手动或者自动(联动)的启泵方式，开关共有 3 个挡位分别为手动、停止、自动，开关处于手动位置时通过启、停泵按钮启运或停运润滑油泵，当开关处于联动位置，总油压等于或小于设置的润滑油低限时，润滑油泵自动投入运行。

(3) 润滑油箱

注水站常用的润滑油箱有两种规格，一种是 200L 油箱，外形尺寸为 945mm×705mm×405mm；另一种是 1000L 油箱，外形尺寸为 1600mm×900mm×800mm。在润滑油箱外侧设有液位计，一般采用玻璃管液位计或浮子液位计。

选用油箱储油量可按下列经验公式计算：

$$V=\frac{K\cdot Q}{1000} \tag{3-57}$$

式中　V——油箱有效容积，m^3；

Q——润滑油管路工作状态的充油容积，L；

K——系数，对于离心注水泵机组，$K=2\sim3$。

(4) 冷却过滤器

冷却过滤器分为冷却器和过滤器。注水站现场中使用的冷却器为列管式冷却器，主要由壳体、管板、换热管、封头、折流挡板等组成，在进行冷却时，冷却水由封头的连接管处进入，在管内流动，从封头另一端的出口管流出，这称之为管程；润滑油由壳体的接管进入，从壳体上的另一接管处流出，这称为壳程。过滤器的作用是：用滤网或滤油纸将润滑油中的水分和杂质过滤掉，保证润滑油质量，避免机泵烧瓦抱轴而烧毁。现场采用的过滤器是双联过滤器，双联过滤器又称并联切换过滤器，采用三通阀，将两个单筒过滤器组装在一个机座上，清洗过滤器时不必停车，保证其能够连续工作。

（5）事故油箱

事故油箱主要由高架油箱、液位计、上、下油管线、溢流管线、排污管线、微阻单流阀、截止阀等部件构成，如图 3-61 所示。事故油箱又叫高架事故油塔，它的作用是：当润滑油泵已停止运行，而机泵仍在运转的事故状态下，高架事故油箱内的油就会利用高差，在一段短时间内继续给机泵轴瓦供油，不会使润滑油迅速中断；同时，也给操作人员处理润滑油泵停止运转事故带来充裕时间，避免机泵烧瓦抱轴事故的发生，在正常情况下，它不起任何作用。事故油箱下油管线装有微阻单流阀，单流阀是事故油箱中最重要的零部件，当润滑油泵正常运转时，单流阀下部油管线中的压力高于上部事故油箱中润滑油自重产生的压力，单流阀处于关闭状态；当润滑油泵停运，管线中的压力降低，当压力低于事故油箱中润滑油自重产生的压力时，单流阀开启。为保证事故油箱的正常运行，其液位高度一般不低于 300mm。

（6）分油器

集中润滑流程设有分油器，润滑油经过冷却、过滤后，通过分油器输送到机组的润滑部位。

（7）压力表

润滑油系统使用的压力表分为普通压力表和电接点压力表。电接点压力表由测量系统、指示系统、磁助电接点装置、外壳、调整装置和接线盒等组成。

3. XDY 型稀油站

（1）XDY 型稀油站的组成部分

稀油站是带冷却器的组合式润滑系统，结构紧凑，占地面积少，注水站使用的稀油站为低压稀油站。它主要是由：两台立式油泵、单向阀、流量计、润滑油冷却器、压力表、过滤器、油箱、液位计、电控箱等组成。其特点是油泵、双筒网式油滤器、列管式油冷却器、电控箱、管路全部组装在油箱上部，结构紧凑，体积小。工作时油液由油泵排出经单向阀、截止阀、双筒网式过滤器及油冷却器后被直接送往润滑点，然后沿着系统的回油总管流回油箱。XDY-5.4-30 型冷却循环稀油装置主要技术参数如下：

公称流量：5.4L/min；

油箱容积：4.55m^3；

进油温度：50℃；

过滤面积：0.19m^2；

冷却水耗量：17m^3；

设计压力：0.6MPa；

出油温度：42℃；

进水温度：<28℃；

冷却面积：9.88m^2。

（2）稀油站的特点

① 设有备用油泵，可保证向润滑点连续供油；

② 过滤器放在冷却器之前，可提高过滤和通过能力；更适合较高黏度的润滑介质；

③ 采用双筒式过滤器，可不停车进行滤芯的清洗和更换；

④ 采用列管式油冷却器，冷却效果好，阻力小，便于维修；

⑤ 回油设有磁网过滤，可吸附清除油液中铁质微粒，保证油液清洁度及提高润滑部件寿命；

⑥ 配有仪表盘和电控箱，观察运行参数方便，可实现自动控制和事故报警。

4. 润滑油管理

（1）润滑的基本原理

润滑的基本原理是润滑剂能够牢固地附着在机件摩擦面上，形成一层油膜，将两个摩擦面隔开，使机件间的摩擦变为润滑剂本身分子间的摩擦，从而起到减少摩擦和磨损的作用。注水泵机组轴承润滑用的是32#汽轮机油（透平油）。32是指温度为40℃时润滑油的运动等级，其中间点运动黏度为32mm²/s。其运动黏度值在28.8~35.2mm²/s范围。

（2）润滑油的使用要求

① 机泵所使用的润滑油品种要严格按规定选用，不得使用其他油料代替；

② 正常情况下，润滑油每季度从油箱底部取样送检，化验合格后方可继续使用，否则必须进行处理，直至合格为止；

③ 润滑油箱每年应清洗一次，同时清洗冷却器，并视使用情况更换滤油纸；

④ 润滑油的保管：不同牌号的润滑油要分开放置，不得混放；废旧润滑油和好润滑油不得混放；存放的各种润滑油要有明显的品种名称标识；

⑤ 润滑油容器要密封，不得露天存放，在储运过程中，要保持容器及抽油工具的清洁，防止各种杂物、水分或其他油品混入。

（3）设备润滑管理

① 注水泵机组强制润滑的部位是注水泵和电动机的前后轴瓦；

② 按设备类型实行定加油部位、加油量、加油品种、加油时间和专人负责；

③ 润滑油流量以满足润滑需要、不溢油、轴瓦温度适宜为宜，发现溢油渗漏应及时处理，防止润滑油进入电动机转子内，导致电动机故障；

④ 经常检查密封漏失量和密封盒下水情况，密封漏失量一般每分钟30滴为宜，密封盒下水畅通无堵塞，防止运行中盘根刺水进入轴瓦，或密封盒堵塞积水进入轴瓦，造成机泵故障；

⑤ 经常检查润滑油冷却器的工作状况，机泵轴瓦进油温度一般在35~40℃之间，出油温度应在70℃以下，如超过70℃应立即停泵检查；

⑥ 经常检查低油压、润滑油泵自动切换装置，必须达到灵活好用，出现故障及时处理。

（二）柱塞泵机组润滑油系统

柱塞泵曲轴箱润滑方式采用强制润滑或飞溅润滑。强制润滑设有单独的润滑系统，由曲轴带动齿轮油泵的主动轴旋转，从而使齿轮油泵开始工作，将机座油池内的润滑油抽出，经两次过滤后，送入曲轴润滑孔，在压力作用下，润滑曲轴与连杆大头瓦，然后通过连杆润滑孔润滑连杆小头瓦和十字头销，最后通过十字头销润滑十字头两摩擦面。飞溅润滑是靠密封在曲轴箱中零件（曲轴）的旋转搅动机油，将机油油滴甩到曲轴箱内各摩擦副上而形成的自动润滑。

由于油田柱塞式注水泵的电动机相对于离心式注水泵的电动机而言，功率比较小，转速比较低。因此，一般采用油环润滑或润滑脂润滑方式。

（三）润滑油系统运行操作

润滑油系统是离心式注水泵站的重要组成部分，本操作是以大型离心式注水泵站润滑系统的操作进行说明。

1. 启动前的检查

（1）检查润滑油油箱（包括事故油箱）中油量、油质，油位适宜，油质合格，否则应添加或更换润滑油；

（2）检查润滑油泵及电动机各部位螺丝无松动、无缺损；检查润滑油泵转动应灵活自如，无卡阻现象；确认润滑油泵机组完好具备运行条件；

（3）检查润滑油系统各个阀门开关灵活可靠，闸板无脱落现象。

2. 倒通润滑系统流程

（1）打开油泵出口阀门、润滑油过滤器阀门；

（2）打开冷却器润滑油进口阀门、出口阀门，冷却水出口阀门和进口阀门；

（3）稍开总油压调节阀或回油阀门；

（4）打开总供油阀门、泵出口总油压压力表控制阀，打开各个润滑区回油阀门、供油阀门，打开各个润滑点分油压压力表控制阀门。

3. 启动润滑油泵

（1）使用试电笔检查电控柜外壳，确定无带电后，打开电控柜门，戴绝缘手套，合上电源开关，检查电源电压符合要求；

（2）在润滑油泵控制盘上，扳动油泵自动切换开关，并处于“1#泵为主 2#泵备用”或“2#泵为主 1#泵备用”的位置；

（3）按启动按钮启动油泵，确认油泵的压力、排量正常。（启动时，检查确认备用泵，在压力到高限位时，备用泵跳停；检查调试低油压自动切换开关动作灵敏，当压力到低限位时，备用泵启动）。

4. 运行中调节操作

（1）调整好润滑油站回油阀门开度，控制好总油压、分油压；

（2）调整润滑油冷却器冷却水压力、排量；

（3）检查机泵轴瓦油流、油温，油流应畅通无阻，轴瓦进油温度正常。

5. 检查及注意事项

（1）检查润滑油油箱中油量、油质，油位保持在标尺的1/2~2/3，油品无进水乳化变质；

（2）按照启泵规程操作；

（3）多次调节总油压、分油压：

为了使启动时正常循环润滑，启泵前将分油压调至0.074~0.083MPa泵运行正常后，调至0.054~0.064MPa，润滑油系统总油压控制在0.12~0.15MPa；

（4）运行过程中注水泵机组轴瓦润滑油进油温度一般不高于40℃，正常在35℃为宜，轴瓦润滑回油温度不超过60℃；

（5）运行过程中注水泵机组轴瓦润滑油看窗油位应在1/2~2/3之间，保持油质清澈。

（四）滤油机操作规程

1. 准备工作

（1）正确穿戴好劳保用品。

（2）风险识别：做好风险源辨识及环境因素评价并制定风险消减措施，熟悉操作内容和操作步骤。明确监护措施。

（3）工具准备：加油壶1个，300mm管钳1把，150mm平口、梅花起子各1把，验电器1支，绝缘手套1副，污油水回收桶1个，细纱布，记录笔，记录纸。

2. 操作步骤

（1）滤油前检查

① 首先检查真空泵润滑油油位在油标 1/2~2/3 处。

② 按泵旋转方向盘泵检查真空泵、齿轮油泵无卡阻现象。

（2）倒流程

① 打开滤油机过滤器进油阀门，齿轮油泵出口阀门。

② 关闭滤油机油箱放空阀门，过滤器排污阀门。

（3）过滤运行

① 戴绝缘手套侧身合上电源开关，试启动 1~2 次，观察在运转中有无异常响声及振动，无问题后方可连续运转。

② 启动真空泵，开始上油进行过滤。当过滤好的机油油位上升至油箱油标 1/2 以上时，开启加热系统加热，温度控制在 20~90℃（真空泵内润滑油油位不宜超过油标 2/3，防止喷油）。

③ 当过滤好的机油油位上升至油箱油标 2/3 以上时，启动齿轮油泵，抽出过滤好的润滑油。

④ 当机油油位降至油箱油标底部时，停齿轮油泵。

⑤ 重复操作至过滤完成。

⑥ 滤油过程中人员不得离开。

（4）停滤油机

① 停加热系统、真空泵，打开放空阀进气。

② 打开过滤器排污阀门，排出过滤器内杂质、水。

③ 关放空阀，关滤油机过滤器进油阀门，齿轮油泵出口阀门。

④ 戴绝缘手套侧身断开电源开关，挂备用标志牌。

二、注水泵机组冷却系统

冷却系统是注水站的组成部分之一，主要作用是对注水泵机组进行降温。

（一）冷却系统流程

大型注水泵冷却方式有风冷和水冷两种。一种是电动机本身运行所散发的热量被空气吸收，通过冷热空气的密度不同所产生的空气自然对流，并利用电动机或设备自身的风扇将热空气直接排至环境大气中去，使冷热空气进行循环，将电动机的热量带走起到冷却作用，这种冷却系统称为开式冷却系统或风冷系统。另一种是由冷却水连续不断地流往机泵发热部位，通过热交换将机泵运行所散发的热量带走，让热交换后的冷却水再经过冷却塔降温后循环使用，这种冷却方式称为闭式循环冷却或水冷系统。如图 3-64 所示。

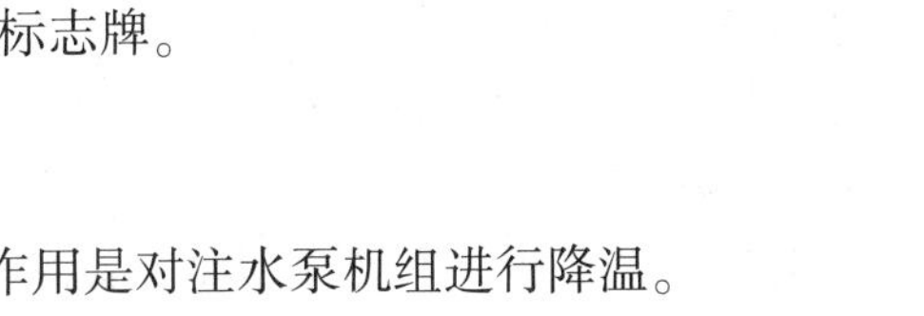

图 3-64　注水泵机组冷却系统示意图

1—冷却水池；2—冷却水泵；3—润滑油冷却器；4—机泵空冷器；5—冷却塔

（二）冷却系统的组成

冷却系统主要包括冷却水池、冷却水泵、冷却塔、润滑油冷却器、电机冷却水箱、泵轴承冷却水室等部分组成。

1. 冷却水池

闭式循环冷却系统建有冷却水池，冷却水一般采用软化水。大型机泵润滑油冷却器、电机冷却水箱及管道使用工业自来水时容易结垢和腐蚀，使电机及润滑油的散热效果差，同时降低润滑油冷却器、电机冷却水箱寿命，而软化水可以防腐、防垢，所以机泵冷却用水要选用软化水。软化水采用百克灵水处理剂按3‰~5‰的比例配兑，首次使用时应选高比例配兑，第二次及以后应按低限进行配兑。

2. 冷却塔

冷却塔是利用空气同水的接触(直接或间接)来冷却水的设备。该设备是以水作为循环冷却剂，从热交换器中吸收热量并排放至大气中，从而降低冷却剂温度，使冷却剂可循环使用的设备。

由于单位性质不同产生了各种需要的类型，其分类方法目前得冷却塔在油田得到广泛发展和应用也是各有所不同。冷却塔的分类：

(1) 按通风方式分

① 自然通风冷却塔；

② 机械通风冷却塔；

③ 混合通风冷却塔。

(2) 按水和空气的接触方式分

① 湿式冷却塔；

② 干式冷却塔；

③ 干湿式冷却塔。

(3) 按热水和空气的流动方向分

① 逆流式冷却塔；

② 横流(直交流)式冷却塔。

3. 冷却水泵

目前现场采用IS型单级单吸悬臂式离心泵作为冷却水泵。

4. 润滑油冷却器

由于油在循环过程中，吸收了轴承等处摩擦产生的热量，因而温度不断升高，为保证机组安全可靠地运行，必须把油温控制在规定的范围内，温度过高可导致轴承等部件过热而损坏。并会降低润滑油使用期限，所以使用润滑油冷却器(冷油器)达到降低润滑油温度的目的。注水站现场使用的冷却器为列管式冷却器，主要由壳体、管板、换热管、封头、折流挡板等组成。

5. 电机冷却水箱

高压注水电动机采用的是背包式空冷冷却器(冷却水箱)，它是维持电机运行的重要部件，直接影响电机的温升、效率和寿命。冷却器换热元件采用铜铝穿片式翅片管或双金属翅片管。电机冷却水箱下部装有自动漏水阀，冷却器内一旦有结露冷凝水或者换热元件渗漏，可自动排出，提高了防水性能。

6. 泵轴承冷却水室

泵轴承冷却水室设置在润滑油室的外侧，冷却水室连接有冷却水出口和冷却水进口。冷却水通过冷却润滑油来降低轴承温度。

（三）冷却系统运行操作

冷却系统是离心式注水泵站的重要组成部分，本操作是以大型离心式注水泵站冷却系统的操作进行说明。

1. 启动前的检查

（1）检查机泵周围应无障碍物及与操作无关人员，并在电源开关处悬挂“停机检查”标志牌；

（2）检查冷却水泵及电动机各部位紧固螺丝无松动、无缺损；检查冷却水泵润滑油油质合格，油位适宜；按机泵旋转方向盘泵3~5圈，机泵转动灵活自如，无卡阻现象，细听泵内应无杂音；确认冷却水泵机组完好具备运行条件；

（3）检查冷却水池水位、水质符合冷却水使用要求；检查冷却塔电动机、冷却风塔、冷却风布水器完好，转动自如；

（4）检查冷却水系统中各个阀门开关灵活可靠，闸板无脱落现象。

2. 倒通冷却水用水流程

（1）倒通冷却水用水流程：打开注水泵机组冷却器进出口阀门及压力表控制阀门，打开注水泵冷却水进口阀门，打开润滑油系统冷却器进出水阀门，打开冷却水水池以及冷却塔进出水阀门等；

（2）打开冷却水泵进口阀门，确认冷却水泵出口阀门关闭，打开泵压压力表控制阀门，打开放空阀排净泵内余气后关闭放空阀。

3. 启动冷却水泵

（1）使用试电笔检查配电盘，确定无带电后，戴绝缘手套，合上电源开关，检查电源电压符合要求；

（2）按启动按钮启动冷却水泵，缓慢开启泵出口阀门，确认泵的压力、排量正常；

（3）检查冷却水泵机组运行参数及状况应正常。

4. 运行中调节操作

（1）检查并确认冷却水系统的压力、仪表指示正常；

（2）调整冷却水泵出口阀门、各个冷却水冷却点阀门开度（盘根、冷却器等）使冷却水压力、排量调整到规定要求（温度高时开大相应冷却点阀门）；

（3）冷却水池出水温度超过30℃时，启运冷却塔。

5. 检查及注意事项

（1）冷却水泵机组：各个阀门开关灵活，电源及润滑油正常，盘泵3~5圈，应灵活、无摩擦卡阻异常；

（2）冷却水水位应在规定的范围内，化验分析冷却水水质达到软化水标准，一般软化水残余硬度不大于0.03mmol/L；

（3）根据注水泵机组轴瓦温度、润滑油温度以及注水电机温度高低，来调整冷却水泵的压力和排量；一般注水电机冷却器进水温度不高于30℃，出水温度不高于60℃；进水压力不低于0.3MPa；轴瓦润滑油回油温度不超过60℃；

（4）侧身开关阀门，启泵操作要规范不得违章；

（5）各部分流程应在倒通、正常的情况下，才可以进行泵的启动或停止操作，防止出现抽空、憋泵、穿孔等意外情况；

（6）调节冷却水系统压力、排量时操作要平稳，防止操作误动作；

（7）冷却水系统运行正常后注水泵机组低水压保护要调试正常。

第四章 集输电气设备

在石油和天然气勘探、开发、输送以及加工过程中，使用了大量的电气设备，比如电动机、变压器等。学习本章的目的是让从事集输生产中的技术工人能正确了解有关岗位的常用电气设备，提高实际操作水平。

第一节 电 路

电路是电流流通的路径，是为某种需要由若干电气元件按一定方式组合起来的整体，主要用来实现能量的传输和转换，或实现信号的传递和处理。电路由电源、负载和中间环节组成。

一、电路有关概念

（一）电路中的物理量

1. 电流(I)

定义：单位时间内通过导体横截面的电荷量。方向：正电荷实际流动的方向。单位：安培(A)。常用单位：毫安(mA)；微安(μA)。它们单位之间的换算关系为：

$$1\text{A}=10^3\text{mA}=10^6\mu\text{A}$$

2. 电压(U)

定义：两点间的电位差。电位具有相对性，电压具有绝对性。方向：电位降方向，即由高电位指向低电位。单位：伏特(V)。常用单位：千伏(kV)；毫伏(mV)。它们单位之间的换算关系为：

$$1\text{V}=10^3\text{mV}=10^{-3}\text{kV}$$

3. 电功率(P)

定义：元件吸收或释放能量的速率。单位：瓦特(W)。常用单位：千瓦(kW)。

$$P=UI=U^2/R=I^2R \tag{4-1}$$

式中 P——电功率，W；
U——电压，V；
R——电阻，Ω；
I——电流，A。

4. 电能

电能就是电流在一段时间内所做的功。

$$W = P \cdot t \tag{4-2}$$

式中 W——电能，W·h；

P——电功率，W；

t——时间，h。

（二）电路的基本元件

1. 电阻元件(R)

电荷在带电体(导体或导电元件)内流动时，导体阻碍电荷流动的能力称为电阻。用 R 表示，单位：欧姆(Ω)。常用单位：千欧(kΩ)、兆欧(MΩ)。它们单位之间的换算关系为：

$$1k\Omega = 1000\Omega = 10^3\Omega$$

$$1M\Omega = 1000k\Omega = 10^6\Omega$$

电阻的倒数($1/R$)，称为电导，用 G 表示，它的国际单位为西门子(S)。

电阻元件是一种消耗电能的元件，分为线性电阻和非线性电阻。导体电阻的大小与导体的长度 L 成正比，与导体的截面积 S 成反比，还与导体的材料性质有关，即：

$$R = \rho L/S \tag{4-3}$$

式中 R——导体电阻，Ω；

L——导线长度，m；

S——导体截面积，mm^2；

ρ——导体电阻率，Ω·m。

2. 电感元件(L)

电感元件是一种能够贮存磁场能量的元件。只有电感上的电流变化时，电感两端才有电压。在直流电路中，电感上即使有电流通过，但电感两端电压等于 0，相当于短路。L 为电感参数，单位：亨利(H)。常用单位：毫亨[利](mH)。

3. 电容元件(C)

定义：表征电容储存电荷的能力。电容元件是一种能够储存电场能量的元件，在直流电路中，电容相当于开路，即电容具有隔直作用。单位：法拉(F)。常用单位微法(μF)、皮法(pF)，它们单位之间的换算关系为：

$$1F = 10^6\mu F = 10^{12}pF$$

4. 电源元件

把其他形式的能量转换为电能的设备，如发电机、电池、信号源等。电源的电路模型有两种表示形式：一种是以电压形式表示的电路模型，称为电压源；另一种是以电流形式表示的电路模型，称为电流源。

电压源模型是由一恒定的电动势 E 和其等效内阻 R_0 串联而成的。电路模型如图 4-1 所示。当 $R_0 = 0$ 时，$U = E$，电压源输出的电压是恒定不变的，与通过它的电流无关，电压源是恒压源。

电流源模型是由一恒定的电流源和电阻 R_0 并联而成的。电路模型如图 4-2 所示。当 $R_0 = \infty$ 时，电流 I 恒等于 I_s，电源输出的电压由负载电阻 R_L 和电流 I 确定。此时电流源为理想电流源(也称恒流源)。

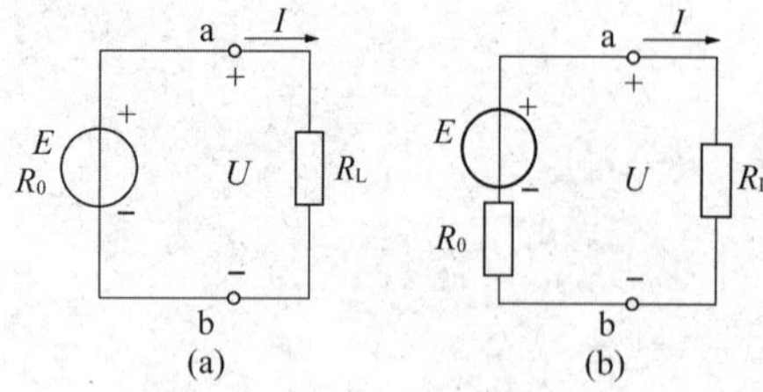

图 4-1　电压源电路模型

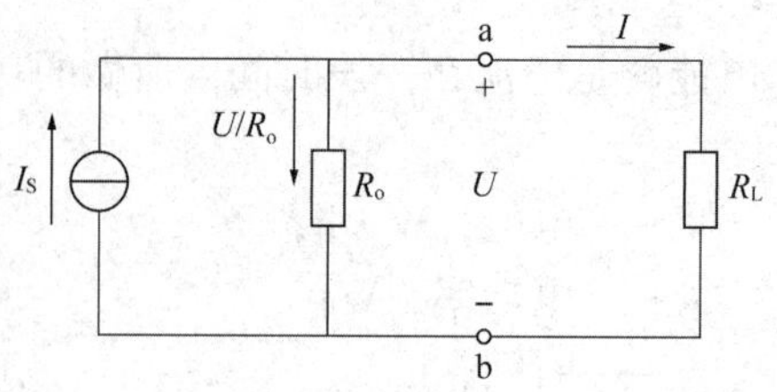

图 4-2　电流源电路模型

(三) 电路的状态

电路通常有三种状态，分别是通路、开路和短路。

1. 通路

指处处连通的电路，通常也称闭合回路，简称闭路。只有在通路的情况下，电路才能有正常的工作电流。

2. 开路

指电路中某处断开，构不成通路的电路，开路也称断路，此时电路中无电流。

3. 短路

指电路(或电路中的一部分)被短接，如负载或电源两端被导线连接在一起，就为短路。此时电源提供的电流比通路时提供的电流大很多倍。一般不允许短路。

二、简单电路计算

(一) 欧姆定律

1. 部分电路欧姆定律

流过导体的电流与电阻两端的电压成正比，与这段导体的电阻成反比，其表达式为：

$$I=U/R \tag{4-4}$$

式中　I——导体中的电流，A；

U——导体两端的电压，V；

R——导体的电阻，Ω。

2. 全电路欧姆定律

全电路是指含有电源的闭合电路，如图 4-3 所示。通常把电源内部的电路称为内电路，电源外部的电路称为外电路。

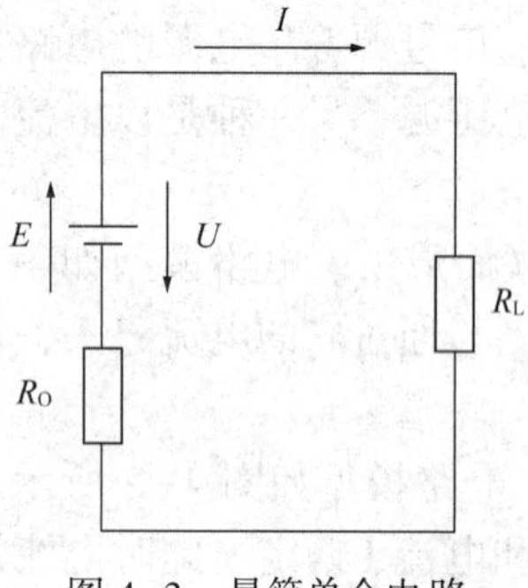

图 4-3　最简单全电路

全电路欧姆定律的内容是：电路中流过的电流，其大小与电源的电动势成正比，与电路的全部电阻成反比，其表达式为：

$$I=E/(R_o+R_L) \tag{4-5}$$

式中　I——电路中的电流，A；

E——电源电动势，V；

R_L——负载电阻，Ω；

R_o——电源内阻，Ω。

（二）电路的连接

1. 电阻的串联

将两个或更多的电阻按顺序一个接一个连接起来，且都通过同一电流，这种电阻的连接方法为串联连接，如图 4-4 所示电路。

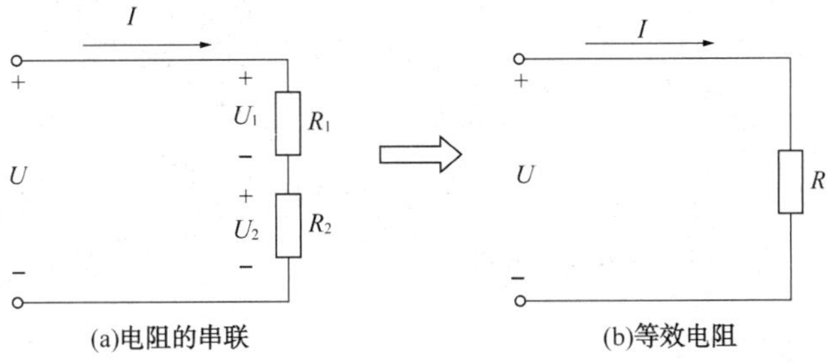

图 4-4　电阻串联电路

串联电路的特点：

（1）串联等效电阻等于各串联电阻阻值的和，$R=R_1+R_2+R_3+\cdots+R_n$。

（2）串联电路中总电压等于各部分电阻电压之和，$U=U_1+U_2+U_3+\cdots+U_n$。

（3）串联电路中流过所有电阻的电流处处相等。

2. 电阻的并联

将两个或更多的电阻并接在两个公共结点上，各电阻承受同一电压，这种电阻的连接方法为并联连接，如图 4-5 所示电路。

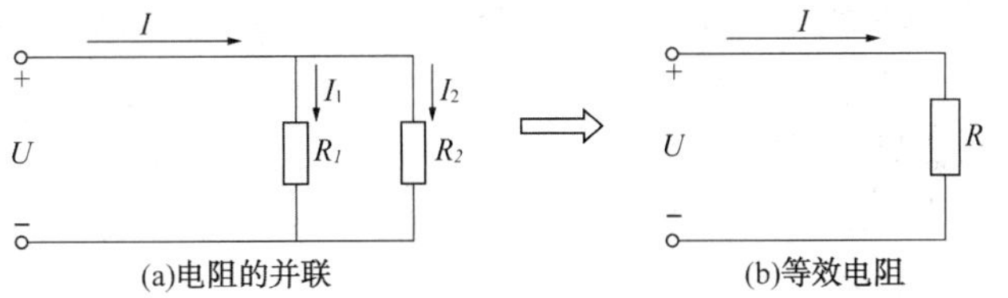

图 4-5　电阻并联电路

并联电路的特点：

（1）并联等效电阻的倒数等于各并联电阻阻值倒数的和，$1/R=1/R_1+1/R_2+1/R_3+\cdots+1/R_n$。

（2）并联电路中各支路电压等于外加电压，$U=U_1=U_2=U_3=\cdots=U_n$。

（3）并联电路中总电流等于各支路电流之和，$I=I_1+I_2+I_3+\cdots+I_n$。

3. 电阻的混联

电路既有串联电阻又有并联电阻，这种电阻的连接方法称为电阻的混联（也称复联）如图 4-6 所示。

混联电阻也可简化为一个等效电阻 R_o，根据串、并联公式分别求出串、并联部分的等效电阻，然后计算混联总电阻。

三、交流电

直流电路，是指电源（激励）是直流电源（蓄电池或直流发电机等），所产生的电压和电流（响应）也均为直流量；所谓的正弦交流电路，是指含有正弦电源，所产生的电压和电流均按正弦规律变化的电路。大小随时间呈正弦规律变化的电压和电流，称为正弦交流电压和电流。如图 4-7 所示。

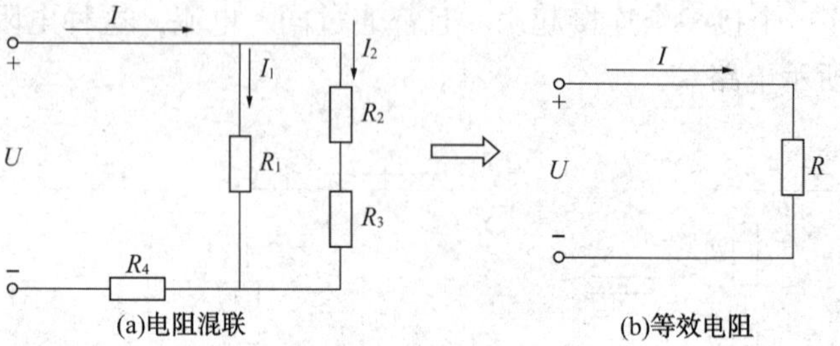

图 4-6　电阻混联电路

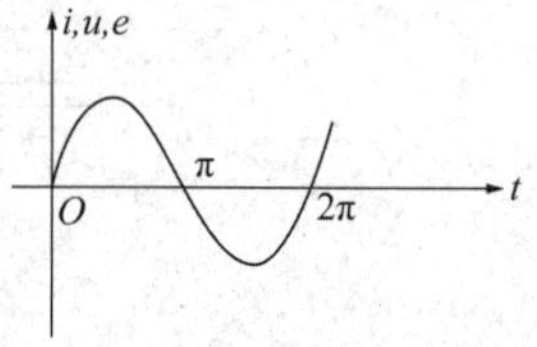

图 4-7　正弦交流电

(一) 交流电基本概念

正弦交流电压、电流和功率等物理量，常称为正弦量。它的特征表现在变化的快慢、大小及初始值三个方面，这三个量称为正弦量的“三要素”，它们分别用频率(周期)、幅值(或有效值)和初始相位来确定。

1. 周期(T)

正弦量变化一次所需要的时间。单位：s。

2. 频率(f)

每秒钟变化的次数。单位：Hz。

频率与周期互为倒数，即：$T=1/f$ 或 $f=1/T$。

在我国工业用电的标准频率为 50Hz，这种频率在工业上广泛应用，习惯也称工频。

3. 角频率(ω)

每秒钟变化的弧度数。单位：rad/s。

它与频率和周期的关系为：$\omega=2\pi/T$ 或 $\omega=2\pi f$。

(二) 三相电源的连接

在三相交流电路中，三相电源一般采用三相四线制连接，如图 4-8 所示。L1、L2、L3 为相线(俗称火线)，N 为中性线(俗称零线)。

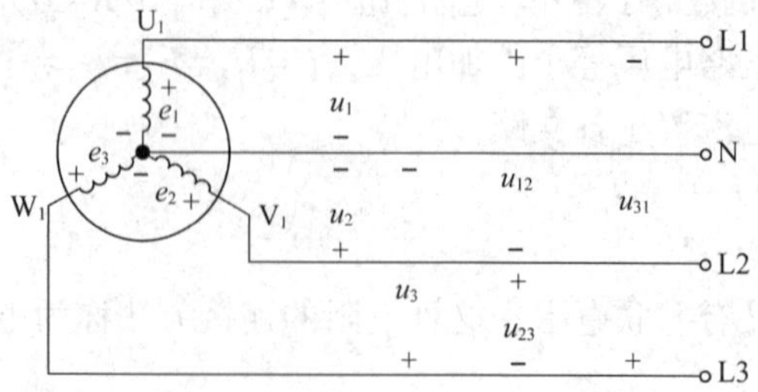

图 4-8　三相电源的星形连接

1. 相电压

相线与中性线间的电压，称为相电压，其有效值用 U_1、U_2、U_3表示(或用 U_P表示)。

2. 线电压

任意两根相线间的电压，称为线电压，即绕组始端间的电压，其有效值用 U_{12}、U_{23}、U_{31}等表示(或用 U_L表示)。线电压和相电压一样也是对称的。

3. 相电压与线电压的大小关系

线电压与相电压的大小关系为：$U_L=\sqrt{3}U_P$

在电力系统中，当发电机、变压器的绕组连接成星形时，不一定都要引出中性线，引出中性线就可以向负载提供两种等级的电压(相电压、线电压)，其目的是为了满足用电负载的需要；当三相电源连接成星形，不引出中性线这种供电方式称为三相三线制，负载只能使用线电压。

(三) 三相负载的连接

在三相交流电路中，负载的连接方法一般有星形连接和三角形连接。

1. 负载星形连接

图 4-9 所示电路为一个三相四线制负载星形连接电路，设其线电压为 380V。电路中各负载按其额定电压的要求连接。如电路中，通常电灯的额定电压为 220V，则连接在相电压上；三相电动机的额定电压为 380V，则连接在线电压上等等。

负载星形连接的三相四线制电路在进行电路分析与计算时，通常用图 4-10 表示。

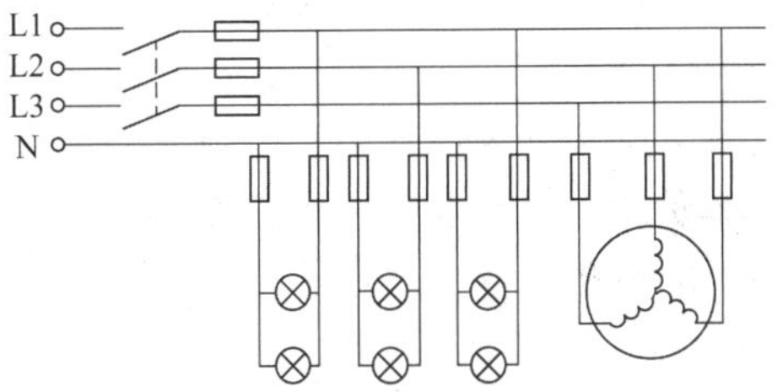

图 4-9　三相四线制电路

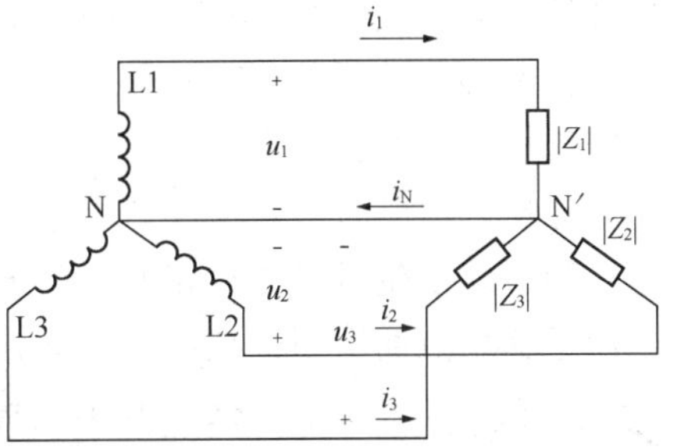

图 4-10　负载星形连接的三相四线制电路

每相负载中的电流称为相电流，用 I_P 表示。每根相线中的电流称为线电流，用 I_L 表示。在负载为星形连接时，相电流就是线电流，即有：$I_P=I_L$。当星形连接的三相负载对称时，中性线中无电流通过，因此中性线就可不需要了。三相四线制电路就可演变为三相三线制电路。三相三线制电路在工业中用得较多，俗称动力线，主要用于三相对称负载，如三相电动机负载。

2. 负载三角形连接

图 4-11 所示电路为负载三角形连接的三相电路。线电流是相电流的$\sqrt{3}$倍。即：$I_L=\sqrt{3}I_p$

三相功率的计算：

对于负载不对称的电路，有功功率：

$$P=P_1+P_2+P_3 \qquad (4-6)$$

对于负载对称的电路，有功功率：

$$P=3U_pI_p\cos\phi=\sqrt{3}U_LI_L\cos\phi \qquad (4-7)$$

三相无功功率：

$$Q=3U_pI_p\sin\phi=\sqrt{3}U_LI_L\sin\phi \qquad (4-8)$$

视在功率：

$$S=3U_pI_p=\sqrt{P^2+Q^2} \qquad (4-9)$$

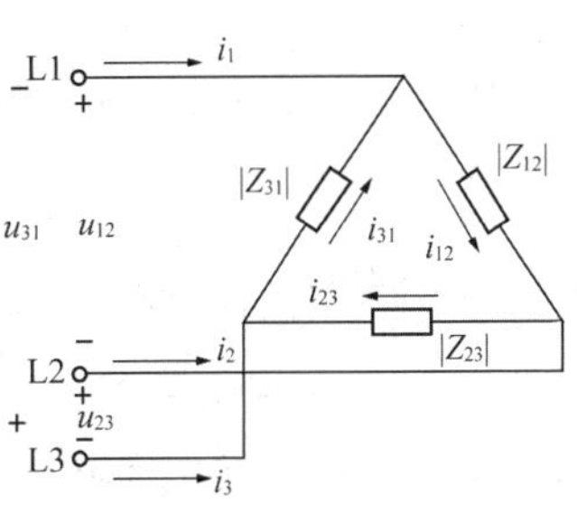

图 4-11　负载三角形联接的三相电路

第二节　常用低压电器

电器是根据外界特定的信号和要求，自动或手动接通和断开电路，断续或连续地改变电路参数，实现对电路或非电对象的切换、控制、保护、检测和调节用的电气设备。按我国现行标准规定，低压电器通常是指工作在交流1200V或直流1500V以下的电器。

一、熔断器

熔断器是当电流超过限定值时借熔体熔化来分断电路的一种用于过载和短路保护的电器。当电网或用电设备发生过载或短路时，它能自身熔化分断电路；避免由于过电流的热效应及电动力引起对电网和用电设备的损坏，并防止事故蔓延。

（一）熔断器的结构和原理

熔断器主要由熔断体(简称熔体，有的熔体装在具有灭弧作用的绝缘管中)、触头插座和绝缘底板组成。熔体是核心部分，常做成丝状或片状，制造熔体的金属材料有两类，一类是低熔点材料，如铅锡合金、锌等；另一类是高熔点材料，如银、铜、铝等。

熔断器接入电路时，熔体串联在电路中，负载电流流过熔体，由于电流热效应而使温度上升。当电路发生过载或短路时，电流大于熔体允许的正常发热电流，使熔体温度急剧上升，超过其熔点而熔断，从而分断电路，保护了电路和设备。

（二）熔断器的种类、特点及电气图形符号

熔断器的电气图形符号和文字符号如图4-12。

图4-12　熔断器的电气图形符号和文字符号

熔断器的种类及其基本特点见表4-1。

表4-1　常用低压熔断器的种类及基本特点

名　称	主要型号系列	基本特点	用　　途
插入式熔断器	RC1A	由装有熔丝的瓷盖、瓷底座等组成，更换熔丝方便，分断能力小	380V及以下线路末端，作为配电支线及电气设备的短路保护
螺旋式熔断器	RL1、RL2	由瓷帽、熔体、底座等组成，熔体内填石英砂，分断能力大	500V以下、200A以下电路中，作过载及短路保护
有填料封闭式熔断器	RT0	由装填有石英砂的瓷管及底座等组成，分断能力大	500V以下，1kA以下具有大短路电流电路中，作过载及短路保护
无填料密闭式熔断器	RM7、RM10	由无填料纤维密闭熔管和底座等组成，熔断能力较大	500V以下、1000A以下电路中，短路保护及防止连续过载
快速式熔断器	RLS、RSO	分断能力大，熔断速度快	硅半导体器件过载保护

续表

名 称	主要型号系列	基本特点	用 途
管式熔断器	R1	由装有熔丝的玻璃管、底座等组成	二次电路过载及短路保护
高分断能力熔断器	RT16(NT)	高分断能力	线路、设备的过载及短路保护
限流线	XLSG	高阻、低熔点导线，具有良好的限流性能	与断路器配合使用

（三）常用熔断器

1. 插入式熔断器

插入式熔断器习惯上又称为“铅丝盒子”或“插铅丝”。RC1A 系列为瓷插式熔断器，它是在 RC1 系列的基础上改进设计的。这种熔断器一般用于交流 50Hz、额定电压低于 380V、额定电流低于 200A 的低压线路末端或分支电路中，作为电缆及电气设备的短路保护及一定程度上的过载保护之用。

RC1A 系列熔断器由瓷盖、瓷座、触头和熔丝四部分组成。瓷座由电工瓷制成，两端固装着静触头，中间有一空腔，它与瓷盖的突起部分共同形成灭弧室。额定电流为 60A 及以上的产品，灭弧室中还垫有编织石棉带以保护瓷件。瓷盖也是由电工瓷制成的，动触头就固装在它的两端。瓷盖中段有一突起部分，熔丝沿此突起部分跨接在两个动触头上。

2. 螺旋式熔断器

现在常用的是 RL1 系列螺旋式熔断器，其结构如图 4-13 所示。熔断器主要由瓷帽、熔管、瓷套以及瓷座等组成。熔管是一个瓷管，内装石英砂和熔体。熔体的两端焊在熔管两端的导电金属端盖上，其上端盖中央有一个熔断指示器，当电路分断时，指示器便弹出，透过瓷帽上的玻璃可以看见。熔断器熔断后，只要更换熔管即可。

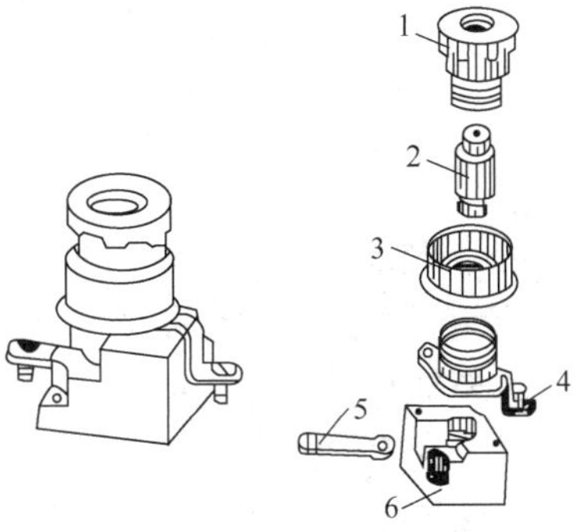

(a)外形　　(b)结构

图 4-13　螺旋式熔断器

1—瓷帽；2—表层套管；3—瓷套；4—上接线段；5—下接线段；6—底座

螺旋式熔断器一般用于配电线路中作为过载及短路保护，同时，还因其具有较大的热惯性，安装面积又比较小，也常用于机床控制线路以保护电动机。

3. 无填料密闭式熔断器

无填料封闭管式熔断器是一种可拆卸的低压熔断器。当熔断器已起到保护作用，熔体熔断之后，用户可以自行拆开，重装新的熔体，所以检修方便，恢复供电也较快。因此，凡是故障经常发生的场合，采用这种熔断器作为低压电力网络和成套配电装置的短路保护及连续过载保护是很适合的。

RM10 系列熔断器由熔管、熔体和插座等部分组成，其外形如图 4-14 所示。熔管结构形式有两种：15~60A 熔断器的熔管由钢纸管（习称反白管）、黄铜接头和圆柱形铜帽等构成，其中 220V、15A 产品的接头为内镶式，其余产品都采用外套式接头；100A 及以上熔断器的熔管由钢纸管、黄铜接头、铜帽和触刀等组成，其熔体与触刀之间以螺栓紧固。熔体熔断时，在其管内产生 30~80 个大气压，电弧因受强烈压缩而熄灭。

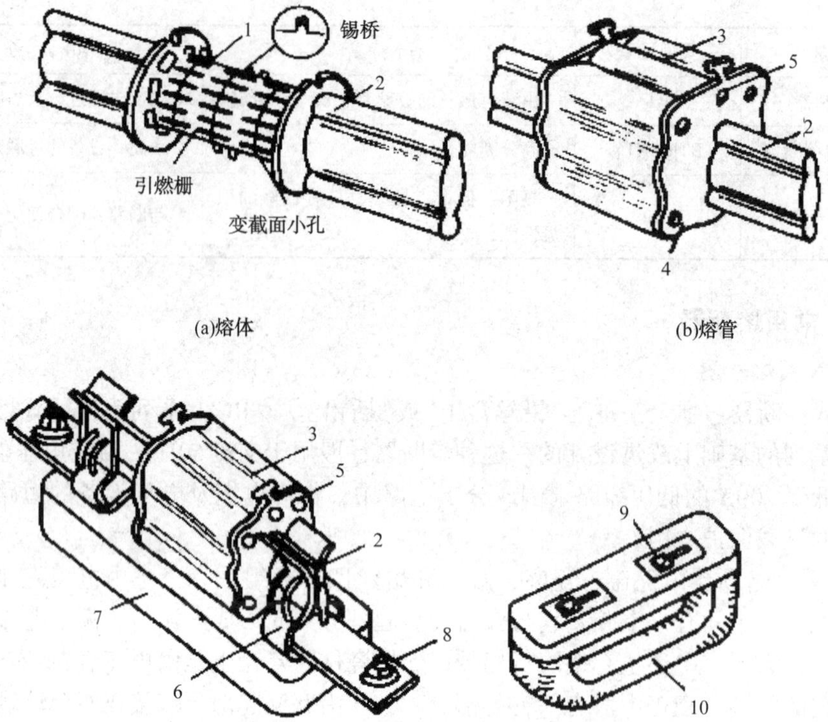

(a)熔体　　(b)熔管

(c)熔断器　　(d)操作手柄

图 4-14　RM10 系列无填料密闭式熔断器

1—工作熔体(栅状)；2—触刀；3—瓷熔管；4—盖板；5—熔断指示器；
6—弹性触点；7—底座；8—接线端；9—扣眼；10—操作手柄

4. 有填料封闭管式熔断器

有填料封闭管式熔断器在结构方面的最大特征，就是在其熔断管内充满了填料，借此增强熔断器熄灭电弧的能力。

填料之所以有助于灭弧，是因为作为填料的介质材料具有较高的导热性能、绝缘性能，并且由于它的颗粒状外形而具有很大的同电弧接触的表面积。当熔断器分断故障电流而产生电弧时，大量的填料颗粒就同电弧接触，吸收电弧的能量，使电弧很快冷却。这样，电弧间隙的介质强度便迅速增强，从而加速了电弧的熄灭过程。所以有填料封闭管式熔断器的特点是额定电流大，熔断能力大，其系列熔断器外形结构如图 4-15。

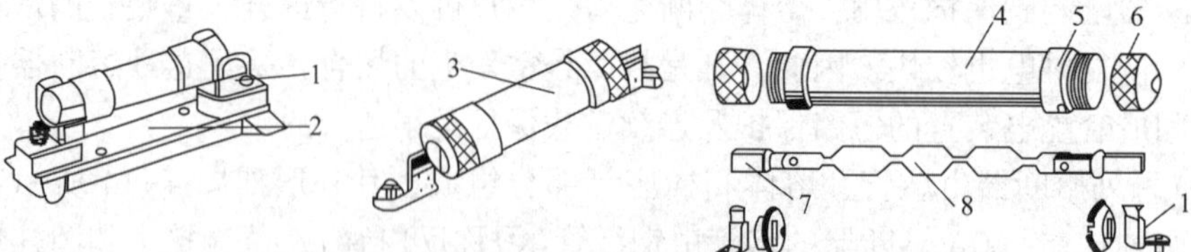

(a)外形　　(b)结构

图 4-15　RT0 型熔断器

1—夹座；2—底座；3—熔管；4—钢纸管；
5—黄铜管；6—黄铜帽；7—触刀；8—熔体

5. 保护半导体器件熔断器

RS0、RS3、RLS1、RS4、RSH、RS5、RLS2、NGT 系列保护半导体器件熔断器适用于交流 50Hz、电压 1000V 及以下的电路，作为晶闸管器件及其成套装置中的短路及过载保护。

二、断路器

低压断路器又称自动空气开关，是用于当电路中发生过载、短路和欠电压等不正常情况时能自动分断电路的电器；也可用作不频繁地启动电动机或接通、分断电路。它是低压交、直流配电系统中的重要保护电器之一。断路器按结构形式可分为框架式（也称万能式）和塑料外壳式（也称装置式）两种。

（一）断路器的结构和原理

图 4-16 是一般断路器的结构原理图，开关正处于工作状态。三个主触点通过传动杆及锁扣保持闭合，锁扣可绕轴转动。当电路处于正常运行时，过流脱扣器的电磁线圈虽然在主回路中，但是所产生的吸力不能使衔铁动作，而只有当电路发生短路或过载时，衔铁才被迅速吸合同时撞击杠杆，使锁扣脱扣，主触点被弹簧迅速拉开分断主电路。相反，在正常运行时，由于欠压脱扣器的电磁线圈并联在主电路中，在规定的正常电压范围内使衔铁吸合，同时克服弹簧的拉力。

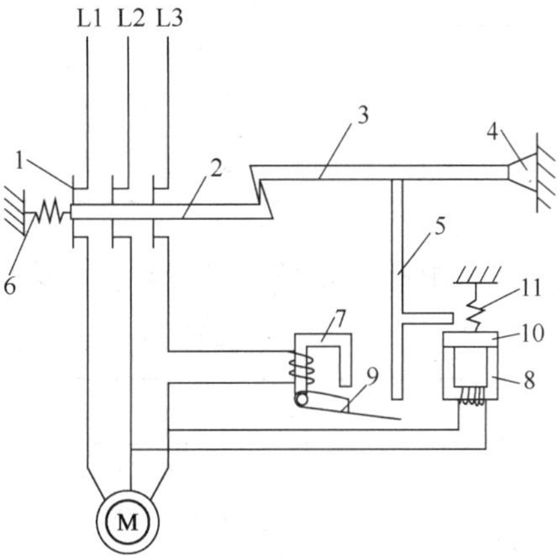

图 4-16　断路器结构原理图

1—主触点；2—传动杆；3—锁扣；4—轴；5—杠杆；6—弹簧；7—过流脱扣器；8—欠压脱扣器；9、10—衔铁；11—弹簧

当电路出现故障，电压降低时（通常为额定电压的 70%以下）吸力减小，衔铁被弹簧拉开并撞击杠杆，使锁扣脱扣，主触点在弹簧的作用下迅速分断电路。在一些小容量塑壳自动开关里，除装有短路保护外，还装有用双金属片制成的脱扣器，当电路发生过载时，双金属片弯曲，将锁扣顶开使触点分断电路。

快速自动开关的动作原理是靠快速电磁铁（冲击衔铁式和感应电动斥力式脱扣器）配合高效能的灭弧装置，可使开关的全分断时间缩短至 10ms 以下。

在自动开关中，由于极限分断能力的要求，必须具备功能足够可靠的触点系统、灭弧系统和各种脱扣装置。

断路器的型号含义如图 4-17 所示。

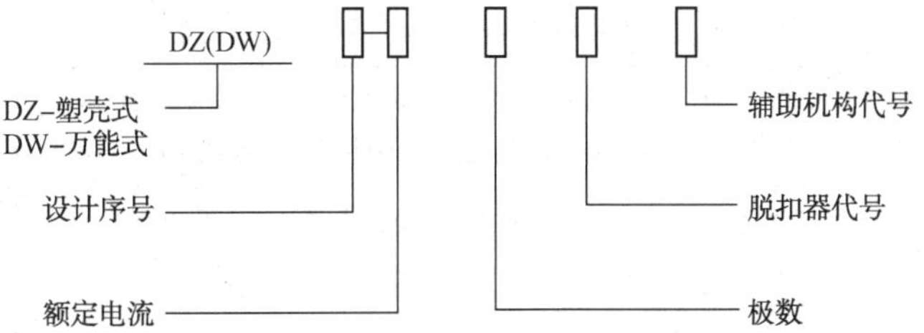

图 4-17　断路器的型号含义

（二）断路器的基本特性、特点及主要用途

断路器的基本特性见表 4-2。

表 4-2　低压断路器的基本特性

项　目	含义及要求
额定电压和额定绝缘电压/V	常用的额定电压 U_N 为：交流 220，380，660，1140；直流 110，220，440，750，850，1000，1500，绝缘电压大于或等于额定电压
额定电流/A	常用的额定电流 I_N 为：6，10，16，20，32，40，(60)，63，100，(150)，160，200，250，315，400，(600)，630，800，1000，1250，(1500)，1600，2000，(3000)，3150 等
短路通断能力	在规定的操作条件下，开关接通与分断短路电流的能力，一般用 kA(有效值)表示
限流特性	限流开关应规定限流特性，限流特性是短路电流有效值与实际分断电流(限流电流)峰值的关系曲线
保护特性	一般是指动作时间与动作电流的关系曲线，漏电保护用开关应规定漏电动作电流、动作时间和额定漏电不动作电流
寿命	机械寿命和电寿命，用操作次数表示

部分常用低压断路器的基本特点及主要用途见表 4-3。

表 4-3　部分常用低压断路器的基本特点及主要用途

型　号	用途类型	特点及适用场合
DW10	一般用途万能式	具有板前进出线、板后进出线等多种接线方式，可采用手柄直接操作、杠杆操作、电磁铁或电动机操作等多种操作方式，具有多种脱扣方式。 适用于交流 50Hz、电压 380V 及直流电压 440V 的配电电路中，作过载、短路及失压保护，以及在正常工作条件下作不频繁转换电路用
DW15	一般用途万能式	触点系统具有电动补偿效果，灭弧罩采用去离子栅片，并装灭焰片，采用弹簧储能半轴自由脱扣机构，触点的闭合速度与操作快慢无关。 用于作选择性保护系统的分支电路开关及作大容量电动机直接启动和保护用低压电网负荷中心作为主开关、联络开关及配电支路的保护开关。具有多种脱相器
DW17(ME)	一般用途万能式	适用于额定工作电压交流至 660V、直流至 440V 的配电电路，作不频繁转换之用。对线路及电气设备的过载、欠电压和短路进行保护，并具有分级保护作用，能直接启动电动机
DW(3WE)	一般用途万能式	适用于交流 40~60Hz、电压至 1000V、电流 630A 至 1600A 的输配电网络，作为发电机、电动机、变压器、整流器和电缆等设备和线路的控制和保护开关。在正常条件下，还可作为电路的不频繁转换及电动机的不频繁启动之用
DWl8(AE-S)	一般用途万能式	适用于额定频率 50Hz、额定电压 660V、额定电流量 200A 及以下的配电电路中，作过载、失压和短路保护，以及在正常条件下，作为线路的不频繁转换之用
DW914(AH)	—般用途万能式	适用于额定频率 50Hz(60Hz)、交流电压 660V 及以下、直流电压 440V 及以下，电流 600~4000A 的配电系统中，作过载、欠压和短路保护，以及在正常条件下，作为线路的不频繁转换之用

续表

型　号	用途类型	特点及适用场合
DZ5	一般用途塑壳式	外形尺寸小，复式脱扣，按钮操作，板前接线。作为电动机及其他用电设备的过载和短路保护用，亦可作为不频繁操作的小容量电动机的直接启动用
DZ10	一般用途塑壳式	具有多种脱扣器，可附分离脱扣和欠压脱扣，手动或电动操作，板前或板后接线；作为不频繁地接通与断开电路用，可保护电气设备、电动机和电缆不因短路、过载而损坏，应用最广
DZ12	一般用途塑壳式	具有单极、2 极、3 极多种形式，压板式或插入式接线，使用方便。主要用于宾馆、公寓、公共场所和工矿企业等处的照明线路中，作为线路的过载、短路以及线路转换用
DZ12L	漏电保护用塑壳式	特点同 DZ12，还可作为漏电保护用
DZ15	一般用途塑壳式	小型，通用性强。在电路中作为配电、电动机、照明线路的过载、短路保护用，同时还可作为线路的不频繁切换及电动机的不频繁启动

(三) 断路器(自动空气开关)维修保养方法

(1) 用 500V 摇表测量绝缘电阻，应不低于 10MΩ，否则应烘干处理；

(2) 清除灭弧罩内的碳化物或金属颗粒，如果灭弧罩破裂，则应更换；

(3) 断路器(自动空气开关)在闭合和断开过程中，其可动部分与灭弧室的零件应无卡住现象；

(4) 在使用过程中发现铁芯有特异噪声时，应清洁其工作表面；

(5) 各传动机构应注入润滑油；

(6) 检查主触头表面有小的金属颗粒时，应将其清除，但不能修锉，只能轻轻擦拭；

(7) 检查手动(3 次)、电动(3 次)闭合与断开是否可靠，否则应修复；

(8) 检查分励脱扣、欠压脱扣、热式脱扣是否可靠，否则应修复；

(9) 检查接头处有无过热或烧伤痕迹，如有则修复并拧紧；

(10) 检查接地线有无松脱或锈蚀，如有则除锈处理并拧紧。

三、接触器

(一) 接触器的结构和原理

接触器是用来频繁地远距离接通或断开交直流主电路及大容量控制电路的控制电器。它不同于刀开关类手动切换电器，因为它具有手动切换电器所不能实现的远距离操作功能，同时又具备手动切换电器所没有的失压保护功能；它也不同于自动开关，因为它虽然具有一定的过载能力，但却不能切断短路电流，也不具备过载保护的功能。接触器最主要的用途是控制电动机。

下面介绍接触器控制电动机的工作原理。如图 4-18 所示，当把按钮向下揿时，接触器中的电磁线圈就从按钮得到一个信号，即通过按钮当中动触点的闭合动作，电磁线圈就经过按钮和熔断器接通到电源上。线圈通电以后，产生一个磁场将静铁芯磁化，吸引动铁芯，使它向着静铁芯运动，并最终吸合在一起。接触器触点系统中的动触点是同动铁芯机械地固定在一起，当动铁芯被静铁芯吸引向下运动时，动触点也随之向下运动，与静触点闭合。这样，电动机便经由接触器的触点系统和熔断器接通电源，开始启动运转。一旦电源电压消失或者显著降低，导致电磁线圈没有励磁或励磁不足，动铁芯就会因电磁吸力消失或过小而在释放弹簧的反作用力作用下释放，脱离静铁芯。与此同时，和动铁芯固装在一起的动触点也与静触点脱离，使电动机同电源脱开，停止运转，这就是所谓失压保护。在电动机负载功率为定值的情况下，如果电源电压下降，为维持一定的输出，势必电流要增大，其结果就是电动机因过载而烧损。要是电源在失去电压之后又重新恢复电压，在控制电动机的接触器未曾释放的情况下，电动机将自行启动，这往往会导致生产事故或人身事故。因此，从以上两点来看，失压保护确实是很重要的一种安全措施，和电动机主回路电流比较，接触器电磁线圈的电流是很小的，所以能很方便地用细导线接到远处进行远距离操作。不仅接触器如此，一般自动切换电器也都是这样。

接触器可以按其主触点所控制的电路中电流的种类分为直流接触器和交流接触器，其中交流接触器还可分为工频(50Hz 或 60Hz)和中频(如 400Hz 等)两种。其次，接触器又可按其电磁系统的励磁方式分为直流励磁操作和交流励磁操作两种。此外，接触器还可以按其主触点的板数分为单极、双极、三极、四极和五极。直流接触器一般为单极或双极；交流接触器大多数是三极的；在双回路控制时，要用四极接触器；五极接触器用于多速电动机控制或者自动式自耦减压启动器中。

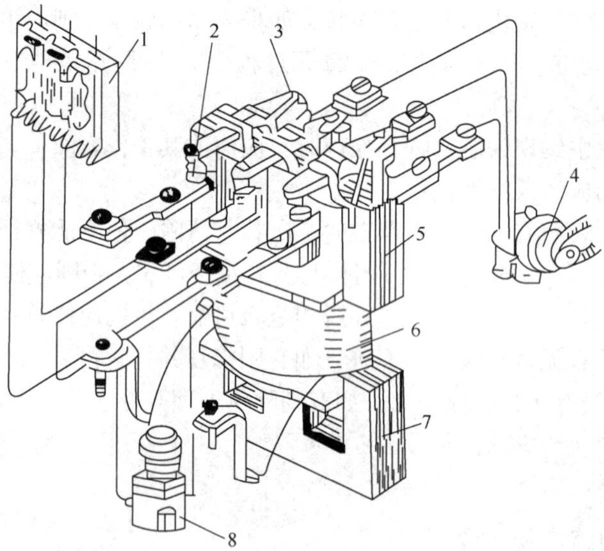

图 4-18 交流接触器

1—熔断器；2—静触点；3—动触点；4—电动机；5—动铁芯；6—线圈；7—静铁芯；8—按钮

(二) 接触器的型号、图形符号和文字符号

交流接触器的图形符号和文字符号见表 4-4。

表 4-4 交流接触器的图形符号和文字符号

	线圈	动合主触点	动合辅助触点	动断辅助触点
1984 年国标	KM	KM	KM KM	KM KM

续表

	线圈	动合主触点	动合辅助触点	动断辅助触点
1964 年国标	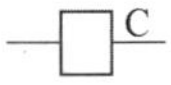	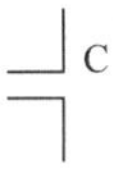		

接触器的型号及含义如下：C12—3/4

其中：

C——接触器；

1——接触器类别：J 表示交流，Z 表示直流；

2——设计序号；

3——主触点额定电流（A）；

4——主触点数。

（三）交流接触器的分类和性能

交流接触器的分类和基本性能见表 4-5 和表 4-6。

表 4-5　常用交流接触器的分类

分类原则	分类名称	特点及用途
按主触点所控制的电路种类分	交流	作为远距离频繁地接通与分断交流电路用
	交直流	作为远距离频繁地接通与分断交流或直流电路用
按主触点的位置分（当励磁线圈无电时）	动合	广泛用于控制电动机及电阻负载等
	动断	用于能耗制动或备用电源的接通
	一部分动合另一部分动断	用于发电机励磁回路的灭磁或备用电源的接通
按有无触点分	有触点式	前面所述均为有触点式交流接触器，用途广泛
	无触点式	通常由晶闸管作为回路的通断元件，适用于频繁操作和需要无噪声等特殊场所，如冶金和化工等行业
按灭弧介质分	空气式	用于一般用途的接触器
	真空式	用于煤矿、石油化工企业以及电压 660V 及 1140V 的场合
按主触点极数分	单极	① 用于控制单相负载，如照明、电焊机等。 ②能耗制动
	双极	① 交流电动机的动力制动。 ②在绕线转子电动机的转子回路中，短接启动电阻
	三极	直接启动及控制交流电动机，应用最为广泛
	真空式	用于煤矿、石油化工企业以及电压 660V 及 1140V 的场合

表 4-6　交流接触器的基本性能

项　目	符号	含义及标准
额定电压	U_N	在规定条件下，保证接触器正常工作的电压值。通常，最大工作电压即为额定绝缘电压。一个接触器常常规定几个额定电压，同时列出相应的额定电流或控制功率

续表

项　目	符号	含义及标准
额定电流	I_N	由电器的工作条件所决定的电流值。在 380V 时，额定工作电流可近似等于控制功率的 2 倍
通断能力	I	接通能力是指开关闭合时不会造成触点熔焊的能力，断开能力是指开关断开时能可靠灭弧的能力。通常 $I=(1.5\sim10)I_N$
动作值		接触器的吸合电压值和释放电压值。一般规定：吸合电压为线圈额定电压的 85%及以上；释放电压不高于线圈额定电压的 70%
寿命		包括机械寿命和电寿命。电寿命是指在正常操作条件下不需修理和更换零件的操作次数。机械寿命数百万次以上，电寿命不小于机械寿命的 1/20
操作频率		每小时允许操作的次数，一般分为 300 次/h、600 次/h、1200 次/h
辅助触点暂定电流		辅助触点通过的额定电流
吸引线圈额定电压		吸引线圈的工作电压

(四) 交流接触器常见故障及处理

交流接触器常见故障及处理方法见表 4-7。

表 4-7　交流接触器常见故障及处理方法

故障现象	可能原因	处理办法
不动或动作不可靠	① 电源电压过低或波动过大。 ② 操作回路电源容量不足或发生断线、接线错误及控制触头接触不良。 ③ 控制电源电压与线圈电压不符。 ④ 产品本身受损(如线圈断线或烧毁，机械可动部分被卡住，转轴生锈或歪斜等)。 ⑤ 触头弹簧压力与超程过大。 ⑥ 电源离接触器太远，连接导线太细	① 调高电源电压。 ② 增加电源容量，纠正接线，修理控制触头。 ③ 更换线圈。 ④ 更换线圈，排除卡住故障，修理受损零件。 ⑤ 按要求调整触头参数。 ⑥ 更换较粗的连接导线
不释放或释放缓慢	① 触头弹簧压力过小。 ② 触头熔焊。 ③ 机械可动部分被卡住，转轴生锈或歪斜。 ④ 反力弹簧损坏。 ⑤ 铁芯极面有油污或尘埃。 ⑥ E 形铁芯，当寿命终了时，因为去磁气隙消失，剩磁增大，使铁芯不释放	① 调整触头参数。 ② 排除熔焊故障，修理或更换触头。 ③ 排除卡住现象，修理受损零件。 ④ 更换反力弹簧。 ⑤ 清理铁芯极面。 ⑥ 更换铁芯

续表

故障现象	可能原因	处理办法
交流接触器线圈过热或烧损	① 电源电压过高或过低。 ② 线圈技术参数(如额定电压、频率、负载因数及适用工作制等)与实际使用条件不符。 ③ 操作频率过高。 ④ 线圈制造不良或由于机械损伤、绝缘损坏等。 ⑤ 使用环境条件特殊:如空气潮湿,含有腐蚀性气体或环境温度过高。 ⑥ 运动部分卡住。 ⑦ 交流铁芯极面不平或去磁气隙过大。 ⑧ 交流接触器派生直流操作的双线圈,因常闭联锁触头熔焊不释放、而使线圈过热	① 调整电源电压。 ② 调换线圈或接触器。 ③ 选择其他合适的接触器。 ④ 更换线圈,排除引起线圈机械损伤的故障。 ⑤ 采用特殊设计的线圈。 ⑥ 排除卡住现象。 ⑦ 清除极面或调换铁芯。 ⑧ 调整联锁触头参数及更换烧坏线圈
电磁铁(交流)噪声大	① 电源电压过低。 ② 触头弹簧压力过大。 ③ 磁系统歪斜或机械上卡住,使铁芯不能吸平。 ④ 极面生锈或因异物(如油垢、尘埃)黏附铁芯极面。 ⑤ 短路环断裂。 ⑥ 铁芯极面磨损过度而不平	① 提高操作回路电压。 ② 调整触头弹簧压力。 ③ 排除机械卡住故障。 ④ 清理铁芯极面。 ⑤ 调换铁芯或短路环。 ⑥ 更换铁芯
触头熔焊	① 操作频率过高或产品超负荷使用。 ② 负载侧短路。 ③ 触头弹簧压力过小。 ④ 触头表面有金属颗粒突起或有异物。 ⑤ 操作回路电压过低或机械上卡住,致使吸合过程中有停滞现象,触头停顿在刚接触的位置上	① 调换合适的接触器。 ② 排除短路故障,更换触头。 ③ 调整触头弹簧压力。 ④ 清理触头表面。 ⑤ 提高操作电源电压,排除机械卡住故障,使接触器吸合可靠
八小时工作制触头过热或灼伤	① 触头弹簧压力过小。 ② 触头上有油污或表面高低不平,金属颗粒突出。 ③ 环境温度过高或使用在密闭的控制箱中。 ④ 铜触头用于长期工作制。 ⑤ 触头的超程太小	① 调高触头弹簧压力。 ② 清理触头表面。 ③ 接触器降压使用。 ④ 接触器降压使用。 ⑤ 调整触头超程或更换触头
短时内触头过度磨损	① 接触器选用欠妥,在以下场合时,容量不足:反接制动;有较多密接操作;操作频率过高。 ② 三相触头不同时接触。 ③ 负载侧短路。 ④ 接触器不能可靠吸合	① 接触器降容使用或改用适于繁重任务的接触器。 ② 调整至触头同时接触。 ③ 排除短路故障,更换触头。 ④ 见动作不可靠处理办法

续表

故障现象	可能原因	处理办法
相间短路	① 可逆转换的接触器联锁不可靠，由于误动作，致使两台接触器同时投入运行而造成相间短路，或因接触器动作过快，转换时间短，在转换过程中发生电弧短路。 ② 尘埃堆积或黏有水气、油垢、使绝缘变坏。 ③ 产品零部件损坏(如灭弧罩碎裂)	① 检查电气联锁与机械联锁；在控制线路上加中间环节延长可逆转换时间。 ② 经常清理，保持清洁。 ③ 更换损坏零部件

（五）交流接触器维修保养方法

（1）清除接触表面的污垢，尤其是进线端相间的污垢。

（2）清除灭弧罩内的碳化物和金属颗粒。

（3）清除触头表面及四周的污物，但不要修锉触头，烧蚀严重不能正常工作的触头应更换。

（4）清洁铁芯表面的油污及脏物。

（5）拧紧所有紧固件。

四、电容补偿器

电容补偿就是无功补偿或者功率因数补偿。电力系统的用电设备在使用时会产生无功功率，而且通常是电感性的，它会使电源的容量使用效率降低，而通过在系统中适当增加电容的方式就可得以改善。电力电容补偿也称功率因数补偿(电压补偿，电流补偿，相位补偿的综合)。

（一）电容的作用

（1）电容在交流电路里可将电压维持在较高的平均值。近峰值，高充低放，可改善增加电路电压的稳定性。

（2）对大电流负载的突发启动给予电流补偿，电力补偿电容组可提供巨大的瞬间电流，可减少对电网的冲击。

（3）电路里大量的感性负载会使电网的相位产生偏差(感性元件会使交流电流相位滞后，电压相位超前90°)，而电容在电路里的特性与电感正好相反，起补偿作用。

（二）电容补偿的原理

电网输出的功率包括两部分：一是有功功率；二是无功功率。直接消耗电能，把电能转变为机械能、热能、化学能或声能，利用这些能做功，这部分功率称为有功功率；不消耗电能，只是把电能转换为另一种形式的能，这种能作为电气设备能够做功的必备条件，并且这种能是在电网中与电能进行周期性转换，这部分功率称为无功功率，如电磁元件建立磁场占用的电能，电容器建立电场所占的电能。电流在电感元件中做功时，电流滞后于电压90°，而电流在电容元件中做功时，电流超前电压90°。在同一电路中，电感电流与电容电流方向相反，互差180°，把具有容性功率负荷的装置与感性功率负荷并联接在同一电路，能量在两种负荷之间相互交换，这样，感性负荷所需要的无功功率可由容性负荷输出的无功功率补偿。

（三）电容补偿的常用方式

1. 集中补偿

在高低压配电线路中安装并联电容器组。

2. 分组补偿

在配电变压器低压侧和用户车间配电瓶安装并联补偿电容器。

3. 单台电动机就地补偿

在单台电动机处安装并联电容器等。

就三种补偿方式而言，无功就地补偿克服了集中补偿和分组补偿的缺点，是一种较为完善的补偿方式：因电容器与电动机直接并联，同时投入或停用，可使无功不倒流，保证用户功率因数始终处于滞后状态，既有利于用户，也有利于电网；有利于降低电动机启动电流，减少接触器的火花，提高控制电器工作的可靠性，延长电动机与控制设备的使用寿命。

（四）电容补偿器的操作维护

（1）电力电容器组的绝缘等级应和电力网的额定电压相配合。

（2）电容器可在 1.3 倍该额定电流下长期运行。

（3）电容器组停用后，其放电时间不得少于 3min。

（4）功率因数超过 0.95 应退出电容器运行。

（5）电容器室的温度超过 40℃时，不应投入电容器组。

（6）电容器运行时外壳温度不应超过 60℃。

（7）并联电容器组放电装置的电阻越大，则放电时间越长，残压下降越慢。

（8）电容器运行中电流和电压不应长时间超过电容器额定电流 1.1 倍和额定电压的 1.3 倍。

（9）并联电容器刚退出运行后，必须在 3min 以后才允许再次投入运行。

（10）在 0.4kV 三相系统中，额定电压为 0.4kV 的三相电容器是三角形连接。

（11）并联电容器的配电线路上应安装电流表。

（12）应用兆欧表测量电力电容器的绝缘电阻是测量电容器相、地间绝缘电阻。

（13）当电容器组发生开关短路跳闸或熔体熔断故障，在未查明故障原因之前不能再次合闸。

（14）电容器断开电源后，工作人员接近之前，不论该电容器是否装有放电装置，都必须进行人工放电。

（15）为了避免放电电阻运行中过热损坏，规定每 1kvar 的电容器放电电阻的功率不应小于 1W。

（16）低压电容器组容量在 100kvar 以下时可用交流接触器、刀开关或刀熔开关控制。

（17）低压电容器组容量在 100kvar 以上时因采用带有过流保护的断路器控制并作为短路保护。

第三节 三相异步电动机

电动机是把电能转换成机械能的一种设备。它是利用通电线圈(也就是定子绕组)产生旋转磁场并作用于转子(如鼠笼式闭合铝框)形成磁电动力旋转扭矩。

一、电动机的分类

(一) 按工作电源性质分类

根据电动机工作电源的不同，可分为直流电动机和交流电动机。

1. 直流电动机

依靠直流电源工作的电动机称为直流电动机。按型号分类：一般可分为小型、中型及大型三种。按不同的励磁方式分类：可分为永磁、并励、串励、复励、稳定并励和它励六种。

2. 交流电动机

依靠交流电源工作的电动机称为交流电动机。按型号分类：一般分为小型、中型及大型三种。

(二) 交流电动机按结构和工作原理分类

1. 同步电动机

由直流供电的励磁磁场与交流电形成的旋转磁场相互作用而产生转矩，以同步转速旋转的交流电动机称为同步电动机。按其结构形式分为旋转电枢式和旋转磁场式两种。

2. 异步电动机

异步电动机又称感应电动机，是由气隙旋转磁场与转子绕组感应电流相互作用产生电磁转矩，从而实现机电能量转换为机械能量的一种交流电机。

交流电动机按其结构的不同分为同步电动机和异步电动机。异步电动机按使用电源相数的不同分为单相异步电动机和三相异步电动机。异步电动机按其转子的结构不同又分为笼型感应电动机(旧标准称为鼠笼式异步电动机)和绕线转子感应电动机(旧标准称为绕线式异步电动机)。各集输站库主要使用鼠笼式异步电动机，其特点是结构简单，价格便宜，效率高，启动方便，维修容易；其缺点是启动电流大，约为额定电流的5~7倍，启动转矩小，容易受电源电压波动影响，负荷不足时，功率因数低，调速性能差。

(三) 按防护结构形式分类

1. 开启式

电动机除必要的支承结构外，对于转动及带电部分没有专门的保护。适用于干燥、无灰尘、通风良好的场所。

2. 防护式

在机壳或端盖下面有通风罩，以防止铁屑等杂物掉入。也有的将外壳做成挡板状，以防止在一定角度内有水滴溅入。

3. 封闭式

封闭式电动机的外壳严密封闭，靠自身风扇或外部风扇冷却，并在外壳带散热片。适用于电动机爆炸气体的场所。

4. 防爆式

整个电机严密封闭，把电气设备罩装在一个外壳内，这种外壳具有能承受内部爆炸性混合物的爆炸压力，并能阻止内部爆炸向外壳周围爆炸性混合物传播的结构(隔爆型)；使电动机带电零部件不可能产生足以引起爆炸危险的火花、电弧或危险温度，或把可能产生这些现象的带电零部件与爆炸性混合物隔断开，使之不能相互接触或达不到具有爆炸性危险的程度(增安型、通风型等)。防爆电机是一种可以在易燃易爆场所使用的电机，运行时不产生电火花。防爆电机主要用于煤矿、石油天然气、石油化工和化学工业。

防爆式电机又可分为以下几种：

(1) 隔熄型电机

它采用隔爆外壳把可能产生火花、电弧和危险温度的电气部分与周围的爆炸性气体混合物隔开。但是，这种外壳并非是密封的，周围的爆炸性气体混合物可以通过外壳的各部分接合面间隙进入电机内部。当与外壳内的火花、电弧、危险高温等引燃源接触时就可能发生爆炸，这时电机的隔爆外壳不仅不会损坏或变形，而且爆炸火焰或炽热气体通过接合面间隙传出时，也不能引燃周围的爆炸性气体混合物。

(2) 增安型电机

在正常运行条件下不会产生电弧、火花或危险高温的电机结构上，再采取一些机械、电气和热的保护措施，使之进一步避免在正常或认可的过载条件下出现电弧、火花或高温的危险，从而确保其防爆安全性。

(3) 正压型电机

正压型电机配置有一套完整的通风系统，电机内部不存在可能影响通风的结构死角。外壳和管道由不燃材料制成，并具有足够的机械强度。外壳及主管道内相对于外界大气保持足够大的正压。电机具有安全保护装置(如时间继电器和流量监测器)，以保证足够的换气量，还有壳内气压欠压的自动保护或报警装置。壳上的快开门或盖有与电源联锁的装置。

(4) 无火花型电机

是指在正常运行条件下，不会点燃周围爆炸性混合物，且一般又不会发生点燃故障的电机。与增安型电机相比，除对绝缘介电强度试验电压、绕组温升、t_e(在最高环境温度下达到额定运行最终温度后的交流绕组，从开始通过启动电流时计起至上升到极限温度的时间)以及启动电流比不像增安型那样有特殊规定外，其他方面与增安型电机的设计要求一样。

(5) 粉尘防爆电机

它指其外壳按规定条件设计制造，能阻止粉尘进入电机外壳内或虽不能完全阻止粉尘进入，但其进入量不妨碍电机安全运行，且内部粉尘的堆积不易产生点燃危险，使用时也不会引起周围爆炸性粉尘混合物爆炸的电机。

二、三相异步电动机的结构

石油设备常用的电动机为三相鼠笼式异步电动机。主要是由定子、转子及其他附件构成，定子是由机座、定子铁芯和定子绕组构成。机座是由铸铁制成，为支持定子和做保护壳之用。定子槽内镶放定子三相绕组，三相绕组抽出六个出线头固定在机座外壳的接线盒的接线柱上，使用时与电源相连接。转子是由转轴、转子铁芯和鼠笼式转子绕组组成。转子铁芯由硅钢片叠成并压装于转轴上，硅钢片上有均匀分布的槽，槽内镶放转子绕组。大型电动机的转子槽内镶放有铜条，它与两端的短路环一起由铅铸成整体。其他附件包括机座、轴承座、风扇、端盖。端盖是由铸铁制成的。鼠笼型电动机的结构图如图 4-19 所示。

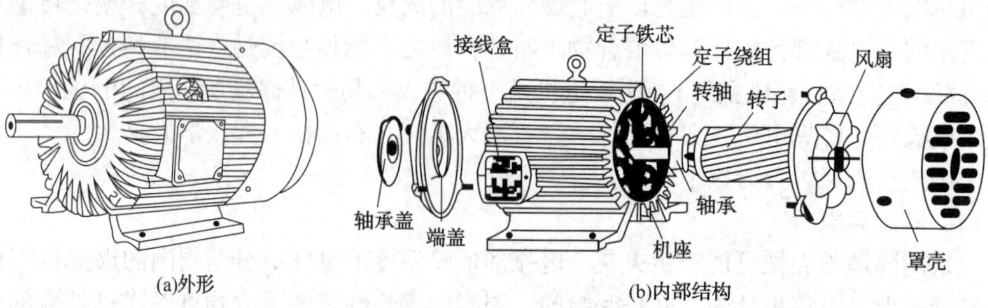

图 4-19　鼠笼型电动机的结构图

(一) 定子

定子由机座、定子铁芯和定子绕组三部分组成。

1. 机座

机座的作用是固定和保护定子铁芯及定子绕组并支承端盖。国产中小型三相异步电动机的机座大都采用铸铁铸成，小型电机的机座也有用铝合金压铸而成的，大型电机的机座则用厚钢板焊接而成。

2. 定子铁芯

定子铁芯构成电机磁路的一部分，一般用 0. 5mm 厚的硅钢片叠压而成，片间互相绝缘，以减少涡流损耗。在定子铁芯的内圆上冲有均匀分布的槽，槽内嵌放定子绕组。如图 4-20 所示。

3. 定子绕组

定子绕组是电机的电路部分，一般用高强度漆包线或外层包有绝缘层的铜、铝导线绕制而成，定子绕组用槽楔固定在定子铁芯槽内。如图 4-21 所示。

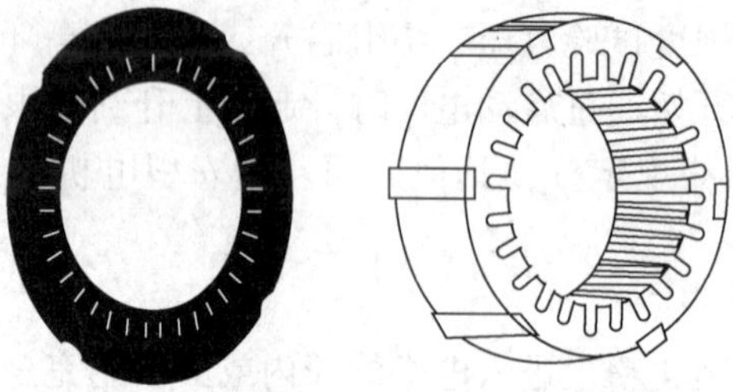

图 4-20　定子冲片及定子铁芯

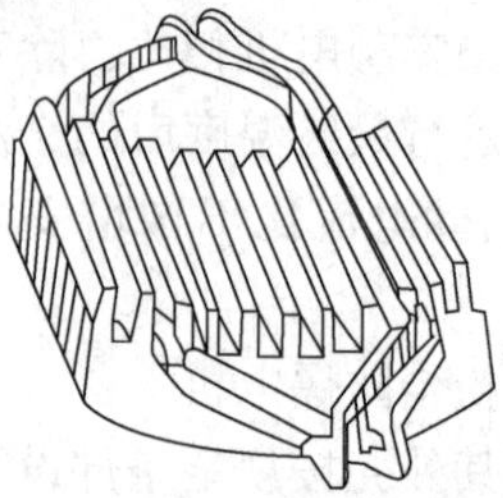

图 4-21　定子线圈嵌放

(二) 转子

转子由转子铁芯、转子绕组和转轴等组成。

1. 转子铁芯

转子铁芯也是电动机磁路的一部分，和定子铁芯一样，也是由 0. 5mm 厚的硅钢片在外圆上冲槽，并在片间涂以绝缘漆，经叠压而成。槽内嵌放转子绕组，槽口用槽楔固定。

2. 转子绕组

转子绕组有笼型和绕线型两种。笼型转子绕组是由插入每个转子铁芯槽中的裸导条和两端的铜环连接而成的。如果去掉铁芯，整个绕组的外形就像一个笼子，故称为笼型转子，如图 4-22(a)所示。国产中小型的笼型电动机大都采用铸铝转子，如图 4-22(b)所示。这种转子的导条和端环及风叶都是由熔化的铝液，一次浇铸而成。绕线式转子的绕组和定子绕组十分相似，也是由绝缘导线插入铁芯槽子内构成线圈，然后连接成对称的三相绕组。

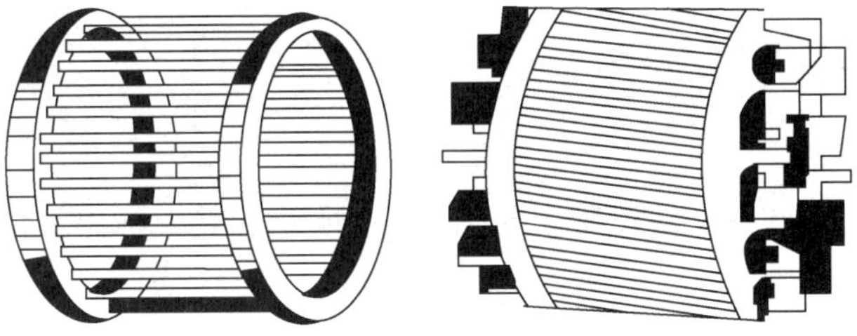

(a)铜条转子　　(b)铸铝转子

图 4-22　笼型转子绕组

3. 转轴

转轴的作用是支承转子和传递转矩，并保证定子与转子之间有均匀的气隙。转轴一般用中碳钢制成，以保证足够的机械强度。

(三) 其他附件

三相异步电动机的结构除了定子、转子之外，还有端盖、轴承、轴承盖、风扇、风扇罩、接线盒和铭牌等各种辅助器件。

三、三相异步电动机的工作原理

(一) 旋转磁场的产生

当电动机定子绕组中通入同频率、幅值相等、相位互差 120°的对称三相正弦交流电流时，交流电流大小和方向依次在定子绕组变化，在定转子气隙中就会产生一个旋转磁场，静止的转子绕组导体切割旋转磁力线，产生感应电动势。感应电动势在转子绕组中产生电流，电流与定子磁场相互作用，产生电磁作用力(根据左手定则)，在电磁作用力的作用下，转子旋转。

旋转磁场的旋转方向与通入定子绕组的电流相序有关，改变电流相序即可改变旋转磁场的方向，从而改变电动机的转向。

(二) 同步转速

三相异步电动机旋转磁场的转速称作同步转速。根据计算可以得出，旋转磁场的同步转速与磁极对数、电源频率有关。

$$n_0 = \frac{60f}{p} \tag{4-10}$$

由于我国三相电源的标准频率为 50Hz，因此，两极电动机的旋转磁场转速为 3000r/min；四极电动机的同步转速为 1500r/min。

（三）转差率

三相异步电动机的实际转速 n 总是低于旋转磁场的同步转速 n_0，两者之差称为转差。转差与同步转速的比值叫异步电动机的转差率，用 S 表示。

$$S=1-\frac{n}{n_0} \tag{4-11}$$

一般情况下，异步电动机在额定负载时，S 值在 1%～6%之间；空载时，S 值在 0.05%～0.5%之间。

四、铭牌数据及国产系列

（一）铭牌

异步电动机机座上装有一块铭牌，如图 4-23 所示。其上标出了电动机型号及一些主要技术数据，现说明如下：

<table>
<tr><td colspan="4">◎三相异步电动机</td></tr>
<tr><td colspan="2">型号Y-112M-4</td><td colspan="2">编号</td></tr>
<tr><td colspan="2">4.0kW</td><td colspan="2">8.8A</td></tr>
<tr><td>380V</td><td>1440r / min</td><td colspan="2">LW82dB</td></tr>
<tr><td>接法△</td><td>防护等级IP44</td><td>50赫兹</td><td>45kg</td></tr>
<tr><td>标准编号</td><td>工作制S1</td><td>B级绝缘</td><td>年 月</td></tr>
<tr><td colspan="4">◎ 电机厂
◎</td></tr>
</table>

图 4-23　三相异步电动机铭牌

1. 型号

电动机型号是表示电动机名称、规格的一种产品代号。国产电动机的型号通常由汉语拼音的大写字母、数字和符号组成。例如：Y 系列中小型异步电动机 Y-112M-4 中，“Y”表示异步电动机；“112”代表机座中心高；“M”表示机座长度为中型；“4”代表磁极数。

三相异步电动机的产品名称代号还有 YR 为绕线式异步电动机，YB 为防爆型异步电动机，YQ 为高启动转矩异步电动机；机座长度代号还有：L 表示长机座，S 表示短机座。

2. 额定值

额定功率 P_N：额定运行状态下电动机转轴输出的机械功率(kW)。

额定频率 f_N：电动机使用的电源频率(Hz)，我国工业用电频率为 50Hz。

额定电压 U_N：额定运行状态下，施加到定子绕组上的线电压(V)。国产三相异步电动机标准电压等级有 380V、6000V、10000V 三种。

额定电流 I_N：额定运行状态下流入定子绕组的线电流(A)。

连接方式：电动机的三相绕组与电源的连接方法有三角形(△)和星形(Y)两种。通常三相异步电动机功率低于 3kW 的，连接成星形；4kW 以上者连接成三角形。

效率 η_N：电动机输出功率与输入功率的比值。一般鼠笼式电动机在额定运行时的效率为 72 %～93 %，在额定功率的 75 %左右时效率最高。

功率因数 $\cos\varphi$：表示电动机在额定电压和额定功率下运行时，有功功率与视在功率之比。电机的功率因数越大，电机所做的无用功率就越小，电机的效率就越大。

额定转速 n_N：指电动机在额定电压、额定频率和额定输出功率的情况下电动机的转数，单位 r/min。

3. 绝缘等级与额定温升 ϕ

绝缘等级表示电动机所用绝缘材料的耐热等级，决定电机的允许温升，分为 A、B、E、F、H 五级。每一绝缘等级的绝缘材料都有相应的极限工作允许温度(电机绕组最热点的温度)。电动机运行绕组绝缘最热点的热度不得超过此温度。否则，将加速绕组绝缘老化，缩短电机寿命；如果温度超过允许值很多，绝缘就会老化，导致电动机烧毁。如 Y 系列中异步电动机采用 B 级绝缘，其最高允许工作温度是 130℃。

额定温升 ϕ：是指电动机在额定状态下运行，电机绕组允许的温度升高值。国家标准规定：环境温度按 40℃计算，若电机温升为 80℃，再考虑 10℃的裕度，则电机温度的极限值为 130℃，即要求绝缘等级为 B 级。

4. 工作定额

指一般电动机的运行方式。分为“连续”(代号为 S1)、“短时”(代号为 S2)、“断续”(代号为 S3)工作定额也是我们平时所说的工作制，是指电动机能够连续不间断地运行的时间长短，分为连续定额(代号为 S1)、短时定额(代号为 S2)、断续定额(代号为 S3)三种。

连续工作制 S1：是指该电动机在铭牌上规定的额定值条件下，能够长时间连续运行。适用于水泵、鼓风机等恒定负载的设备。

短时工作制 S2：是指该电动机在铭牌规定的额定值下，能在限定时间内短时运行。规定的标准短时持续时间定额有 10min、30min、60min 和 90min 四种。适用于转炉倾炉装置及闸门等的驱动。

断续周期工作制 S3：是指该电动机在铭牌规定的额定值下，只能断续周期性地运行。一个工作周期时间为电动机恒定负载运行时间加停机和断续时间。在一个工作周期时间内，开机时间所占的比率称为负载持续率，有 15%、25%、40%及 60%四种规格可供选用。适用于升降机、起重机等负载设备。

5. 防护等级

表示电机外壳防止固体异物进入电机内部或防止人体触及带电或运动部分的保护能力的高低。防护等级越高，电机外壳的保护能力越强，电机的安全性越高。

IP 为防护等级的标志代号，IP 后面的两位数字，第一位表示防止手指触及带电部位或旋转部位以及防止固体异物进入电机内部的能力；第二位数字表示防水能力。数字越大，防护能力越强。

电动机常用的防护形式有：IP11，也称为开启型，有良好的散热条件，但只能用于干燥、清洁的环境；IP22、IP33 也称为防护型，对周围环境中的物体、水滴有一定的防护作用；IP44 是封闭型，因外壳是全封闭的，所以防护效果好，但散热条件较差，为增大散热面积，机壳上都铸有散热片，尾部装有外风扇，Y 系列电动机多为这种防护型。

6. 防爆标志

防爆电动机是一种可以在易燃易爆场所使用的一种电动机，运行时不产生电火花。防爆电动机根据适用含有爆炸危险混合物场所不同，在铭牌上或在电动机外壳的明显位置标明防爆级别。

（二）国产三相异步电动机主要系列

三相异步电动机应用广泛，品种繁多，在发展中又不断更新，故各行各业中实际使用的电动机型号多种多样，表 4-8 列出常用国产三相异步电动机系列。

表 4-8　国产常用三相异步电动机型号、结构特征及用途

名　称	型　号		结构特征	用　途
	新型号	旧型号		
异步电动机	Y	J2 J02 J03	铸铁外壳，小型机座上有散热筋，铸铝笼型转子，有防护式及封闭式之分	用于一般机械及设备上，如水泵、鼓风机、机床等
绕线型异步S电动机	YR	JR JRO	防护式、铸铁外壳、绕线型转子	用于电源容量不足以启动笼形电动机的场合及要求启动电流小、启动转矩高的场合
高启动转矩异步电动机	YQ	JQ QO JGO	同 Y 形	用于启动静止负荷或惯性较大的负载的机械，如压缩机、粉碎机等
高转差率异步电动机	YH	JH JHO	结构同 Y 形，转子一般采用合金铝浇铸	用于传动较大飞轮惯量和不均匀冲击负荷的机械，如压缩机、粉碎机等
多速异步电动机	YD	JD JDO	结构同 Y 形	同 Y 形，用于要求有 2~4 种转速的机械
电磁调速异步电动机	YCT	JZT	封闭式异步电动机与电磁滑差离合器组成	用于纺织、印染、化工、造纸、船舶及要求变速的机械上
力矩异步电动机	YLJ	JLJ JN	强迫通风式、铸铁外壳、笼形转子、导条采用高电阻材料	用于纺织、印染、造纸、电线、电缆、橡胶、冶金等具有软特性及恒转矩的机械上
起重冶金用异步电动机	YZ	JZ	封闭式、铸铁外壳上有散热筋、自扇冷、笼形铜条转子	用于起重机械及冶金辅助机械
起重冶金用绕线电动机	YZR	JZR	同上、绕线型转子	

五、电动机的三相电接法

指电动机在额定电压下规定的接线方式。国家标准规定：Y 系列异步电动机中，额定功率 3kW 及以下者采用 Y 接法，4kW 及以上者采用△形接法，以便采用 Y-△方式启动。

一般三相异步电动机接线盒内都有 6 个接头，这是电动机三相绕组的 6 个首末端。一般新电动机首、末端均有符号标记，如表 4-9 所示。

表 4-9　电动机绕组首、末端均有符号识别

引出相序	标准符号				不标准符号							
	首	末	首	末	首	末	首	末	首	末	首	末
第一相	D1	D4	U1	U2	A	X	A1	A2	C1	C4	1	4
第二相	D2	D5	V1	V2	B	Y	B1	B2	C2	C5	2	5
第三相	D3	D6	W1	W2	C	Z	C1	C2	C3	C6	3	6

由于电动机绕组 6 个出线头引出的情况不同，它的具体接法也就不同，如图 4-24 和图 4-25 所示。

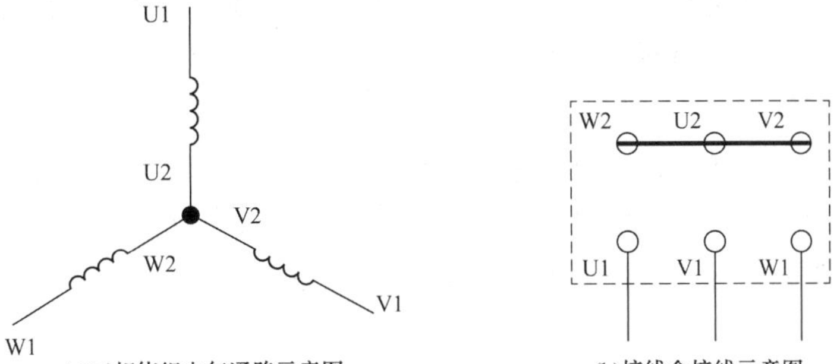

(a)三相绕组电气通路示意图　　(b)接线盒接线示意图

图 4-24　电动机星形连接

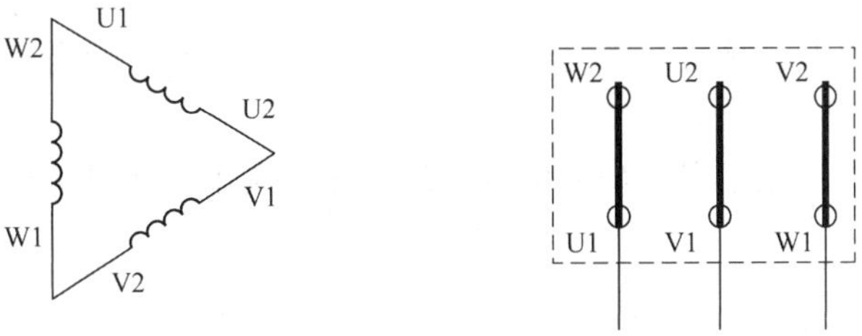

(a)三相绕组电气通路示意图　　(b)接线盒接线示意图

图 4-25　电动机三角形连接

(一) 电动机上有接线板

当电动机上有接线板时，出线板上引出六根线，接线板上用符号标明绕组的首末端，只要按图 4-24 和图 4-25 接成三角形或星形就行了，接完后，将 U1、V1、W1 分别接在三相电源的三根火线上。

(二) 电动机只引出三根线

当电动机只引出三根线时，这种电动机内部已接成固定的星形或三角形，接线时只要将引出的三根线分别与三根火线相接即可。

(三) 电动机外壳上有两个孔

当电动机外壳上有两个孔时，每个孔会引出 3 根线，分别为电动机三相绕组首端和末端。星形接法时，只要将任何一孔中的三根线拧在一起，将另一个孔的 3 根线分别与 3 根火线相连就可以。三角形接法时，如果线上没有标记符号，首先用万用表或电池小灯泡找出哪两个线头是一个绕组，分组后按三角形接法接线即可。

第四节　三相异步电动机的操作与维护

一、故障的分析、检查

三相异步电动机的故障虽然繁多，但故障的产生，总是和一定的因素相联系的。如电动机绕组绝缘损坏与绕组过热有关，而绕组的过热总是和电动机绕组中电流过大有关。只要根据电动机的基本原理、结构和性能，以及有关的各方面情况，就可对故障作正确判断。因此在修理前，要通过看、闻、问、听、摸，充分掌握电动机的情况，就能有针对性地对电动机做必要检查。其步骤如下：

（一）观察了解

向电动机使用人员了解电动机在运行时的情况，如有无异常响声和剧烈振动，开关及电动机绕组内有无串火冒烟及焦臭味等；了解电动机的使用情况和电动机的维修情况。

（二）电动机的外部检查（包括机械和电气两个方面）

1. 查看

机座、端盖有无裂纹，转轴有无裂痕或弯曲变形；转轴转动是否灵活，有无不正常声响；风道是否被堵塞，风扇、散热片是否完好。

2. 检查

检查绝缘是否完好，接线是否符合铭牌规定，绕组的首末端是否正确。

3. 测量

测量绝缘电阻和直流电阻，是测量检查绝缘是否损坏，绕组中有无断路、短路及通地现象。

4. 通电试验

上述检查未发现问题，应直接通电试验。用三相调压变压器开始施加约30%的额定电压，再逐渐上升至额定电压。若发现声音不正常，或有焦味，或不转动，应立即断开电源进行检查，以免故障进一步扩大。当启动未发现问题时，要测量三相电流是否平衡，电流大的一相可能是绕组短路；电流小的一相，可能是多路并联的绕组中有支路断路。若三相电流大体平衡，可使电动机连续运行1~2h，随时用手检查铁芯部位及轴承端盖，若发现有烫手的过热现象，应停车后立即拆开电动机，用手摸绕组端部及铁芯部分，如线圈过热，则是绕组短路；如铁芯过热，说明绕组匝数不足，或铁芯硅钢片间的绝缘损坏。

（三）电动机内部检查

经过上述检查后，确认电动机内部有问题时，应拆开电动机，做进一步检查。

1. 检查绕组部分

查看绕组端部有无积尘和油垢，绝缘有无损伤，接线及引出线有无损伤；查看绕组有无烧伤，若有烧伤，烧伤处的颜色会变成暗黑色或烧焦，具有焦臭味。若烧坏一个线圈中的几匝线圈，说明是匝间短路造成，若烧坏几个线圈，多半是相间或连接线（过桥线）的绝缘损坏所引起的，若烧坏一相，这多为三角形接法，是有一相电源断电所引起。若烧坏两相，这是有一相绕组断路而产生的。若三相全部烧坏，大都是由于长期过载，或启动时卡住引起的，也可能是绕组接线错误引起；查看导线是否烧断和绕组的焊接处有无脱焊、假焊现象。

2. 检查铁芯部分

查看转子、定子铁芯表面有无擦伤痕迹。如转子表面只有一处擦伤，而定子表面全部擦伤，这大都是转轴弯曲或转子不平衡所造成的；若转子表面一周全有擦伤痕迹，定子表面只有一处伤痕，这是定子、转子不同心所造成的，如机座和端盖止口变形或轴承严重磨损使转子下落；若定子、转子表面均有局部擦伤痕迹，是由于上述两种原因所共同引起的。

3. 看附件，检验导条

看风扇叶有否损坏或变形，转子端环有无裂纹或断裂；然后再用短路测试器检验导条有无断裂。

4. 检查轴承

查看轴承的内外套与轴颈和轴承室配合是否合适，同时也要检查轴承的磨损情况。

二、三相异步电动机的拆装

三相异步电动机的拆装操作步骤如下：

(1) 断开电源，拆电动机接线端子。

(2) 卸传动装置的连接螺栓。

(3) 卸电动机固定地脚螺栓，电动机在底盘上错开位置。

(4) 拆卸传动装置。

(5) 拆卸电动机风扇罩、风扇。

(6) 拆卸前后端盖固定螺钉，取下前后端盖。

(7) 小型电动机可抽出转子，拆卸前、后轴承，取下前、后轴承内盖；大中型的电动机应使用起吊工具吊起转子，再进行轴承拆卸。

(8) 按拆卸相反顺序装配。

三、三相异步电动机常见故障及处理

(一) 电动机不能启动的故障处理

1. 电动机不能启动的原因

① 电源电压是否过低或过高。

② 电源控制开关未接通或虚接。

③ 电缆接线头松动、熔断器熔断。

④ 交直流操作电压过低。

⑤ 各种保护装置故障。

⑥ 电动机低油压、低水压保护动作。

⑦ 电动机启动按钮是否失灵。

⑧ 电动机过载保护动作。

2. 电动机不能启动的故障处理方法

① 与变电所取得联系，调整电源电压。

② 重新合闸送电。

③ 切断电源，拉下闸刀，挂上“禁止合闸”警示牌。

④ 打开电动机接线盒，检查电缆接线头是否松动、熔断，重新更换接线鼻子，上紧紧固螺丝，并找出熔断相重新更换。

⑤ 用兆欧表和万用表测量定子绕组是否接地、断相或短路，排除相应故障。

⑥ 调整交流电压，更换直流蓄电池。

⑦ 排除保护装置故障，并按技术要求重新正确安装。

⑧ 将润滑油和冷却水压力调整到规定范围。

⑨ 修复或更换电动机启动按钮。

⑩ 盘泵，检查机泵有无卡阻、过载，转动是否灵活，查找电动机过载保护动作原因，进行处理。

(二) 电动机运行时，轴瓦温度过高的原因及处理

(1) 电动机运行时，如果轴瓦温度过高，原因有：

① 润滑不良，润滑油含水、变质、杂质高，加油过多或缺油。

② 轴瓦残缺，轴承或轴瓦内有杂质。

③ 带油环卡死。

④ 轴瓦偏斜或轴弯曲变形。

⑤ 轴承盖螺丝过紧、轴瓦与瓦面接触不良，发生摩擦。

⑥ 电动机转子串动量过大，电动机安装不合格。

(2) 当电动机运行过程中，轴瓦温度过高，通常采用以下处理方法：

① 补充、减少或更换润滑油，调整润滑油压力，疏通油路。

② 检查轴瓦重新研磨，清洗轴瓦，调整轴瓦间隙。

③ 检查调整带油环。

④ 检查调整轴承盖螺丝松紧、轴颈与轴瓦间隙。

⑤ 检查轴弯曲度和轴承偏斜，及时修理调整。

⑥ 重新调整转子轴串量和安装电动机。

(三) 电动机缺相运行的判断和处理

(1) 电动机缺相运行现象表现在以下几个方面：

①电动机缺相运行时，转子左右摆动，有强烈的振动和嗡嗡声。

②配电盘上缺相电流表无指示，其他两相电流表指示升高，泵压和排量均降低。

③电动机转数降低，电流增大。

④电动机发热，温度极度升高。

(2) 电动机缺相故障处理方法：

电动机长期缺相运行，不仅能够损害电动机使用寿命，而且可能给加工工件，原油生产带来严重影响。因此，当电动机缺相运行时，应采取以下，迅速排除故障。

①立即按下停止按钮，停掉电动机，用验电器或试电笔，检查三相熔断器是否熔断，更换熔断器。

②拉下电源闸刀，切断电源，并挂上“禁止合闸”警示牌。

③检查配电柜电动机线路接线鼻是否烧坏、有无松动。重新更换接线鼻子，用扳手拧紧电缆接线鼻紧固螺丝。

④ 打开电动机接线盒，检查电缆接头有无烧焦、烧坏、松动。

⑤ 卸掉交流接触器灭弧罩，用起子压下交流接触器的触点连接轴，检查触点是否接触良好，接触面有无氧化灼伤痕迹。

⑥ 用兆欧表或万用表测量三相绕组对地及相间绝缘电阻，如电动机烧毁，应及时向上级汇报，进行修理和更换。

（四）电动机运行时温度过高原因及处理

（1）电动机运行温度过高，超过其额定温升的原因：

① 电源电压过低或三相电压不平衡。

② 电动机缺相运行。

③ 电动机超负荷运行。

④ 周围环境温度高。

⑤ 电动机冷却风道堵塞，冷却水循环不畅。

⑥ 定子绕组短路或断路。

⑦ 电动机接线错误。

⑧ 轴承损坏，转子扫膛。

（2）当电动机运行温度过高，可以采用以下处理方法排除故障：

① 调整电源三相电压，使之达到规定要求。

② 检查更换熔断器，紧固电源及电动机接线电缆头。

③ 及时调整泵的排量，减少电动机负荷。

④ 清除冷却风道灰尘、杂物和油垢。

⑤ 检修更换定子绕组。

⑥ 调整电动机接线方式。

⑦ 检查更换电动机轴承。

（五）运行电动机振动过大的原因及处理

（1）运行电动机振动过大的原因：

① 泵机组不同心。

② 联轴器紧固螺丝松动、减震胶圈磨损严重或破碎。

③ 电动机转子失去平衡。

④ 转子扫膛。

⑤ 轴承损坏。

⑥ 电动机地脚紧固螺丝松动或基础不牢。

（2）常见处理方法：

① 检查调整机泵同心度。

② 检查上紧联轴器紧固螺丝，更换损坏的减震胶圈。

③ 检查校正电动机轴弯曲度和不平衡度，使之达到技术要求。

④ 用塞尺测量电动机转子与定子之间的气隙间隙，并进行调整处理，使之符合技术规范。

⑤ 检查更换损坏的电动机轴承。

⑥ 加固机泵基础，紧固松动的地脚螺丝。

（六）电动机在运行中，电流突然上升的原因及处理

（1）电流突然上升的原因：

电动机都是在额定电流和额定电压下运行的，如果电流突然上升、声音异常，应立即查明原因并采取措施予以处理。原因有：

① 电源电压波动、周波下降。

② 调节泵的排量时，出口阀门开得过大，电动机超载运行。

③ 泵体内口环或平衡盘磨损严重。

④ 填料压得过紧或偏斜。

⑤ 轴承损坏，出现过热抱轴现象。

⑥ 电动机跑单相。

（2）常见处理方法：

① 与变电所取得联系，查找原因予以排除，并根据具体情况决定是否停机。

② 立即控制关小出口阀门，降低泵排量。

③ 用起子或专用工具测听泵内声音和平衡盘的运行情况，如有摩擦、扫膛等异常声响，应立即停机检查处理。

④ 适当松开填料压盖调节螺丝，调整填料松紧度。

⑤ 用起子或专用工具测听轴承声音，或用手背触摸轴承温度，如有异常现象，应立即停机检查处理。

⑥ 如电动机声音发闷、似乎有带不动的迹象、转速下降等现象，应立即停机检查处理。

（七）电动机运行时，声音异响的原因及处理

（1）造成电动机运行时，声音异响的原因：

① 电源电压急剧下降。

② 电动机缺相运行或定子绕组一相断路。

③ 定子绕组匝间短路。

④ 电动机转子扫膛。

⑤ 润滑油质不好或严重缺油，出现烧瓦抱轴。

⑥ 电动机散热不好。

⑦ 联轴器连接螺栓松动。

⑧ 地脚固定螺丝松动。

（2）对于电动机声音异响故障的常见处理方法：

① 立即停机检查，并向有关部门汇报。

② 与变电所取得联系，查找电压降低的原因，并及时采取措施予以排除。

③ 查找缺相和断路原因，并及时采取措施予以排除。

④ 查找短路点，并及时采取措施予以排除。

⑤ 调整定子与转子的气隙间隙。

⑥ 清洗轴瓦和轴承室，更换、过滤润滑油，保证油路畅通。

⑦ 清除风道油污、杂物，调节冷却水量。

⑧ 紧固联轴器连接螺栓和地脚固定螺丝。

（八）电动机必须立即进行停机的情况

电动机出现下列情况之一时，必须立即进行停机：

① 电缆接线头或启动装置冒烟、打火。

② 电动机出现剧烈振动。

③ 拖动机械设备出现故障或损坏。

④ 电动机声音异常。

⑤ 电动机电流突然急剧上升。

⑥ 转速急剧下降，温度急剧升高。

⑦ 电动机着火。

⑧ 发生人身伤亡事故或火灾、水灾等事故。

四、三相电动机的定期检修

为了避免和减少三相异步电动机突然损坏事故，三相异步电动机需要定期保养和检修。如遇有电动机过热和定子绕组绝缘太低时，须立即进行检修。三相异步电动机的检修方法是：将电动机进行解体，对各零件先进行清理，再对它们作表观检查，是否有异常。然后对关键部位的尺寸进行测量，对电机绕组做电气检查。

（一）机械检查

检查电机的外壳和端盖是否有裂缝现象，如有裂缝应进行焊接和更换。检查转子由一侧到另一侧的轴向游隙，测量时将长 500～600mm 的塞尺，塞入定、转子之间，按 4 个或 8 个等分位置来测量气隙，然后取其平均值。如平均值与参考值偏差较大，则应检查转轴是否弯曲，装配工艺是否妥当。另外用手拨动转子，看是否能转动，如转不动看是否有异物卡住，轴承是否良好。然后根据情况更换轴承、轴套。测量检查叶轮的上、下外止口和与它们相配合的扣环及电机内径的尺寸，这两个配合间隙是否在检修标准规定的范围内，超差时需更换零件或采取其他措施（如堆焊、镶套）使配合间隙达到规定要求。否则将影响电机的性能、轴向平衡力等。观察检查定、转子的表观情况，尤其要注意焊缝处有无异常情况。

（二）电气检查

直流电阻检查：三相电阻的不平衡度不得超过 2%。绝缘电阻检查：三相异步电动机绕组的绝缘电阻一般能达到 100MΩ 以上。如低于 5MΩ 时需分析原因，绝缘是否受潮，或绕组因绝缘不好而接地等，如经电桥实验检测三相电阻平衡无问题，则纯属绝缘受潮，需进行干燥处理，如定子三相电阻不平衡，则需对电机线圈三相分别做对地耐压实验及匝间实验，查出接地点。多采用 F 级绝缘。漆包线，槽绝缘、槽楔、绝缘套管、引接线及浸渍漆等均需采用 H 级绝缘的材料。75kW 以下的定子绕组更换大多采用 B 级绝缘。漆包线，槽绝缘、槽楔、绝缘套管、引接线及浸渍漆等均需采用 B 级绝缘的材料。电机更换绕组的原则是：按原样修复，尤其是线圈匝数不可随意变动，匝数变化将明显影响电机的主要性能，线径则只要接近原总面积即可，绕组形式、线圈跨距也不要变动。

（三）总装和检查性试验

在完成定、转子的修理后，备好合格的轴承、轴套、密封圈等即可进行总装。装配完成后用手转动转子，转动应均匀、灵活，转子应有一定的轴向窜动量，其窜动量应在检修标准规定的范围内。完成总装后再检查一下直流电阻和绝缘电阻等，认为电气性能正常后，将三相异步电动机做耐压实验，最后进行试运转观察其电流、转速、振动等有无异常。

五、电机内部日常维护保养

对拆开的电机进行清理，清除所有油泥、污垢。清理中，注意观查绕组绝缘状况：若油漆为暗褐或深棕色，说明绝缘已老化，对这种绝缘要特别注意不要碰撞使它脱落。若发现有脱落应进行局部绝缘修复和刷漆。

拆下轴承，浸在柴油或汽油中彻底清洗后，再用干净汽油清洗一遍。检查清洗后的轴承是否转动灵活，有无异常响声，内外钢圈有无晃动。根据检查结果，确定对润滑油脂或轴承是否进行更换。

检查定子绕组是否存在故障。使用兆欧表测绕组绝缘电阻，绝缘电阻的大小可判断出绕组受潮程度或短路情况。若有，要进行相应处理。

检查定、转子铁芯有无磨损和变形，若观察到有磨损处或发亮点，说明可能存在定、转子铁芯相擦。可使用锉刀或刮刀将亮点刮低。

第五节　变频器与变频柜

目前，我国油田生产中大多都采用三相异步电动机作为动力设备。由于三相异步电动机调速性能差，在工作时要从电网中吸取滞后的无功电流，降低了电网的功率因数。同时有相当一部分三相异步电动机处于轻载状态，如抽油机、油水泵、风机等等，存在着所谓的小马拉大车现象，电能浪费严重。随着我国电子与电力工业的发展，一种新型的异步电动机调速节能技术应运而生，这就是当今异步电动机高效调速装置——变频器，这种调速方式已在油田各类油水泵上得到广泛应用，收到了明显的节电效果。

一、变频器

（一）概述

变频器是把工频电源(50Hz 或 60Hz)变换成各种频率的交流电源，以实现电机的调速运行的设备。变频器的控制对象是三相交流异步电机和三相交流同步电机，标准适配电机极数是 2/4 极。变频调速的优势(与其他交流电机调速方式对比)有：

（1）平滑软启动，降低启动冲击电流，减少变压器占有量，确保电机安全。

（2）在机械允许的情况下可通过提高变频器的输出频率提高工作速度。

（3）无级调速，调速精度大大提高。

（4）电机正反向无需通过接触器切换。

（5）非常方便接入通信网络控制，实现生产自动化控制。

交直交电压型变频器因结构简单，功率因数高，目前广泛使用，其系统框图如图 4-26所示。其中控制电路完成对主电路的控制，整流电路将交流电变换成直流电，直流中间电路对整流电路的输出进行平滑滤波，逆变电路将直流电再逆变成交流电。对于如矢量控制变频器这种需要大量运算的变频器来说，有时还需要一个进行转矩计算的 CPU 以及一些相应的电路。

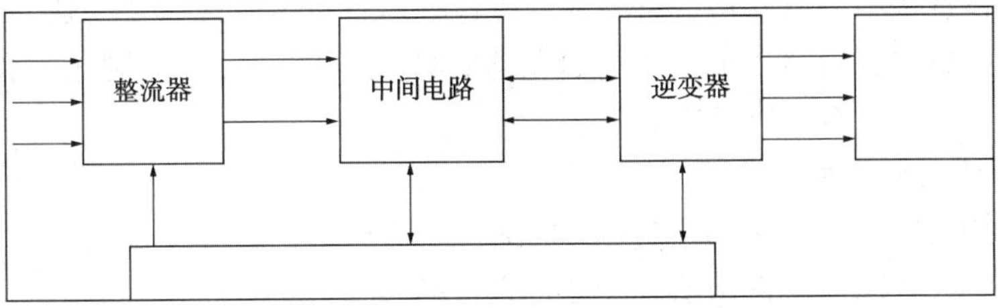

图 4-26　交流低压交直交通用变频器系统框图

1. 整流器

它与单相或三相交流电源相连接，产生脉动的直流电压。

2. 中间电路

中间电路有以下三种作用：

(1) 使脉动的直流电压变得稳定或平滑，供逆变器使用。

(2) 通过开关电源为各个控制线路供电。

(3) 可以配置滤波或制动装置以提高变频器性能。

3. 逆变器

将固定的直流电压变换成可变电压和频率的交流电压。

4. 控制电路

它将信号传送给整流器、中间电路和逆变器，同时它也接收来自这些部分的信号。其主要组成部分是：输出驱动电路、操作控制电路。主要功能是：利用信号来开关逆变器的半导体器件；提供操作变频器的各种控制信号；监视变频器的工作状态，提供保护功能。

(二) 变频器的分类

根据变频器主电路不同分为两大类：电压型和电流型。

1. 电压型变频器

将电压源的直流变换为交流的变频器，其滤波采用电容滤波；目前，没有特殊要求的电动机调速普遍采用电压型。

2. 电流型变频器

将电流源的直流变换为交流的变频器，其滤波采用电感滤波；主要用于电动机快速响应，要求快速制动转矩的场合。

(三) 变频器的日常维护与检查

1. 日常维护和检查

变频器的日常维护与定期检查要注意以下几个方面：

(1) 安装地点的环境是否有异常。

(2) 冷却系统是否正常。

(3) 变频器、电动机、变压器、电抗器等是否过热、变色或有异味。

(4) 变频器和电动机是否有异常振动以及异常声音。

(5) 主电路电压是否三相平衡，电压是否正常，控制电路电压是否正常。

(6) 导线连接是否牢固可靠。

(7) 滤波电容器是否有异味。

(8) 各种显示是否正常。

变频器运行过程中，可以从设备外部目视检查运行状况有无异常，通常检查如下：技术数据是否满足要求；周围环境是否符合要求；触摸面板有无异常情况；有无异常声音、异常振动、异常气味；有无过热的迹象。

2. 变频器的定期维护

定期检维护的重点应放在变频器运行时无法检查的部位，主要包括：

(1) 检查有关紧固件是否松动，并进行必要的紧固。

(2) 清扫冷却系统的积尘。清扫空气过滤器，同时检查冷却系统是否正常。

(3) 检查绝缘电阻是否在允许范围内。注意不要使用绝缘电阻表测试控制电路的绝缘电阻。

(4) 导体绝缘物是否有腐蚀、过热的痕迹、变色或破损。

(5) 确认保护电路的动作。

(6) 检查冷却风扇、滤波电容器、接触器等的工作情况。

(7) 确认控制电压的正确性，进行顺序保护动作实验，确认保护、显示回路有无异常。

(8) 检查端子排是否有损伤，继电器触点是否粗糙。

(9) 确认变频器在单体运行时的输出电压的平衡度。

一般的定期检查应 1 年进行一次，绝缘电阻检查可以 3 年进行一次。需作定期检查时，待变频器停止运行后，切断电源，打开机壳后进行。但必须注意，即使切断了电源，主电路直流部分滤波电容器放电也需要时间，须待充电指示灯熄灭后，用万用表等确认直流电压已降到安全电压(DC 24V)以下，然后进行检查。

3. 维护时的注意事项

(1) 操作者必须熟悉变频器的基本原理、功能特点、指标等，并具有变频器运行经验。

(2) 操作前必须切断电源，注意主电路电容器是否充分放电，确认放电完成后才可以继续下一步作业；电源指示灯熄灭后再行作业。

(3) 测量仪表的选择应符合制造商的要求。

(4) 在出厂前，生产厂家都已对变频器进行了初始设定，一般不能任意改变这些设定。在改变了初始设定后又希望恢复初始设定值时，一般需进行初始化操作。

(5) 不能用手直接触摸电路板。在新型变频器的控制电路中使用了许多 CMOS 芯片，用手指直接接触电路板会使芯片因静电作用而损坏。

(6) 在通电状态下不允许进行改变接线或拔插连接件等操作。

(7) 在变频器工作过程中不允许对电路信号进行检查。连接测量仪表时出现的噪声以及误操作可能引起变频器故障。

(8) 当变频器故障而无故障显示时，注意不能再轻易通电，以免引起更大的故障。这时应断电做电阻特性参数测试，初步查找故障原因。

4. 零部件的更换

变频器由多种部件组装而成，某些部件经长期使用后性能降低、劣化，这是故障发生的主要原因。为了安全生产，某些部件必须及时更换。

(1) 更换冷却风扇。冷却风扇的寿命受限于轴承，当变频器连续运行时，大约 2~3 年更换一次风扇或轴承。

（2）更换滤波电容器。中间直流回路使用的是大容量电解电容器，由于受脉冲电流等因素的影响，其性能会逐渐劣化。一般情况下，使用周期大约为5年，检查周期最长为1年，接近寿命期时最好在半年以内。

（3）定时器在使用数年后，动作时间会有很大变化，在检查动作时间之后应考虑是否进行更换；继电器和接触器经过长期使用会发生接触不良现象，应根据触点寿命进行更换。

（4）熔断器在正常使用条件下，寿命约为10年。

（四）变频器的故障分析

在抽油机、注水泵以及注汽锅炉等油田生产机械控制中，变频器得以广泛的应用。综合考察变频器在油田应用，主要型号有富士、森兰以及ABB系列。不同系列变频器工作原理相同，但参数设置、性能各有特点，外部连接线路不一。下面是通用型变频器的常见故障现象及检测，见表4-10。以下检测过程无需打开变频器机壳，仅仅在外部对一些常见现象进行检测和判断。

表4-10　变频器常见现象及判断

现象	检测办法和判断
上电跳闸或变频器主电源接线端子部分出现火花	断开电源线，检查变频器输入端子是否短路，检查变频器中间电路直流侧端子P、N是否短路。可能原因是整流器损坏或中间电路短路
运行时“过电压”保护，变频器停止输出	检查电网电压是否过高，或者是电动机负载惯性太大并且加减速时间太短导致的制动问题，请参考现象“制动问题”
上电无显示	断开电源线，检查电源是否有缺相或断路情况，如果电源正常则再次上电后检查变频器中间电路直流侧端子P、N是否有电压，如果上述检查正常则判断变频器内部开关电源损坏
开机运行无输出（电动机不启动）	断开输出电机线，再次开机后观察变频器面板显示的输入频率，同时测量交流输出端子。可能原因是变频器启动参数设置或运行端子接线错误，也可能是逆变部分损坏或电动机没有正确连接到变频器
运行时“过电流”保护，变频器停止输出	电机堵转或负载过大。可以检查负载情况或适当调整变频器参数。如无法奏效则说明逆变器部分出现老化或损坏
运行时“过热”保护，变频器停止输出	视各品牌型号的变频器配置不同，可能是环境温度过高超过了变频器允许限额，检查散热风机是否运转或是电动机过热导致保护关闭
运行时“接地”保护，变频器停止输出	参考操作手册，检查变频器及电机是否可靠接地，或者测量电机的绝缘度是否正常
制动问题（过电压保护）	如果电机负载确实过大并需要在短时间内停车，则需购买带有制动单元的变频器并配置相当功率的制动电阻。如果已经配置了制动功能，则可能是制动电阻损坏或制动单元检测失效
变频器内部发出腐臭般的异味	切勿开机，很可能是变频器内部主滤波电容有破损漏液现象

二、变频柜

随着变频器的应用日益广泛，越来越多的变频柜安装在集输站库。变频柜的作用是对电动机进行运行控制，并通过变频器对电动机进行变频供电，使电动机改变转速。随着信息化提升的需要，变频柜也成为自动控制系统中的重要环节。

（一）变频柜的结构

典型的变频器柜由前面板、柜内变频器、交流接触器、空气开关、互感器等组成。前面板包括各种功能按钮、电表以及变频器面板。如图 4-27 所示。

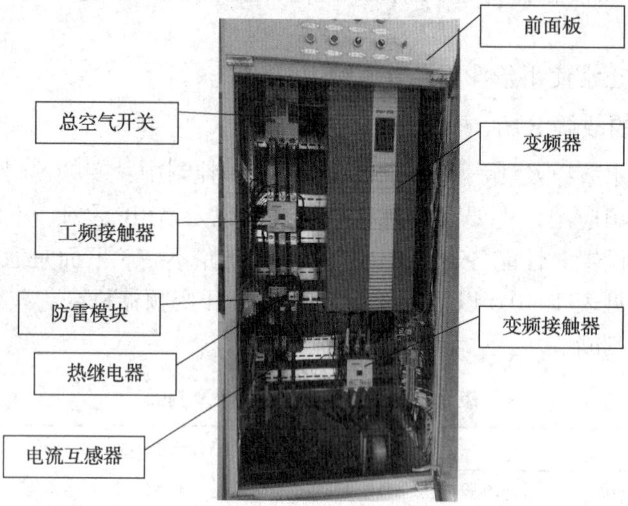

图 4-27　变频柜结构

（二）变频柜功能

功能示意图如图 4-28 所示。

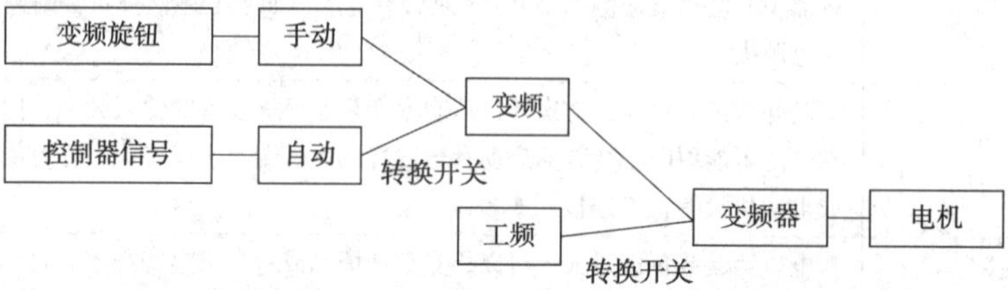

图 4-28　变频柜功能示意图

变频柜前面板（图 4-29）可以完成手/自动切换，工频/变频切换。电表可以读取电参数，变频器面板可以设置各项变频器参数。

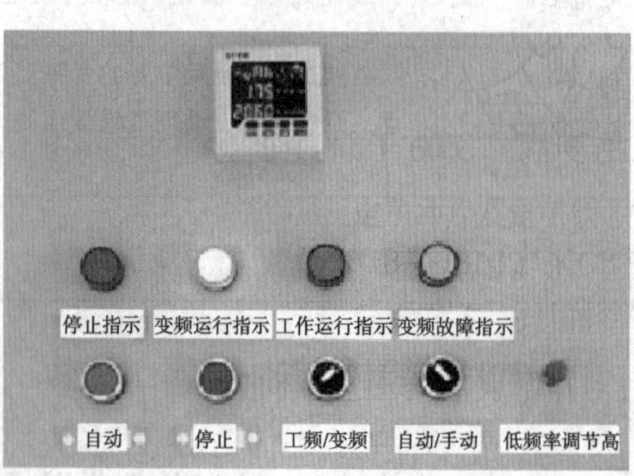

图 4-29　变频柜前面板

在进行流量自动控制时，如果出现流量不稳定现象，应在控制室人机界面调整 PID 参数。

（三）注意事项

（1）散热问题：变频器的发热是由内部的损耗产生的。必须对变频器进行散热我们通常采用风扇散热。

（2）电磁干扰问题：当系统中有高频冲击负载如电焊机，变频器本身会因为干扰而出现保护。

（3）变频柜的使用环境：防水防结露，

防尘，防腐蚀性气体。

（4）应定期进行电气除尘。

第六节 变 压 器

变压器是油田生产中的主体设备，广泛应用于油田生产的各方面。

一、变压器的分类

（一）按用途分类

1. 电力变压器

电力变压器主要用于输配电系统，又分为升压变压器、降压变压器和配电变压器等。电力变压器容量从几十千伏安到几十万千伏安，电压等级从几百伏到几百千伏。

2. 调压变压器

调压变压器用来调节电压，实验室多使用小容量的调压变压器。

3. 控制变压器

控制变压器容量较小，用于自动控制系统，如电源变压器、输入变压器、输出变压器和脉冲变压器等。

4. 仪表变压器

仪表变压器一般指电流互感器和电压互感器。

5. 试验高压变压器

试验高压变压器用于高压试验，如可产生电压高达750kV的试验变压。

6. 特殊用途变压器

特殊用途变压器有电炉变压器、整流变压器和电焊变压器等。

7. 小型变压器

小型变压器又叫小功率变压器。这种变压器容量小，电压低，体积小，放在空气中（干式）使用。

8. 安全隔离变压器

安全隔离变压器是为小型电动工具的安全使用而设计的，将它接在试点和电动工具之间，可防止触电事故的发生。

9. 感应自动变压器

感应自动变压器是为稳定负载电压而设计的，安装在配电线路中，可以调整电压的波动。

（二）按相数分类

1. 单相变压器

单相变压器用于单相交流系统。

2. 三相变压器

三相变压器用于三相交流系统。

3. 多相变压器

例如用于整流的六相变压器。

二、变压器的基本结构与原理

（一）变压器的基本结构

变压器主要由铁芯和绕组两部分构成。普通双绕组变压器的结构型式有芯式和壳式两种。图 4-30 是芯式单相和三相变压器的结构示意图，其绕组环绕着铁芯柱，是应用最多的一种结构型式。图 4-31 是壳式单相变压器的结构示意图，其绕组被铁芯包围，仅用于小功率的单相变压器和特殊用途的变压器。

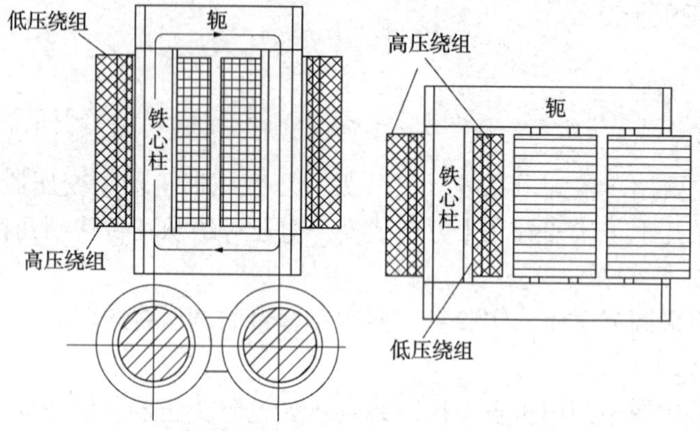

(a)单相变压器　　(b)三相变压器

图 4-30　芯式单相和三相变压器

铁芯是变压器磁路的主体部分，通常由表面涂有漆膜、厚度为 0.35mm 或 0.5mm 的硅钢片冲压成一定形状后叠装而成，担负着变压器原、副边的电磁耦合任务。

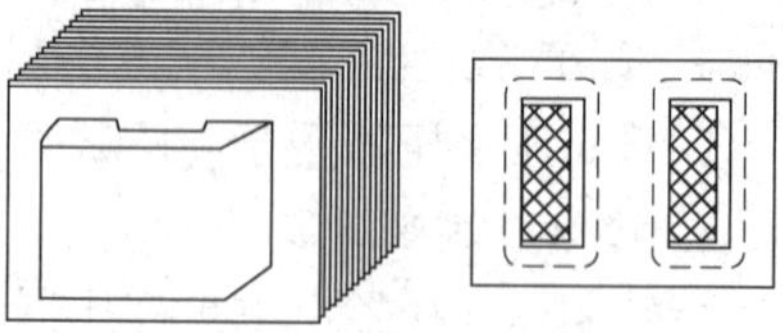

图 4-31　壳式单相变压器

绕组是变压器电路的主体部分。担负着输入和输出电能的任务。我们把变压器与电源相接的一侧称为“原边”，相应绕组称为原绕组(或一次绕组)，其电磁量用下标数字“1”表示；而与负载相接的一侧称为“副边”，相应绕组称为副绕组(或二次绕组)，其电磁量用下标数字“2”表示。通常原、副绕组的匝数不相等，匝数多的电压较高，称为高压绕组；匝数少的电压较低，称为低压绕组。为了加强绕组间的磁耦合作用，原、副绕组同心地套在一铁芯柱上的绕组结构型式，称为同芯式绕组。为了有利于处理绕组和铁芯之间的绝缘，通常总是将低压绕组安放在靠近铁芯的内层，而高压绕组则套在低压绕组外面，如图 4-30 所示。同芯式绕组是变压器中最常用的一种绕组结构型式。

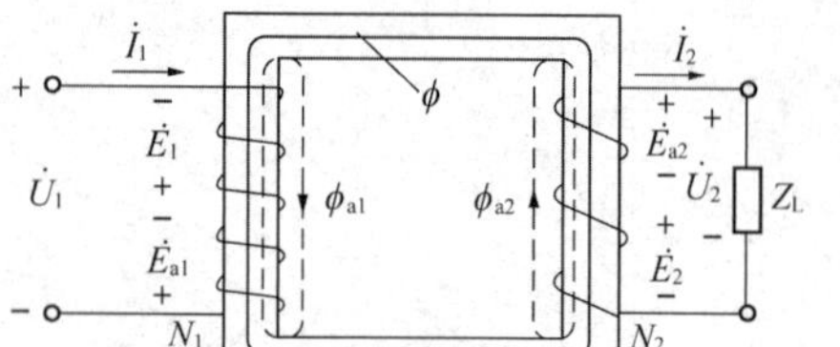

图 4-32　变压器工作原理

（二）变压器的工作原理

如图 4-32 所示。

1. 变换电压

$$U_1/U_2=N_1/N_2=K \qquad (4-12)$$

上式表明：一次、二次绕组的电压比等于匝数比。只要改变一次、二次绕组的匝数比，就可以进行电压变换，哪个绕组的匝数多，其电压就高。

2. 变换电流

$$I_1/I_2=1/K \quad (4-13)$$

上式反映了变压器变换电流的功能，即一次、二次绕组的电流比等于匝数比的倒数。

3. 变换阻抗

如图 4-33 所示。

$$|Z'_L|=(N1/N2)^2|Z_L|=K^2|Z_L| \quad (4-14)$$

上式表明，接在变压器副边的阻抗 $|Z_L|$，对原边电流而言，相当于接上等效阻抗为 $K^2|Z_L|$ 的负载，这就是变压器变阻抗的作用。

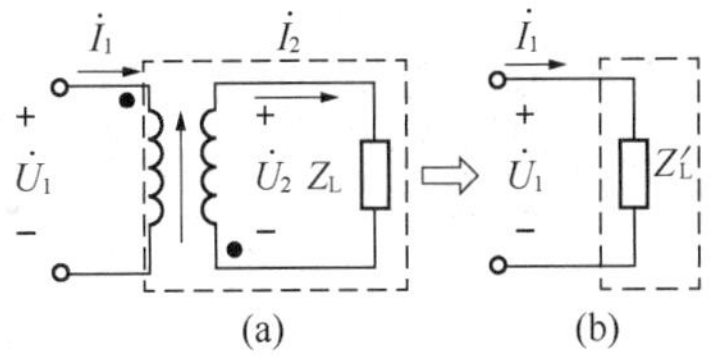

图 4-33　变换阻抗

(三) 三相变压器

三相变压器原理结构如图 4-34 所示，它有三个铁芯柱，每一相的高低绕组同心地套装在一个铁芯柱上构成—相，三相绕组的结构是相同的，即对称的。为了识别绕组的接线端子，三相高压绕组的首端和末端分别用大写字母 U_1、V_1、W_1和 U_2、V_2、W_2表示；三相低压绕组的首端和末端分别用小写字母 u_1、v_1、w_1和 u_2、v_2、w_2表示。

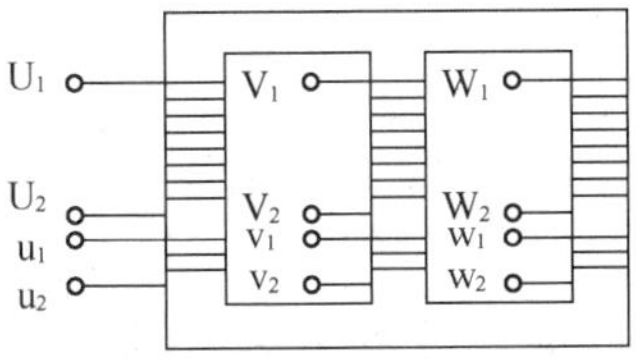

图 4-34　三相变压器原理结构图

三相变压器的高压绕组和低压绕组均可以连成星形或三角形，星形接法用符号“Y”表示，三角形接法用符号“△”表示，若星形接法中性点引出中线时，用符号“Y_0”表示。因此，三相变压器可能有 Y/Y，Y/△，△/△，△/Y 四种基本接法，符号中的分子表示高压绕组的接法，分母表示低压绕组的接法。当绕组接成星形时，每相绕组的相电流等于线电流，相电压只有线电压的 $1/\sqrt{3}$倍，相电压较低有利于降低绕组绝缘强度的要求，因此变压器高压侧多采用“Y”接法。当绕组接成三角形时，每相绕组的相电压等于线电压，但相电流只有线电流的 $1/\sqrt{3}$倍。这样，在输送相同的线电流时，绕组导线的截面积可以减小，故“△”接法多用于变压器低压侧(低压侧电流较大)。目前我国生产的三相电力变压器，通常采用 Y/Y_0，Y/△和 Y_0/△三种接法。三相变压器绕组的接法通常标明在它的铭牌上。

(四) 变压器的保养

(1) 变压器的保养，首先清扫瓷套管和外壳，其次检查外壳、垫片、瓷套管有无破裂，放电痕迹或胶垫有无老化。电缆及母线有无变形现象，有破裂的应进行更换。

(2) 检查母线接触面是否保持清洁，接触面应除去氧化层并涂以电力复合脂。

(3) 紧固引线端子、销子、接地螺丝、连接母线螺丝，如有松动的应拆下螺丝，或用细平锉轻锉接触面，或更换弹簧垫圈、螺丝，直至接触良好，连接可靠为止。

(4) 清洁变压器周围及配件上的灰尘，检查消防设施及通风系统是否良好。检查变压器室及变压器身有无遗留工具，撤离现场。

(5) 测定变压器线圈的绝缘电阻，如发现其电阻值比上次测定的数值下降 30%~50%时，应作绝缘油试验，如绝缘油不合格则应全部换掉；换上新鲜的合格绝缘油后，如果变压器的绝缘电阻还不合格，则应对变压器线圈进行处理。

(6) 检查变压器的接地线是否良好，地线是否被腐蚀，腐蚀严重时应更换地线。

第五章 油气集输系统效率

作为油气田生产中的重要环节，集输系统担负着油气的收集、初加工处理、储存、外输和污水回注的任务。集输系统工艺复杂，设备设施多，能耗高，管理难度大，研究集输系统效率对油气田节能降耗意义重大。

第一节 集输(注水)泵机组系统效率计算

一、泵机组效率计算方法

图 5-1 是注输泵机组系统结构示意图。该泵机组效率主要取决于泵效和电机效率。

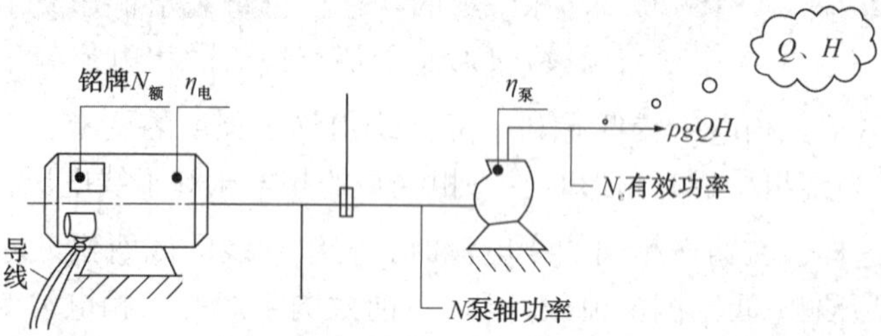

图 5-1 集输泵机组结构示意图

(一) 电动机的平均运行效率计算

通常注输系统范围内泵机组很多，将各台电动机的输入功率和输出功率，代入电动机平均运行效率计算公式，即可得出电动机的平均运行效率。

$$\bar{\eta}_1 = \frac{P_{21} + P_{22} + \cdots + P_{2n}}{P_{11} + P_{12} + \cdots + P_{1n}} \times 100\% \tag{5-1}$$

式中 $\bar{\eta}_1$——电动机平均运行效率,%；

P_{11}——1 号电动机输入功率，kW；

P_{12}——2 号电动机输入功率，kW；

P_{1n}——n 号电动机输入功率，kW；

P_{21}——1 号电动机输出功率，kW；

P_{22}——2 号电动机输出功率，kW；

P_{2n}——n 号电动机输出功率，kW。

（二）泵的平均运行效率计算

计算泵效率通常采用流量法分别测算出泵(包括柱塞泵、活塞泵、离心泵和各种增压泵)的效率。即用计量仪器仪表测量出泵的流量和进出口压差(扬程)，计算出泵的有效功率；然后用电工测量仪表测出电动机的线电流、线电压等，计算出电动机的输出功率—泵的轴功率，最后算出泵效。流量法计算泵效率的计算公式为：

$$\eta_2 = \frac{\Delta p \cdot q_{\mathrm{VP}}}{3.6P_3} \times 100\% \tag{5-2}$$

其中，$\Delta p = p_2 - p_1$

式中 η_2——泵运行效率,%；

P_3——泵运行轴功率，kW；

q_{vp}——泵运行流量，m^3/h；

Δp——泵进出口压差，MPa；

p_1——泵进口压力，MPa；

p_2——泵出口压力，MPa。

将集输系统范围内的所有泵效率代入泵平均运行效率计算公式，即可得到集输系统泵平均运行效率。泵平均运行效率计算公式为：

$$\bar{\eta}_2 = \frac{P_{31}\eta_{21} + P_{32}\eta_{22} + \cdots + P_{3n}\eta_{2n}}{P_{31} + P_{32} + \cdots + P_{3n}} \tag{5-3}$$

式中 P_{31}——1 号注水泵运行轴功率，kW；

P_{32}——2 号注水泵运行轴功率，kW；

P_{3n}——n 号注水泵运行轴功率，kW；

η_{21}——1 号注水泵运行效率,%；

η_{22}——2 号注水泵运行效率,%；

η_{2n}——n 号注水泵运行效率,%。

（三）泵机组效率计算

将电动机平均运行效率、泵平均运行效率相乘，即可得出泵机组效率，即：

$$\eta_a = \bar{\eta}_1 \cdot \bar{\eta}_2 \tag{5-4}$$

式中 η_a——泵机组效率,%；

$\bar{\eta}_1$——拖动泵的电动机平均运行效率,%；

$\bar{\eta}_2$——泵平均运行效率,%。

二、提高泵机组系统效率途径分析

从当前注输系统运行的泵机组来看，泵机组系统运行存在的问题主要有：

(1) 泵机组存在大马拉小车现象，由于目前产液量与原设计产液量相差较多，造成设备负载率偏低，运行效率较低，此种现象在各系统均有不同程度的存在。

(2) 机组自身存在问题，造成运行效率低下。如三相电流不平衡现象，使得泵机组运行效率较低，三相电流差值较大，使得泵机组运行效率过低。

(3) 变频器使用不当或变频器自身质量存在问题，造成泵机组运行效率低下。

针对泵机组存在的主要问题，建议采用以下措施提高泵机组系统运行效率：

（1）对不适合当前生产情况的泵机组进行更换，使流量、扬程等与现场生产情况相匹配。根据《油气集输设计规范》规定，含水原油和净化原油的输送宜采用离心泵，离心泵的总排量按设计液量确定，扬程宜为输油系统计算总水头的1.05~1.20倍，并应在泵特性曲线高效区运行。

（2）对本身效率低下的高耗能泵机组进行更换。

（3）对变频器进行评价，或对用变频和不用变频进行比对，对有变频器但运行功率因数低下，或耗能高的机组，对无节电效果而又耗能的变频器建议进行拆除或更换。

（4）对于多泵并联输油系统，工况调节应在满足管线输油量要求和泵流量允许的条件下，尽量减少运行泵台数，增大单泵的运行流量。

第二节　注水管网效率计算

一、管网效率的概念

注水管网效率是指注水管网内有效输出功率与输入功率比值的百分数。注水管网效率的高低，体现在从注水泵出口到注水井口为止的管线压力损耗的大小。如果压降小，管网效率就高；反之，压降大，效率就低。

管线压力损耗主要包括：泵出口的阀门节流损失、管网的阻力损失和配水间的节流损失。

（1）泵出口阀门的节流损失也就是人们常说的泵管压差。造成注水泵管压差过大的原因有：受油田开发调整方案的影响，注水井的注入量大于注水泵的流量，使管网压力降低；受生产管理的制约，注水井在开关井、洗井作业时，没有与注水站取得联系，整个注水系统内的注水泵没有进行适时调整。

（2）管网阻力损失的大小与管径的选择、管线的长度、管网附件的数量及管网的结垢程度等因素有关。

（3）配水间引起的节流损失很大，由于各注水井所需要的注水压力不同，因此需要在配水间用阀门来调节注入水量，因而造成了配水间的节流损失。

二、管网效率的计算方法

将所测得的注水泵的出口压力及流量、注水井口压力及流量等参数代入管网效率计算公式，即可得注水系统的管网效率。

管网效率的计算公式：

$$\eta = \frac{p_{31}q_{\mathrm{v1j}} + p_{32}q_{\mathrm{v2j}} + \cdots + p_{3n}q_{\mathrm{vnj}}}{p_{21}q_{\mathrm{v1p}} + p_{22}q_{\mathrm{v2p}} + \cdots + p_{2n}q_{\mathrm{vnp}}} \times 100\% \tag{5-5}$$

式中　η——管网效率，%；

p_{31}——1号注水井注水压力，MPa；

p_{32}——2号注水井注水压力，MPa；

p_{3n}——n号注水井注水压力，MPa；

p_{21}——1 号注水泵注水压力，MPa；
p_{22}——2 号注水泵注水压力，MPa；
p_{2n}——n 号注水泵注水压力，MPa。
q_{v1j}——1 号注水井注水量，m^3/d；
q_{v2j}——2 号注水井注水量，m^3/d；
q_{vnj}——n 号注水井注水量，m^3/d；
q_{v1p}——1 号注水泵输水量，m^3/d；
q_{v2p}——2 号注水泵输水量，m^3/d；
q_{vnp}——n 号注水泵输水量，m^3/d；

当管网无漏失时，可用下面实用公式计算：

$$\eta = \frac{p}{p + \Delta p} \times 100\% \quad (5-6)$$

式中　p——注水井井口平均压力，MPa；
Δp——管网及阀件节流损失，MPa。

第三节　集输(注水)系统效率计算

一、集输系统效率的测试与计算

集输系统能耗主要体现在耗能设备方面(加热炉、泵机组等)、生产工艺方面(对高含水原油加热、稳定系统温度过高等)及运行控制方面(接转站外输温度过高、三相分离器分离效果不佳导致大量热量无效浪费等)。

目前集输系统中只有关于泵机组、加热炉、锅炉等单台设备效率的监测规范及评价指标。其他单台设备的能量利用率及系统和联合站的综合单耗和能量利用率还没有统一的考核和评价标准。

为方便集输系统间能耗的纵向对比，集输系统的单耗可统一折合为综合能源单耗。(单位为千克标煤/吨油(液))。

单耗是整个集输系统总耗能与处理量的体现，而能量利用率是系统中介质能量的一种转换传递利用率高低的表达方式，实际上他是系统输出能量与输入能量之比的百分数。

原油集输系统单位液量集输综合能耗计算公式(kgce/t)：

$$M = \frac{\text{系统耗电量} \times 3600 + \text{系统燃料消耗量} \times \text{燃料热值} + 3600 \times \text{井口耗电量}}{29271 \times \text{采出液量}}$$

原油集输系统单位原油集输量综合能耗计算公式(kgce/t)：

$$M = \frac{\text{系统耗电量} \times 3600 + \text{系统燃料消耗量} \times \text{燃料热值} + 3600 \times \text{井口耗电量}}{29271 \times \text{生产原油量}}$$

二、影响集输系统效率的因素及提高的途径

1. *加强新技术的推广应用和能耗前后对比测试分析*

充分应用“集输系统能耗指标评价体系”挖掘系统的节能潜力点，指导节能改造方向，

同时加强对节能改造工程效果的跟踪对比评价和分析。

2. 减少对接转站高含水原油的加热，降低热能消耗量

水的比热容是油的比热容的 2.3 倍，因此对高含水原油进行加热会造成热能的巨大浪费。原油中含水超过 60%即达到了原油的转相点，其流动阻力和温降速度会明显降低，因此对一定距离内，建议实施接转站不加热或少加热集输方式。

3. 优化联合站流程改造，实现用能的精细管理

实现原油进站的低温分离。其次对污水温度过高的，采取有效措施，做到合理利用污水余热。对于高含水的现状，首先要着重提高三相分离器的低温分离效果

4. 合理使用稳定系统，最大限度地减少热能消耗和浪费

正确论证稳定工艺的必要性，选择合理可靠的稳定方式，以减少热能的消耗和稳定塔的散热损失。

5. 加强耗能设备的改造和管理

对问题设备，及时进行改造、更换或维修。长期低负载运行的泵机组，要加强对使用变频器还是更换小排量泵机组的经济性论证。对安装自动控制燃烧器的加热炉，要对燃烧器厂家设定的燃料空气比进行论证，对燃料空气比不合理且不能现场调整的要及时整改，以优化加热炉的燃烧效果，提高加热炉效率。

6. 应用信息化技术，提升集输系统运行效率

加大信息化建设的投入，提高集输系统信息化水平，实现场站“视频监控、数据采集远传与分析、参数调控”一体化管理，优化运行程序，为此可以借用信息化平台，监测设备运行数据，并进行分析研究调整，提升集输系统综合运行效率。

三、注水系统效率的计算

(一) 计算注水站辖区的注水系统效率

将注水电动机平均运行效率、注水泵平均运行效率和管网平均运行效率相乘，即可得出注水系统效率，即：

$$\eta_a = \overline{\eta}_1 \cdot \overline{\eta}_2 \cdot \overline{\eta}_3 \tag{5-7}$$

式中 η_a——注水站辖区的注水系统效率,%；

$\overline{\eta}_1$——拖动注水泵的电动机平均运行效率,%；

$\overline{\eta}_2$——注水泵平均运行效率,%；

$\overline{\eta}_3$——注水管网平均运行效率,%。

(二) 计算油田或区块内的注水系统平均效率

将油田或区块内的注水站辖区的注水系统效率，代入注水系统平均效率计算公式，即可得出油田或区块内的注水系统平均效率，即：

$$\eta = \frac{P_a\eta_a + P_b\eta_b + \cdots + P_n\eta_n}{P_a + P_b + \cdots + P_n} \tag{5-8}$$

式中 η——油田或区块注水系统平均效率,%；

P_a——a 站总输入功率，kW；

P_b——b 站总输入功率，kW；

P_n——n 站总输入功率，kW；

η_a——a 站辖区的注水系统效率,%；

η_b——b 站辖区的注水系统效率,%；

η_n——n 站辖区的注水系统效率,%。

四、影响注水系统效率的因素及提高的途径

（一）影响的主要因素

造成注水系统效率低的因素主要有以下三个方面：

(1) 注水电机方面。主要包括电机本身质量和电机运行不合理，电机效率低两个方面。

(2) 注水泵方面。注水泵效率低，一是低效泵，二是高效泵在低效区运行。

(3) 注水管网方面。泵阀节流损失、干线沿程水力摩擦损失、配水间节流损失等注水管网中各种水力损失大，致使管网效率低。

（二）提高注水系统效率的途径

油田注水系统是油田的耗电大户，每年耗电量约占油田总用电量的40%左右。因此，提高注水系统效率对油田节能降耗起着非常重要的作用。提高油田注水系统效率主要有以下几种途径：

1. 合理布置注水泵站

注水管网的压力损失主要与注水管径(D)和注水管线长度(L)有关。注水管径越小、长度越大，则管网压力损失越大；反之，注水管径越大、长度越小，则管网压力损失越小。因此，在设计注水站时，要根据油田开发方案，严格遵守注水设计规范要求，周密考虑，合理布局，优化设计方案，以经济合理和满足油田开发生产为目的来选择注水站站址和设计注水泵站规模。站址应选在注水负荷的中心，注水半径不宜过大，注水泵站到注水井口的压力损失应降到最低限度。

2. 合理选择注水设备

在注水设备选型时，要依据注水泵及配套电动机的性能样本，进行认真筛选，选用低耗高效的注水泵及配套电动机。

3. 减小泵管压差

减小泵管压差的措施：调节注水泵性能、切削叶轮直径或拆除一级叶轮，以满足不同区域对注水压力的不同需要；合理调整开泵台数，加强注水泵的运行调度；在经济许可的条件下，可考虑安装液力耦合器、电动机变频调速器等调速装置。

4. 降低管网压力损失

采取增建复线或换大口径注水管线；清洗结垢严重的注水管线；调整注水泵站布局，缩小注水泵站管辖范围和注水半径；当不同油层所需要的注水压力相差较大时，可采取分两套系统进行注水；当注水干线末端个别注水井所需注水压力较高，而注水井口回压又不能满足注水压力要求时，可采取在注水井口安装螺杆泵等增压泵进行局部增压，以满足一口或多口注水井对注水压力的要求等措施。

第四节　注水单耗

一、注水单耗的概念

注水单耗即注水泵的用电单耗，用单位时间内所消耗的电量除以相同时间内的注水泵所输出的水量，即为该泵的注水单耗。一般用日注水量与日耗电量的比值来表示，单位是 $kW \cdot h/m^3$，也可采用温差法直接计算其注水单耗，其公式为：

$$DH = 0.2924[\Delta p + 4.1868(\Delta t - \Delta t_s)] \tag{5-9}$$

其中

$$\Delta t = t_2 - t_1$$

$$\Delta p = p_2 - p_1$$

式中　DH——注水泵的单耗，$kW \cdot h/m^3$；

t_1——注水泵进口水温,℃；

t_2——注水泵出口水温,℃；

Δt_s——等熵温升修正值(查等熵温升修正值表可得),℃；

Δp——注水泵出口、进口压差，MPa。

二、注水单耗的测试

(一) 用统计方法计算注水单耗

根据各种注水生产报表得到注水系统电动机耗电量、注水量、注水站与注水泵的输出水量，分别代入注水单耗计算公式，即可得出注水单耗。

(二) 用测试方法测量注水单耗

(1) 在注水泵机组平稳运行时，即注水电动机的电压、电流以及注水泵的压力、流量等参数稳定的工况下，同时录取电度表和流量计的读数，并开始计时，做好记录。当设定时间一到，立即同时录取电度表和流量计的读数，并终止计时，做好记录。

(2) 用计时终止时刻的电度表的读数减去计时开始时的电度表的读数，即为计时时间内的耗电量。同理，用计时终止时刻的流量计的读数减去计时开始时的流量计的读数，即为计时时间内的输出量。

(3) 将测得的耗电量与输出水量分别代入注水单耗计算公式，即可得出注水单耗。

(三) 注水单耗的计算

1. 注水系统单耗计算公式

$$DH_1 = \frac{W_1}{V_1} \tag{5-10}$$

式中　DH_1——注水系统单耗，$kW \cdot h/m^3$；

W_1——注水系统电动机耗电量，$kW \cdot h$；

V_1——注水系统注水量，m^3。

2. 注水站单耗计算公式

$$DH_2 = \frac{W_2}{V_2} \tag{5-11}$$

式中 DH_2——注水站单耗，kW·h/m^3；

W_2——注水站电动机耗电量，kW·h；

V_2——注水站输出水量，m^3。

3. 注水泵机组单耗计算公式

$$DH_3 = \frac{W_3}{V_3} \tag{5-12}$$

式中 DH_3——注水泵机组单耗，kW·h/m^3；

W_3——注水泵机组耗电量，kW·h；

V_3——注水泵机组输出水量，m^3。

第六章　集输计量与化验

第一节　原油计量

油气的计量是石油储运系统数量管理的一项技术基础工作。它贯穿于油气开采、油气水处理与储存，运输和经销全过程。其准确与否，决定于油气的计量方法、计量器具、操作技术等因素。

一、原油的计量方法、分级与器具配备

（一）原油的计量方法

原油的计量方法与器具如表 6-1 所示。

表 6-1　原油的计量方法与器具

计量方法	计量器具及概要	计量结果
体积法	标准量油尺测油品高度，由油罐容积表查得油品体积；测温盒、测温仪测油品温度；或体积流量计测体积	换算为标准体积
体积重量法	测油品体积、温度、密度	换算为质量
重量法	地衡、电子轨道衡等衡器(磅秤)称重或质量流量计测质量	换算为质量

按原油的状态，又分为动态计量与静态计量，动态计量执行《石油和液体石油产品油量计算　动态计量》(GB/T 9109. 5—2009)；静态计量执行《石油和液体石油产品油量计算　静态计量》(GB/T 9779. 5—2005)。

对油桶等小型容器可直接采用质量法，用秤称其质量。

对大型油罐、油轮及铁路油罐车等，因为不能直接称其质量，所以采用体积质量法。

该方法是先测量原油的体积 V、温度 T 和密度 ρ，再考虑到空气的浮力，按式(6-1)计算出在空气中的质量：

$$Q_{o}=V(\rho-0.0011)\cdot(1-含水量\%) \tag{6-1}$$

质量法和体积质量法都是以质量 kg 或 t 作为计量的核算单位，我国目前仍采用体积质量法。

大型油罐、油轮及铁路油罐车，均有现成的容积表，油罐某一高度的容积均可在油罐容积表中查得。因此，油罐中原油的体积计量实际上是油面高度的测量。

体积法是用仪表直接量出原油的体积，计量单位为升、加仑和桶，其换算关系为：1

桶(英)= 35 英加仑 = 159 升。它是美国、英国、日本和西欧一些国家普遍采用的方法。因为这种方法比较简单，故在国际石油贸易中广泛使用。

(二) 原油计量分级

一级计量——油田外输原油的交接计量(商品油计量)；

二级计量——油田内部净化原油或稳定原油的生产计量(分油矿生产原油计量)；

三级计量——油田内部含水原油的原油生产计量(分采油队生产原油计量)。

(三) 原油计量器具的配备原则

原油计量器具的配备原则如表 6-2、表 6-3 所示。

表 6-2　流量计计量原油的计量站计量器具配备

序号	计量器具名称	准确度或规格	数量	用途	备注
1	容积式流量计及辅助设备(消气器、过滤器、逆止阀)	不低于 0.2 级	每组最少 3 台(含备用)	测量计量温度与压力下的原油体积	流量计最佳流量为额定流量的 75%~80%
2	工作震动管液体密度计或手工法测定仪	极限误差不超过±0.001g/cm³	每组 2 台(含备用)	测定原油的密度	使用手工法测定原油密度时按 GB 184 配备
3	原油含水分析仪或在线仪表	极限误差不超过±0.1%	在线每组 2 台(含备用)	测定原油含水	使用手工法测定原油密度时按 GB 8929 配备
4	玻璃水银温度计或温度变送器	分度值≤0.5℃ 不低于 0.5 级	1 支或 1 台	测定原油温度	靠近流量计出口安装
5	弹簧式压力表	不低于 1.5 级	2 台	测定原油压力	靠近流量计进出口安装
	压力变送器	0.5 级	2 块		
6	弹簧式压力表	不低于 1.5 级	1 块	监测过滤器堵塞状况	安装过滤器进口
7	原油管道手工取样器或原油管道自动取样器	按需要选择	2 台	用于手工测定原油密度和含水的取样	手工法按 GB 4756 配备、自动取样按 SY 5713 配备
8	标准体积管	复现性优于±0.02%	1 台	用于在线检定生产流量计	按 GB 89109.1 的原则配备
	标准流量计	复现性优于±0.07%			
9	微机或计算器	按需要选择	1 台	用于油量计算	

表 6-3　立式金属计量罐计量原油的计量站计量器具配备

序号	计量器具名称	准确度或规格	数量	用途	备注
1	立式金属计量罐	容积基本误差不超过±0.2%	按需配置	用对进行检尺的方法测量原油体积量	

续表

序号	计量器具名称	准确度或规格	数量	用途	备注
2	曲钢卷尺或自动检尺装置	最小分值 1mm	1 件	测量油液面高度	
3	原油密度测定仪	限误差不超过± 0.001g/cm³	1 台	测定原油密度	按 GB 1884 规定配置
4	玻璃水银温度计或温度变送器	分度值不大于 0.5℃、0.5 级	按 GB 8927 要求配备	测定原油温度	安装位置参照 GB 8927 规定
5	原油取样器	根据需要选择	1 台	原油取样用	按照 GB 4756 规定配备
6	能进行程序运算的计算器或满足要求的其他计算器	根据需要选择	1 台	油量计算	

二、石油静态计量

(一) 常用的测量方法

1. 储罐油面高度的测量

(1) 人工检尺测量油位

用带有毫米刻度的钢卷尺测量油罐内的油面高度，在现场称为“检尺”。常用钢卷尺的规格及允许误差如表 6-4 所示。为了保证钢卷尺垂直和避免弯曲，在钢卷尺的末端装有一个重锤。重锤一般由黄铜制作。

表 6-4　常用钢卷尺的规格及允许误差

规格			允许误差/mm			
总长	最小分度/mm	宽度/mm	尺锤重/g	全长	厘米分度	毫米分度
5	1	10~12	0.5	±3	±0.5	±0.2
10	1	10~12	1	±3	±0.5	±0.2
15	1	10~12		±3	±0.5	±0.2

人工检尺方法有检空高和检实高两种。这两种检尺方法都需在油罐量油孔的固定部位检测。

① 检空高，钢卷尺不下到罐底，是通过测量油罐量油孔固定标记到油面的高度来换算油品高度。这种方法一般用于黏度较大的重质油品。为了计量准确，必须在倒罐 10min 后，待罐内油面平稳时，才能进行检尺量油。检尺前，根据进油时间大致估算罐内油面高度，然后把钢卷尺从量油孔垂直下放直至浸入油面，并按式(6-2)计算出罐内实际油面高度

$$H = H_g - H_c + H_q \tag{6-2}$$

式中　H——罐内实际油面高度，mm；

H_g——量油孔上某一固定点至罐底的高度，已知数，mm；

H_c——钢卷尺自量油孔固定点下放到罐内的长度，可直接从尺上读出，mm；

H_q——钢卷尺浸入油面的长度，mm。

② 检实高，就是在量油孔的测量点，把末端涂有感水膏的钢卷尺徐徐放入，当重锤与罐底一接触时，便迅速将尺垂直向上提起，然后根据原油浸没量油尺所留的痕迹读出油面高度；同时，根据感水膏颜色变化的界面判断水垫层高度，由式(6-3)计算出罐内油面高度：

$$H = H_g - H_s \tag{6-3}$$

式中 H——罐内实际油面高度，mm；

H_g——罐底到油面的高度，mm；

H_s——水垫层高度，mm。

感水膏是一种只“溶”于水而不“溶”于油的带色膏剂，当接触水时，颜色自行退掉，而显示出水整层高度。为了确保检尺的准确性，人工检尺时要注意以下几点：

a. 收发油量油时，每次检尺至少重复一遍，读数精确到 mm，两次测量结果相差不得超过±1mm；

b. 每次检尺必须在固定测量点处下尺，以保证各次检尺结果相对准确；

c. 对黏度较大的油品，下尺时由于量油尺周围的油面随着尺的下沉而形成凹形，因此，在重锤触及罐底后应稍停一段时间，使靠近量油尺周围的油面恢复水平；

d. 量油尺将要触及油面时，要减缓下尺速度，并且不允许倾斜和摇摆，以免油面波动而影响测量准确性；

e. 读量油尺浸油高度时，必须保持量油尺垂直，不许放平。

（2）自动跟踪式液位计

油田站、库内油面高度的测量，近年来采用了自动跟踪式液位计。这种液位计不仅能在现场读出液位计的高度，而且还能将现场数字信号传送到仪表室或操作室，通过二次仪表将液位数字信号指示出来，实现了原油计量自动化和远距离传送。这对容量大、收发作业频繁的油库，不仅可以改善工人劳动条件，还可以集中管理，提高劳动生产率。

2. 罐内原油温度的测定

测定罐内油温的目的，是为原油计量时密度的换算提供依据。油温测量正确与否，对计算油量影响很大。油内原油温度场的分布，由于受外界热源的影响和本身的对流作用往往是不均匀的。对于装有加热器进行加热保温的油罐，罐内温度场主要受加热器的影响。

测量仪表我国目前主要采用水银温度计。为减少将温度计提出油面后大气温度对其示值的影响，常将温度计置于特制的保温装置内，一般采用棒式全浸水银温度计。

（1）温度计的技术要求

① 温度计的玻璃应光洁、透明，不得有裂痕和影响强度的缺陷，刻线应清晰，在标尺范围内不得有影响读数的缺陷。

② 液体柱不得中断，上升时不得有明显的停滞或跳跃现象，下降时不得在管壁上留有液滴形成挂壁。

③ 温度计还应有以下标志：表示国际实用温标“摄氏度”的符号“℃”，制造厂名或商标，制造年、月、编号，浸没方式和浸没标志等。

④ 在石油产品中使用的温度计，必须附有检定证书及修正值。

（2）温度计的使用

① 要有足够的感温时间，使感温泡内的水银与被测介质能充分地进行热交换。

② 测温时，温度计的感温泡与被测对象的容器壁要有一定的距离，且不可触及器壁。

③ 读数时，视线要与毛细管内水银柱凸面之最高点相切，使用分度值为0.5℃的温度计，应估读到0.1℃；使用分度值为1℃的温度计，应估读到0.2℃，读数顺序是先读小数后读大数。

④ 为了防止读数时水银柱的高度发生变化，在罐内测量油品温度时，温度计应与保温盒配套使用，以保证读数时感温泡仍浸在被测介质中。

⑤ 读数时还应检查毛细管中水银柱是否有断裂等现象。

(3) 对测温位置，根据实践和参照国外有关标准，可按表6-5选取。

表6-5 温度计装置、油罐、盛油容器及测温位置

油罐		温度测量附属装置	温度计装置	测温位置
立式罐	固定顶罐	罐顶计量	杯盒，充溢盒 热电温度计	液体高3m以下，在液高中部测一点； 液体高3~5m，在顶部液面下1m，液体底部上1m处，共测两点，取算术平均值作为液体的温度
				液体高5m以上，在顶部液面下1m，液体中部和底部上1m处，共测三点，取算术平均值作为液体的温度。如果其中有一点温度与平均温度相差大于1℃，则必在上部和下部液体中点各增测一点，最后以这五点的算本平均值作为液体的温度
	浮顶罐	计量口	杯盒，充溢盒 热电温度计	同上
铁路罐车和汽车罐车	非压力罐	圆顶室口	杯盒，充溢盒 热电温度计	在液高中部测一点
	压力罐	温度计插孔	套管盒，空气夹套，热电温度计	在液高中部测一点
输油管道		温度计插孔	套管盒，空气夹套，热电温度计	插孔以45°角插到至少为管道内径1/3处或距离管壁150mm处

3. 原油相对密度的测定与换算

一定体积的原油在20℃时的质量与同体积的水在4℃时质量的比值，称为原油的标准相对密度。一定质量的原油，温度不同，体积也不同，因而原油的相对密度也不同。温度升高，原油相对密度减少：温度下降，相对密度增大。所以，在描述原油相对密度时，必须指明相应的温度。

油田站、库及长输管道计算输量时所需的相对密度，都是从油罐中选取少量具有代表性的油品试样，测定其相对密度，用它来代表罐内油品的相对密度。由此看出，输量计算准确与否，很大程度上取决于试样的选取。为了使分析或测定的结果最大限度地接近罐内全部油品的真实情况，最理想的方法是连续地从不同高度上采取原油的试样，但这样的取样器比较复杂，操作也较麻烦。根据大量试验结果，目前广泛采用的试样是由若干个不同位置的单体试样按一定的体积比组成的平均试样。平均试样基本上能够真实地反映出罐内全部原油的物理和化学性质。

(1) 采样的方法

油品的取样方法分两种：一种是手工取样法，主要应用于各类容器(如油罐、罐车、油轮等)管道；另一种是自动取样法，主要应用于管道取样，如原油长输管道、炼油生产装置内成品油管道、成品油储运场所的输油管道、油品码头输油管道等。

① 手工取样法详见(手工取样)(GB 4576)。

② 原油管道自动取样法。

目前我国原油及液体石油产品管道取样的方法是手工取样，手工取样存在的缺陷：一是受输油工况影响；二是取样频率小、取样间隔时间长；三是易受人为因素影响等造成样品代表性差，由此而发生的交接计量纠纷日益增多。而管道自动取样器可克服人工取样的缺陷，可自动近乎连续的取样，既避免了因输油工况变化、油质不均等客观因素造成的样品代表性差的问题，又可消除人为因素的影响，使样品更具代表性，减轻操作工人的取样劳动强度，理免了由此造成计量纠纷。

管道自动取样器特点：设计原理新颖、结构简单，可靠性强、取样量准确、不受工况变化及介质黏度，压力之变化影响，既可按时间比例取样，也可按流量比例取样

工作原理：给取样器送电，启动电机后，油泵开始工作，同时，电磁阀在时间继电器的作用下，按要求动作，使液压油流向改变，控制介质缸内活塞，使活塞运动，从液体输送管道中抽取液体介质，当电磁阀在时间继电器的再次动作之后，液压油再次改变流向，使介质缸中活塞反向运行，在部分介质返回管道，最后的介质由样品排出管排到取样瓶内，完成本次取样。之后电机自动停止运行；间隔一定时间后，电机自动启动，如此反复起停，完成取样功能。电磁阀用时间继电器控制时为时间比例取样，而电磁阀由流量计脉冲信号控制时则为流量比例取样。

(2) 密度的测定

用平均试样测定相对密度，测定原油相对密度最常用的仪器是石油密度计。用于测量石油密度的密度计称石油密度计，它是由干管、躯体和压载室三个部分组成。有关密度的测定严格按照《原油和液体石油产品密度实验室测定法(密度计法)(GB/T 1884—2000)要求进行。

① 石油密度计的技术要求

a. 应采用优质玻璃制造，其玻璃必须光洁透明，没有裂痕、气泡和其他妨碍读数的缺陷。

b. 必须附有制造厂名或商标、出厂年月、器号、单位、标准温度、读数方法等标签。

c. 压载室的金属弹丸不得出现明显移动；分度表必须牢固地黏于干管内壁，不应有移动、皱缩、扭曲等现象：标尺刻线均匀清晰，并垂直于密度计轴线。

d. 躯体和干管必须与其本身轴线对称，在液体漂浮时因倾斜产生的两侧示值误差不得大于 0.1 分度。

e. 必须有在有效期内的检定证书。

② 密度计的使用

a. 根据所测液体的密度来选密度计，并认清标准温度和分度值等，石油密度计分度值为 0.5kg/m^3。

b. 密度计要仔细清洗干净，当将清洗后的密度计放入液体中时，应只拿干管最高刻

线以上部位，同时要注意垂直取放。

c. 装盛液体的容器清洗干净后再慢慢倒入液体，观察无气泡时，再放入密度计，密度计放入后，浸入液体部分不得有气泡。

d. 读数时，密度计不得与容器壁、底以及搅拌器接触，当密度计上标有“弯月面上缘读数”字样时，按弯月面上缘读取数值，密度计上没有标明读数方法时，全部按弯月面下缘读数。

e. 在读取密度计示值后，立即读取油品温度。

4. *原油含水的测定*

由于各种原因，采出的原油中含有一定量的水，经过脱水处理后，可将大部分水除掉，但不能全部将水脱干净。计量原油数量时，必须把这部分水从油中扣除。所以，在原油计量中，还必须测定原油中的含水百分数。

（1）用化验方法测定原油中的含水量

原油中的含水量通常用水分测定器测定。它是由1000mL圆底烧瓶，5mL的接收器和直流冷凝器等组成。

有关含水的测定严格按照《原油水含量的测定蒸馏法》(GB/T 8929—2006)要求进行。

（2）用含水自动分析仪连续测定原油中的含水量。

除上述的化验方法外，还可以用含水自动分析仪连续测定原油中的含水量，它是根据原油和水的介电常数差异较大的特性面制成的自动化仪表。

如图6-1所示是原油低含水分析仪的工作原理。含水分析仪主要由定量采样泵、蒸发室、冷凝器、计量电容和控制显示仪表等组成。开始分析时，由精度比较高的采样泵(齿轮计量泵)将经过过滤器过滤的原油泵入蒸发室。定量采样系的作用是实现定量取样，使每次分析时泵入蒸发室的原油体积相同，这相当于化验中的天平称重。蒸发室分上，下两层，下层为用可控硅控制的240℃加热器，油样经加热盘管加热至240℃后，进入上层蒸发室，这时原油中的水分和240℃以下的轻质馏分完全被蒸发(水分在180℃左右即可完全蒸发)，其水蒸气和240℃以下的轻质馏分的蒸气进入冷凝器，而无水原油经污油管道排出。在冷凝器里蒸气被循环水冷凝成液体流入计量电容，再用仪表测定电容量的大小，并换算为相应的原油含水量，然后显示出来。电容器下部有一个电磁阀，每分析一个样后就自动放水。整个过程均为自动控制，分析连续进行。

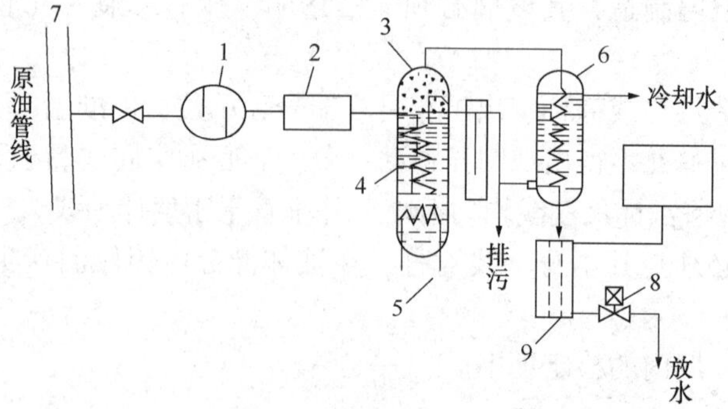

图6-1　原油含水分析仪工作原理

1—过滤器；2—定量采样泵；3—蒸发室；4—加热盘管；5—恒温加热器；6—冷凝器；7—控制显示仪仪表；8—电磁阀；9—计量电容

（二）石油及液体石油产品油量计算基本方法

根据《石油计量表》（GB/T 1885—1998）油品油量计算公式为

$$m = V_{20} \times (\rho_{20} - 1.1) \quad (6-4)$$

式中 m——油品在空气中的质量，kg；

V_{20}——油品的标准体积，m^3；

1.1——油品空气浮力修正值，kg/m^3；

ρ_{20}——油品标准密度，kg/m^3。

但实际工作中仍然使用 GB 1885—83《石油计量换算表》中的公式：

$$m = V_{20} \times \rho_{20} \times F \quad (6-5)$$

式中 m、V_{20}、ρ_{20}意义同上；

F——空气浮力修正系数。

根据上面两种油量计算公式可知，若求油品在空气中的质量，首先应求出油品的标准密度和容器内油品的标准体积。

1. 标准密度（ρ_{20}）的换算方法

从容器内取得油品代表性试样后，在实验室内按《石油和液体石油产品密度测定法（密度计法）》（GB/T 1884—2000），进行密度测定。将在试验温度下测得的视密度值（ρ_t），借助于 GB/T 1885—1998“石油计量表”中的标准密度表（即表 59A 原油标准密度表、表 59B 产品标准密度表、表 59D 润滑油标准密度表）换算成标准密度再进行油品质量计算。

具体查表步骤：

（1）根据油品种类选择相应油品的标准密度表。

（2）确定视密度所在标准密度表中的密度区间。

（3）在视密度栏中，查已知的视密度值；在温度栏中查找已知的试验温度值。视密度值与试验温度值的交叉数即为油品的标准密度。

（4）如果已知视密度值介于两个相邻视密度值之间，则可以采用内插法确定标准密度。但温度值不内插，用较接近的温度值查表。

2. 标准体积的换算方法

在计算石油及液体石油产品质量数量时，必须将油品在计量温度下的体积换算成标准体积。油品的标准体积用计量（存）温度下的体积（V_t）乘以计量温度下的体积修正到标准体积的体积修正系数（V_{cF20}）获得，见公式：

$$V_{20} = V_t \times V_{cF20} \quad (6-6)$$

而体积修正系数是用标准密度和计量温度查“石油计量表”中的体积修正系数表得到的。

具体查表步骤：

（1）根据油品类别选择相应油品的体积修正系数表；

（2）确定标准密度在体积修正系数表中的密度区间；

（3）在标准密度栏中查找已知的标准密度值，在温度栏中找到油品的计量温度值，二者的交叉数即为该油品由计量温度修正到标准温度的体积修正系数。

如果已知标准密度介于标准密度行中两相邻标准密度之间，则应采用内插法进行计算。温度值不用内插法，仅以较接近的温度值查表。

（三）立式金属油品交接油量计算

严格按照《石油及液体石油产品立式金属罐交接计量规程》(SY/T 5669—1993)进行计算。

1. 计算步骤

(1) 根据油罐内液位高度查该油罐容量表，得到此液位高度下的表载体积 V_B。

(2) 根据罐底明水高度查该罐容量表，得到罐底明水体积 V_s。

(3) 计算装油后油罐受压引起的容积增大值；根据液位高度查静压力容积增大值表，得液位高度下装水的静压力容积增大值 V_{ps}，再乘以油品的相对密度，使其换算到该液位高度下实际油品的静压力容积增大值 V_{pt}，准确到升。

(4) 将罐内液位高度下的表载体积，修正到罐壁平均温度下的实际体积 V_t(L)。

(5) 查石油计量表表 60A、60B、60D 体积修正系数 V_{cF20}，计算标准体积 V_{20}，准确至升，V_{cF20}取小数点后第四位。即 $V_a = V_t \times V_{cF20}$。

(6) 计算油品在空气中的质量，准确至 kg。

2. 有两种方法

(1) 使用空气浮力修正值，即 $m = V_{20} \times (\rho_{20} - 1.1)$；

(2) 使用空气浮力修正系数 F，即 $m = V_{20} \times \rho_{20} \times F$。

三、石油动态计量

动态计量是相对静态计量而言的，所谓动态计量，是指被测量的原油产品连续不断地通过计量仪器而被其测量数量(体积成质量)的过程。

（一）管道输油油量计算

严格执行《石油及液体石油产品流量计交接计量规程》(SY 5671—1993)。

（二）密度的提算

将石油密度计所测定的油品视密度(ρ_t)与同时测得的温度值(t)查表换算到 20℃下的标准密度(ρ_{20})，查表方法与密度和温度尾数的修正方法见 GB/T 1885—1998 表Ⅰ《石油视密度换算表》及说明。

（三）标准体积的计算

将流量计测得在计量温度(t)下的体积换算到标准温度(20℃)下的体积(V_{20})。其换算公式为：

$$V_{20} = K \times V_t \tag{6-7}$$

式中 V_t——在计量温度(t℃)下的实测体积，其数值为流量计表头计数器的累积数减去前底数；

K——石油体积系数，其值由计量温度(t℃)与油品的标准密度(ρ_{20})查 GB/T 1885—1998 表ⅡA《石油体积系数表》查得。

（四）质量的计算

油品以空气中质量计算时，应考虑空气浮力的影响，将真空中的质量(M)换算到空气中的质量(m)。

1. 体积计量类型

其油品在空气中质量按下列公式进行计算：

$$m=V_{20}\times(\rho_{20}-1.1)$$

式中　m——油品在空气中的质量，kg；

V_{20}——油品的标准体积，m^3；

1.1——油品空气浮力修正值，kg/m^3；

ρ_{20}——油品标准密度，kg/m^3。

但实际工作中仍然使用 GB/T 1885—1998《石油计量表》中的公式，即

$$m=M\times F$$

式中　m、V_{20}、ρ_{20}意义同上；

F——空气浮力修正系数。

2. 质量计量类型

在动态条件下测得的油品体积(V_t)与密度(ρ_t)，通过质量计算运算后，直接得出油品在真空中的质量(M)，将其换算到空气中质量(m)的计算公式：

$$m=M\times F \tag{6-8}$$

式中　F——空气浮力修正系数。

对长输管道连续计量，其油品密度在某一范围内变化，计算时可以采用固定 F 值。

3. 纯油量的计算

对原油的交接计量，在计算油量时，一般按纯油量计算，将原油中的含水扣除。

$$m_e=m\times(1-W) \tag{6-9}$$

式中　m_e——原油纯油质量；

m——混合原油质量；

W——原油试样中水分的质量分数,%。

第二节　原油含水测定

原油水含量多少不仅是原油一项重要质量指标，同时也是计算纯油量的一项重要技术参数，因此准确地测定出原油的含水量非常重要。对于商品交接计量，必须甲乙双方共同参加，一般由甲方操作乙方监测。对连续输油时，采用自动取样器取样，每 4h 测定一次含水，每班 8h 计算油量，取两次含水测定结果的平均值作为结算含水率。我国原油水含量测定方法是执行 GB/T 8929—2006《原油水含量测定(蒸馏法)》。具体介绍如下：

一、原油水含量测定原理及意义

(一) 测定原理

在试样中加入与水不相混溶的溶剂，在回流条件下加热蒸馏。蒸出的油、溶剂和水的蒸汽经冷凝器冷凝，冷凝下来的油、溶剂和水在水分接收器中连续分离，水沉降到下部带刻度的部分中去，溶剂返回到蒸馏烧瓶中，蒸馏结束后读出水分接收器中水的体积，计算出试样中水的百分含量。

(二) 意义

油田开发、加工炼制、产品销售都需要掌握原油含水情况，以便采取脱水措施和相应

的开发、加工和销售方案，确保生产正常运行。具体有以下几点：

（1）检查油井含水情况，及时采取堵水措施。

（2）检查各集油站、库原油脱水效果，以便进一步采取脱水措施。

（3）检查加工炼制前原油的含水情况，如果含水超过工艺规定，会造成冲塔事故。

（4）贸易交接的需要。含水率在原油销售中是一项重要的经济技术指标，水不能当油卖，因此必须准确地测定原油含水量，算出水和纯油量。

二、原油水含量测定用器材

（一）蒸馏仪器

整套仪器由1000mL圆底烧瓶，5mL水分接收器和400mm长的直管冷凝器及一个带干燥剂的干燥管组装而成。各器件之间连接必须用标准磨口，确保气密。

5mL水分接收器设有100个相等分度，最小分度为0.05mL，测定中最多能接受5mL水。使用前必须检定。

400mm直管冷凝器用来冷凝油、溶剂和水的蒸气。顶端装有一个干燥管，防止外界空气中的水分进入冷凝管。当干燥管内的干燥剂变色，说明已饱和，应进行干燥处理。

（二）加热器

加热器是用来加热圆底烧瓶的，能将热量均匀地分布在蒸馏烧瓶的下半部。常用的加热器是半圆形电加热套。它可以调控加热温度，控制蒸馏速度。

（三）托盘天平和量筒

托盘天平用来称量试样，最大量程不能低于1000g，分度值为0.2g。天平应每年定期检定一次，失灵失准不得使用。使用前应先调至零点，称量时左盘放被称物，右盘放砝码。

量筒是用来量取试样或溶剂体积的。常用量筒多为玻璃的，规格分5mL、10mL、50mL、100mL和200mL等。在使用前应检定，未经检定不能使用。

（四）水浴锅和摇样机

水浴锅是用来熔化原油试样的。取回的试样不能马上使用时要在常温下存放，时间稍长要凝固。使用前须将盛样器放入水浴锅内熔化。水浴锅有一联四孔的也有一联两孔的。

摇样机是专供摇动试样的机械。称样前，先把熔化好的试样进行摇动，使样品摇匀。

（五）溶剂

1. 溶剂的作用

（1）稀释原油，降低黏度，免除含水原油试样沸腾时引起冲击和起泡。

（2）溶剂在蒸馏过程中不断回流到烧瓶内，可使水、溶剂和油的混合物沸点不至升高，防止过热现象发生。随着溶剂连续蒸发，冷却回流，再蒸发、冷却、回流，最终将水全部蒸出。

2. 溶剂的选择

按照GB/T 8929—2006要求，可选择以下三种溶剂：

（1）二甲苯：符合HG3-101《二甲苯》质量标准要求。

（2）石油混合二甲苯的5℃混合二甲苯：符合GB 3407—1990《石油混合二甲苯》质量

标准要求。它的初馏点不低于137℃，终馏点不高于143℃，总馏程范围为5℃，所以叫5℃混合二甲苯。

(3) 200号溶剂油：符合GB 1922《溶剂油》质量标准要求。初馏点为140℃，终馏点(馏出98%)为200℃，总馏程范围60℃。

前两种溶剂极易燃，使用时要远离热源、火源，不能有火花和明火，而且其蒸汽有害，操作场所要有足够通风，避免吸入口内，还要避免长时间或反复与皮肤接触。

由于上述原因，多半都使用200号溶剂油作蒸馏溶剂，虽然它也易燃且有刺激味，有一定毒性，但比二甲苯危害性小。当有争议时，以二甲苯作溶剂试验结果为准。

之所以要用以上三种物质作蒸馏溶剂，是因为它们的初馏点都在137℃以上，而水的沸点为100℃，在溶剂尚未蒸出时，水就沸腾了，这样就保证了水被蒸发出来的充分机会，当温度升高到140℃以上，溶剂开始不断蒸出，并不断回流冷却，烧瓶里的热油使之不至过热，然后又蒸出又回流，以此持续一定时间后水便被蒸发完。

如果使用馏程范围为80~120℃的直馏汽油。在水还没有沸腾就有大量的直馏汽油的蒸气出来了，然后经冷却又回到烧瓶，之后又蒸出，而水很难达到100~120℃以上，即使蒸了很长时间也不能蒸净。用车用汽油更有问题，因为初馏点低(60℃左右)。

溶剂存放过程中很容易吸收空气中的水分，因此，要在存放的容器中加入干燥剂，并且在使用前要对溶剂进行含水测定。200mL溶剂应测准至0.025mL。在原油含水测定结束后，计算含水率时，要把水分接收器的读数(水的体积)减去溶剂中的水量。

(六) 脱水剂

脱水剂用来对溶剂进行脱水。通常用无水氯化钙。它经济实用，吸收效果好。如果溶剂含水，事先又没测定则必然提高含水率，因此，溶剂储存容器中必须加入无水氯化钙脱水。根据实验证明，每3g无水氢化钙可吸收1g水，200g(1瓶)无水氯化钙可以处理含水0.1%的溶剂油80kg。

当无水氯化钙吸水达到饱和状态时会变得松软，缺乏孔隙甚至成糊状，这时应换新的或重新处理回收利用。方法是首先将其放在空气中自然风干，然后去粉末，再将块状的放进200℃烘箱烘干2h以上，烘干好的氯化钙必须是手感完全干燥且无汽油味，否则继续烘干。

注：刚放进脱水剂的溶剂不能马上使用，最低吸水8h以上，使用前对脱水的溶剂要进行含水测定，以确定该溶剂是否含水或含多少水。

(七) 无釉瓷片、浮石、玻璃毛细管等

为使蒸馏烧瓶底部油、溶剂和水的混合物受热均匀，防止局部受热造成冲油，在蒸馏前烧瓶内加入一些经烘干过的无轴瓷片或浮石或玻璃毛细管等物，最好使用磁力搅拌器。它们在原油沸腾时会产生微动，对底部油起到不时地搅动作用，防止了局部受热，发生突沸。

三、原油水含量测定及计算

(一) 水分测定仪安装及标定

1. 仪器安装

把经过标定合格的水分接收器的支管标准磨口端紧密地装在圆底烧瓶的标准磨口

上，使支管的斜口插入烧瓶口内15~20mm，然后把接收器上端磨口与直管冷凝器下端磨口紧密地装在一起，最后把装有显色干燥剂的干燥管装在冷凝器上端。整套仪器安装要保持垂直，不得倾斜，即冷凝管与接收器的轴心线相重合(在同一条垂线上)，冷凝管下端斜口切面要与接收器支管管口(去烧瓶的支管口)相对。最后接上冷却循环水管(下进上出)。

2. 整套仪器标定

仪器安装完以后，在正式使用前要对整套仪器进行气密性和液密性试验。

首先将无水的二甲苯或200号溶剂油400mL(含水量最多0.02%)放入烧瓶中进行蒸馏试验(空白试验)记录含水量。然后进行两次试验，第一次用滴定管或微量移液管把1mL±0.01mL室温的蒸馏水直接加到蒸馏烧瓶中，进行蒸馏试验，最后读取水分接收器中的数值。第二次把4.50mL±0.01mL的蒸馏水加到烧瓶中，再次进行蒸馏试验，最后读取试验结果数值，只有两次试验结果数值在规定的允差范围之内，才能认为整套仪器安装合格，准予使用。详见表6-6。

表6-6 整套标定两次试验结果数值的允差范围

接收器20℃时极限容量/mL	加入蒸馏水的体积/mL	回收水的体积/mL
5.00	1.00	1.00±0.025
5.00	4.50	4.50±0.025

如果回收水的体积超出上述范围，须重新组装，仪器重新标定。但在重新标定之前，必须消除以下可能存在的一些问题：连接处是否严密、有无蒸汽渗漏、蒸馏速度是否过快(沸腾过快)、接收器刻度是否准确、溶剂是否含有水分以及有没有外界湿气进入冷凝管等，这些都没问题了再重新标定。接收器是事先标定好的，也就是说在初次使用前就标定好了。应由生产厂标定合格，出具合格证，但使用单位即用户，为确保接收器刻度准确可靠，可自己再次标定或送检定机关标定。

检定方法如下：用能读准到0.01mL的微量滴定管或精密微量移液管以0.05mL的增量逐次加入蒸馏水，来检验接收器上刻度标线的准确度。如果加入的水和观察到的水量偏差大于一个刻度(0.05mL)，应重新标定，如偏差仍差0.05mL，则认为不合格。

(二) 水含量测定准备工作

1. 熔化搅拌试样

在量取试样前，对已凝固或流动性差的试样放入水浴锅进行预热，使其达到具有足够流动性，然后放到摇样机上或用手剧烈振荡试样(称之摇样)，把黏附在盛样容器上的水珠都摇下来，把沉降到容器底部的水也都摇起来，使试样中的水混合均匀，摇样时间不应少3min，作含水测定时，应进行两次(一般同时进行)，最后取平均值。详见表6-7。

如果对试样混合的均匀性有怀疑，认为试样均匀性不可靠，则可重新摇样，再作一次试验，最后取三次结果的平均值。

2. 试样量的选择

试样量的选择是根据试样预期水含量多少而定。

表 6-7 试样量的选择

预期含水/%（质量分数或体积分数）	大约试样量/g 或 mL	预期含水/%（质量分数或体积分数）	大约试样量/g 或 mL
50.1~100.0	5	5.1~10.0	50
25.1~50.0	10	1.1~5.0	100
10.1~25.0	20	≤1.0	200

3. 称量试样

（1）测定水的体积百分含量

首先按照选择取样量的规定确定试样数量，用校正过的各种规格的量筒量取混合均匀并已预热好的试样。量取试样时要仔细、缓慢进行，尽可能严格地把液面调到要求的刻度，然后再仔细地倒入蒸馏烧瓶中，再用至少 200mL 二甲苯或 200 号溶剂油以每次 40mL，分 5 次洗涤量筒并将其倒入烧瓶。要把量筒洗涤干净并把洗液完全倒净，最后再加 200mL 溶剂，使其总量达到 400mL。

（2）测定水的质量百分含量

首先按照选取样量的规定确定试样数量，把已预热并混合均匀的试样直接倒入烧瓶称量(事先称准烧瓶质量)。试样量 5~50g 称准至 0.2g；试样量 50~100g 称准至 0.5g；试样量 100~200g 称准至 1g，再量取 400mL 溶剂倒入烧瓶。

如果不能直接倒入烧瓶，需要先倒入别的容器(如量筒)称量然后再倒入烧瓶，则必须用 200mL 溶剂至少分 5 次洗涤容器并把洗液完全倒入烧瓶，要倒净。然后再加入 200mL 溶剂，使总量达到 400mL。

为防止烧瓶底部液体急剧受热突沸，要往称量好试将的烧瓶里加一些无釉瓷片或玻璃珠等。据有关资料介绍使用磁力搅拌器效果更好。

4. 装上干燥管，打开循环水开关

把装有显色干燥剂的干燥管装在冷凝管的上端，干燥管内的干燥剂常用的是变色硅胶，它吸入空气中水分会变色。硅胶常为蓝色，当失效时变为红色。干燥剂防止空气中的水分进入冷凝管内。装完干燥管后打开循环水开关，下为进水口，上为出水口，一般可用常温自来水，常温不能超过 25℃，循环水温应保持 20~25℃。

（三）水含量测定

打开电加热器开关，蒸馏烧瓶开始受热，其内液体不断升温，由于被测定的原油类型(不同的烃)能够显著地改变原油和溶剂的混合物沸腾特性，所以在蒸馏初始阶段要缓慢加热，防止突然沸腾，造成冲管(蒸汽冲出冷凝管或冷凝液充满冷凝管)，造成事故。不能让冷凝液上升到高于冷凝器内管长度的 3/4，尽可能地控制在冷却水的入口处。

初始加热后，调整沸腾速度，使冷凝液不超过冷凝管长度的 3/4，蒸馏速度应以每秒 2~5 滴进入水分接收器。

继续蒸馏，直到除水分接收器外，仪器的其他任何部分都没有可见水，且接收器中水的体积恒定 5min 不再增加，则可以停止加热蒸馏(即为蒸馏终点)。如果在冷凝管内壁有水珠，可用溶剂或用加有油溶性破乳剂的二甲苯冲洗(二甲苯中破乳剂的浓度为 0.1%)。它可帮助除去黏附在内壁上的水珠。冲洗后还要缓慢加热蒸馏至少 5min。若这个操作不能除掉水珠，可用聚四氟乙烯刮具器或相当的器具把水刮进接收器中，直至冷凝器内管壁没有水珠，卸下水分接收器。

把水分接收器冷却到室温，用刮水器具把黏附在接收器壁上的水珠刮到水层里，当接收器中上层溶剂完全透明时，读出下层水的体积，读准至 0.025mL。

注：冲洗冷凝器内管壁时，必在停止加热 15min 后进行，以防突沸。

（四）计算含水率

计算含水率包括计算试样中水的体积分数和质量分数两种

1. 计算试样中水的体积分数 X_1

$$X_1=(V_1-V_2)\cdot 100/V$$

2. 计算试样中水的质量分数 X_2

$$X_2=(V_1-V_2)\cdot 100/m$$

式中 V_1——接收器中水的体积，mL；

V_2——溶剂中水的体积，mL；

V——试样的体积，mL；

m——试样的质量，g。

注：水在室温下的密度可视为 1g/cm³，因此可用水的体积(mL)作为水的质量(g)。

（五）实验精密度及报告测定结果

1. 实验精密度

为了证明结果准确有效，必须对试样进行重复性试验。即由同一操作者用相同的仪器在规定的操作条件下对同一试样进行两次测定，两次测定结果之差不超过下列规定为合格，否则重新测量。

当含水量为 0~0.1%，两次测定结果之差不超过 0.05%；含水量大于 0.1%，两次测定结果之差不超过 0.08%。

2. 报告测定结果

取两个连续测定结果的算术平均值作为试样的含水量(%)，报告准至 0.01%。

注：在原油生产和交接计量中，原油含水测定不是采用两次连续测定而是同时进行测定，即由同一操作者对同一样品用两台相同的仪器在同一条件下进行测定，相当两次重复测定。

第三节　石油和液体石油产品密度测定

石油和液体石油产品密度测定方法有多种，如玻璃浮计法、比重瓶法、韦氏天平法和振动管密度计法等，为原油及其产品交接计量用的方法是密度计法，即 GB/T 1884—2000《原油和液体石油产品密度实验室测定法(密度计法)》，对于商品交接计量，必须甲乙双方共同参加，一般由甲方操作，乙方监测。对连续输油，每 4h 测量一次密度，每班测量两次。

一、密度测定原理及意义

（一）GB/T 1884—2000 的适用范围

GB/T 1884—2000 规定使用玻璃石油密度计(浮计)在实验室测定原油、石油产品和石油产品与非石油产品混合物的20℃密度。这些液体的雷德蒸气压小于100kPa。

GB/T 1884—2000适用于于测定易流动透明液体的密度；也可使用恒温浴在高于室温的情况下测定黏稠液体；还能用于不透明液体密度的测定(如原油)，按液体弯月面上缘与密度计干管刻度处读数并按GB/T 1884—2000中的表1进行修正。

注：①用GB/T 1884—2000方法测定含游离水或悬浮水以及沉淀物的挥发性或含蜡原油的密度准确性可能要低于GB/T 1884—2000中给出的精度。主要是混合试样时造成轻组分损失，但在混合试样时可以尽量减少其损失。

② 用本方法测得的20℃密度，可用GB/T 1885—1998《石油计量表》中的表E1换算到15℃密度。

(二) 密度测定原理

把试样调到规定温度，将其倒入与试样温度大致相同的密度计量筒中(量筒事先经过预热)，再将合适的密度计放入量筒中。根据阿基米德定律，密度计受到自下而上、等于所排开液体重量的浮力。当所排开液体的重量等于密度计本身的重量时，密度计便静止地漂浮于液体中，同时放入温度计，当温度与液体温度达到平衡(温度计的温度不变了)，分别读取温度与密度值。

为避免测定过程中温度变化太大，特别是对于黏稠油或原油，常常使用恒温浴，即将量筒夹在量筒架上放进恒温浴中进行测定。

液体密度不同，密度计下沉的深浅也不同。密度越大，垂直下沉越浅，反之越深。在玻璃密度计干管内装有自上而下标有密度值的刻度纸固定在玻璃干管内，数值由上至下逐渐增大，读数时由上往下读。读得的密度值为当时温度下的观测密度，未经毛细及胀缩等因素影响的修正，称之为“视密度”。用GB/T 1885—1998《石油计量表》中的表59A或表59B或表59D查得20℃密度(标准密度)，原油查表59A，轻质油查表59B，润滑油查表59D。

(三) 密度测定意义

(1) 计算油量，如生产量、加工量、贮存量、输油量以及商品交易量等。

(2) 根据密度大小，可以大致判断石油及其产品的质量好坏。就原油来说，在相同温度下，一般密度小质量好(高含蜡油除外)。

(3) 密度大小还与石油的组成有关，可以大致判断石油的类型。在相同的碳原子情况下各类烃的密度有着显著的差别。如环烷烃比烷烃密度大，芳香烃比环烷烃密度还大，可见烷烃密度小，含轻质成分多，质量好，芳香烃密度最大质量最差，轻质成分比烷烃、环烷烃都少。

当原油中灰分、胶质，沥青质以及硫、氧、氮等元素越多，密度也越大，质量也越差。

二、仪器设备

(一) 玻璃石油密度计

按GB/T 1884—2000规定，测定石油及其液体石油产品的密度用玻璃石油密度计，并应符合SH/T 0316及表6-8的技术要求。

表 6-8　石油密度计要求

型号	单位	密度范围	每支单位	刻度间隔	最大刻度误差	弯月面修正值
SY-02	kg/m^3(20℃)	600~1100	20	0.2	±0.2	+0.3
SY-05		600~1100	50	0.5	±0.3	+0.7
SY-10		600~1100	50	1.0	±0.6	+1.4
SY-02	g/cm^3(20℃)	0.600~1.100	0.02	0.0002	±0.0002	+0.0003
SY-05		0.600~1.100	0.05	0.0005	±0.0003	+0.0007
SY-10		0.600~1.100	0.05	0.0010	±0.0006	+0.0014

注：①可以使用 SY-Ⅰ或 SY-Ⅱ型石油密度计。

②按月面上缘检定不修正，按下缘检定应给出修正值。

原油及其液体石油产品交接计量用 SY-05 或 SY-Ⅰ型石油密度计。作为一般计量可用 SY-10 或 SY-Ⅱ型石油密度计。

SY-02，SY-05 和 SY-10 密度计的刻度读数是按液体主液面检定的，因此，使用时按主液面读数不做修正，按弯月面上缘读数要进行修正。如测定不透明液体密度，像原油，因主液面刻度在干管上看不见只能读上缘，密度值读小了所以要进行修正。

密度计要定期检定。做一般测量的至少每 5 年复检 1 次，做贸易结算用的至少每 1 年复检 1 次。

密度计属下列情况之一者禁止使用：

（1）未经检定或超过检定周期；

（2）密度计干管内刻度纸窜动；

（3）玻璃体有裂痕；

（4）下部压载体铅粒松动。

（二）温度计

密度是在一定温度下的量值，温度变了密度也随之改变，没有温度的密度没有意义，因此测定密度的同时必须测定温度。

温度计常用的是棒状全浸式水银温度计，最小分度值为 0.1℃和 0.2℃，具体要求见表 6-9。

表 6-9　温度计技术要求

范围/℃	刻度间隔/℃	最大误差/℃
-1~38	0.1	±0.1
-20~102	0.2	±0.15

注：可以用电阻温度计，只要其准确度不低于上述温度计的不确定度。

用于交接计量用的温度计每年至少检定一次。属于下列情况之一者禁止使用：

（1）未经检定或超过检定周期；

（2）温度计干管内水银柱断线；

（3）刻度模糊不清；

（4）下部感温体和玻璃体有裂痕。

（三）密度计量筒

密度计量筒由透明玻璃、塑料或金属制成。测定原油密度用的量筒一般多用玻璃的。容量不小于 250mL 为宜。筒内径至少比所用密度计外径大 25mm（防止密度计与筒壁接触），应使密度计在试样中漂浮时，密度计底部与量筒底部间距至少有 25mm（防止与筒底接触）。

（四）恒温浴

为使试样在测定过程中温度不发生变化，需要使用恒温浴。其尺寸大小应能容纳密度计量筒，使试样完全浸没在恒温浴液体表面以下，在试验期间能保持试验温度在±0. 25℃（即恒准至 0. 25℃）。

（五）搅拌器

用来搅拌量筒中的试样，搅拌器可用玻璃棒做，也可用塑料棒做，但最好用玻璃棒的，塑料易产生静电。棒长约 450mm。还有用电动搅拌器的。但用来测定密度，用手动搅拌器即可。

三、密度测定

（一）试样制备

1. 样品混合

（1）样品混合的要求

为了测得被计量的真实密度，除取样具有代表性外，在密度测定前进行试样混合时应始终注意保持样品的完整性。样品混合的具体要求如下：

① 对初馏点不大于 120℃、中挥发性且黏度小的石油或其产品，可不必预热混合，并能在 20℃或接近 20℃±5℃下测定密度最为准确。

② 对初馏点不大于 120℃、中挥发性但黏度较大、在 20℃±5℃下无法测定的石油或其产品，需要进行预热混合使其达到均匀。大多数原油均属此类性质。但在混合过程中若在开口容器中混合，将导致轻组分损失，影响测得的密度值。

（2）处理混合样品的方法

采用以下方法处理不同性质的样品可使轻组分损失减少一些。

① *RVP*（雷德蒸气压）大于 50kPa 的挥发性原油及其产品，试样混合时应在原来容器和密闭系统中进行。

② 含蜡原油（一般高凝点原油均含蜡），如其倾点高于 10℃或浊点高于 15℃以上，在混合样品前要加热到高于倾点 9℃以上或高于浊点 3℃以上，样品应在原来容器和密闭系统中混合。

③ 含蜡馏分油，样品混合前应加热到浊点 3℃以上。

④ 残渣燃料油，在样品混合前加热到能测定密度时的试验温度。

2. 确定样品试验温度

试验温度为 20℃或接近 20℃±5℃最好，因为测得的密度最为准确。但有些石油及其产品温度在 20℃±5℃是不能进行试验的，需要加热到既有充分流动性又不能引起轻组分损失的温度。对于有些油品可在不需加热的低温下试验，但不能低到样品中有蜡析出。

对原油样品，加热到 20℃，或高于倾点 9℃以上或高于浊点 3℃以上中较高的一个温度。

原油及其液体石油产品在生产计量及贸易结算中，其样品的试验温度应接近被计量油品的实际温度的±3℃，这样可减少体积修正的误差。

（二）仪器准备

石油及其产品密度测定前的仪器准备工作包括：

（1）检查密度计、温度计是否符合使用规定；密度计干管内刻度是否处于正确位置（是否窜动）；温度计水银柱是否断线；仪器是否清洁。

（2）把密度计、温度计及量筒放进干燥箱内，干燥及预热，使其尽量接近测定密度时的试样温度。

（3）样品是重质黏稠油品或原油，应使用恒温浴。打开恒温浴温控开关，将其温度升至测定密度的试样要求温度。

（三）密度测定

1. 对于透明、黏度小、凝点低的原油或轻质液体石油产品的密度测定

（1）把准备好试验温度下的试样拿到温度稳定（不变）的地方小心地沿量筒壁倾入量筒中，避免飞溅和起泡，减少轻组分挥发，用滤纸除去表面气泡。

（2）把装试样的量筒垂直地放在没有空气流动的地方（这个地方是在整个测定过程中温度变化不超过±2℃，否则使用恒温浴），用选好符合规定的温度计（测温度用的）或塑料棒作垂直旋转运动，搅拌试样使其密度和温度达到均匀。

（3）读取试样温度准至0.1℃，如需修正仍准至0.1℃。温度计在试样中不少于10min（可提前放入）

（4）提出温度计，将密度计放入液体中。

放密度计时，要轻拿轻放，垂直拿密度计顶尖，不可倾斜，否则会折断干管。接触试样后，感觉快要达到平衡位置（漂浮）时把手轻轻松开，让其自由漂浮。不可松手过猛，使其下沉过头，造成液面以上干管沾油，增加密度计重量，影响读数准确。

观察弯月面形状，然后把密度计按到平衡点以下1~2mm处，等它回到平衡位置后再观察弯月面形状。若两次形状不一致，说明干管不干净，应清洗擦干再重复此项操作，直至弯月面形状保持一致，然后再正式测定。

（5）对透明、黏度小、凝点低的液体，将密度计压入液体中约两个刻度，再放开并轻轻转动一下使其离开量筒壁的地方静止下来，要有充分的静止时间（不低于1min）。

① 读数时先使眼睛稍低于液面，然后慢慢升到表面。先看到一个不正的椭圆，然后变成一条与密度计干管相切的一条直线，读取液体主液面与密度计刻度相切的那一亮点，读准至最接近刻度间隔的1/5。

② 记录测定结果，进行第二次测定。取出密度计，擦去黏附在上面的试样。用温度计搅试试样，测取温度，读取温度，读准至0.1℃；如果温度与第一次相差超过0.5℃，应调整试样温度，直到温度变化在0.5℃以内，读取密度。两次密度测定结果重复性误差不超过0.5kg/m^3，超过应重新测定。最后取两次测定结果的算术平均值（温度、密度）。

2. 对于不透明黏稠液体的密度测定

对于不透明黏稠液体（如原油）密度测定与透明液体有两个主要不同点：一是密度计放入液体后不用往下按，要等待密度计慢慢地沉入液体中，平衡后即可读数。二是读数时眼

睛要稍高于液面位置，读取液体弯月面上缘与密度计刻度相切的那一亮点。其他要求及方法基本相同。读得的密度值如果是用 SY-02，SY-05 或 SY-10 密度计测定的，应按给出的修正值修正。因为这种型号的密度计刻度是按液体主液面检定的，如果用 SY-Ⅰ和 SY-Ⅱ型密度计测定结果不做修正，因为这种密度计刻度是按液体弯月面上缘检定的，除非不是按弯月面上缘检定的，否则就必须给出修正值(由检定单位给出)。

测定第一次温度后，进行密度测定，读数后将密度计取出，再进行第二次温度测定。两次温差不能超过 0.5℃，超过应重新测定，最后取两次温度平均值。

3. 视密度和标准密度的转换

把测得的试样密度(称视密度)用 GB/T 1885—1998 中表 59A、表 59B 或表 59D 换算成标准密度(ρ_{20})

4. 报告结果

报告结果中的密度准至 0.1kg/m^3，温度 20℃。

第四节　原油中有机氯含量测定

根据国家对原油质量管控的相关要求，提供质量合格的产品是企业应有的责任和义务，因此控制外输原油的有机氯，保证原油外销质量，快速准确的测定油品中的有机氯含量是原油外销工作中的重要节点之一。

目前，原油有机氯检测执行 GB/T 18612—2011《原油有机氯含量的测定》标准和 Q/SH 1020 2466—2016《原油中有机氯含量测定方法》。

一、GB/T 18612—2011《原油有机氯含量的测定》标准

本标准按照 GB/T 1.1—2009 给出的规则起草。

警告——使用本标准的人员应有正规实验室工作的实践经验。本标准并未指出所有可能的安全问题。使用者有责任采取适当的安全和健康措施，并保证符合国家有关法规规定的条件。

(一) 范围

(1) 本标准规定了测定原油有机氯含量的两种方法，包括方法 A——联苯钠还原电位滴定法和方法 B——燃烧氧化微库仑计法。

(2) 本标准适用于测定有机氯含量大于 1μg/g 的原油。其中方法 B 不适用于总硫含量大于有机氯含量 10000 倍的原油。

工作中，主要以方法 B——燃烧氧化微库仑计法为主，文中主要介绍方法 B——燃烧氧化微库仑计法。

(二) 规范性引用文件

下列文件对于本文件的应用是必不可少的。凡是注日期的引用文件，仅注日期的版本适于本文件。凡是不注日期的引用文件，其最新版本(包括所有的修改单)适用于本文件。

GB/T 4756 石油液体手工取样法(GB/T 4756—2015，ISO 3170：2004，eqv)

GB/T 6536 石油产品常压蒸馏特性测定法(GB/T 6536—2010，ASTM D86：2007a，gqv)

GB/T 6682 分析实验室用水规格和试验方法(GB/T 6682—2008，ISO 3696：1987，MOD)

(三) 原理

(1) 通过原油蒸馏获得 204℃前石油馏分，蒸馏方法应按 GB/T6536 的要求执行。石脑油馏分用碱和水充分洗脱，除去所含硫化氢和无机氯化物。

(2) 采用如下两种方法测定洗脱后石脑油馏分中的有机氯含量。

(3) 方法 A：将经洗脱后的石脑油馏分转移至装有溶于甲苯的联苯钠的分液漏斗中。联苯钠可将有机卤化物转化成无机卤化物，将水相蒸发浓缩，加入丙酮进行电位滴定，从而计算出原油中有机氯含量。原油中有机溴化物和有机碘化物对该方法有影响。

(4) 方法 B：将经洗脱后的石脑油馏分注入含有约 80%的氧气和 20%的惰性气体(例如：氦气、氩气或氮气)的气流中，经过温度为 800℃的裂解管，有机氯转变为氯化物和氯氧化物，在滴定池中与银离子反应。消耗的银离子由库仑计的电解作用进行补充，根据补充银离子所消耗的总电量计算原油中有机氯含量。原油中有机溴化物和有机碘化物对该方法有影响。

氯化物在滴定池中的反应如下：

$$Cl^- + Ag^+ \rightarrow AgCl\downarrow$$

上述反应中消耗的银离子发生的库仑反应如下：

$$Ag \rightarrow Ag^+ + e^-$$

(四) 原油蒸馏和馏分油提纯

1. 试剂和材料

除非另有规定，在分析中仅使用分析纯试剂。

(1) 氢氧化钾(KOH)

警告——可能引起严重的皮肤灼伤。

(2) 丙酮(CH_3COCH_3)。

警告——易燃，可能导致火灾，对健康有害。

(3) 甲苯($C_5H_5CH_3$)

警告——易燃，对健康有害。

(4) 水：符合 GB/T 6682 中二级水的要求。

(5) 氢氧化钾溶液：c(KOH) = 1mol/L

(6) 滤纸。

2. 仪器

(1) 圆底蒸馏烧瓶：耐热玻璃制造，容积 1L，短瓶颈并具有 24/40 外磨口玻璃接口。

(2) T 形接管：耐热玻璃制造，带有 75°的支管，具有 24/40 磨口玻璃接口。

(3) 温度计：温度范围为 0~300℃，最小刻度为 1℃。

(4) 温度计接口：耐热玻璃制造，具有 24/40 内磨口玻璃接口。

(5) 直型冷凝管：耐热玻璃制造，300mm，具有 24/40 磨口玻璃接口。

(6) 抽真空接口：耐热玻璃制造，弯成 105°，具有 24/40 磨口玻璃接口。

（7）接收量筒：耐热玻璃制造，容积250mL，具有24/40外磨口玻璃接口。

（8）金属夹：用于24号磨口玻璃接口，不锈钢制。

（9）冷却浴：容积4L。

（10）铜管：用于热交换冷却冷凝水，外径6.4mm，长度3m。

（11）电加热套：容积1L，0~1000W可调。

（12）电子天平，精确用0.01g。

3. 取样

本标准应按GB/T 4756或SY/T 5317取得有代表性的样品。

4. 试样的制备

（1）所有玻璃器具应依次用甲苯和丙酮清洗，然后用干燥的氮气流吹干。称量并记录圆底烧瓶和接收量筒的质量。安装玻璃蒸馏装置，用凡士林密封所有接口，再用金属夹夹紧接口，防止接口轻动。在安装温度计时，调整T形接管内的温度计的位置，使度计毛细管的底端与连接冷凝器的T形接管内壁底部的最高点水平。

（2）将铜管绕成线盘，装在冷却浴的内部，在冷却浴中心为接收量筒留出空间。用聚四氯乙烯管将铜管线盘的一端与水源连接，另一端与直型冷凝管套管的下支管连接，将冷凝管套管的上支管接至排水处。用冰水混合物装满冷却浴，打开循环水，冷凝管的温度应保持在10℃以下。

（3）将约500mL原油加入已称重的圆底烧瓶中，称量并记录原油质量，精确到0.1g，将烧瓶与蒸馏装置连接，放置在电加热套中，将已称量的接收量筒放在馏出口下方，打开电加热套电源，进行蒸馏。蒸馏过程中，通过调节电加热套旋钮来控制蒸馏速度大约为5mL/min。当温度计读数达到204℃时，移走接收量筒，停止蒸馏。称量并记录馏出物的质量，精确到0.1g

（4）将石脑油馏分从接收量筒转移至分液漏斗中，用等体积的氢氧化钾溶液震荡洗涤三次，除去硫化氢，然后用等体积的水震荡洗涤三次，除去微量的无机氯化物。将洗涤后的石脑油馏分过滤除去剩余的水，并储存在干净的玻璃瓶中，待用。

（5）结果计算

石脑油馏分的质量分数f，数值以%表示，按式（6-10）计算。

$$f=\frac{m_n}{m_c} \tag{6-10}$$

式中　m_n——收集到的石脑油馏分的质量的数值，克（g）；

m_c——原油的质量的数值，克（g）。

用已知质量的10mL容量瓶量取10mL石脑油馏分，称重，精确到0.1g，石脑油馏分的密度D，数值以克每毫升（g/mL）表示，按式（6-11）计算。

$$D=\frac{m}{V} \tag{6-11}$$

式中　m——石脑油馏的质量的数值，克（g）；

V——石脑油馏分的体积的数值，毫升（mL）。

（五）方法——燃烧氧化微库仑计法

1. 试剂与材料

除非另有规定，在分析中仅使用分析纯试剂。

（1）反应气：氧气，高纯级。

（2）载气：氩气、氦气、氮气或二氧化碳，高纯级。

（3）乙酸银（CH_3COOAg）。

（4）冰乙酸（CH_3COOH）。

（5）氯苯（C_6H_5Cl）。

（6）乙酸溶液：体积分数为70%。将300mL水与700mL冰乙酸混合均匀。

（7）氯标准储备液：氯含量为1000mg/L。准确称取1.587g氢苯于500mL容量瓶中，用异辛烷稀释至刻度。

（8）氯标准溶液：氯含量为10mg/L。移取1.0mL氯标准储备液于100mL容量瓶中，用异辛烷稀释至刻度。

2. 仪器

（1）裂解炉：可恒温800℃。

（2）石英裂解管：在入口段应有用于注射器进样的隔膜，以及能够通入反应气及载气的进气支管。样品在入口段能够完全蒸发，由载气将蒸发的样品载入氧化区，在氧化区与反应气混合并燃烧，燃烧管的氧化区应具有够的空间以确保样品燃烧完全。

（3）滴定池：包括检测银离子浓度变化的传感—参比电极时；维持恒定银离子浓度的发生器阳-阴极对；导入从裂解管获得的气体样品的导孔。传感电极、参比电极和发生器阳极都是银制电极，发生器阴极由铂丝制成。参比电极浸泡在乙酸银饱和溶液中，电解液为乙酸溶液。

（4）微库仑计：具有连续可调增益和偏压控制，能够测量传感—参比电极对的电位差，并将该电位差与偏压电位进行比较，再将放大的比较值施加到发生器阳—阴极对上，进行滴定。微库仑计的输出信号与产生的电流成比例。微库仑计可具有一个数字式仪表和电路系统，将该输出信号直接转换为有机氯的钠克数或做克数。

（5）样品注射器：容积为50μL的微量注射器。能够准地将5~50μL的样品注入裂解管中。推荐使用长75~150mm的针头，将样品注射到大约500℃的裂解管入口段。

（6）进样器：推荐的注射速度不超过0.5μL/s。

3. 分析步骤

（1）按照仪器生产厂的说明书来安装仪器。

（2）典型操作条件如下：

反应气（O_2）流速：160mL/min；

载气流速：40mL/min。

炉温：

入口段：700℃；

中段和出口段：800℃。

微库仑计：

偏压：240~265mV；

增益：约1200。

（3）用样品注射器将30μL二次蒸馏水或去离子水直接注射进入滴定池，增大或减小偏压，使由于稀释效应而产生的总积分值最小。

（4）用50μL注射器抽取30~40μL获得的试样，仔细清除气泡，抽回针杆以使凹液面最低点达到 5μL 处，记录注射器中液柱另一端的读数。试样注入后，拔出注射器，再抽回针杆，以使凹液面最低点达到 5μL 处，记录注射器中液柱另一端的读数。两次读数之差即为注入的试样体积。

（5）也可采用称量法，即称量试样注入前和注入后的注射器质量，精确到 0.01mg，两次质量之差即为注入的试样质量。这种方法比体积注射方法准确度更高。

（6）以不超过 0.5μL/s 的速度将试样注入裂解管中。

（7）有机氯含量小于 5μg/g 时，针头隔垫空白的影响会更加显著。为提高准确度，应将注射器针头插入裂解管入口段，直到针头隔垫空白被滴定后注入试样或氯标准溶液。

（8）有机氯含量大于 25μg/g 时，只需进样 5.0μL。

（9）每 4h 用氯标准溶液进行测定，检查系统回收率，系统回收率应在 85%以上。

（10）氯标准溶液至少重复测定三次。

（11）日常用异辛烷检查系统空白，应从试样和氯标准溶液定数据中减去系统空白，当针头隔垫空白滴定后，系统空白应小于 0.2μg/g。

4. 结果计算

（1）石脑油馏分中有机氯含量按下式计算。

① 对直接读出氯的纳克数的微库仑计，石脑油馏分中有机氯含量以质量分数 w_n 计，数值以微克每克（μg/g）表示，计算式为：

$$w_n = \frac{A_1 - A_0}{(V)(D)(RF)}$$

$$w_n = \frac{A_1 - A_0}{(m_2)(RF)}$$

$$RF = \frac{A_2 - A_0}{(V)(D)(c_S)}$$

式中 A_1——试样的积分值，纳克（ng）；

A_0——空白的积分值，纳克（ng）；

A_2——氯标准溶液的积分值，纳克（ng）；

V——注射的试样体积的数值，微升（μL）；

D——石脑馏分的密度的数值，克每毫升（g/mL）；

RF——回收率，标样积分值减空白积分值，除以所注射标样中的氯含量；

m_2——试样的质量的数值，毫克（mg）；

c_S——氯标准溶液中有机氯含量的数值，毫克每升（mg/L）。

② 于只有模拟信号输出到记录仪上的微库仑计，石脑油馏分中有机氯含量以质量分数 w_n 计，数值以微克每克（μg/g）表示，按式（6-12）计算：

$$w_n = \frac{(A)(S)(0.367)}{(R)(Y)(RF)} - B \tag{6-12}$$

式中 A——以合适的单位表示的面积读数；

S——记录仪的满量程灵敏度，毫伏（mV）；

$$0.367 = \frac{(35.45\text{g/eq})(10^{-3}\text{V/mV})(10^6\mu\text{g/g})}{(96500\text{C/eq})}$$

R——电阻，欧姆（Ω）；

Y——每秒-面积单位每秒的记录仪上满量程响应的等效面积；

m——试料的质量的数值，克(g)；

RF——国收率；

B——系统空白，微克每克(μg/g)。

(2) 原油中有机氯含量以质量分数 w 计，数值以微克每克(μg/g)表示，按式(6-13)计算：

$$w = w_n \times f \tag{6-13}$$

式中 w_n——石脑馏分油中有机氯含量的数值，微克每克(μg/g)；

f——石脑油馏分的质量分数。

5. 精密度和偏离

(1) 精密度

① 重复性(r)

在同一实验室，由同一操作者使用相间设备，按本标准的规定操作，并在短时间内对同一样品相互独立进行测试获得的两次独立测试结果的绝对差值不超过按式(6-14)计算数值的概率为95%。

$$r = 1.01(X - 0.17)^{0.467} \tag{6-14}$$

式中 X——两次测定的有机氯含量的算术平均值，微克每克(μg/g)。

② 现性(R)

在不同的实验室，由不同的操作者使用不同的设备，按本标准的规定操作，对同一样品相互独立进行测试获得的两次独立测试结果的绝对差值不超过按式(6-15)计算数值的概率为95%。

$$R = 1.329(X - 0.17)^{0.467} \tag{6-15}$$

式中 X——两次测定的有机氨含量的算术平均值，微克每克(μg/g)。

(2) 偏离

向各种原油中加入已知含量的各种有机氯化合物，进行回收率试验。

(六) 质量保证和控制

(1) 通过分析一种受控的质控样品保证仪器的性能和试验步骤的准确。

(2) 各检测机构应制定质量控制和质量评价方法，并能确保试验结果的可靠性。

(七) 试验报告

试验报告至少应给出以下几个方面的内容：

(1) 识别被试验的样品所需的全部资料；

(2) 使用的标准(包括发布或出版年号)；

(3) 使用的方法；

(4) 试验洁果，包括各单位试验结果和它们的平均值，单位为微克每克(μg/g)；

(5) 与规定的分析步骤的差异；

(6) 在试验中观察到的异常现象；

(7) 试验日期。

二、企业标准 Q/SH 1020 2466—2016《原油中有机氯含量测定方法》

本标准按照 GB/T 1.1—2009 给出的规则起草。

警告：使用本标准的人员应有正规实验室工作的实践经验。本标准并未指出所有可能的安全问题。使用者有责任采取适当的安全和健康措施，并保证符合国家有关法律、法规规定的条件。

（一）范围

本标准规定了净化原油及高含水原油中有机氯含量测定的测定方法。

本标准适用于净化原油及高含水原油中有机氯含量的测定。

（二）规范性引用文件

下列文件对于本文件的应用是必不可少的。凡是注日期的引用文件，仅注日期的版本适用于本文件。凡是不注日期的引用文件，其最新版本（包括所有的修改单）适用于本文件。

GB/T 4756 石油液体手工取样法

GB/T 8170 数值修约规则与极限数值的表示和判定

GB/T 27867 石油液体管线自动取样法

（三）术语和定义

下列定义和定义适用本文件。

1. 净化原油

含水量≤2.0%的原油为净化原油。

2. 高含水原油

含水量>2.0%的原油为净化原油。

（四）仪器设备及材料

仪器及材料应符合以下要求：

（1）天平：感量0.01g、0.0001g；

（2）微机库伦分析仪：包含裂解炉、滴定池、微库仑计、自动进样器；

（3）离心机：10mL刻度具塞离心管；

（4）恒温水浴：室温~100℃，温度误差±1℃；

（5）电脱仪：DTS-4C或同类产品；

（6）密度仪：DMA-4500M或同类产品；

（7）大气压计；

（8）原油常压蒸馏测定仪；

（9）电加热带（带温控器）：控温范围室温~200℃，温度误差±1℃；

（10）原油含水测定装置，烧瓶为500mL；

（11）低温循环水浴：0℃~室温，温度误差±1℃；

（12）温度计：0~400℃，分度值为1℃；

（13）支管蒸馏烧瓶：250mL；

（14）称量瓶：Φ40mm×70mm；

（15）密度瓶：5mL；

（16）微量进样器：10μL；

（17）电解液：70%冰乙酸（优级纯）水溶液；

（18）氢氧化钾溶液：c(KOH) = 1mol/L；

（19）溶剂油：120；

（20）丙酮：分析纯；

（21）无水乙醇：分析纯；

（22）氧气：纯度不低于 99.99%；

（23）氮气：纯度不低于 99.99%；

（24）轻氯标样：1μg/g、5μg/g、10μg/g；

（25）乙酸银：分析纯；

（26）微量注射器：10μL。

（五）取样规范

（1）对于输油管线，优先选用 GB/T 27867 取样，也可采用 GB/T 4756 取样。对于固定储油罐、油罐车、油船、油桶等储油设施的原油，采用 GB/T 4756 取样。

（2）取样容器应清洁、干燥、严密。净化原油使用氟化瓶、广口瓶或取样桶取样，样品需要长时间留样时应用玻璃瓶取样。单井原油、罐车拉油使用 2~5L 聚四氟乙烯取样桶接取不含游离水的乳化原油。样品不应装满取样容器，留出 1/3 的空间，以免温度变化，样品中气体溢出，鼓胀容器。

（3）样品量至少满足两次重复检测的需求；当需要留存备考样品时，应满足备考样品的需求；对采得的样品如需做脱水处理时，应满足脱水处理的需要。

（4）原油样品在进行检验之前，应进行充分的混合操作，确保试样具有代表性。

（5）取样过程应防止环境污染，样品及时送达实验室，防止样品变化。

（六）试验方法

1. 净化原油中有机氯含量的测定

（1）准备工作

① 原油的均化

将净化原油在 40~60℃的水浴中加热搅拌混匀备用，稠油或超稠油可适当的提高水浴温度，以原油具有一定的流动性为宜。

② 玻璃器具的清洗

所有玻璃器具经依次使用 120 溶剂油、丙酮、无水乙醇清洗（三种溶剂要做有机氯含量的测试，保证不含有机氯），然后用干燥的氮气流吹干。

（2）原油的蒸馏

① 使用 250mL 的支管蒸馏烧瓶，称取油样 120g，准确至 0.01g；或用体积为 500mL 的支管蒸馏烧瓶，称取油样 200g 左右。记录称样质量 m_0，准确到 0.01g。将两个干燥好的 40mm×70mm 的称量瓶称重，准确到 0.01g，并分别记录空瓶 1、2 质量 m_1、m_2，随后加入少量人造沸石，防止暴沸。

② 将温度计插入烧瓶内，调整温度计水银泡上沿与蒸馏瓶直管内侧下部对齐。如图 6-2 所示。

③ 在蒸馏烧瓶管部缠绕电加热带（见图 6-3），并调节温度在 120℃。将蒸馏烧瓶放入原油蒸馏测定仪的电加热套中，将蒸馏烧瓶支管与冷凝套管口相连接，将已称量的称量瓶 1 放在馏出口下方，并在冷凝管和称量瓶连接处加盖防挥发帽。打开原油蒸馏测定仪电源，设定冷凝管温度为 10℃，（若出现明显结蜡或气体溢出，可适当提高或降低冷凝管温

度），当冷凝管温度降到10℃以下打开原油蒸馏测定仪电炉和电加热带电源，进行蒸馏。

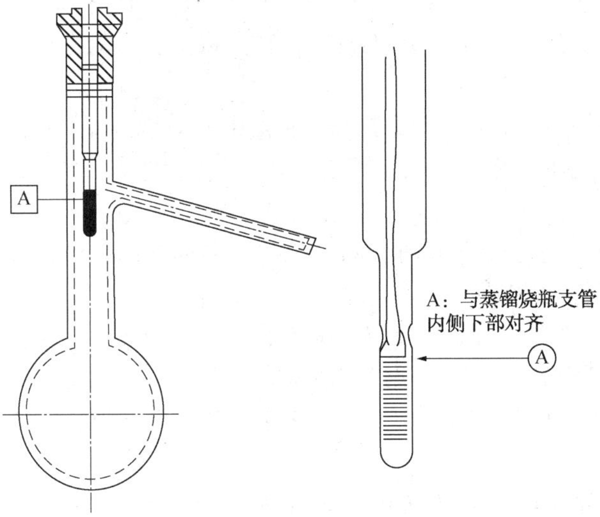

图6-2　温度计放置位置示意图

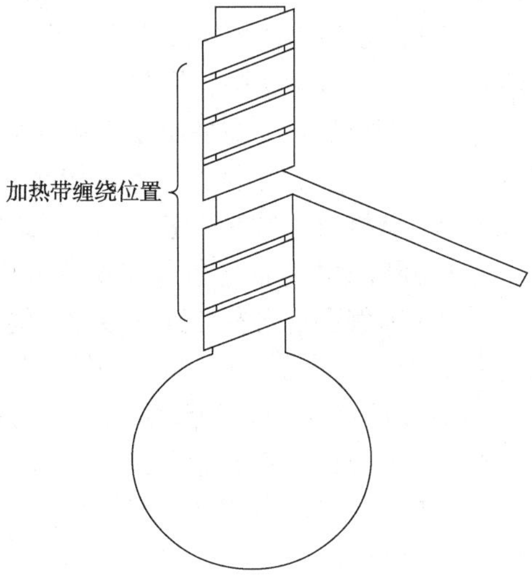

图6-3　电加热带缠绕位置示意图

④ 蒸馏过程中，通过调节电加热旋钮来控制馏出速度，蒸馏速度不宜过快，控制到5mL/min以内，电炉初始电压不宜过高（50V左右），防止残留水分引起喷溅，如果因含水较高而喷溅时，应降低电炉电压。当温度计读数达到204℃时，迅速移走称量瓶1，更换上称量瓶2，并升高蒸馏测定仪冷凝管温度到35℃（若出现明显结蜡或气体溢出，可适当提高或降低冷凝管温度）。

⑤ 当温度计读数达到320℃时，移走称量瓶2，停止蒸馏。分别称量并记录两段馏出物的质量Δm_1和Δm_2，准确到0.01g，当称量瓶内有明显可见游离水时，要先用注射器抽去水后再称量，必要时要把水的质量从m_0扣除。

（3）测定馏分油密度

① 液体密度计法：使用U形震荡管液体密度计专用注射器抽取少量经震荡混匀的馏分油，注射入液体密度计中待温度恒定后读取馏分油密度，将测量结果分别记录为ρ_1、ρ_2。

② 移液管法：如果没有U形震荡管液体密度计，可以用移液管准确移取2mL馏分油，用精密分析天平称重来计算密度，并将测量结果分别记录为ρ_1、ρ_2。

注：如果馏分油常温下有结蜡凝固现象，可以先使用35℃的水浴加热至自由流动状态，并混匀后测定馏分油的密度。

③ 密度瓶法：将馏分油混合均匀后使用5mL的密度瓶测定馏分油的密度，并将测量结果分别记录为ρ_1、ρ_2。

注：如果馏分油凝固也可以将馏分油在35℃水浴中加热至流动状态。

（4）馏分油的洗涤

① 碱洗：从称量瓶倒入2~3mL经摇匀的馏分油至刻度离心管中，并取等体积的浓度为1mol/L的KOH溶液至离心管中，盖塞手动上下反复剧烈震荡约10s使其充分乳化，以除去硫化氢，然后在2000r/min下离心2min至界面清晰。用一次性注射器将下层碱液抽出，上层馏分油待水洗。

② 水洗：将碱洗后的馏分油中加入等体积的蒸馏水，在具塞离心管中充分振荡后，在2000r/min下离心2min至油水界面清晰。用一次性注射器将下层水分吸出，再注入等体积蒸馏水，按以上步骤重复洗涤三次，以除去馏分油中的无机氯化物。将洗脱后的馏分油储存在干净的称量瓶中，待测。

注：洗涤过程中如果馏分油结蜡凝结，应将馏分油置于35℃水浴中，加热至流动状态后摇匀，用35℃热水洗涤。特殊情况下，可适当增加洗涤次数。

（5）有机氯含量的测定

① 开启微库仑测定仪，按仪器说明书规定的方法调节测试参数。本标准以国产微库仑测定仪为例，给出参考测试参数，便于实验室参考。

② 炉中气化段、燃烧段和稳定段三段温度分别设定为700℃、850℃、750℃。使用70%的优级纯冰乙酸溶液清洗滴定池的参考电极段和阴极段，清洗完毕后将70%的优级纯冰乙酸电解液加入滴定池中，排空参考电极和阴极段的气泡。将电解池连接到裂解管末端，以5mV为单位调整偏压到275mV。

③ 打开微库仑仪的氧气和氮气减压阀，调整气量，氮气为225mL/min，氧气为225mL/min。

④ 根据馏分油有机氯含量选取与之相近的轻油有机氯标样，在微库仑仪电脑控制软件的标样状态下，用微量进样器抽取6~8μL标样(仔细清除微量进样器中的气泡)，将微量进样器放入自动进样器上向裂解炉中进样测定微库仑仪的转化率，使最终转化率达到85%~110%之间。

⑤ 使用微量进样器进样时为保证进样体积准确，应仔细清除气泡，抽回针杆以使凹液面最低点达到0.1μL处，记录微量进样器中液柱另一端的读数。试样注入后，拔出微量进样器，再回拉针杆，以使凹液面最低点达到0.1μL处记微量进样器另一端的读数。两次读数之差即为注入试样的体积。

⑥ 用微量进样器抽取6~8μL待测馏分油，分别测定两段馏分油中的有机氯含量，并记录测定值c_1、c_2。若馏分油中有机氯含量偏高，可以适当地降低进样量或用甲苯稀释后再测定，并根据稀释比例计算馏分油中的有机氯含量。每个馏分油至少测定四次，取其中两次最接近的数值取平均作为最终的测定值。

⑦ 每4h用氯标样检查系统回收率，回收率稳定时方可进行样品检测，每测试20个馏分油样品后应使用标样对仪器进行标定，检查仪器稳定性，并将每天所测得标样浓度绘制质控图，便于测试过程的质量控制。

（6）原油有机氯含量的计算

原油有机氯含量按式(6-16)进行计算：

$$W = \frac{\Delta m_1 \cdot c_1}{\rho_1 \cdot m_0} + \frac{\Delta m_2 \cdot c_2}{\rho_2 \cdot m_0} \tag{6-16}$$

式中 W——原油有机氯含量，mg/kg；

Δm_1——204℃前馏分油质量，g；

Δm_2——204~320℃馏分油质量，g；

c_1——204℃前馏分油有机氯含量，μg/mL；

c_2——204~320℃馏分油有机氯含量，μg/mL；

ρ_1——204℃前馏分油密度，g/cm^3；

ρ_2——204~320℃馏分油密度，g/cm³；

m_0——称取原油质量。

2. 高含水原油中有机氯含量的测定

（1）准备工作

将高含水原油在40~60℃的水浴中加热并自然沉降2h，稠油或超稠油可适当地提高水浴温度，以原油具有一定的流动性为宜，然后从样桶底部将游离水排出，含乳化水原油待用。

（2）脱水方式的选择

首先测定高含水乳化油在60℃下的黏度。当50℃的黏度小于550mPa·s时，采用密闭式电脱的方式进行脱水；当50℃的黏度大于550mPa·s时，采用抽提蒸馏的方式进行脱水。

（3）原油中有机氯含量的测定（50℃的黏度小于550mPa·s的高含水原油）

① 密闭电脱水方法

将含乳化水的低黏原油倒入密闭电脱仪的釜内，并将上盖盖好，插入电极棒并连接好正负极。打开加热电源，根据原油黏度，设定加热温度在60℃~90℃之间，当温度升高到额定值后，开启电场进行脱水。脱水时间不宜少于2h。脱水完毕后待釜温降至50℃以下，先将放气阀打开，然后打开釜盖，获取上部原油待测

② 原油中有机氯的测定

按“1. 净化原油中有机氯含量的测定”中的方法进行有机氯含量的测定。

（4）原油中有机氯含量的测定（50℃的黏度大于550mPa·s的高含水原油）

① 蒸馏抽提脱水方法

a. 向原油含水测定装置的500mL烧瓶内倒入250g左右乳化原油，记录称样质量m_3；再加入50g左右120#溶剂油，并记录加入质量m_4；最后加入少量沸石。将烧瓶连接在图6-4所示的接收器及冷凝管上（接收器可以将原油含水蒸馏装置所用的接收器进行改造）。

b. 打开低温循环水浴电源，并将温度设置为15℃，打开电热套电源，缓慢升温，进行蒸馏脱水。

c. 脱水过程中，接收器中的水接取满后，将阀门打开，将水放至量筒内，直至原油中的水完全馏出。称取蒸馏出的全部水分质量m_5。

注：放水过程要注意不能将溶剂油放出。

d. 将接收器中的120#溶剂油全部转移到烧瓶内，并充分摇匀待用。

② 脱水后原油的蒸馏

a. 使用250mL的支管蒸馏烧瓶，称取脱水后的原油样品120g左右；或用体积为500mL的支管蒸馏烧瓶，称取油样200g左右。记录称样质量m_6，准确到0.01g。将1个干燥好的100mL的细口磨塞试剂瓶称重，准确到0.01g，并记录空瓶质量m_7，随后加入少量人造沸石，防止暴沸。

b. 将温度计插入烧瓶内，调整温度计水银泡上沿与蒸馏瓶直管内侧下部对齐。

c. 将蒸馏烧瓶放入原油蒸馏测定仪的电加热

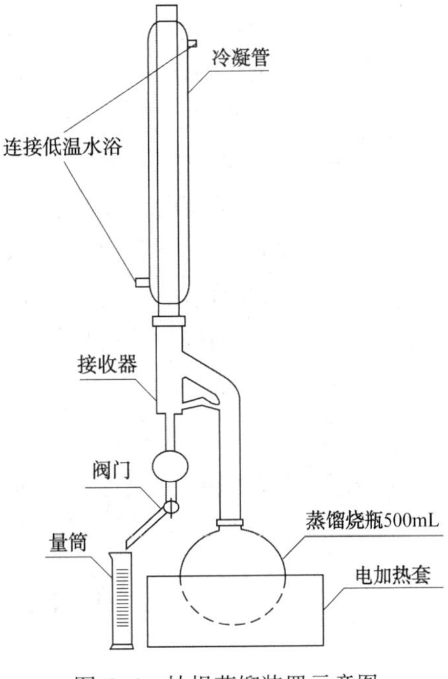

图6-4　抽提蒸馏装置示意图

套中，将蒸馏烧瓶支管与冷凝套管口相连接，将已称量的细口磨塞试剂瓶 m_7 放在馏出口下方，并在冷凝管和称量瓶连接处加盖防挥发帽。打开原油蒸馏测定仪电源，设定冷凝管温度为 10℃，(若出现明显结蜡或气体溢出，可适当提高或降低冷凝管温度)，当冷凝管温度降到 10℃以下打开原油蒸馏测定仪电炉和电加热带电源，进行蒸馏。

d. 蒸馏过程中，通过调节电加热旋钮来控制馏出速度，蒸馏速度不宜过快，控制到 5mL/min 以内，当温度计读数达到 320℃时，移走细口磨塞试剂瓶 m_7，停止蒸馏。称量并记录馏出物的质量 Δm，准确到 0.01g，称量完毕后，将馏分油充分摇匀待用。

注：在蒸馏过程中使用气压计测定实验室内大气压，并根据标准大气压修正蒸馏时的实际温度。

③ 馏分油密度的测定

按"(3)测定馏分油密度"方法测定馏分油及 120#溶剂油密度，并分别记录为 ρ_3、ρ_4。

④ 馏分油的洗涤

按"(4)馏分油的洗涤"方法洗涤馏分油。

⑤ 有机氯含量的测定

按"(5)有机氯含量的测定"方法测定馏分油中的有机氯含量，记录测试值为 c_3，同时测定 120#溶剂油有机氯含量空白，并记录测试值为 c_4。

⑥ 原油有机氯含量的计算

原油有机氯含量按式(6-17)进行计算。

$$W' = \frac{\dfrac{\Delta m \cdot c_3}{\rho_3} - \dfrac{m_6 \cdot m_4 \cdot c_4}{\rho_4(m_4 + m_3 - m_5)}}{m_6 \dfrac{m_3 - m_5}{m_4 + m_3 - m_5}} \tag{6-17}$$

式中 W'——原油有机氯含量，mg/kg；

m_3——脱水前含乳化水原油质量，g；

m_4——加入 120 溶剂油质量，g；

m_5——脱出水的总质量，g；

m_6——蒸馏脱水后原油质量，g；

Δm——320℃前馏分油质量，g；

ρ_3——320℃前馏分油密度，g/cm^3；

ρ_4——120#溶剂油密度，g/cm^3；

c_3——320℃前馏分油有机氯含量，μg/mL；

c_4——120 溶剂油有机氯含量，μg/mL。

(七) 报告

最终检测数据保留一位小数，数据修约按 GB/T 8170 进行。

第五节 水质监测

水质监测是对油气田水进行经常性的监视和测定，掌握水质现状及其变化趋势，判断分析油气田水处理各环节的处理效果、运行状态，为分析判断事故原因、危害及制定对策提供依据。

目前，各油田普遍采用的水质分析方法标准依据是石油天然气行业标准《碎屑岩油藏注水水质推荐指标及分析方法》SY/T 5329—2012，简称行业标准。水质控制指标有：悬浮固体、悬浮颗粒直径中值、含油量、平均腐蚀率、点腐蚀、硫酸盐还原菌数、腐生菌数、铁细菌数；辅助指标有：溶解氧、硫化氢、侵蚀性二氧化碳、铁、pH 值等。

一、悬浮固体含量

悬浮物通常是指在水中不溶解而又存在于水中不能通过过滤器的物质。在测定其含量时，由于所用的过滤器的孔径不同，对测定的结果影响很大，油田注水规定的悬浮固体一般是指采用平均孔径为 0.45μm 的纤维素脂微孔膜过滤，经汽油或石油醚溶剂洗去原油后，膜上不溶于油水的物质。

（一）原理

对悬浮固体含量的测定，采用滤膜过滤法，该法系让水通过已称至恒重的滤膜，根据过滤水的体积和滤膜的增重计算水中悬浮固体的含量。

（二）仪器及材料

（1）微孔薄膜过滤试验仪或其他同类仪器；

（2）真空泵；

（3）微波炉或烘箱；

（4）天平：感量为 0.1mg；

（5）滤膜：孔径 0.45μm；

（6）装有氮气的钢瓶；

（7）量筒：1000mL；

（8）无铅汽油。

（三）操作步骤

（1）将滤膜放入蒸馏水中浸泡 30min，并用蒸馏水洗 3~4 次。

（2）取出滤膜放在微波炉中，在 70℃下烘 3min（或在烘箱中，90℃下烘 30min），取出后放入干燥器冷却至室温，称重。

（3）按第 2 条重复操作，直至恒重（二次称量差小于 0.2mg）。

（4）将欲测水样装入微孔薄膜过滤试验仪中。

（5）将已恒重的滤膜用水润湿装到微孔滤器上。

（6）用氮气加压，使薄膜过滤试验仪内压力保持在 0.1~0.15MPa，打开阀门过滤样，并记录流出体积。

（7）用镊子从滤器中取出滤膜并烘干，用汽油冲洗滤膜至滤液无色为止（至少洗 4 次）取出滤膜烘干。

（8）再用蒸馏水洗滤膜至水中无氯离子。真空洗涤装置见图 6-5。

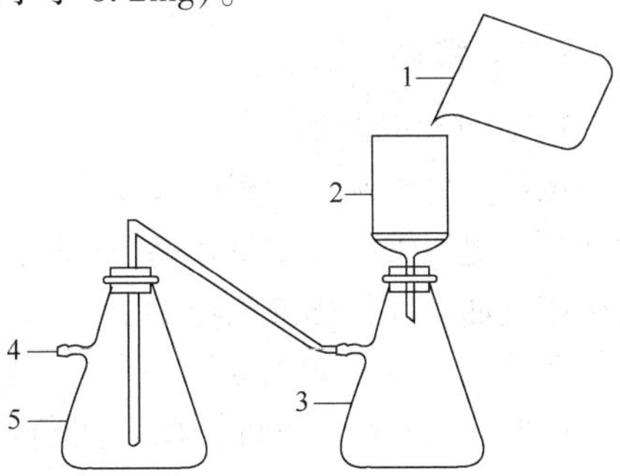

图 6-5　真空洗涤装置

1—烧杯（洗涤溶液）；2—过滤器；3—抽空瓶；4—接真空泵；5—缓冲瓶

(9) 再按 2 和 3 条步骤操作。

(10) 计算结果:

悬浮固体含量按下式计算:

$$c_x = \frac{m_h - m_q}{V_w}$$

式中 c_x——悬浮固体含量, mg/L;

m_q——试验前滤膜质量, mg;

m_h——试验后滤膜质量, mg;

V_w——通过滤膜的水样体积, L。

(四) 注意事项

(1) 水样不含油, 则在分析步骤中可省去洗油操作。

(2) 水中悬浮固体含量较低, 则应增加过滤水样的体积。

二、含油量

含油是指在酸性条件下, 水中可以被汽油或石油醚萃取出的石油类物质, 称为水中含油。

(一) 原理

污水中的油质可以被石油醚、汽油、三氯甲烷等有机溶剂提取, 提取液的颜色深浅度与含油量浓度呈线性关系, 因此可以用比色的方法进行测定。

(二) 仪器及材料

(1) 分光光度计(紫外, 可见光波段);

(2) 天平: 感量为 0.1mg;

(3) 无水氯化钙或无水硫酸钠: 分析纯, 500℃煅烧 1h;

(4) 不含铅汽油或石油醚;

(5) 分液漏斗: 250mL, 500mL;

(6) 刻度移液管: 1mL, 5mL;

(7) 比色管(或容量瓶): 50mL, 100mL;

(8) 盐酸溶液(1+1);

(9) 量筒: 100mL, 500mL, 1000mL;

(10) 细口瓶: 100mL, 500mL。

(三) 操作步骤

1. 标准油的提取

取适量含油水样置于分液漏斗中, 加入一定量的石油醚或汽油, 在酸性条件下提取水中油品, 提取液经无水氯化钙(或无水硫酸钠)脱水后过滤, 滤液于 78~80℃水浴上蒸去石油醚或汽油, 即得标准油样。

2. 标准油溶液的配制

称取 0.5000g 标准油, 用石油醚或汽油溶解 100mL 容量瓶内稀释至刻度, 此溶液含油浓度为 5.0mg/mL。

3. 标准曲线的绘制

用移液管分别吸取 0.00mL、0.50mL…3.00mL 标准油溶液置于 7 只 50mL 比色管中，用汽油稀释至刻度并摇匀，以汽油为空白，在仪器上比色（电压为 10V、波长 430mL、比色皿 3cm），根据测得的光密度值和对应的含油量绘制标准曲线（亦可选用其他波段）。

4. 分析步骤

（1）将水样移入分液漏斗中，加盐酸溶液（1+1）2.5mL~5.0mL。用 50mL 汽油分两次萃取水样，每次都将洗取样瓶后的汽油倒入分液漏斗中并振摇 1~2min。

（2）将 2 次萃取液都收集于 50mL 比色管中，用汽油稀释到刻度，盖紧瓶塞并摇匀，同时测量被萃取后水样体积（应减去加盐酸体积），若萃取液混浊，应加入无水硫酸钠（或无水氯化钙），脱水后再进行比色测定。

（3）用萃取剂（汽油）作空白样，在分光光度计上测其光密度值，在标准曲线上查出含油量。

5. 计算结果

$$c_0 = \frac{M_0}{V_w \times 10^3}$$

式中 c_0——含油量，mg/L；

M_0——在标准曲线上查出的含油量，mg；

V_w——萃取水样体积，mL。

（四）注意事项

（1）取样前将取样阀门打开，以 5~6L/min 的流速畅流 3min 后再取样。

（2）分析取样时不得用所取水样冲洗取样瓶，应该直接取样。

（3）平行样的相对偏差不超过 15%。

第六节　计量输差的分析与处理

一、流量计交接计量油量计算

（一）油量计算依据和方法

商品交接计量所采用的数据必须甲乙双方认可，如取样、含水测定、温度和压力以及累计流量都必须由甲方操作，乙方监督。油量计算结果乙方复核。

油量计算方法依据 GB/T 9110.5—1988《原油动态计量　油量计算》和 GB/T 1885—1998《石油计量表（原油部分）》。

液体通过流量计计量的体积确认，一般有两种方法：一是误差法，即流量计的误差在允许范围内（如±0.2%），计量的液体就是确认的；二是流量计系数法，即流量计器差在允许范围内计量的体积（流量计指示值）乘以流量计系数得出的体积就是确认的。表达式为：

$$Q = Q_{示} \times MF$$

$$MF = Q / Q_{示}$$

式中 Q——被确认的流量计计量的体积（实际体积）；

$Q_{示}$——流量计指示值；

MF——流量计系数。

原油及其液体石油产品在进出口贸易中以及国内大批量原油交接中，大都采用流量计系数法。这种方法比第一种方法更为精确，但必须安装在线跟踪监测的流量计检定装置，随时核查流量计系数变动情况，及时调整系数(系数由计量检定部门给出)。

(二) 油量计算基本公式

油量计算的标准条件为：温度为20℃，压力为101.325kPa。计算的油量为空气中的油量。

$$m_c = V_i \times C_{p_i} \times C_{t_i} \times (\rho_{20} - 1.1) \times C_w$$

式中 V_i——流量计累积体积值(流量计表头结束读数值减去开始读数值)，m^3；

ρ_{20}——原油的标准密度(根据测得的视密度，查GB1885表59A)，kg/m^3；

C_{p_i}，C_{t_i}，C_w——联合修正系数(保留四位小数)。C_{p_i}为原油体积压力修正系数，当流量计在低压标定，高压运行时，应进行压力修正，即当流量计的运行压力大于流量计检定压力1MPa时应进行压力修正。C_{t_i}为原油体积温度修正系数，一般平均温度和原油标准密度ρ_{20}，查GB1885表60A。C_w为原油含水系数，$C_w=1-W$，W为原油含水率，若用手工法测定含水时为时点样的班平均重量含水率。

压力修正系数C_{p_i}的计算公式如下：

$$C_{p_i} = 1/[1 - (p - p_e)F]$$

式中 p——液体计量状态下的压力，kPa。

p_e——液体平衡蒸气压，kPa。

F——液体烃压缩系数，kPa^{-1}，F值可通过15℃时密度值和液态烃实际温度查“液态烃压缩系数表”得到。

(三) 油量计算举例

某流量计8时表头读数为17700m^3，16时表头读数为20500m^3，10时、12时、14时、16时测得的压力和温度的平均值分别是500kPa和50.40℃，8h测定两次视密度和试油温度分别为851.0kg/m^3和48.50℃、850.0kg/m^3和48.30℃，8h测定两次含水分别为0.60%和0.50%。

水量和油量计算如下：

1. 8h流量计计量的体积V_i

$$V_i = 20500 - 17700 = 2800(m^3)$$

2. 8h油的平均标准密度ρ_{20}

依化验室两次测得的视密度和试油温度(851.0kg/m^3和48.5℃，850.0kg/m^3和48.30℃)查表59A，分别得$\rho_{20①}$和$\rho_{20②}$。

$$\rho_{20①} = 869.6 + (871.6 - 869.6)/(852.0 - 850.0) \times (851.0 - 850.0) = 870.6(kg/m^3)$$

$\rho_{20②}$根据温度48.30℃≈48.25℃，查表59A，找出48.25℃和850.0kg/m^3对应的交叉点即为标准密度$\rho_{20②} = 869.5kg/m^3$。

平均标准密度ρ_{20}：

$$\rho_{20} = (870.6 + 869.5)/2 = 870.05 \approx 870.0(kg/m^3)$$

3. 原油体积修正系数C_{t_i}

依原油标准密度ρ_{20}和计量油温t查表60A。已知$\rho_{20} = 870.0kg/m^3$，$t = 50.40℃ \approx 50.50℃$

则查表 $C_{t_i}=0.9751$

注：温度采用靠近舍入方法，则 50.40℃ 可入为 50.50℃，则可用 870.0kg/m³ 和 50.50℃ 直接查得 $C_{t_i}=0.9751$。

4. 体积压力修正系数 C_{p_i}：

$$C_{p_i}=1/[1-(p-p_e)F]$$

已知 $p=500$kPa；$p_e=0$kPa 为液体平衡蒸气压；F 可查 GB/T 9109.5 续表(烃压缩系数表)。

首先以 $\rho_{20}=870.0\text{kg/m}^3$，查 GB/T 1885—1998《石计量表》表 E1“原油 20℃ 密度到 15℃ 密度换算表”得：

$$\rho_{15}=873.5\text{kg/m}^3$$

再以 ρ_{15}(873.5) 和计量油温 t(50.40) 查“烃压缩系数表”得 F：

$$F=0.826\times10^{-6}\text{kPa}^{-1}$$

压力修正系数 C_{pi}：

$$C_{p_i}=1/[1-(500-0)\times0.826\times10^{-6}]=1.00041\approx1.0004\text{(保留四位小数)}$$

5. 计算混油量(m_h)

$$\begin{aligned}m_h&=V_i\times C_{p_i}\times C_{t_i}\times(\rho_{20}-1.1)\\&=2800\times1.0004\times0.9751\times(870.0-1.1)\\&=2373289(\text{kg})\\&=2373.289(\text{t})\end{aligned}$$

6. 水量(m_s)

$$m_s=m_h\times W_s=2373.289\times0.55\%=13.053(\text{t})$$

7. 纯油量(m_c)：

$$m_c=m_h-m_s=2373.289-13.053=2360.236(\text{t})$$

二、流量计交接计量误差

(一) 流量计交接计量误差估计

1. 误差主要来源及误差估计

(1) 流量计本身精度(器差 E_1)，$E_1\leqslant\pm0.2\%$。

(2) 样品代表性及测定含水量，估计最大误差 $E_2\leqslant\pm0.1\%$。

(3) 样品代性及测定密度值，估计最大误差 $E_3\leqslant\pm0.1\%$。

(4) 油温测定的代表性及测定误差给体积换算带来的误差估计最大误差 $E_4\leqslant\pm0.05\%$。

2. 综合极限误差 E

根据误差主要来源及误差估计值，可得出误差的综合极限 E

$$E=\pm(0.2^2+0.1^2+0.1^2+0.05^2)^{1/2}=\pm0.25\%$$

则流量计计量结果综合极限误差为±0.25%。

(二) 立式金属油罐交接计量油量计算

1. 保温油罐的油量计算

对于无垫水层，但油品中含有一定水分的原油或重质成品油，其在空气中纯油质量计算如下：

$$m=V_{20}\cdot(\rho_{20}-1.1)\cdot(1-W)$$

或

$$m=V_{20}\cdot\rho_{20}\cdot F_{a}\cdot(1-W)$$

式中 m——油品在空气中纯油质量，kg；

V_{20}——油品在20℃时的标准体积，m^3；

ρ_{20}——油品在20℃时的标准密度，kg/m^3；

F_a——空气浮力修正系数；

W——油品中含水率,%。

$$V_{20}=V_t\cdot K$$

式中 V_t——油品在计量温度下的体积，m^3；

K——体积修正系数，(也可标注 V_{cF20})。

$$V_t=(V_B+\Delta V_y)\cdot[1+\beta(t-20)]$$

式中 V_B——计量温度下查表容积，m^3；

ΔV_y——油罐储油情况下的静压力容积增大值，m^3；

β——油罐材质线胀系数(碳钢材质一般取 $3.6\times10^{-5}℃^{-1}$)；

t——油罐内油品计量状况下的温度,℃。

$$\Delta V_y=\Delta V_{ys}\cdot d_4^{\ t}$$

目前，为降低油品蒸发损耗，原油普遍采用外浮顶油罐储装、计量。因此。在计算浮顶罐内油品质量时，应注意如下几点：

(1) 油品交接计量时，最好在交接前后，使浮顶状态保持一致，这样可以避免浮顶本身的状态变化给油品计量结果带来误差。

(2) 避开非计量区域，即不能低于正常落在支架上时的最低起浮点。

(3) 在浮顶自由浮漂状态下，经计算出空气中油品的质量后，再减去浮顶的自身质量，即为罐内储存油品的实际质量。

对于有垫水层，但油品中含有微量水分的轻质油，其在空气中的质量计算如下：

$$m=V_{20}\cdot(\rho_{20}-1.1)$$

或

$$m=V_{20}\cdot\rho_{20}\cdot F$$

其中

$$V_{20}=V_t\cdot K$$

$$V_t=(V_B+\Delta V_y-V_s)\cdot[1+\beta(t-20)]$$

式中 V_s——罐内垫水层体积，m^3

公式中其他符号意义同前。

虽然油品中含有微量水分，但符合该油品产品质量指标，故微量水分不做扣除。但罐底的垫水量必须从总量中扣除。

2. 非保温罐的油量计算

非保温罐主要用于储存、计量轻质石油产品。根据 ISO/TC、28/SC、3/N、366 中的 B2.2 条规定：对于立式金属罐，液面是不允许与罐顶接触的。因此，罐体由于温度不同而引起的变化只对罐内液体产品的截面积有影响，而对高度方向无影响。

另外，保温罐的罐壁温可用罐内油温代替。而非保温罐，罐的内壁受到油温和外壁环境温度的影响。所以，非保温罐的罐壁温度应是罐内油温、外壁大气温度的平均值，即：

$$t_{壁}=(7\times t_{油}+t_{气})/8$$

根据ISO有关标准中推荐，测量罐外大气温度，是在罐四周距罐壁2m处测取的算术平均值，也可用油罐附近百叶箱中的大气温度代替。

同时轻质成品油中只含有符合产品质量标准规定的微量水分，一般不做扣除，但对于水垫层，应予以扣除。

依据上述情况，非保温罐内油品在空气中质量计算公式为：

$$m=V_{20}\cdot(\rho_{20}-1.1)$$

或

$$m=V_{20}\cdot\rho_{20}\cdot F$$

其中

$$V_{20}=V_{t}\cdot K$$

$$V_{t}=(V_{B}+\Delta V_{y}-V_{s})\cdot[1+2\alpha(t_{壁}-20)]$$

式中 α——钢材的线胀系数，$\alpha=1.2\times10^{-5}℃^{-1}$；

$t_{壁}$——罐壁平均温度，℃

K——体积修正系数，也可标注(也可标注 V_{CF20})。

V_{s}——罐内垫水层体积，m^3。

公式中其他符号意义同前。

值得强调的一点是量油尺的修正问题：

对于立式保温金属罐，由于罐壁温度与量油尺温度相同(都用罐内油温代替)，同时量油尺的线膨胀系数与罐壁钢板材质的线膨胀系数相同。所以，罐与量油尺的温度修正可综合考虑。

而立式非保温金属罐，由于罐壁温度 $t_{壁}=(7\times t_{油}+t_{气})/8$ 与量油尺温度 $t_{油}$ 不同，不能综合考虑。所以，对非保温罐使用的量油尺，应单独进行修正。修正公式为：

$$H=H'\cdot[1+\alpha(t_{油}-20)]$$

式中 H——量油尺测得的实际高度，m；

H'——量油尺所测高度示值，m；

α——量油尺钢带材质的线胀系数，$\alpha=1.2\times10^{-5}℃^{-1}$；

$t_{油}$——罐内油品温度，℃。

其他符号意义同前。

3. 油量计算举例

有一座公称容量10000m^{3}保温原油计量罐，油罐交接前后测得的数据分别如下：

交接前(低液位)交接后(高液位)检尺油高分别为 $h_1=1.761$m，$h_2=8.983$m；原油平均温度分别为 $t_1=50.25$℃，$t_2=50.50$℃；视密度分别为852.0kg/m^3、851.5kg/m^3；试油温度分别为48.25℃、48.50℃；含水率分别为 $W_1=0.5\%$、$W_2=0.4\%$，求水量和交油量。

(1) 计算低液位时的水量和纯油量

① 依检尺油高1.761m，查油罐容量表得 $V_B=1624.584m^3$。

② 依检尺油高1.761m，查静压容量增大表得 $\Delta V_y=\Delta V_{ys}\cdot d_4{}^t=0.121m^3$

③ 密度852.0kg/m^{3}和试油温度48.25℃，查表59A得 $\rho_{20}=871.4kg/m^3$

④ 依 ρ_{20}(871.4kg/m^3)和罐内计量油温 t(50.25℃)，查表60A得 $K=0.97544\approx0.9754$(保留四位小数)。

⑤ 计算低液位时的油量和水。

混油：

$m_h=(V_B+\Delta V_y)\cdot[1+\beta(t-20)]\cdot K\cdot(\rho_{20}-1.1)$

$=(1624.584+0.121)\times[1+0.000036\times(50.25-20)]\times0.9754\times(871.4-1.1)=1380699(kg)$

$=1380.699(t)$

水量：

$$m_s=m_h\cdot W=1380.699\times0.5\%=6.903(t)$$

纯油：

$$m_c=m_h-m_s=1380.699-6.903=1373.795(t)$$

（2）计算高液位时纯油量和水量

① 依油高 8.983m，查油容表得 $V_B=8508.813m^3$

② 依油高 8983m，查静压容量增大表得 $\Delta V_y=\Delta V_{ys}\cdot d_4{}^t=3.580m^3$

③ 视密度 $851.5kg/m^3$ 和试油温度 48.50℃，查表 59A，得 $\rho_{20}=871.1kg/m^3$

④ 罐内平均油温 50.50℃和标准密度 $871.1kg/m^3$，查表 60A 得 $K=0.97516\approx0.9752$（保留四位小数）。

⑤ 计算水量和纯油量。

混油：

$m_h=(V_B+\Delta V_y)\cdot[1+\beta(t-20)]\cdot K\cdot(\rho_{20}-1.1)$

$=(8508.813+3.580)\times[1+0.000036\times(50.50-20)]\times0.9752\times(871.1-1.1)=7230048(kg)$

$=7230.048(t)$

水量：

$$m_s=m_h\cdot W=7230.048\times0.4\%=28.920(t)$$

纯油：

$$m_c=m_h-m_s=7230.048-28.920=7201.128(t)$$

（3）交接油量和水量

① 交出的纯油量：

$$m_c=7201.128-1373.795=5827.333(t)$$

② 交出的水量：

$$m_s=28.920-6.903=22.017(t)$$

（三）立式金属油罐交接计量误差

1. 误差主要来源

（1）容量检定误差。$1000m^3$ 以上油罐检定误差估计为±0.1%，属未定系统误差（或称未定常差，即知道大小不知道正或负）。

（2）样品代表性及含水测定误差，最大估计为±0.1%。

（3）样品代表性及密度测定误差，最大估计为±0.1%。

（4）温度的代表性及测定误差，给体积换算系数带来的误差估计为±0.1%。

2. 综合极限误差

综合极限误差 E 为：

$$\begin{aligned}E&=\pm(0.1^2+0.1^2+0.1^2+0.1^2)^{1/2}\%\\&=\pm(0.04)^{1/2}\%\\&=\pm0.2\%\end{aligned}$$

三、输差原因及措施分析

（一）长输管道的输差原因及措施

石油长输管道作为特殊的运输企业，分为原油长输管道和成品油长输管道。原油长输管道作为运输企业是油田和石化企业之间的纽带与桥梁。它从油田接收原油，经管道长途输送，在各个末端计量站将原油交付给石化企业或通过铁路、港口转运至用户。

成品油长输管道从石油加工厂接收成品油通过管输，将成品油输送至沿途各计量站，并通过计量站将成品油销售给各石油公司。因此可称成品油长输管道是跨地区石油销售网络中的大动脉。

此外，还有天然气长输管道，如陕京输气管线，以及西气东输天然气长输管道等。

不论是原油长输管道、成品油长输管道，还是天然气长输管道，作为特殊的企业，包含两种职能，一是石油运输职能，二是石油贸易计量职能。作为运输企业，长输管道不生产产品，主要任务是确保所输送的石油及液体石油产品的质量及接收、外销计量的准确。但由于长输管道，一般接收油计量站（库）少，而外销计量站（库）多，就产生了像日常市场贸易中常见的“一秤来、百秤走”的现象。再加之各个环节的影响，势必产生输油差量（简称输差）。因此，加强计量管理、杜绝各种漏洞、降低管输损耗、减少输差，是长输管道系统企业管理的重要内容。

1. 输差构成

原油长输管道系统运销综合平衡公式是：

（本期收油+上期库存）-（本期外输+本期库存）= 输差

输差由三大部分组成，即自用油、损耗和计量误差。具体包括：

（1）自用油

主要包括：生产用油（原油加温、加热等）、生活用油（如站库基层办公室、住宅取暖等）、实验用油（测定密度、含水、有机氯含量等，极少）。

（2）损耗

主要包括：

① 中间站旁接油罐油气蒸发损耗。

② 计量罐大、小呼吸损耗。

③ 铁路、码头装车、装船（卸）损耗。

④ 油罐排污水带油损耗。

⑤ 因油罐周期检定或维修需要清罐产生的损耗。

⑥ 事故损耗，如管道施工动火、运行误操作，如冒罐、管道腐蚀油以及社会上不法分子偷盗油等。

（3）计量误差

主要包括：

① 因收、销油计量方法或油量计算方法差异产生的误差。

② 计量器具检定误差。

③ 计量仪表器具维护管理不善所致误差。

④ 人为操作存在的误差，诸如采样、密度、水分、温度测定及数据记录等人为误差。

2. 降低原油输差损耗主要途径

输差可分为合理输差和不合理输差。比如为了保证一定的输油温度，利用加热炉对原油加热所消耗的燃料(一般为所输送的原油)就是合理的，由此造成的输差就是合理输差。但是，如果由于使用运行的加热炉、锅炉炉型陈旧、落后，热效率低，再加之操作人员技术水平差，无疑将使燃料消耗增大，由多耗燃料所产生的输差就是不合理输差。

欲降低输差，提高管道企业的经济效益，必须要认真了解、分析造成各种不合理输差的原因，采取有效措施，全力降低不合理输差。其主要措施有：

(1) 节约自用油

由于原油长输管道中间输油站多，其中加热加温设备数量也大，这是与成品油长输管道的重要区别。为此应采取如下节油办法：

① 购置热效率高的加热炉、锅炉；同时采取各种办法，提高在用加热炉、锅炉的热效率。

② 对耗油的加热炉、锅炉完善计量手段，尽量选用精度较高、耐用、性能稳定的流量计，计量燃料油。

③ 原油管输，储存加温加热温度严格执行技术规范，不能偏高，满足生产需要即可，办公室或住宅楼取暖室温适当。

(2) 降低各类损耗

① 管道运行平稳，杜绝工艺参数调整大起大落，尽量减少中间旁接罐液面起伏的幅度；油罐加装呼吸挡板等。

② 逐步实行管道全程密闭输油和动态计量方式，不采用或取消旁接油罐输油流程和静态油计量方式，以降低油品蒸发损耗。

③ 改进装车装船方法，如采用底部进油或长鹤管装油方法。

④ 在采出水含油量大的站库修建采出水处理场，回收污油，减少损耗。

⑤ 保证管道安全运行，避免各类生产事故发生。

⑥ 加强管道巡检、及时发现管道漏油，防范不法分子的偷盗油活动。

⑦ 尽量回收工程施工动火产生的落地油。

(3) 减少计量误差

① 整条管道系统，尽量采用统一的计量方式进行原油的收销计量交接。

② 计量设施要完善、配套；流量计要实行在线检定。计量器具按周期检定不超差、不超期运行。

③ 严格执行计量化验操作规程，避免或减少人为操作误差。

④ 加强计量器具、设施、装置的维护管理，避免各类机械、仪表、电气故障发生。

(二) 成品油长输管道输差损耗

成品油长输管道与原油长输管道在油品输送、计量销售及营运模式上略有不同：

其一，成品油管道所输油品多为低凝点的汽油、柴油，故在长距离输送过程中不加温。

其二，成品油长输管道跨地域输送期间，沿途边输边销。为适应市场行情变化，在其所属的中间站(库)、下游末端站(库)均设一定数量的油罐，用以调节管道输、销油量及应对销售市场的淡旺季。但站(库)油品储罐数量多，储量小。

其三，成品油长输管道不同于输送单一品种(原油)的原油长输管道，实施两种或两种以上油品的顺序输送。由于实施几种油品的顺序输送，自然就要产生一定数量的混油头。

其四，由于原油的物性原因，原油长输管道计量站所用的流量计量仪表多为容积式流量计；而成品油长输管道由于所输送的汽、柴油黏度低，多采用速度式流量计或质量式流量计。

由于成品油长输管道与原油长输管道存在一定差异，因此其输差构成上也有所不同。

1. 输差构成

成品油长输管道运销综合平衡公式是：

(本期收油+上期库存)-(本期外销+本期库存)= 输差

输差构成分三部分，即各类损耗、计量误差、管理不善引起的差量及损耗。

(1) 各类损耗

主要有：

① 末、中间站储油罐的油气蒸发损耗。

② 油罐因周期检定、大修需要清罐产生的损耗。

③ 油罐排采出水带油的损耗。

④ 各种油品储运设备跑冒滴漏所至的损耗。

⑤ 不同种类油品顺序输送而产生的一定量的混油损耗。

(2) 计量误差因素

主要有：

① 流量计检定误差(包括流量标准装置误差)。

② 油罐容积检定误差，以及检尺测量误差。

③ 密度、水分测量误差。

④ 温度、压力等计量参数测量误差，及由此误差而引起的油品体积、密度等误差。

(3) 因管理不善所引起的误差、损耗

① 管道腐蚀漏油损耗。

② 储运、计量设施，如机、泵、阀、法兰、流量计等渗、漏油损耗。

③ 操作造成冒、憋压跑油事故所产生的损耗。

④ 倒错流程，引起的不同种类油品相混所产生的损耗。

⑤ 记错数据或算错结果所造成的差量。

2. 降低成品油输差损耗主要途径

(1) 降低输油损耗

① 鉴于汽油、柴油轻质油易蒸发特点，多造内浮顶油罐存储油品，减少油气蒸发损耗。

② 管道运行工艺参数调整避免大起大落，以确保管道平稳运行，尽量减少中间油罐液面波动，降低蒸发损耗。

③ 油罐排底水时，应派人严加看管，另外应将带油底水回收处理。

④ 油品顺序输送时，应精密计算，及时切换流程尽量减少混油数量。

(2) 减少油品计量误差

目前油品计量无论采用哪种方式都存在不同程度的计量误差。国家对不同类型的计量器具的计量误差都有相应的规定；如原油立式油罐计量，质量计量综合误差为±0.35%；容积式流量计质量计量综合误差为±0.35%；而质量流量计综合计量误差约在±0.25%~

0.35%之间。因此可以看出计量误差在长输管道输差中占相当大的比重，所以提高计量准确度，减少计量误差对降低输差有重要的作用。减少计量误差应侧重做好以下几方面工作：

① 流量计、计量标准装置按期检定

尤其是实施离线检定或实施使用移动式计量标准装置进行在线检定的情况下，应注意两点：一是运送离线检定的流量计，在途中不能剧烈颠簸或损坏；二是移动式流量计计量标准装置加强维护管理(实行专人管理)，保持完好状态，随时开赴现场实施在线检定，确保流量计不超期、不超差运行。

② 不论是计量用油罐、还是储存油罐应做到按期检定。以确保外销计量数据准确和库存数量可靠，为做好运销综合平衡打下基础。

③ 油罐检尺严格执行操作规程。

④ 密度、水分含量测定误差均要在规程规定的范围内。

⑤ 收、销油计量方式尽量统一。由于收、销双方单位归属不一，有时也难以做到统一，只有在各自计量方式方法上严细认真地开展计量工作，使不同计量方式产生的误差降至双方均可接受的最低程度。

⑥ 计量过程既要按规程认真准确地测定油品温度、压力，同时对计算中的一些参数给予及时准确的温度、压力修正。

(3) 加强管理

① 认真执行岗位责任制，完善计量设备管理。

a. 按时巡检，发现问题及时处理、解决。

b. 确保流量计在规定的流量范围内运行，使其误差降至最低。

c. 加强各类计量设施、设备的维护，杜绝跑、冒、滴、渗漏。

d. 采取措施消除计量系统中被测液体中所夹带的气体。液体中夹带气体对质量流量计直接影响密度测定，使其值偏小；对于容积式流量计则造成表头数值偏大。

② 加强施工安装工程监管力度，及时消除不利于流量计等计量设施正常运行、准确计量的各种隐患。

a. 对质量流量计确保法兰前后的平行度和同心度。

b. 为消除外电源不稳定的影响，在供电系统加装稳压源。

c. 计量系统避免存在应力、振动。如存在上述问题应采取措施消除应力，或采用加固办法减轻振动。

d. 计量器具的传感器离易产生电磁场的设备(如机泵等)距离不可太近，必须大于4L以上(L为流量计两端法兰距离)。

e. 为防止在流量计中结蜡、结垢，应定期对其清洗(尤其质量流量计传感器)。

③ 加强责任心，严格执行操作规程、杜绝误操作。

a. 油罐按时检尺，掌握其中油品进出速度。

b. 倒流程，必须遵循先开后关原则。

c. 巡检应用笔记录各种参数，油量计算实行“三级复核制”，即当班计量员、班长、运销结算员，杜绝油量计算差错。

d. 加强管道安全巡查，防范不法分子偷盗油品，及时发现管道各种原因引起的跑油事故。

（三）降低油品损耗措施

这里所说的损耗是指油品本身数量不可避免的减少，如蒸发和洒漏等。不包括那些虚假损耗，如计量、化验及油量计算方法等造成的差错。油品由于蒸发和洒漏造成的损耗是真实的损耗。国家根据不同的储运方式和品种都制定了相应的损耗定额，超过定额的损耗自行负责，并要说明原因。所以降低损耗一直是油品储运管理工作中的重要内容之一。

随着科学技术的发展，油品储存和运输方面的技术含量不断增加，超额损耗不仅可以避免，而且现有的定额还可以减少，具体降耗措施有以下几种。

1. 加强管理，合理安排运行方式

（1）要定期检查各类油罐顶部密封情况。

（2）在站、库作业调度上，要尽量使油品集中储存。在运行允许的条件下，罐内应保持高液位。

（3）在首站或末站若干罐切换使用时，尽量安排刚排空的罐进油。凡站内同时有浮顶罐和固定顶油罐时，应优先利用浮顶罐进行收发作业。

（4）严格控制各类储油容器内加热温度，以降低油气蒸气压，减少损耗。

（5）灌装铁路罐时尽量安排在白天，灌装方式宜采用罐车底部进油或大鹤管装油。

2. 降低油品蒸发损耗的技术措施

（1）储油罐的建造和合理使用

大型原油罐（10000m^3以上）应建造浮顶罐，即罐顶浮在液面上，随液面上下移动，也称外浮顶罐。1000m^3以上的轻质油罐应建造内浮顶罐（如汽油罐），即在拱顶罐内加装一个浮顶（浮盘）。它们的共同特点是消除了液面与罐顶之间的油气空间，限制了油气蒸发，几乎不存在大小呼吸损耗，是降低损耗的极好措施。

此外，还可根据客观条件建造地下或半地下罐、山洞罐，这种油罐比外界大气温度低很多，最适合储存轻质油品。它比安装在地面上的油罐蒸发损耗要小得多，安全得多。国家储备或战备油库大都是这种形式的油罐。

合理使用油罐，一是尽量装满，减少储油罐的气体空间，空间越大，由温度变化引起的小呼吸损耗越大。二是尽量避免倒罐，即由一个罐倒入另一个罐，倒罐次数越多，造成的大呼吸损耗越大。对于不做计量只作转输的缓冲罐，可采取边进边输的办法，使罐内液面升降变化不大，减少大呼吸损耗。此外，在收、发油时，应选用合适的油罐，即油量小，要选用小罐，油量大选用大罐。不要把少量的油装进容量大的油罐，因为油空间大造成的大小呼吸损耗都大。此外，尽量减少反输。如为防止管线内油品凝结，油从甲地输到乙地后，又从乙地输回甲地，来回输油（称活动管线），长此下去，造成的大呼吸损耗是很大的。

（2）安装附属设备，减少大小呼吸损耗

① 在较大油罐区，对那些易挥发油品（汽油、原油）的油罐，可以用管线把承压相同、品种一样的罐顶连接起来，把要排气的油罐气体通过连通管进入需要吸气或蒸气压较低的油罐，这样作业时可互相交换油品蒸气，不致使罐内吸入空气或将油品蒸气排入大气。其原理与建聚气罐类似。但应注意在每个罐处安装防火器，防止因某个罐发生火灾而危及其他被连接的罐。这样取长补短相互利用，大大地减了大小呼吸损耗。

② 建造集气罐。把油罐排出的油气收集起来。当某罐往外出油时，可同时把收集罐的气体送入该罐的空间，避免外界新空气进入，还可把收集气经轻质油回收装置进行处理，把可以回收的轻质成分变成轻质油，可弥补油罐蒸发损耗。

③ 安装呼吸阀挡板也是一种简单有效的降耗措施。它是在呼吸阀于罐内开口前方约50mm 装一块比开口面积稍大一些的金属薄板(称挡板)。它可使呼吸阀吸进来的新鲜空气流速降低并沿罐顶向四周扩散，不至于直冲罐内气体空间引起强烈的上下对流，只稀释了上部油气，不会冲淡整个油气空间造成剧烈蒸发。当进油上部要排气时，先排出上部油气浓度低的气体。呼吸挡板的优点是：制造简单，安装容易(不动火、不清罐)，不影响油罐正常运行。适用于储存原油、汽油、煤油等一切装有呼吸阀的固定顶油罐。

④ 在呼吸阀外端加装油气还原吸收器。还原吸收器系一立式圆筒，内装隔板，隔板之间装填活性炭或充满煤油、润滑油。当排气时油分子被吸附剂吸附而不排向大气，当吸气时新鲜空气通过吸附剂时又将被吸附的油分子带回到油罐内，增加了罐内油气浓度，这样油罐便可减少油气分子的蒸发。

⑤ 采用微球覆盖层。据国外资料报道，它具有形成泡沫的物理性质，浮在油面上隔绝空气，阻止油分子的蒸发。由于塑料微球有流动性，当油面发生变化时，微球可以流往罐内的任何部位，使液面保持密封。微球一般用酚醛树脂和尿素树脂制成的空心球体，颗粒直径为 20~30μm，单位容重为 0.1t/m^3。如用一种微型空心塑料球制成的泡沫覆盖层。如用一种一层密度小的表面活性剂加在油面上，提高油品的表面张力，阻止油分子跑出液面减少蒸发损失。

油罐内油面上微球厚度视油品周转率大小而定，对于油罐内油品周转率大，要求微球的覆盖层厚些，一般为 15~20mm，反之相反。

(3) 降低油罐温度减少蒸发损耗

① 降低油罐温度最好、最有效的办法是建造地下油罐，或覆土油罐，有条件的地方还可以建造山洞罐。这种罐储存易蒸发的油品(如汽油等)损耗最小。但因客观条件或某种原因不能建造上述油罐，只能在地面上建造(占绝大多数)。对地面油罐可以加防晒隔热层，如在罐顶加盖石棉板、凉棚，罐壁加挂一圈石棉水泥板围帐形成一个空气夹套，起到了防晒和隔热的作用，也有在油罐外周建一圈砖墙把罐围起来，罐壁与墙壁的距离一般为1~1.5m，罐顶加盖遮阳棚。这是地面油罐降温的最好办法。

② 油罐颜色对温度影响也是很大的。白色或银色能有效地反射太阳的热辐射，降低温度，因此，油罐刷白色或银色涂料，既防腐又防晒，可以减少小呼吸造成的自然蒸发损耗。

③ 喷淋降温也是一种有效措施。在油罐顶盖上装上多道环形喷淋管。日出温度升高时开始喷淋，使油罐就像人在喷头下洗澡一样进行淋浴，直到日斜气温下降停止。在日照的白天喷淋不能停止，不能断续喷洒，因为这样罐内油温波动很大，不仅不能降耗，还将增大小呼吸损耗。

在高温季节，露天油库的轻质油罐(非内浮项)应采取喷淋降耗。水可以循环使用，缺点是油罐表面易氧化腐蚀，所以必须及时检查涂刷。

④ 对于需要不断加温的油品(如原油)，加热温度不能过高，否则将会引起大量轻质成分蒸发。一般加热温度高于倾点(失去流动性最低温度)10℃左右即可，也就是使其达到具有足够流动性的温度。并且使油温尽量保持稳定，不能忽高忽低，因为这样也将增加小呼吸损耗。

⑤ 对油罐采取绝热措施

对油罐采取绝热措施，其目的以减少油罐吸收阳光辐射热，减少罐内气体空间的温度变化，达到大幅度降低小呼吸损耗的目的。

绝热措施具体包括：

a. 钢板型绝热层：在距顶高 80~90mm 处加装 20~30mm 厚的隔热层。

b. 石棉水泥板型绝热层：把石棉水泥板制成波浪形，内外均涂上白色油漆。在罐顶和罐壁上挂两层石棉水泥板。在两层石棉水泥板之间形成空气夹层，里面的石棉水泥板又与罐体之间形成一个空气夹层。这两个空气夹层起到很好的绝热作用，大幅度降低油罐小呼吸损耗。

c. 绝热增压法：在普通立式锥顶桁架油罐的顶上，加设 20cm 厚的泡沫混凝土绝热层和 3cm 厚钢筋混凝土防水层，使它起绝热降温的作用。同时，又能利用其重量平衡油罐所承受的部分内压。该法在一定程度上限制了油品的蒸发条件，又限制了油气溢出罐外，能使小吸损耗降低 95%。

d. 在罐体周围砌筑防护墙，减小阳光辐射热强度，可降低损耗。

(4) 保持油罐设备状态良好，认真操作，准确计量。

① 保持油罐设备状态良好就是指油罐上面设备，设施要灵活、好用，不漏不渗，不锈蚀，不损坏。如油罐的计量口、呼吸阀、消防泡沫室，以及与罐内连通自动化装置及其附件，要定期维护保养，使其处于良好状态。

这里着重说一下呼吸阀，呼吸阀是油罐顶部一件重要设备，没有它可以说这个油罐不能用，因为收油排气，出油吸气这是必然的，要是没有呼吸阀，油罐不是崩顶，就是抽瘪。呼吸阀有两种，一种是液压式呼吸阀，另一种是机械式呼吸阀。有的液压呼吸阀内液体已干涸，机械呼吸阀内油污过多，阀盘黏住不能动作，这样的阀根本起不到呼吸阀的作用，极不安全，要定期维护保养。

检查呼吸阀是否灵活好用有两种方法，一是油罐进油和出油时把手放在呼吸阀口下面就可试出是排气还是吸气。如果毫无感觉那肯定是呼吸阀失灵了，应拆开检查维修。另一种是从呼吸阀下面对应的顶板上也可看出呼吸阀是否灵活好用，如果好用，罐顶板上应该有油的新近的污渍，如果有但已干涸，说明已失灵早已不工作了。应立即拆开检查维修。

② 对罐区及区外的连接管线要定期巡检，最低每班一次。检查的主要对象是管线腐蚀孔地下往上冒油，焊口断裂，阀门渗漏等。及时发现及时处理，避免大的跑油损失。在清扫罐时一定要仔细检查罐底板是否腐蚀穿孔，有没有渗漏的地方。如有腐蚀应及时更换局部板块。

③ 储油容器(如油罐)的计量口及采光孔，除使用时打开，平时不应常开。有的操作员怕呼吸阀失灵，将检尺口常开，采光孔的盖不盖严、留缝。其实计量员应该知道呼吸阀是否好用，有时是因为计量员或采样人员忘记盖盖，对此应引起足够重视，杜绝此类事件。

④ 收油或卸油时要认真操作防止冒油和洒漏。装油时要密切注意控制好装油高度(铁路罐车或汽车罐车)，防止溢油。卸油时要尽量卸净，残留量不许超过规定，有条件的地方，还可对容器底部进行冲扫。如装运黏稠油(包括原油)的铁路罐车，油轮的油舱等，它们卸完油都要冲扫罐底或舱底。

⑤ 准确计算油量。包括计量操作，油品采样、化验等都要严格执行计量规程。在油量计算方法上应按国家标准规定的统一方法进行。如果方法不同，其结果必然引起差量。

四、天然气输差分析

天然气输差是天然气(燃气)企业的一项综合指标，它直接影响天然气(燃气)企业的经济效益，体现着燃气企业的综合管理水平。

(一) 天然气输差影响因素

天然气(燃气)企业输差的产生与众多因素有关，比如企业文化、机制、管理、燃气温度和压力等有关，也与管网漏损、计量偏差、抄收漏失、窃气损失等有关。对集输管网进行输差分析，及时找出影响计量输差的因素并加以解决，意义重大。

1. 输差分析方法

对于计量人员而言通常实行的输差分析方法主要有：

(1) 计量先行法

输差产生的原因有很多，但是我们往往应该先从计量仪表进行分析入手，因为计量仪表产生的输差问题比窃气、漏气产生的输差问题更加不容易发觉，计量仪表发生故障造成计量不准确产生输差的可能性远远大于管道窃气、漏气的可能性，而且计量仪表的处理与巡线相比较为容易和及时。因此，我们坚持计量先行的原则，更有利于输差问题的解决。

(2) 相关分析法

输差的分析有时候不能仅仅靠单一的对一种因素进行分析，而是要对多种因素综合考虑，进行相关分析。比如说某一管输企业某天的输差突然增大了，而这一天计量员对计量装置的参数进行了修改，这时候我们分析输差就要密切关注这个举动了，就要从计量数据和计量行为进行相关分析，尽快找出原因，从而避免了机械的查找各个计量仪表的重复劳动，提高了工作效率，及时堵住输差，减少企业损失。可以说用相关分析就是在和输差抢时间，避免更大的损失。

(3) 流量平衡法

有了输差问题要及时解决，但是不能盲目不知所措。对于范围相对较小的区域，首先对计量仪表进行校验，然后对仪表进行封表，通过计算每一台流量计的瞬时值，进行现场流量平衡，如果不在误差范围之内就继续查找其他可能因素，直到平衡为止。对于范围较大的区域，可以采用现代通信技术，同一时间点分别计算某一瞬时流量值，观察输差的情况来判断输差产生的原因。

(4) 数据跟踪法

一般天然气管网的计量数据都具有传递性质，要判断一台计量仪表的准确性，可以通过和上下游计量点计量仪表的计量数据对比就可以判断出来。

(5) 曲线对比法

我们可以将全线输差以及分段输差，或者说将整个管网的输差和区域的输差做成输差曲线，对这些输差曲线进行对比，如果我们发现那段或者那个区域的输差曲线和全线或者整个管网的输差曲线走势相似时，该线存在输差问题的可能性就比较大，这样可以重点针对该段或者该区域进行查找，缩小了工作范围，赢得了解决问题的时间。

借助这些方法，我们可以及时准确找出输差产生的原因，为解决输差问题提供决策参考。

2. 引起输差的主要原因

(1) 计量仪表引起的输差

主要表现在以下几个方面：

① 计量表的选型不合适。在计量表选型中对流程通过的气量估算错误，实际流量超过计量表额定流量时，造成计量表计量偏慢而不准确。或是实际流量过低，导致计量表额定流量偏大，漏计小流量。

② 计量表的误差。任何计量表均存在误差。当计量表经长期使用后，计量性能下降，误差增大，导致表的示数不准确。

③ 供气温度对计量的影响。没有温度补偿的计量表，低温气体通过这些表时，计量数值变小，产生计量误差。按照气体状态方程计算，温度降低 10℃将使计量损失 3.43%。

④ 计量仪表的损坏。管线未吹扫干净，导致焊渣、铁屑等杂物进入表内，造成表出现卡涩不走字现象。或因安装过程中表受到震动和损伤，导致表走字不准。

(2) 输气管线损失引起的输差

① 管线的运行泄漏和偶然性泄漏。随着用气规模扩大，管网不断延伸，管线出现泄漏的几率加大，导致输差加大。一是老的管网，在管线的强度、韧性、抗压抗震性和塑性等材料性能随着时间的推移而不断下降的情况下，在遭遇外力作用时(如雨后地基下沉、重车碾压、其他市政工程管线开挖、安装等情况)有可能会造成老旧管线损伤从而导致燃气泄漏。二是如管线安装过程中由于焊接、防腐的质量问题，进户管线的连接质量、管线埋深不够、材料质量不合格等原因引起的泄漏。

② 管线置换放空。一是新管线的投用需要使用天然气进行置换，放空时用掉一些天然气，没有计入销气量，从而影响输差。二是阀门设置不合理。在管线维修、抢险等施工作业中，为达到施工条件，需要对某一管段进行泄压防控。如作业点附近上下游没有控制阀门，则需要放空更长的管线内的天然气，放空气量大大增加。

(3) 上游计量产生误差，由于天然气购入计量一般以上游计量表为准，如果对方计量表存在问题也会影响输差。

(4) 其他因素

① 非法用气：一是有些用户严重违反《燃气安全管理条例》和《社会治安条例》，私接管线，在偷气同时，也留下安全隐患；还有的用户私自打开表具，调节计量表，使计量表慢走、不走，造成计量数据不准确，这也是偷气的一种。二是有的用户私自移表或在装修时破坏远传表数据线，导致用气数据无法传回。

② 抄表漏失：使用就地显示计量仪表，抄表人员漏抄、少抄，导致抄表数不真实，影响输差率。

(二) 天然气输差控制措施

天然气输差整治是一项综合性、艰巨性的系统工程。不仅要用经济手段(例如实施输差计划指标经营目标责任制考核奖罚制度)推动输差整治，更要采用技术措施来保证输差整治的效果，输差整治的主要措施是：

1. 加强计量表管理

计量表偏差是输差的重要根源，也是深入整治输差的重点。

(1) 企业要及时淘汰更换使用多年的慢表、死表，进行现有计量器具和燃气设施调查，对于不符合要求的燃气表进行整改。统计计量表使用年限，随着使用年限增加，计量表计量逐渐偏小，对使用年限长的计量表进行更换。

(2) 减小供气温度对计量表的影响。计量仪表选型时，选择带有温度和压力自动补偿，技术先进的计量表，能够达到科学计量的目的，以降低计量损失。

（3）要加强计量表的维护和检测，企业要按照计量表检定规程，制定计量表周期检定计划，并认真进行周检，保证计量表的计量精度。

2. 加强管网管理

天然气(燃气)管网的渗漏也是产生输差的重要原因。但是管网输差是一个相对固定的量的输差。因为管网的老化是一个漫长的过程，更重要的是管网漏气关系到运行的安全。整治管网输差，建议采取如下措施：

（1）建立健全查漏、堵漏机制，有计划地进行管网片区试压工作；加大日常管网的日常巡查、维护力度；值班人员定时观察和记录出站流量，据此判断有无大的漏点。

（2）控制管线置换放空用气量。在用天然气进行管线置换时，要合理控制放散量，及时检测放散气体的氧含量，氧含量低于5%即可。对于置换造成的天然气损耗量，要做好统计。由于置换放散没有计量手段，可以按照管线容积的3倍进行计量，在输差中予以说明。

（3）加强与上游的计量复核由于天然气购入计量，一般以上游计量表为准，如果上游计量器具存在问题，也会影响输差。要对上游计量情况要进行实时监控比对，记录存在的差异，及时与对方进行交涉和沟通，力争补偿。

（4）是建立健全抢险维修机制，有效控制燃气输配系统的燃气泄漏和突发事故。

天然气(燃气)企业要建立健全一支技术过硬的抢修队伍。抢修队伍要服从调度中心的调度指挥，严格执行抢修技术规程具有应对突发事故的能力。

3. 整治抄收输差

抄收周期、抄收到位率和抄收准确率都对输差产生巨大的影响。加大抄收频率，缩短抄收周期，提高抄收到位率和抄收准确率，是整治输差的关键环节。管网输差和计量输差是一个相对固定的输差，而抄收输差则是一个变动的输差。因为管网老化和计量失准是一个较长的过程。而一些项目公司的输差大起大落，主要原因是抄收。一是抄收周期长或购销核算时间不一致，从而产生巨大的时差偏量；二是抄收到位率和准确率不达标，产生巨大的抄收漏失。所以，抄收输差是人的输差，是变动输差，是管理输差，是输差整治的重点。因此，深入整治抄收输差，必须解决人的问题，必须调整抄收管理机制，抄收工作方式和抄收工作状态。

4. 整治非法用气输差

一是企业要建立一支素质精良的稽查队伍，负责非法用气稽查和内部的抄收核查。

二是企业要采取防止非法用气措施。

三是对于非法用气的违章用户，可以给予罚款或停气处理。给予非法用气用户的经济处罚或停气处罚是燃气企业的权力。燃气企业作为被窃者、受损者，有权维护自己的权益索赔自己的经济损失，或者停止给窃气者供气。

总之，导致输差的原因众多，在输差分析方面，应该建立定期输差分析制度，对计量输差产生的原因进行分析，找准问题根源，探讨整改措施，这样就能做到有输差问题及时发现、及时找出原因、及时制定措施，从而实现对输差的有效控制，以保证企业迅速、稳定、持续地发展。

五、油量的虚假盈亏

油品在储存、保管、运输和销售中，由于不可避免的蒸发和洒漏造成的损失为自然损耗，用强调客观的话讲也可叫“合理损耗”，要想一点损耗没有是不可能的，不符合客观实际，因此，国家对石油及其石油产品的储存、运输和销售各方面，通过标定都给出了损耗定额。在正常的情况下损耗率是不能超过定额的。在这个定额内亏损为正常亏损，超过这个定额的亏损就要查找原因，以减少不应有的损失。然而对于超过定额的损耗，除确因过失造成的真正损耗外，那恐怕就是虚假损耗了。从油品的计量结果看，数量是多了或是少了，但实际油品的量值没有多也没有少，把这样的增加或减少称作虚假盈亏。有时油品经过储存、运输和销售后，不但没有损耗还盈余了，显然荒唐到家，故此种盈余称之为虚假盈余。

上述虚假现象，究其原因主要是在油品计量、化验中出现差错造成的。这种情况就是计量工作中所说的虚假盈亏。

虚假盈亏歪曲掩盖了损耗的实际情况，出现亏而实际没亏，出现盈而实际没盈，给结算和管理带来了混乱。在油品交接计量中使某一方受到一定的经济损失，同时，也常常引起经济纠纷。因此，当出现这种超耗或盈余的时候，以公平交易的原则，尊重科学的态度，实事求是进行分析，查找原因，使油品计量采集的数据更为合理、准确。查找原因应从计量时油品的体积、温度、密度测定及含水化验等方面进行。下面分别介绍一下各方面的检查内容。

（一）从体积上检查

检查发油和收油的体积差值。方法是把发油的体积和收油的体积分别换算成标准体积然后进行比较。若两者之差超过额定损耗很多，说明两者体积来历有问题。原因可能有以下几种：

（1）容积表不准。对油罐来说可能是检定数据有误或编表有误。如油罐周期长测量不准，罐底凸起量及检尺基准点以下死油量处理不当等，对此应进行分析，对已测得的数据进行复核，重新计算，必要时可对周长重新测量（第一圆基准周长）。

（2）液位测量不准。液位测量有人工测量和仪表自动测量，但不论哪种测量都存在误差，一是测量仪器失准，二是操作方法不当。当测量误差超3mm，就会造成体积的较大误差，特别是5000m^3以上的大油罐，收发油量很少时，产生相对误差更大。如10000m^3油罐收油3000m^3，检尺高度差4mm，产生的相对误差大约为万分之八，近千分之一。对人工检尺这种误差是偶然的，不能每次检尺都出现，但对自动测量仪表来说，如果出现超差，每次都会发生。因此，一定要检查其是否失灵失控。

（3）基础下沉，引起油罐底部、升降变化，即当液体装到一定高度时，罐底板便沉下去，当液体减少到一定量时，罐底又升回到原来位置。由于量油口靠近罐壁，对应罐底的量油基准点位置高低（升、降）一般不发生变动。因此，油罐底部降、升变化引起的油品体积的差量，通过检尺往往是检查不出来的。

（4）大容量油罐（如5000m^3以上）作小批量收发作业将会产生较大的体积误差。如，有100m^3的油品要装进5000m^3的储油罐内，该罐1mm油高的体积为410L，若检尺油高差2mm，则体积差820mL，相对误差为0.820/100=0.0082（0.82%），可见之大。

（5）新投产的油罐和管线或管线在使用中管存量发生变化，都会使发出量与收到量产生误差。这主要是新投产的罐为空罐，罐底凸起量及底部附件（如加热盘管等），它们所占空间体积要扣除，但该量往往测量不十分准确，因此，当第一次进油时，会出现一定的差量，但使用后，只要罐底存有一定量的油（油高超过凸起和附件的高度）以后，这个差量就没有了。新投产的管线，原来是空的，当第一次进油，首先要有一部分油充填管线，这部分油，油罐收不到，即便考虑了充管量，但很难计算准确。所以新投产的管线会有误差的。

（6）油罐之间窜油。油罐区内同一品种的油罐都是并联在一条管线上。由于隔离阀门或罐前（罐根进、出口）阀门不严，高液位的油压入低液位，或者一个罐往外输油，另一个罐的油也往外渗油被输走。

（7）容器残留。对于使用汽车罐、铁路罐、油船运油时，往往卸不净（罐壁沾附和底部残留）存有余油，由此，也会造成油量的误差。

（二）从油品温度变化检查

油品体积变化与温度有关，温度升高体积膨胀，温度降低体积缩小。

原油20℃密度在870~890kg/m^3时，温度变化1℃，其体积的变化率为0.00072左右。汽油20℃密度710~750kg/m^3时，温度变化1℃，其体积的变化率在0.00123~0.00108左右。若10000m^3原油温度差1℃，体积差7m^3，10000m^3汽油温度差1℃，体积差12m^3左右。

在油量计算中，温度也是其中的重要技术参数。是换算查找油品体积修正系数（Cti）的依据。对于原油20℃密度在870~890kg/m^3，油温在45℃左右时当温度差1℃，其体积修正系数平均差0.00074，也就是说10000m^3，差7.4m^3。

通过上述分析，油温一定要测准。做到这一点，一是仪表必须准确，二是测得的温度必须具有代表性，三是操作者认真负责。

（三）从密度上检查

密度是油量计算中重要参数之一，是计算质量的唯一重要数据。如果密度不准确，则算得的质量自然不会准确，影响密度不准的主要原因有以下几点：

（1）采取的试样不具代表性。主要是没按规定方法取样，样品不能代表当时被计量油品的平均密度。

（2）密度计有问题。如不合格，精度不够，或内标刻度纸窜动，压载体铅粒松动等。

（3）读数不准，如读错，或少读有效数字位数，规定读四位，估读到0.0001，结果只读到二位或三位，若只读二位，则会造成±0.005的误差，1000t差5t。若只读三位。则造成的误差为±0.0005，即10000t差5t。

（4）密度与温度关系甚大，密度是随温度变化而变化的。即温度升高，密度变小。温度降低，密度增大，因此说没有温度的密度没有实际意义。所以，测定密度时一定要同时测定温度，并把该温度下的密度换算到20℃温度下的密度（ρ_{20}）。若测定密度时温度测定差1℃，当20℃密度在0.8500~0.8900t/m^3时，就会引起标准密度（ρ_{20}）差0.00067，即1000t差7t左右。

（四）从含水量上检查

含水量测定的准确与否乃直接影响纯油量的准确与否。我们知道水不能当油卖。因此必须测定油中的含水率，然后扣除水量。如果含水量测定不准，就会会影响纯油量。给某一方造成经济损失，对此应引起足够重视。

影响原油含水量测定结果准确度的主要原因，大致有以下几个方面。

1. 试样不具代表性

（1）取样容器内不干净，存有水滴、杂物。

（2）采取试样时，没按规定方法进行。如取样位置不对，取样时间不对，取样量不对等。

2. 加热熔化样品温度过高

当加热温度过高时，试样往外冒白烟，不仅有轻质油气跑掉，同时也有水蒸气跑掉，造成测定结果偏小。

3. 试样搅拌不匀

试样中的悬浮水或游离水，因重力关系，多沉降到盛样容器的底部，同时器壁上也黏附有水珠，如果搅拌（摇样）时间不够（原油不少于 3min）或摇力不够，试样不匀，会使测定结果偏小。

4. 溶剂不合格

（1）溶剂含水。主要是使用前未经干燥剂脱水，或脱水剂已饱和失效（呈扁海绵状），或溶剂未做含水测定。由此，使测量结果偏大。

（2）溶剂不符合规定。用汽油或直馏汽油代替，使测定结果偏小。

5. 仪器安装不合要求

仪器安装时连接处不严，未做密封实验，使用时漏气，使测定结果偏小。

6. 蒸馏速度过快

蒸馏速度过快，冷凝下来的油水和溶剂的混合液在接收器上部得不到充分分离沉降。水分没有来得及分离，新冷凝下来的混合液又来了，超过接收器上部分叉，混合液又回到烧瓶中去。同时还会造成冷却水温度急剧上升，降低冷凝效果，速度过快还容易造成冲沸。

7. 潮湿空气进入冷凝管

夏季空气湿度大，特别是阴雨天。如果冷凝管上部不加干燥管或干燥管失效，湿空气进入将增加水分，使结果含水率增加。

8. 冷却水不足或进口水温高

冷却水不足一般表现为水压低，流量小。进口水温高于 25℃。这两种情况都会造成冷却不良，使测定结果偏小。

9. 读数误差

（1）读错，这种情况非常少，如果出现，乃为过失。

（2）读数过早，接收器的上层溶剂没有完全透明，其中有一部分水还没完全沉降下来，或者器壁上的水珠还没有刮净就读数，使测定结果偏小。

此外，接收器还没有冷却到室温，会使读数偏高。因为水的膨胀系数比玻璃的大很多，温度越高，水的液面上升得越高，而接收器下部玻璃体上的刻度上升的却很少（玻璃膨胀系数 $\beta = 25\times10^{-6}℃^{-1}$；$\beta_{水} = 180\times10^{-6}℃^{-1}$）。

第七章　油气集输信息化

第一节　概　述

随着电子技术、计算机技术、通信技术、网络技术与自动化技术的发展，新型测控仪表不断涌现，为实现广大地域范围上的油气集输全面自动化、数字化提供了条件。我国的油气集输自动化进入崭新的时期。仪表及自控系统在油气田集输生产过程占有重要而关键的地位。生产工艺中的压力、流量、温度、物位、含水率等参数都由油气集输仪表及自控系统进行自动检测、显示和控制。没有仪表及自控系统，整个生产过程将无法运转。因此，仪表性能及工作状况的好坏，直接影响到工艺介质及装置设备的运行。本章仅简要介绍油气集输系统中常用的自动化仪表，主要涉及油、气、水处理过程中的压力、流量、温度、物位和原油含水率、可燃气体及有毒气体浓度等参数的测控仪表。

一、测量误差

（一）误差的概念

在测量过程中测量结果与被测量的真实值之间会有一定的差值。测量的目的是希望正确地反映被测参数的真实值。但是无论怎么努力，由于测量原理、方法、精确度、环境等的限制，测量结果不可能绝对准确，只能尽量接近真实值。测量值与真实值之间始终存在一定差值，这一差值称为测量误差。它反映了测量结果的可靠程度。

（二）误差分类

在测量过程中，测量误差按其产生的原因不同，可以分为三类。

1. 系统误差

在相同条件下，对同一物理量进行多次测量，测量结果的误差大小与符号均保持不变或其数值按一定规律变化的误差叫作系统误差。

由于仪器结构不够完善或仪器未经很好校准等原因会产生误差，或者对实验条件、测量方法的考虑不周也会造成误差。我们应根据具体的实验条件，系统误差的特点，找出产生系统误差的主要原因，采取适当措施降低它的影响。

2. 随机误差

在相同条件下，对同一物理量进行多次测量，由于各种偶然因素，会出现测量值时而偏大，时而偏小的误差现象，且无一定的规律，这种类型的误差叫作随机误差。产生偶然误差的原因很多，例如读数时，视线的位置不正确，测量点的位置不准确，实验仪器由于环境温度、湿度、电源电压不稳定、振动等因素的影响而产生微小变化等等。许多微小变化的复杂因素共同作用，导致产生随机误差。但是实验表明，大量次数的测量所得到的一系列数据的偶然误差都服从一定的统计规律。

3. 疏忽误差

测量结果显著偏离被测实际值的误差，没有任何规律可循。主要由于观察人员误读或不正确使用仪器等人为因素引起的误差。

二、仪表的性能指标

仪表的性能指标是评价仪表性能好坏、质量优劣的主要依据，也是正确选择仪表和使用仪表以进行准确测量所必须具备和了解的知识。下面对仪表的一些重要性能指标分别进行介绍。

(一) 绝对误差与相对误差

1. 绝对误差

绝对误差：是指测量结果与被测量真实值之间的差值。即：

$$e_a = X - X_t \tag{7-1}$$

它反映测量值偏离真实值的大小，所以称为绝对误差。

2. 相对误差

相对误差：指测量的绝对误差与被测量真实值之比。即：

$$E_r = \frac{e_a}{X_t} \times 100\% \approx \frac{e_a}{X} \times 100\% \tag{7-2}$$

绝对误差可以表示一个测量结果的可靠程度，而相对误差则可以比较不同测量结果的可靠性。

(二) 引用误差

引用误差用测量值的绝对误差 e_a 与测量仪表的量程 S_p 之比的百分数表示。即：

$$E_q = \frac{e_a}{S_p \times 100\%} \tag{7-3}$$

式中，$S_p = X_{max} - X_{min}$ 为仪表的量程，即仪表测量上限值 X_{max} 与下限值 X_{min} 之差。显然，引用误差可以表示测量仪表的可信程度。

(三) 变差

变差也叫回差，是仪表在测量条件不变的情况下，对变量由小到大和由大到小测量(正、反行程)时，同一测量值下仪表指示值不同的现象。原理见图 7-1。

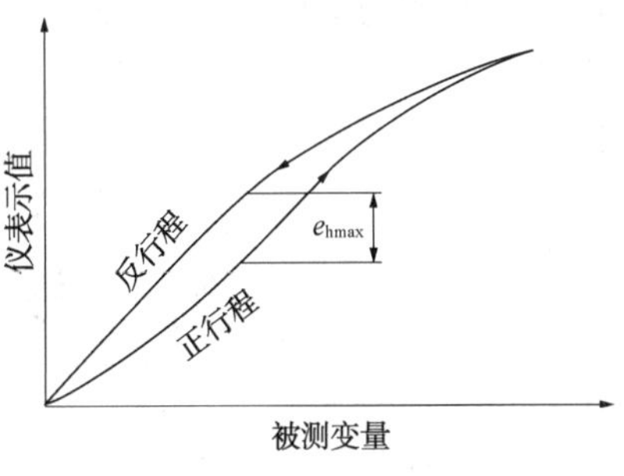

图 7-1　测量仪表的变差

变差的大小，一般采用最大引用误差形式表示。即

$$E_{hmax} = \frac{e_{hmax}}{S_p} \times 100\% \tag{7-4}$$

式中　e_{hmax} = max | 正行程示值—反行程示值 | 。

造成变差的原因很多，例如传动机构的间隙，运动部件的摩擦，弹性元件的弹性滞后的影响等。变差的大小反映了仪表的稳定性，要求仪表的变差不能超过精度等级所限定的允许误差。

(四) 精度及等级

精确度(简称精度)，是反映额定使用条件下，仪表测量结果与参数真实值一致程度的一项综合性指标。其形式用最大引用误差去掉百分号表示。可用下式描述：

$$A_C = \frac{e_{max}}{S_p} \times 100 \tag{7-5}$$

式中 A_C——精度；

e_{max}——允许最大绝对误差。

实际应用时，一般用精度等级表示仪表的精度。精度等级是按国家统一规定划分的仪表精度值。目前，我国生产的仪表精度等级有：0.01、0.02、0.05、0.1、0.2、(0.25)、(0.4)、0.5、1.0、1.5、2.5等(括号内等级必要时采用)。

仪表的精度等级是衡量仪表质量优劣的重要指标之一。仪表的精度等级一般用圈内数字等形式标注在仪表面板或铭牌上。

(五) 灵敏度

灵敏度是指仪表对被测参数变化的灵敏程度，或者说是对被测的量变化的反应能力，是在稳态下，输出变化增量对输入变化增量的比值。

$$S = \frac{\Delta L}{\Delta x} \tag{7-6}$$

式中 S——仪表灵敏度；

ΔL——仪表输出变化增量；

Δx——仪表输入变化增量。

测量仪表的灵敏度可以用增大仪表转换环节放大倍数的方法来提高。单纯增加灵敏度，反而会出现虚假的高精度现象。因此，通常规定仪表标尺刻度上的最小分格值不能小于仪表允许最大绝对误差值。

(六) 稳定性

在规定工作条件内，仪表某些性能随时间保持不变的能力称为稳定性。仪表稳定性是仪表十分重要的一个性能指标。由于部分仪表的使用环境相对比较恶劣，被测量的介质温度、压力变化也相对比较大，在这种环境中投入仪表使用，仪表的某些部件随时间保持不变的能力会降低，仪表的稳定性会下降。仪表投入运行一年之中零位没有漂移，说明仪表稳定性好。相反仪表投入运行不到三个月，仪表零位就变了，说明仪表稳定性不好。

第二节 压力测量及变送

油气集输生产过程中，压力往往是决定安全生产、优化生产的重要因素。压力的检测和控制是生产过程经济性和安全性的重要保证。设备必须在稳定的压力工作条件下才能稳定运行。而所有设备都有一定的承压能力，超过设备的安全压力，会造成设备损坏，造成安全事故。因此，压力的测量与控制在生产过程中是十分重要的。

一、基本概念

（一）压力定义

所谓压力，即垂直而均匀地作用在单位面积上的力。这里的压力即指物理概念中的压强。

$$p=\frac{F}{A} \tag{7-7}$$

式中 p——压力；

F——垂直而均匀地作用力；

A——受力面积。

（二）压力单位

在国际单位制中，压强的单位为帕斯卡（简称帕），1 帕=1 牛顿每平方米。

即 1 帕（Pa）= 1N/㎡

压强的常用单位还有巴（bar）、千帕（$1kPa=10^3Pa$）、兆帕（$1MPa=10^6Pa$）等。他们与工程上常用的压力单位之间的换算关系为：

1 毫米汞柱（mmHg）= 133.322 帕（Pa）

1 毫米水柱（mmH_2O）= 9.80665 帕（Pa）

1 工程大气压=98.0665 千帕（kPa）

1 千帕（kPa）= 0.145 磅每平方英寸（psi）= 0.0102 千克力每平方厘米（kgf/cm^2）

= 0.0098 大气压（atm）

1 磅每平方英寸（psi）= 6.895 千帕（kPa）= 0.0703 千克力每平方厘米（kg/cm^2）

= 0.068 大气压（atm）

1 物理大气压（atm）= 101.325 千帕（kPa）= 14.695949400392 磅每平方英寸（psi）

= 1.01325 巴（bar）

（三）压力的表示方法

在压力测量中，常用绝对压力、表压力、负压力或真空度。

所谓绝对压力是指被测介质作用在容器单位面积上的全部压力，它是以绝对真空作为基准所表示的压力。另一种是以大气压力作为基准所表示的压力，称为相对压力。由于大多数测压仪表所测得的压力都是相对压力，故相对压力也称表压力。表压力即指绝对压力与大气压力之差。当绝对压力小于大气压力时，可用容器内的绝对压力不足一个大气压的数值来表示。称为"真空度"。

它们的关系为：绝对压力=大气压力+相对压力（表压力）

真空度=大气压力—绝对压力

常用的测压仪表根据转换原理的不同，大致分为三类：

（1）液柱式压力计，它是根据流体静力学的原理，把被测压力转换成液柱高度的压力计。比如 U 形管压力计；

（2）弹性式压力计，它是根据弹性元件受压产生弹性变形的原理测量的。所测压力范围不同，所用的压力原件也不同。比如弹簧管压力计、波纹管压力计等；

(3) 电气式压力计，它是将所测的压力通过机械和电气元件转换成电量(如电压、电流、频率等)来测量的仪表。比如电容式、应变片式、压阻式等压力计。

二、常用的压力计

(一) 弹簧管电接点压力计

1. 结构原理

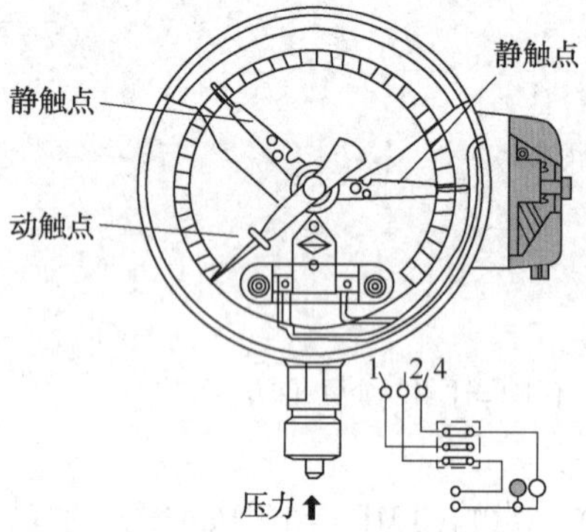

图 7-2　电接点压力计结构示意图

仪表由测量系统、指示装置、磁助电接点装置、外壳、调节装置及接线盒等组成。当被测压力作用于弹簧管时，其末端产生相应的弹性变形——位移，经传动机构放大后，由指示装置在度盘上指示出来。同时指针带动电接点装置的活动触点与设定指针上的触头(上限或下限)相接触的瞬时，致使控制系统接通或断开电路，以达到自动控制和发信报警的目的。在电接点装置的电接触信号针上，装有可调节的永久磁钢，可以增加接点吸力，加快接触动作，从而使触点接触可靠，消除电弧，能有效地避免仪表由于工作环境振动或介质压力脉动造成触点的频繁关断。其工作示意如图 7-2 所示。

此类压力表结构简单，牢固可靠，价格低廉，测量范围宽，精度可达 0.1 级。为现场指示型仪表，若与适当的传感元件相配合，可将弹性变形所引起的位移量转换成电信号，便可实现压力的远传、记录、控制、报警等功能。因此在工业上应用最为广泛的测压仪表。

2. 压力表的选择

① 应根据被测压力的种类(正压、负压或压差)、被测介质的物理、化学性质(腐蚀等)和用途(是否远传)以及生产过程所提的技术要求，本着既要满足测量准确度，又经济的原则，合理地选择压力表的型号、量程和精度等级。

② 为了保护压力表，一般在被测压力较稳定的情况下，其最高压力值不应超过仪表量程的 2/3；若被测压力波动较大，其最高压力值应低于仪表量程的 1/2。

③ 为了保证实际测量的精度，被测压力的最小值不应低于仪表量程的 1/3。

④ 对某些特殊的介质，如氧气、氨气等有专用的压力表。

⑤ 在测量一般介质时，压力在-40~0~40kPa 时，宜选用膜盒式压力表；40kPa 以上，宜选用弹簧管压力表或波纹管压力表；-1~0~2.4MPa 时，宜选用真空表。为了方便观看压力指示，工艺管线和机泵安装的压力表外径一般以 100mm 为宜；各种受压容器安装的压力表外径一般选用 100~150mm 为宜。

3. 压力表的安装

① 取压管口应与介质流动方向垂直。测点要选在其前后有足够长直管段的地方，以保证仪表所测的是介质的静压。压力表应垂直安装，安装位置较高时，可略向前倾斜，以便于观察，但倾斜角度不得超过 30°。

② 防止仪表传感器与高温或有害的被测介质直接接触。如：测量高温蒸汽时，应加

装冷凝盘管；测量含尘气体时，应装设灰尘捕集器；对于有腐蚀性的介质，应加装充有中性介质的隔离容器；对于测量温度高于 60℃的介质，一般要加环形圈(冷凝)；压力表不宜安装在剧烈振动的地方。

③ 取压口的位置，对于测量气体介质的，一般位于工艺管道的上部；测量蒸汽的，应位于工艺管道的两侧偏上(这样可以防止工艺管道底部的固体介质进入测量管道和仪表)。

④ 对于测量液体的，取压口应位于工艺管道的下部，这样可以让液体内析出的少量气体不进入测量管和仪表。

⑤ 将准备好的压力表顺时针方向缠上密封带，用 17mm 呆扳手上好压力表；安装压力表时，以螺纹不松动、不渗漏为准，不要过分用力，防止憋压打坏表针；压力表安好后，缓慢打开截断阀门，检查接头密封是否渗漏。

(二) 压阻式压力变送器

目前常用的压阻式压力变送器有扩散硅式压力变送器、厚膜陶瓷式压力变送器两种。由压力传感器和表头(转换电路)两部分组成。压力传感器一般做成 M20 压力表接头的形式，通过螺纹连接到设备或管道上。表头部分用于安装转换电路、显示器及输出信号接线端子。

1. 扩散硅式压力变送器

扩散硅式压力传感器(见图 7-3)底部装有不锈钢隔离膜片，通过隔离液(如硅油)传压给测压敏感元件(硅杯)。“硅杯”是由半导体材料制成的圆形薄片，形成测压膜片。背面采用集成电路工艺在特定位置形成四个扩散电阻。

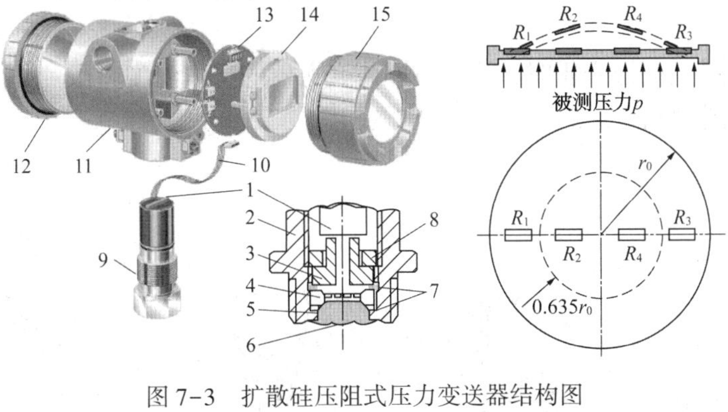

图 7-3　扩散硅压阻式压力变送器结构图

1—电路板；2—基座；3—压环；4—硅杯；5—隔离液；6—隔离膜片；7—密封圈；
8—压帽；9—传感头；10—引线；11—主壳体；12—盖；13—信号处理板；14—液晶显示器；15—表头

硅杯底部的硅膜片下侧高压腔承受被测压力，膜片上方低压腔与大气连通。当硅膜片受压时，膜片产生向上凸起的变形，使其背面的扩散电阻发生变化。电阻变化时，经内部转换电路检测这一变化后，输出的电流与膜片所受压力成线性对应关系，输出电流在 4～20mA 范围内变化。

2. 厚膜陶瓷压力变送器

厚膜陶瓷压力传感器芯体如图 7-4 所示，采用氧化铝陶瓷膜片作为感压元件，被测介质的压力作用于陶瓷膜片上，使膜片产生与介质压力成正比的微小位移，利用厚膜电阻的压阻效应，陶瓷膜片上的压敏电阻发生变化，经电子线路检测这一变化后，转换成对应的标准信号(4～20mA)输出。

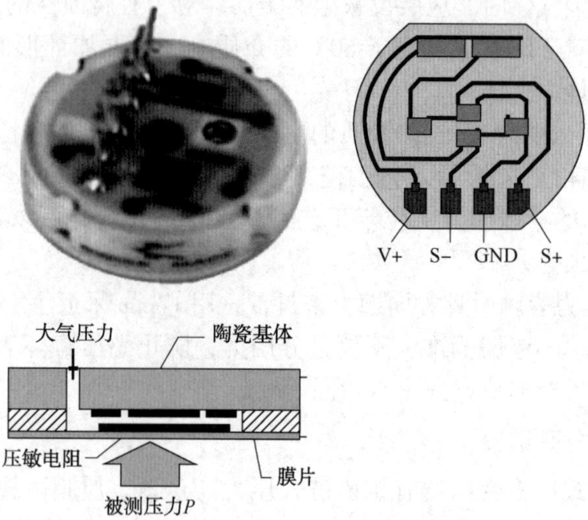

图 7-4　瓷压力传感器芯体示意图

3. 安装与应用

(1) 安装

安装前仔细阅读产品说明书。压力变送器可直接安装在测量点上，也可以通过导压管安装。取压孔要垂直于设备或管道，孔壁光滑无毛刺，避免产生取压误差。尽量避开高温、强振动和腐蚀、潮湿场合。

室外安装时，尽可能放置于保护盒内，避免阳光直射和雨淋，以保持变送器性能稳定和延长寿命。

测量蒸汽或其他高温介质时，注意不要使变送器的工作温度超限。必要时，加引压管或其他冷却装置连接(图 7-5)。

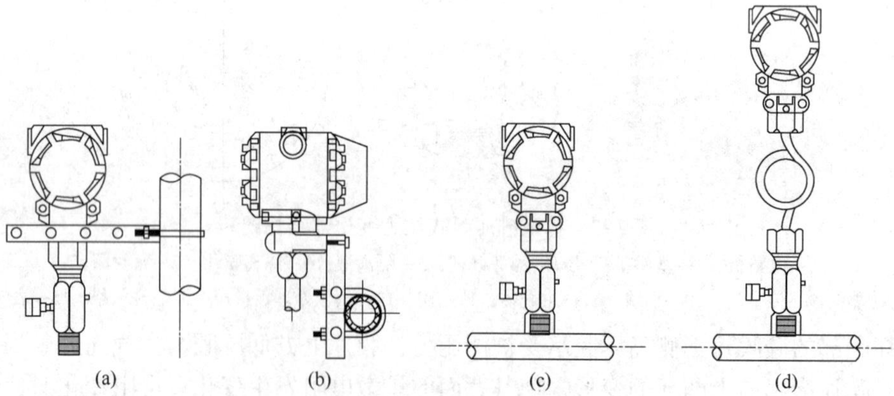

图 7-5　压力变送器安装

安装时应在变送器和取压点之间加装截止阀，以便检修，防止取压口堵塞而影响测量精度。在压力波动范围大的场合还应加装压力缓冲装置。

压力变送器在安装和拆卸时，须使用扳手拧动变送器压力接头，严禁直接拧动表头，避免损坏相关联结部件。

严禁敲打、撞击、摔跌变送器，严禁用尖硬物、螺丝刀、手指直接按压膜片试压，这样最容易造成不可修复性损坏。

禁止超指标过载。正确按图连接电路。连接完成后，表盖须用专用工具拧紧，压紧“O”形密封圈，防潮防水。接线孔中引线电缆必须用出线密封件密封。外壳另一侧的接线孔，必须用具有密封圈的丝堵旋紧密封。

（2）压力变送器接线

接线时，断开电源，拧下后盖，将引线电缆从接线孔、橡胶密封件中穿过后，将电缆线芯剥去绝缘皮、刮去氧化铜锈、压上线鼻后，用端子螺钉压紧到标注有“OUT”或“24V”侧“+”“-”两个端子上，见图 7-6。另外两个标注“TEST”的端子用于连接测试用的指示表，其上的电流和信号端子上的电流一样，都是 4~20mADC。

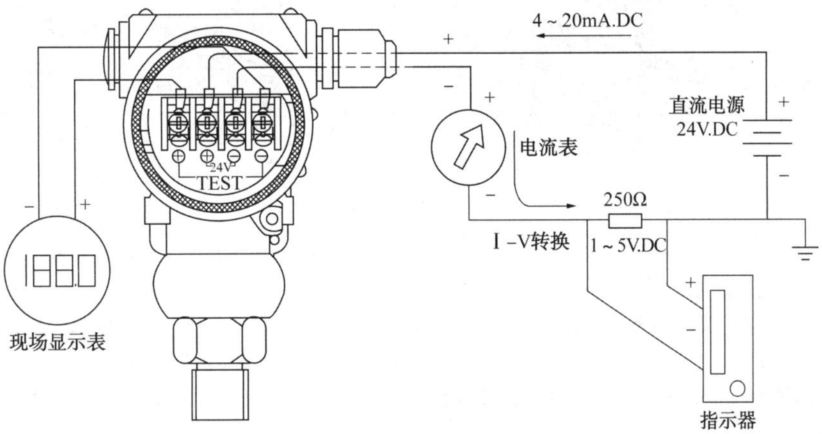

图 7-6　压力变送器接线

接线时不要将电源信号线接到测试端子，否则电源会烧坏连接在测试端子的二极管，如果二极管被烧坏，需换上二极管或短接两测试端子，变送器便可正常工作。

（3）调校

变送器出厂前已根据用户需求，量程、精度均已调到最佳状态，无需重新调整。变送器在安装投产之前或装置检修时都要对变送器进行校验。在存放期超过一年、长时间运行后，出现大于精度范围内的误差时都要进行校验。

压力变送器校验时需要 24VDC 稳压电源、4½位数字电压(电流)表、250Ω 标准电阻，压力校验仪等标准仪器。

连接压力变送器与压力校验仪，连接稳压电源、电流表与压力变送器信号输出端子，接通电源，稳定 5min 即可通压测试。

用压力校验仪给变送器输入零位时的压力信号，若变送器零位压力为零(表压)，则把变送器直接与大气相通。此时变送器输出电压为 4.00mA，若不等于此值，可通过调整零位电位器改变。

用压力校验仪给变送器输入满量程压力信号，变送器输出 20.00mA，若不等于此值，可改变量程电位器调整。零点和量程调整会有相互影响，需要反复调整零点、量程几次才能达到要求。

调零电位器和调量程电位器的位置对于各厂家的压力变送器有所不同，一般位于电路板上，有的延伸到表外，不用开盖即可调整。

（三）电容式差压变送器

电容式差压变送器比较典型的是 1151 系列，结构原理如图 7-7 所示，由检测部分和转换部分组成。检测部分将被测的压力差经差动电容膜盒转换为电容量的变化；转换部分将电容的变化量转换放大成 4~20mA 标准电流信号输出。

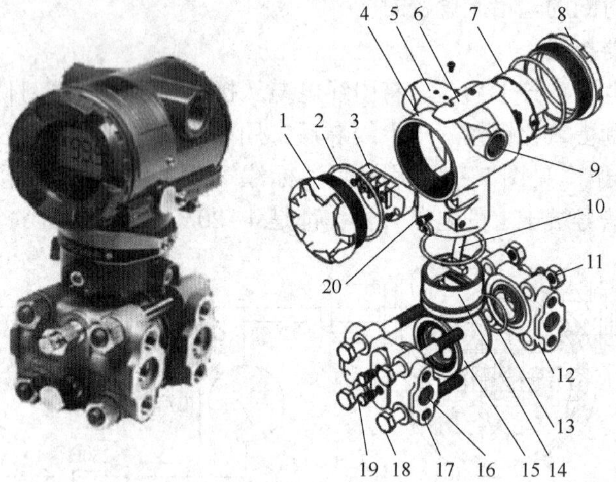

图 7-7　电容式差压变送器外形与结构

1—接线端盖；2—“O”形密封圈；3—接线端子板；4—表头壳体；5—表外零点、量程调节孔；6—铭牌；7—电路板、显示表头；8—表头端盖；9—密封出线孔；10—电容传感器引线；11—M10 螺母；12—负压侧压盖；13—“O”形密封圈；14—电容膜盒联结头；15—差动电容膜盒；16—高压侧压盖(引压孔)；17—引压头固定螺孔；18—压盖螺栓；19—排气螺钉；20—表头紧固螺钉

1. 安装与应用

由差压变送器构成的检测系统由取压口、导压管、差压变送器及一些附件组成，各个部件安装正确与否对压力测量精度都有一定的影响。

（1）变送器的安装

① 应安装在能满足仪表使用环境条件，并易观察、易检修的地方。

② 安装地点应尽量避免振动和高温影响。

③ 应避免高温及腐蚀性液体直接接触变送器，如测量原油、污水时可以采取加装隔离罐的措施。

④ 差压变送器一般可通过直形、L 形安装支架安装在设备，如图 7-8 所示。

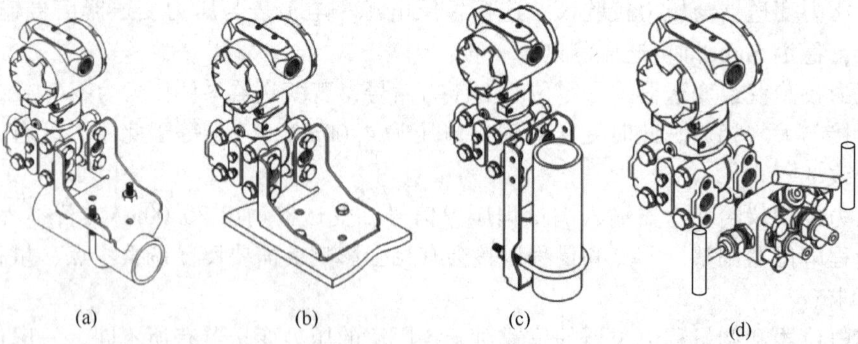

图 7-8　压力变送器的安装

⑤ 引压导管与变送器之间必须在高压侧、低压侧及两导压管之间安装阀门(三阀组)，主要用于变送器调零和开、停表时防止变送器单向受压。目前一般用与变送器配套的三阀

组直接装在变送器测量部分上[如图 7-8(d)]。

(2) 差压变送器的接线

一般采用二线制接线方法，接线方法与压阻式压力变送器相似。24VDC 的正、负端接到变送器标注有“SIGNAL”或“24V”侧“+”“-”两个端子上。另外两个标注“TEST”的端子用于连接测试用的指示表，其上的电流和信号端子上的电流一样，都是 4~20mADC。

注意，不要把电源、信号线接到测试端子上，防止内部保护二极管击穿。

连接变器的信号电缆一般选用屏蔽电缆，接线时，统一在控制室接地。为了防止屏蔽电缆两端接地，失去屏蔽抗干扰效果，变送器侧屏蔽电缆一般采取绝缘浮空方法，不接地。变送器外壳可接地也可不接地。

2. 差压变送器的维护

(1) 切勿将 220V 交流电压加到变送器上，导致变送器损坏。

(2) 切勿用硬物碰触膜片，导致隔离膜片损坏；

(3) 被测介质不允许结冰，否则将损伤传感器隔离膜片，导致变送器损坏，必要时需对变送器进行保温伴热，以防结冰。

(4) 在测量蒸汽或其他高温介质时，其温度不应超过变送器使用时的极限温度，否则必须使用散热管、凝液罐等隔离装置。以防过热蒸汽直接与变送器接触，损坏传感器。

(5) 开始使用前，如果阀门是关闭的，则使用时，应该小心、缓慢地打开阀门，以免被测介质直接冲击传感器膜片，从而损坏传感器膜片。

(6) 差压变送器的调校方法与压阻式压力变送器相似，但为了调节方便一般把零点、量程调节电位器调节螺钉置于表壳外的名牌下，有的制成按钮或磁性耦合按钮，方便不开盖调整。通常调零位置标“Z”或“Zero”，调量程位置标“S”或“SPAN”。

(四) 智能型压力(差压)变送器

智能型变送器将专用的微处理器植入变送器，利用计算机技术及数字通信技术，使变送器具备逻辑判断、数字计算和通信能力。智能变送器功能增加，性能提高，使用更加灵活。目前智能变送器有总线型数字式智能变送器和混合式智能变送器两类。

全数字智能变送器输出数字编码信号，按照规范的通信协议，与现场测控仪表、远程监控计算机之间实现数据交换。多台现场仪表可以用一条双绞线连接成网络，进行数据传输。改变了以往采用电流、电压模拟信号进行一对一传输，线缆多，抗干扰能力差的缺点。提高了信号的测控和传输精度。目前使用的通信协议主要有 FF、CAN、Profibus 等等。HART 通信方式混合式智能变送器在我国得到了较为广泛的应用。

1. HART 协议概述

现代工业生产中存在着多种不同的主机和现场设备，要想很好地使用他们，完善的通信协议是必须的。HART(Highway Addressable Remote Transducer)协议最初是由美国 Rosemount 公司开发，已应用了多年。HART 协议使用 FSK 技术，在 4~20mA 信号过程量上叠加一个频率信号，成功地把模拟信号和数字信号双向同时通信，而不互相干扰。HART 协议参照了国际标准化组织的开放性互连模型，使用 OSI 标准的物理层、数据链路层、应用层。HART 协议规定了传输的物理形式、消息结构、数据格式和一系列操作命令，是一种主从协议。当通信模式为“问答式”的时候，一个现场设备只做出被要求的应答。HART 协议允许系统中存在 2 个主机(比如说，一个用于系统控制，另一个用于 HART 通信的手操仪)，如果不需要模拟信号，多点系统中的一对电缆线上最多可以连接 15 个从设备。

物理层规定了信号的传输方法、传输介质。采用 Bell202 标准的 FSK 频移键控信号，在低频的 4~20mA 模拟信号上叠加一个频率数字信号进行双向数字通信。数字信号的幅度为 0.5mA，数据传输率为 1200bps，1200Hz 代表逻辑“1”，2200Hz 代表逻辑“0”。数字信号波形如图 7-9 所示。

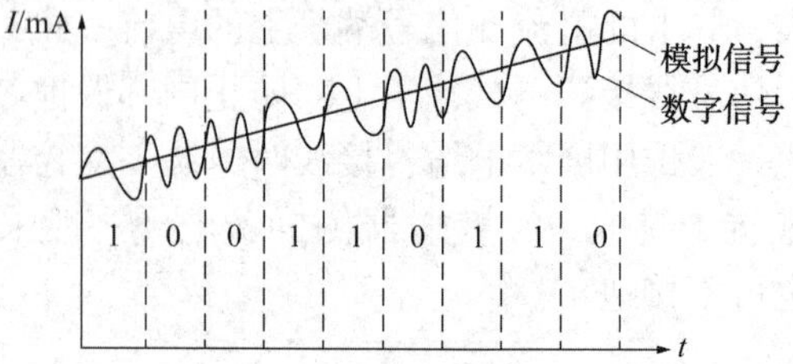

图 7-9　数字信号波形

2. HART 手操器

HART 手操器(图 7-10)是以 HART 通信协议为基础的手持式通信设备，用以与所有基于 HART 协议微处理器类型的监控仪表进行通信。

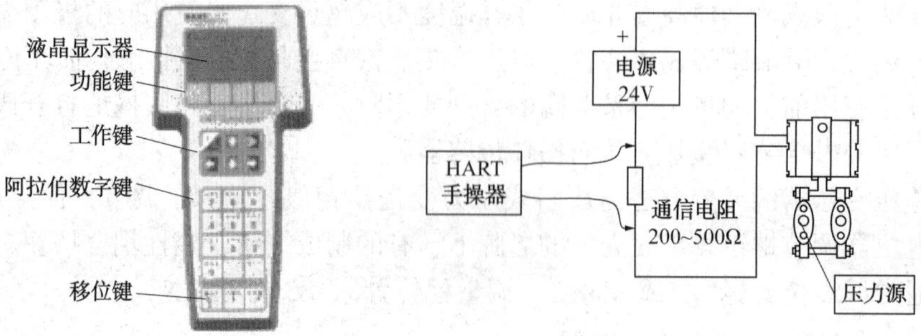

图 7-10　HART 手操器

(1) 接线

手操器通过 4~20mA 信号回路与现场仪器仪表进行通信，但应注意要在电源与仪表间连接一个不小于 250Ω 的电阻。操作人员能从控制室、仪表站或任何线路终端与现场仪器仪表进行通信，接线均接在后面板的接线孔上

手操器与现场仪表的接线方式如下。因为手操器不直接测量线路电流，应保证线路串接有不小于 250Ω 的电阻以确保编程器与仪表通信正常，接线时也应注意防爆。

(2) 菜单树

以 3051C 压力变送器为例的典型菜单树(图 7-11)。

三、压力仪表维护

(一) 压力变送器的维护

1. 启停更换操作

(1) 启运变送器的步骤

① 倒流程：先关闭取压阀，倒通流程之后，再缓慢打开取压阀。

② 试漏：用洗衣粉水覆盖在引压孔到变送器的过程接头看是否有气泡产生。若发现泄漏，需逐个紧固。

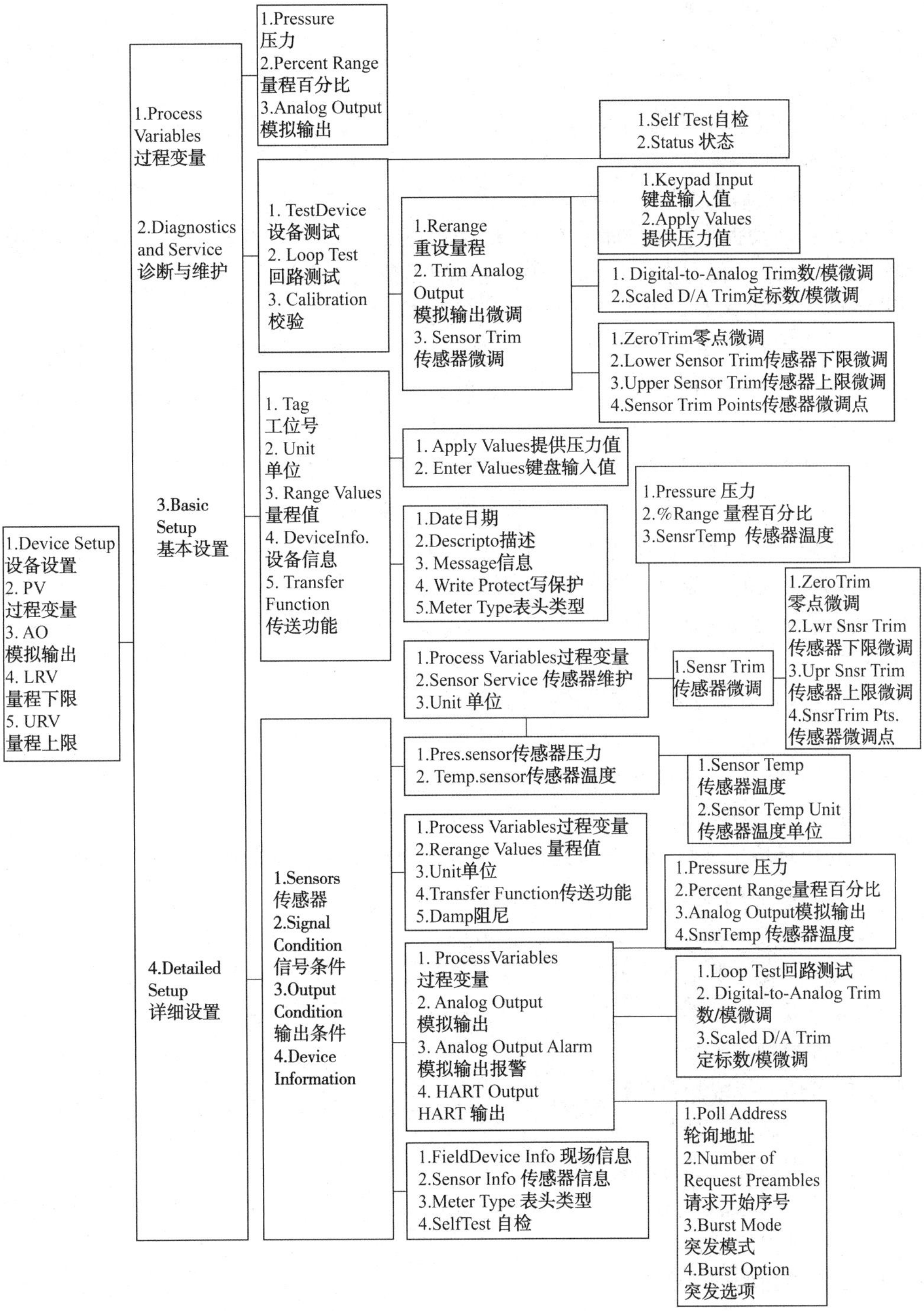

1.Device Setup
设备设置
2. PV
过程变量
3. AO
模拟输出
4. LRV
量程下限
5. URV
量程上限
1.Process
Variables
过程变量
2.Diagnostics
and Service
诊断与维护
3.Basic
Setup
基本设置
4.Detailed
Setup
详细设置
1.Pressure
压力
2.Percent Range
量程百分比
3.Analog Output
模拟输出
1. TestDevice
设备测试
2. Loop Test
回路测试
3. Calibration
校验
1.Self Test自检
2.Status 状态
1.Rerange
重设量程
2. Trim Analog
Output
模拟输出微调
3. Sensor Trim
传感器微调
1.Keypad Input
键盘输入值
2.Apply Values
提供压力值
1. Digital-to-Analog Trim数/模微调
2.Scaled D/A Trim定标数/模微调
1.ZeroTrim零点微调
2.Lower Sensor Trim传感器下限微调
3.Upper Sensor Trim传感器上限微调
4.Sensor Trim Points传感器微调点
1. Tag
工位号
2. Unit
单位
3. Range Values
量程值
4. DeviceInfo.
设备信息
5. Transfer
Function
传送功能
1. Apply Values提供压力值
2. Enter Values键盘输入值
1.Pressure 压力
2.%Range 量程百分比
3.SensrTemp 传感器温度
1.Date日期
2.Descripto描述
3. Message信息
4. Write Protect写保护
5.Meter Type表头类型
1.Process Variables过程变量
2.Sensor Service 传感器维护
3.Unit 单位
1.Sensr Trim
传感器微调
1.ZeroTrim
零点微调
2.Lwr Snsr Trim
传感器下限微调
3.Upr Snsr Trim
传感器上限微调
4.SnsrTrim Pts.
传感器微调点
1.Sensors
传感器
2.Signal
Condition
信号条件
3.Output
Condition
输出条件
4.Device
Information
1.Pres.sensor传感器压力
2. Temp.sensor传感器温度
1.Sensor Temp
传感器温度
2.Sensor Temp Unit
传感器温度单位
1.Process Variables过程变量
2.Rerange Values 量程值
3.Unit单位
4.Transfer Function传送功能
5.Damp阻尼
1.Pressure 压力
2.Percent Range量程百分比
3.Analog Output模拟输出
4.SnsrTemp 传感器温度
1. ProcessVariables
过程变量
2. Analog Output
模拟输出
3. Analog Output Alarm
模拟输出报警
4. HART Output
HART 输出
1.Loop Test回路测试
2. Digital-to-Analog Trim
数/模微调
3.Scaled D/A Trim
定标数/模微调
1.Poll Address
轮询地址
2.Number of
Request Preambles
请求开始序号
3.Burst Mode
突发模式
4.Burst Option
突发选项
1.FieldDevice Info 现场信息
2.Sensor Info 传感器信息
3.Meter Type 表头类型
4.SelfTest 自检

图 7-11　典型菜单树

③ 送电：变送器送电，稳定 3~5min，观察显示压力值是否正常。如不正常须卸下变送器更换或检修。

（2）停运变送器的基本步骤

① 关闭取压阀。

② 卸掉取压系统压力。

③ 缓慢旋开压力变送器的卸压螺钉。

④ 变送器断电。

（3）压力变送器更换操作

① 准备：活动扳手、生料带、螺丝刀、尖嘴钳、万用表以及校验合格的压力变送器。仔细核对新压力变送器零点、量程、电压与所更换压力变送器是否吻合。

② 断电：断开 PLC 或 RTU 上的 24V 直流电源。

③ 拆卸旧表：打开需更换的压力变送器后盖，拆掉 24V 正负极电源线，并用绝缘胶布包好线头及线号，卸开防爆软管连接仪表的活接头，取下 M20×1.5 连接头及密封胶圈，抽出电源线。用扳手扣紧压力变送器下端六角体，拧下压力变送器。

④ 安装新表：在新压力变送器连接螺纹上逆时针方向缠绕生料带，用扳手将压力变送器拧紧到引压接头或压力表阀上。注意不要直接搬动表头。打开新压力变送器后盖，穿入胶圈及电源线，按极性正确连接到 24V 正负极接线端子上。装上防爆软管、拧紧变送器后盖，注意进线及前后盖密封圈良好，确保密封。

⑤ 通电：变送器送电，测量电源电压及信号输出电流，稳定 3~5min，观察显示压力值是否正常。

⑥ 填写《仪器仪表更换台账》做好维修记录。

（4）安全要求

① 在通电情况下，易爆场所严禁拆除变送器封盖。

② 变送器封盖必须完全啮合以符合隔爆要求。

③ 在易爆环境下连接通信装置之前，应确保回路中的仪表按本质安全规程进行安装。

④ 避免与两引线短接或与外壳接触，防止电源短路。

2. 日常巡检与维护

（1）检查仪表外观是否完好；

（2）检查接线是否松动；

（3）检查密封是否完好

（4）检查信号线缆是否破损；

（5）检查控制阀门是否全开。

（6）根据维保计划进行现场维护；

（7）紧固松动的信号线缆；

（8）更换破损的密封胶圈；

（9）更换破损的信号线缆；

（10）疏通堵塞的引压管。

3. 故障现象及处理

（1）故障诊断处理

压力变送器故障诊断与处理方法见表 7-1。

表 7-1　有线压力变送器故障诊断与处理方法

故障现象	检查方法	处理方法
无任何显示	1. 检查电源是否送电； 2. 检查接线端子是否锈蚀、接触不良； 3. 检查电源引线是否断线； 4. 检查电源极性是否接反； 5. 检查仪表供电是否正常(13~45V)； 6. 电子线路板损坏	1. 检查正负端子处是否有电压，重新送电； 2. 除锈、重新压紧； 3. 电源断电后短路变送器处正负端子，在电源侧测量引线电阻； 4. 调换变送器处正负电源线； 5. 检查电源电压是否正常(24V)； 6. 检查并更换电子线路板
有显示但一直显示压力为零，输出信号为 4mA	1. 检查管道设备内有无压力； 2. 检查引压管阀门是否打开； 3. 检查压力表阀是否放空； 4. 检查引压管是否堵塞； 5. 电子线路板损坏	1. 检查管道内是否存在压力； 2. 打开引压管阀门； 3. 关闭压力表阀放空螺钉； 4. 疏通引压管线； 5. 检查并更换电子线路板
压力变送器显示读数不稳定	1. 检查隔离膜片是否变形或蚀坑； 2. 检查导压管、变送器有无泄漏或堵塞； 3. 检查是否有外界电磁干扰； 4. 管道是否存在杂物，形成流体扰动； 5. 检查感压膜头表面是否损伤； 6. 检查设备和管线压力确有波动； 7. 电子线路板损坏	1. 更换； 2. 疏通； 3. 避开干扰源，重新配线并良好接地； 4. 清除杂物； 5. 更换； 6. 消除压力波动或增加变送器阻尼时间； 7. 检查并更换电子线路板
输出电流信号不稳定	1. 检验变送器的电压和电流是否正常； 2. 检查接线端子是否锈蚀、接触不良； 3. 检查是否有外部电气干扰； 4. 检查设备和管线压力确有波动； 5. 检查 4mA 和 20mA 量程是否正确； 6. 检验输出是否在报警状态； 7. 电子线路板损坏； 8. 感压膜头损坏	1. 维修电源、更换引线电缆； 2. 除锈、重新压紧； 3. 避开干扰源，重新配线并良好接地； 4. 消除压力波动或增加变送器阻尼时间。 5. 重新校验零点、量程； 6. 重新设置； 7. 检查并更换电子线路板； 8. 检查并更换感压膜头
变送器对压力变化没有响应	1. 检查取压管上的阀门是否正常； 2. 检查取压管路阀组是否发生堵塞； 3. 检查变送器的保护功能跳线开关； 4. 核实压力是否超出测量范围； 5. 检查传感膜头表面是否损伤； 6. 检查变送器是否在回路测试模式； 7. 电子线路板损坏； 8. 感压膜头损坏	1. 打开或疏通引压管及阀门； 2. 疏通； 3. 重新设置； 4. 重新校验零点、量程； 5. 更换； 6. 重新设置； 7. 检查并更换电子线路板； 8. 检查并更换感压膜头
变送器不能用 HART 通信装置通信	1. 检查变送器电源电压是否符合要求； 2. 检查回路电阻，最小为 250Ω； 3. 检查单元地址是否正确； 4. 检验输出是否在 4~20mA 之间； 5. 电子线路板损坏； 6. 感压膜头损坏	1. 更换引线电缆或电源； 2. 串接回路电阻； 3. 重新设置； 4. 重新校验零点、量程； 5. 检查并更换电子线路板； 6. 检查并更换感压膜头

（2）导致压力变送器损坏的原因

① 变送器内隔离膜片与传感元件间的灌充液漏，使感压元件受力不均，使其测量失准。

② 由于被雷击或瞬间电流过大，变送器膜盒内的电路部分损坏，无法进行通信。

③ 黏污介质在变送器隔离膜片和取压管内长时间堆积，导致变送器精度逐渐下降，仪表精度失准。

④ 由于介质对感压膜片的长期侵蚀和冲刷，使其出现腐蚀或变形，导致仪表测量失准。

⑤ 变送器的电路部分长时间处于潮湿环境或表内进水，电路部分发生短路损坏，使其不能正常工作。

⑥ 变送器量程选择不当，压力、差压变送器长时间超量程使用，造成感压元器件不可修复的变形。

⑦ 变送器取压管发生堵塞、泄漏，导致压力变送器受压无变化或输出不稳定。

⑧ 差压变送器的取压管发生堵塞、泄漏或操作不当，因感压膜片单向受压，使变送器损坏。

（二）电容式差压变送器

电容式差压变送器比较典型的是3051系列，由检测部分和转换部分组成。检测部分将被测的压力差经差动电容膜盒转换为电容量的变化；转换部分将电容的变化量转换放大成4～20mA标准电流信号输出。差压变送器能做普通差压测量外，可结合孔板作为流量计使用，也可作为静压式液位计使用。

1. 差压流量计三阀组操作

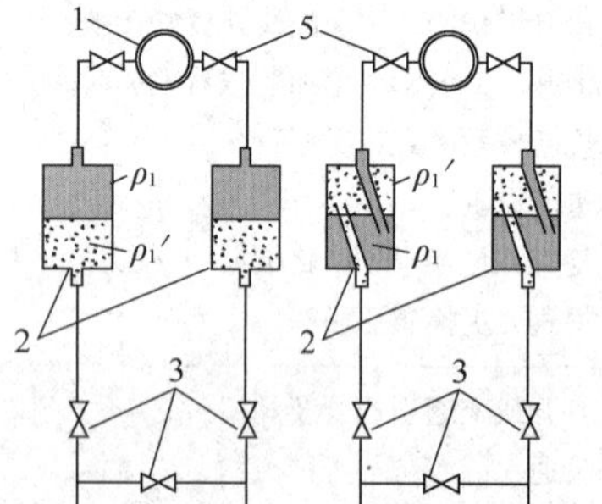

图7-12　差压式流量计安装连接图

1—节流装置；2—隔离器；3—三阀组；4—差压变送器；5—切断阀

如图7-12所示，有隔离液罐、凝液罐的情况下不允许正压阀、负压阀和平衡阀三阀同时打开的状态，否则凝液或隔离液将会流失，需重新充灌才可使用。三阀组的启动顺序是：打开正压阀；关闭平衡阀；打开负压阀。停运的顺序是：关闭负压阀；关闭正压阀；打开平衡阀。

2. 静压液位计故障现象及处理

（1）液位显示过大：检查低压取压阀门是否打开，如没有，则缓慢打开取压阀门。

（2）液位显示严重偏小：检查高压取压阀，如没有打开，则缓慢打开取压阀门。

（3）液位显示明显零漂移，则进行仪表的零点校正。

（4）电流输出为零：

① 检验信号端子是否接通电源；

② 检查电源线的极性是否接反；

③ 检验供电电压是否正常。

（5）液位变化没有响应：

① 检查取压管上的阀门是否全开；

② 检查取压管路是否发生堵塞；

③ 核实变送器量程选择是否正确；

④ 检查传感膜头表面是否损伤；

⑤ 更换损坏的静压液位计。

(三) 案例分析

1. 压力变送器故障案例

(1) 故障现象

某联合站油泥分离装置运行后，用于加热的热油进口管道中控室界面显示无压力。巡线人员观察现场变送器表头指示为0MPa，观察旁边弹簧管压力表指示正常，在确认弹簧管压力表正常后，巡线人员上报故障。

(2) 处理过程

经过确认送至变送器电源正常为DC24V，仪表电流为4mA。拆卸后确认引压口无堵塞现象，用便携压力计加压后，仪表依旧显示0MPa。至此确认变送器损坏，更换变送器后，装置正常运转。

(3) 分析原因

打开变送器后发现压力膜片严重变形损坏，现场了解到该装置在运行前保养修理过，然后出现此现象。最后查明故障是由于有段管线更换后进行密闭试压，试压压力远超过压力变送器量程，从而导致变送器膜片过压损坏。

经过此次故障，说明仪表人员对仪表的防护意识不强。变送器依照装置正常运转时压力进行选型，而为考虑到密闭试压等情况。在此特殊情况下应将仪表拆下后再进行相关试验。

2. 差压变送器故障案例

(1) 故障现象

某联合站三相分离器采用差压变送器测量油位，投运后发现控制室界面指示达到上限值并触发报警。

(2) 处理过程

故障发生后，维修人员到现场检查，发现其低压侧四氟防腐垫和传感膜片有灼烧痕迹，传感膜片有一小洞，低压侧硅油漏出，不能传导压力。另行更换为双法兰差压变送器，校验合格后投入运行。

(3) 分析原因

故障是由于在三相分离器相关管段进行电焊施工时灼伤变送器膜盒。

经过此次故障，说明现场人员对仪表的防护意识不强。施工时应拆下仪表进行焊接，差压变送器膜盒和双法兰差压变送器导压管应妥善防护，以免发生硅油渗漏而影响仪表运行。

第三节　液位测量及变送

在油气生产、加工过程中，特别是在油气集输储运系统中，石油、天然气与伴生油田采出水要在各种分离器、缓冲罐、储罐等生产设备中分离、存储与处理，液位、油水界位的测量与控制，对于保证正常生产和设备安全、维持进出物料的平衡和油水罐计量至关重要。

一、基本概念

在集输生产过程中，基本遇到的都是液体物料，它们占有一定的体积，堆成一定的高度，把生产过程中罐、塔、槽等容器中存放的液体表面位置称为液位；两种互不相溶的物质的界面位置叫作界位。液位和界位总称为物位。

二、常规液位仪表

液位测量仪表的种类很多，测量液位的仪表：玻璃管(板)式、称重式、浮力式(浮筒、浮球、浮标)、静压式(压力式、差压式)电容式、电阻式、超声波式、放射性式、激光式及微波式等；测量界面的仪表：浮力式、差压式、电极式和超声波式等。

(一) 磁翻板液位计

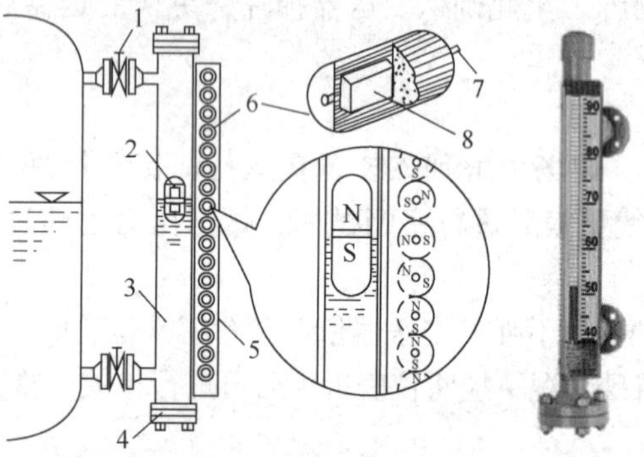

图 7-13　磁翻板液位计

1—连通阀；2—内装磁钢的浮子；3—连通器；4—盲板；5—液位计面板；6—磁翻柱；7—磁翻柱轴；8—翻柱磁铁

磁翻板式液位计是一种利用连通管原理通过磁耦合传动的隔离式液位计，如图 7-13 所示。其结构由连通器、带磁铁浮子、磁翻柱组成。连通器由不导磁的不锈钢管制成，液位计面板捆绑在连通器外，面板支架内均匀安装多个磁翻柱。每个磁翻柱有水平轴，可以灵活转动，一面涂成红色，另一面涂成白色。

磁翻板液位计需垂直安装，连通容器与被测容器之间应装连通阀，以便仪表的维修、调整。磁翻板式液位计结构牢固，工作可靠，显示醒目。利用磁性传动，不用电源、不会产生火花，宜在易燃易爆场合使用。其缺点是当被测介质黏度较大时，磁浮子与器壁之间易产生黏贴现象。严重时，可能使浮子卡死而造成指示错误。

磁翻板液位计可配置液位开关输出，实现远距离报警及限位控制。液位开关内置干簧管，通过浮子的磁场驱动干簧管闭合，实现上下限位置报警。

(二) 静压式液位计

1. 测量原理

静压式液位检测方法是通过测量液位高度所产生的静压力实现液位测量的。如图 7-14所示，p_A表示液面上 A 点的静压力(气相压力)，p_B表示零液位处 B 点的静压，H 为液位高度，根据流体静力学原理

$$\Delta p = p_B - p_A = H\rho g \tag{7-8}$$

对敞口容器，p_A为大气压

$$p = p_B - p_a = H\rho g \tag{7-9}$$

式中　p_B——B 点的表压力；

p_A——当地大气压力。

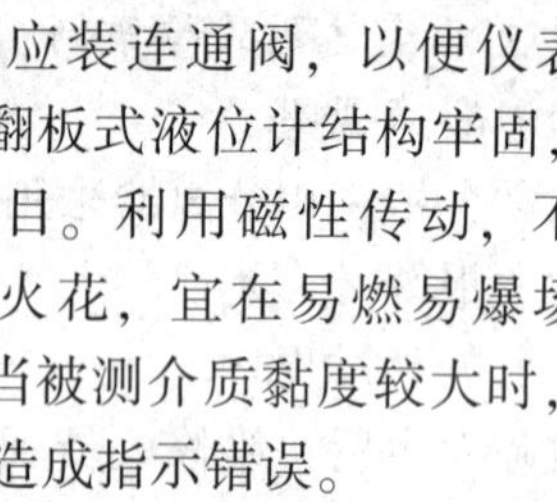

图 7-14　静压式液位计测量原理

由于差压变送器已经非常成熟，测量精度也很高，所以静压式液位测量方法是工业生产中最常用的液位测

量方法。

2. 迁移问题

由于安装条件限制，无法使差压变送器与液位零点在同一水平线上，会产生附加静压误差。另外，当测量原油和油田采出水等高黏易凝液体或腐蚀性液体时，为了防止被测介质进入变送器，造成管线堵塞或腐蚀，往往在变送器正、负压室与取压点之间分别装有隔离罐，也会造成附加静压。为了使差压变送器能够正确的指示液位高度，须对差压变送器进行零点调整，使它在液位为零时输出“零”信号(4mA)，这种方法称为“零点迁移”(图 7-15)。

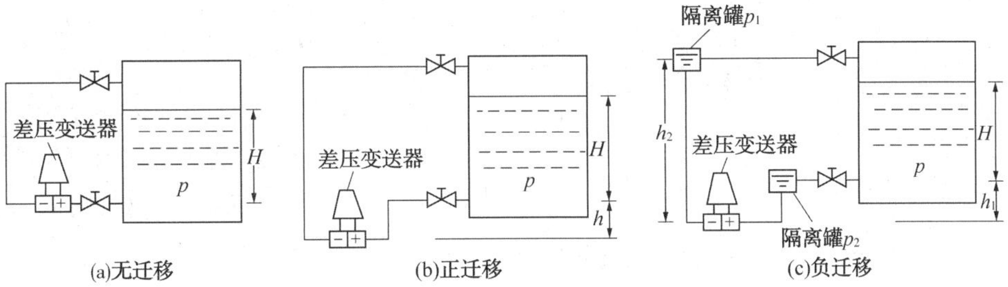

图 7-15　差压式液位计的应用

如果被测介质易凝、易结晶或有腐蚀性，为避免导压管阻塞与腐蚀，可采用法兰式差压变送器。法兰式差压变送器有单插入式法兰式[图 7-16(a)]、单平法兰式[图 7-16(b)]双法兰式[图 7-16(c)]。

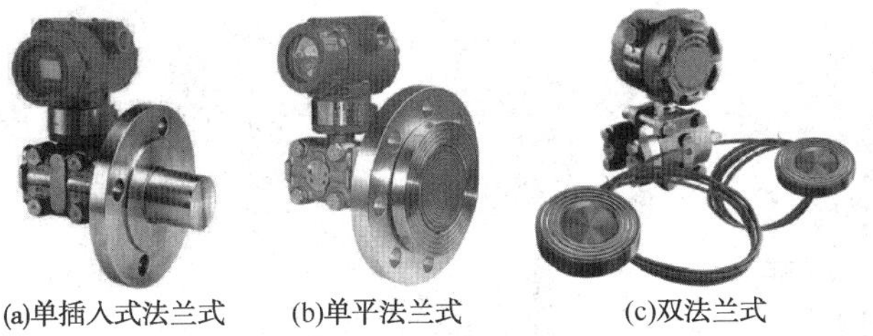

图 7-16　法兰式差压变送器

法兰式差压变送器的敏感元件是金属膜盒，经毛细管与变送器的测量室相通。由膜盒、毛细管、测量室组成的封闭系统内充有硅油，通过硅油传递压力，省去引压导管，安装也比较方便，解决了导管的腐蚀和阻塞问题(图 7-17)。

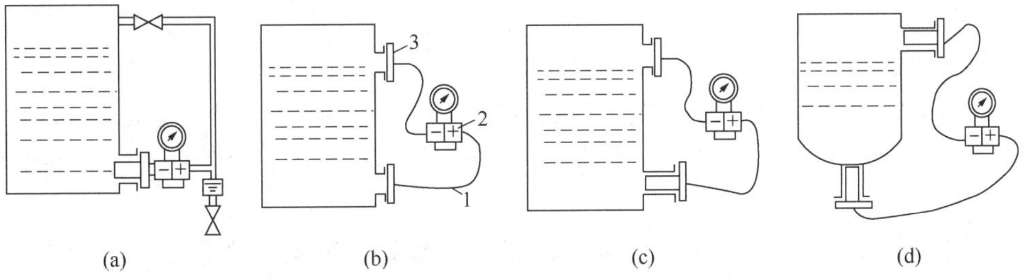

图 7-17　用法兰式差压变送器测量液位

3. 安装与应用

静压式液位计的安装与应用主要是引压导管的安装、差压变送器的安装及应用问题，其要求可以参见本章差压变送器一节内容，此处不再赘述。

（三）雷达式液位计

1. 测量原理

雷达液位计是利用微波的回波测距法测量液位到雷达天线的距离，即通过测量空高来测量液位（图 7-18）。微波从喇叭状天线向被测介质发射微波，微波在不同介电常数的气液界面上会产生反射，反射微波（回波）被天线接收。微波的往返时间与界面到天线的距离成正比，测出微波的往返时间就可以计算出液位的高度。

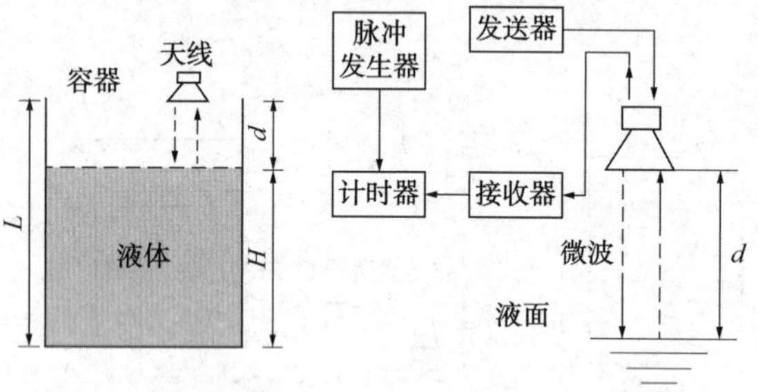

(a)雷达液位测量原理　　(b)微波脉冲法测量示意图

图 7-18　雷达液位测量原理

$$d=\frac{t}{2}C \quad (7-10)$$

$$H=L-d=L-C\frac{t}{2} \quad (7-11)$$

式中　C——电磁波的传播速度，km/s；

d——被测液面到天线的距离，m；

t——雷达波往返的时间，s；

L——天线到罐底的距离，m；

H——液位高度，m。

雷达液位计有喇叭形天线式［图 7-19（a）］、导波管式［图 7-19（b）］、导波杆式［图 7-19（c）］、导波缆式［图 7-19（d）］几种不同的型式。其变送器、显示器电路相同，只是雷达波的发射、接收方式不同，适用于不同的测量环境。

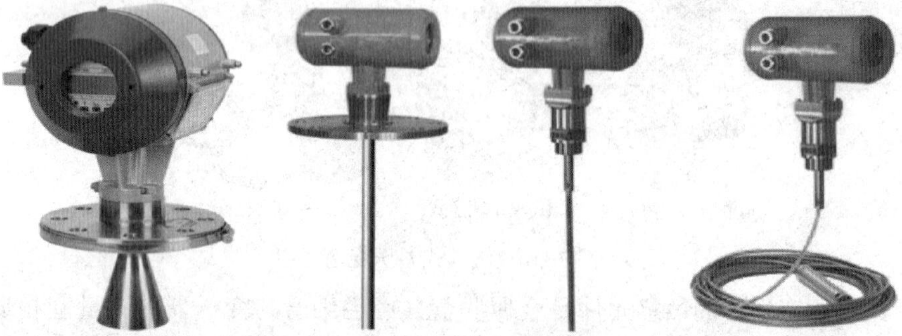
(a)喇叭形天线式　(b)导波管式　(c)导波杆式　(d)导波缆式

图 7-19　雷达式物位计类型

2. 安装与应用

（1）雷达液位计的安装

① 不可安装于进出料口的上方，由罐内壁到安装短管的外壁应大于罐直径的 1/6，且天线距离罐壁应大于 30cm，露天安装时建议安装不锈钢保护盖，以防直接的日照或雨淋，见图 7-20。

② 信号波束内应避免安装任何装置，如限位开关、温度传感器等，以防产生干扰回波。

③ 喇叭天线必须伸出接管，否则应使用天线延长管。若天线需要倾斜或垂直于罐壁安装，可使用 45°或 90°的延伸管。

④ 测量范围取决于天线尺寸、介质反射率、安装位置及最终的干扰反射，但天线探

头下有一定范围的盲区。盲区一般为 0.3~0.5m。

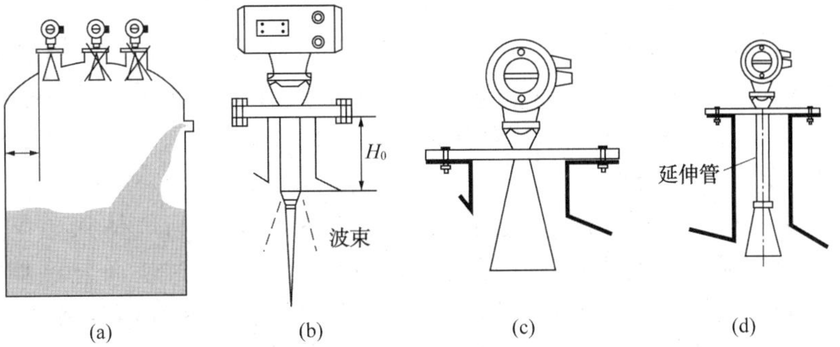

图 7-20　雷达式液位计安装

（2）雷达液位计的应用

雷达式液位计测量范围大、测量精度高，稳定可靠。仪表无可动部件，安装使用简单方便。雷达式液位计具有耐高温、耐高压，不与被测介质接触，实现非接触测量的特点，适用于大型储罐、腐蚀性液体、高黏度液体、有毒液体的液位测量。其较高的性能和维护方便性使之成为近几年来罐区液位测量的首选仪表。

但是也要注意测量介质的相对介电常数、温度和压力、导波管和导波天线的使用、物料特性等都将影响液位计的正常工作及其测量精度。

三、液位测量仪表维护

（一）接触式液位计

1. *磁翻板液位计启停更换操作*

仪表现场部分投运后，观察数字显示仪的液位值，如果带有液位变送输出液位计的液位值与现场显示的液位值不一致时，可以松开喉箍，适当调整液位变送器的上下位置，直到达到一致，然后紧固喉箍。

仪表投入运行时，应先打开上阀门然后再缓缓打开下阀门，使介质慢慢流入浮子室，防止液位上升速度过快造成指示器不能跟踪显示或损坏浮子。

调校过程：

（1）开启电源，使液位计的变送器稳定(一般 30min)。

（2）打开阀门使液位计进液，并将液位稳定在零位，此时液位变送器的输出信号应为 4mA(或 1V)，如不符，请可以调整变送器模块上的调零电位器，直至输出信号相符位置。

（3）将液位升至并稳定在满量程，此时液位变送器的输出信号应为 20mA(或 5V)，如不符，可以调整变送器模块上的量程电位器，直至输出信号相符位置。

2. *磁翻板液位计故障现象及处理*

（1）浮子卡死

由于被测液体中铁锈及其他固体杂质，会逐渐吸附在浮子和连通器中，导致浮子卡死，使现场液位测量值固定不变，无法进行液位检测，需要定期清洗磁浮子和连通器内壁。清洗时要关严上下连通管阀门，缓慢打开底部排污阀，泄压、排污干净后在卸开盲板固定螺栓，防止带压伤人。

清洗完毕打开仪表时，要注意先开上部连通阀，待顶部气体充压至与罐内压力平衡后再打开液体连通阀。防止连通器内液位冲击浮子，将浮子撞瘪了。

（2）乱磁现象

磁浮子液位计长时间使用后，磁钢退磁，导致浮子与磁翻柱磁钢之间磁耦合力减弱，无法带动磁翻柱翻转，从而产生指示器磁钢红白紊乱的情况，即“乱磁”现象。当出现“乱磁”现象时，一般需要更换浮子或指示器面板。

（3）气阻现象

当测量原油中有气体析出时，在连通器中，气泡上升，当气体从磁浮子周围穿过时，高速气流冲击浮子，使之迅速上下运动。浮子运动速度过快而与磁翻柱瞬间失去磁耦合作用，造成指示器的“乱磁”现象。当液位计出现由于气阻导致的“乱磁”现象时，可通过关小气相连通阀，再用磁棒等磁性物体进行现场校正，以恢复现场液位的监控。

（4）变送单元故障

长期使用后传感器的个别干簧管会产生永久性导通或不吸合失效，影响变送单元的分压电阻比，出现液位值的测量偏差，就无法准确测量液位。变送单元遭受雷击时，转换电路中瞬间冲击电流使电子元件损毁，导致变送单元无法对检测信号进行转换。一般可通过更换干簧管及转换电路板修复。

当磁翻板液位计出现退磁、乱磁、远传变送单元损坏时，一般可以通过更换磁浮子及指示面板进行修复，无需更换连通器、上下连通阀等金属构件。

（5）电伴热带故障

测量原油时温度过低会使原油凝固无法测量液位。测水冬天结冰的情况下会使浮子变形破裂。通常需要用防爆电热带伴热，并在筒体外面敷设保温层。电热带的通断依靠液位计上安装的温控器控制。安装时注意温控器感温温包及毛细管要紧贴连通器壁面，但不要靠近电热带，毛细管不能硬折死弯，防止出现感温误差。另外，测量原油时温控器设定温度以60~80℃为宜，过低易凝、过高易沸。

3. 射频导纳物位计故障现象及处理

射频导纳连续物位计工作性能稳定，测量精度高，但使用条件和应用条件等工艺参数不当，可能会造成仪表测量不准确或仪表不工作。若是仪表原因，依次检查以下几方面的内容：

（1）检查电子单元。移动传感器电源及信号电缆，外加24~28VDC电源，进行检查并校验系统，利用信号发生器检查系统的输出信号是否在4~20mA的范围内。

（2）检查传感器。用模拟欧姆表测量传感器接线端之间的电阻，包括中心线与屏蔽间电阻，屏蔽与地间电阻、中心线与地间电阻。传感元件在空气中无挂料（聚集物）时，上述三电阻阻值应为无穷大，若传感元件上有挂料，则电阻阻值偏低，当挂料除去后，电阻恢复无穷大。正常时，传感器上有挂料情况下的最小电阻值为：中心线与地之间1000Ω；中心线与屏蔽之间600Ω；屏蔽与地之间300Ω。

（3）检查传输电缆。导线管中有水或导电性物体，可能会引起仪表失灵。

（二）非接触式物位计

1. 雷达液位计故障现象及处理

有些工况下使用雷达液位计，会因为传感器安装位置不当及条件所致，出现一些问题。

（1）介质的相对介电常数：由于雷达液位计发射的微波沿直线传播，在液面处产生反射和折射，微波的有效反射信号强度被衰减，当相对介电常数小到一定值时，会使微波有效信号衰减过大，导致雷达式液位计无法正常工作。为避免上述情况的发生，被测介质的相对介电常数必须大于产品所要求的最小值，否则需要用导波管。

（2）温度和压力：雷达液位计发射的微波传播速度 c 决定于传播媒介的相对介电常数和磁导率，所以微波的传播速度不受温度变化的影响。但对高温介质进行测量时，需要对雷达液位计的传感器和天线部分采取冷却措施，以便保证传感器在允许的温度范围内正常工作。

（3）导波管：使用导波管和导波天线，主要为了消除有可能因容器的形状而导致多重回波所产生的干扰影响，或是在测量相对介电常数较小的介质液面时，用来提高反射回波能量，以确保测量准确度。当测量浮顶罐和球罐的液位时，一般要使用导波管，当介质的相对介电常数小于制造厂要求的最小值时，也需要采用导波管。

（4）物料特性对测量的影响：液体介质的相对介电常数，液面湍流状态、气泡大小等对微波有散射和吸收作用，从而造成对微波信号的衰减，这将影响液位计的正常工作。

2. 超声波液位计故障现象及处理

超声波液位计有二线制和三线制之分。三线制实际上是四线制，其供电（DC 24V）与信号输出（4~20mA）各使用两条线。当它们负端与地相连时，通常用做三线制。其优势是发射功率大，适用于测量各种条件下的液位和料位，效果较好。

超声波液位计在启动后没有液位显示或显示时有时无，可以从以下几个方面查找原因：

（1）检查接线是否正确，电源是否供上；电压是否符合要求。

（2）液面和超声波换能器（即探头）间有无障碍物，阻断声波的发射与接收。

（3）液面是否变化太快，表面有无气泡或翻滚波动。

（4）液位计探头安装是否垂直，如果倾斜，则回波偏离法线，致使仪表无法收到信号。

（5）探头离罐壁太近，致使罐壁回波与液面回波产生叠加干扰现象，从而仪表指示不准。

（6）仪表安装支架是否有振动

（7）没有液面或液面太高，进入盲区，致使仪表接收不到回波信号。

（三）案例分析

1. 磁翻板故障案例

（1）故障现象

某联合站一原油缓冲罐投运后，磁翻板前面板指示不随液位的变化而变化。

（2）处理过程

经过确认浮子位置不随液位变化，从缓冲罐至磁翻板连接管路原油凝固，导致磁翻板与罐无法连通。在处理中发现伴热带已经烧坏，不能伴热。更换伴热带，做好保温层，等凝固的原油化解后，磁翻板恢复正常。

（3）原因分析

因其在九月份正常使用，进入冬天出现此现象，最大可能就是罐与磁翻板连接处原油凝固，导致不连通使得磁翻板无法正常工作。经过此次故障，说明维护人员对仪表的维护重视不够。磁翻板在入冬前一定检查其伴热和保温情况，有提前做好防护处理。

2. 超声波故障案例

(1) 故障现象

某水源井控制系统，为实时稳定水罐液位，安装超声波液位计并传输信号到控制系统，控制系统输出信号给变频器，变频器输出电源接水源井电潜泵。系统投运后，发现超声波液位计停止工作，不能测量液位。当停下系统时，超声波液位计工作正常。

(2) 处理过程

现场确认变频器一旦投入运行，超声波就停止工作。估计原因出在变频器电磁干扰耦合到超声波，因采用的超声波为二线制，抗干扰能力差，所以超声波工作出现异常。通过单独对超声波供电，情况有所改善，但仍有时出现超声波工作出现异常。最后将超声波液位计更换为投入式液位计，系统工作正常。

(3) 原因分析

变频器工作时会出现电磁干扰，所以与变频器组成控制系统时应合理选择抗干扰能力强的仪表，并应注意信号线的敷设与接地。

第四节　流量测量及变送

流量测量是指导生产操作，监控设备运行，确保安全、优质生产的需要，也是进行产量评定、进行经济核算的需要。

一、基本概念

流量就是单位时间内流经某一截面的流体数量。流量可用体积流量和质量流量来表示。其单位分别用 m^3/h、L/h 和 kg/h 等。

流量计是指测量流体流量的仪表，它能指示和记录某瞬时流体的流量值；计量表(总量表)是指测量流体总量的仪表，它能累计某段时间间隔内流体的总量，即各瞬时流量的累加和。

二、常用流量测量仪表

工业上常用的流量仪表可分为两大类。一是速度式流量计，以测量流体在管道中的流速作为测量依据来计算流量的仪表。如差压式流量计、变面积流量计、电磁流量计、漩涡流量计、冲量式流量计、激光流量计、堰式流量计和叶轮水表等。二是容积式流量计，它以单位时间内所排出的流体固定容积的数目作为测量依据，如椭圆齿轮流量计、腰轮流量计、刮板式流量计和活塞式流量计等等。

(一) 差压式流量计

差压式流量计是利用流体节流原理测量流量的一种流量计。在油气集输生产中一般用于检测天然气、污水的瞬时流量，特别是在轻烃与天然气处理装置中用于天然气与轻烃流量控制回路的流量检测。因为检测方法简单，没有可动部件，工作可靠，适应性强。

1. 基本原理

差压式流量计由节流装置、引压管路和差压变送器(或差压计)三部分组成，如图 7-21 所示。它的工作原理是：充满管道的流体，当它流经管道内的节流件时，流束将在节流件处形成局部收缩。此时流速增大静压降低，在节流件前后产生差压，流量愈大，差压愈大，因而可依据差压来衡量流量的大小。

节流件的形式很多，如孔板、喷嘴、文丘利管等，但以孔板应用最为广泛。标准节流装置规定的取压位置有角接取压、法兰取压、径距取压三种，标准孔板取压装置如图 7-22 所示。

2. 安装及应用

差压式流量计的安装应注意以下几个问题：

① 应保证节流元件前端面与管道轴线垂直，应保证节流元件的开孔与管道同心。

② 节流元件与法兰、夹紧环之间的密封垫片，在夹紧后不得突入管道内壁。

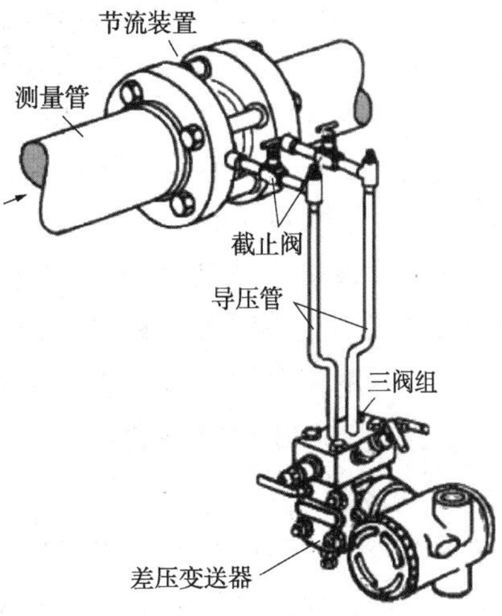

图 7-21　差压式流量计的组成

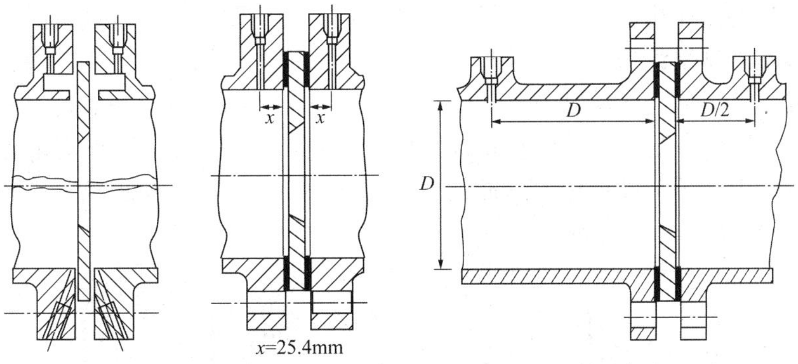

图 7-22　标准孔板取压方式

③ 节流元件的安装方向不得装反。节流元件前后常以“+”、“-”标记。装反后虽然也有差压值，但其误差无法估算。

④ 节流装置前后应保证要求长度的直管段。直管段长度应根据现场情况，按标准规定确定最小直管段长度。

⑤ 取压位置对不同检测介质有不同的要求。测量液体时，取压点在节流装置中心水平线下方；测量气体时，取压点在节流装置上方；测量蒸汽时，取压点在节流装置的中心水平位置引出。

⑥ 引压管沿水平方向敷设时，应有大于 1∶10 的倾斜度，以便能排出气体（对液体介质）或凝液（对气体介质）。

⑦ 引压管应带有切断阀、排污阀、集气器、集液器、凝液器等必要的附件，以备与被测管路隔离进行维修和冲洗排污之用。如果引压管路中介质有凝固或冻结的可能，则应沿引压管路进行保温或增加拌热。

流量计应用不当，容易造成测量误差，使用时应注意以下问题：

① 被测流体的实际工作状态（温度、压力）和流体的性质（重度、黏度、雷诺数等）应与设计时一致。否则会造成实际流量值与指示流量值之间的误差。欲消除此误差，必须按新的工艺条件重新进行设计计算，或者将所测的数值加以必要的修正。

② 在使用中，要保持节流装置的清洁。如在节流装置处有沉淀、结焦、堵塞等现象，会改变流体的流动状态，引起较大的测量误差，必须及时清洗。

③ 节流装置由于受流体的化学腐蚀或被流体中的固体颗粒磨损，造成节流元件形状和尺寸的变化。尤其是孔板，它的入口边缘会由于磨损和腐蚀而变钝。这样，在相同的流量下，所产生的压差变小，从而引起仪表示值偏低。故应注意检查，必要时应换用新的孔板。

④ 引压管路接至差压计之前，必须安装三阀组，以便差压计的回零检查及引压管路冲洗排污之用。其中接高压侧(左)的叫正压阀；接低压侧(右)的叫负压阀；中间的阀叫平衡阀。一般三个阀做成一体，便于安装。

(二) 罗茨(腰轮)流量计

1. 组成原理

罗茨流量计属于容积式流量计。主要由壳体、转子和计数装置等部件构成。当被测流体流经流量计时，流体的动压力使进出口间形成一个差压而推动腰轮旋转，当上边的腰轮受流体推动顺时针转动，驱动齿轮带动下边腰轮反时针旋转，腰轮旋转360°时，有四倍于计量室有效容积的流体排出流量计。这样，两个腰轮交换驱动旋转，随着腰轮的转动，流体经由计量室不断排出流量计。腰轮每转一圈排出的流体体积是一个固定值，即排出量与腰轮轴转数成正比，通过腰轮轴及其他传动机构，将旋转的次数减速后传递到积算显示部分，达到计量的目的。这就是罗茨流量计工作原理(如图7-23)。罗茨流量计可现场指示累积流量、瞬时流量等，亦可输出脉冲信号、4~20mA或1~5V模拟信号、485通信、4~20mA+HART、MODBUS协议等。

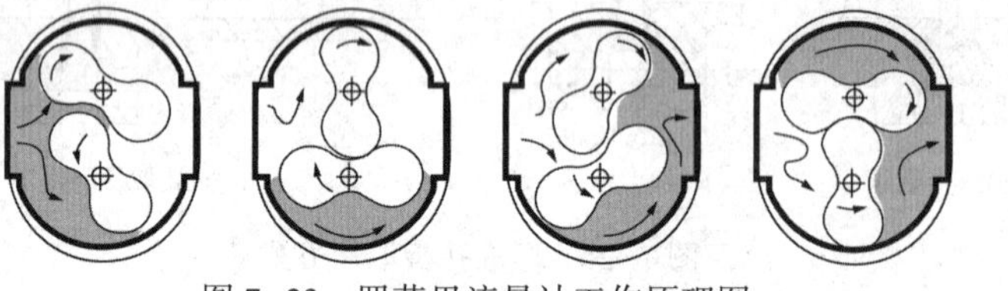

图7-23　罗茨里流量计工作原理图

2. 安装与应用

(1) 流量计安装

容积式流量计在水平管路及竖直管路上的安装如图7-24所示。

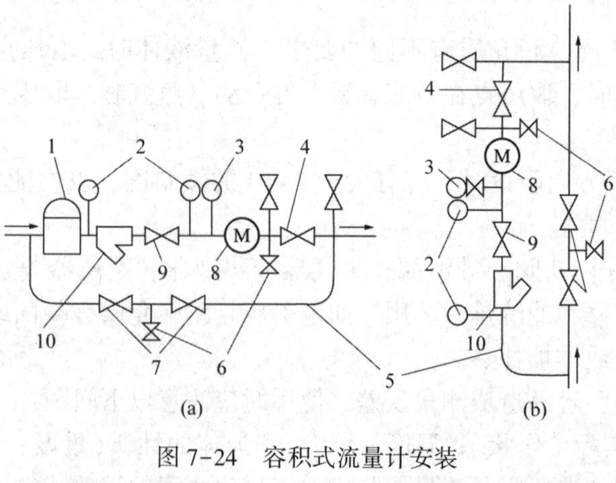

图7-24　容积式流量计安装

1—消气器；2—压力表；3—温度计；4—调节阀；5—旁通管路；
6—检漏阀；7—旁通阀；8—流量计；9—开关阀；10—过滤器

① 安装时应远离高温环境并避开有腐蚀性气体和潮湿的场所。为了滤除流体中的杂物，表前应安装过滤器，并定期清洗。为了避免液体中的气体进入流量计引起测量误差，表前应安装消气器。为了防止压力波动和过大的水击，必要时可在表前安装缓冲罐、膨胀室、安全阀或其他保护装置。

② 当对流体的流量有控制要求时，应在表后安装流量调节阀。

③ 为了在仪表故障及检修时不断流，必须设置旁通管路。

(2) 流量计的应用与维护

① 启动流量计前，打开旁通阀，冲洗管道中残留的杂物，并使流量计进出口压力平衡。之后先缓慢打开进出口阀，关闭旁通阀，使流量计投入运行。

② 流量计在原油中有较大颗粒的砂粒时容易出现砂卡，所以要适当选取过滤器滤网的目数。在原油温度突然升高时流量计内外膨胀不均也会造成流量计卡死，注意不要使原油温度剧烈变化。

③ 流量计停运时，对原油、渣油等容易凝固的介质，要用蒸汽进行扫线。

(三) 电磁流量计

1. 组成原理

电磁流量计根据电磁感应原理制成，主要用于测量导电液体的体积流量。电磁流量计由电磁流量传感器和转换器两大部分组成(图 7-25)。

在磁感应强度为 B 的均匀磁场中，垂直于磁场方向安装内径为 D 的不导磁管道，当导电液体在管道中以平均流速 v 流动时，导电流体就切割磁力线，在两电极之间产生的感应电动势与体积流量 q_v 成正比。电磁流量传感器主要由测量管组件、磁路系统、电极等部分组成。

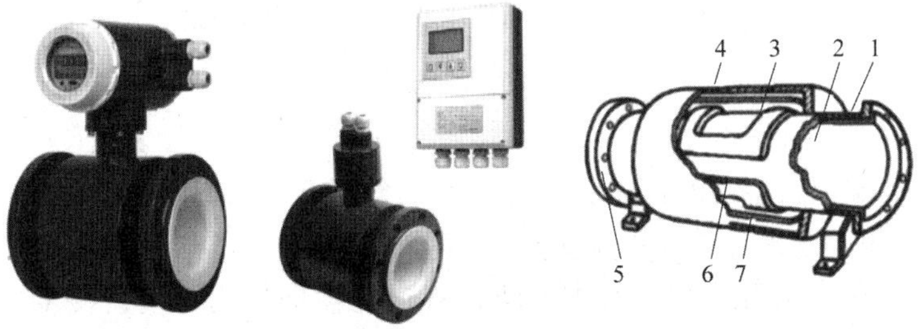

(a)一体式　(b)分体式　(c)结构

图 7-25　电磁流量计外形与结构

1—测量管；2—内衬管；3—励磁线圈；4—外壳；5—安装法兰；6—电极；7—铁芯

2. 安装及应用

① 传感器的安装地点应远离大功率电机、大变压器、变频器等强磁场设备，以免外部磁场影响传感器的工作磁场。

② 安装流量计时应加设截止阀和旁通管路以便仪表维护和对仪表调零。在测量含有沉淀物流体时，为方便清洗可加设清洗管路。

③ 电磁流量计上下游要有一定长度的直管段，如果上游有弯头、三通、阀门等阻力件时，应有 $5D\sim10D$ 的直管段长度。

④ 电磁流量传感器可以水平、垂直或倾斜安装，并保证测量管内始终充满液体，避免产生气泡。水平或倾斜安装时两电极应取左右水平位置，否则下方电极易被沉积物覆

盖、上方电极被气泡绝缘。

⑤ 尽量避免让电磁流量计在负压下使用。因为测量管负压状态，衬里材料容易剥落。

⑥ 传感器的测量管、外壳、引线的屏蔽线以及传感器两端的管道都必须可靠接地。使液体、传感器和转换器具有相同的零电位，决不能与其他电器设备的接地线共用，这是电磁流量计的特殊安装要求。

电磁流量计投入运行时，必须在流体静止状态下作零点调整。正常运行后也要根据被测流体及使用条件定期停流检查零点。定期清除测量管内壁的结垢层。

（四）质量流量计

科氏力质量流量计是一种直接式质量流量仪表。质量流量计是一种新型的流量测量仪表，它可以直接用于测量介质的质量流量、密度，具有测量精度高、量程比宽、稳定性好、维护量低等特点，在石化行业得到了广泛应用。

1. 科氏力流量计的测量原理

U 形管在外力驱动下，以固有振动频率绕固定梁做上、下振动，当流体流过 U 形管时，对管子产生科里奥利力。因此测量旋转管道中流体产生的科氏力就能测出流体的质量流量。不断旋转的管子不能用于实际测量。目前利用科氏力构成的质量流量计有直管、弯曲管、单管、双管等多种形式，其测量管类型如图 7-26 所示。

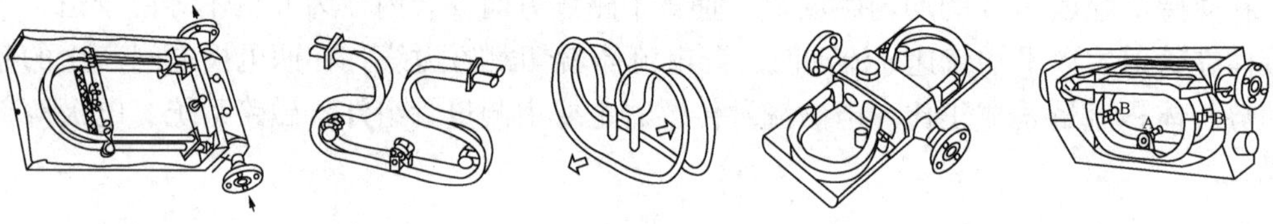

(a)双U形　(b)双Ω形　(c)双B形　(d)双S形　(e)双环形

图 7-26　测量管类型

2. 安装及应用

① 安装位置应远离振动的设备，检测器两边管道用支座固定，但检测器外壳需为悬空状态。可以有效预防外界震动影响测量。

② 检测器实现无应力安装的要求。防止管道的横向应力，使检测器零点发生变化，影响测量精度。

③ 检测器的安装位置必须远离变压器、大功率电动机等磁场较强的设备。

④ 检测器的安装位置应使管道内流体始终保证充满测量管。

⑤ 需要时在传感器上游安装过滤器或气体分离器等装置以滤除杂质。

⑥ 流量计尽可能安装到流体静压较高的位置，以防止发生空穴和气蚀现象。

⑦ 测量管内壁有沉积物或结垢会影响测量精确度，因此需要定期清洗。

（五）漩涡流量计

漩涡流量计是基于流体振荡原理工作的一种流量计。有涡街流量计和旋进漩涡流量计两种。漩涡流量计通常由检测器（测量管）和转换器（电子表头）组成。

1. 涡街流量计的结构原理

涡街流量计的工作原理是在流体中设置漩涡发生体，从而发生体两侧交替地产生有规则的漩涡，漩涡列在漩涡发生体下游，非对称地排列产生一定的频率，可以计算出流速，其结构及工作原理如图 7-27 所示。

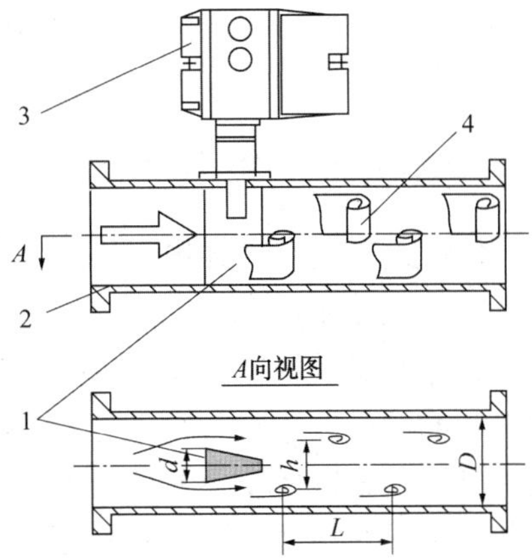

图 7-27　涡街流量计结构、原理示意图

1—旋涡发生体；2—测量管；3—转换部分；4—卡门涡街

2. 旋进漩涡流量计的结构原理

旋进漩涡流量计是利用流体强迫振荡原理而制成的一种漩涡进动型流量计，其外形与结构原理如图 7-28 所示。当流体进入流量计后，首先通过一组由固定螺旋形叶片组成的起旋器后被强迫旋转，形成一股具有旋进中心的涡流。流体的旋进是贴近扩散段的壁面进行的，旋进频率与流速成正比，因而测得漩涡流的进动频率即可确定被测体积流量值。

(a)外形

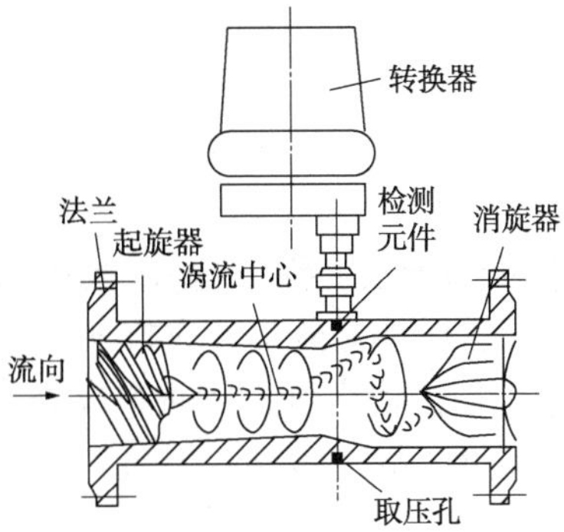

(b)原理

图 7-28　旋进漩涡流量计的结构作原理图

3. 安装与使用注意事项

(1) 流量计可水平或直立安装，并使表壳上箭头方向与介质流向一致。安装段管道不得有强烈震动和强磁场的干扰。

(2) 被测流体须否符合流量计的使用范围。例如测量气体时流速范围为 4~60m/s，测量液体时流速范围是 0.38~7m/s，测量蒸汽时流速范围不超过 70m/s。

(3) 在一定雷诺数范围内，输出频率信号不受流体性质(密度，黏度)和工作状态(压力、温度)变化的影响。

(4) 为保证漩涡的稳定性，上、下游必须有足够长的直管段，上游侧 $15D \sim 30D$，下游侧 $5D \sim 10D$。必要时还应在上游侧加装整流器。

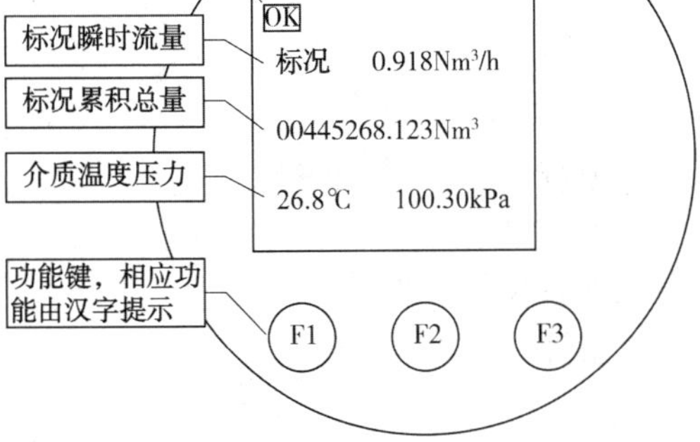

图 7-29　某智能漩涡流量计显示面板

某智能漩涡流量计表头屏显工作状态下显示如图 7-29 所示。瞬时流量可切换显示标况体积流量(Nm^3/h)和工况体积流量(m^3/h)，按“F3”键可以切换显示方式，在参数

显示状态下，按“F2”键，即可进入设置状态一级菜单，比如输入温度、压力、上、下限报警、脉冲当量等参数值。

三、流量检测仪表维护

（一）容积式流量计的维护

1. 流量计启停操作

容积式流量计是一种较为准确的流量测量仪表，其累积流量的精度用于液体介质，一般为 0.5 级，高的可以达到 0.1~0.2 级。用于气体介质的精度低些，一般为 1.0~1.5 级。但其结构复杂，加工制造较为困难，成本较高。只有在正确安装、使用和及时维护的前提下，才能使流量计在规定的精度范围内正常工作。椭圆齿轮、腰轮、刮板及双转子流量计都属于容积式流量计。

容积式流量计启停操作步骤是：

（1）启动流量计前，打开旁通阀，冲洗管道中残留的杂物，并使流量计进出口压力平衡。之后先缓慢打开进出口阀，关闭旁通阀，使流量计投入运行。

（2）流量计在原油中有较大颗粒的砂粒时容易出现砂卡，所以要适当选取过滤器滤网的目数。在原油温度突然升高时流量计内外膨胀不均也会造成流量计卡死，注意不要使原油温度剧烈变化。

（3）正常使用时，应注意流量计两端的压差，如果突然增大(一般应不大于 120kPa)，应考虑是否转子卡死，应切换流量计或打开旁通，停下来清洗过滤器或检修。

（4）流量计停运时，对原油、渣油等容易凝固的介质，要用蒸汽进行扫线。扫线时，热蒸汽的温度不能超过流量计的温度范围。蒸汽扫线以后，应把残留的积水放掉，防止流量计锈蚀或冻裂。

2. 容积式流量计故障现象及处理

（1）容积室可动部件卡住是容积流量计最经常发生的现象。其可能原因及解决办法：

① 管道中有杂物。清洗流量计及管道。

② 过滤器损坏，杂物进入容积室。修理过滤器。

③ 由于流量过大，轴承磨损转子碰撞内膛，致使卡住。更换轴承保证间隙，使转子能灵活转动。

（2）指针不动或时走时停。其可能原因及解决办法：

① 转动部分松动、损坏或不灵活。重新紧固，清除不灵活处。

② 磁联轴器滑动。检查磁联轴器是否灵活和磁力强弱。

③ 字轮部件卡住。排除字轮部件的故障。

（3）流量计负误差大，其可能原因及解决办法：

① 旁路阀门渗漏。检查旁路阀门。

② 计量室内壁或轴承磨损或腐蚀。更换轴承、清洗内壁，调整间隙。

③ 流量低于下限。增大流量。

④ 磁联轴器滑动或齿轮系统障碍。检查磁联轴器或齿轮系统。

⑤ 实际液黏度小于检验液黏度。选择合适的流量计。

（4）流量计正误差大，其可能原因及解决办法：

① 流量有大的脉动或有气体。减小流量脉动或增加气体分离器。

② 实际液黏度大于检验液黏度。选择合适的流量计。

③ 关小进口阀时，介质未充满计量室。用流量计出口阀调控介质流量。

(5) 二次表指示小于一次表，其可能原因及解决办法：

① 发讯器耦合处松动。紧固松动处。

② 发讯器掉步。调整耦合间隙或更换发讯器。

(6) 二次表不指示，其可能原因及解决办法：

① 开路或短路。检查接线，找到故障点，加以处理。

② 发讯器损坏。停流量计，更换发讯器。

检修后要进行流量的校定工作，保证测量和指示的准确性。其实．在流量计正常工作时，也必须 1~2 年对其进行一次正常的检修和校定。

（二）旋进漩涡流量计误差大的现象与处理

当出现旋进漩涡流量计误差较大时，可能的原因有：

1. 仪表安装不符合要求

旋进漩涡流量计属流体振荡性仪表，对现场有较高的要求，而仪表现场安装时普遍存在安装时前后管段距离较近，有弯头、变径大小头等壳体中心线与管道中心线不同心的现象，这样会造成仪表的测量误差。解决方法是按照说明说留有足够的上下游直管段。

2. 测气流量不稳定

单井伴生气流在计量过程中，气体过小不能计量出应用气量不稳定而造成计量的不准确，气量随时间忽大忽小变化，属脉动流体。测量中产生随机脉动压力将会对漩涡发生体产生随机冲击，从而影响测量精度；解决方法是消除流量脉动。

3. 管线振动造成仪表误差

仪表在流量较小或不使用过程中有流量输出或流量计数不准。工艺管道的振动，在流速较低时，会使仪表输出错误信号而影响计量精度。经过使用，漩涡流量计主要问题是计数不准，有时仪表显示虽能反映流量大小的趋向，但是误差较大，有时无流量，仪表仍有显示等。漩涡流量计属流体振荡性仪表，在管线振动时，压电传感器可以检测到振荡所引起的变化，所以会有信号输出。解决办法是加装支承，牢固仪表。

4. 测量流体介质不清洁

造成计量值下降，流量计内存在油污、腐蚀或损坏。漩涡流量计要求介质清洁，由于天然气中含有大量饱和水蒸气，温度降低时有水凝结，计量分离器常有气路跑油现象，造成管线内积液，单井伴生气分离不净或含有污油及砂粒等杂质，砂粒磨损漩涡发生体及污油等杂质黏在漩涡发生体表面均使仪表产生测量误差。流量计的漩涡发生体多为铝合金制，容易被腐蚀和磨损，同时，由于漩涡发生体的进气道比较狭窄，在实际计量中容易被杂质堵塞。解决方法为加装分离器和过滤器，定期清理流量计。

（三）电磁流量计现象与处理

通常检查电磁流量计测量系统和判断故障时，首先检查环节包括电磁流量计木身的传感器和转换器以及连接二者的电缆，电磁流量计上位的工艺管道、下位的显示仪表连接电缆。

电磁流量计的常见故障现象：

1. 无流量信号

故障原因：电源未通；连接电缆故障；液体流动状况；传感器零部件损坏或测量内壁

附着层脱落；转换器损坏等故障。

2. 输出晃动

故障原因：流体本身是波动或脉动的；管道未充满液体或液体中含有气泡；外界杂散电流等电磁干扰；液体物性方面(如液体电导率不均匀)；电极材料与液位匹配不妥。

3. 零点不稳定

故障原因：管道未充满液体或液体中含有气泡；传感器接地不完善；信号回路绝缘下降。

4. 测量有误差

故障原因：转换器设定值不正确；安装位置不妥；未处理好信号电缆或使用过程中电缆绝缘下降；传感器上游流动状况不符合要求；传感器极间电阻变化。

5. 输出信号超满度值

故障原因：电极间无液体连通，从液体引入电干扰；电缆断开，接线错误；与传感器配套错误，接线错误。

(四) 质量流量计维护

1. 零点调校步骤

如图 7-30 所示。

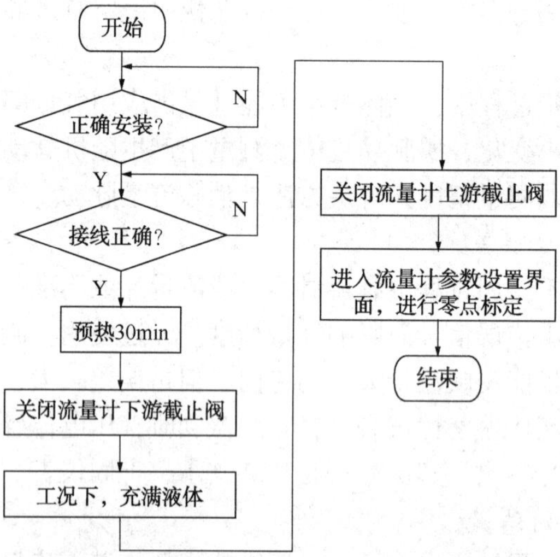

图 7-30　质量流量计零点调校步骤

2. 故障现象及处理

(1) 若出现误差偏大，积算器显示不亮或不增值，显示器空白等现象，其原因：

① 安装不规范，可直接导致流量计零漂，如质量流量计安装在泵出口处较近，传感器支承强度不够，连接法兰焊接不当产生应力信号，电缆受电磁干扰。

② 接线问题

若出现显示器不亮现象，应检查积算器电源连线，若出现保险丝被烧，应确认输入电压与标准电压标称值，交直流形式是否一致。又若出现积算器不随流量增加时，应检查积算器接线，若积算器装有正/反向程序，应检查流量计接线，因流量计接线不正确，会使积算器在反向流时不递增。

③ 工艺介质变化

若测量介质出现夹气，气化或两相流等现象，变送器会出现报警显示，严重时，传感器停止工作。

④ 变送器失效。

⑤ 传感器失效。

⑥ 管道吹扫问题。

（2）显示和输出波动时间常数小。应调整时间常数。

（3）仪表显示波动。可能的原因是电缆连接有错误，转换器故障。正确连接电缆；或更换转换器。

（4）关闭截止阀，在设置零点时，仪表有流量。可能的原因是截止阀未关严或介质中含有空气；零点调整未做好。处理办法：检查截止阀，检查流量是否为零，确保管道中没有空气。

（五）案例分析

1. 旋进旋涡流量计案例分析

（1）故障现象

某联合站天然气出口管线旋进旋涡流量计显示流量误差过大。

（2）处理过程

经现场检查发现，仪表为 *DN*32 流量计，安装在 *DN*80 的管线上，前后缩径，达不到应有的直管段。

更改工艺流程，使仪表有足够的直管段后，测量正常。

（3）分析原因

仪表前后缩径，达不到应有的直管段。缩径后气体在经过缩径处流体加速造成漩涡流的旋转频率在加快，压电传感器发出的脉冲数增多，流量计的显示值也比实际大，从而造成相对误差越来越大旋进漩涡流量计属流体振荡性仪表，对现场有较高的要求，而仪表现场安装时普遍存在安装时前后管段距离较近，有弯头、变径大小头等壳体中心线与管道中心线不同心的现象，这样会造成仪表的测量误差。所以在使用速度式流量计时比如差压、靶式、漩涡、电磁、超声波流量计时应特别注意直管段是否符合要求。

2. 电磁流量计案例分析

（1）故障现象

某水厂输水管采用电磁流量计，流量计显示流量误差过大。

（2）处理过程

由于压力不足，使电磁流量计未满管运行，致使误差较大。

（3）分析原因

由于压力不足或流量传感器安装位置不良，致使其测量管内液体未能充满，故障现象因不充满程度和流动状况有不同表现。若少量气体在水平管道中呈分层流或波状流，故障现象表现为误差增加，即流量测量值与实际值不符；若流动是气泡流或塞状流，故障现象除测量值与实际值不符外，还会因气相瞬间遮盖电极表面而出现输出晃动。若水平管道分层流中流通面积气相部分增大，即液体未满管程度增大，亦会出现输出晃动。若液体未满管到液体表面在电极以下，则会出现输出超满度现象。

3. 质量流量计案例分析

（1）故障现象

某轻烃站液化气管路质量流量计采用高准流量计，经常出现故障指示灯亮，无法正常测量。

（2）处理过程

现场观察当值班人员开启质量流量计前端阀门时出现流量计故障指示，开启后稳定一段时间，流量计恢复正常。改造工艺流程，将流量计安装位置调整到远离阀门一段距离，流量计应用正常。

（3）分析原因

由于开启或关闭阀门时，由于节流使得压力发生变化，而使部分液化气气化，导致流量计测量介质含有大量气体，使得流量计报警，无法正常工作。所以质量流量计在安装时要注意安装位置，注意压力和温度变化带来的测量误差。

第五节　温度测量及变送

在石油化工过程中，温度既可反映生产过程进行的程度，又可对生产过程起控制作用。例如，油气集输生产的油气分离、脱水、外输、轻烃处理过程必须在适当的温度下才能正常进行，温度直接对生产过程起着决定性的影响。

一、基本概念

温度是表征物体冷热程度的物理量。温度只能通过物体随温度变化的某些特性来间接测量，而用来量度物体温度数值的标尺叫温标。它规定了温度的起点(零点)和测量温度的基本单位。目前国际上用得较多的温标有华氏温标、摄氏温标、热力学温标和国际实用温标。

（一）温度测量

华氏温标(℉)规定：在标准大气压下，冰的熔点为 32 度，水的沸点为 212 度，中间划分 180 等分，每等分为华氏 1 度，符号为℉。

摄氏温度(℃)规定：在标准大气压下，冰的熔点为 0 度，水的沸点为 100 度，中间划分 100 等分，每等分为 1 摄氏度，符号为℃。

摄氏温度值 t 和华氏温度值 t_F 有如下关系：

$$t = \frac{5}{9}(t_F - 32)℃ \tag{7-12}$$

热力学温标又称开尔文温标，或称绝对温标，它规定分子运动停止时的温度为绝对零度，记符号为 K。

$$t/℃ = T/K - 273.15 \tag{7-13}$$

国际实用温标是一个国际协议性温标，它与热力学温标相接近，而且复现精度高，使用方便。

（二）温度检测仪表的分类

温度测量仪表按测温方式可分为接触式和非接触式两大类。

通常来说接触式测温仪表测温仪表比较简单、可靠，测量精度较高；但因测温元件与被测介质需要进行充分的热交换，故需要一定的时间才能达到热平衡，所以存在测温的延迟现象，同时受耐高温材料的限制，不能应用于很高的温度测量。非接触式仪表测温是通过热辐射原理来测量温度的，测温元件不需与被测介质接触，测温范围广，不受测温上限的限制，也不会破坏被测物体的温度场，反应速度一般也比较快；但受到物体的发射率、测量距离、烟尘和水气等外界因素的影响，其测量误差较大。常用温度仪表特性见表 7-2。

表 7-2　常用温度检测仪表比较

测温方式	温度计种类		常用测温范围/℃	优点	缺点
非接触式测温仪表	辐射式	辐射式	400~2000	测温时，不破坏被测温度场	低温段测量不准，环境条件会影响测温准确度
		光学式	700~3200		
		比色式	900~1700		
	红外线	热敏探测	-50~3200	测温时，不能破坏被测温度场，响应快，测温范围大，适于测温度分布	易受外界干扰，标定困难
		光电探测	0~3500		
		热电探测	200~2000		
接触式测温仪表	膨胀式	玻璃液体	-50~600	结构简单，使用方便，测量准确，价格低廉	测量上限和精度受玻璃质量的限制，易碎，不能记录和远传
		双金属	-80~600	结构紧凑，牢固可靠	精度低，量程和使用范围有限
	压力式	液体	-30~600	耐震，坚固，防爆，价格低廉	精度低，测温距离短，滞后大
		气体	-20~350		
		蒸汽	0~250		
	热电偶	铂铑-铂	0~1600	测温范围广，精度高，便于远距离、多点、集中测量和自动控制	需冷端温度补偿，在低温段测量精度较低
		镍铬-镍铝	0~900		
		镍铬-考铜	0~600		
	热电阻	铂	-200~500	测温精度高，便于远距离、多点、集中测量和自动控制	不能测高温，须注意环境温度的影响
		铜	-50~150		
		热敏	-50~300		

二、常用温度测量仪表

（一）热电偶

1. 热电偶测温基本原理

将两种不同材料的导体或半导体 A 和 B 焊接起来，构成一个闭合回路，如图 7-31 所示。当导体 A 和 B 的两个接触点之间存在温差时，两者之间便产生电动势，因而在回路中形成一定大小的电流，这种现象称为热电效应。热电偶就是利用这一效应来工作的。当工作端的被测介质温度发生变化时，热电势随之发生变化，将热电势送入显示仪表进行指示或记录，或送入微机进行处理，即可获得温度值。

2. 普通热电偶的结构

普通热电偶由热电极、绝缘管、保护管、接线盒装配而成，见图 7-32。

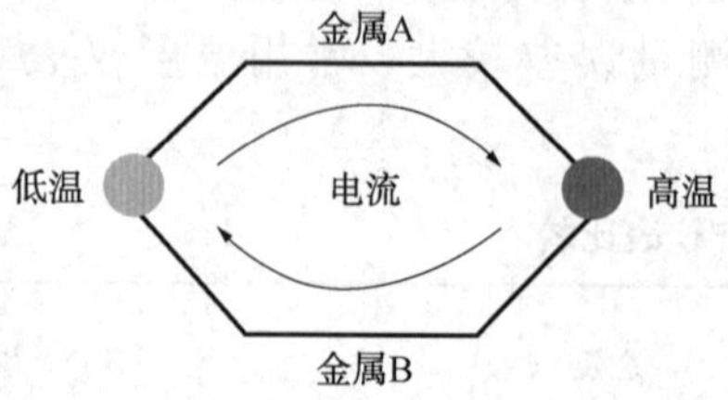

图 7-31 热电偶测温基本原理

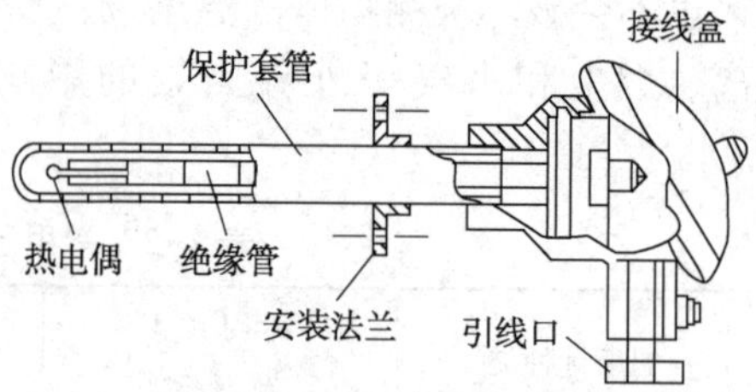

图 7-32 普通热电偶结构

热电极是热电偶的感温元件，热端焊接，冷端连接在接线盒内接线柱上，与外部接线连接。绝缘管的材料一般用耐火陶瓷（1200℃以下）、氧化铝 Al_2O_3（1600℃以下）和氧化镁 MgO（2000℃以下）。保护管使热电极与被测介质隔离，免受化学侵蚀和机械损伤。

符合国家及国际标准的热电偶主要有铂铑 10-铂热电偶（分度号 S）、铂铑 30-铂铑 6 热电偶（分度号 B）、镍铬-镍硅热电偶（分度号 K）等。使用时，要根据不同的工作环境及测量要求正确地选择，另外热电偶的冷端处理也是要注意的特殊问题。

（二）热电阻温度计

热电阻温度计在工业生产中被广泛用来测量-200～+850℃范围内的温度。热电阻温度计由热电阻、连接导线和显示仪表组成。

1. 热电阻的测量原理

热电阻利用导体或半导体的电阻值随温度变化的性质测量温度。由热电阻、连接导线和显示仪表构成。热电阻测量常用电桥电路，如图 7-33 所示。图中热电阻的引线采用了三线制，可消除环境温度造成引线电阻变化产生的测量误差。

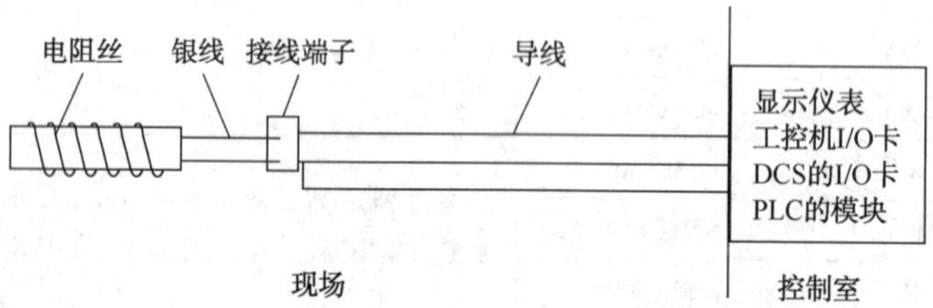

图 7-33 热电阻测温电桥的三线连接法

2. 常用热电阻的种类

热电阻大都由纯金属材料制成，目前应用最多的是铂和铜。

（1）铂热电阻

目前，我国工业用铂热电阻常用的有两种，其 R0 分别为 10Ω 和 100Ω，分度号分别为 Pt10、Pt100。铂材料金属物理、化学性能稳定，易于提纯，是目前制造热电阻的最好材料，测量温度范围-200～850℃。

（2）铜热电阻

由于铂是贵重金属，因此，在一些测量精度要求不高、且温度较低的场合，可以采用铜热电阻。铜热电阻线性好，灵敏度比铂电阻高，容易提纯、加工，价格便宜。但是铜易于氧化，一般只用于-50～150℃以下的低温测量。

目前，我国工业上用的铜电阻有Cu50和Cu100两种，0℃时电阻分别为50Ω、100Ω。

3. 普通热电阻的结构

普通热电阻主要由电阻体、绝缘管、保护管和接线盒等部分组成，见图7-34。与普通热电偶的结构基本相同，此处不再赘述。

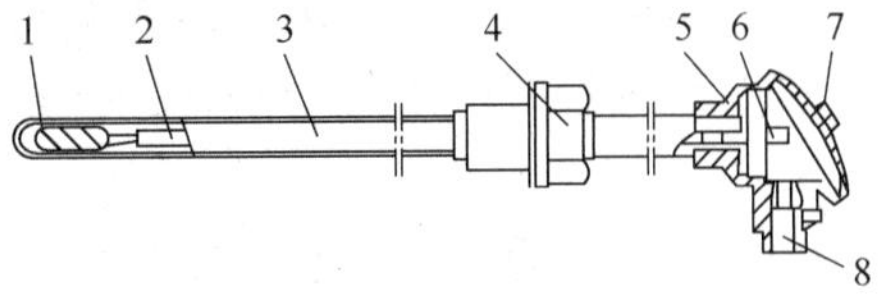

图7-34 热电阻结构

1—电阻体；2—绝缘管；3—保护套管；4—安装固定件；5—接线盒；6—接线端子；7—盖；8—出线口

4. 温度测量仪表与元件的安装

(1) 感温元件与被测介质能进行充分的热交换。

(2) 感温元件应与被测介质形成逆流。

(3) 避免热辐射所产生的测温误差。

(4) 避免感温元件外露部分的热损失所产生的测温误差。

(5) 避免热电偶与火焰直接接触。

(6) 负压管道、设备中，必须保证其密封性，以免外界冷空气袭入，降低测量指示值。

(7) 压力式温度计的温包中心与管道中心线重合，应自上而下垂直安装，毛细管不应受拉力，不应有机械损伤。

(8) 接线盒出线孔应向下，以防水汽、灰尘与脏物等落入接线盒中影响测量。

(9) 水银温度计只能垂直或倾斜安装，同时需观察方便，不得水平、倒装。

温度测量元件的安装示例见图7-35。

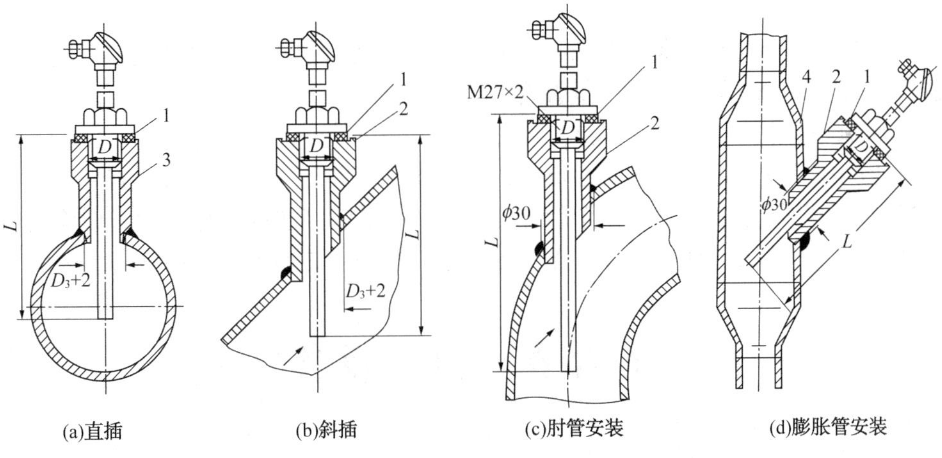

图7-35 安装示例

1—垫片；2—45°连接头；3—直连接头；4—膨胀管

三、温度变送器维护

(一) 故障现象与处理

1. 示值不稳定

(1) 检查保管内是否有金属杂质、灰尘，应除去金属杂质、清扫灰尘水滴等；

(2) 检查是否有外界干扰，应避开干扰源，重新配线并接地；

(3) 检查接线柱间是否脏污或热电阻短路，应找到短路点，加强绝缘；

(4) 检查电子线路板电流输出是否错误，应定期对仪表进行校验。

2. 显示过大

(1) 检查热电阻或引出线是否断路，修复焊接断路点或应更换电阻丝；

(2) 检查接线端子是否松开，拧紧接线端子螺丝。

3. 显示值为负值

(1) 检查电阻体是否有短路现象，应找出短路点，加强绝缘。

(2) 保护管内积潮气，使铂电阻阻值小于正常值。

(3) 保管内有热电阻体及引线上积有灰尘、接线柱间脏污及热电阻短路。

4. 指示温度明显不对

(1) 热电阻丝长期使用腐蚀变质产生漂移，更换热电阻。

(2) 温度变送模块老化漂移。须进行定期校验重新调整。

5. 温度数据显示-9999

(1) 瞬间电流大、雷击，导致电路板烧坏，更换电路板；

(2) 表内进水，导致表内锈蚀，变送器不能正常工作；应加强表体的密封；

(3) 变送器电路板老化，导致示值漂移，测温产生过大偏差，应更换电路板。

(二) 案例分析

1. 故障现象

某联合站加热炉运行时，中控室加热炉原油出口温度出现上限报警，时有时无。查看现场表头示数指示值变化较大观察旁边温度计指示正常。

2. 处理过程

确认送至变送器电源正常为DC24V，仪表电流为忽大忽小。判断变送器有问题，更换变送器后，温度指示正常，控制室报警消失。

3. 分析原因

打开变送器后发现热电阻与变送器有根线松动，紧固后变送器正常。查明故障原因是Pt100 热阻信号端子接触不良，现场管线振动时，使得似接非接，导致信号时有时无。当不接触时，电阻无穷大，使得变送器输出最大值，控制室界面超上限而报警。

第六节 执行设备

一、执行器

执行器是构成自动调节系统不可缺少的部分。执行器由执行机构和控制(调节)机构两个部分构成，辅助装置：阀门定位器和手动操作机构。

执行机构——根据控制信号产生推力(薄膜、活塞、马达…)。是执行器的推动装置，它按控制信号的大小产生相应的推力，推动控制机构动作，所以它是将信号的大小转换为阀杆位移的装置。

控制机构(调节机构)——根据推力产生位移或转角，改变开度。它是执行器的控制部分，它直接与被控介质接触，控制流体的流量。所以它是将阀杆的位移转换为流过阀的流量的装置。

手操机构——手轮机构的作用是当控制系统因停电、停气、控制器无输出或执行机构失灵时，利用它可以直接操纵控制阀，以维持生产的正常进行。

执行器可分为气动、电动、液动三种。气动执行器是以气源为动力的，具有结构简单、工作可靠、价格便宜、维护方便、防火防爆等优点。电动执行器是以电力为动力，特点是能源取用方便、信号传输速度快和传输距离远，缺点是结构复杂、推力小、价格贵，适用于防爆要求不高及缺乏气源的场所。液动执行器是以液压为动力，特点是推力大，但目前应用较少。这里主要介绍气动和电动执行器。

（一）气动执行器

气动执行机构主要分为两大类：薄膜式与活塞式。

气动薄膜调节阀示意图见图 7-36。

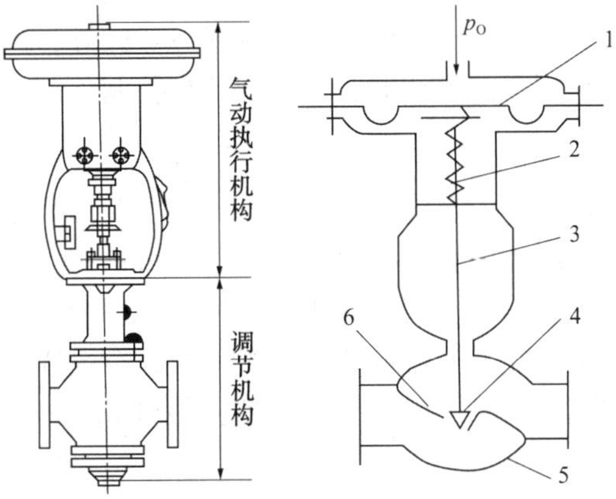

图 7-36　气动薄膜调节阀的外形和内部结构示意图

1—薄膜；2—平衡弹簧；3—阀杆；4—阀芯；5—阀体；6—阀座

1. 气动薄膜式执行机构基本结构和工作原理

气动薄膜执行机构是最常用的执行机构。它分为正作用和反作用两种执行方式。正、反作用执行机构的结构基本相同，由上膜盖、下膜盖、薄膜膜片、推杆、弹簧、调节件、支架和行程显示板等组成。正作用执行机构在输入信号增加时，推杆的位移向外；反作用执行机构在输入信号增加时，推杆的位移向内。当输入信号增加时，在薄膜膜片上产生一个推力，克服弹簧的作用力后，推杆位移，位移方向向外。因此，称为正作用执行机构。反之，输入信号连接口在下膜盖上，信号增加时，推杆位移向内，缩到膜盒里，称为反作用执行机构，见图 7-37。

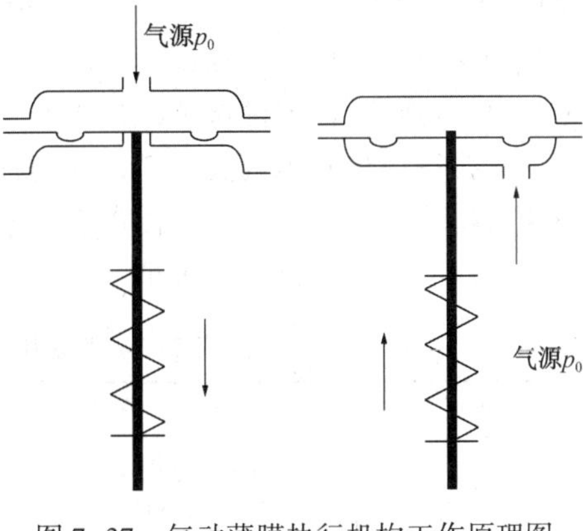

图 7-37　气动薄膜执行机构工作原理图

2. 气动活塞式执行机构基本结构和工作原理

基本部件：活塞和气缸。活塞在气缸内随活塞两侧压差而移动，两侧可以分别输入一个固定信号和一个变动信号，或两侧都输入变动信号。

它的输出特性有比例式及两位式两种。

两位式是根据输入执行活塞两侧的操作压力的大小，活塞从高压侧推向低压侧，使推杆从一个位置移到另一极端位置。比例式是在两位式基础上加有阀门定位器后，使推杆位移与信号压力成比例关系。

3. 阀门定位器

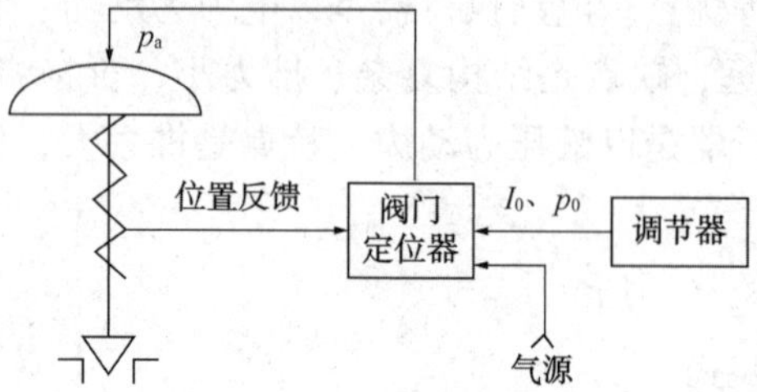

图 7-38　阀门定位器工作原理示意图

将控制信号（I_0或p_0），成比例地转换成气压信号输出至执行机构，使阀杆产生位移。阀杆位移量通过机械机构反馈到阀门定位器，当位移反馈信号与输入的控制信号相平衡时，阀杆停止动作，调节阀的开度与控制信号相对应，见图 7-38。

大口径阀门，或者要求由较大输出力的阀门等（小口径阀门一般较少使用）阀门定位器与执行机构安装在一起，因而可减少调节信号的传输滞后。此外，阀门定位器还可以接受不同范围的输入信号，因此采用阀门定位器还可实现分程控制。

（二）电动执行器

电动执行器也由执行机构和调节阀两部分组成。其中调节阀部分和气动执行器是通用的，不同的只是电动执行器使用的是电动执行机构，即使用电动机等电的动力来启闭调节阀。

电动执行机构一般采用随动系统的方案组成，其示意图 7-39 如下，从调节器来的信号通过伺服放大器驱动电机，经减速器带动调节阀，同时经位置发信器将阀杆行程反馈给伺服放大器，组成位置随动系统。依靠位置反馈，保证输入信号准确地转换为阀杆的行程。

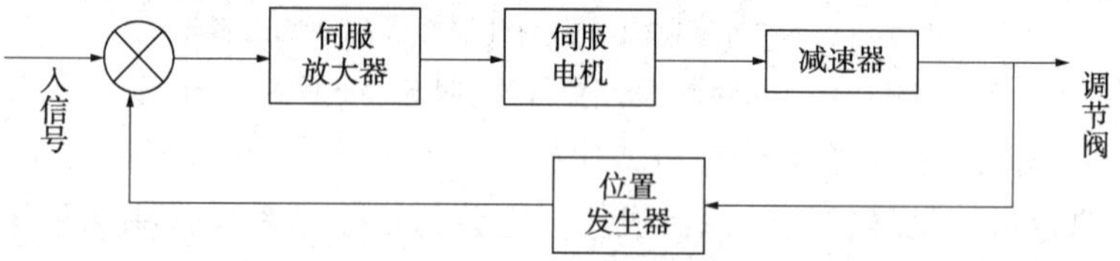

图 7-39　电动执行器的方框图

二、执行机构故障与处理

（一）气动执行机构故障与处理（表 7-3）

气动执行机构接受气动仪表或电-气阀门定位器输出的气压信号，并将其转换为相应的推杆直线位移，以推动调节机构工作。

气动执行机构有薄膜式和活塞式两种。气动薄膜执行机构是最常用的执行机构。气动薄膜执行机构的结构简单，动作可靠，维护方便，成本低廉，得到广泛应用。所以本教材仅介绍气动薄膜执行机构的维护。

表 7-3　气动执行机构常见故障分析及处理

故障现象	原因分析	排除方法
阀体磨损	① 流体速度太高 ② 流体中有颗粒 ③ 空化和闪蒸	① 增大阀内件尺寸，以降低流体速度 ② 阀体改为流线型结构，阀体材料增加硬度 ③ 避免空化，改用低压力恢复的阀门

故障现象	原因分析	排除方法
阀芯、阀座之间泄漏	① 阀芯、阀座表面情况不好 ② 执行机构作用力太小 ③ 阀座螺纹被腐蚀、松动	① 改善结合面 ② 调节执行机构和阀杆的连接 ③ 拧紧或修理、更换阀芯或阀座
阀座环和阀体之间泄漏	① 拧紧力矩太小 ② 表面不好(不干净、光洁度差) ③ 垫片不合适 ④ 阀体有小孔	① 加大拧紧力矩 ② 重新加工，清洗干净 ③ 修理或更换垫片 ④ 铸件有时容易产生小孔，磨掉后焊接修理
填料泄漏	① 阀杆光洁度不好 ② 阀杆弯曲 ③ 填料盖没压紧 ④ 填料类型或结构不好 ⑤ 填料腐蚀、压盖变形	① 阀杆磨光 ② 阀杆压直 ③ 重新拧紧 ④ 重选填料 ⑤ 更换填料或压盖
滑动磨损	① 系统不稳定 ② 接触应力过大 ③ 不对中 ④ 表面不光洁、材料不好	① 改善稳定性 ② 增大轴承尺寸 ③ 重新加工修理 ④ 重磨表面或重选材料
上阀盖与阀体之间泄漏	① 拧紧力矩小 ② 表面不光洁 ③ 双头螺栓漏	① 增大拧紧力矩 ② 保证垫片表面干净、光洁 ③ 螺栓附件阀体不能有小孔
阀杆连接脱开或折断	① 力矩太大 ② 销连接不好 ③ 振动或不稳定	① 改用阀芯阀杆整体件或用焊接阀芯 ② 销连接固定牢 ③ 消除振动因素
阀门没有动作	① 没有气源或气源压力不足 ② 执行机构故障，泄漏 ③ 气接头损坏漏气 ④ 阀杆或轴卡死 ⑤ 定位器或电-气转换器故障 ⑥ 阀内件卡住 ⑦ 阀芯卡住	① 检查气源 ② 修理故障元件 ③ 更换气接头 ④ 修理或更换 ⑤ 校验并更换 ⑥ 摩擦过大卡住，松开润滑 ⑦ 重新加工或更换
阀门不能到达额定行程	① 气源压力不足 ② 行程调整不当	① 重新设定，不起作用，更换阀位反馈板，如果问题依然没有解决就要考虑更换主板 ② 调节气源压力
执行机构轴或阀门动作迟缓	① 摩擦大 ② 气源压力低或容量不足 ③ 执行机构太小 ④ 摩擦力大 ⑤ 轴或阀杆弯曲 ⑥ 执行机构泄漏	① 更换填料或修理轴承 ② 检查气源 ③ 更换 ④ 松填料加润滑 ⑤ 修理或更换 ⑥ 止漏
阀振动	① 定位器损坏 ② 系统增益高 ③ 有振动源	① 更换定位器 ② 降低系统增益 ③ 支承牢固，避开振动源

续表

故障现象	原因分析	排除方法
流量控制差	① 阀装反 ② 轴变形 ③ 流量特性选择不当 ④ 阀杆腐蚀；紧固螺母松动，密封垫损坏	① 正确安装 ② 更换 ③ 选用正确的流量特性 ④ 更换

(二) 电动执行器故障分析及处理(表7-4)

表7-4 电动执行器常见故障分析及处理

故障现象	原因分析	排除方法
执行机构不动作	① 相线与中线接反 ② 保险丝断开 ③ 线路断开或各接点接触不良 ④ 电机绕组断路或短路 ⑤ 用导线短接固态继电器的交流输出两接点，电机转动。说明分相电容器、固态继电器断路损坏 ⑥ 放大器前级故障	① 用试电笔检查中线与相线，错时对调重接 ② 更换保险管 ③ 对脱焊重新焊好，对各接线点、插座等接触不良要重新接好或更换不良零件 ④ 更换电机 ⑤ 更换电容、更换固态继电器 ⑥ 依次检查前级输出直流电源及元器件，对损坏无件更换
接通电源后输出轴就朝一个方向转动	① 放大器前级不调零。用万用表测量在无信号时放大器前级的输出不为零 ② 两条反馈电流引线接反 ③ 两条放大器输出线接反 ④ 固态继电器击穿	① 断开输入信号和反馈信号重新调零 ② 更改接线 ③ 更改接线 ④ 更换固态继电器
执行机构只能向一个方向转动	① 一路输出断路，固态继电器损坏或输出电路断线 ② 控制电路一路失效 ③ 用万用表测量，电机一路断线	① 更换损坏的固态继电器，接线断线重新接好 ② 更换损坏的三极管 ③ 重新接好断线
执行机构一个方向正常，一个方向输出无力	① 一个固态继电器软击穿，可以断开坏的一侧固态继电器交流输出两端子，断开后电机转动正常 ② 电机中线接错	① 更换被断开的固态继电器 ② 更换接线
执行机构两个方向输出无力	① 电机分相电容容量降低或软击穿 ② 电机制动器故障	① 更换电容 ② 调整或更换制动器零件
执行机构振荡、阀鸣叫	① 放大器不调零 ② 灵敏度调得太高，死区过小 ③ 电机制动器失效，阀芯和衬套磨损严重 ④ 流体压力变化太大，介质流动方向与阀门关闭方向一致 ⑤ 口径选择太大、阀常在小开度工作	① 放大器在无任何外信号情况下重新调零 ② 调节放大器灵敏电位器 ③ 更换新的摩擦片或重新调整弹簧 ④ 工艺方面解决 ⑤ 更换小口径调节阀

续表

故障现象	原因分析	排除方法
输出线性不好或没有输出信号	① 导电塑料电位器损坏 ② 位发线路板工作不正常 ③ 位发变压器不好	① 更换新电位器 ② 更换损坏的线路板 ③ 更换变压器
远方无法启动，反馈故障，指令故障	① 电动门正常，接线错误 ② 控制机柜开关锈死，线头生锈导致电阻增大，线头沾水造成短路	① 重新接线 ② 重新接线
执行器动作正常，但无阀位反馈	① 测量阀位反馈回路仅有 4~6mA 左右 ② 检查计数器圆形磁钢坏或者计数器板坏	① 重新设定，不起作用，更换阀位反馈板 ② 如果问题依然没有解决就要考虑更换主板更换计数器
阀门关不到位	电动阀门阀杆卡塞，电动头的输出力矩不够大	增大电动头的输出力矩
执行器阀杆无输出	① 检查手动是否可以操作，如果手自动离合器卡死在手动位置，电机只会空转 ② 检查电机是否转动，如果电机可以转动，并且已在自动位置，说明指令信号已经到达阀门，可能阀杆断裂 ③ 手动电动均不能操作，可能阀门卡死或轴套卡死、滑丝、松脱	① 调整手自动离合器 ② 更换阀杆 ③ 调整阀门或轴套
执行器远方/就地均不动作	① 电机电源接线不正确 ② 检查手自动离合器是否卡死、松动 ③ 执行器的显示面板有报警显示	① 重新接线 ② 调整手自动离合器 ③ 按面板提示进行处理
执行器送电就发生跳闸	① 继电器控制板损坏 ② 电机线圈烧毁	① 更换继电器 ② 更换电机
手动正常，电机不能切换	手自动离合器卡簧在手动方向卡死	拆卸手轮，释放卡簧，重新装配好
操作手轮感觉异常	① 感觉太轻，可能是手轮卡销脱落或断裂 ② 感觉太重或旋不动。减速器内有异物卡塞；阀芯与衬套或与阀座卡死；阀杆严重弯曲	① 拆卸手轮，释放卡簧，重新装配好 ② 拆卸阀体，清理除锈垢，润滑，重新装配好
阀动作迟钝	① 介质黏性太大，有堵塞或结焦现象 ② 填料老化，填料压得太紧 ③ 灵敏度调得太低，死区过大	① 清洗 ② 松动填料压盖螺栓或更换填料 ③ 调节放大器灵敏电位器
泄漏量大	① 阀芯或阀座被腐蚀、磨损 ② 阀座松动；阀座、阀芯上有异物 ③ 阀的始点(电开式)或终点(电闭式)未调好	① 清洗更换 ② 清洗更换 ③ 重新调整
填料及上、下阀盖连接处渗漏	① 填料压盖没压紧，聚四氟乙烯填料老化变质 ② 阀杆腐蚀；紧固螺母松动，密封垫损坏	① 更换填料、压紧压盖 ② 更换

三、案例分析

(一) 气动调节阀故障案例

1. 故障现象

某集输站分离器天然气调节阀出现来回震荡，导致液位不能稳定在设定值。

2. 处理过程

因来液流量稳定，打开该调节阀旁路，关闭调节阀前后截止阀。打开上阀盖，看到膜片有裂痕，导致膜片漏气，使得其工作不稳定。更换膜片后，系统恢复正常。

3. 分析原因

调节阀长时间使用，膜片老化，导致皲裂。对于长期使用的调节阀，在检修时应特别注意膜片的情况，做到及时更换。调节阀的维护应记入维修日志，以便维修人员了解调节阀的使用情况。

(二) 电动调节阀故障案例

1. 故障现象

某原油库控制系统，控制室无论打到手动还是自动均无法控制现场调节阀。值班人员只能到现场操作控制电动阀的开启与关闭。

2. 处理过程

观察控制室人机界面，调节阀显示全关，故障指示灯亮，点击阀开按钮，无开阀信号发出。到现场调节阀液晶显示屏正常无故障。询问值班人员后，了解到之前更换过调节阀。判断故障有可能出现在接线上。打开调节阀接线端盖，经查找发现故障信号接在了常闭触点上，导致控制室控制系统一直认为阀故障报警，在控制系统程序中会判断如果现场过来故障信号，则不会发出开关阀指令。将故障信号改接到常开触点上，调节阀工作正常。

3. 分析原因

在分析控制系统中设备的故障原因时一定要结合控制程序和控制要求，这样才能快速的查找和解决故障。特别注意，为合理的编写控制程序，控制系统中触点一般使用常开触点。电动调节阀功能多，接线较复杂，使用时应格外细心。目前使用的电动调节阀智能化程度很高，应用时多注意本身参数的设置，以防因设置参数错误而出现故障。

第七节　可编程逻辑控制器

可编程逻辑控制器(Programmable Logic Controller)简称 PLC，它采用可编程序的存储器，用来在其内部存储执行逻辑运算、顺序控制、定时、计数和算术运算等操作的指令，并通过数字式、模拟式的输入和输出，控制各种类型的机械或生产过程。是一种用程序来改变控制功能的工业控制计算机，除了能完成各种各样的控制功能外，还有与其他计算机通信联网的功能。

一、可编程控制器的硬件组成

PLC 主要由 CPU 模块、输入模块、输出模块和编程器组成(见图 7-40)。PLC 的特殊功能模块用来完成某些特殊的任务。

（一）CPU 模块

CPU 模块主要由微处理器（CPU 芯片）和存储器组成。在 PLC 控制系统中，CPU 模块相当于人的大脑和心脏，它不断地采集输入信号，执行用户程序，刷新系统的输出；存储器用来储存程序和数据。

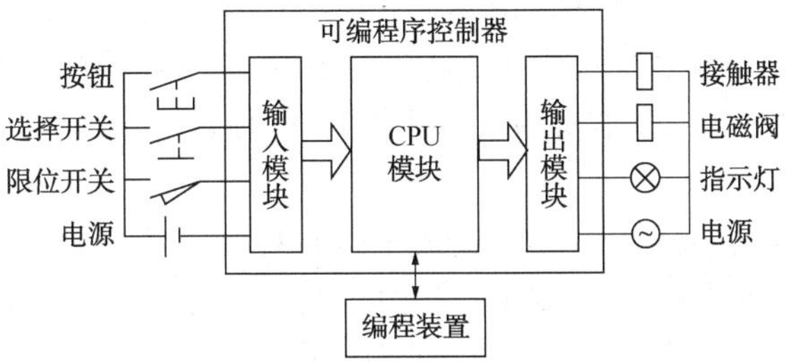

图 7-40　PLC 组成框图

（二）I/O 模块

输入（Input）模块和输出（Output）模块简称为 I/O 模块，它们相当于人的眼、耳、手、脚。是联系外部现场设备和 CPU 模块的桥梁。

输入模块用来接收和采集输入信号，开关量输入模块用来接收从按钮、选择开关、数字拨码开关、限位开关、接近开关、光电开关、压力继电器等来的开关量输入信号；模拟量输入模块用来接收电位器、测速发电机和各种变送器提供的连续变化的模拟量电流电压信号。开关量输出模块用来控制接触器、电磁阀、电磁铁、指示灯、数字显示装置和报警装置等输出设备；模拟量输出模块用来控制调节阀、变频器等执行装置。

CPU 模块的工作电压一般是 5V，而 PLC 外部的输入输出电路的电源电压较高，例如 DC 24V 和 AC 220V。从外部引入的尖峰电压和干扰噪声可能损坏 CPU 模块中的元器件，或使 PLC 不能正常工作。在 I/O 模块中，用光耦合器、光敏晶闸管、小型继电器等器件来隔离 PLC 的内部电路和外部的 I/O 电路。I/O 模块除了传递信号外，还有电平转换与隔离的作用。

（三）编程器

编程器用来生成用户程序，并用它来编辑、检查、修改用户程序，监视用户程序的执行情况。手持式编程器不能直接输入和编辑梯形图，只能输入和编辑指令表程序，因此又作指令编程器。它的体积小，价格便宜，一般用来给小型 PLC 编程，或者用于现场调试和维护。

使用编程软件可以在计算机屏幕上直接生成和编辑梯形图或指令表程序，并且可以实现不同编程语言之间的相互转换。程序被编译后下载到 PLC。也可以将 PLC 中的程序上传到计算机。程序可以存盘或打印，通过网络或电话线，还可以实现远程编程和传送。

（四）电源

PLC 使用 AC 220V 电源或 DC 24V 电源。内部的开关电源为各模块提供不同电压等级的直流电源。小型 PLC 可以为输入电路和外部的电子传感器（例如接近开关）提供 DC 24V 电源，驱动 PLC 负载的直流电源一般由用户提供。

二、可编程控制器 SIMTIC S7-300 的硬件结构

（一）结构组成

S7-300 是模块化的中型 PLC，适用于中等性能的控制要求，它主要由机架、CPU 模块、信号模块、功能模块、接口模块、通信处理器、电源模块和编程设备组成，各种模块安装在机架上。S7-300 PLC 的结构如图 7-41 所示。

按机架逻辑序号从左到右依次为 1—电源模块、2—CPU 模块、4、5—开关量输入模、6、7—开关量输出模块、8—模拟量输入模块、9—模拟量输出模块、10—功能模块、11—通信模块。

S7-300 的 CPU 模块(简称为 CPU)集成了过程控制功能，每个 CPU 都有一个编程用的 RS-485 接口，有的还带有 PROFIBUS-DP 接口，可以建立一个 MPI(多点接口)网络或 DP 网络。还可以增加以太网模块，建立工业以太网。

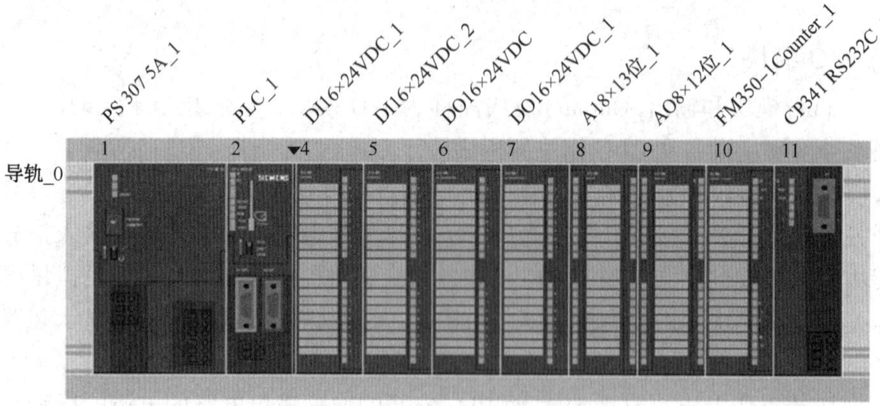

图 7-41　S7-300 PLC 模块组成

CPU 有 8192 个存储器位、512 个定时器和 512 个计数器，数字量通道最大为 65536 点，模拟量通道最大为 4096 个。由于采用 flash 存储器卡，CPU 断电后依然可以保持用户程序。使 S7-300 成为完全免维护的控制设备。

S7-300 的编程软件 STEP7 功能强大，使用方便，有 350 多条指令。计数器的计数范围为 1~999，定时器的定时范围 10ms~9990s。CPU 用智能化的诊断系统连续监控系统的功能是否正常，记录错误和特殊系统事件。S7-300 有过程报警、日期时间中断和定时中断等功能。

（二）S7-300 的常用模块

S7-300 PLC 是模块式的 PLC，它由以下几部分组成：

（1）中央处理单元(CPU)。各种 CPU 有不同的性能，例如，有的 CPU 集成了数字量和模拟量的输入/输出，有的 CPU 集成有 DP 通信接口。CPU 前面板上有状态和故障指示灯、模式开关、24V 电源的连接端子和存储器卡插槽等。

（2）电源模块(PS)。电源模块的输出是 24V DC，有 2A、5A 和 10A 三种型号。输出电压是隔离的，并具有短路保护。一个 LED 指示灯用来指示电源是否正常，当输出电压过载时，LED 指示灯闪烁。用选择开关来选择不同的供电电压：120V AC 和 230V AC。

（3）信号模块(SM)。信号模块是数字量输入/输出模块和模拟量输入/输出模块的总

称，有数字量输入模块 SM321、数字量输出模块 SM322、模拟量输入模块 SM331、模拟量输出模块 SM332。模拟量输入模块可以输入热电阻、热电偶、DC 4~20mA 和 DC 0~10V 等多种不同类型和不同量程的模撤信号。每个模块上有一个背板总线连接器，现场的过程信号连接到前连接器的端子上。

(4) 功能模块(FM)。功能模块主要用于对实时性和存储容量要求高的控制任务，例如计数、定位、闭环控制、称重、位置输入等。

(5) 通信处理器(CP)。通信处理器用于 PLC 之间、PLC 与计算机和其他智能设备之间的通信，可以将 PLC 接人 PROFIBUS-DP、AS-i 和工业以太网等现场总线，减轻 CPU 通信处理的负担。

(6) 接口模块(IM)。接口模块用于多机架配置时连接主机架(CR)和扩展机架(ER)。S7~300 通过分布式的主机架和 3 个扩展机架，最多可以配置 32 个信号模块、功能模块和通信处理器。

(7) 占位模块(DM)。占位模块为没有设置参数的信号模块保留一个插槽，它也可以用来为以后安装的接口模块保留一个插槽。

(8) 导轨。导轨用来固定和安装 S7—300 的各种模块。

电源模块总是安装在机架的最左边，CPU 模块紧靠电源模块，如果有接口模块，它放在 CPU 模块的右侧。S7-300 用背板总线将除电源模块之外的各个模块连接起来。背板总线集成在模块上，模块通过 U 形总线连接器相连，每个模块都有一个总线连接器，都插在各模块的背后。安装时先将总线连接器插在 CPU 模块上，并固定在导轨上，然后依次装入各个模块。

除了带 CPU 的中央机架(CR)，最多可以增加 3 个扩展机架(ER)，每个机架可以插 8 个模块(不包括电源模块、CPU 模块和 IM 接口模块)，4 个机架最多可以安装 32 个模块。

机架的最左边是 1 号槽，最右边是 11 号槽，电源模块总是在 1 号槽的位置。中央机架(0 号机架)的 2 号槽上是 CPU 模块，3 号槽是接口模块。这 3 个槽号被固定占用，信号模块、功能模块和通信处理器占用 4~11 号槽。

因为模块是用总线连接器连接的，所以槽号是相对的，在机架导轨上并不存在物理槽位。在不需要扩展机架时，中央机架上没有接口模块，此时虽然 3 号槽位仍然被实际上并不存在的接口模块占用，但 CPU 模块和 4 号槽的模块实际上是连在一起的。如图 7-42 所示。除用扩展机架的方式外，还可用分布式 I/O 从站的方式进行扩展。

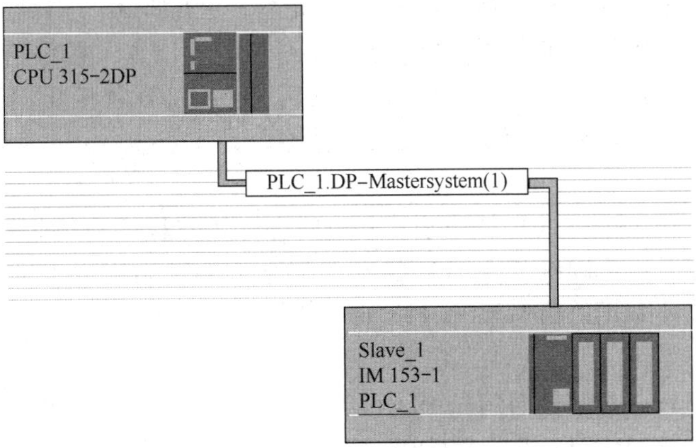

图 7-42　ET200M 模块扩展

（三）S7-300 可编程控制器的 CPU 模块

中央处理单元(CPU)负责程序的运行及中间运算数据的存储。S7-314C 的外形如图 7-43 所示。

1. 状态与故障显示 LED(图 7-44)

CPU 模块面板上的 LED 的意义如下：

(1) SF 红色，系统故障或软件错误指示；

(2) BATF 红色，总线故障指示；

(3) DC5V 绿色，表示内部 5V 工作电压正常；

(4) FRCE 黄色，强制(FORCE)，表示至少有一个输入或输出被强制；

(5) RUN 绿色，在 CPU 启动时闪烁，在运行时常亮；

(6) STOP 橙色，在停止模式下常亮。慢速闪烁(0.5Hz)表示请求复位，快速闪烁(2Hz)表示正在复位。

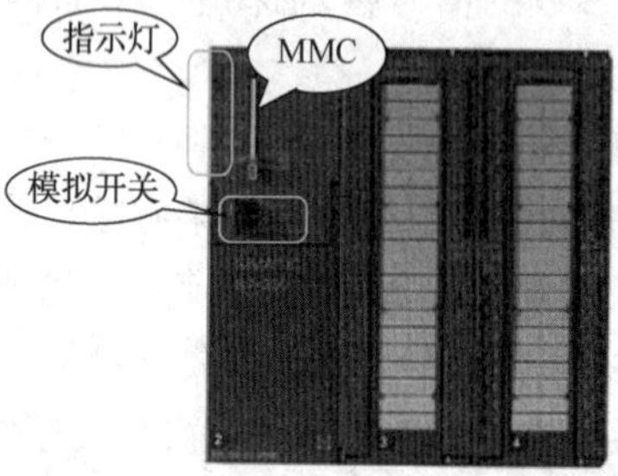

图 7-43　S7-314C 外形

图 7-44　CPU 模块 LED

2. 模式选择开关

(1) RUN 运行模式。CPU 执行用户程序，可以通过编程软件读出用户程序，但不能修改用户程序。

(2) STOP 停止模式。不执行用户程序，通过编程软件可以读出和修改用户程序。

(3) MRES 存储器复位模式(MEMORY RESET)。开关不可以自然地停留在此位置上，一松手，开关会自动地弹回 STOP 位置。复位存储器可使 CPU 回到初始状态。

复位存储器按如下顺序操作：PLC 通电后将开关从 STOP 位置扳到 MRES 位置，保持这一位置，直到 STOP LED 第一次闪亮后一直亮着(这需要 3s)。松开开关，使它回到 STOP 位置。然后必须再次在 3s 之内将开关扳到 MRES 位置，并保持这一位置，直到 STOP LED 闪亮(2Hz)，表示正在执行复位。最后 STOP LED 将停止闪亮，并一直亮着，此时可以松开模式开关。至此，CPU 已复位存储器。

3. 微存储卡

Flash EPROM 微存储卡(MMC)用于在断电时保存用户程序和某些数据，它可以扩展 CPU 的存储器容量，也可以将有些 CPU 的操作系统保存在 MMC 中。MMC 的读写直接在 CPU 内进行，不需要专用的编程器。

4. 通信接口

MPI 接口用于 PLC 与其他西门子 PLC、编程器、个人计算机等设备通过 MPI 网络的通信；DP 接口用于 PLC 与其他带 DP 接口的设备之间进行快速循环数据交换的 PROFIBUS-DP 现场总线通信。

三、可编程控制器的软件

（一）STEP7 编程软件简介

STEP7 编程软件用于 SIMATIC S7、M7、C7 和基于 PC 的 WinAC，是供它们编程、监控和参数设置的标准工具。

STEP7 具有以下功能：硬件配置和参数设置、通信组态、编程、测试、启动和维护、文件建档、运行和诊断功能等。STEP7 的所有功能均有大量的在线帮助，用鼠标打开或选中某一对象，按 Fl 键可以得到该对象的在线帮助。

在 STEP7 中，所有自动化过程的硬件和软件要求在项目中管理。项目包括必需的硬件（包括输入和输出的数目和类型、模块序号和类型、机架、CPU 型号和容量、HMI 系统、网络系统等）和软件（包括程序结构、自动化过程的数据管理、组态数据、通信数据、程序和项目文档等）。

PC/MPI 适配器用于连接安装了 STEP7 的计算机的 RS-232C 接口和 PLC 的 MPI 接口。除了 PC 适配器，还需要一根标准的 RS-232C 通信电缆。使用计算机的通信卡 CP 5611（PCI 卡）、CP 5511 或 CP 5512（PCMCIA 卡），可以将计算机连接到 MPI 或 PROFIBUS 网络，通过网络实现计算机与 PLC 的通信。也可以使用计算机的工业以太网通信卡 CP1512（PCMCIA 卡）或 CP 1612（PCI 卡），通过工业以太网实现计算机与 PLC 的通信。

（二）STEP7 编程语言

STEP7 是 S7-300/400 系列 PLC 应用设计软件包，所支持的 PLC 编程语言非常丰富。该软件的标准版支持 STL（语句表）、LAD（梯形图）及 FBD（功能块图）3 种基本编程语言，并且在 STEP7 中可以相互转换。专业版附加对 GRAPH（顺序功能图）、SCL（结构化控制语言）、HiGraph（图形编程语言）、CFC（连续功能图）等编程语言的支持。不同的编程语言可供不同知识背景的人员采用。

其中梯形图（LAD）是一种图形语言，与继电器控制电路比较类似，形象直观，熟悉电气控制的工程技术人员很容易掌握，因此把它作为 PLC 的第一编程语言。

语句表（STL）类似于计算机的汇编语言，用助记符来表示各种指令功能，程序执行时间短，执行速度快。一般来讲，梯形图编程语言可以对应地转化为语句表编程语言，但语句表编程语言却不一定能转化为梯形图。

功能块图（FBD）的图形结构与数字电路的结构相似，每个模块有输入和输出，输入和输出之间满足各种逻辑功能，模块之间的连接方式与电路连接方式也基本相同。

（三）程序结构

用户程序可分为主程序、子程序和中断程序三个程序分区。PLC 程序运行采用循环扫描方式，主程序是用户程序的主体，每一个扫描周期都要被执行一次。子程序和中断程序是可选部分，只有主程序调用子程序时，子程序才能执行；只有中断事件发生时，中断程序才能执行。程序结构如图 7-45 所示。

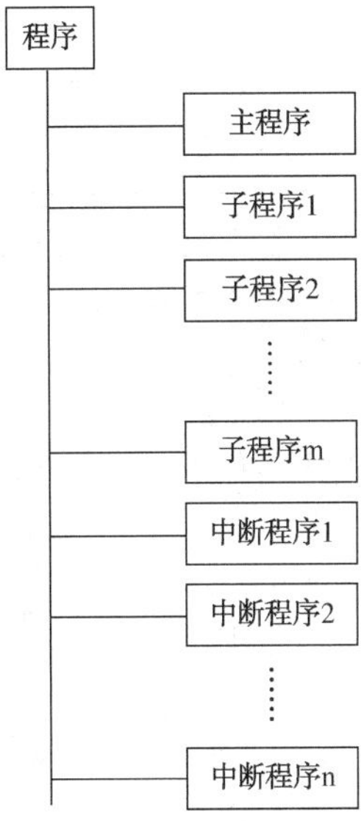

图 7-45　程序结构

（四）STEP7 基本编程指令

基本编程指令比较多，限于篇幅只介绍最常用的三种指令。

1. 输入输出指令(表 7-5)

表 7-5　输入输出指令

STL 指令	LAD 指令	功能	操作数	数据类型
LD bit	bit —| |—	输入(常开触点)	位地址	BOOL
LDN bit	bit —| / |—	输入(常闭触点)	位地址	BOOL
=bit	bit —( )	输出	位地址	BOOL

输入触点读取对应存储器地址位的值。其中，当地址位址为 1 时，常开触点闭合；当地址位址为 0 时，常闭触点闭合。当执行输出指令时，对应的存储器地址位被置 1。

2. 接通延时指令(表 7-6)

表 7-6　输入输出指令

STL 指令	LAD 指令	功能	操作数	数据类型
A 启动信号 L 定时时间 SD Tno A 复位信号 R Tno L Tno T 时间字单元 1 LC Tno T 时间字单元 2 A Tno =输出位地址	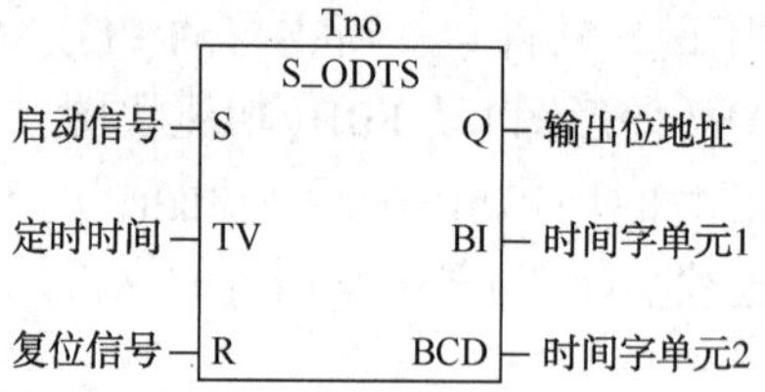	接通延时定时器	位地址 字单元地址	BOOL WORD

3. 计数指令(表 7-7)

表 7-7　输入输出指令

STL 指令	LAD 指令	功能	操作数	数据类型
A 加计数输入 CU Cno A 减计数输入 CD Cno A 预置信号 L 计数初值 S Cno A 复位信号 R Cno L Cno T 计数字单元 LC Cno T 计数字单元 A Cno =输出位地址	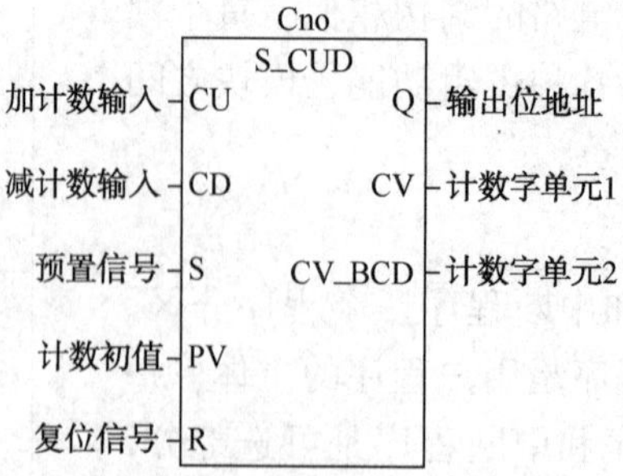	加减计数器	位地址 字单元地址	BOOL WORD

四、可编程控制器在盘库系统中的应用

系统出于盘库要求控制器具有高可靠性考虑，采用西门子 S7-300PLC 作为系统的下位机控制器；上位机采用 WINCC 组态软件设计盘库监控系统，并通过 PC-MPI 电缆与 PLC 相连，完成数据信号采集。即使在上位机出现故障时，不影响 PLC 系统工作，提高了系统的可靠性。自动计量精密盘库系统的结构如图 7-46 所示。

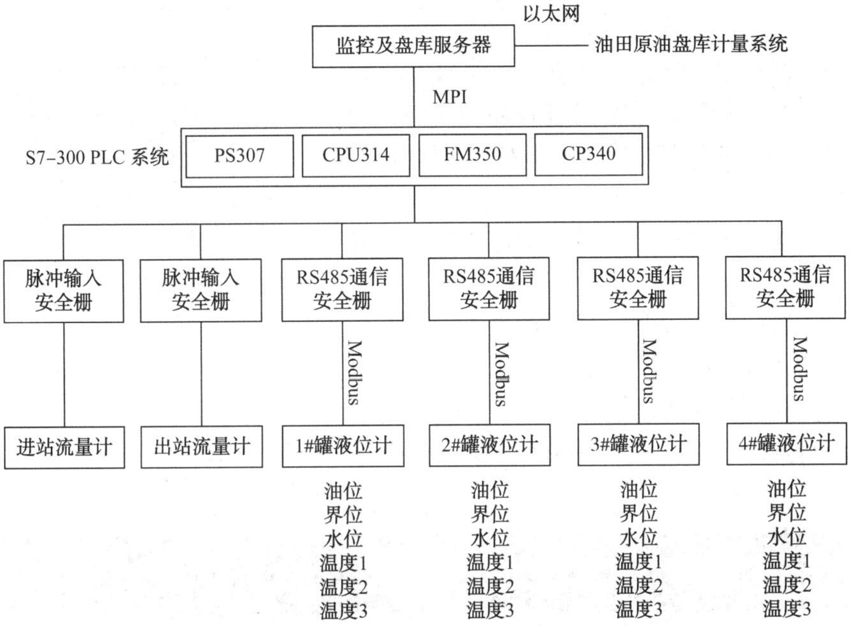

图 7-46　系统结构示意图

PLC 控制器通过脉冲采集功能模块采集进、出站的流量，通过 Modbus 协议采集每个储油罐的三个位置值及其三个温度值。取油位以下温度测量点的平均温度作为油温 t_k 计算。本系统中 I/O 信号数包括：脉冲输入量(PI)2 个，通信输入(CIO)4 个。每个 CIO 中包括三个位置和三个温度。

四台磁致伸缩液位计与 PLC CP340 间通过 Modbus 传送数据。Modbus 的 RTU 协议规定了消息、数据的结构，命令和应答的方式，采用主从方式定时收发数据。

PLC 子程序实现如下功能

① 通信子程序完成每秒对储罐液位计进行一次轮询；将仪表回复的原始数据存入存储器，并将每次的通信状态记录下来传至上位机诊断画面，实时反映通信状态。

② 数据处理子程序将液位计通信原始数据按照 Modbus 协议规则转换成油位、界位、水位和温度值。

③ 报警子程序根据各储罐数值，设置高、低限报警标志，作为上位机报警使用。

④ 流量采集子程序完成脉冲计数的累计，计算出瞬时流量和累积流量。

盘库系统使用 WINCC 组态软件，功能丰富，保证了好的兼容性，方便监控系统的设计。上位机测控软件运行画面分为登录画面、总貌主画面、盘库画面、报警画面、诊断画面、历史趋势画面。系统具有以下功能：

① 实时监控功能：对整个系统进行实时的监控，显示进出站瞬时流量及累积流量，各罐液位、水位高度、温度。

② 盘库功能：根据精密盘库测量方法计算各罐储油量及总储油量，显示油位、水位、过渡带实时数据，依据登录等级设置零点、密度、含水率等参数。程序流程如图 7-47 所示：

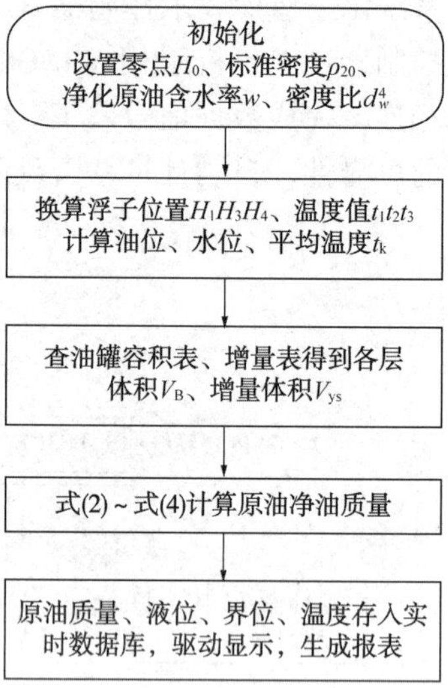

图 7-47　原油盘库程序流程图

③ 报警功能：实现液位参数高、低限越限报警，并且记录生成报警历史数据。

④ 历史数据记录功能：液位、过渡带、水位、温度与盘库实时数据记录，可通过日期和时间查询，实现任意时间的历史数据显示，便于对参数的整体趋势进行分析。

⑤ 登录功能，设置操作权限，分配操作工编号，实现登录密码管理。

⑥ 报表功能，可以定时打印生产报表。

⑦ 诊断功能，显示仪表通信状态、S7-300PLC 及扩展模块工作状况及通信状态。

实现的系统上位机主界面、盘库界面如图 7-48、图 7-49 所示：

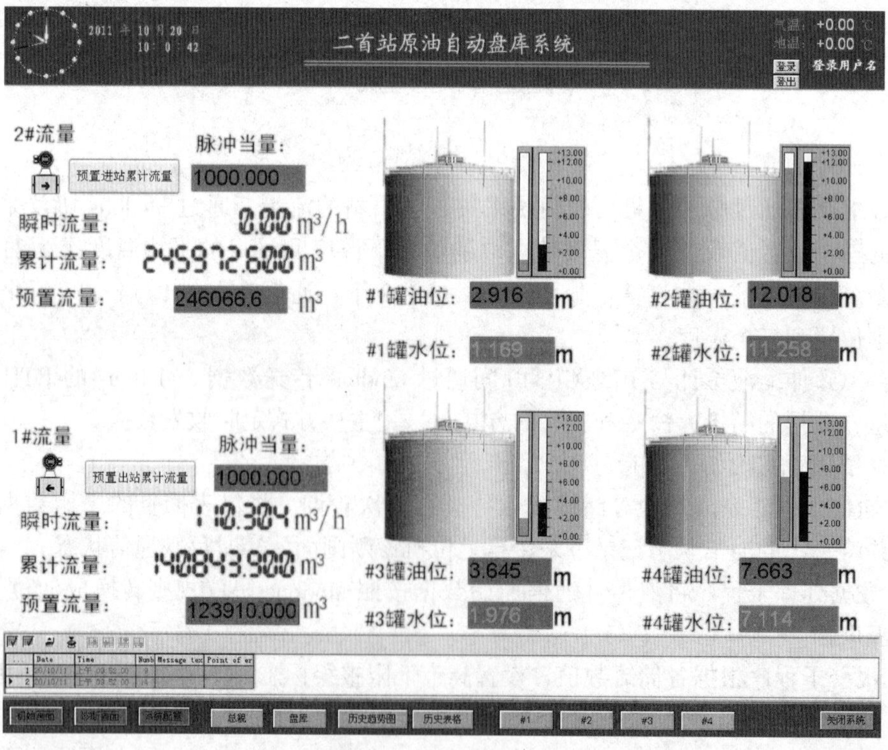

图 7-48　系统主界面

图 7-49　盘库界面

五、可编程控制器的运行维护和故障诊断

（一）运行维护

PLC 故障又可分为 CPU 单元故障和 I/O 单元及电源模块故障。一般来讲 PLC 具有高度可靠性 PLC 自身的故障比例仅约为 5%，现场控制设备的故障比例约为 95%，PLC 自身的故障中 CPU 单元故障占其中的 10%，电源在连续工作中，电压和电流的波动冲击是不可避免的，而 PLC 是通过 I/O 端口与外部联系的，受到外部各种干扰和故障的影响，所以 I/O 单元及电源模块故障占其中的 90%。可见，PLC 系统的故障主要发生在现场控制设备。所以在 PLC 系统运行时要注意 CPU 和 I/O 指示灯的变化，更要经常注意现场控制设备的运行状态。

（二）故障诊断

1. 故障诊断的基本方法

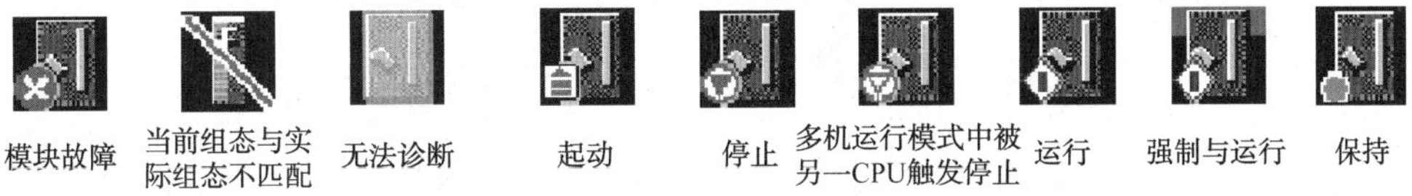

在管理器中用“View→Online”打开在线窗口。查看是否有 CPU 显示上面诊断符号。

2. 模块信息在故障诊断中的应用

建立在线连接后，在管理器中选择要检查的站，执行菜单命令“PLC→Diagnostics/Settings→Module Information”，显示该站中 CPU 模块的信息。诊断缓冲区(Diagnostic Buffer)标签页中，给出了 CPU 中发生的事件一览表。见图 7-50。

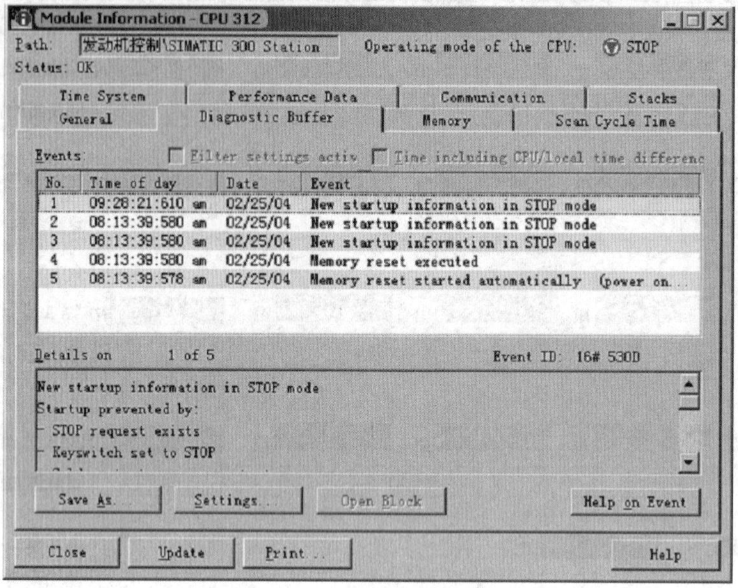

图 7-50　CPU 模块的信息

3. 用快速视窗和诊断视窗诊断故障

(1) 用快速视窗诊断故障

管理器中选择要检查的站，用命令“PLC→Diagnostics/Settings→Hardware Diagnose”打开 CPU 的硬件诊断快速视窗(Quick View)，显示该站中的故障模块。用命令“Option→Customize”，在打开的对话框的“View”标签页中，应激活“诊断时显示快速视窗”。见图 7-51。

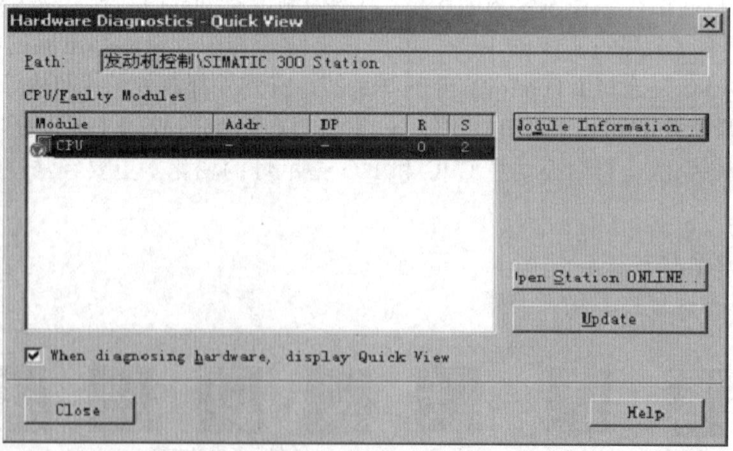

图 7-51　常见接口模块的功能及应用

(2) 打开诊断视窗

诊断视窗实际上就是在线的硬件组态窗口。在快速视窗中点击“Open Station Online”(在线打开站)按键，打开硬件组态的在线诊断视窗。在管理器中与 PLC 建立在线连接。

打开一个站的“Hardware”对象，可以打开诊断视窗。

(3) 诊断视窗的信息功能

诊断视窗显示整个站在线的组态。用命令“PLC>Module Information”查看其模块状态。

第八节　计算机控制系统的软件

计算机控制系统不仅包括由成套控制计算机与被控对象组成的硬件，而且还包括反映生产过程和控制规律、体现控制功能和控制动作的程序系统。计算机过程控制系统的程序系统分为系统软件和应用软件两大类。系统软件通常包括操作系统、程序设计系统、诊断程序以及与计算机密切相关的程序。应用软件则视计算机的应用场合而异。控制计算机的应用软件包括描述生产过程和控制规律的程序。系统软件由计算机制造厂提供，有一定的通用性，应用软件则由配套厂或使用单位自行配置。

在建立一个计算机控制系统时，除了要配齐硬件之外，还要着重研究生产装置和工艺流程，建立数学描述关系(数学模型)，确定控制规律和控制作用，把它们编成相应的程序，并配备必要的软件。因此可以说，一个计算机控制系统的实现最终要把注意力集中在应用软件方面。

通用组态软件作为 SCADA 系统及其他控制系统的计算机人机界面的主要开发平台，为用户提供快速地构建工业自动化系统数据采集和实时监控功能服务。当前流行国外的组态软件有 GE Fanuc 的 iFIX 软件、Wonderware 的 InTouch HMI 软件、西门子公司的 SIMATIC WinCC(视窗控制中心)、国内的三维力控的力控组态软件、亚控科技的组态王等。下面对油田生产应用较多的 WinCC 和力控软件做一下介绍。

一、WinCC

SIMATIC WinCC 是一个通用的系统。WinCC 在自动化领域中可用于所有的操作员控制和监控任务。WinCC 可将过程和生产中发生的事件清楚地显示出来。它显示当前状态并按顺序记录，所记录的数据可以全部显示或选择简要形式显示，可连续或按要求编辑，并可输出。可以将 WinCC 最优地集成到用户的自动化和 IT 解决方案中：

作为 Siemens TIA 概念(全集成自动化)的一部分，WinCC 可与属于 SIMATIC 产品家族的自动化系统十分协调地进行工作。同时，也支持其他厂商的自动化系统。通过标准化接口，WinCC 可与其他 IT 解决方案交换数据，例如 Microsoft Excel 等程序。开放的 WinCC 编程接口允许用户连接自己的程序，从而能够控制过程和过程数据。可以优化定制 WinCC，以满足过程的需要。支持大范围的组态可能性，从单用户系统和客户机-服务器系统一直到具有多台服务器的冗余分布式系统。WinCC 组态可随时修改，即使组态完成以后也可修改。WinCC 是一种与 Internet 兼容的 HMI 系统，这种系统容易实现基于 Web 的客户机解决方案以及瘦客户机解决方案。

WinCC 目前最新版本为 7.3，提供了比以往更强大的功能。主要功能有(图 7-52)：

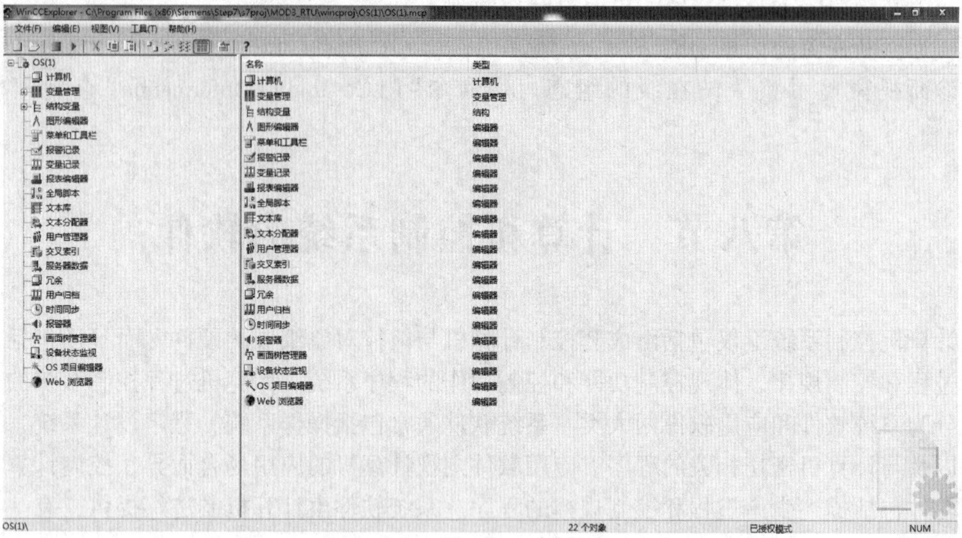

图 7-52　WinCC 开发环境窗口

（一）图形编辑器（Graphics Designer）

WinCC 的图形编辑器用来处理过程操作中所有屏幕上的输入信号和输出信号。图形编辑器提供了一个标准图库，用户也可以自己制作图形，还可以在图形中使用 OLE 对象将在其他软件中设计的对象或图库中的对象调到图形编辑器中所有图形对象的外观都可动态的进行控制。图形的几何形状、颜色、式样、层次都可通过过程制定或直接通过程序来定义和修改。

（二）报警存档（Alarm Logging）

报警存档用于监控生产过程事件，来自自动化系统事件及 WinCC 系统事件，并进行处理。它用可视和可听的方式显示所记录的事件，并可以打印下来。WinCC 的报警存档可以自由定义，因此，它可以满足特殊系统的特殊要求。

（三）标签存档（Tag Logging）

WinCC 除了可以显示当前状态，还能根据需要记录技术数据。通过分析和评估这些数据可以保证操作进程有一个清晰的全貌。标签存档可以记录单个测量点或一组测量点的测量值。为安全起见，数据被存储于硬盘中。用户可以用不同的方法来记录测量值，例如可以循环的记录或由事件进行触发来记录。存档值可以用趋势图或表格形式来表示，既可以在屏幕上表示，也可以打印成报表。

（四）全局脚本

全局脚本就是 C 语言函数、VB Script 和动作的通称，用于给对象组态动作并通过调用系统内部语言编译器来处理。它为用户提供一个 C 语言和 VB Script 的编程环境。利用它编辑的 C 函数可以用于 WinCC 内的任何地方，如连到监控画面的对象上或用于数据记录。

（五）用户管理器

用户管理器用于分配和控制用户的单个组态和运行系统编辑器的访问权限，对于一个生产过程，登录和 WinCC 操作可以被禁止，以防止非法访问。每建立一个用户，就设置了 WinCC 功能的访问权限并独立的分配给此用户，至多可分配 999 个不同的授权。

（六）报表系统（Report Designer）

WinCC 提供了一套集成的报表系统，能将 WinCC 里的数据打印输出，输出的页面格式是自由的，用户可进行自定义。

二、力控组态软件

力控监控组态软件是对现场生产数据进行采集与过程控制的专用软件，最大的特点是能以灵活多样的“组态方式”而不是编程方式来进行系统集成，它提供了良好的用户开发界面和简捷的工程实现方法，只要将其预设置的各种软件模块进行简单的“组态”，便可以非常容易地实现和完成监控层的各项功能，比如在分布式网络应用中，所有应用（例如趋势曲线、报警等）对远程数据的引用方法与引用本地数据完全相同，通过“组态”的方式可以大大缩短了自动化工程师的系统集成的时间，提高了集成效率。

力控监控组态软件能同时和国内外各种工业控制厂家的设备进行网络通信，它可以与高可靠的工控计算机和网络系统结合，达到集中管理和监控的目的，同时还可以方便地向控制层和管理层提供软、硬件的全部接口，实现与“第三方”的软、硬件系统进行集成。

力控监控组态软件基本的程序及组件包括：

（一）工程管理器

工程管理器用于工程管理包括用于创建、删除、备份、恢复、选择工程等。

（二）开发系统

开发系统是一个集成环境，可以完成创建工程画面、配置各种系统参数、脚本、动画、启动力控其他程序组件等功能。见图 7-53。

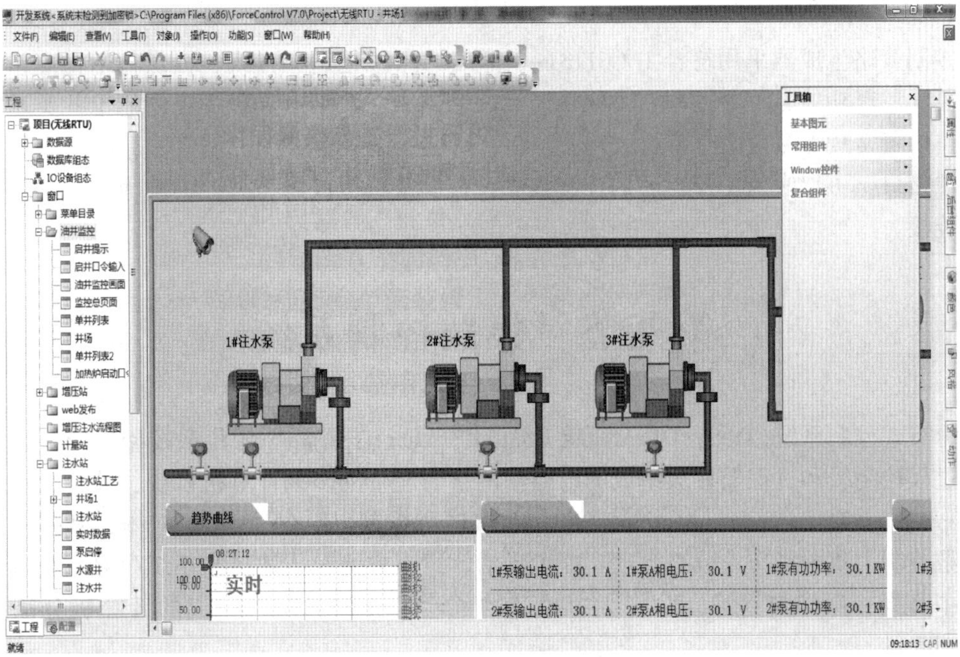

图 7-53　力控开发环境窗口

（三）界面运行系统

界面运行系统用来运行由开发系统创建的包括画面、脚本、动画连接等的工程，操作人员通过它来实现实时监控。

（四）实时数据库

实时数据库是力控软件系统的数据处理核心，构建分布式应用系统的基础，它负责实时数据处理、历史数据存储、统计数据、报警处理、数据服务请求处理等。

（五）I/O 驱动程序

I/O 驱动程序负责力控与控制设备的通信，它将 I/O 设备寄存器中的数据读出后，传送到力控的实时数据库，最后界面运行系统会在画面上动态显示。

（六）网络通信程序

网络通信程序采用 TCP/IP 通信协议，可利用 Intranet/Internet 实现不同网络节点上力控之间的数据通信，可以实现力控软件的高效率通信。

（七）远程通信程序

该通信程序支持串口、以太网、移动网络等多种通信方式，通过力控在两台计算机之间实现通信，使用 RS-232C 接口，可实现一对一(1∶1 方式)的通信；如果使用 RS-485 总线，还可实现一对多台计算机(1∶N 方式)的通信，同时也可以通过电台、MODEM、移动网络的方式进行通信。

（八）Web 服务器程序

Web 服务器程序可为处在世界各地的远程用户实现在台式机或便携机上用标准浏览器实时监控现场生产过程。

（九）控制策略生成器

控制策略生成器采用符合 IEC61131-3 标准的图形化编程方式，提供包括：变量、数学运算、逻辑功能、程序控制、常规功能、控制回路、数字点处理等在内的十几类基本运算块，内置常规 PID、比值控制、开关控制、斜坡控制等丰富的控制算法，同时提供开放的算法接口，可以嵌入用户自己的控制程序，控制策略生成器与力控的其他程序组件可以无缝连接。

第九节　集散控制系统

分布式控制系统(DCS，Distributed Control System)，习惯称为集散控制系统。它是一个由过程控制级和过程监控级组成的以通信网络为纽带的多级计算机系统，综合了计算机(Computer)、通信(Communication)、显示(CRT)和控制(Control)等 4C 技术，其基本思想是分散控制、集中操作、分级管理、配置灵活、组态方便，集散控制系统(DCS)是基于保持集中监督、操作与管理，而将集中控制的危险性分散的思想构成的计算机分级控制系统。

一、集散控制系统的特点

DCS 的设计思想可以概括为：采用标准化、模块化、系列化设计，以通信网络为纽带构成集中显示、集中操作和集中管理，控制功能相对分散，具有配置灵活，组态方便的多级分布式计算机控制系统。集散控制系统的特点如下：

（一）递阶分级结构

递阶分级结构通常分为四级。第一级为直接控制级（又称过程控制级），直接控制过程或对象的状态；第二级为过程管理级，对过程控制进行设定点控制；第三级为生产管理级，任务是维持系统的最佳运行状态；第四层为经营管理级，其任务是决策、计划、管理、调度与协调。

（二）高度开放性

过去的控制系统都是由各厂家各自开发的，一般不能与其他厂家的产品相连接。各厂家开发的系统有自己的通信方法和计算机网络体系结构，相互之间不兼容，由此给广大用户带来了许多麻烦。

为了实现系统的开放，对 DCS 的通信系统提出了标准化的要求，即开放互连必须符合 OSI 参考模型。在此基础上，各有关组织提供的几个符合标准模型的国际通信标准，如 MAP/TOP 协议，IEEE802 通信协议等，在集散控制系统中已得到了广泛应用。

（三）强有力的人机接口功能

操作站的 CPU 广泛使用 32 位微处理器，处理速度大为提高；CRT 显示技术不断发展，显示画面更为丰富，操作性更为提高，甚至可以不使用键盘，直接使用鼠标器、跟踪球或触摸屏操作，大大方便操作人员的使用。

目前，每个操作站可监视上万个工位，数百幅流程图画面。一般都有总貌显示、报警汇总、操作编组、点调整、趋势编组、趋势记录点、操作指导信息和流程图等画面。还有丰富的信息打印输出功能，如标准报表打印、报警打印，班报、日报、月报等自由报表打印，并具备电子音响报警功能、语言输出功能和系统维护功能等。

（四）采用高可靠技术

可靠性通常用平均无故障间隔时间（MTBF）和平均故障修复时间（MTTR）来表征。当今大多数集散控制系统的 MTBF 达 50000h，MTTR 一般只有 5min 左右。

保证这样的高可靠性，主要是硬件的工艺结构可靠，广泛采用表面安装技术与专用集成电路。另一条重要途径是采用冗余技术，这是维持系统高可靠性的基本措施。保证高可靠性还有采用容错技术，故障自检、自诊断技术和故障的智能化检测诊断技术等。

下面我们以浙大中控 WebField JX-300XP 系统为代表，比较详细地介绍集散系统的组成和功能。

二、JX300XP 系统介绍

1. 系统组成结构

WebField JX-300XP 系统的整体结构如图 7-54 所示。

JX-300XP 的基本组成包括工程师站、操作员站、控制站和通信网络。在通信网络上挂接通信接口单元（CIU）可实现 JX-300XP 与 PLC 等数字设备的连接；通过多功能计算站

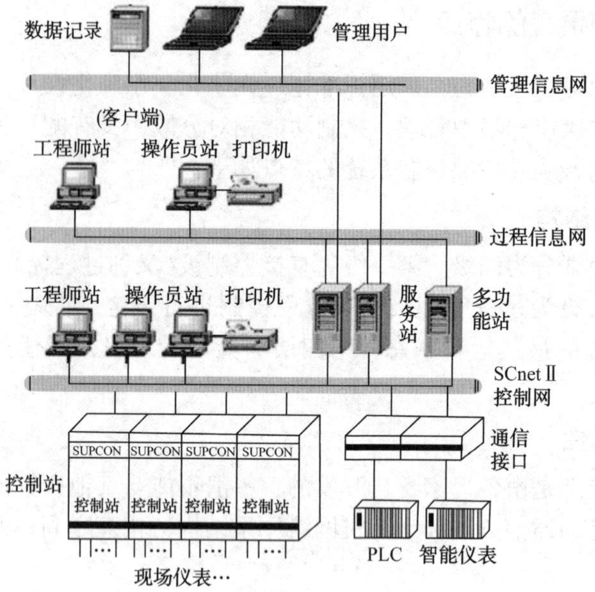

图 7-54　JX-300XP 系统的整体结构图

(MFS)和相应的应用软件 Advantrol-PIMS 或 OPC 接口可实现与企业管理计算机网的信息交换，从而实现整个企业生产过程的管理、控制全集成综合自动化。

2. 系统主要设备

JX-300XP 设备组成外观如图 7-55 所示。

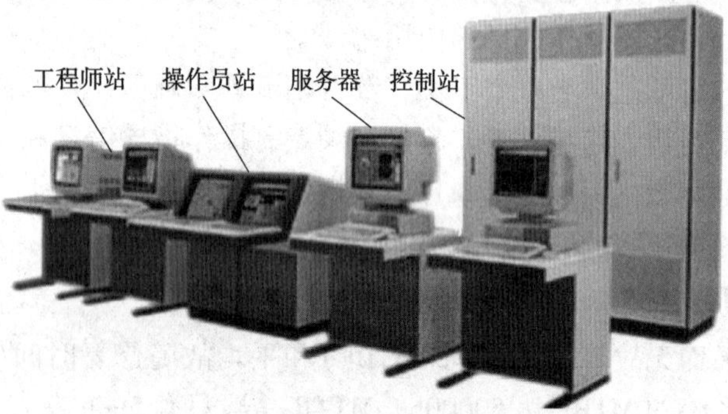

图 7-55　JX-300XP 设备组成外观

(1) 控制站(CS)

控制站是系统中直接与现场测控仪表打交道的 I/O 处理单元，完成整个工业过程的实时监控功能。通过不同的硬件配置和软件设置，可构成不同功能的控制站，如过程控制站(PCS)、逻辑控制站(LCS)、数据采集站(DAS)。

(2) 操作员站(OS)

操作员站用于实现工艺过程监视、操作、记录等功能。

操作员站的硬件基本组成包括：工控 PC 机、彩色显示器、鼠标、键盘、SCnet Ⅱ 网卡、专用操作员键盘、操作台、打印机等。

操作员站配备专用的操作员键盘。操作员键盘的操作功能由实时监控软件支持，操作员通过专用键盘和鼠标实现所有的实时监控操作任务。JX-300XPDCS 的操作员键盘如图

7-56 所示。

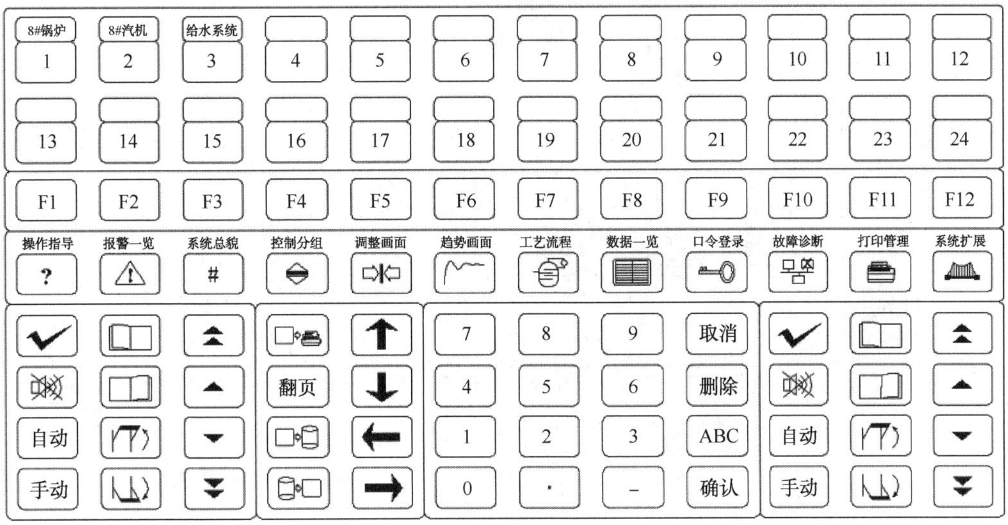

图 7-56　操作员键盘

报表输出的功能可分散在各个操作员站/工程师站上完成。

(3) 工程师站(ES)

用于控制应用软件组态、系统监视、系统维护。

(4) 多功能站(MFS)

用于工艺数据的实时统计、性能运算、优化控制、通信转发等特殊功能。

(5) 通信接口单元(CIU)

用于实现 JX-300XP 系统与其他计算机、各种智能控制设备(如 PLC)接口连接。

3. 通信网络

JX-300XP 集散控制系统的通信网络由信息管理网、过程信息网、过程控制网、控制站内部 I/O 控制总线等构成，其典型的拓扑结构如图 7-57 所示。

JX-300XP 系统为适应各种过程控制规模和现场要求，其通信系统对于不同结构层次分别采用了信息管理网、SCnet Ⅱ 网络和 SBUS 总线。

管理信息网、过程信息网采用以太网，用于工厂级的信息传送和管理。该网络通过在多功能站 MFS 上安装双重网络接口(信息管理和过程控制网络)转接的方法，获取集散控制系统中过程参数和系统运行信息，同时向下传送上层管理计算机的调度指令和生产指导信息。

过程控制网络 SCnet Ⅱ 是双高速冗余工业以太网。它直接连接了系统的控制站、操作员站、工程师站、通信接口单元等，是传送过程控制实时信息的通道，具有很高的实时性和可靠性。通过挂接网桥，SCnet Ⅱ 可以与上层的信息管理网或其他厂家设备连接。

SBUS 总线分为两层，第一层为双重化总线 SBUS-S2。它是系统的现场总线，物理上位于控制站所管辖的 I/O 机笼之间，连接了主控制卡和数据转发卡，用于两者的信息交换。第二层为 SBUS-S1 网络，物理上位于各 I/O 机笼内，连接了数据转发卡和各块 I/O 卡件，用于他们之间的信息交换。主控制卡通过 SBUS 来管理分散于各个机笼内的 I/O 卡件。

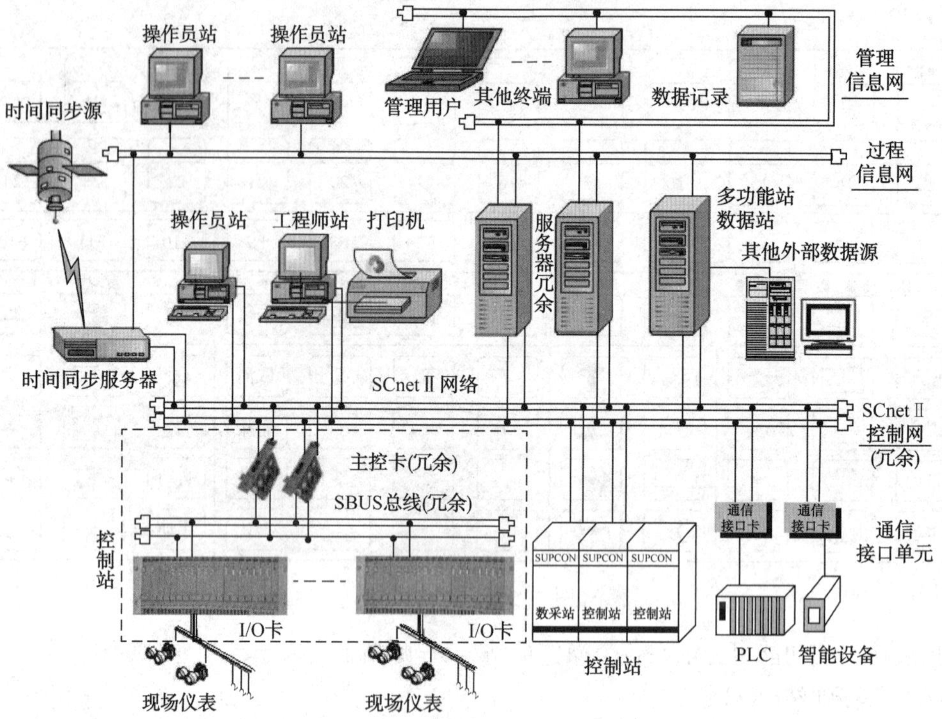

图 7-57　JX-300XP 系统网络结构示意图

三、控制站硬件

(一) 控制站组成

JX-300XP 控制站如图 7-58 所示。内部以 I/O 单元——“机笼”为单位，机笼固定在机柜的多层机架上，每只机柜最多配置 8 只机笼，其中 1 只电源箱机笼、1 只主控制机笼以及 6 只 I/O 卡件机笼(可配置控制站各类卡件)。

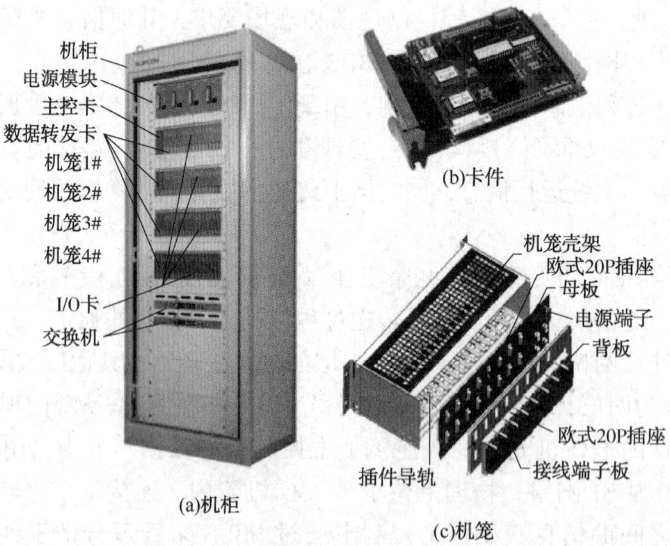

图 7-58　控制柜、机笼与卡件

控制站所有卡件采用标准尺寸、导轨方式插卡安装在控制站的机笼内，并通过机笼内接插件和母板上的电气联接，实现对卡件的供电和卡件之间的总线通信。

控制站由主控制卡、数据转发卡、I/O卡件、电源模块等构成。通过软件设置和硬件的不同配置可分别构成过程控制站、逻辑控制站、数据采集站。它们的核心单元都是主控制卡XP243和XP243X。

过程控制站：提供常规回路控制的所有功能和顺序控制方案，控制周期最小可达0.1s。

逻辑控制站：提供马达控制和继电器类型的离散逻辑功能，特点是信号处理和控制响应快，控制周期最小可达0.05s。逻辑控制站侧重于完成联锁逻辑功能。逻辑控制站最大负荷：512个模拟量输入、2048个开关量。

数据采集站：提供对模拟量和开关量信号的基本监测功能

电源模块：采用双路220V交流电供电，每一路电源用两个相互冗余的直流稳压电源模块AC/DC，引入机笼上的电源端子，提高了电源的安全性，见图7-59。

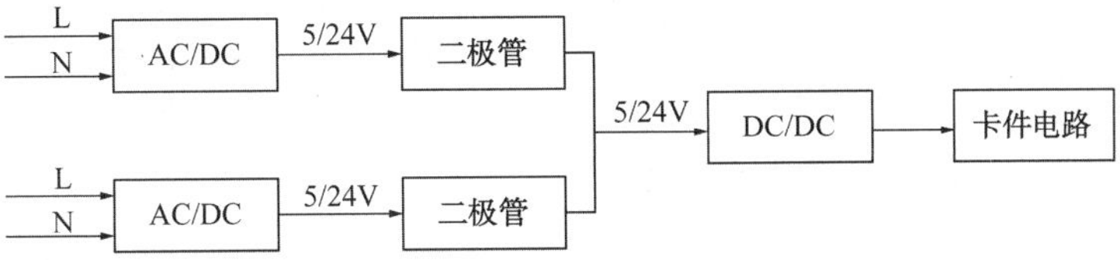

图7-59　电源供电原理

卡件机笼根据内部所插卡件的型号分为两类：主控制机笼(配置了主控制卡)和I/O机笼(不配置主控制卡)。每类机笼最多可以安装20块卡件，即除了配置一对互为冗余的主控制卡和一对互为冗余的数据转发卡之外，还可以配置16块各类I/O卡件。主控制卡和数据转发卡必须安装在规定的位置，见图7-60。

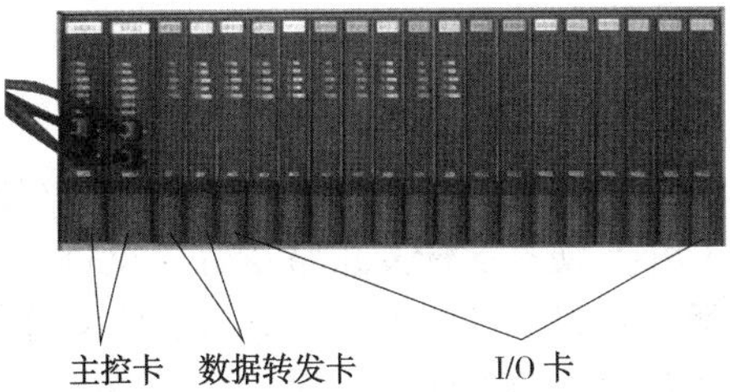

图7-60　主控制机笼卡件配置

数据转发卡是每个机笼必配的卡件，是连接I/O和主控制卡的智能通道。如果数据转发卡件按非冗余方式配置，则数据转发卡件可插在这两个槽位的任何一个，空缺的一个槽位不可作为I/O槽位。

(二) 卡件类型

1. 主控制卡XP243、XP243X

主控制卡是控制站软硬件的核心，协调控制站内软硬件关系和各项控制任务。通过过程控制网络(SCnetⅡ)与过程控制级(操作站、工程师站)相连，接收上层的管理信息，并向上传输采集到的实时数据。向下通过SBUS网络和数据转发卡通信，实现与I/O卡件的信息交换(现场信号的输入采样和输出控制)。

XP243、XP243X安装在I/O机笼的前两个槽位，主控卡与所在机笼的数据转发卡通信直接通过机笼母板的电气连接实现，不需要另外连线。与其他机笼的数据转发卡的通信通过机笼母板背后的SBUS-S2端口及485网络连线实现。

2. 数据转发卡XP233

数据转发卡是I/O机笼的核心单元，是主控卡联接I/O卡件的中间环节，它一方面驱动 SBUS 总线，另一方面管理本机笼的 I/O 卡件。通过数据转发卡，一块主控制卡可扩展 1 到 8 个 I/O 机笼，即可以扩展 1 到 128 块不同功能的 I/O 卡件。数据转发卡与主控卡、I/O 卡及通信网络的关系如图 7-61 所示。

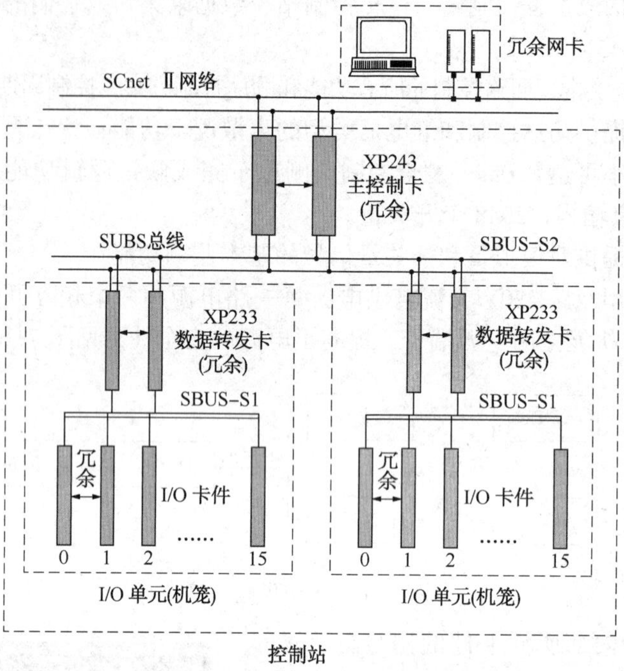

图 7-61　数据转发卡与通信网络

数据转发卡具有 WDT 看门狗复位功能，在卡件受到干扰而造成软件混乱时能自动复位 CPU，使系统恢复正常运行。支持冗余结构，每个机笼可配置双 XP233 卡，互为备份。在运行过程中，如果工作卡出现故障可自动无扰动切换到备用卡，并可实现硬件故障情况下软件切换和软件死机情况下的硬件切换，确保系统安全可靠地运行。

3. 通信接口卡 XP244

通信接口卡是 DCS 系统与其他智能设备(如 PLC、变频器、称重仪表等)互连的网间连接设备，在 SCnet Ⅱ网络中处于与主控卡同等的地位。其功能是将用户智能系统的数据通过通信的方式连入 DCS 系统中，通过 SCnet Ⅱ网络实现数据在 DCS 系统中的共享。

通信接口卡安装在 I/O 机笼的 I/O 卡插槽内，占用两个 I/O 槽位。提供 RS-232、RS-485 两种接口方式，通过 SCX 语言编程软件实现与第三方设备间的通信。

4. I/O 卡件

JX-300XP 系统 I/O 卡件分为模拟量卡、数字量卡和特殊卡件。所有的 I/O 卡件均需安装在机笼的 I/O 插槽中。I/O 卡件构成如表 7-8 所示。

表 7-8　I/O 卡件一览表

型号	卡件名称	性能及输入/输出点数
XP313	电流信号输入卡	6 路输入，可配电，分两组隔离，可冗余
XP313I	电流信号输入卡	6 路输入，可配电，点点隔离，可冗余
XP314	电压信号输入卡	6 路输入，分两组隔离，可冗余

续表

型号	卡件名称	性能及输入/输出点数
XP314I	电压信号输入卡	6 路输入，点点隔离，可冗余
XP316	热电阻信号输入卡	4 路输入，分两组隔离，可冗余
XP316I	热电阻信号输入卡	4 路输入，点点隔离，可冗余
XP335	脉冲量信号输入卡	4 路输入，分两组隔离，不可冗余，可对外配电
XP341	PAT 卡(位置调整卡)	2 路输出，统一隔离，不可冗余
XP322	模拟信号输出卡	4 路输出，点点隔离，可冗余
XP361	电平型开关量输入卡	8 路输入，统一隔离
XP362	晶体管触点开关量输出卡	8 路输出，统一隔离
XP363	触点型开关量输入卡	8 路输入，统一隔离
XP369	SOE 信号输入卡	8 路输入，统一隔离

四、系统软件

系统软件分为可以脱机运行的组态软件和实时运行的监控软件两大类。

系统组态软件通常安装在工程师站，各功能软件之间通过对象链接与嵌入技术，动态地实现模块间各种数据、信息的通信、控制和管理。这部分软件以 SCKey 系统组态软件为核心，各模块彼此配合，相互协调，共同构成了一个全面支持 SUPCONWebField 系统结构及功能组态的软件平台。

系统组态的一般流程如图 7-62 所示。

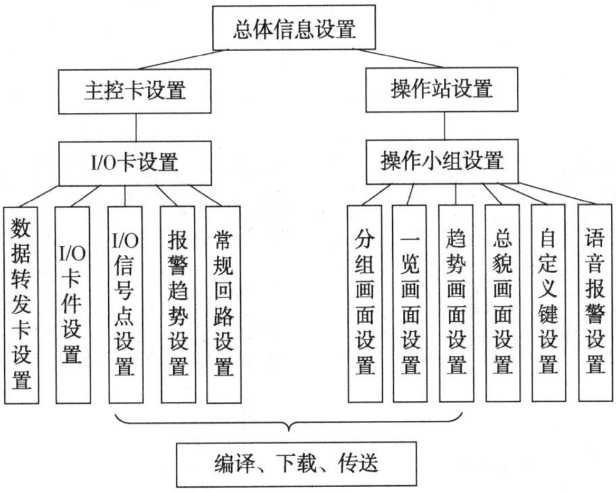

图 7-62　系统组态流程

系统组态的基本功能如下：

① 说明控制系统的硬件配置，一是总体信息组态，包括：控制站，操作站总体情况的说明、地址及类型。二是控制站 I/O 组态，包括：卡件的配置说明、地址及类型；信号点特性的设置；控制站常规回路组态。

② 操作站一般显示画面的生成，包括：总貌画面、趋势画面、分组画面、一览画面。

③ 提供工程设计的相关组件的接口，包括：流程图制作软件、报表制作软件、图形化组态软件、二次计算软件。

④ 配置信息的编译、下载、传送。

（一）组态软件

用于给 CS、OS、MFS 进行组态的专用软件，包括：用户授权管理软件(SCReg)、系统组态软件(SCKey)、图形化编程软件(SCControl)、语言编程软件(SCLang)、流程图制作软件(SCDrawEx)、报表制作软件(SCFormEx)、二次计算组态软件(SCTask)、ModBus 协议外部数据组态软件(AdvMBLink)等。

（二）实时监控软件

用于过程实时监视、操作、记录、打印、事故报警等功能的人机接口软件。包括：实时监控软件(AdvanTrol)、数据服务软件(AdvRTDC)、数据通信软件(AdvLink)、报警记录软件(AdvHisAlmSvr)、趋势记录软件(AdvHisTrdSvr)、ModBus 数据连接软件(AdvMBLink)、OPC 数据通信软件(AdvOPCLink)、OPC 服务器软件(AdvOPCServer)、网络管理和实时数据传输软件(AdvOPNet)、历史数据传输软件(AdvOPNetHis)等。

JX-300XP 系统软件基于中文 Windows2000/NT 开发，用户界面友好，所有的命令都化为形象直观的功能图标，使用更方便简捷；再加上操作员键盘的配合，控制系统设计实现和生产过程实时监控快捷方便。

（三）DCS 设备配置

DCS 系统硬件配置主要有卡件选型、工作站、打印机、浪涌保护器、系统通信网络设备、机柜等。

依据 I/O 点数进行 DCS 机笼板卡选型和配置，系统卡件选型如图 7-63 所示。前两个位置必须是两块 CPU 冗余卡件，接着是两块数据转发卡，其余卡件顺序没有要求，一般遵循同类卡件安排在一起，便于管理和诊断。

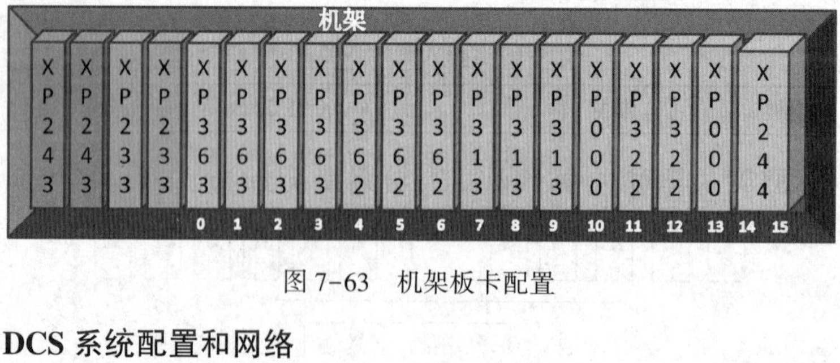

图 7-63　机架板卡配置

（四）某 DCS 系统配置和网络

控制系统由 1 个控制站、1 个工程师站、2 个操作员站组成。控制站 IP 地址为(02)，工程师站 IP 地址为 130，操作员站 IP 地址为(131~132)。自控系统分 3 个操作小组，即：工程师小组、小组 1、小组 2。

过程控制网(SCnet)：分 A、B 两层，互为冗余。

A 网网络号为 128. 128. 1，控制站主控制卡在 A 网的 IP 地址为 128. 128. 1. XXX，最后一位是 DIP 地址，地址范围为 2~63；操作站在 A 网的最后一位地址范围为 129~200。

B 网网络号为 128. 128. 2，控制站主控制卡在 B 网的 IP 地址为 128. 128. 2. XXX，最后一位是 DIP 地址，地址范围为 2~63(地址与 A 相同)。操作站在 B 网的最后一位地址范围为 129~200(地址与 A 相同)。

过程信息网：操作站和工程师站 IP 地址为 128. 128. 5. XXX；最后一位与控制网中相同。

(五) 某 DCS 系统运行界面

运行界面包括登录和退出窗口(图 7-64)、流程图画面(包括工艺流程总貌画面等，图 7-65)、分组画面(图 7-66)、PID 控制画面(图 7-67)、报警画面、报表画面、故障诊断画面、趋势画面(图 7-68)。

图 7-64　登录窗口

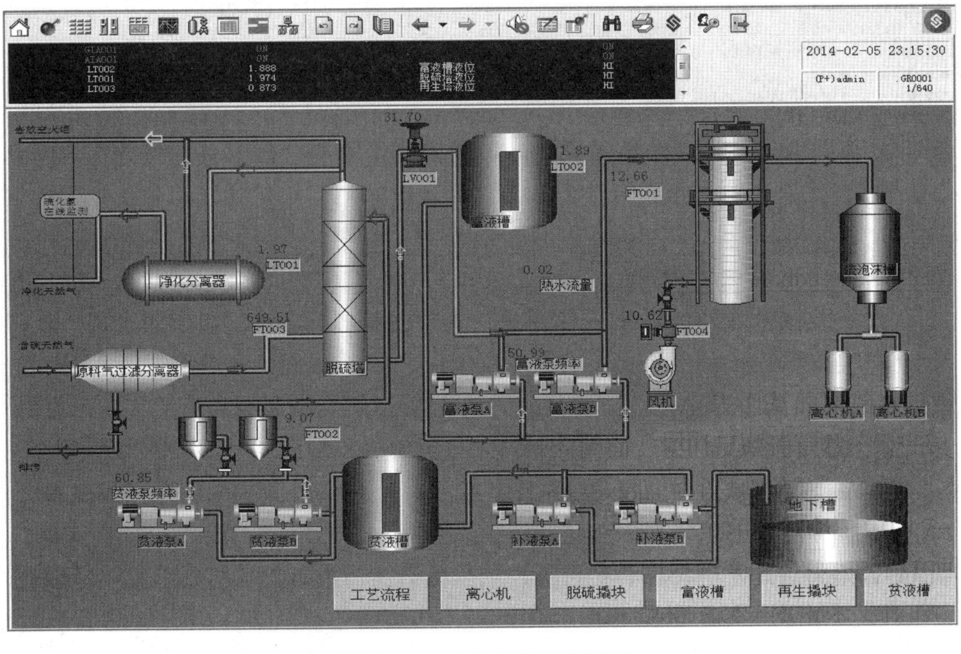

图 7-65　工艺流程总貌画面

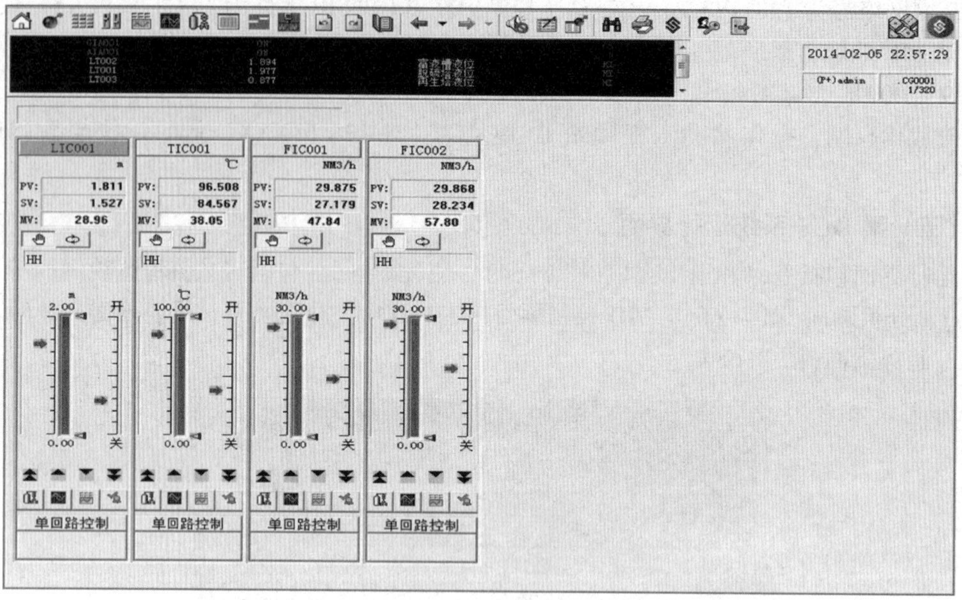

图 7-66　分组画面

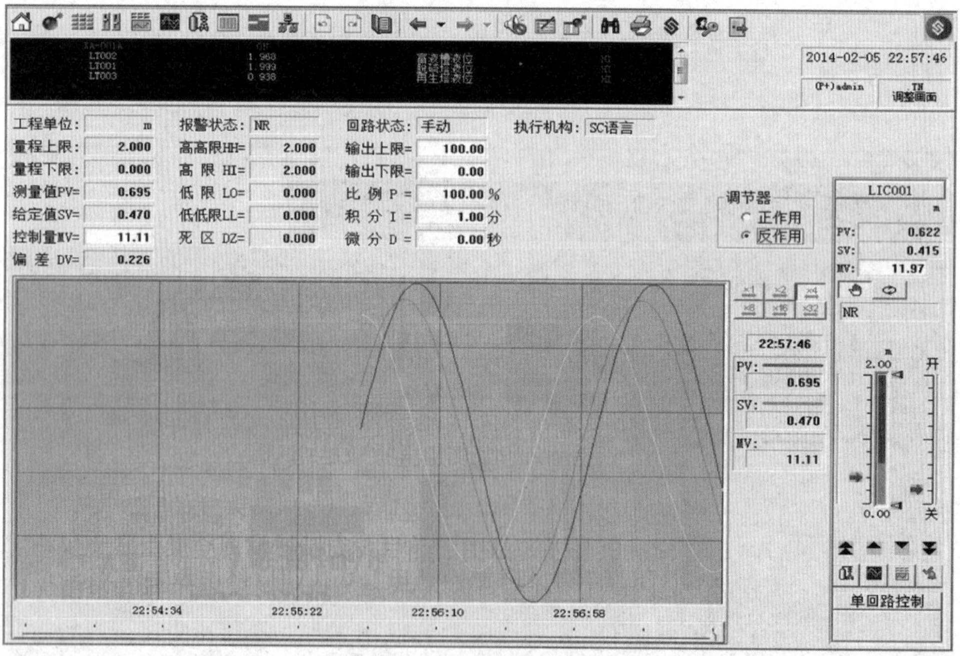

图 7-67　PID 控制画面

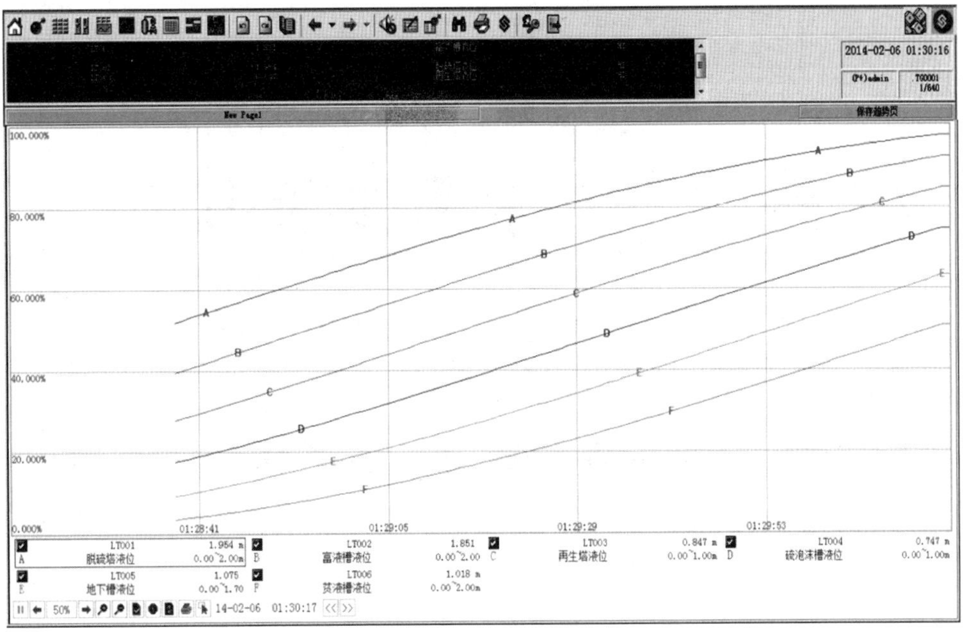

图 7-68　趋势画面

五、术语

(1) SCADA(Supervisory Control And Data Acquisition)系统

即数据采集与监视控制系统。SCADA 系统是以计算机为基础的 DCS 与电力自动化监控系统。

(2) PCS

即 Production Control System 的缩写，中文全名是油气生产运行指挥系统，生产指挥系统的六个模块是生产监控、报警预警、生产动态、调度运行、生产管理、应急处置。PCS 数据采取“分类存储、时限各异”的存储方式，是指资料数据永久保存，运行数据中期保存，状态数据短期保存，图像数据选择性保存。

(3) PID[比例(proportion)、积分(integral)、微分(derivative)]控制器

PID 控制器就是根据系统的误差，利用比例、积分、微分计算出控制量进行控制的。PID 是工业生产中最常用的一种控制方式，PID 参数自整定控制仪可选择外给定(或阀位)控制功能。可取代伺服放大器直接驱动执行机构。

(4) RTU

是 REMOTE TERMINAL UNIT 的简称，中文名称为远程测控终端，用于监视、控制与数据采集的应用。具有的“四遥”功能，即遥测、遥信、遥控、遥调。该产品既能远程监测、亦可远程控制，是集数据采集、控制、传输功能于一体，采用低功耗设计，适用于工业及太阳能供电的野外现场。

第八章　常用工量具

第一节　常用手动工具

一、手钳

手钳是一种用于夹持、固定工件或扭转、弯曲、剪断金属丝线的手工工具。手钳的外形呈X形，通常包括钳柄、钳头、钳轴三部分。手钳以钳轴为支点灵活启合，采用杠杆原理，在钳嘴处形成较大的夹持力。

手钳一般用碳素结构钢制造，手钳的手柄依握持形式而设计成直柄、弯柄和弓柄等式样。手钳使用时常与电线之类的带电导体接触，故其手柄上一般都套有以聚氯乙烯等绝缘材料制成的绝缘套，以确保操作者的安全。钳嘴的形式很多，常见的有尖嘴、平嘴、扁嘴、圆嘴、弯嘴等样式，可适应对不同形状工件的作业需要。

（一）钢丝钳

1. 钢丝钳的结构和用途

钢丝钳又名克丝钳，是电工以及其他维修人员使用最频繁的工具之一。钢丝钳制作材料一般为铬钒钢和高碳钢。常用的规格有150mm、175mm和200mm三种。

钢丝钳钳头由钳口、刀口和铡口四部分组成。它的功能较多，其中钳口可用来钳夹和弯绞导线，齿口可代替扳手用来紧固或拧松小螺母，刀口可用来剪切电线、掀拔铁钉、剖切软电线的橡皮或塑料绝缘层，铡口可用来铡切钢丝等硬金属丝，其结构和用途如图8-1所示。电工用钢丝钳，在钳柄上套有耐压为500V以上的塑料绝缘套，可以带电剪切380/220V电线。

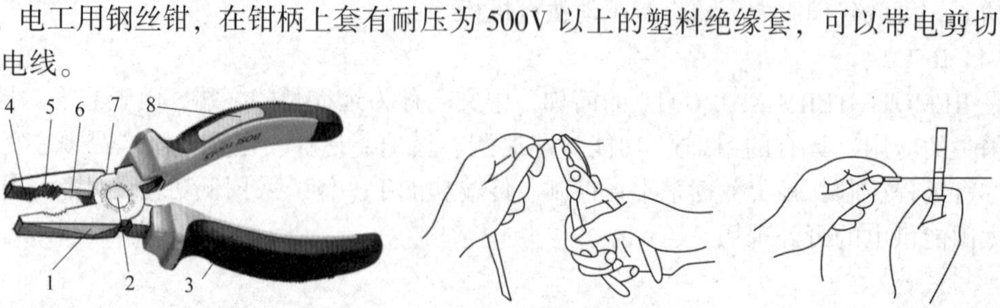

(a)结构　　(b)弯铰导线　　(c)铡切钢丝

图8-1　电工钢丝钳的结构和用途

1—钳头；2—钳轴；3—钳柄；4—钳口；5—齿口；6—刀口；7—铡口；8—绝缘套

2. 使用钢丝钳时的注意事项

使用钢丝钳正确的操作方法是：将钳口朝内侧，便于控制钳切部位，用小指伸在两钳柄中间来抵住钳柄，张开钳头，这样分开钳柄灵活。使用钢丝钳时应注意以下问题。

(1) 使用电工钢丝钳之前，必须检查绝缘套的绝缘是否完好，如绝缘损坏，不得带电操作，以免发生触电事故。

(2) 用电工钢丝钳剪切带电导线时，必须单根进行，不得用刀口同时剪切相线和零线，或同时剪切两根相线，以免发生短路事故。

(3) 使用钢丝钳要使钳口朝内侧，便于控制钳切部位。

(4) 钳头不可代替锤子作为敲打工具使用；钳头的轴销上应经常加机油润滑。

(5) 严禁用钳子代替扳手紧固或拧松大螺母，否则，会损坏螺栓、螺母等工件的棱角，导致无法使用扳手。

(二) 尖嘴钳

尖嘴钳：又称尖头钳。它是由尖头、刀口和钳柄组成，尖嘴钳的材质一般由 45 号钢制作，韧性硬度适中。尖嘴钳由尖头、刃口和钳柄组成，电工用尖嘴钳的钳柄上套有额定电压 500V 的绝缘套管，是一种常用的钳形工具。其规格以全长表示，有 130mm、160mm、180mm 和 200mm 四种。结构如图 8-2 所示。

尖嘴钳的头部尖细，适用于在狭小的工作空间操作。主要用来夹持零件、折弯导线，其刃口剪切线径较细的导线，适合于为单股导线接头弯圈、剥塑料绝缘层等。

不带刃口者只能夹捏工作，带刃口者能剪切细小零件，它是电工、仪表及电讯器材等装配及修理工作常用工具常用的工具之一。

使用尖嘴钳时，必须熟知工具的性能、特点、使用及保养方法。电器维修必须用绝缘柄尖嘴钳；使用时不能用尖嘴去撬工件以免尖嘴撬变形；不可太过用力或用锤子重击钳头，防止变形或断裂。停用后，要及时擦拭干净，钳轴处涂润滑油，长期不用时应涂油保存。

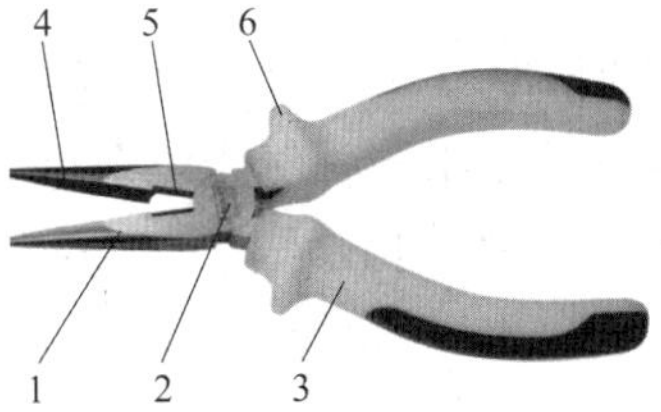

图 8-2 尖嘴钳图

1—钳头；2—钳轴；3—钳柄；
4—钳口；5—刀口；6—绝缘套管

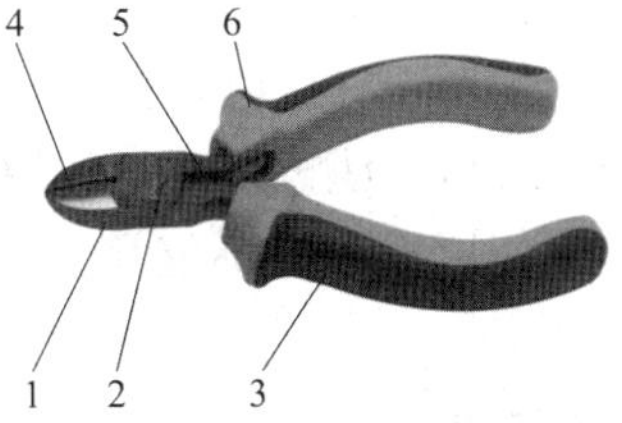

图 8-3 斜口钳

1—钳头；2—钳轴；3—钳柄；
4—钳口；5—刀口；6—绝缘套管

(三) 斜口钳

斜口钳是专用于剪断金属线材及电线电缆的工具。斜口钳钳柄有铁柄、管柄和绝缘柄三种类型，绝缘柄断线钳的外形如图 8-3 所示。塑料绝缘护套耐压为 500V。

斜口钳的钳口粗短，剪切刃口异常坚硬，钳轴距钳口很近，且手柄较长，能非常省力地切断较粗的金属线。斜口钳使用时用右手操作，将钳口朝内侧，便于控制钳切部位，用小拇指伸在两钳柄中间来抵住钳柄，张开钳头，这样分开钳柄灵活。

斜口钳的刀口切剪电线、铁丝时，应注意用力适度，被剪的铁丝头不要冲人，防止剪断后飞出伤人。不可强行用斜口钳剪切太粗的金属或用锤子重击钳头，防止变形或断裂。

二、扳手

扳手是一种用于拧紧或旋松螺栓、螺母等螺纹紧固件的工具。扳手通常由碳素结构钢或合金结构钢制成。它的一头或两头锻压成开口型或梅花套圈型扳口，扳口大小随螺钉对边尺寸而定。扳手头部具有规定的硬度，中间及手柄部分则具有弹性。常用的扳手有活动扳手、呆扳手、梅花扳手、两用扳手、套筒扳手、内六角扳手和扭力扳手等多种。

（一）呆扳手

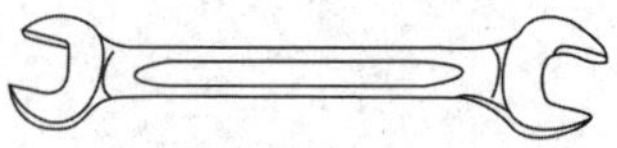

图 8-4　呆扳手

呆扳手一端或两端带有固定尺寸的扳口(见图 8-4)。双头呆扳手两端的开口大小一般是根据标准螺帽相邻的两个尺寸而定。一把呆扳手最多只能拧动两种相邻规格的六角头或方头螺栓、螺母，故使用范围较活动扳手小。呆扳手的扳口为固定口径不能调整，但使用时不易打滑。主要用于拆装难拆卸的螺栓、螺母，如多级离心泵中的端盖、填料压盖、瓦座、瓦盖、轴承盖等部件。

（二）梅花扳手

呆扳手仅仅将螺帽转动 1/4 圈后就无法转动。梅花扳手(见图 8-5)的扳口是空心的圈状扳口，扳口内侧呈六角、十二角的梅花形，并且两端分别弯成一定角度。由于梅花扳手具有扳口壁薄和摆动角度小的特点，在工作空间窄狭的地方或者螺帽密布的地方使用最为适宜。

图 8-5　梅花扳手

梅花扳手常用的规格有：14～17mm，17～19mm，22～24mm，24～27mm，30～32mm 等。

两用扳手两头分别用呆扳手和梅花扳手的扳口形式，兼有呆扳手和梅花扳手两者的优点。一把两用扳手只能拧转一种尺寸的螺栓或螺母。

梅花扳手的使用：它可以在扳手转角小于 60°的情况下，一次一次地扭动螺母。使用时一定要选配好规格，使被扭螺母和梅花扳手的规格尺寸相符，不能松动打滑，否则会将梅花菱角啃坏。使用扳手时不能用加力杆，不能用榔头敲打扳手柄，梅花菱角内不能有污垢。

（三）套筒扳手

套筒扳手扳口是筒形，套筒头内一端有内六角形的孔，用来套入六角螺帽，另一端是标准的方形孔，用于插接手柄。套筒扳手一般有一套各种规格的套筒头以及手柄、接杆、万向接头、弯头手柄等，如图 8-6 所示。主要用于螺栓分布较密集，且不适于使用活动扳手及开口扳手等工具拆卸的部位，特别适用于拧转地方十分狭小或凹陷很深处的螺栓或螺母，可以进行快速拆卸。

操作时，根据作业需要更换附件、接长或缩短手柄。有的套筒扳手还带有棘轮装置，当扳手顺时针方向转动时，棘轮上的止动牙带动套筒一起转动；当扳手沿逆时针方向转动时，止动牙在棘轮的作用下不带动套筒一起转动。套筒扳手除了省力以外，还使扳手不受摆动角度的限制。

使用套筒扳手的方法：

(1) 根据被扭螺母选准规格，将扳手头套在被扭螺母上；

(2) 根据套筒头所在位置，选择合适的手柄；

(3) 扭动时必须把手柄和连接杆接头安装稳定才能用力，防止打滑脱落伤人；

(4) 扳动手柄时用力要平稳，用力方向和扭动螺母与中心轴线垂直。

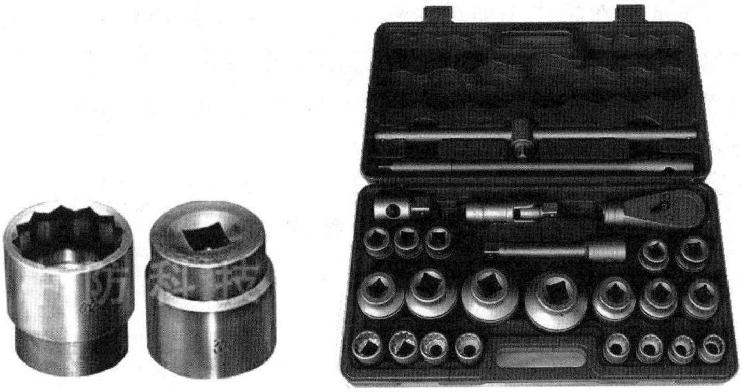

图 8-6　套筒扳手组成图

(四) 活动扳手

活动扳手又叫活络扳手，是用于紧固和松动螺母的一种专用工具。主要由头部和柄部组成，头部由活扳唇、呆扳唇、扳口、蜗轮、轴销等构成，旋动蜗轮可以调节扳口大小。其规格以长度(mm)×最大开口宽度(mm)表示，常用的有 150×19mm(6 英寸)、200×24mm(8 英寸)、250×30mm(10 英寸)、300×36mm(12 英寸)等几种。活络扳手的结构如图 8-7 所示。

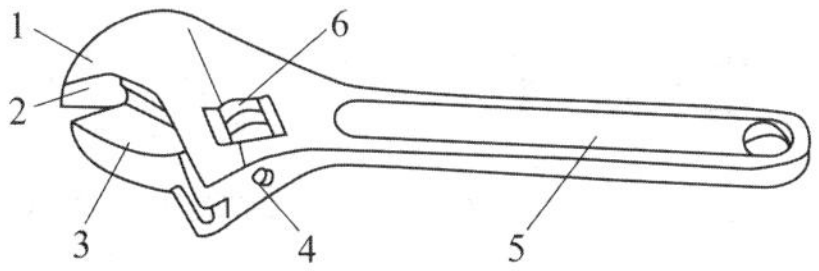

图 8-7　活动扳手的结构

1—呆扳唇；2—扳口；3—活动扳唇；4—轴销；5—手柄；6—蜗轮

由于它的开口尺寸可以在规定范围内任意调节，所以特别适于在螺栓规格多的场合使用。使用时，应将扳唇紧压螺母的平面。扳动大螺母时，手应握在靠近柄尾处。扳动较小的螺母时，应握在接近头部的位置。施力时手指可随时旋调蜗轮，收紧活络扳唇，以防打滑。

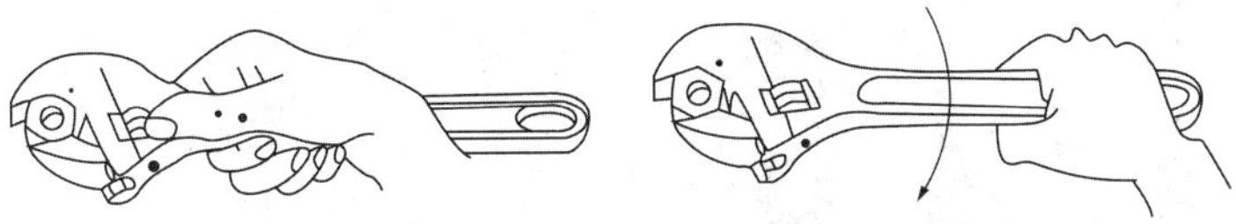

(a)活动扳手的调节　　(b)活动扳手的握法

图 8-8　活动扳手的使用

活动扳手的使用方法如图 8-8 所示。活动扳手的使用注意事项如下：

(1) 按照螺母大小选用适当规格。

(2) 扳动大螺母时，需用较大力矩，手应握在近柄尾处。扳动较小螺母时，需用力矩不大，但螺母过小易打滑，故手应握在近头部的地方，可随时调节蜗轮，收紧活络扳唇防止打滑。

（3）活动扳手不可反用，以免损坏活络扳唇，也不可用钢管接长柄来施加较大的扳拧力矩。

（4）活动扳手不得当作撬棒和手锤使用。

(五)“F”形扳手

两爪防滑阀门扳手俗称“F”形扳手、阀门勾，是开关阀门的必需工具(见图 8-9)。使用时“F”形扳手的两爪卡在阀门手轮的轮辐毂上，长长的扳手柄起到加长力矩杠杆的作用，开关阀门时比较省力。“F”形扳手可以由钢筋自己焊接，主要应用于闸门的开关操作中，是非常简单而好用的专用工具。其规格通常为两卡抓间距 150mm、卡抓长 100mm、总长是 600~700mm 左右。

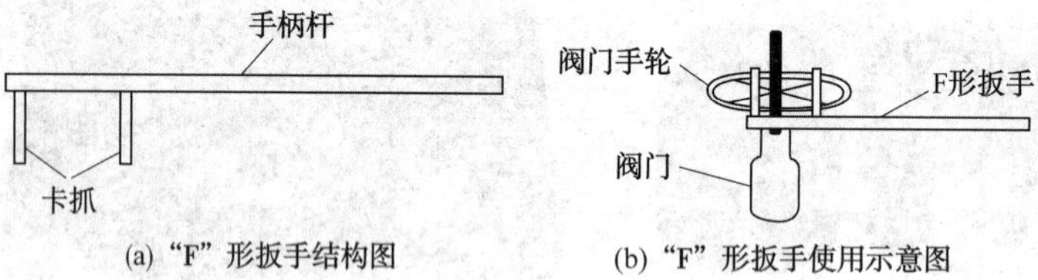

图 8-9 “F”形扳手及使用

“F”形扳手使用：应用时把两个力臂插入闸门手轮内，在确认卡好后，可用力开关操作。注意在开压力较高的阀门时一定要按照卡抓头向上的方向进行操作，以防止丝杠打出伤人。

三、旋具

常用的旋具螺丝刀(又称是改锥、起子)，用来紧固或拆卸螺钉、木螺丝以及自攻螺钉。它的主体是韧性的钢制圆杆(旋杆)，其一端装配有便于握持的手柄，另一端镦锻成特定形式的刀头，如图 8-10 所示。刀头一般为一字形和十字形两种，方形、六角形、星形较少见。旋杆的刀口部分经过淬火处理，耐磨性强。常见的螺钉旋具有 75mm、100mm、150mm、300mm 等长度规格，旋杆的直径和长度与刀口的厚薄和宽度有关。手柄的材料为直纹木料、塑料或金属。

使用时，刀头插入螺丝钉头的槽缝或凹口内，施加扭力于手柄便可使螺钉转动。螺丝刀的材质一般为碳素钢和合金钢。

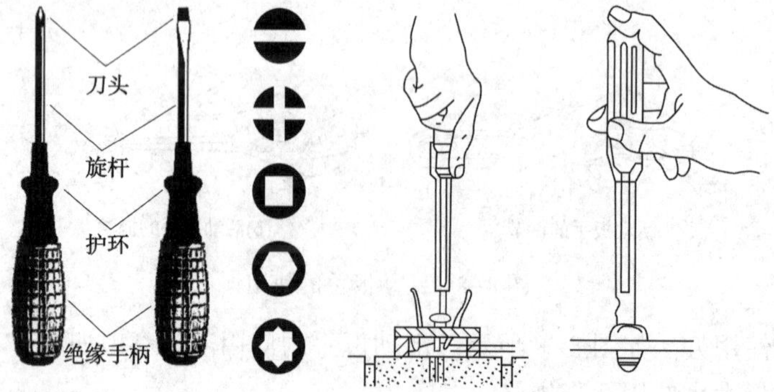

图 8-10 螺丝刀类型与使用方法

一字形螺丝刀规格用金属杆长度表示，有 100mm，150mm，200mm，300mm，400mm 几种规格。

十字形螺丝刀分为Ⅰ、Ⅱ、Ⅲ、Ⅳ四种型号，适用号适用于直径为2~2.5mm、3~5mm、6~8mm、10~12mm的螺钉。

多用螺丝刀是一种组合式工具，它的柄部和旋具是可以拆卸的，并附有规格不同的旋具等附件。

带电作业时，手不可触及螺丝刀的金属杆，以免发生触电事故。不应使用金属杆直通握柄顶部的螺丝刀。为防止金属杆触到人体或邻近带电体，金属杆应套上绝缘管。

四、黄油枪

黄油枪是一种给机械设备加注润滑脂的手动工具。它可以选装铁枪杆(铁枪头)或软管(平枪头)加油嘴。对加油位置方便处于空间宽敞的地方可用铁枪杆(铁枪头)，对加油位置隐蔽，拐弯抹角的地方就必须用软管(平枪头)来加油。如图8-11所示。

黄油枪使用注意事项：

(1) 放置黄油枪前，先将黄油枪内的压力释放掉。将黄油枪远离高温、潮湿的环境水平放置。

(2) 将干净的油脂注入黄油枪内是很关键的，一定要保持油脂内没有污染物，像线头、灰尘或者金属屑。

(3) 所有的黄油嘴，平油头都应该保持清洁防止堵塞。

(4) 在第一次使用黄油枪时，要先将密封圈周围涂抹一层油脂，再将储油桶拧上。

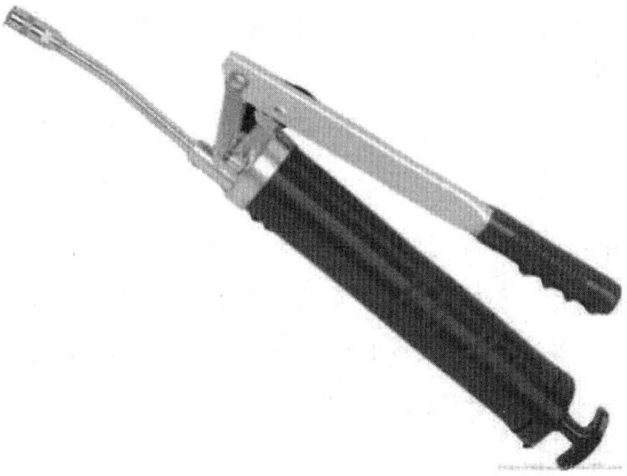

图8-11　黄油枪

(5) 如果黄油枪上没有放气阀，不要将储油桶拧得太紧，并且来回抽拉几次拉杆，然后再拧紧储油桶。

第二节　钳工工具

一、钢锯

(一) 钢锯

钢锯由锯条、锯弓架、拉紧装置等组成，用于锯断各种工件。如图8-12所示。

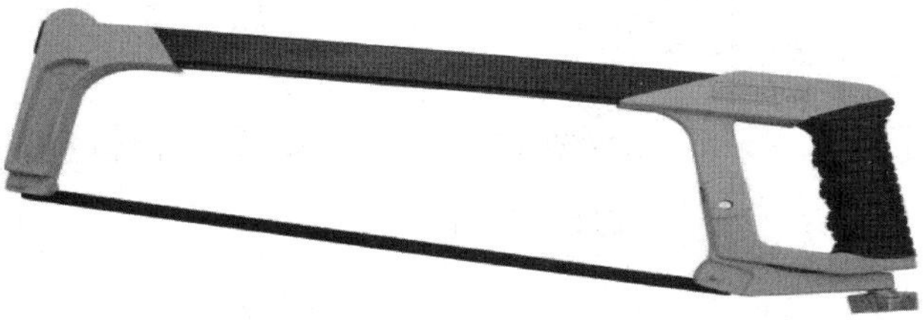

图8-12　钢锯

（二）钢锯的使用

（1）装锯条时，锯齿齿尖必须向前，锯条不能过紧也不能过松，否则易断。

（2）锯条应在重新起锯的时候更换，中途更换易夹锯条。

（3）在锯割过程中，工件接近锯弓内缘时，可将锯条与工件的相对位置转动90°，再继续锯割。

（4）夹持工件时，工件伸出钳口部分不应过长，防止锯割时工件颤动。

（5）锯割时，右手握住锯柄，左手压在锯弓前上部，并且锯条应与工件垂直，掌握锯弓要稳。锯割时，左腿略微弯曲，右腿伸直，身体稍向前倾，两脚要站稳，间距要适当。运锯时上身运动，两脚保持不动，且手臂与身体保持5~10㎝的间距。

（6）起锯时可采用远边起锯(锯条前端搭在工件上)或近边起锯(锯条后端搭在工件上)。起锯的角度要小，约为15°，否则锯齿易卡住工件的棱角而折断锯条。开始运锯时压力要小，速度要慢，推拉距离要短。工件太小不好起锯的，可用三角锉或刀锉起口，然后再锯。

（7）锯割过程中，运锯的速度要适当，锯软质工件每分钟50~60次，硬质工件每分钟30~40次。锯往返都要走直线，且要用全长锯割，使锯齿磨损均匀。手锯推进时，两臂稍弯曲，同时用力，手锯退回时不要用力压，以减少摩擦和磨损锯齿。工件将要锯断时，压力要轻，速度要慢，行程要小。并用手扶住工件，避免工件落地损坏或砸脚。

（8）锯割较薄的工件时，可将工件两面垫上木板或金属片一齐锯割；锯割较厚的工件时，因锯弓的宽度不够，可调换几个方向割。如工件长度允许，可将锯条横装，加大锯口深度。

二、钳工工作台和台虎钳

（一）钳工工作台

简称钳台，常用硬质木板或钢材制成，要求坚实、平稳、台面高度约800~900mm，台面上装虎钳和防护网。如图8-13所示。

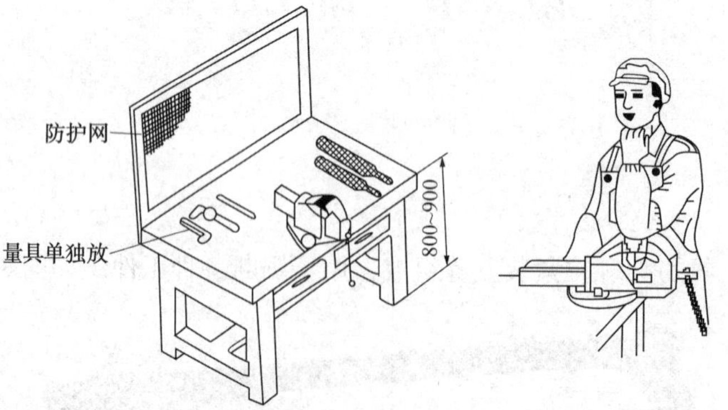

(a)工作台　　(b)台虎钳的合适高度

图8-13　钳工工作台

（二）台虎钳

台虎钳是用来夹持工件的工具，主要由固定虎口、活动虎口、调节丝杠、钳牙、手柄等组成。如图 8-14 所示。台虎钳的规格以钳口的宽度来表示，常用的有 100、125、150mm 三种，使用虎钳时应注意：

(1) 工件尽量夹在钳口中部，以使钳口受力均匀；夹持工件时要注意是否会夹坏工件表面，必要时要用铜皮或其他软制品垫在工件和虎口之间。

图 8-14　台虎钳

(2) 夹紧后的工件应稳定可靠，便于加工，并不产生变形。

(3) 夹紧工件时，一般只允许依靠手的力量来扳动手柄，不能用手锤敲击手柄或随意套上长管子来扳手柄，以免丝杠、螺母或钳身损坏。

(4) 不要在活动钳身的光滑表面进行敲击作业，以免降低配合性能。

(5) 加工时用力方向最好是朝向固定钳身。

(6) 用完后，两虎口要合在一起，清洗、涂油。

三、锉刀

(一) 锉刀

锉刀是用来对工件表面进行切削加工的工具。锉刀用高碳工具钢 T13 或 T12 制成，经热处理后切削部分硬度可达到 HRC62~72。

锉刀可分为普通锉、特种锉和整形锉三种类型。如图 8-15 所示。

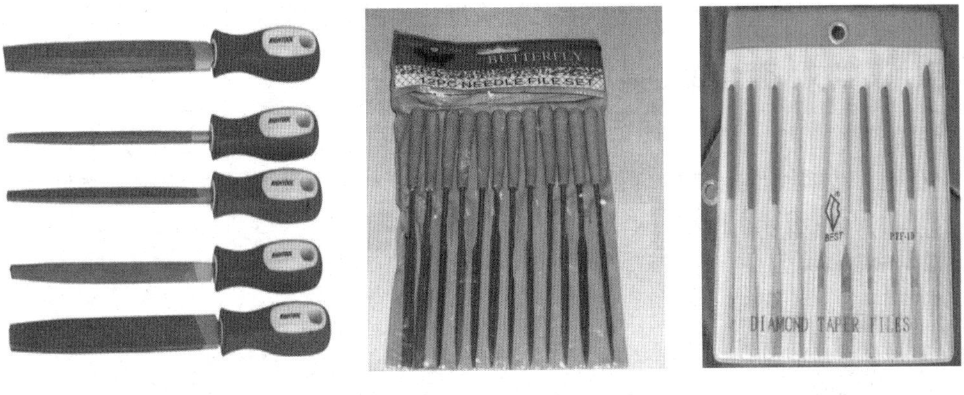

(a)普通锉刀　(b)特种锉刀　(c)整形锉刀

图 8-15　锉刀示意图

普通锉刀按其断面形状不同，又分平锉(板锉)、方锉、三角锉、半圆锉和圆锉五种类型。特种锉刀是用来加工零件的特殊表面的。有刀口锉、菱形锉、扁三角锉、椭圆锉、圆肚锉等组成。整形锉也叫什锦锉或组锉，因分组配备各种断面形状的小锉而得名，主要用于修整工件上的细小部分。

锉刀规格分尺寸规格和齿纹的粗细规格。

锉刀的尺寸规格，不同的锉刀用不同的参数表示。圆锉刀的尺寸规格以直径表示，方锉刀的规格以方形尺寸表示，其他锉刀以锉身长度表示。

锉齿的粗细规格是按锉刀齿纹的齿距大小来表示的。其粗细等级分以下几种：

1 号锉纹：齿距 0. 83~2. 3mm，用于粗锉刀。

2 号锉纹：齿距 0. 42~0. 77mm，用于中粗锉刀。

3 号锉纹：齿距 0. 25~0. 33mm，用于细锉刀。

4 号锉纹：齿距 0. 20~0. 25mm，用于双细锉刀。

5 号锉纹：齿距 0. 16~0. 20mm，用于油光锉。

（二）锉削操作

一般锉削是在錾、锯之后对工件进行的精度较高的加工。锉削精度可达 0. 01mm，表面粗糙度可达 R_a0. 8。锉削的应用范围很广，可以锉削平面、曲面、外表面、内孔、沟槽和各种复杂表面。还可以配键、做样板及在装配中修整工件。锉削操作应按下列要求进行：

（1）选择锉刀。粗加工或锉铜、铅等软金属时，应选用粗锉刀；锉钢或铸铁宜选用细锉刀；最后修光表面选用油光锉刀。如锉刀表面较脏，则用汽油和钢丝刷清理干净。

（2）装夹工件。毛坯件最好夹持在钳口中间，伸出钳口不宜过高，紧度要适中，切勿将工件夹变形。若工件表面有硬皮或砂粒等，要用砂轮将其磨去，才可用锉刀锉削。

（3）锉削工件。锉削时，要先用粗锉，再用细锉。握大平锉时，用右手握锉柄，锉柄端顶在拇指根部的手掌上，大拇指放在锉柄上，其余手指由下而上握住锉柄，左手压在锉端上，使锉刀保持水平（指用大锉刀重锉时）。用中型平锉轻锉时，左手的大拇指和食指捏着锉端，引导锉刀保持水平移动。锉刀向前推时，两手用在锉刀上的力，应保持平衡，即应使两手压在锉刀上的力随着锉刀的前进而不断变化。

（4）对加工完的工件进行检查，高度、宽度达到图纸要求。

四、攻螺纹、套螺纹工具

常用的螺纹工件，其螺纹除采用机械加工外，还可以用钳工加工方法中的攻螺纹和套螺纹来获得。攻螺纹（亦称攻丝）是用丝锥在工件内圆柱面上加工出内螺纹；套螺纹（或称套丝、套扣）是用板牙在圆柱杆上加工外螺纹。

（一）攻螺纹

1. 丝锥及铰杠

（1）丝锥

丝锥是用来加工较小直径内螺纹的成形刀具，一般选用合金工具钢 9SiGr 经热处理制成。通常 $M6 \sim M24$ 的丝锥一套为两支，称头锥、二锥；$M6$ 以下及 $M24$ 以上一套有三支、即头锥、二锥和三锥。

每个丝锥都有工作部分和柄部组成，如图 8-16 所示。工作部分是由切削部分和校准部分组成。轴向有几条（一般是三条或四条）容屑槽，相应地形成几瓣刀刃（切削刃）和前角。切削部分（即不完整的牙齿部分）是切削螺纹的重要部分，常磨成圆锥形，以便使切削负荷分配在几个刀齿上。头锥的锥角小些，有 5~7 个牙；二锥的锥角大些，有 3~4 个牙。校准部分具有完整的牙齿，用于修光螺纹和引导丝锥沿轴向运动。柄部有方头，其作用是与铰扛相配合并传递扭矩。

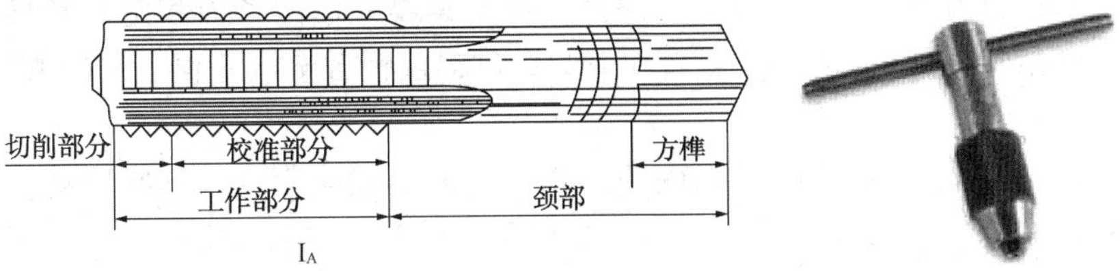

图 8-16　丝锥及铰扛示意图

攻螺纹时，丝锥主要是用来切削金属，但也伴随有严重的挤压作用。因此会产生金属凸起并挤向牙尖，使攻丝后螺纹孔小径小于原底孔直径。因此，攻丝底孔直径应稍大于螺纹小径，否则攻丝时因挤压作用，使螺纹牙顶与丝锉牙底之间没有足够的容屑空间，将丝锥箍住，甚至折断丝锥。此现象在攻塑性较好材料时更为严重。

(2) 铰杠

铰杠是用来夹持丝锥的工具，常用的是可调式铰杠。旋转手柄即可调节方孔的大小，以便夹持不同尺寸的丝锥。铰杠长度应根据丝锥尺寸大小进行选择，以便控制攻螺纹时的扭矩，防止丝锥因施力不当而扭断。

2. 攻螺纹前钻底孔直径和深度的确定以及孔口的倒角

(1) 底孔直径的确定

丝锥在攻螺纹的过程中，切削刃主要是切削金属，但还有挤压金属的作用，因而造成金属凸起并向牙尖流动的现象，所以攻螺纹前，钻削的孔径(即底孔)应大于螺纹内径。底孔的直径可查有关手册或按按材料的性能采用经验公式(2-1)计算得到：

脆性材料(铸铁、青铜等)：钻孔直径 $d_0=d$(螺纹外径)$-1.1P$(螺距)　　(8-1a)

塑性材料(钢、紫铜等)：钻孔直径 $d_0=d$(螺纹外径)$-P$(螺距)　　(8-1b)

(2) 钻孔深度的确定

攻盲孔(不通孔)的螺纹时，因丝锥不能攻到底，所以孔的深度要大于螺纹的长度，盲孔的深度可按公式(2-2)计算：

孔的深度=所需螺纹的深度$\pm0.7d$(螺纹外径)　　(8-2)

(3) 孔口倒角

攻螺纹前要在钻孔的孔口进行倒角，以利于丝锥的定位和切入。倒角的深度大于螺纹的螺距。

3. 攻螺纹的操作要点及注意事项

(1) 根据工件上螺纹孔的规格，正确选择丝锥，先头锥后二锥，不可颠倒使用。

(2) 工件装夹时，一般情况下，应将工件需攻丝的一面置于垂直的位置，使孔中心垂直于钳口，防止螺纹攻歪。

(3) 开始攻螺纹时，应使用头锥攻螺纹，尽量把丝锥放正，然后用一只手压住丝锥的轴心，用另一只手轻转绞杠。旋入1~2圈后，要检查丝锥是否与孔端面垂直(可目测或用直角尺在互相垂直的两个方向检查)。当切削部分已切入工件后，每转1~2圈应反转1/4圈，以便切屑断落；同时不能再施加压力(即只转动不加压)，以免丝锥崩牙或攻出的螺纹齿较瘦。

扳转绞杠时，两手用力要平衡，切忌用力过猛和左右晃动。头攻结束后，再用二攻丝锥攻一次。攻丝时可在丝锥加些润滑油，用来保护丝锥。

（4）攻钢件上的内螺纹，要加机油润滑，可使螺纹光洁、省力和延长丝锥使用寿命；攻铸铁上的内螺纹可不加润滑剂，或者加煤油；攻铝及铝合金、紫铜上的内螺纹，可加乳化液。

（5）攻螺纹完毕后，要清除丝扣内的杂物，用标准螺栓检查。不要用嘴直接吹切屑，以防切屑飞入眼内。

（二）套螺纹

用板牙在圆杆、管子外壁上切削出外螺纹的加工过程，称为套螺纹(套丝)。

1. 套丝工具

套丝的工具是板牙，它是加工外螺纹的工具，是用合金工具钢或高速钢制作并经淬火硬化而成的。板牙的构造如图 8-17a 所示，它由切削部分、校准部分和排屑孔组成。它本身就像一个圆螺母，在它上面钻有几个排屑孔而形成刀刃。切削部分是板牙两端有切削锥角(2φ)的部分。校准部分是在板牙的中间一段，也是套丝时的导向部分。

板牙的校准部分因磨损会使螺纹尺寸变大而超出公差范围。因此，为延长板牙的使用寿命，$M3.5$ 以上的圆板牙，其外圆上有一条 V 形槽(图 8-17a 所示)，起调节板牙尺寸的作用。当尺寸变大时，将板牙沿 V 形槽用钻片砂轮切割出一条通槽，用绞手上的两个螺钉顶入板牙上面的两个偏心的锥孔坑内，使圆板牙尺寸缩小，其调节范围为 0.1～0.5mm。上面两个锥坑之所以要偏心，是为了使紧定螺钉挤紧时与锥坑单边接触，使板牙尺寸缩小。若在 V 形槽开口处旋入螺钉，能使板牙尺寸增大。板牙下部通过中心的螺钉孔，是用紧定螺钉固定板牙并传递扭矩的。

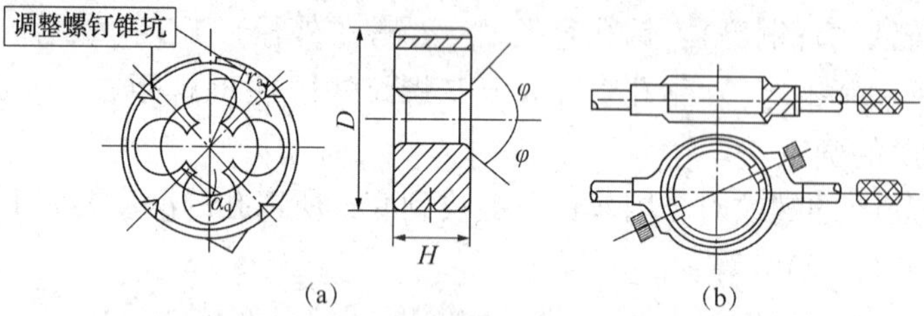

图 8-17　圆板牙及圆板牙架

板牙两端面都有切削部分，待一端磨损后，可换另一端使用。

板牙架是用来夹持板牙、传递扭矩的工具。不同外径的板牙应选用不同的板牙架。如图 8-17b 所示。板牙放入后，用螺钉紧固。

2. 套丝前圆杆直径的确定和倒角

（1）圆杆直径的确定

与丝锥攻丝一样，用板牙在工件上套丝时，材料同样因受到挤压而变形，牙顶将被挤高一些，所以圆杆直径应稍小于螺纹大径的尺寸，一般圆杆直径用公式(8-3)计算：

$$d_{杆}=d-0.13P \tag{8-3}$$

式中　$d_{杆}$——套丝前圆杆直径，mm；

d——螺纹大径，mm；

P——螺距，mm。

（2）圆杆端部的倒角

套螺纹前圆杆端部应倒角，使板牙容易对准工件中心，同时也容易切入。倒角长度应大于一个螺距，倒角为 15°~30°。

3. 套丝操作要点和注意事项

套丝操作时，应注意以下几点：

(1) 每次套丝前应将板牙排屑孔内及螺纹内的切屑清除干净。

(2) 板牙在工件上套丝时，要先车削圆杆直径。圆杆端部倒角 15°~20°，外径应稍小于螺纹大径的尺寸。

(3) 套丝时切削扭矩很大，易损坏圆杆的已加工面，可使用硬木制的 V 型槽衬垫或用厚铜板作保护衬垫来夹持工件。工件伸出钳口的长度，在不影响螺纹要求长度的前提下，应尽量短。工件夹装时，留好一定长度夹紧，夹装时要保护好已加工面，防止损坏。

(4) 套丝时板牙端面与圆杆应垂直，开始转动板牙时要稍加压力，套三四扣后即可不用加压，而且要时常反转，以便排出断屑。

(5) 在钢制圆杆上套丝时要加机油润滑。

(6) 套丝完毕后，要清除丝扣和板牙上的杂物，用标准螺帽检查丝扣是否合格。

五、刮削工具

用刮刀在工件已加工表面上刮去一层很薄金属的操作称为刮削，刮削是精加工的一种方法。刮削时刮刀对工件既有切削作用，又有压光作用。

通过刮削后的工件表面，不仅能获得很高的形位精度、尺寸精度，而且能使工件的表面组织紧密，表面粗糙度小，还能形成比较均匀的微浅坑，创造良好的存油条件，减少摩擦阻力。所以刮削常用于零件上互相配合的重要滑动面，如机床异轨面、滑动轴承等，并且在机械制造、工具、量具制造或修理中占有重要地位。但刮削的缺点是生产率低，劳动强度大。

(一) 刮削工具及显示剂

1. 刮刀

刮刀是刮削工作中的重要工具，要求刀头部分有足够的硬度和刃口锋利。常用 T10A、T12A 和 GCr15 钢制成，也可在刮刀头部焊上硬质合金，以刮削硬金属。

刮刀可分为平面刮刀和曲面刮刀两种。平面刮刀用于刮削平面，可分为粗刮刀、细刮刀和精刮刀三种。曲面刮刀用来刮削曲面，曲面刮刀有多种形状，常用三角刮刀。

2. 校准工具

刮削平面的校准工具主要有校准平板、校正尺和角度直尺等三种。

校准工具一是用来与刮削表面磨合，以接触点多少和疏密程度来显示刮削平面的平面度，提供刮削依据；二是用来检验刮削表面的精度与准确性的。

3. 显示剂

显示剂是刮削时所用的辅助涂料，它是用来显示被刮削表面误差大小的。它放在校准工具表面与刮削表面之间，当校准工具与刮削表面合在一起对研后，凸起部分就被显示出来。

常用的显示剂有红丹粉(加机油和牛油调和)和蓝油(普鲁士蓝加蓖麻油调成)。

(二) 刮削精度的检查

刮削精度的检查常用刮削研点(接触点)的数目来检查。其标准为在边长为 25mm 的正方形面积内研点的数目来表示(数目越多，精度越高)。

(三) 平面刮削

平面刮削有手刮法和挺刮法两种。其刮削步骤为：

(1) 粗刮。用粗刮刀在刮削平面上均匀地铲去一层金属，以很快除去刀痕、锈斑或过多的余量。当工件表面研点为 4~6 点/25×25，并且有一定细刮余量时为止。

(2) 细刮。用细刮刀在经粗刮的表面上刮去稀疏的大块高研点，进一步改善不平现象。细刮时要朝一个方向刮，第二遍刮削时要用 45°或 65°的交叉刮网纹。当平均研点为 10~14 点/25×25 时停止。

(3) 精刮。用小刮刀或带圆弧的精刮刀进行刮削，使研点达到 20~25 点/25×25。精刮时常用点刮法(刀痕长为 5mm)，且落刀要轻，起刀要快。

(4) 刮花。刮花的目的主要是美观和积存润滑油。常见的花纹有：斜纹花纹、鱼鳞花纹和燕形花纹等。

第三节　管工工具

一、管钳

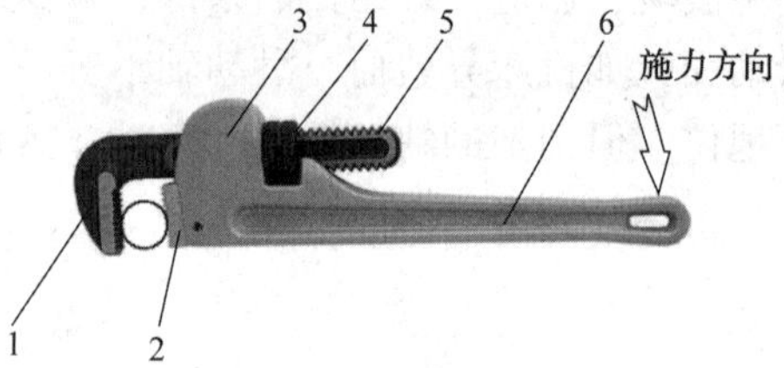

图 8-18　管钳的结构
1—活动钳口；2—固定钳口；3—钳口固定架；4—调节螺母环；5—螺纹；6—手柄

管钳是用来转动金属圆管或其他圆形工件的，是管路安装和修理的常用工具，如图 8-18 所示。由活动钳口、固定钳口、钳口固定架、调节螺母环、螺纹、手柄组成。

管钳规格是指管钳合口时整体长度，常用规格有 450mm(24in)、600mm(24in)、900mm(36in)、1200mm(48in)几种，适用管子直径分别为：40~60mm、50~75mm、60~85mm、75~110mm 等。

管钳使用注意事项：

(1) 要选择合适的规格，管钳转动方向不能用反。

(2) 钳头开口要等于工件的直径；

(3) 钳头要卡紧工件后再用力扳动，防止打滑伤人；

(4) 用加力杆时长度要适当，不能用力过猛或超过管钳允许强度；

(5) 管钳牙和调节环要保持清洁，不得黏有油污，防止打滑。

(6) 管钳不得当作撬棒和锤子使用。

二、管子割刀

(一) 管子割刀的结构

管子割刀由割刀片、割刀架扶正轮、进刀装置等组成，主要用于切割管状零件。如图 8-19 所示。

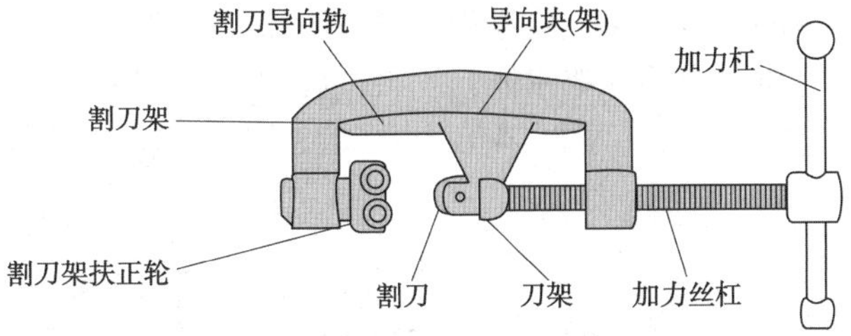

图 8-19　管子割刀

(二) 管子割刀的使用

利用割刀切割小径管，既方便又节约，现已广泛应用在生产中，其使用方法是：

(1) 切割管子时，管子应夹持牢固，割刀片与滚轮要垂直于管子。

(2) 进刀时用力要均匀，进刀深度以每次进刀丝杆不超过半圈为宜。初割时进刀量可稍大些，以便割出较深的刀槽，防止刀刃崩裂，以后每次进刀量要逐渐减少。

(3) 使用时，管子割刀各活动部分和被割管子表面，均需加少量的润滑油，以减少摩擦力。

(4) 根据被割管子直径，选择适当规格的割刀。其规格见表 8-1。

表 8-1　常用管子割刀的使用规格

号码	割管范围/mm(in)	割轮直径/mm	滚子直径/mm
2	3.2~51(1/8~2)	32	27
3	25.4~76.2(1~3)	40	32
4	50.8~101.6(2~4)	45	38
6	101.6~152.4(4~6)	45	38

三、压力钳

(一) 压力钳的结构

主要由三架钳体、活动虎口、固定虎口、手柄、丝杠等组成。如图 8-20 所示。

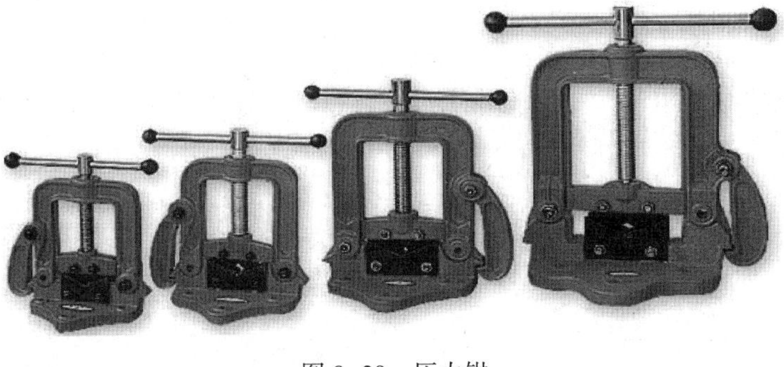

图 8-20　压力钳

(二) 压力钳的使用

(1) 被夹持管子的管径不宜太大。夹持大管子时，压力钳后边要加一把管钳咬住，以防止滑脱、损坏管子及钳口。

（2）夹持管子时不能用力过猛，要逐步旋紧，防止夹扁管子或使钳牙吃进管子太深。

（3）使用前应检查压力钳的三架钳体，并将三脚架固定牢固。

（4）夹持长管子时，应在管子尾部用十字架支承，以防管子尾部下垂，钳口受力不均。

第四节　电工工具

一、剥线钳

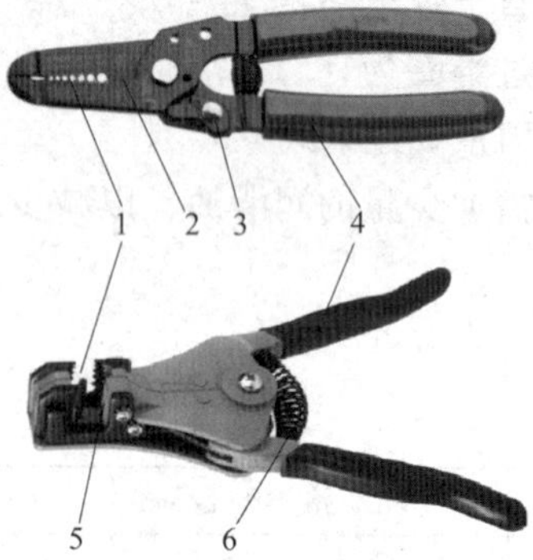

图 8-21　剥线钳

1—切口；2—刀口；3—锁柄；4—钳柄；5—压口；6—钳柄

剥线钳是用来剥削 $6mm^2$ 以下电线端部塑料线或橡皮绝缘的专用工具。它由钳头和手柄两部分组成。钳头部分由压线口和切口组成，分别有直径 0.5～3mm 等的多个规格切口，以适应不同规格的线芯。剥线钳的类型很多，两种常用剥线钳的结构如图 8-21 所示。

剥线钳使用时，根据电线的粗细型号，选择相应的剥线刀口，一般要比导线金属芯要大一号，否则会切伤线芯。选择好要剥线的长度，一次不可剥线过长。使用时钳口向下，防止断线伤人。

二、电工刀

电工刀适用于电工在装配维修工作中割削导线绝缘外皮，以及割削木桩和割断绳索等。如图 8-22 所示。

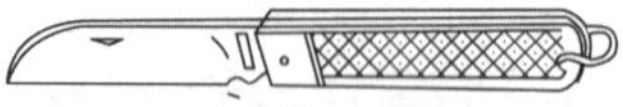

图 8-22　电工刀

三、验电器

（一）低压验电器

低压验电器又称试电笔，是检验导线、电器和电气设备是否带电的一种常用工具。见图 8-23。

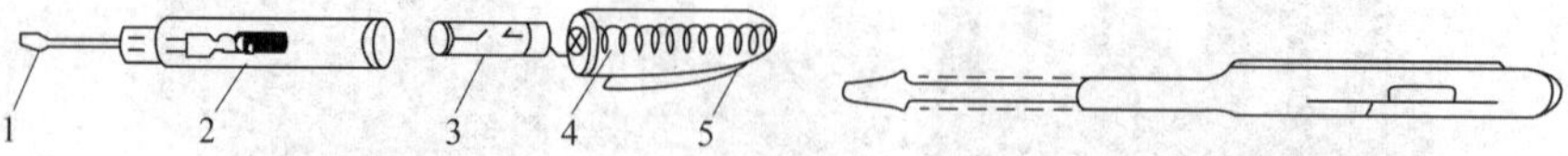

(a)钢笔式低压验电器　　(b)旋具式低压验电器

图 8-23　低压验电器

（二）高压验电器

高压验电器属于防护性用具，检测电压范围为 1000V 以上。见图 8-24。

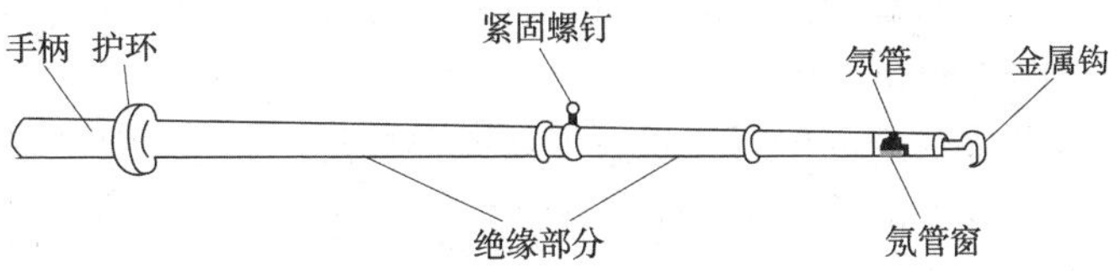

图 8-24　高压验电器

第五节　测量工具

一、量尺

（一）直钢尺

直钢尺由弹性钢板制成。直尺刻度一般为 0.5mm。使用时钢尺要与工件平行，视线应与工件成 90°；立测时，钢尺要与工件垂直，视线应与工件成 90°，在测量工件时，握钢尺之手必须靠近工件，保持钢尺稳定正确，不能弯曲与歪斜。

使用刻度尺要“五会”：即会认，认识刻度尺的零刻度、最小刻度、测量范围；会放，把刻度尺的刻度尽可能与被测物体接近，不能歪斜；会看，读数时，视线应垂直于被测物体与刻度尺；会读，除读出最小刻度以上各位数字外，还应估读最小刻度下一位的数字。

（二）钢卷尺

钢卷尺用于测量较长工件的尺寸或距离。钢卷尺主要由尺带、盘式弹簧（发条弹簧）、卷尺外壳三部分组成（见图 8-25 左）。所谓盘式弹簧，就是像旧式上链式钟表里的发条。当拉出刻度尺时，盘式弹簧被卷紧，产生向回卷的力，当松开刻度尺的拉力时，刻度尺就被盘式弹簧的拉力拉回。钢卷尺长度有 20m、30m、50m 数种。

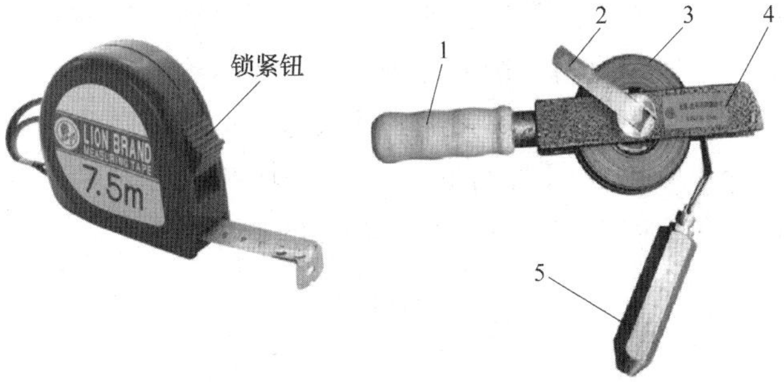

图 8-25　钢卷尺与量油尺

1—手柄；2—摇把；3—钢卷尺；4—尺架；5—重锤

（三）量油尺

量油尺由手柄、尺架、摇柄、量尺、重锤等构成，一般用来测量注水储罐油、水液位（见图 8-25 右）。量尺的刻度方向朝向手柄，摇柄采用反向折叠式结构，打开时，可摇转卷尺芯收放钢卷尺，合上时摇把柄卡在尺架上，防止卷尺自由转动、重锤带动卷尺自动下落。支架为折叠式金属支架，下端有卡槽，便于支承量油尺和导去静电。

量油尺专用于油罐、水罐内液位的测量。有发黑镀镍尺带和不锈钢尺带，规格有 5m、10m、15m、20m、30m、50m 六种规格。

用量油尺检测容器中油面高度时，接触油面后根据罐上量油孔处尺子刻度 H，再提出量油尺后读出尺砣上原油浸油高度 h，即可计算出液位空高 $H'=H-h$，进而推算出液位高度。用量油尺检测水罐水位时，可在量油尺尺铊上薄薄涂上一层试水膏，当量油尺尺铊接触水罐水位时，停留 10~15s，然后缓慢将量油尺提出来读数，便可记录底部水位的高度。

二、卡钳及卡尺

（一）卡钳

卡钳分为内卡钳和外卡钳。外卡钳用于测量圆柱体的外径或物体的长度等。内卡钳用于测量圆柱孔的内径或槽宽等。内、外卡钳结构及使用示意如图 8-26 所示。

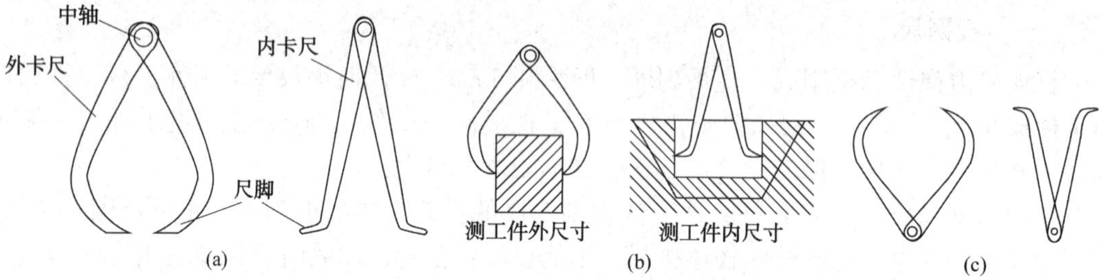

图 8-26　内、外卡钳及使用示意图

卡钳的使用方法有两种：

（1）卡钳在钢尺上取尺寸方法：外卡钳的一个钳脚的测量面靠着钢尺的端面，另一钳脚的测量面对准所取的尺寸刻度线上，且两测量面的连线应与钢尺平行。使用内卡钳时，其取尺寸方法与外卡钳一样，只是在钢尺的端面须靠着一个辅助平面，内卡钳的一个脚也靠着该平面。

（2）卡钳测量法：用外卡钳测量圆的中心距时，要使两钳脚测量面的连线垂直于圆的轴线，不加外力，靠外卡钳自重滑过圆的外圆，这时外卡钳开口尺寸就是圆柱的直径。用内卡钳测量孔的直径时，要使两钳脚测量面的连线垂直并相交于内孔轴线，测量时一个钳脚靠在孔壁上，另一个钳脚由孔口略偏里面一些逐渐向外测试，并沿孔壁的圆周方向摆动，当摆动的距离最小时，内卡钳的开口尺寸就是内孔直径。

（二）游标卡尺

1. 游标卡尺的结构

游标卡尺是工业上常用的测量长度的仪器，它由尺身及能在尺身上滑动的游标组成，如图 8-27 所示。游标上部有一紧固螺钉，可将游标固定在尺身上的任意位置。尺身和游标都有量爪，利用内测量爪可以测量槽的宽度和管的内径，利用外测量爪可以测量零件的厚度和管的外径。深度尺与游标尺连在一起，可以测槽和筒的深度。

尺身和游标尺上面都有刻度。以准确到 0.1mm 的游标卡尺为例，尺身上的最小分度是 1mm，游标尺上有 10 个小的等分刻度，总长 9mm，每一分度为 0.9mm，与主尺上的最小分度相差 0.1mm。量爪并拢时尺身和游标的零刻度线对齐，它们的第一条刻度线相差 0.1mm，第二条刻度线相差 0.2mm……第 10 条刻度线相差 1mm，即游标的第 10 条刻度线

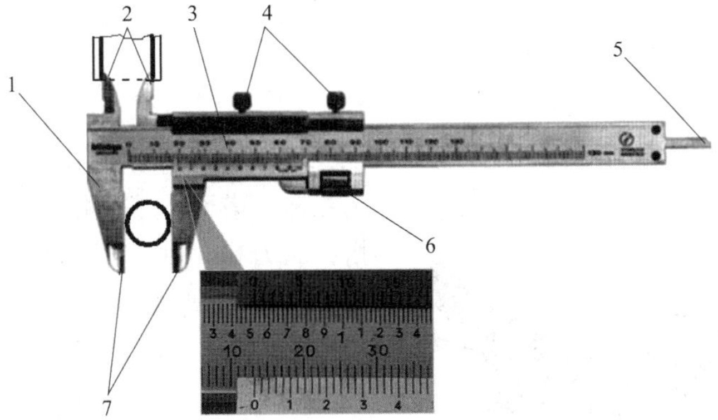

图 8-27　游标卡尺

1—尺身；2—内测量爪；3—游标；4—固定螺丝；5—测深度尺；6—微调螺母；7—外测量爪

恰好与主尺的 9mm 刻度线对齐。

当量爪间所量物体的长度为 0. 1mm 时，游标尺向右应移动 0. 1mm。这时它的第一条刻度线恰好与尺身的 1mm 刻度线对齐。同样当游标的第五条刻度线跟尺身的 5mm 刻度线对齐时，说明两量爪之间有 0. 5mm 的宽度……依此类推。

在测量大于 1mm 的长度时，整的毫米数要从游标“0”线与尺身相对的刻度线读出。

2. 游标卡尺的使用

用软布将量爪擦干净，使其并拢，查看游标和主尺身的零刻度线是否对齐。测量时，右手拿住尺身，大拇指移动游标，左手拿待测外径(或内径)的物体，使待测物位于外测量爪之间，当与量爪紧紧相贴时，即可读数。

读数时首先以游标零刻度线为准在尺身上读取毫米整数，即以毫米为单位的整数部分。然后看游标上第几条刻度线与尺身的刻度线对齐，如第 6 条刻度线与尺身刻度线对齐，则小数部分即为 0. 6mm(若没有正好对齐的线，则取最接近对齐的线进行读数)。

判断游标上哪条刻度线与尺身刻度线对准，可用下述方法：选定相邻的三条线，如左侧的线在尺身对应线左右，右侧的线在尺身对应线之左，中间那条线便可以认为是对准了。

如果需测量几次取平均值，不需每次都减去零误差，只要从最后结果减去零误差即可。

游标卡尺使用完毕，用棉纱擦拭干净。长期不用时应将它擦上黄油或机油，两量爪合拢并拧紧紧固螺钉，放入卡尺盒内盖好。

注意事项：

(1) 游标卡尺是比较精密的测量工具，要轻拿轻放，不得碰撞或跌落地下。使用时不要用来测量粗糙的物体，以免损坏量爪，不用时应置于干燥地方防止锈蚀。

(2) 测量时，应先拧松紧固螺钉，移动游标不能用力过猛。两量爪与待测物的接触不宜过紧。不能使被夹紧的物体在量爪内挪动。

(3) 读数时，视线应与尺面垂直。如需固定读数，可用紧固螺钉将游标固定在尺身上，防止滑动。

(4) 实际测量时，对同一长度应多测几次，取其平均值来消除偶然误差。

三、天平

（一）托盘天平(图 8-28)

图 8-28　托盘天平

托盘天平是一种实验室常用的称量用具，由托盘、横梁、平衡螺母、刻度尺、刻度盘、指针、刀口、底座、标尺、游码、砝码等组成。精确度一般为 0.1g 或 0.2g，荷载有 100g、200g、500g、1000g 等。

1. 构造

由托盘、横梁、平衡螺母、刻度尺、指针、刀口、底座、标尺、游码、砝码等组成。由支点(轴)在梁的中心支承着天平梁而形成两个臂，每个臂上挂着或托着一个盘，其中一个盘(通常为右盘)里放着已知重量的物体(砝码)，另一个盘(通常为左盘)里放待称重的物体，游码则在刻度尺上滑动。固定在梁上的指针在不摆动且指向正中刻度时或左右摆动幅度较小且相等时，砝码重量与游码位置示数之和就指示出待称重物体的重量。

2. 使用方法

（1）要放置在水平的地方，游码要指向红色“0”刻度线。

（2）调节平衡螺母(天平两端的螺母)调节零点直至指针对准中央刻度线(游码必须归“0”平衡螺母向相反方向调，使用口诀：左端高，向左调。)

（3）左托盘放称量物，右托盘放砝码。根据称量物的形状应放在玻璃器皿或洁净的纸上，事先应在同一天平上称得玻璃器皿或纸片的质量，然后称量待称物质。

（4）砝码不能用手拿，要用镊子夹取，注意不能把砝码弄湿、弄脏(这样会让砝码生锈，砝码质量变大，测量结果不准确)，游码也要用镊子拨动。

（5）添加砝码从预估称量物的最大值加起，逐步减小。托盘天平只能称准到 0.1g。加减砝码并移动标尺上的游码，直至指针再次对准中央刻度线。

（6）过冷过热的物体不可放在天平上称量。应先在干燥器内放置至室温后再称。

（7）物体的质量=砝码的总质量+游码在标尺上所对的刻度值

（8）取用砝码必须用镊子，取下的砝码应放在砝码盒中，称量完毕，应把游码移回零点。

（9）称量干燥的固体药品时，应在两个托盘上各放一张相同质量的纸，然后把药品放在纸上称量。

（10）易潮解的药品，必须放在玻璃器皿上(如：小烧杯、表面皿)里称量。

（11）砝码若生锈，测量结果偏小；砝码若磨损，测量结果偏大。

3. 注意事项

（1）轻拿轻放仪器，事先把游码移至“0”刻度线，并调节平衡螺母，使天平左右平衡。

（2）右放砝码，左放物体。

（3）砝码不能用手拿，要用镊子夹取，使用时要轻放轻拿。在使用天平时游码也不能用手移动。

（4）过冷过热的物体不可放在天平上称量。应先在干燥器内放置至室温后再称。

(5) 加砝码应该从大到小，可以节省时间。

(6) 在称量过程中，不可再碰平衡螺母。

(7) 若砝码与要称重物体放反了又使用了游码，则所称物体的质量比实际的小，应用砝码质量减去游码质量。若没使用游码，则称的质量与实际相等。

(8) 使用完毕，将实验仪器放回到固定位置。

4. 保养维护

托盘天平及砝码用软刷拂抹清洁，并保持干燥，在使用期间每隔 3~12 个月必须检测计量性能以防失准，发现托盘天平损坏和不准时，送有关修检部门，另外还注意加载或去载时避免冲击，称量重量不得超过核载重量，以免横梁断裂。

(二) 电子分析天平(图 8-29)

分析天平是实验中进行准确称量时最重要的仪器，可精确称量至 0.0001g(即 0.1mg)以上。分析天平的种类较多，可以分为机械式、电子式、手动式、半自动式、全自动式等等。分析天平的校正方式可以分为内校型，外校型。所谓内校，就是电子天平带有内部标定砝码，方便随时调取，一键进行标定。外校型必须要按校正键，从外部放砝码进行人工校正。

1. 使用方法

(1) 调平：调整地脚螺栓高度，使水平仪内空气气泡位于圆环中央。

(2) 预热：天平在初次接通电源或长时间断电之后，至少需要预热 30 分钟。(事先检查电源电压是否匹配，必要时配置稳压器)。

(3) 开机：按开关键直至全屏自检，显示天平型号，当天平显示回零时，天平就可以称量了。

(4) 校正：首次使用天平必须进行校正，轻按校准(CAL)键，显示器出现 CAL-200，其中“200”为闪烁码，打开天平门，把“200g”校准砝码放上秤盘，显示器即出现“----”等待状态，关上天平门，经较长时间后显示器出现 200.0000g，拿去校准砝码，显示器应出现 0.0000g，若出现不是为零，则再清零，再重复以上校准操作。

图 8-29 电子分析天平

(5) 称量：将洁净称量瓶或称量纸置于秤盘上，关上侧门，轻按一下去皮键，天平将自动校对零点，然后逐渐加入待称物质，直到所需重量为止。

(6) 关机：称量结束应及时除去称量瓶(纸)，关上侧门，并做好使用情况登记。天平应一直保持通电状态，不使用时将开关键至待机状态，使天平保持保温状态，可延长天平的使用寿命。

2. 注意事项

(1) 天平应放置在牢固平台上，室内要求清洁、干燥及较恒定的温度，同时应避免光线直接照射到天平上。

(2) 称量时应从侧门取放物质，读数时应关闭箱门以免空气流动引起天平摆动。前门仅在检修或清除残留物质时使用。

(3) 电子分析天平若长时间不使用，则应定时通电预热，每周一次，每次预热 2h，以确保仪器始终处于良好使用状态。

(4) 天平箱内应放置吸潮剂(如硅胶)，当吸潮剂吸水变色，应立即高温烘烤更换，以确保吸湿性能。

(5) 挥发性、腐蚀性、强酸强碱类物质应盛于带盖称量瓶内称量，防止腐蚀天平。

(6) 称量样品时应该戴上称量手套或用纸条。

(7) 称量时要带好记录本，做好数据记录。

(8) 清洗时，应使用中性清洁剂浸湿的清洁布擦拭，然后使用干净的清洁布擦拭。

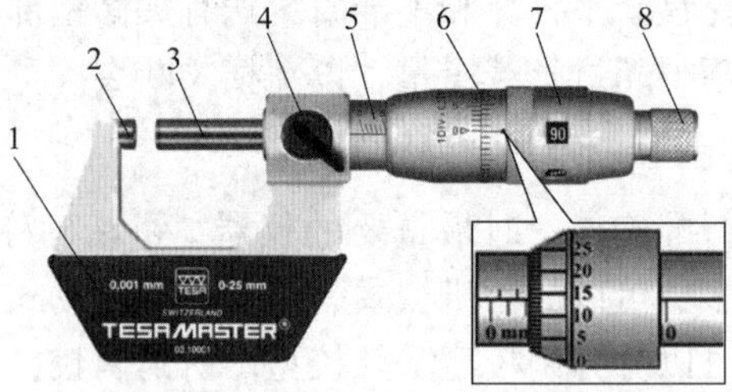

图 8-30　外径千分尺结构

1—尺架；2—固定尺砧；3—测微螺杆；4—锁定扳手；
5—主刻度尺；6—副刻度尺；7—活动套筒；8—棘轮(测力装置)

四、千分尺

千分尺，又叫螺旋测微器，它是比游标卡尺更精密的长度测量仪器，用它测长度可以准确到 0.01mm，测量范围为几个厘米。外径千分尺的结构由尺架、测杆、测微螺杆、固定套管、棘轮(测力装置)、锁紧装置等组成(见图 8-30)。

千分尺中的螺杆旋转一周，螺杆便沿着轴线方向前进或后退一个螺距微小的距离，活动套筒圆周上的副刻度尺上就有明显的读数表示出来。螺旋测微器的精密螺纹的螺距是 0.5mm，副尺刻度有 50 个等分刻度，因此旋转每个小分度，相当于测微螺杆前进或后退 0.01mm。可动刻度每一小分度表示 0.01mm。由于还能再估读一位，可读到毫米的千分位，故又名千分尺。测量时，当固定尺砧和测微螺杆并拢时，可动刻度的零点若恰好与固定刻度的零点重合，旋出测微螺杆，并使固定尺砧和测微螺杆的面卡住工件两端，这个距离的整毫米数由主尺刻度上读出，小数部分则由副尺刻度读出。

千分尺用法：

(1) 根据要求选择适当量程的千分尺，清洁千分尺的尺身和测砧。

(2) 千分尺是一种精密量具，使用时应小心操作，防止摔碰。旋钮和测力装置在转动时都不能过分用力；旋紧锁紧装置的情况下，决不能强行转动旋钮。

(3) 旋转棘轮使千分尺测微螺杆与固定尺砧贴合，校对零线。

(4) 将被测件放到尺砧与测微螺杆工作面之间，调活动套筒，使工作面快接触到被测件后，微调棘轮，直到听见测力装置“咔、咔、咔”声时停止，使测量时保持恒定的测量力。由固定刻度上读出整毫米数，由可动刻度读出小数部分。

(5) 使用千分尺测同一长度时，一般应反复测量几次，取其平均值作为测量结果。

(6) 千分尺用毕后，应用纱布擦干净，放入盒中。如长期不用可抹上黄油或机油，放置在干燥的地方。注意不要让它接触腐蚀性的气体。

五、钳型电流表

图 8-31　钳形电流表

通常，当用电流表测量负载电流时，必须把电流表串联在电路中。但当在施工现场需要临时检查电气设备的负载情况或线路流过的电流时，如果先把线路断开，然后把电流表串联到电路中，就会很不方便。此时应采用钳形电流表测量电流，这样就不必把线路断开，可以直接测量负载电流的大小了。

钳形电流表是根据电流互感器的原理制成的，其外形像钳子一样，如图 8-31 所示。

使用钳形电流表的应注意以下事项：

（1）测量前先估计被测电流的大小，选择合适量程。

（2）被测导线应放在钳口中心位置。

（3）钳口结合面应可靠接触，有杂声时，重新开合一次，若还继续，检查钳口并擦拭干净。

（4）被测电流较小时，可以使被测导线多绕几匝。

（5）测量完毕，量程置最大位置。

六、量规、量仪

（一）塞尺

塞尺是由一组具有不同厚度级差的薄钢片组成的量规。塞尺用于测量间隙尺寸，安装注水泵等设备上时，可用塞尺测量垫片厚度，其外形结构如图 8-32 所示。在检验间隙尺寸时，可以用通止法判断，也可由检验者根据塞尺与被测表面配合的松紧程度来判断。塞尺一般用不锈钢制造，最薄的为 0.02mm，最厚的为 3mm。自 0.02~0.1mm 间，各钢片厚度级差为 0.01mm；自 0.1~1mm 间，各钢片的厚度级差一般为 0.05mm；自 1mm 以上，钢片的厚度级差为 1mm。

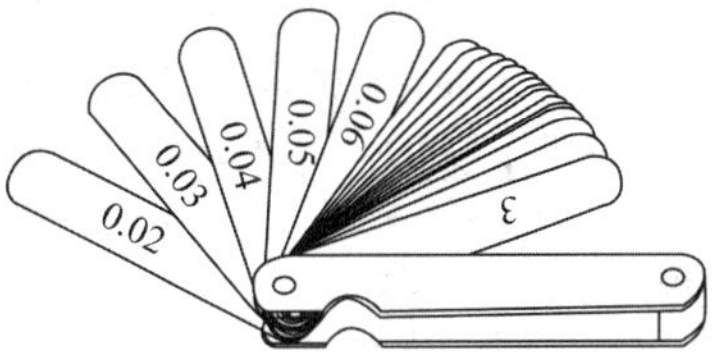

图 8-32　塞尺

塞尺使用前必须先清除塞尺和工件上的污垢与灰尘。使用时可用一片或数片重叠插入间隙，以稍感拖滞为宜。测量时动作要轻，不允许硬插。也不允许测量温度较高的零件。

（二）半径样板

半径样板通过与被测圆弧接触比较，来确定被测圆弧的半径。凸形样板检测凹表面圆弧，凹形样板检测凸表面圆弧。其外形如图 8-33 所示。半径样板分凹、凸两组，样板数量为 16 片。

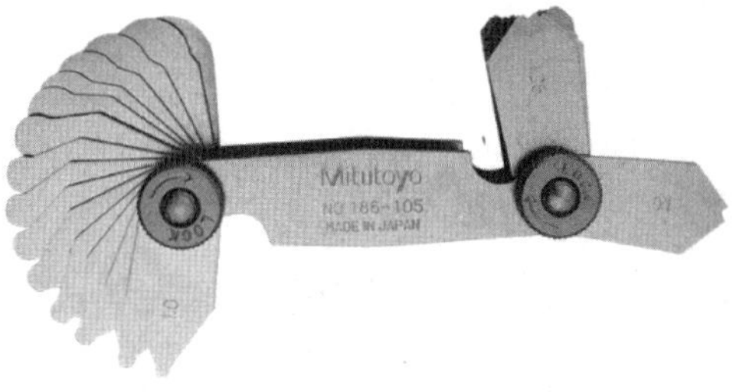

图 8-33　半径样板

半径样板的使用方法及注意事项如下：

（1）检验轴类零件的圆弧曲率半径时，样板要放在径向界面内；检验平面形圆弧曲率半径时，样板应平行与被检截面，不得前后倾倒。

（2）当已知被检测工件的圆弧半径时，

可选用相应尺寸的半径样板去检验。

（3）不知道被检测工件的圆弧半径时，则要用试测方法进行检验。首先用目测估计被检验工件的圆弧半径，依次选择半径样板去测试，当光隙位于圆弧的中间部分时，说明工件的圆弧半径 r 大于样板的圆弧半径 R，应换一片半径大一些的样板检验，若光隙位于圆弧的两边，说明工件的半径 r 小于样板的半径 R，则换一片小一些的样板检验，直到两者吻合 $r=R$，则此样板的半径就是被测工件的圆弧半径。

（4）半径样板使用后应擦净，擦拭时要从铰链端向工作端方向擦，切勿逆擦，以防止样板折断或弯曲。

（5）半径样板要定期检定，如果样板上标明的半径数值不清时千万不可使用，防止错用。

七、指示表

（一）百分表与千分表

百分表与千分表用于测量工件的形状、位置误差及位移量，也可用比较法测量工件的长度。它们是利用机械结构将被测工件的尺寸数值放大后，通过读数装置标识出来的一种测量工具。图 8-34 为百分表外形图。

电子数显百分表和千分表用于精密测量工件的形状及位置误差，也用于测量工件长度，其优点是读数迅速、直观。其外形如图 8-35 所示。电子数显百分表数字最小分度值 0.01mm，测量范围 0~3mm、0~5mm、0~10mm、0~25mm、0~30mm。电子数显千分表数字最小分度值 0.001mm，测量范围 0~5mm、0~9mm、0~10mm 百分表的分度值为 0.01mm。表面刻度盘上共有 100 个等分格，当指针偏转 1 格时，量杆移动距离为 0.01mm

使用百分表、千分表时可将其装在专用表座上或磁性表座上。

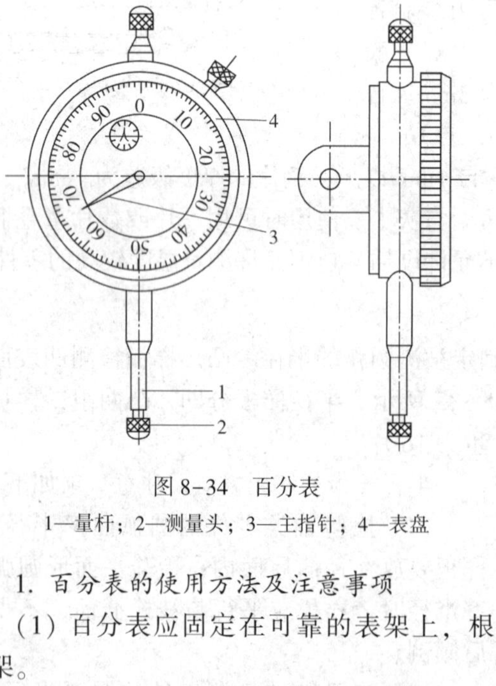

图 8-34　百分表

1—量杆；2—测量头；3—主指针；4—表盘

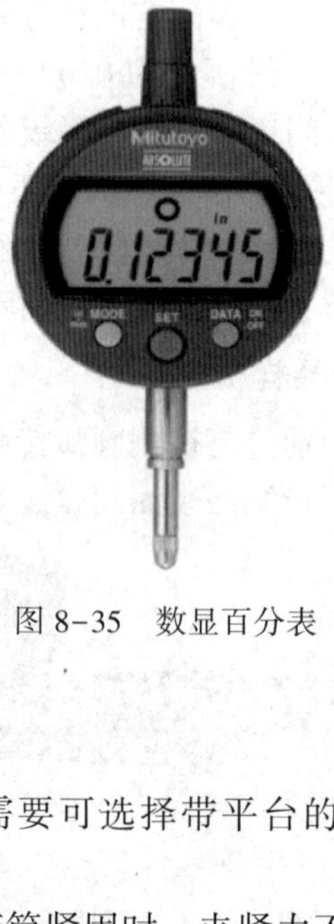

图 8-35　数显百分表

1. 百分表的使用方法及注意事项

（1）百分表应固定在可靠的表架上，根据测量的需要可选择带平台的表架或万能表架。

（2）百分表应牢固的装夹在表架夹具上，如与装夹套筒紧固时，夹紧力不宜过大，以免使装夹套筒变形，卡住测杆，应检查测杆移动是否灵活，夹紧后，不可再转动百分表。

（3）百分表测杆应与被测工件表面垂直，否则将产生较大的测量误差。

（4）测量圆柱形工件时，测杆轴线应与圆柱形工件直径方向一致。

（5）测量前必须坚持百分表是否夹牢且又不影响其灵敏度，为此可检查其重复性，即多次提拉百分表测杆略高于工件高度，放下测杆，使之与工件接触，在重复性较好的情况下，才可以进行测量。

（6）在测量时，应轻轻提起测杆，把工件移至测头下面，缓慢下降测头，使之与工件接触，不准把工件强迫推入至测头，也不准急剧下降测头，以免产生瞬时冲击测力，给测量带来误差。对工件进行调整时，应按上述方法操作。在测头与工件表面接触时，测杆应有0.3~1mm的压缩量，以保持一定的起始测量力。

（7）测量杆上不要加油，以免油污进入表内，影响表的传动机构和测杆移动的灵活性。

2. 千分表的使用方法及注意事项

（1）使用千分表时不要使测量杆移动次数过多，以免造成测量头端部过早磨损，齿轮系统过于消耗，弹簧松弛影响千分表的精度。

（2）测量时，不要使测量杆移动的距离过大，甚至超出测量限度，否则会造成测量时压力太大，弹簧过分的伸张。

（3）千分表测杆应与被测工件表面垂直，否则将产生较大的测量误差。

（4）测量时，不要把工件强迫推入测量头下，否则会损伤千分表机件。

（5）不要用千分表测量表面粗糙或有明显凹凸的工件。

（6）在测量杆移动不灵活或者发生阻塞时，不要用力推压测量头，应进行修理。

（7）测量前，将被测部位擦拭干净，不能用千分表测量不清洁的工件。

（8）测量杆上不应有任何的油脂。

（二）万能表座

万能表座用于夹持百分表、千分表，并可使其处于任意位置和角度上可沿平面滑行，以方便测量工件尺寸及形位偏差。其外形如图8-36所示。万能表座有普通式、可微调式两种。

（三）磁性表座

磁性表座的用途与万能表座相同，利用其磁性可使表座固定于空间任意位置和角度上，更便于使用。其外形如图8-37所示。磁性表座里面是一个圆柱体，在其中间放置一条条形的永久磁铁或恒磁磁铁，外面底座位置是一块软磁材料（软磁材料是指在较弱的磁场下易磁化也易退磁的一种铁氧体材料），通过转动手柄，来转动里面的磁铁。当磁铁的两极（N或S）呈上下方向时，也就是磁铁的N或S极正对软磁材料底座时，就被磁化了，这个方向上具有强磁，所以能够用于吸住钢铁表面。而当磁铁的两极处于水平方向时，及N、S的正中间正对软磁材料底座时（长条形磁铁的正中间只有极小的磁性，可以不计）不会被磁化，所以此时底座上几乎没有磁力，就可以很容易地从钢铁表面取下来了。

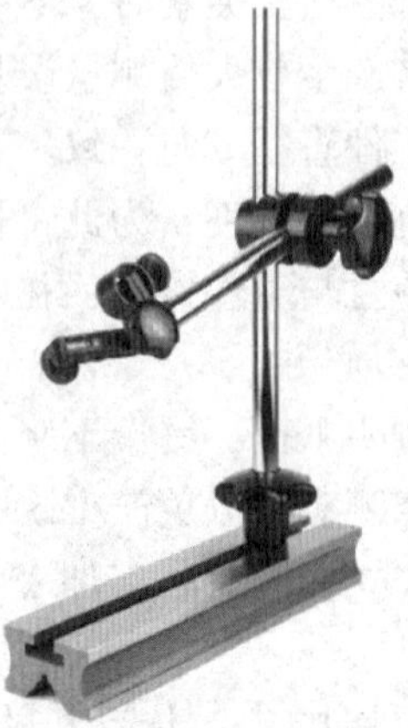

图 8-36　万能表座

图 8-37　磁性表座

八、万用表

万用表由表头、测量电路及转换开关等三个主要部分组成。如图 8-38 所示。

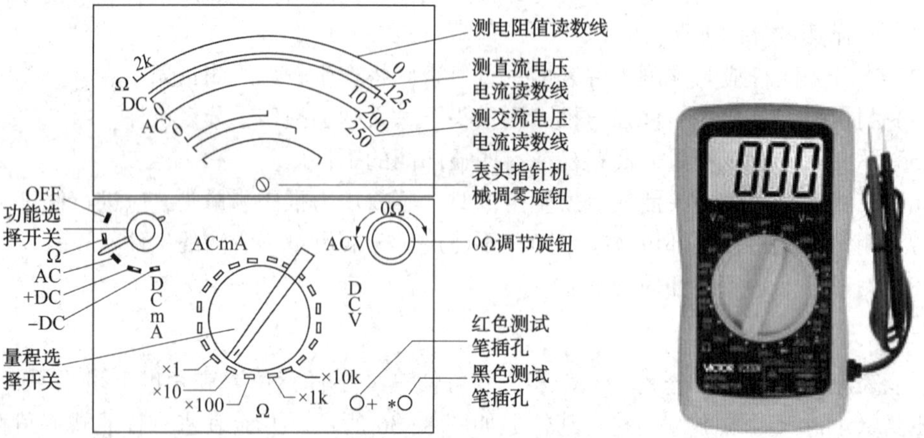

图 8-38　万用表示意图

（一）表头

这是一只高灵敏度的磁电式直流电流表，万用表的性能指标主要取决于表头的灵敏度。表头的灵敏度是指表头指针满刻度偏转时流过表头的直流电流值，这个值越小，表头的灵敏度越高。测电压时的内阻越大，其性能就越好。表头上有四条刻度线，它们的功能如下：

第一条（从上到下）标有 R 或 Ω，指示的是电阻值，转换开关在欧姆挡时，即读此条刻度线。第二条标有∽和 VA，指示的是交、直流电压和直流电流值，当转换开关在交、直流电压或直流电流挡，量程在除交流 10V 以外的其他位置时，即读此条刻度线。第三条标有 10V，指示的是 10V 的交流电压值，当转换开关在交、直流电压挡，量程在交流 10V 时，即读此条刻度线。第四条标有 dB，指示的是音频电平。

（二）测量线路

测量线路是用来把各种被测量转换到适合表头测量的微小直流电流的电路，它由电阻、半导体元件及电池组成。

它能将各种不同的被测量(如电流、电压、电阻等)、不同的量程，经过一系列的处理(如整流、分流、分压等)统一变成一定量限的微小直流电流送入表头进行测量。

测量线路是万用表实现多种电量、多量程变换的电路。测量线路的改进，可使仪表的功能增多，操作方便，体积减小。

(三) 转换开关

转换开关用来切换不同的测量线路，实现多种电量和多种量程的选择。一般指针式万用表中均采用机械式转换开关，它由动触点和静触点组成。动触点又称为“刀”，静触点又称为“掷”，因而机械式转换开关又称为刀掷转换开关。该类型开关静触点固定在测量电路板上，动触点装在转轴上。转换开关旋转时，转轴带动动触点旋转，当动触点与某一挡位的静触点接触时，就接通了该挡的测量电路，实现了不同测量电路的切换。

对转换开关的要求是转动灵活、接触良好。

万用表是一种复合性的仪表。表头(测量机构)一般采用磁电式，通过转换开关使表头串联或并联一些电阻及整流器。它可以进行多参数多量程的测量，一般万用表可以测量直流电压、直流电流、交流电压、电阻等。

(四) 万用表使用

万用表面板的表头部分有一个零位调整螺丝，测量前调整该螺丝，使指针指示“0”位。板上有两个插孔“+”和“-”，测量时红测笔接“+”，黑测笔接“-”。此外，还有一个零欧调整旋钮(0)，测量电阻前，短路测笔调整该旋钮使指针指示“0”。

(1) 熟悉表盘上各符号的意义及各个旋钮和选择开关的主要作用。

(2) 进行机械调零。

(3) 根据被测量的种类及大小，选择转换开关的挡位及量程，找出对应的刻度线。

(4) 选择表笔插孔的位置。

(5) 测量电压：测量电压时要选择好量程，如果用小量程去测量大电压，则会有烧表的危险；如果用大量程去测量小电压，那么指针偏转太小，无法读数。量程的选择应尽量使指针偏转到满刻度的 2/3 左右。如果事先不清楚被测电压的大小时，应先选择最高量程挡，然后逐渐减小到合适的量程。

① 交流电压的测量：将万用表的一个转换开关置于交、直流电压挡，另一个转换开关置于交流电压的合适量程上，万用表两表笔和被测电路或负载并联即可。

② 直流电压的测量：将万用表的一个转换开关置于交、直流电压挡，另一个转换开关置于直流电压的合适量程上，且“+”表笔(红表笔)接到高电位处，“-”表笔(黑表笔)接到低电位处，即让电流从“+”表笔流入，从“-”表笔流出。若表笔接反，表头指针会反方向偏转，容易撞弯指针。

(6) 测量电流：测量直流电流时，将万用表的一个转换开关置于直流电流挡，另一个转换开关置于 50μA 到 500mA 的合适量程上，电流的量程选择和读数方法与电压一样。测量时必须先断开电路，然后按照电流从“+”到“-”的方向，将万用表串联到被测电路中，即电流从红表笔流入，从黑表笔流出。如果误将万用表与负载并联，则因表头的内阻很小，会造成短路烧毁仪表。其读数方法如下：

$$实际值=指示值\times量程/满偏$$

(7) 测量电阻：用万用表测量电阻时，应按下列方法操作：

① 机械调零。在使用之前，应该先调节指针定位螺丝使电流示数为零，避免不必要的误差。

② 选择合适的倍率挡。万用表欧姆挡的刻度线是不均匀的，所以倍率挡的选择应使指针停留在刻度线较稀的部分为宜，且指针越接近刻度尺的中间，读数越准确。一般情况下，应使指针指在刻度尺的1/3~2/3间。

③ 欧姆调零。测量电阻之前，应将两个表笔短接，同时调节“欧姆调零旋钮”，使指针刚好指在欧姆刻度线右边的零位。如果指针不能调到零位，说明电池电压不足或仪表内部有问题。并且每换一次倍率挡，都要再次进行欧姆调零，以保证测量准确。

④ 读数。表头的读数乘以倍率，就是所测电阻的电阻值。

(8) 注意事项：

① 在测电流、电压时，不能带电换量程；

② 选择量程时，要先选大的，后选小的，尽量使被测值接近于量程；

③ 测电阻时，不能带电测量。因为测量电阻时，万用表由内部电池供电，如果带电测量则相当于接入一个额外的电源，可能损坏表头；

④ 使用完毕，应使转换开关在交流电压最大挡位或空挡上；

⑤ 注意在欧姆表改换量程时，需要进行欧姆调零，无需机械调零。

九、兆欧表(摇表)

兆欧表俗称摇表，见图8-39。它是专供用来检测电气设备、供电线路的绝缘电阻的一种便携式仪表。电气设备绝缘性能的好坏，关系到电气设备的正常运行和操作人员的人身安全。为了防止绝缘材料由于发热、受潮、污染、老化等原因所造成的损坏，为便于检查修复后的设备绝缘性能是达到规定的要求，都需要经常测量其绝缘电阻。

图8-39 兆欧表

兆欧表主要用来测量绝缘电阻(高值电阻)。

选用兆欧表，主要是选择它的电压和测量量限。兆欧表的电压值应高于被测设备的额定电压，否则达不到测量绝缘层耐压的目的。反之，也不能用高压兆欧表测低压设备，以免把设备绝缘层击穿。

测量前先转动兆欧表，检查火线“L”和地线“E”两接线柱开路时指针是否指在“∞”处，短路时是否指在“0”处。兆欧表的接线柱与被测物的连接方法是：火线“L”(或“-”)接与大地绝缘的导电部分；地线“E”(或“+”)接外壳或其他导电部分；“保护”接线柱保护遮蔽环或其他与被测电路无关的部分。测量时，手摇的速度要符合规定要求(一般为120r/min)。

(一) 兆欧表的结构

一般的兆欧表主要是由手摇发电机、比率型磁电系测量机构以及测量电路等组成。比率型磁电系测量机构的可动部分装有两个可动线圈 A_1、A_2，一个产生转动力矩，另一个产生反作用力矩。两个可动线圈固定装在同一个转轴上，在转轴上还装有无力矩盘形导流游丝，电路中的电流通过导流游丝，引入可动线圈。

其固定部分是由永久磁铁、极掌、铁心等部件组成。为了使转矩和偏转角有关，必须使空气隙内的磁场分布不均匀。

（二）兆欧表的选用

选用兆欧表时，其额定电压一定要与被测电气设备或线路的工作电压相适应。此外，兆欧表的测量范围也应与被测绝缘电阻的范围相吻合。

例如，测量高压设备的绝缘电阻，须选用电压高的兆欧表。如瓷瓶的绝缘电阻一般在10^4兆欧以上，至少需用2500伏以上的兆欧表才能测量，否则测量结果不能反映工作电压下的绝缘电阻。同样，不能用电压过高的兆欧表测量低电压电气设备的绝缘电阻，以免设备的绝缘受到损坏。

（三）兆欧表的使用与维护

（1）使用兆欧表测量设备的绝缘电阻时，须在设备不带电的情况下才能进行测量。为此，测量之前须先将电源切断，并对被测设备进行充分的放电。

（2）兆欧表在使用前须进行检查。其检查方法如下：如图8-40将兆欧表平稳放置，“L”“E”两个端钮开路，摇动手摇发电机的手柄，使发电机的转速达到额定转速。这时的指针应该指在标尺的“∞”刻度处；然后再将“L”“E”短接，须缓慢摇动手柄，指针应指在“0”位上(要注意必须缓慢摇动，以免电流过大烧坏线圈)。如果指针不指在“∞”或“0”的刻度线上，必须对兆欧表进行检修后才能使用。

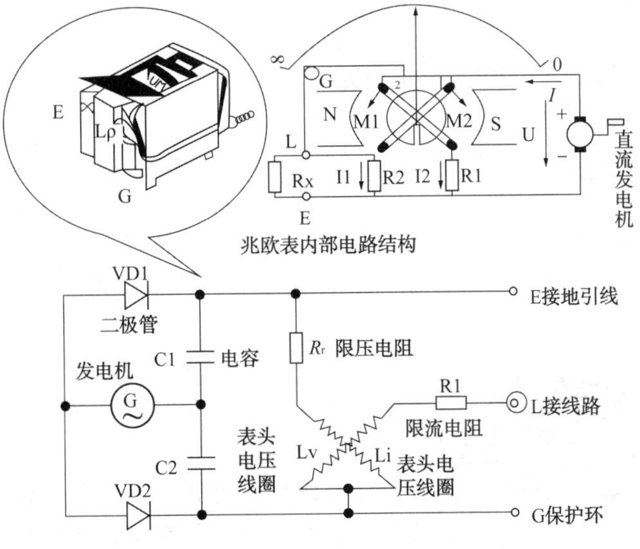

图8-40　兆欧表电路图

（3）兆欧表的接线柱有三个，分别标有：L(线)、E(地)和G(屏)。在进行一般测量时，将被测绝缘电阻接在L和E间，如测量线路绝缘电阻时，将被测端接到L接线柱，而E接线柱接地，如图8-40所示。

（4）接线时，应选用单股导线分别单独连接L和E，不可用双股导线或绞线，因为线间的绝缘电阻会影响测量结果。如果绝缘电阻的表面不清洁或潮湿，为了测量绝缘电阻内部的电阻值(即体积电阻)，则必须使用屏蔽“G”接线柱。如图8-40所示。

（5）绝缘电阻的表面漏电流，沿绝缘电阻的表面，经G接线柱，而不经过动圈流回电源的负极。体积电流 I_V，通过绝缘电阻的内部，经 L 接线柱以及动圈 A 流回电源的负极。所以，兆欧表的测量结果只能反映被测绝缘电阻内部情况，即体积电阻。

（6）测量电解电容器的介质绝缘电阻时，按电容器耐压的高低选用兆欧表。要注意兆欧表上的正负极性。正极接（L），负极接（E），不可反接。否则会使电容器击穿。而测量其他电容器的介质绝缘电阻时，可不考虑这一点。

（7）测量绝缘电阻时，发电机的手柄应由慢渐快的摇动。若发现指针指零，说明被测绝缘物有短路现象，这时不能继续摇动，以防表内的动圈因发热而损坏。转动手摇发电机手柄，要切忌忽快忽慢，以免指针摆动加大引起误差。一般为 120r/min，但可以在±20%的范围内变化。

（8）当兆欧表没有停止转动和被测物没有放电之前，不可用手去触及被试物的测量部分，或进行拆除导线的工作。在测量具有大电容设备的绝缘电阻之后，必须先将被测物对地放电，然后再停止兆欧表的发电机手柄的转动。这主要是为了防止电容器放电，而损坏兆欧表。

（四）使用注意事项

（1）禁止在雷电时或高压设备附近测绝缘电阻，只能在设备不带电，也没有感应电的情况下测量。

（2）摇测过程中，被测设备上不能有人工作。

（3）摇表线不能绞在一起，要分开。

（4）摇表未停止转动之前或被测设备未放电之前，严禁用手触及。拆线时，也不要触及引线的金属部分。

（5）测量结束时，对于大电容设备要放电。

（6）要定期校验其准确度。

十、分光光度计

分光光度计（如图 8-41），又称光谱仪（spectrometer），是将成分复杂的光，分解为光谱线的科学仪器。测量范围一般包括波长范围为 380～780nm 的可见光区和波长范围为 200～380nm 的紫外光区。

图 8-41　分光光度计

1. 分光光度计的分类

分光光度计按照波长及应用领域的不同可以分为：

（1）可见光分光光度计：测定波长范围为 400～760nm 的可见光区；

（2）紫外分光光度计：测定波长范围为 200～400nm 的紫外光区；

（3）红外分光光度计：测定波长范围为大于 760nm 的红外光区；

（4）荧光分光光度计：用于扫描液相荧光标记物所发出的荧光光谱；

（5）原子吸收分光光度计：光源发出被测的特征光谱辐射，被经过原子化器后的样品蒸气中的待测元素基态原子所吸收，通过测定特征辐射被吸收的大小，来求出被测元素的含量。

2. 分光光度计的原理

分光光度计采用一个可以产生多个波长的光源，通过系列分光装置，从而产生特定波长的光源，光线透过测试的样品后，部分光线被吸收，计算样品的吸光值，从而转化成样品的浓度。样品的吸光值与样品的浓度成正比。

3. 分光光度计的操作方法

（1）接通电源，打开仪器开关，掀开样品室暗箱盖，预热 10min。

（2）将灵敏度开关调至“1”挡(若零点调节器调不到“0”时，需选用较高挡。)

（3）根据所需波长转动波长选择钮。

（4）将空白液及测定液分别倒入比色杯 3/4 处，用擦镜纸擦清外壁，放入样品室内，使空白管对准光路。

（5）在暗箱盖开启状态下调节零点调节器，使读数盘指针指向 $t=0$ 处。

（6）盖上暗箱盖，调节“100”调节器，使空白管的 $t=100$，指针稳定后逐步拉出样品滑竿，分别读出测定管的光密度值，并记录。

（7）比色完毕，关上电源，取出比色皿洗净，样品室用软布或软纸擦净。

4. 分光光度计的使用注意事项

（1）该仪器应放在干燥的房间内，使用时放置在坚固平稳的工作台上，室内照明不宜太强。热天时不能用电扇直接向仪器吹风，防止灯泡灯丝发亮不稳定。

（2）使用本仪器前，使用者应该首先了解本仪器的结构和工作原理，以及各个操纵旋钮之功能。在未按通电源之前，应该对仪器的安全性能进行检查，电源接线应牢固，通电也要良好，各个调节旋钮的起始位置应该正确，然后再按通电源开关。

（3）在仪器尚未接通电源时，电表指针必须于“0”刻线上，若不是这种情况，则可以用电表上的校正螺丝进行调节。

十一、水平仪

水平仪是检验平面对水平或垂直位置倾斜度的仪器，主要用于检查机械设备工作台面，导轨面的平面度和直线度、机件相互位置的垂直度和平行度以及设备安装的相对水平位置和垂直位置。

1. 水平仪的种类

常用的水平仪有条式和框式两种，其外形如图 8-42 所示。

（1）条式水平仪：它由 V 形的工作底面和与工作底面平行的水准器(即气泡)两部分组成。当水平仪的底平面准确地处于水平位置时，水准器的气泡正好处于中间位置；被测平面稍有倾斜，水准器的气泡就向高的一方移动，在水准器的刻度上可读出两端高低相差值。分度值为 0.02mm/m 的水平仪，即表示气泡每移动一格时，被测长度为 1m 的两端上，高低相差 0.02mm。条式水平仪的外形尺寸见表 8-2。

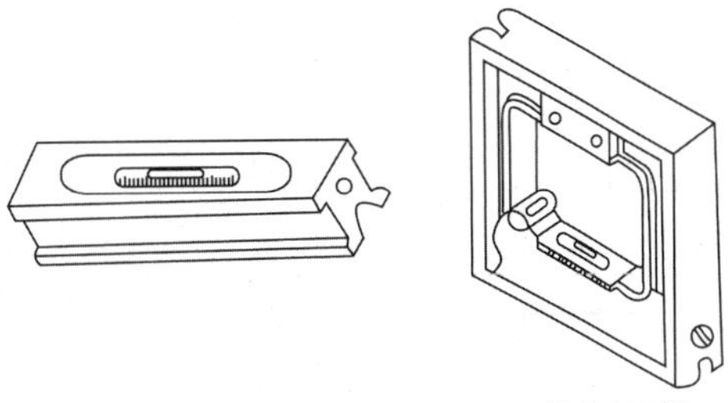

(a)条式水平仪　(b)框式水平仪

图 8-42　水平仪

表 8-2　条式水平仪的外形尺寸

L(长)/mm	B(宽)/mm	H(高)/mm	V 形工作面角度
100	30~35	30~40	120°或 140°
150	35~40	35~45	
200	40~45	40~50	
250	40~45	40~50	
300	40~45	40~50	

（2）框式水平仪：它有四个相互垂直的都是工作面的平面，并有纵向、横向两个水准器。因此，它除了能完成条式水平仪的工作外，还能检验机件的垂直度。框式水平仪的分度值为 0.02mm/m 和 0.05mm/m，其外形尺寸见表 8-3。

表 8-3　框式水平仪的外形尺寸

L(长)/mm	B(宽)/mm	H(高)/mm	V 形工作面角度
100	25~35	100	120°或 140°
150	30~40	150	
200	35~45	200	
250	40~50	250	
300	40~50	300	

2. 水平仪的测量方法

测量前，将被测表面与水平仪工作表面擦干净，以免测量不准或损坏工作表面。

测量机床导轨的水平度时，一般将水平仪在起端位置时的读数作为零点，然后依次移动水平仪，记下每一位置的读数。根据水准器中的气泡移动方向与水平仪的移动方向来评定被检查导轨面的倾斜方向。如方向一致，一般正值，它表示导轨平面向上倾斜；如方向相反，则读为负值，表示导轨平面向下倾斜。

为了准确起见，找水平时，可在被测量面上旋转 180°，再测量一次，利用两次读数的结果进行计算而得出测量的数据，具体计算方法见表 8-4。

表 8-4　水平仪测量数据的计算方法

项目	水平仪读数			
	例 1	例 2	例 3	例 4
第一次测量	0	0	X_1	X_1
第二次测量(转 180°后)	0	X_2	X_2(方向与 X_1 相反)	(方向与 X_1 相同)
A—被测表面水平仪偏差 B—水平仪误差	$A=B=0$	$A=1/2X_2$ $B=1/2X_2$ $A=B$	$A=(X_1-X_2)/2$ $B=(X_1+X_2)/2$	$A=(X_1+X_2)/2$ $B=(X_1-X_2)/2$

3. 水平仪使用的注意事项

（1）使用水平仪时，测量面上不得有任何灰尘。对于测量面长度为 200mm、分度值为 0.02mm/m 的水平仪，如果其测量面上沾有直径为 2μm 的尘粒，则可能产生的最大示值误差为 1/2 分度。

(2) 水平仪在测量时应避免温度的影响。水准器中液体受温度影响后将使气泡长度改变，若温度变化 2~3℃时，水准器气泡的长度将变化 1 个分度。为减小温度的影响，测量时由气泡两端读数，取平均值作为测量结果。

(3) 读水平仪示值时，应在垂直于水准器的位置上进行。

十二、振幅仪

振幅仪也叫振幅表振动分析仪或者测震笔，是利用石英晶体和人工极化陶瓷(PZT)的压电效应设计而成。适用于常规振动测量，它不仅可以测量振动的加速度、速度、位移，而且还可以打印输出。

(一) 振幅仪基本原理

振幅仪采用压电式加速度传感器，把振动信号转换成电信号，通过对输入信号的处理分析，显示出振动的加速度、速度、位移值，并可用打印机打印出相应的测量值。

(二) 振幅仪的适用范围

振幅仪常被应用于机械制造、电力、冶炼、车辆等领域。另外，还常被广泛应用于用于轴承、齿轮、电机、风扇机床等快速检查，等机械设备故障的预防性检查。

(三) 振幅仪的类型

现在的振幅仪一般都采用压电式的，结构形式大致有压缩式和剪切式两种。

(四) 振幅仪的使用方法(图 8-43、图 8-44)

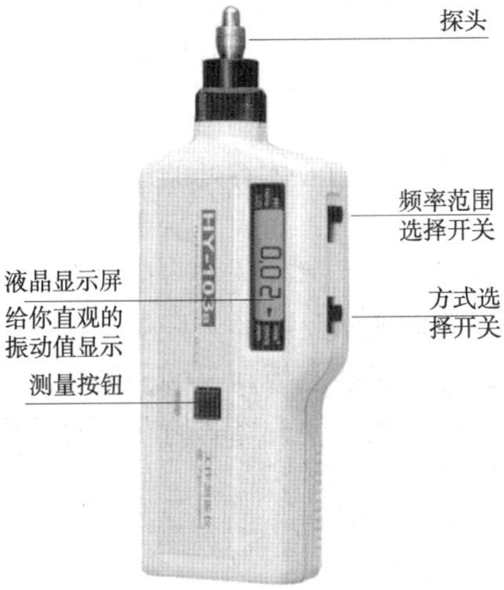

图 8-43　希玛 AR63A 数字振幅仪示意图

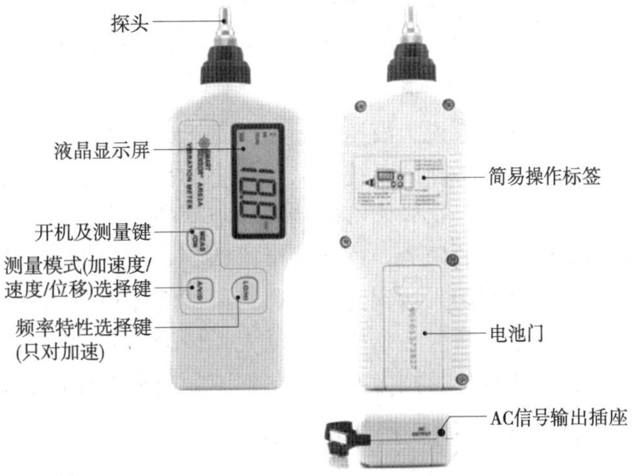

图 8-44　华阳 HY-103B 数字振幅仪示意图

1. 振幅表测点选择

利用振幅表，对主要设备的轴承及轴向端点进行测试，并配有现场检测记录表，每次的测点必须相互对应。

2. 测量周期

在设备刚刚大修后或接近大修时，需两周测一次；正常运行时一个月测一次；如遇所测值与上一次测值有明显变化时，应加强测试密度，以防突发事故而造成故障停机。

3. 测量值判定依据

参照国际标准：ISO 2372；振幅值：≤0.06mm

转速：600~1200r/min；振动测量范围：10~1000Hz(0.1~199.9m/s²)

通常在设备正常运行时，其检测速度值在4.5~11.2mm/s(75kW以上机组)范围为监控使用，超过7.1mm/s以上就要考虑安排大修理。这个数值的确定除考虑设备电机容量外，还要考虑工作连续性强、安全可靠性高等方面。

总之，振幅表与其他检测仪器配合使用，有利对设备的运行状态进行分析。如振幅表与油质分析仪、电动机故障检测仪、对中仪等仪器配合使用，能更准确地判断设备的运行情况。

第六节　起重器材

一、千斤顶

千斤顶是一种用钢性顶举件作为工作装置，通过顶部托座或底部托爪在行程内顶升重物的轻小起重设备。千斤顶主要用于厂矿、交通运输等部门作为车辆修理及其他起重、支承等工作。其结构轻巧坚固、灵活可靠，一人即可携带和操作。

（一）千斤顶分类

千斤顶分为机械千斤顶和液压千斤顶两种，机械千斤顶有单作用薄型千斤顶、立卧两用千斤顶、螺旋式千斤顶；液压千斤顶有分离式液压千斤顶、超薄型液压千斤顶、中空式液压千斤顶、自锁式液压千斤顶、立式油压千斤顶、卧式液压千斤顶、双节液压千斤顶。

（二）工作原理

从原理上来说，液压千斤顶所基于的原理为帕斯卡原理，即：液体各处的压强是一致的，这样，在平衡的系统中，比较小的活塞上面施加的压力比较小，而大的活塞上施加的压力也比较大，这样能够保持液体液面的平衡与静止。所以通过液体的传递，可以得到不同端上的不同的压力，这样就可以达到一个变换的目的。我们所常见到的液压千斤顶就是利用了这个原理来达到力的传递。机械千斤顶采用机械原理，以往复扳动手柄，拔爪即推动棘轮间隙回转，小伞齿轮带动大伞齿轮、使举重螺杆旋转，从而使升降套筒获得起升或下降，而达到起重拉力的功能。但不如液压千斤顶简易。

（三）千斤顶使用注意事项

(1) 使用前必须检查各部分是否正常。

(2) 使用时应严格遵守主要参数中的规定，切忌超高超载，否则当起重高度或起重吨位超过规定时，油缸顶部会发生严重漏油。

(3) 如手动泵体的油量不足时，需先向泵中加入应为经充分过滤后的N33#液压油才能工作。

(4) 电动泵请参照电动泵使用说明书。

(5) 重物重心要选择适中，合理选择千斤顶的着力点，底面要垫平，同时要考虑到地面软硬条件，是否要衬垫坚韧的木材，放置是否平稳，避免负重下陷或倾斜。

(6) 千斤顶将重物顶升后，应及时用支承物将重物支承牢固，禁止将千斤顶作为支承物使用。如需长时间支承重物请选用。

(7) 如需几台千斤顶同时起重时，除应正确安放千斤顶外，应使用多顶分流阀，且每台千斤顶的负荷应均衡，注意保持起升速度同步。还必须考虑因重量不匀地面可能下陷的情况，防止被举重物产生倾斜而发生危险。

(8) 使用时先将手动泵的快速接头与顶对接，然后选好位置，将油泵上的放油螺钉旋紧，即可工作。欲使活塞杆下降，将手动油泵手轮按逆时针方向微微旋松，油缸卸荷，活塞杆即逐渐下降。否则下降速度过快将产生危险。

(9) 分离式千斤顶系弹簧复位结构，起重完后，即可快速取出，但不可用连接的软管来拉动千斤顶。

(10) 因千斤顶起重行程较小，用户使用时千万不要超过额定行程，以免损坏千斤顶。

(11) 使用过程中应避免千斤顶剧烈振动。

(12) 不适宜在有酸碱，腐蚀性气体的工作场所使用。

(13) 用户要根据使用情况定期检查和保养。

（四）千斤顶安全操作注意事项

(1) 使用前应检查各部分是否完好，油液是否干净。油压式千斤顶的安全栓有损坏，或螺旋、齿条式千斤顶的螺纹、齿条的磨损量达 20%时，严禁使用。

(2) 千斤顶应设置在平整、坚实处，并用垫木垫平。

(3) 千斤顶必须与荷重面垂直，其顶部与重物的接触面间应加防滑垫层。

(4) 千斤顶严禁超载使用，不得加长手柄，不得超过规定人数操作。

(5) 使用时，任何人不得站在安全栓的前面。

(6) 在顶升的过程中，应随着重物的上升在重物下加设保险垫层，到达顶升高度后应及时将重物垫牢。

(7) 用两台及两台以上千斤顶同时顶升一个物体时，千斤顶的总起重能力应不小于荷重的两倍。顶升时应由专人统一指挥，确保各千斤顶的顶升速度及受力基本一致。

(8) 油压式千斤顶的顶升高度不得超过限位标志线；螺旋及齿条式千斤顶的顶升高度不得超过螺杆或齿条高度的 3/4。

(9) 千斤顶不得在长时间无人照料下承受荷重。

(10) 千斤顶的下降速度必须缓慢，严禁在带负荷的情况下使其突然下降。

二、环链手拉葫芦

（一）环链手拉葫芦工作原理

手链轮转动，将摩擦片棘轮、制动器座压成一体共同旋转，齿长轴便转动片齿轮、齿短轴和花键孔齿轮。这样，装置在花键孔齿轮上的起重链轮就带动起重链条，从而平稳地提升重物。下降时逆时针拽动手拉链条，制动座跟刹车片分离，棘轮在棘爪的作用下静止，五齿长轴带动起重链轮反方向运行，从而平稳下降重物。手拉葫芦一般采用棘轮摩擦片式单向制动器，在载荷下能自行制动，棘爪在弹簧的作用下与棘轮啮合使制动器安全工作。它具有安全可靠、维护简便、机械效率高、手链拉力小、自重较轻便于携带、外形美观尺寸较小、经久耐用的特点，适用于工厂、矿山、建筑工地、码头、船坞、仓库等用作安装机器、起吊货物，尤其对于露天和无电源作业，更显示出其优越性。

手拉葫芦主要机件选用合金钢材料制造，链条采用 800MPa 高强度起重链条，材质一般为 20M2，中频淬火热处理、低磨损、防腐蚀的链条；高强度吊钩，材质一般为合金钢，煅打式的吊钩设计确保了缓慢起升以防过载；符合欧洲 CE 安全标准。

（二）手拉葫芦使用安全技术操作规程

（1）使用的链条葫芦必须是正式厂家的合格产品。

（2）使用前应检查吊架、吊钩、链条、轮轴、链盘等部件，如发现有锈蚀、裂纹、损伤、变形、扭曲、传动部分不灵活等，严禁使用。

（3）使用的链葫芦，严禁超载，外壳上应有额定吨位标记。气温在-10℃以下，不得超过其额定起重量的一半。

（4）使用时，先倒松链条，挂好起吊物体，慢慢拉动牵引链条，待起重链条受力后，再检查齿轮啮合及自锁装置的工作状况，确认无误后方可继续起重作业。

（5）拉动链条时，应均匀缓进，并与链轮盘方向一致，不得斜向拽动，拉动链条只许一人操作，严禁二人以上猛拉。操作时严禁站在倒链的正下方。

（6）齿轮应经常加油润滑。应经常检查棘爪、棘爪弹簧和齿轮的技术状况，防止制动失灵。

（7）重物需在空间停留时间较长时，必须将小链拴在大链上。

（8）起重时如需在建筑物构件上拴挂倒链葫芦，必须经技术负责人负荷量计算，确认安全方可进行作业

（9）两台及两台以上的葫芦起吊同一重物时，重物的重量应不大于每台葫芦的允许起重量。

（10）起重链不得打扭，双股的不得拆成单股使用。

（11）检修时，切勿将润滑油、脂渗入摩擦片内，以防自锁失效。

（12）不得超负荷使用，起重能力在 5T 以下的只允许 1 人拉链，起重能力在 5T(包括 5T)以上的允许两人拉链，不得随意增加人数猛拉，操作时，人不得站在链条葫芦的正下方。

（13）吊起的重物如需在空中停留较长时间时，应将手拉链拴在起重链上，并在重物上加设保险绳。

（14）在使用中发生卡链情况，应将重物垫好后方可进行检修。

（15）定期保养葫芦，对转动部位要及时加添润滑油。

（16）手动葫芦经清洗检修，应进行空载和重载试验，确认工作正常，制动可靠，方能交付使用。制动器的摩擦表面必须保持干净。制动器部分应当经常检查，防止制动失灵，发生重物自坠的现象。

（17）对用过的、旧的链条葫芦，使用前应做详细检查，如吊钩、链条等是否完好，起重链根部销子是否合乎要求，传动部分是否灵活，起重链是否错扭，自锁是否有效，各部件是否有裂纹、变形，严重磨损等。

（18）吊钩、链轮等有变形时或链条直径磨损量达 15%时，严禁使用。

（19）倒链使用完毕后，应拆卸清洗干净，重新上好润滑油，并安装好后送仓库妥善保管，防止链条锈蚀。

三、绳具

工程起重机用钢丝绳型号规格详解摘要：31WS 表示每股由 31 根丝组成，钢丝精细排列不同，最外层是瓦林吞式，内层是西鲁式。6W(19)是钢丝绳的结构形式。6 个圆股，每股外层丝 8-12 根，中心丝外捻制 2-3 层钢丝。天然纤维瓦林吞钢丝绳。

起重机钢丝绳型号规格符号含义：

起重机钢丝绳型号举例一：D—6×37+1—35—150—特—5—甲。

（1）D—代表起重机械钢丝绳类型代号；

（2）6—钢丝绳的股数；

（3）37—起重钢丝绳每股的钢丝数；

（4）1—起重机钢丝绳的有机物芯(例如麻芯)；

（5）35—钢丝绳的直径毫米；

（6）150—公称抗拉强度为 150kg/mm^2；

（7）特—5—甲—钢丝绳的型号(例如 D 型、X—D 型)。

举例二：6T×31WS+IWR-32-1770。

（1）6 是指 6 股；

（2）T 是指每根钢丝是梯形，是面接触钢丝绳；

（3）31WS 表示每股由 31 根丝组成，钢丝精细排列不同，最外层是瓦林吞式，内层是西鲁式；

（4）IWR 表示是钢芯的；

（5）1770 是指钢丝绳抗拉强度为 1770 级；

（6）32 指钢丝绳直径。

举例三：6W(19)-ϕ17.5-155-I-光-右交。

（1）6W(19)是钢丝绳的结构形式。6 个圆股，每股外层丝 8~12 根，中心丝外捻制 2~3 层钢丝。天然纤维瓦林吞钢丝绳；

（2）ϕ17.5 是钢丝绳的公称直径；

（3）155 指公称抗拉强度；

（4）指钢丝绳中钢丝的机械性能级别为 I 级；

（5）光，指钢丝绳的表面状态是光面钢丝(应该是镀锌钢丝)；

（6）右交，指的是捻法是右交互捻。比较常用的捻法。

第九章 识图与绘图

第一节 零件图测绘

一、零件图测绘

零件图测绘，主要是表达清楚零件的各组成部分形状及相对位置；视图数目及配置应当得当，视图表达要完整、清晰和简练，便于加工。

1. 主视图选择

在零件图测绘中，最重要的是选择主视图。选择主视图应遵循下述原则：

（1）形状特征原则

把最能反映零件形状特征和组成零件各简单体之间相对位置的方向，作为主视图投影方向。如图 9-1 所示轴零件，主视图的投影方向选择 A 向比选择 B 向好。

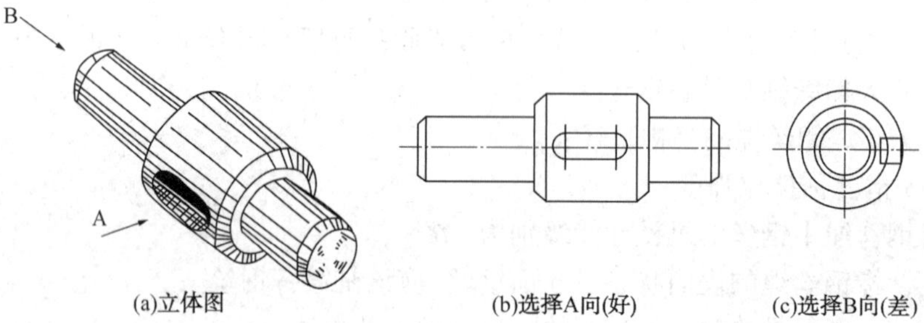

(a)立体图　(b)选择A向(好)　(c)选择B向(差)

图 9-1　主视图的投影方向选择

（2）加工位置原则

确定了主视图的投影方向后，还要确定零件的安放位置。

对于轴套、密封填料压盖类零件，结构形状简单，选择主视图时，应使轴线水平放置，如图 9-2。

（3）工作位置原则

对某些较复杂的零件，选择主视图时，应以零件工作位置安放，既符合人们的观察习惯，又便于从装配测绘零件图。

2. 零件图测绘的步骤

（1）充分了解零件，仔细分析零件的形体结构特点、加工情况及其在机器中的作用与

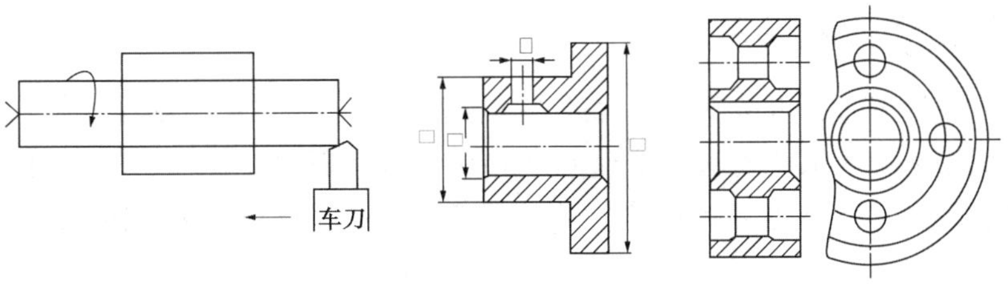

(a)车加工示意图　(b)轴套的主视图　(c)皮带轮的主视图(剖视)

图 9-2　选择零件主视图与主要加工位置一致

工作位置。

(2) 选择主视图。根据零件特点，结合前述原则，确定主视图，并考虑用哪种剖切方法，使内外形兼顾表达。

(3) 其他视图选择。选择其他视图、剖视或剖面时，表达目的应明确，使之与主视图互补，做到表达完整。当某投影方向大部分结构或位置清晰时，采用基本视图；局部结构或位置不清时，采用局部视图表达。

二、零件图的识读

识读零件图是一项基本功，工作中往往要看零件图，以便学习和借鉴；加工时，技术员要根据零件图安排工艺，工人也要看图施工。

识读零件图就是通过阅读零件图，了解其结构、形状、作用，了解尺寸大小、加工精度，以及各项技术要求，看其是否完整、正确、合理。

识读零件图的方法步骤如下：

(1) 看标题栏。了解零件的名称、作用、比例大小，以及由什么材料制造和制造多少件。

(2) 看视图，想形状，弄清作用。分析视图，了解表达方法，弄清各视图间的投影关系。分部分，明形状，抓联系，想整体。注意投影和结构同时分析。

(3) 尺寸分析。本零件共注尺寸个数，是否注全，基准如何，有哪些是重要尺寸，哪些是次要尺寸，标准是否合理、清晰，符合国标要求。

(4) 全面了解各项技术要求：

① 表面粗糙度：共有几类粗糙度？最高为何表面？最低为何表面？为什么？每一类粗糙度表面共有几个？是否注全？

② 了解尺寸公差、形位公差和热处理要求。

(5) 综合以上形、数、技各项整体考虑，零件图是否完整、正确地表达标注和说明，哪些地方有待改进。

第二节　工艺流程图的绘制

工艺流程是油田内部油气流向的总说明，是指导油气安全生产和作业调度的重要依据。工艺流程图不按比例绘制，不受总平面布置的约束，但各区域内设备方位尽可能与平面布置图相对应。

一、工艺流程图的绘制方法

绘制工艺流程图时，可按平面布置的大体位置，将各种工艺设备布置好，然后，按生产工艺以及辅助系统的工艺要求，用规定的绘图标准(如设备的画法、管线的画法等)，将管线、管件、阀件、设备等连接起来。一般说来，完整的工艺流程图的绘制应注意以下几点：

(1) 主要工艺管线用粗实线表示(埋地管线用粗虚线表示)，次要的或辅助管线用细实线表示。

(2) 每条管线要注明流体代号、管径、流向及标高。同时应避免图样上管线与管线、管线与设备间发生重叠。

(3) 图中只有一种管线时，其代号可不注；同一图上某一条管线占绝大多数时，其代号也可省略不注，但要在空白处加以说明。

(4) 若管线在图上发生交叉而实际上并不相碰时，应使其中一条线断开，采用横断竖不断、主线不断的原则。

(5) 管路上的主要设备、阀门及其他重要附件要用细实线按规定符号在相应位置处画出。各种设备在图上一般只需用细实线画出大致外形轮廓或示意结构，保持设备间相对大小，设备之间相对位置及设备上重要管接口位置大致符合现场实际情况即可。

(6) 图上同类设备、阀门要进行编号，通常注在设备图形附近，也可直接注在设备图形之内，图纸上通常附有设备一览表，列出设备、阀门的编号、名称、规格及数量等。还应附有流程操作说明、标题栏。

二、工艺流程设计常用图例

为适应石油天然气工程建设需要，使设计制图做到基本统一，图面简洁清晰，易于绘制，便于读懂，SY/T 0003—2012《石油天然气工程制图标准》给出了设计图例，可供参考。表 9-1 列出来部分工艺流程设计常用图例。

表 9-1　工艺流程设计常用图例

序号	名称	图例	备注
1	主要工艺管线		可加注汉语拼音字母表示
2	次要工艺管线		可加注汉语拼音字母表示
3	软管	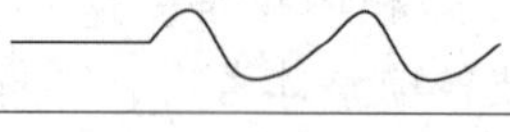	
4	管线交叉	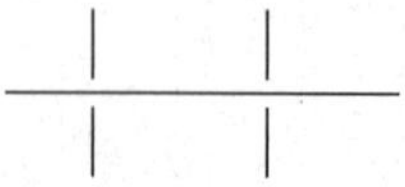	
5	管内介质流向		
6	进出装置或单元的介质流向	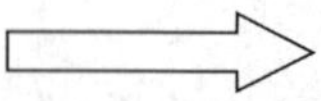	
7	封头		

续表

序号	名称	图例	备注
8	法兰		
9	截止阀	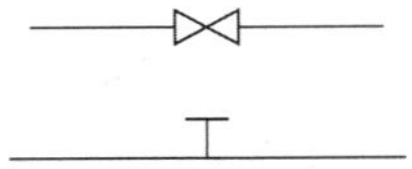	用于 *DN*≥50； 用于 *DN*<50
10	闸阀	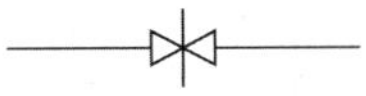	
11	球阀		
12	电动阀		左用于 *DN*≥50 右用于 *DN*<50
13	电磁阀		左用于 *DN*≥50 右用于 *DN*<50
14	Y 形过滤器		
15	网状过滤器	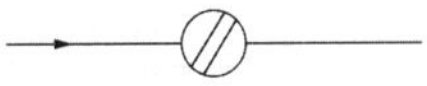	
16	孔板	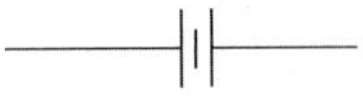	
17	同心异径管接头		
18	装卸鹤管		
19	板式塔	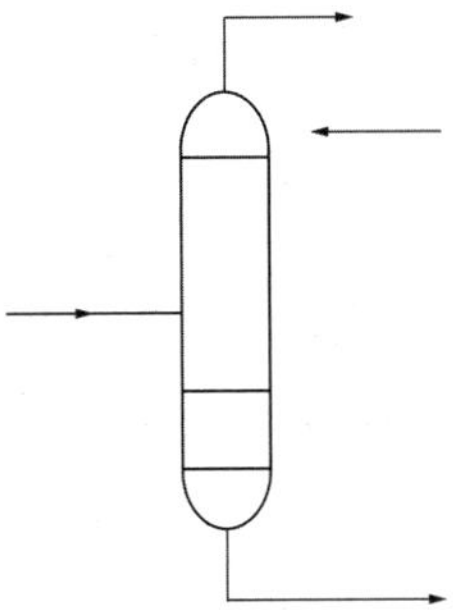	塔板程序 （1，2，…） 由下向上
20	立式加热炉	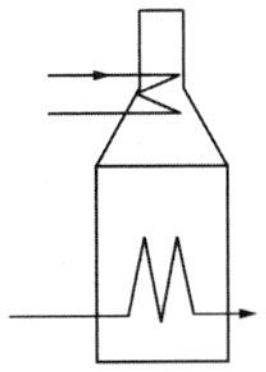	用于工艺流程图

续表

序号	名称	图例	备注
21	卧式加热炉	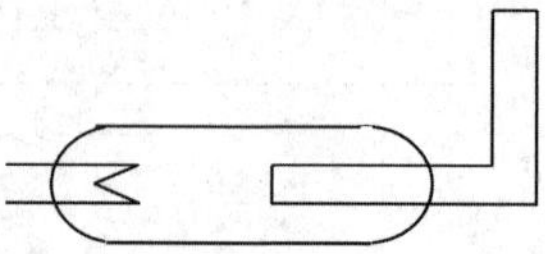	
22	卧式管式加热炉	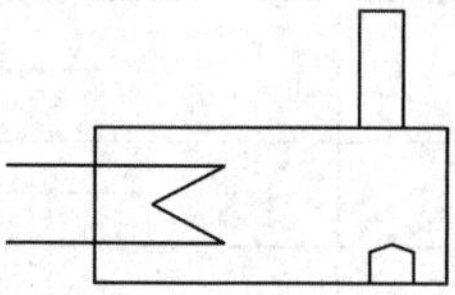	
23	固定顶罐	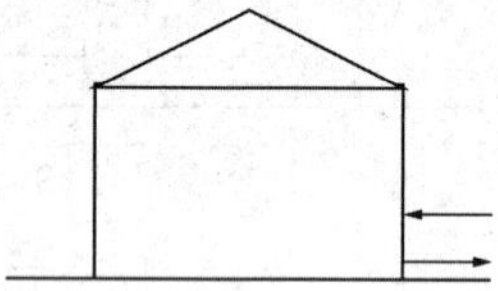	
24	外浮顶罐	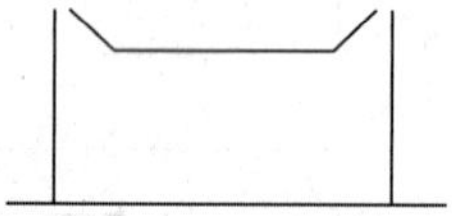	
25	球形罐	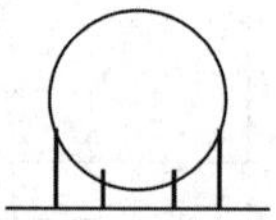	
26	其他罐	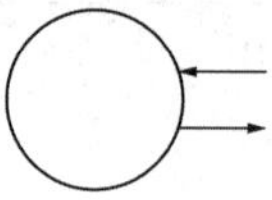	用于平面流程图
27	电动离心泵或电动旋涡泵	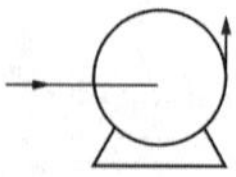	
28	齿轮泵	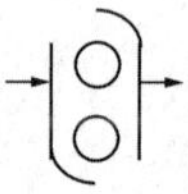	
29	各种机泵	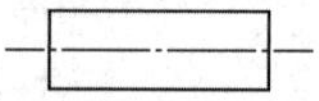	用于平面流程图
30	立式分离器		按设备外形轮廓绘制
31	卧式分离器	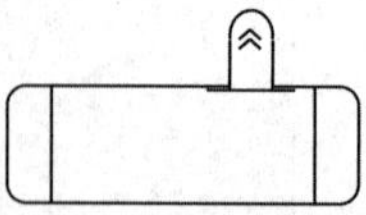	
32	电脱水器	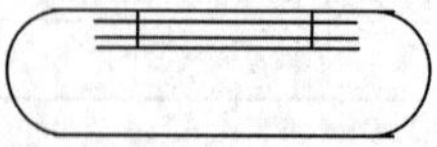	

续表

序号	名称	图例	备注
33	压力虑罐	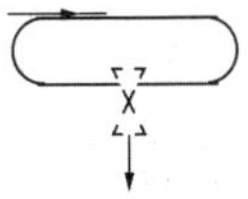	
34	粗粒化除油器	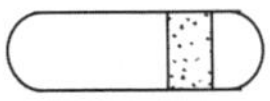	

三、工艺流程图的识读

（一）识读方法

（1）先读标题栏，明细表。了解图名：看是局部工艺流程还是总体工艺流程；了解有哪些设备；了解制图、审核、校对等人员姓名，设计单位、工程名称，制图时间、比例、档案号等等。

（2）看说明。可以了解有关要求及主要流程操作说明，图中符号所用图例、方向针等。

（3）看图中文字、管道走向。可以了解输送介质的起终点，即从哪来、到哪去，途经哪些工作区等。

（4）看主要工作区、各区设备及数量。如流量计间、泵房、罐区、加热炉间等的设备及数量。

（5）看管线。看一条管线要从头到尾看完，先看主要管线，要分清主管路与支管路的关系；根据流程操作说明看懂所有工艺。

（6）总结归纳。将上述内容归纳总结，形成一个完整的工艺流程。

看工艺流程图时，先要看主要管线和主要设备，根据输送介质的走向按要求看懂所有工艺流程。

（二）识读技巧

看工艺流程图可以采取“抓两头(起点与终点)，看中间”的方法识读，一般不会出现差错。

如：要求输送某种油品，则可以先找出起点—是何处来油，再找终点—输向哪里，看看中间有哪些主要环节，找到这三处后，沿来油点—泵房—出油方向找出沿线所经过哪条管线、哪台设备即可读出输送该油品的工艺走向即流程。

（三）举例

下面来举一简单的图例来说明识读工艺流程图的方法。这里仅供技能操作人员等级培训时使用。如图 9-3 某中间站工艺流程图。

（1）先读标题栏。从标题栏内容可知：该图的图名是“某中间站工艺流程图”，设计单位是“×××设计工程院”，工程名称是“××站改造流程”，制图、设计、校对、审核者的姓名，制图时间是 2010 年 6 月，无比例要求。

（2）看说明。从流程说明上可知：可满足正输流程、收球流程、发球流程、压力越站流程、热力越站流程、反输流程及全越站流程；从图中方向针可知该流程的建北方向向上，从而可分析出其他三个方向分别为下南、左西、右东。

（3）看图中文字、管道走向。可以知道输送油品的起终点、油流走向。

（4）看主要工作区、各区设备及数量。可知该流程内所包括的工作区有：收球和发球操作间、进出油阀组间、流量计间、泵房、罐区、加热炉间；流量计间有 4 台流量计，分别是 2 台来油计量流量计，2 台外输计量流量计；泵房有 4 台输油泵；一座旁接油罐；2 台加热炉。

（5）看管线。根据流程说明，按照“抓两头(起点与终点)，看中间”的方法，对照流程图所示管线、设备及流程走向，走通各个流程。

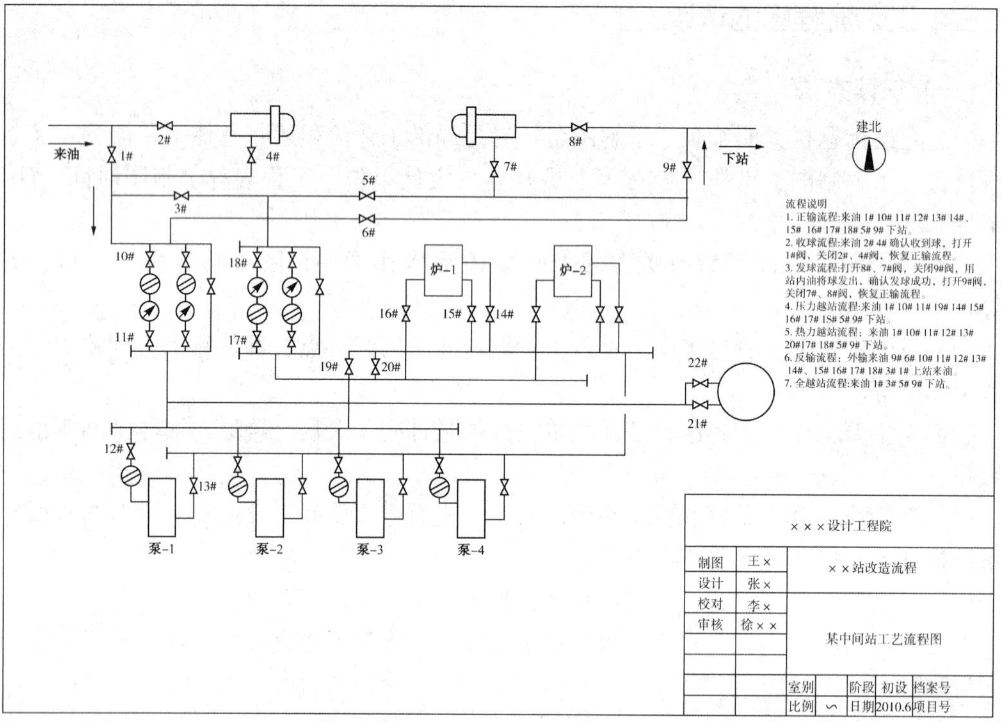

图 9-3　某中间站工艺流程图

第三节　管道(设备)工艺安装图识读

管道(设备)安装图是用管道将有关设备、管道附件、容器等连接在一起，组成生产工艺以完成生产任务。管道工艺安装图实际上也是各设备间管道、管件、容器等安装、定位的施工详图。

一张完整的管道工艺安装图应包括必要的平面图、立面剖视图、完整的尺寸标注、必须的文字说明(如设备名称、管道的来龙去脉，技术参数和安装技术要求说明等)、标题栏和明细表等。

一、管道(设备)安装图的绘制方法

管道安装图主要是表示管子的走向、管路上的阀件及管件的安装位置，与之相连的设备、建筑物并非表达的重点，因此设备等在图中只画出外形和管接口位置，建筑物只画出最基本的结构形式。

（一）视图

管道安装图的各个视图是按正投影原理绘制的，主要包括两种图形：

（1）管道平面布置图。表示管道的平面布置，是从上往下俯视所得到的图形（相当于机械制图中的俯视图），是管道安装图中的主要图形。它反映的是管线、管件、阀门、设备、设施等的安装位置以及它们之间的安装距离。

（2）立面图或竖面图。表示管路高低位置，是从前向后或从左侧（右侧）观察管道所得到的图形（相当于机械制图中带剖视的主视图、侧视图），是管路图中的辅助图形。

（3）剖视及剖面。在平面图的某一位置剖开后画出的图形为剖视图。在绘制剖视图时，应尽可能用少的视图将管线表示清楚。切取面、视野深度要选择合适，切向符号运用得当。对较复杂的管线，为了表示完整清楚，可酌情切取几个剖视图。

（4）局部放大图。当设备局部结构或者局部管线比较复杂时，为了说明设备局部结构或者说明管道局部位置的布置情况，用大于原图形所采用的比例而画出的图形称为局部放大图。局部放大图可以画成视图、剖视、剖面，它与被放大部分的表达方式无关，但应尽量配置在放大部位附近。局部放大图的标注方法如图 9-4 所示。局部放大部位所示的圆为细实线，引出线的起点，在圆周上任取一点，其延长线必须通过圆的中心。用顺序编号的大写英文字母或数字标注在引出线上。

（二）图线

管道工艺安装图是为了突出管道，因此，一般用粗实线表示主要输送管道，而管件、阀件、设备、建筑物等均用细实线表示。对于不同用途的辅助管道，线型的粗细应与主要管道不同。

（三）比例

管道工艺安装图的比例通常根据集输站管网的实际情况而定，一般为 1：50 或 1：40 或 1：30 等。

（四）管件的积聚

一根直管积聚后的投影用单线图形式表示，则为一个圆心带点的小圆，弯管的积聚如图 9-5（a）所示。管子与阀的积聚如图 9-5（b）所示。

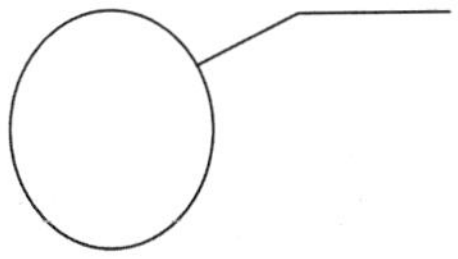

图 9-4　局部放大部位表

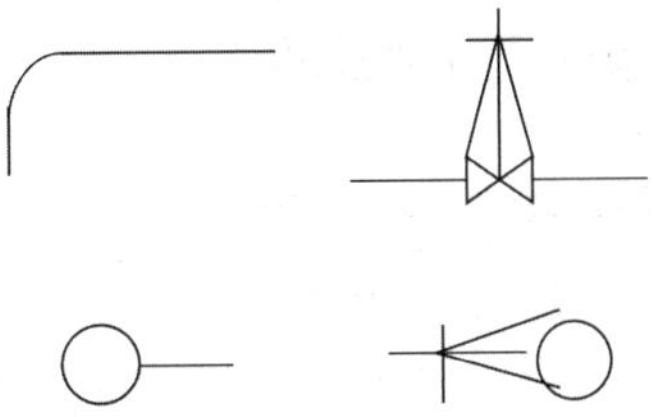

(a)弯管的积聚　　(b)直管与阀门

图 9-5　管子的积聚

（五）管子的交叉

如果两路管线投影交叉，高的管线要显示完整；低的管线在图中要断开表示，在双线图用虚线表示，如图 9-6(a)、图 9-6(b)所示。

在单双线图同时存在的平面图中，若双线高于单线，则单线的投影在与双线投影相交的部分用虚线表示，如图 9-6(c)所示；若单线高于双线时则不存在虚线，如图 9-6(d)所示。多根管线的交叉见图 9-7。

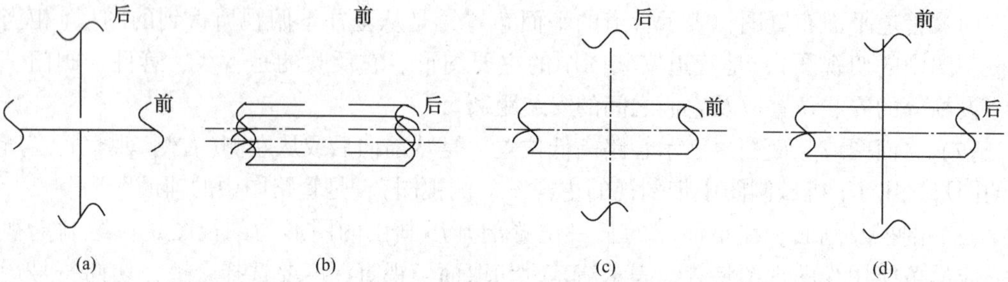

图 9-6　两根管线的交叉

（六）管子的重叠

两根管子如果叠合在一起，它们的投影就完全重合，反映在投影面上好像是一根管子的投影，这种现象称为管子重叠。

为了识读方便，规定投影中出现两根管子重叠时，假想前面的一根管子截去一段(用折断符号表示)，显露出后面一段管子，这种表示段线的方法称为折断显露法。如图 9-8 所示。

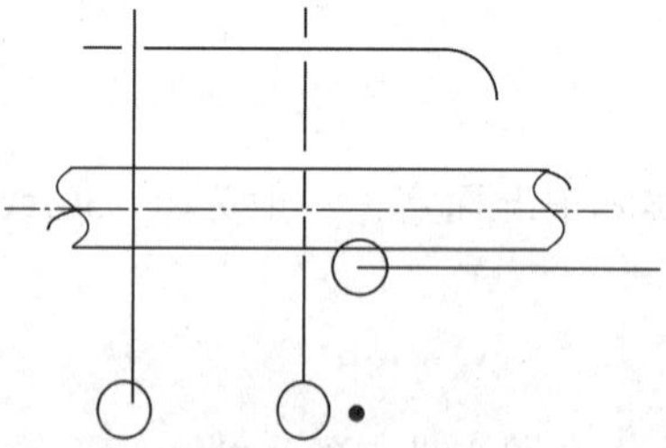

图 9-7　多根管线的交叉

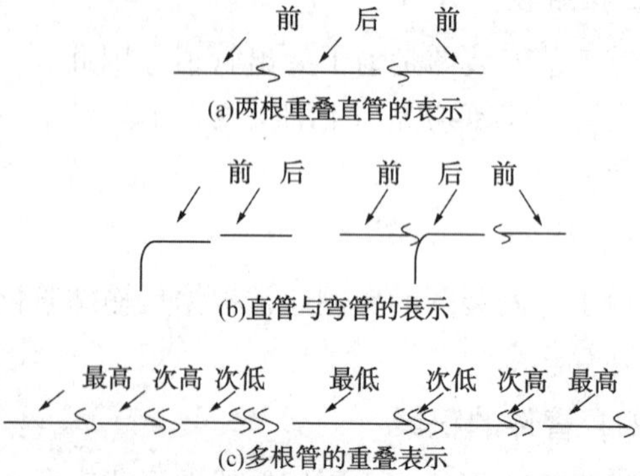

图 9-8　管子的重叠表示

二、管道安装图的识读

（一）识读方法

管道安装图识读方法如下：

(1) 先读标题栏，明细表。从标题栏中了解图名：看是哪个岗位的管道安装图，你所了解的该岗位工艺情况(这对识读管道安装图有很大帮助)；了解有哪些设备、管件、阀门以及它们的名称、数量、规格等；了解制图、审核、校对等人员姓名，设计单位、工程名称，制图时间、比例、档案号等等。

(2) 看说明。可以知道图中以哪儿为基准、室内地坪标高及室外地坪标高情况，建北方向，工程对设备、材料的特有的技术要求、环境适应性要求、标识要求、质量保证要求等，施工时所需的其他图纸的文件号等等。

(3) 看图中文字、数字编号。可以了解有关管线的编号、作用、输送介质、规格、标高情况；图中有关设备、设施的大体位置。

(4) 分析视图。明确视图的名称，明确视图间的投影关系，分析所选用的视图，剖面图、局部视图与平面图之间的关系及其表达方法。

① 分析平面布置图。掌握管线、管件、阀门、设备、设施、建筑物等等之间的安装位置与距离；各管线走向，弯头的走向等等。这时可以想象一下你所了解的该岗位内各管线、设备、管阀件等的布置情况，这样可以帮助你看懂图纸。

② 分析立面图、局部放大图。对于在平面图中表达不清楚的安装高度，需要在立面图中详细表达。要将立面图和它所表达的平面图中的情况结合起来进行分析，进一步看懂图中所要表达的管线、设备、管阀件等的安装位置和安装高度。

③ 将所有视图读懂后，把它们相应的投影关系综合起来想象，在头脑中把整个管线的空间走向，以及所连接设备、管阀件等完整地勾画出来，形成一个对所识视图的完整认识。

（二）识读技巧

(1) 看视图，想形状。对于一张管线视图，先要弄清它是用哪几个视图来表示这些管线形状和走向的，再看立面图与平面图、立面图与侧面图、侧面图与平面图这几个视图之间的关系是怎样的，然后想象这些管线安装、走向的大概轮廓。

(2) 对线条，找关系。管线的大概轮廓想象出来后，各个视图之间的相互关系可利用对线条(即对投影关系)的方法，找出视图之间对应的投影关系。

(3) 合起来，想整体。看懂了各视图中各部分形状后，再根据它们相应的投影关系综合起来想象，从而对各路管线形成一个完整的认识。这样，就可以在头脑中把整个管线的立体形状、空间走向完整地勾画出来了。

（三）举例

如图 9-9 为一简单管路连接图。通过“看视图，想形状”可看出：这是一个由四条管线连接而成的管路。其中管 1、3 为两段立管，管 2、4 为两段横管。大致形状为“Z”形。通过“对线条，找关系”可知，在立面图的左面是立管 3，其上方有弯头与管 2 连接，它的下端另有弯头同横管 4 连接，此处管 4 积聚成一个小圆。在侧面图上管 4 已完全显示清楚，而横管 2 则积聚成一个小圆。在立面图和侧面图上清晰看到立管 3，在平面图上却积聚成一个小圆，并同 3 管上端弯头的投影重合。最后，“合起来，想整体”。整体分析可知，它是由来回弯和摇头弯共同连接而成的管线。

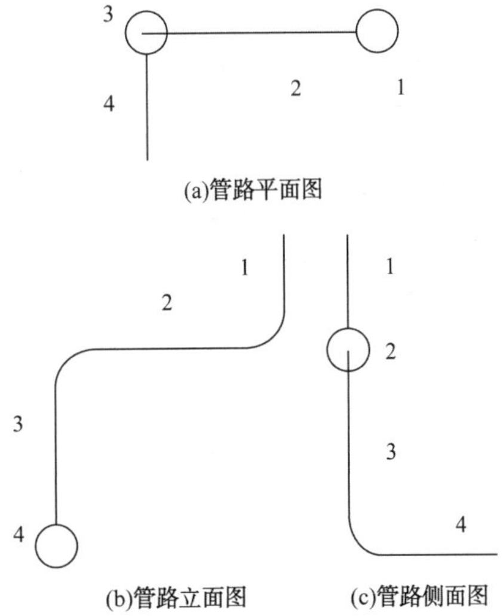

图 9-9 管路连接图

再如图 9-10 所示，是某油田阀组工艺安装图，按识图技巧，可以想象其实物连接图。

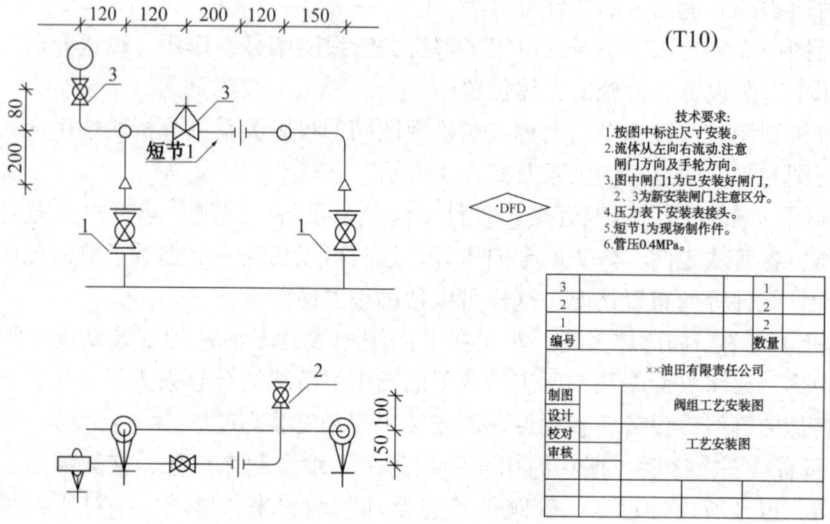

图 9-10　某油田阀组工艺安装图

三、管线安装设计常用图例

管线安装设计常用图例如表 9-2 所示。

表 9-2　管线安装设计常用图例

序号	名称	图例	备注
1	管线		用于一张图内只有一条管线
		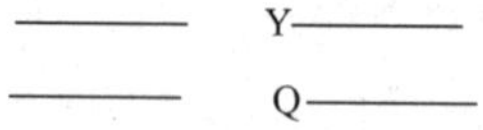 Y Q	一张图内有多种管道时，用汉语拼音表示管道类别：Y-油；Q-汽；S-水
2	保温管	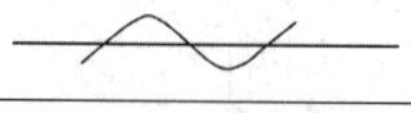	
3	伴热管	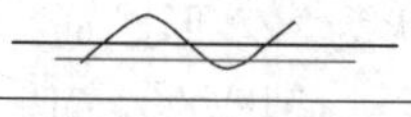	
4	软管	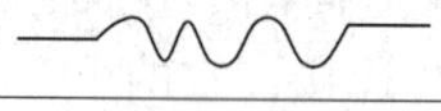	
5	保护套管	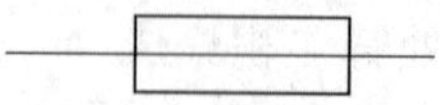	
6	管线重叠	高或前 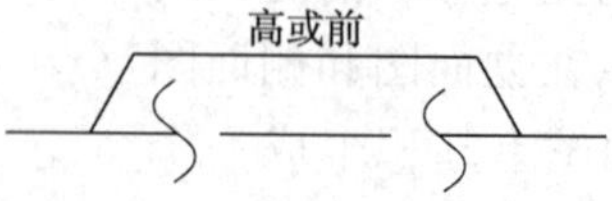	
7	管线交叉	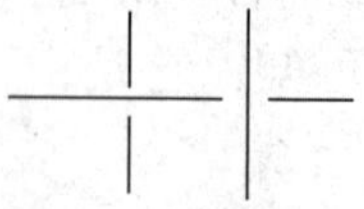	在下方或后方的管线应断开
8	管内介质流向		
9	管线坡向及坡度	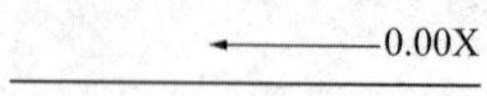 0.00X	

续表

序号	名称	图例	备注
10	90°弯头	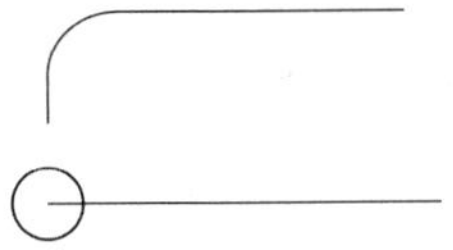	
11	同心异径管接头	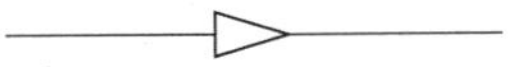	
12	丝堵		
13	螺纹连接	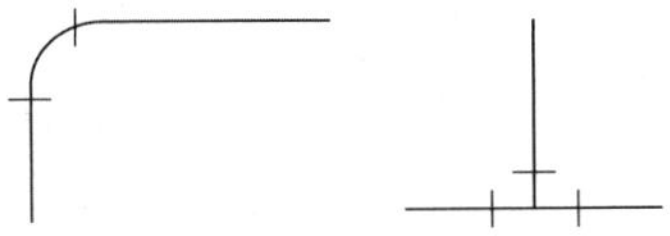	
14	截止阀	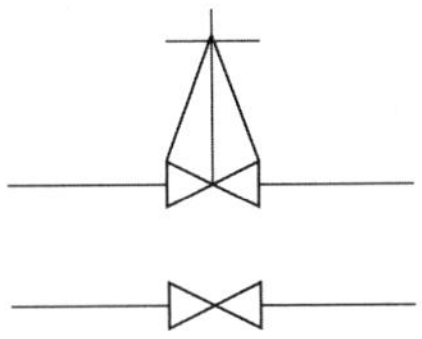	螺纹或承插连接
		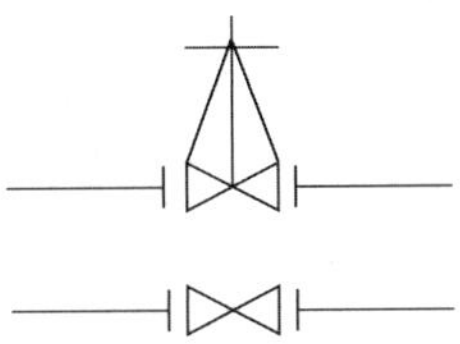	法兰连接
15	闸阀	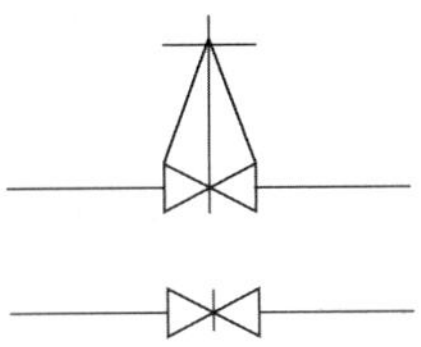	螺纹或承插连接
		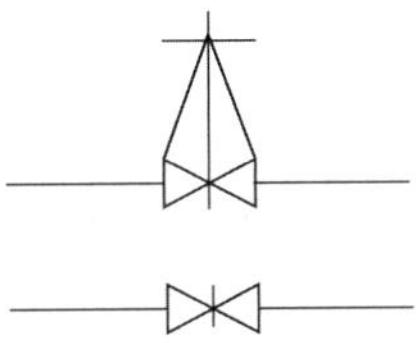	法兰连接
16	止回阀		螺纹或承插连接
			法兰连接
17	直通球阀	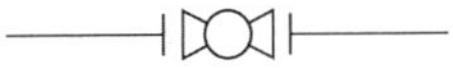	法兰连接
18	电磁阀	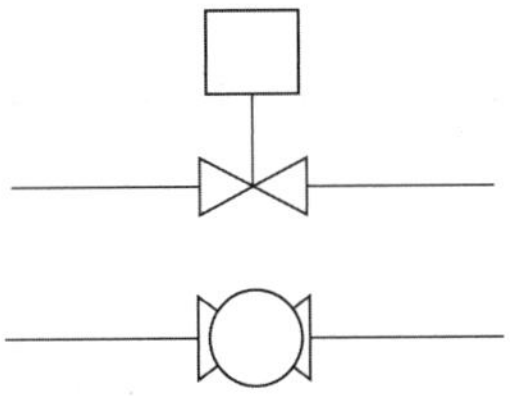	螺纹或承插连接

续表

序号	名称	图例	备注
19	电磁阀	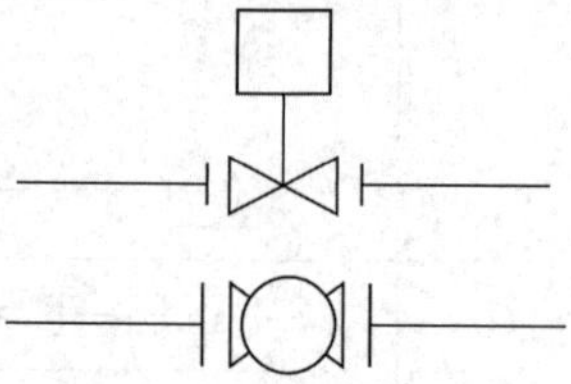	法兰连接
20	电动阀	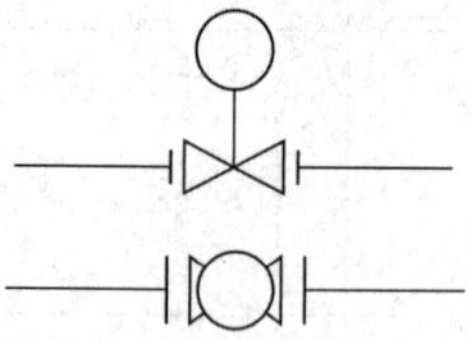	法兰连接
21	调节阀	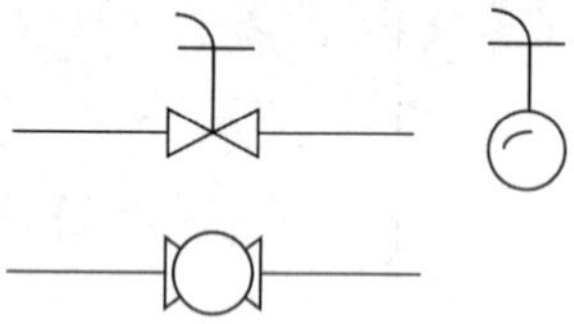	螺纹或承插连接
		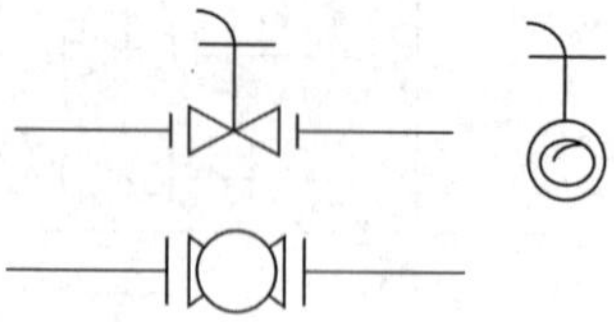	法兰连接
22	网状过滤器	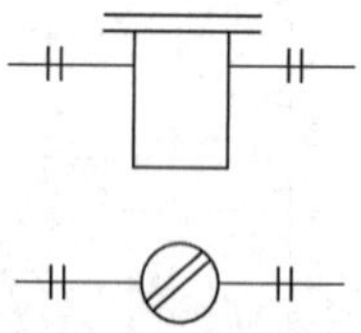	法兰连接
23	指示式流量计	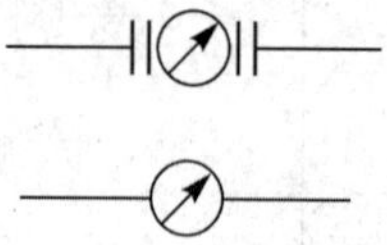	法兰连接 螺纹或承插连接
24	压力表	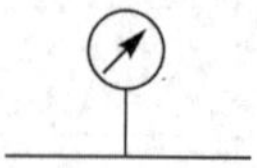	用于较简单工艺流程时的安装
25	温度计	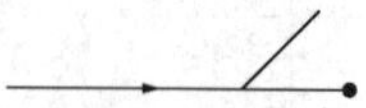	

第四节　仪表管道图(P&ID)识读

一、仪表安装术语

(1) 测量点(一次点)：指检测系统或控制系统中，直接与工艺介质接触的点。如压力检测系统中的取压点，温度检测系统中的热电偶、热电阻安装点等。一次点可以在工艺管道上，也可以存工艺设桥上。

(2) 一次部件(取源部件)：通常指安装在一次点上的仪表加工件，如压力检测系统中的取压短节、测温系统中的温度计凸台等。

(3) 一次阀门(取压阀)：指直接安装在一次部件上的阀门，如与取压短节相连的压力检测系统的阀门，与孔板正、负压室引出管相连的阀门等。

(4) 一次元件(传感器)：指直接安装在现场且与工艺介质相接触的元件，如热电偶、热电阻等。

(5) 一次仪表：现场仪表的一种，指安装在现场且直接与工艺介质相接触的仪表，如弹簧管压力表、双金属温度计、差压变送器等。

(6) 一次调校(单体调校)：指仪表安装前的校验。一次调校的重点是检验仪表的示值误差、变差，调节仪表的比例度、积分时间的误差、微分时间的误差、控制点偏差、平衡度等。只有一次调校符合设计或产品说明书要求的仪表才能安装，以保证二次调校的质量。

(7) 二次仪表：指仪表示值信号不直接与来自工艺介质接触的各类仪表的总称。二次仪表的输入信号通常为变送器：变换的标准信号。二次仪表接受的标准信号一般有两种：气动信号，0.02~0.1MPa；DIII 电动单元组合仪表信号，4~20mA DC 或 1~5V。

(8) 现场仪表：指安装在现场的仪表的总称，包括所有一次仪表，也包括安装在现场的一次仪表。

(9) 二次调校(二次联校、系统调校)：指仪表现场安装结束后以及控制室配管、配线完成且通过校验后，对整个检测回路或自动控制系统的检验，也是仪表交付正式使用前的一次全面校验。

(10) 仪表加工件：指全部用于仪表安装的金属、塑料机械加工件的总称，在仪表安装中占有特殊地位。

(11) 带控制点流程图(PID)：指用过程检测和控制系统设计符号来描述生产过程自动化内容的图纸。它详细地标出仪表的安装位置，是确定一次点的重要图纸，是自控方案和自动化水平的全面体现，也是自控设计的依据，并供施工安装和生产操作时参考。

生产过程自动化内容的图纸中的各类仪表功能除用字母和字母组合表达外，其仪表类型、安装位置、信号种类等具体意义可用相关图形符号标出，熟知这些图形符号的含义有益于识读仪表自动化控制类图纸。

二、图形符号

（一）图形符号构成

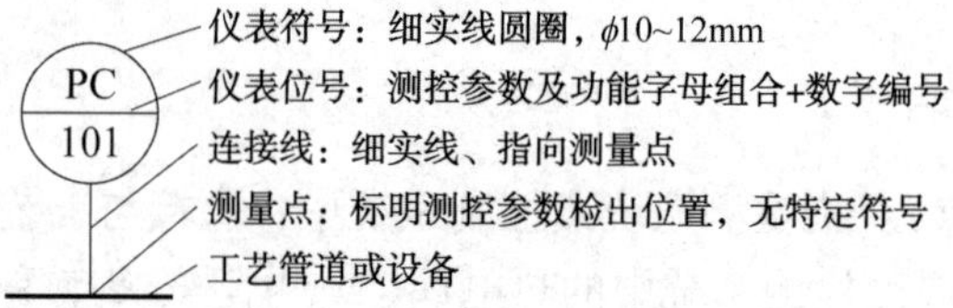

（二）仪表符号

1. 基本图形符号

2. 表示系统类型、安装位置的图形符号

类型	现场安装 操作员不监视 （数据不存取）	控制室安装 操作员监视用 （数据可存取）	现场盘装 操作员监视用 （数据不存取）	盘后安装 操作员不监视 （不与 DCS 通信）	联锁 控制功能
常规仪表		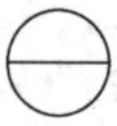	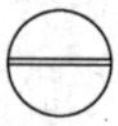	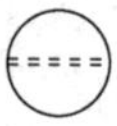	继电器联锁 
DCS 系统	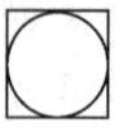	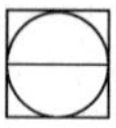	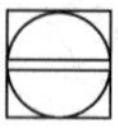		DCS 联锁 
计算机功能	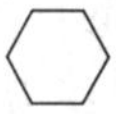		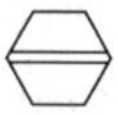		
PLC 控制	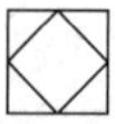	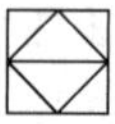	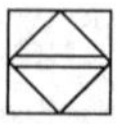		PLC 联锁 

3. 测量点图形符号

测量点、包括检出元件，是由工艺设备或管道引至检测元件或就地仪表的起点。一般无特定符号。

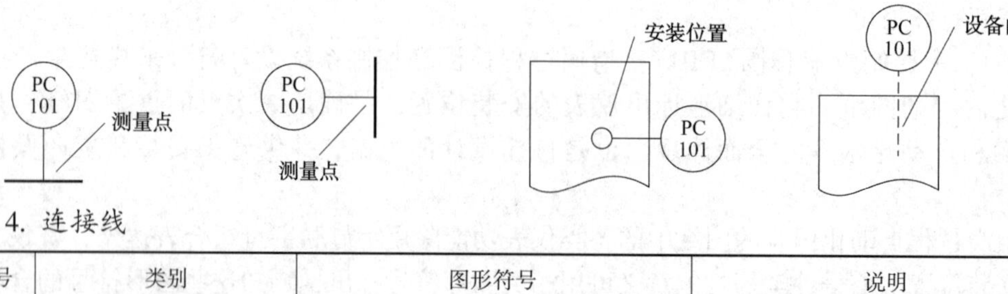

4. 连接线

序号	类别	图形符号	说明
1	通用仪表信号线	——	
2	仪表与测量点的连接线	——	

续表

序号	类别	图形符号	说明
3	表示信号方向的连接线		
4	连接线交叉		
5	连接线相接		
6	气压信号		
7	电信号		或
8	导压毛细管		
9	液压信号	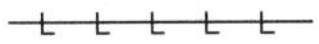	
10	电磁、辐射、声、光、热	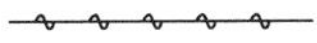	∿ ∿ ∿ ∿无导向时
11	内部系统(软件、数据)链	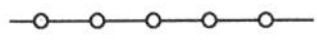	
12	机械链		
13	二进制电信号	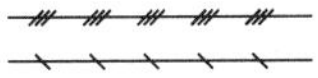	或
14	二进制气信号		

5. 执行机构、控制机构图形符号

带弹簧 气动薄膜 执行机构 	不带弹簧 气动薄膜 执行机构 	电动 执行机构 	数字式 执行机构 
活塞式 执行机构 -单作用 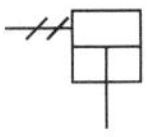	活塞式 执行机构 -双作用 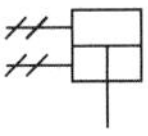	电磁 执行机构 	带手枪 执行机构 
带气动 阀门定位器 执行机构 	带电-气 阀门定位器 执行机构 	带人工 复位装置 执行机构 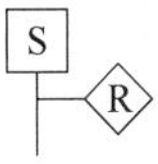	带远程 复位装置 执行机构 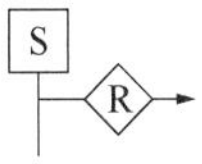
截止阀 	角阀 	三通阀 	四通阀 
球阀 	蝶阀 	旋塞阀 	隔膜阀 
闸阀 	其他形式阀 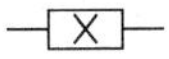	风门 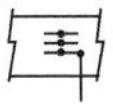	

三、字母代号

字母代号	首位字母(含修饰词)		后继字母(含修饰词)		
	变量	修饰词	读出功能	输出功能	修饰词
A	分析		报警		
B	烧嘴、火焰				
C	电导率			控制	

续表

字母代号	首位字母(含修饰词)		后继字母(含修饰词)		
	变量	修饰词	读出功能	输出功能	修饰词
D	密度	差			
E	电压、电动势		检测元件		
F	流量	比率			
G	毒性及可燃气体		视镜、观察		
H	手动				高
I	电流		指示		
J	功率	扫描			
K	时间、时间程序	变化速率		操作器	
L	物位		灯		低
M	水分、湿度	瞬动			中、中间
N					
O			节流孔		
P	压力、真空		连接或测试点		
Q	数量	积算、累计			
R	核辐射		记录		
S	速度、频率	安全		开关、联锁	
T	温度			传送、变送	
U	多变量		多功能	多功能	多功能
V	振动、机械监视			阀、风门	
W	重力、力		套管		
X		X 轴			
Y	事件、状态	Y 轴		继电器计算器转换器	
Z	位置、尺寸	Z 轴		驱动器执行元件	

四、仪表位号的表示方法

(一) 仪表位号组成

在检测、控制系统中，构成一个回路的每个仪表(或元件)都应有自己的仪表位号。仪表位号由字母代号组合和回路编号两部分组成，第一位字母表示被测变量，后继字母表示仪表的功能．回路编号可按照装置或工段(区域)进行编制，一般用3~5位数字表示。

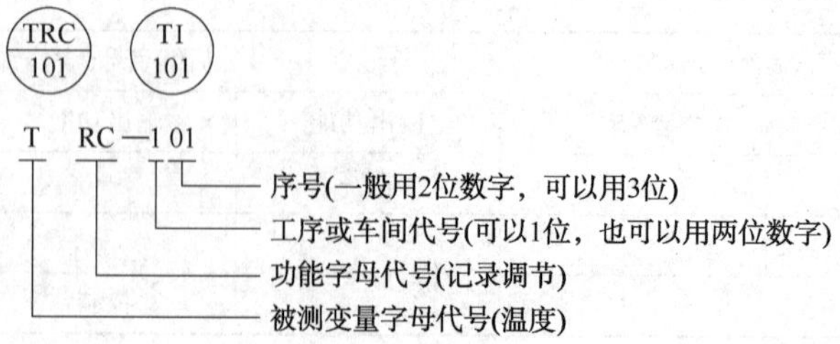

（二）分类与编号

（1）仪表位号按被测变量分类。

（2）同一装置(或工段)的相同被测变量的仪表位号中数字编号是连续的，但允许中间有空号；不同被测变量的仪表位号不能连续编号。

（3）如果同一个仪表回路有两个以上具有相同功能的仪表，可以在仪表位号后面附加尾缀(大写英文字母)加以区别。如：PT-202A、PT-202B 表示同一回路里的两台变送器；PV-20IA、PV-20IB 表示同一回路里的两台控制阀。

（4）当一台仪表由两个或多个回路共用时，应标注各回路的仪表位号。如：FR-121/PR-131 表示一台双笔记录仪记录流量和压力；FR-101/102 表示一台双笔记录仪记录两个回路的流量。

五、示例

下面以图 9-11 所示三相分离器控制系统为例说明测控原理。图中带圆圈的方框符号是 DCS 控制系统的功能符号，本系统中为了实现本质安全防爆功能，所有调节阀均采用气动薄膜调节阀，配用电气阀门定位器，接受 4~20mA 控制信号。

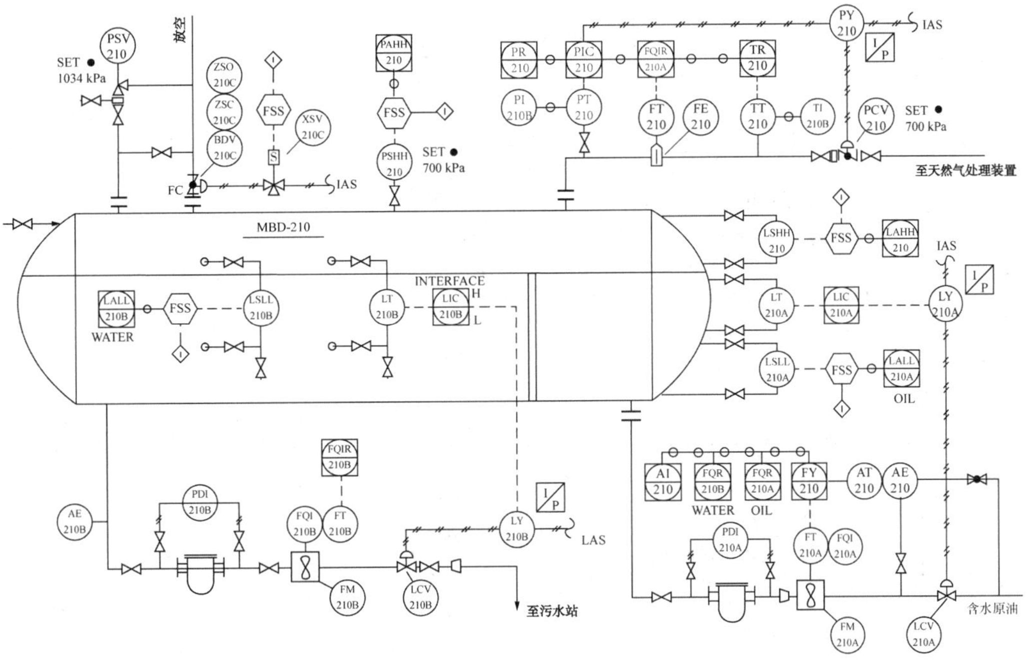

图 9-11　三相分离器控制系统为例说明测控原理

六、工艺流程设计过程检测(或调节)就地仪表常用图例

工艺流程设计过程检测(或调节)就地仪表常用图例如表 9-3 所示。

表 9-3　工艺流程设计过程检测(或调节)就地仪表常用图例

序号	名称	图例	备注
1	带测温套管的测试接头		
2	温度指示		
3	压力或真空指示	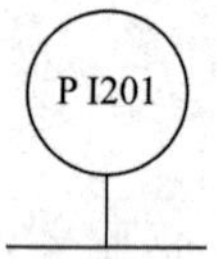	
4	压差指示	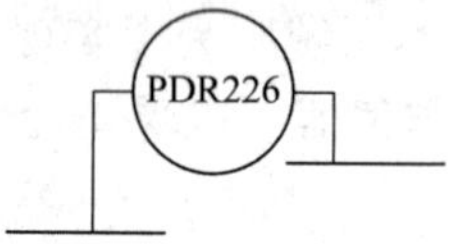	
5	压差记录		
6	流量指示 (测量元件为孔板)		
7	流量记录 (测量元件为孔板)	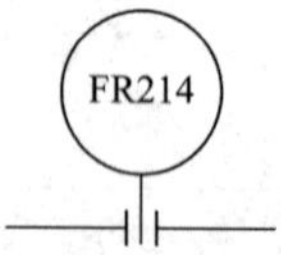	
8	流量指示 (检测仪表直接嵌装在管道中)		
9	流量、压力双笔记录	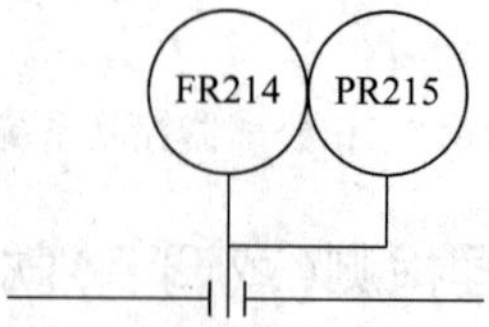	
10	流量指示积算 (检测仪表直接嵌装在管道中)	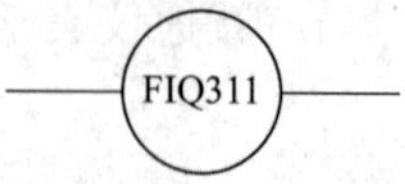	

续表

序号	名称	图例	备注
11	流量指示	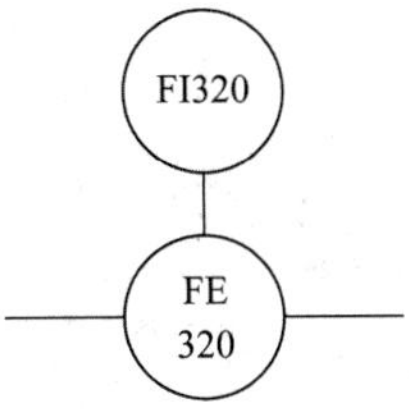	FE 为检测元件
12	流量记录	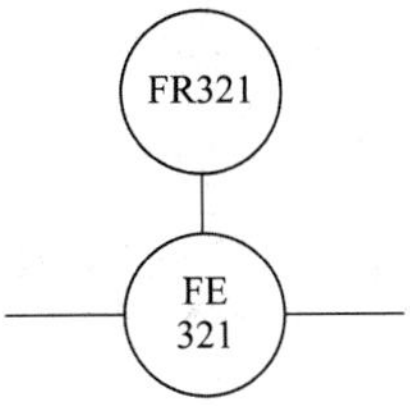	FE 为检测元件
13	设备壁上的玻璃液位计	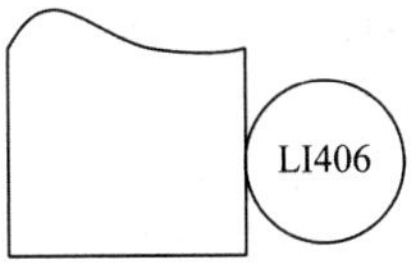	
14	液位指示	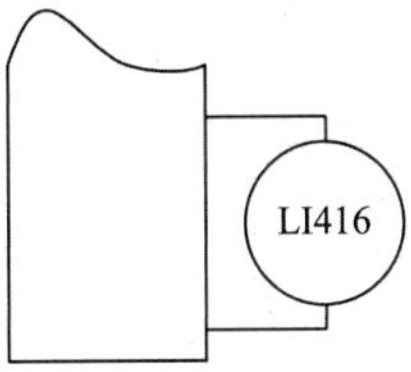	设备外部的玻璃液位 或磁性液位计等
15	液位指示	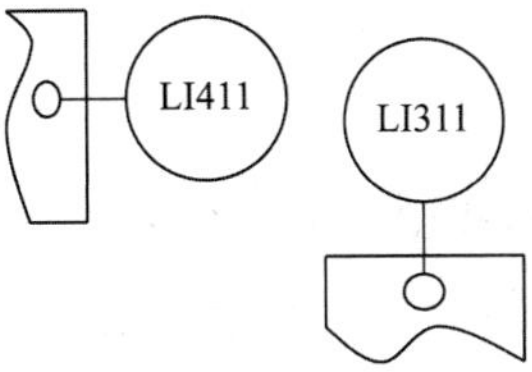	
16	差压式液位指示	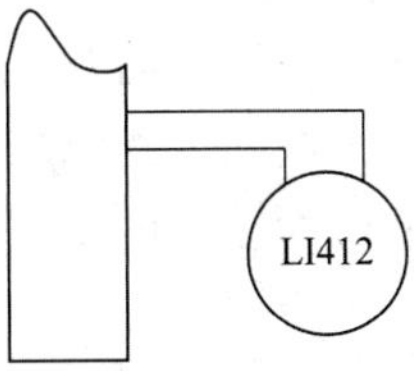	

第十章　安全生产管理知识

第一节　安全生产风险辨识

集输场站是油气资源的集散地，工艺复杂，人员设备多，安全风险大，因此，识别风险、排查隐患、防止事故发生是做好安全工作的基本要求。

一、相关概念

1. 风险

风险是损失发生的可能性，即发生特定危害事件的可能性与后果严重性的乘积，即

$$R = f \times C^n$$

式中　f——频率；

C——后果；

n——加权指数。

2. 危险源

危险源是指可能造成人员伤害(或健康损害)、财产损失的根源、状态或行为，是事故发生的前提，是事故发生过程能量与物质释放的主体。

集输站库危险源较多，例如易燃易爆的油气介质、带压的设备、长年连续带病运行的设施等，我们通常把生产过程中存在的可能发生意外释放的能量(能源或能量载体)或危险物质称作第一类危险源。把导致能量或危险物质约束或限制措施破坏或失效的各种因素称作第二类危险源。如人的不安全行为、物的不安全状态、管理缺陷、环境不良等。

3. 事故隐患

事故隐患是指作业场所、设备及设施的不安全状态，人的不安全行为和管理上的缺陷。

它实质是有危险的、不安全的、有缺陷的“状态”，这种状态可在人或物上表现出来，如人走路不稳、路面太滑都是导致摔倒致伤的隐患；也可表现在管理的程序、内容或方式上，如检查不到位、制度的不健全、人员培训不到位等。

4. 事故

事故(Accident)，一般是指造成死亡、疾病、伤害、损坏或者其他损失的意外情况。

二、安全生产风险辨识

安全风险辨识是进行风险管理的基础，因此风险辨识要做到全面、不能有遗漏。因此危险源辨识的范围应做到全覆盖，一般包括以下方面：

（1）常规和非常规活动；

（2）所有进入工作场所的人员（包括承包方人员和访问者）的活动；

（3）生产场所周边环境的影响；

（4）在本单位工作场所所产生的危险源对相邻单位及人员的不利影响；

（5）基础设施、设备和材料；

（6）组织及其活动、材料的变更，或计划的变更；

（7）工作区域、过程、装置、机器和（或）设备、操作程程序以及人的能力的适应性等。

危险源辨识方法很多，各种方法适用的条件也不一眼，如表 10-1 所示，因此，在实际进行风险辨识时应根据识别对象选用一种或多种方法进行，较常用的有工作安全分析法（JSA），安全检查表法、预先危险分析法等。

表 10-1　危险源辨识方法使用范围表

各生产阶段	评价方法					
	设计	试生产	工程实施	正常运转	事故调查	拆除报废
安全检查表	★	●	●	●	★	●
预先危险性分析	●	●	●	●	★	●
工作安全分析法	★	●	●	●	●	●
危险与可操作性分析	★	●	●	●	●	★
危险指数法	●	★	★	●	●	★
故障数分析	★	●	●	●	●	★
事件数分析	★	●	●	●	●	★
道化学火灾爆炸指数评价方法	★	★	★	●	●	★
作业条件危险性评价法	★	●	●	●	●	★
事故后果模拟分析方法	★	●	●	●	●	★

注：“●”表示适用，“★”表示不建议采用。

在此以工作安全分析法（JSA）为例，介绍风险识别方法及步骤。

工作安全分析法（JSA）是针对某一项具体的作业，通过有组织的对作业过程中所存在的危害进行识别、评估，并按照优先顺序来采取控制措施，将风险降低到可接受的程度的一种方法。工作安全分析步骤如下：

（1）基层单位负责人指定 JSA 小组组长，组长选择熟悉 JSA 方法的管理、技术、安全、操作人员组成 JSA 小组。小组成员应了解工作任务及所在区域环境、设备和相关的操作规程。

（2）JSA 小组审查工作计划安排，分解工作任务，搜集相关信息，实地考察工作现场，核查以下内容：

① 以前此项工作任务中出现的健康、安全、环境问题和事故；

② 工作中是否使用新设备；

③ 工作环境、空间、光线、空气流动、出口和入口等；
④ 实施此项工作任务的关键环节；
⑤ 实施此项工作任务的人员是否有足够的知识技能；
⑥ 是否需要作业许可及作业许可的类型；
⑦ 是否有严重影响本工作安全的交叉作业；
⑧ 其他。

(3) JSA 小组识别该工作任务关键环节的危害及影响，并填写 JSA 表(见表 10-2)。识别危害时应充分考虑人员、设备、材料、环境、方法五个方面和正常、异常、紧急三种状态。

表 10-2 工作安全分析表

记录编号：　　　　　　　　　　　　　　　　　　　　　　　　　日期：

单位		JSA 组长		分析人员	

工作任务简述：

□新工作任务 □已做过工作任务 □交叉作业 □承包商作业 □相关操作规程 □许可证 □特种作业人员资质证明

工作步骤	危害描述	后果及影响人员	风险评价				现有控制措施	建议改进措施	残余风险是否可接受
			暴露频率	可能性	严重度	风险值			

(4) 对存在潜在危害的关键活动或重要步骤进行风险评价。根据判别标准确定初始风险等级和风险是否可接受。风险评价宜选择半定量风险矩阵法或 LEC 法。

(5) JSA 小组应针对识别出的每个风险制定控制措施，将风险降低到可接受的范围。在选择风险控制措施时，应考虑控制措施的优先顺序。

(6) 制定出所有风险的控制措施后，还应确定以下问题：
① 是否全面有效的制定了所有的控制措施；
② 对实施该项工作的人员还需要提出什么要求；
③ 风险是否能得到有效控制。

(7) 在控制措施实施后，如果每个风险在可接受范围之内，并得到 JSA 小组成员的一致同意，方可进行作业前准备。

作业任务完成后，作业人员应进行总结，若发现 JSA 过程中的缺陷和不足，及时向 JSA 小组反馈。如果作业过程中出现新的隐患或发生未遂事件和事故，小组应审查 JSA，重新进行 JSA。

由作业负责人填写 JSA 跟踪评价表(表 10-3)，判断作业人员对作业任务的胜任程度。

表 10-3　JSA 跟踪评价表

日期：	
问题 1：员工对工作任务的理解程度：	
1. 对工作任务不理解。(1 分) 2. 对工作任务部分理解。(2 分) 3. 对工作任务有一定的理解，知道能够干什么。(3 分) 4. 充分理解自己在工作任务中的活动，可能对整个工作任务的理解不太充分。(4 分) 5. 充分详细的理解整个工作任务。(5 分)	分数
问题 2：员工认为有哪些危险：(A)对自己　(B)对他人　(C)对环境	
A	
B	
C	
1. 不了解危险。(1 分) 2. 部分了解危险。(2 分) 3. 对危险有一定的理解，知道能够干什么。(3 分) 4. 充分理解自己在工作任务中的危险，可能对整个工作任务危险的理解不太充分。(4 分) 5. 充分详细的理解全部危险。(5 分)	分数
问题 3：员工对控制措施的理解程度。可以保护：(A)自己　(B)他人　(C)环境	
A	
B	
C	
1. 对控制措施不理解。(1 分) 2. 对控制措施部分理解。(2 分) 3. 对控制措施有一定的理解，知道能够干什么。(3 分) 4. 全面理解自己在工作任务中的控制措施，可能对整个工作任务的控制措施理解不太充分。(4 分) 5. 充分详细地理解所有的控制措施。(5 分)	分数
改进建议：	总分

注：每项 3 分以上，则员工完成该工作的 JSA 过程。对不足 3 分的项目，要进行培训。

(8) 制定控制措施

如果目前的安全控制措施不足以控制危害，要采取进一步的安全控制措施，直到风险可以接受。控制措施的防护层次如下：

① 消除：消除风险；

② 替代：减少源头的风险或移除源头；

③ 工程控制：采取技术的防护措施；

④ 管理控制：培训+程序+指导；

⑤ PPE(个体防护装备)：员工配备 PPE。

三、事故应急预案

应急预案是针对可能发生的事故，为迅速、有序地开展应急行动而预先制定的行动方案。生产经营单位应急预案分为：综合应急预案、专项应急预案和现场处置方案。

综合应急预案，是指生产经营单位为应对各种生产安全事故而制定的综合性工作方案，是本单位应对生产安全事故的总体工作程序、措施和应急预案体系的总纲。

专项应急预案，是指生产经营单位为应对某一种或者多种类型生产安全事故，或者针对重要生产设施、重大危险源、重大活动防止生产安全事故而制定的专项性工作方案。

现场处置方案，是指生产经营单位根据不同生产安全事故类型，针对具体场所、装置或者设施所制定的应急处置措施。

应急预案一般应包括但不限于以下内容：

（1）总则

总则一般包括编制目的、制定依据、适用范围、生产安全事故应急预案体系、应急工作原则等内容。

（2）风险分析及分类分级

风险分析及分类分级一般包括风险分析、分类、分级等内容。

（3）应急组织机构与职责

应急组织机构与职责一般包括中国石化委员会、中国石化生产安全事故应急指挥中心、应急指挥中心协调办公室、生产调度指中心、应急工作组、专家组、企业应急指挥中心、现场应急指挥部等内容。

（4）应急响应

应急响应一般包括信息接报、信息处置、应急启动、应急准备、响应行动、现场指挥与控制、应急终止等内容。

（5）后期处置

后期处置一般包括生产恢复及善后处置、应急总结、事故调查、保险理赔等内容。

此外还应包括预案实施的应急保障措施、培训演练及预案管理以及附则附录等内容。

第二节　硫化氢防护

一、硫化氢基本知识

（一）硫化氢的理化性质

硫化氢是一种剧毒、无色(透明)、密度比空气大的酸性气体，其毒性是一氧化碳(CO)的5~6倍。

低浓度的硫化氢有一种特殊的臭鸡蛋味，浓度稍高时会令人恶心。通常，在大气中的硫化氢含量达到0.18mg/m^3(0.13ppm)时，有明显的臭鸡蛋味，随着浓度的增加臭鸡蛋味增加。当硫化氢浓度超过30mg/m^3(20ppm)时，反而闻不到臭鸡蛋的气味，让人难以察觉。因此在实际工作中，绝不能靠嗅觉来检测硫化氢的存在与否，只能应用硫化氢检测仪器来判断。

硫化氢相对密度为1.189(15℃，0.10133MPa)，比空气重，因此它常积聚于地势低洼的地方，如地坑、地下室、窨井等。因此作业时都要在上风向、地势较高的地方作业。

硫化氢是易燃易爆的气体，当硫化氢气体以适当的比例(4.3%~46%)与空气或氧气混合，遇到火源后就会爆炸。因此含有硫化氢气体存在的作业现场应配备硫化氢检测报警仪。

硫化氢气体能溶于水、醇类、石油溶剂和原油中，化学性质不稳定。液态硫化氢的沸点为-60.2℃，熔点为-82.9℃。因此我们通常接触到的是气态的硫化氢。

在常温常压下(20℃、0.10133MPa)，$1m^3$水能溶解$2.9m^3$的硫化氢气体，生成的水溶液称为氢硫酸。氢硫酸比硫化氢气体具有更强的还原性，易被空气氧化而析出硫，使溶液变混浊。

(二) 硫化氢的危害

1. 硫化氢对人体的危害

硫化氢是一种神经毒气，亦为窒息性和刺激性气体。其毒作用的主要器官是中枢神经系统和呼吸系统，亦可伴有心脏等多器官损害，对中毒作用最敏感的组织是脑和黏膜接触部位。一个人对硫化氢的敏感性随其与硫化氢接触次数的增加而减弱。

硫化氢被吸入人体，首先刺激呼吸道，使嗅觉钝化、咳嗽，严重时将其灼伤。其次刺激神经系统，导致头晕、丧失平衡、呼吸困难、心跳加速，严重时，心脏缺氧而致死亡。硫化氢进入人体，将与血液中的溶解氧产生化学反应。当硫化氢浓度极低时，将被氧化，对人体威胁不大，而浓度较高时，将夺去血液中的氧，使人体器官缺氧而中毒，甚至死亡。

吸入低浓度硫化氢也会导致以下症状：疲劳、眼痛、头痛、头晕、兴奋、恶心和肠胃反应、咳嗽、昏睡。

2. 硫化氢对环境的污染

全世界每年进入大气的硫化氢1亿吨左右，人为产生(如工厂泄漏、释放等)每年约300万吨。硫化氢在大气中很快被氧化为SO_2，这对人和动植物有伤害作用。SO_2在大气中氧化成二价硫酸根离子是形成酸雨和降低能见度的主要原因。含有硫化氢的水除了发臭外，对混凝土和金属都有侵蚀作用。当水中的硫化氢含量超过0.5~1.0mg/L时，对鱼类有害。

3. 硫化氢对材料的危害

在石油天然气勘探开发过程中，硫化氢(H_2S)的存在不仅对人的生命健康造成威胁，而且对设备、工具、各类管材都会造成很大的破坏。

在常温常压下，干燥的硫化氢对金属材料无腐蚀破坏作用，但是硫化氢易溶于水而形成湿硫化氢环境，钢材在湿硫化氢环境中易引发腐蚀破坏，从而影响油气田开发和石油加工企业正常生产，甚至会引发灾难性的事故，造成重大的人员伤亡和财产损失。

(1) 硫化氢对金属材料的腐蚀

硫化氢对金属材料的腐蚀形式有外表面的电化学失重腐蚀和内部的腐蚀，其中内部腐蚀常见有硫化氢应力腐蚀开裂、氢致开裂、应力导向氢致开裂和氢鼓泡四种类型。

电化学失重腐蚀往往呈现出很深的局部溃疡状腐蚀，使金属表面形成蚀坑、斑点和大面积腐蚀，导致管材或设备壁厚减薄、穿孔，甚至造成破裂。一般来说电化学失重腐蚀速率比氢损伤要小一些。

现场油管受硫化氢电化学腐蚀情况如图 10-1 所示。

图 10-1　油管接箍发生电化学腐蚀的蜂窝状形貌

几种常见的应力腐蚀开裂如图 10-2~图 10-4 所示。

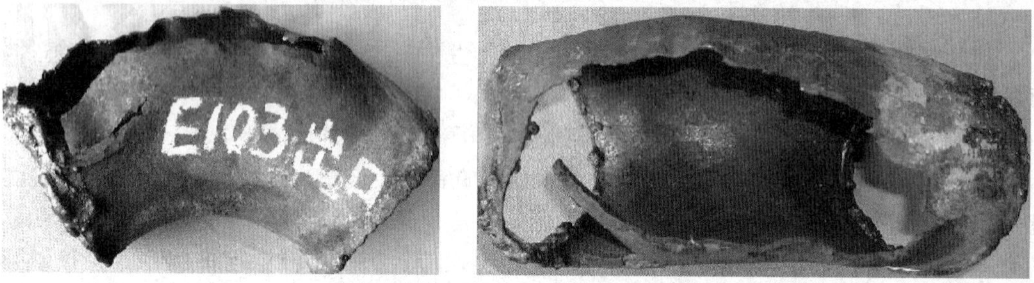

图 10-2　蜡油加氢精制装置某出口管弯头硫化氢应力腐蚀开裂

图 10-3　使用 14 年后弯头的壁厚减薄

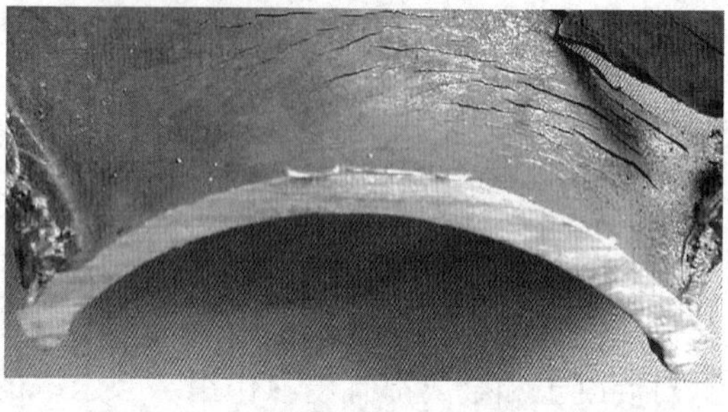

图 10-4　内壁应力腐蚀开裂裂纹形貌

（2）硫化氢对非金属材料的破坏

在地面设备中有橡胶、浸油石墨、石棉等非金属材料制作的密封件，它们在含硫化氢环境中使用后，硫化氢会加速非金属材料的老化，如橡胶会产生鼓泡胀大，失去弹性；浸油石墨及石棉绳上的油被溶解而导致密封件的失效等。

（三）硫化氢的暴露极限

硫化氢是一种剧毒气体，我国石油勘探开发过程中对硫化氢的暴露限制作了相应的规定，这些规定对保护工作人员的生命安全是十分重要的。

1. 硫化氢浓度的描述

硫化氢浓度一般有两种表示方式：一是体积比浓度，即硫化氢在气体中的体积比，用 ppm 表示，$1ppm=10^{-6}$。二是质量比浓度，即硫化氢在 $1m^3$ 气体中的质量数，用 mg/m^3 表示。国际上常用 ppm 表示，而我国标准中常用 mg/m^3 表示。

在标准状况下，1ppm 约等于 1.5mg/m³。

2. 硫化氢的暴露极限

按照硫化氢对人体的危害程度，根据《硫化氢环境人身防护规范》(SY/T 6277—2017)，硫化氢的浓度定义如下：

阈限值 threshold limit value(TLV)：在硫化氢环境中未采取任何人身防护措施，不会对人身健康产生伤害的空气中硫化氢最大浓度值。本标准的阈限值为 15mg/m³(10ppm)。

安全临界浓度 safety critical concentration：在硫化氢环境中 8h 内未采取任何人身防护措施，可接受的空气中硫化氢最大浓度值。本标准中的安全临界浓度为 30mg/m³(20ppm)。

危险临界浓度：在硫化氢环境中未采取任何人身防护措施，对人身健康会产生不可逆转或延迟性影响的空气中硫化氢最小浓度值。本标准中危险临界浓度为 150mg/m³(100ppm)。

即时危险浓度：在硫化氢环境中未采取任何人身防护措施，立即对生命造成威胁，或对健康造成不可逆转的或滞后的不良影响，或将影响人员撤离危险环境能力的硫化氢最小浓度值。硫化氢的即时危险浓度为 450mg/m³(300ppm)。硫化氢对人的生理影响及危害见表 10-4。

表 10-4　硫化氢对人的生理影响及危害

在空气中的浓度			暴露于硫化氢的典型特性
%(体积)	ppm	mg/m³	
0.000013	0.13	0.18	通常，在大气中含量为 0.195mg/m³(0.13ppm)时，有明显和令人讨厌的气味，在大气中含量为 6.9mg/m³(4.6ppm)时就相当明显。随着浓度的增加，嗅觉就会疲劳，气体不能再通过气味来辨别
0.001	10	14.41	有令人讨厌的气味，眼睛可能受刺激，推荐的阈限值(8h 加权平均值)
0.0015	15	21.61	推荐的 15min 短期暴露范围平均值
0.002	20	28.83	在暴露 1h 或更长时间后，眼睛有灼烧感，呼吸道受到刺激
0.005	50	72.07	暴露 15min 或 15min 以上的时间后嗅觉就会丧失，时间超过 1h，可能导致头痛、头晕和(或)摇晃；超过 75mg/m³(50ppm)时就会出现肺浮肿，也会让人员的眼睛产生严重刺激或伤害
0.01	100	144.14	3~15min 就会出现咳嗽、眼睛受刺激和失去嗅觉；在 5~20min 过后，呼吸就会变样、眼睛就会疼痛并昏昏欲睡；在 1h 后就会刺激喉道；延长暴露时间将逐渐加重这些症状
0.03	300	432.40	明显的结膜炎和呼吸道刺激
0.05	500	720.49	短期暴露后就会不省人事，不迅速处理就会停止呼吸；头晕、失去理智和平衡感
0.07	700	1008.55	意识快速丧失，不迅速营救，呼吸就会停止并导致死亡
0.1+	1000+	1440.98+	立即丧失知觉，会产生永久性的脑伤害或脑死亡

二、硫化氢检测与防护设备

(一) 硫化氢的检测

在石油作业的工作场所，特别是在含硫地区作业时，一旦硫化氢气体浓度超标，将威胁施工作业人员的健康与安全，引起人员中毒甚至死亡，因此硫化氢检测与防护设备的配备尤其重要。

1. 硫化氢的检测方法

对硫化氢气体的检测一般采用两种方法：一是现场取样化验室测定法，该方法测定精确度较高，但测定程序烦琐，不能及时得到测定的数据；二是现场直接测定法，该方法测定迅速，利于现场使用，但测定误差较大。

现场直接测定法常用的仪器有比长(色)式硫化氢测定管、便携式硫化氢检测仪和固定式硫化氢检测仪。

(1) 比长(色)式硫化氢测定管

① 性能参数

功能：检测 H_2S 气体的浓度；

测量范围：2~1000ppm；

使用温度：0~40℃；

通气体积：100mL。

② 结构组成

比长(色)式硫化氢检测仪是由测定管和采样筒两部分组成。

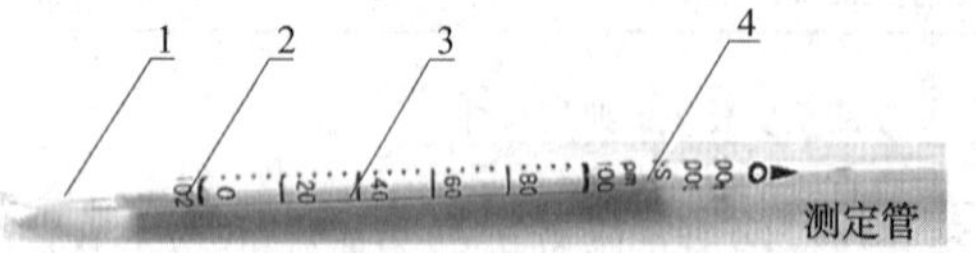

图 10-5　比长(色)式硫化氢气体检测测管

1—玻璃管外壳；2—隔离层；3—指示胶；4—堵塞物

如图 10-5 所示，测定管是由无色透明的玻璃管外壳、指示胶、隔离层、堵塞物等组成。

如图 10-6 所示，采样筒是由活塞筒与变换阀等组成。活塞筒用来抽取或压出气体，变换阀则可以改变气样流动方向或阻断气流。当阀门把处于与接头胶管同向时，活塞筒与接头胶管相通；当将阀门把顺时针方向旋转至与气嘴同向时，气嘴与活塞筒相通；当阀门把与活塞筒轴心线成夹角 45°时，变换阀将活塞筒与外界隔断。在拉杆上刻有标尺，可以表示出手柄拉动到某一位置时吸入活塞筒的气体体积(mL)。接头胶管是采样器与检测管之间的连接件。

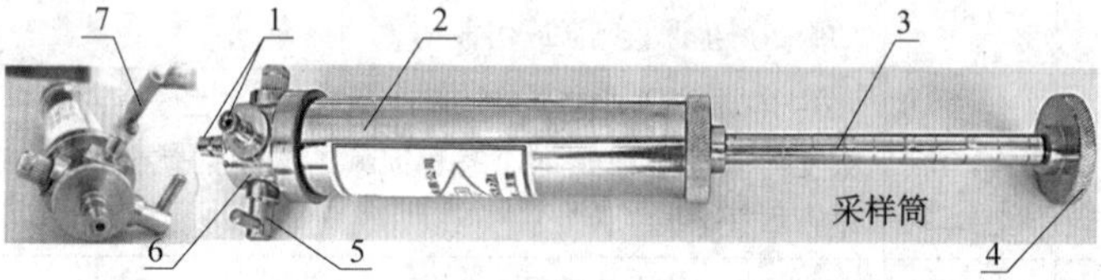

图 10-6　采样筒

1—气嘴；2—活塞筒；3—拉杆；4—手柄；5—阀门把；6—变换阀；7—接头胶管

③ 使用方法

a. 于测定现场用空气冲洗采样器后，用专用采样筒按要求一次采集现场空气气样(如 100mL，具体数量按测定管说明书要求指定)。

b. 用小砂轮片或采气筒变换阀端面的小孔断开测定管两端。

c. 用短胶管将测定管的下端(浓度标尺有“0”的一端)按要求连接在采样筒胶管接头。

d. 将采样筒中气样按一定的速度匀速注入测定管。硫化氢气体与检测管中的指示胶起反应，产生一个变色柱或变色环(注：注入速度请参照检测管使用说明书)。

e. 当变色柱或变色环稳定后，由变色柱或变色环上所指示的刻度可直接从检测管上读取硫化氢百分比浓度值(ppm)。

④ 适用场合

当大气中的硫化氢浓度超过所用的检测装置的测量范围时，应配置比长(色)式检测仪，以便取得瞬时气体样本，确定密闭装置、储罐、容器等中的硫化氢浓度。

⑤ 缺点

a. 只能点测，无法提供定量分析以及连续的报警。

b. 携带不方便，有效期限制(一般为 2 年)。

c. 比长(色)管的响应速度比较慢(大约需要几分钟)，不利于即时获得检测数据。

(2) 便携式硫化氢检测仪

① 特点

便携式硫化氢检测仪(如图 10-7 所示)具有声光报警、浓度显示和远距离探测的功能。如腰带式电子检测器，具有体积小、重量轻、反应快、灵敏度高等优点。在夜间可利用照明功能照明。在强噪声条件下，可通过耳机监听声音报警。

图 10-7 便携式硫化氢检测仪

② 便携式硫化氢检测仪的检查与存放

a. 检查

根据《硫化氢环境人身防护规范》(SY/T 6277—2017)规定：便携式硫化氢检测仪应处于随时可用状态。每次应检查电池电量和完好性，在无硫化氢区域内检测仪读数应为零，并做好记录，至少保存一年。

b. 存放

便携式硫化氢检测仪应专人保管，定点存放，存放地点应清洁、卫生、阴凉、干燥。

c. 检验

便携式硫化氢检测仪的检验应符合以下要求：

- 便携式硫化氢检测仪的检验应由具有资质的鉴定检验机构进行。
- 便携式硫化氢检测仪每年至少检测一次。
- 在超过满量程浓度的环境使用后应从重新检验。
- 检验应使用含硫化氢标准样气，符合 JJG 695 的规定。

① 携式硫化氢检测仪的使用

在已知含有硫化氢的工作场所内至少有一人携带便携式硫化氢检测仪，进行巡回检测。检测仪应能进行连续检测。

在预测含有硫化氢的工作场所(如钻井井场、井下作业场所)内至少有一人携带便携式硫化氢检测仪，定时进行巡回检测。检测仪应能进行连续检测。

当发生硫化氢泄漏时，应在下风向的工作场所内外进行连续检测。

在输送管道、污油水处理厂(池、沟)、电缆暗沟、排(供)水管(暗)道、隧道等其他可能含有硫化氢的场所，作业前应使用便携式硫化氢检测仪进行检测。

(3) 固定式硫化氢检测仪

现场需 24h 连续监测硫化氢浓度时，应采用固定式硫化氢检测仪。这种检测仪主机一般多装于中心控制室(如总监或平台经理办公室等)，检测仪探头置于现场硫化氢易泄漏或聚集的区域(如图 10-8 所示)，现场硫化氢检测探头的数量和位置按照有关设计规范进行布置。一旦探头接触硫化氢，它将通过连接线传到中心控制室，显示硫化氢浓度，并有声光报警。该检测器使用中，应随时校核，按说明书要求正确操作和维护保养。

图 10-8　固定式硫化氢检测示意图

① 安装位置

a. 主机：一般安放在有人值守的值班室内。

b. 探头：一般安装在离可能泄漏硫化氢气体地点处 1m 范围内，将传感器防雨罩的圆柱面指向地面，这样探头的实际反应速度比较快。否则，有可能出现泄漏点处局部气体已经超标，而探头处硫化氢气体浓度不超标，主机不能及时报警的现象。探头不要置放于被化学或高湿度气体(如蒸汽)污染的地方或者置放于振动筛上方有烟雾的地方，应安放在方井、喇叭口处、振动筛、钻井液循环罐、司钻或操作员位置、井场工作室及其他硫化氢可能聚集的区域。

② 使用维护及注意事项

a. 硫化氢检测仪属于精密安全仪器，不得随意拆动，以免破坏防爆结构。

b. 每月校准一次零点。

c. 保护好防爆部件的隔爆面，不得损伤。

d. 为保证传感器探头的检测精度，用户应根据要求定期进行标定(具体时间按说明书要求)。

e. 经常或定期清洗探头的防雨罩，用压缩空气吹扫防虫网，防止堵塞。

f. 在通电情况下严禁拆卸探头。

g. 在更换保险管时要关闭电源。

h. 固定式硫化氢检测仪一年校验一次，在超过满量程浓度的环境使用后应重新校验。

2. 硫化氢检测仪的配置要求

根据《中国石化硫化氢防护安全管理办法》，硫化氢风险区域应设置固定式硫化氢检测报警仪，探头数量和位置按照有关设计规范或风险辨识结果进行布置，相关操作岗位应配备便携式硫化氢检测报警仪。固定式硫化氢检测报警仪应具备现场声光报警功能且报警信号应发送至有人值守的控制室或现场操作室的指示报警设备。检测报警仪应按检定规程要求由具有检定资质的机构定期进行检定。固定式硫化氢检测报警仪的安装率、使用率、完好率应达到100%。在用便携式硫化氢检测报警仪完好率应达到100%。

3. 硫化氢监测仪报警值的设置规定

当空气中硫化氢含量超标时，监测仪自动报警。报警器装置设置在集输场站各个不同的区域，如泵房、罐区、分离器区等，并且能够发出声音和光线的报警，贯穿整个场站。场站人员应了解各种报警信号的含义，以便对声光报警系统做出反应。

根据《中国石化硫化氢防护安全管理办法》的要求：硫化氢检测报警仪(固定式、便携式)的一级报警设定值应不大于 10mg/m^3(6.7ppm)，二级报警设定值应不大于 30mg/m^3(20ppm)。

硫化氢检测报警仪发生报警时，应对其报警原因进行分析、记录及确认，不得随意消除报警。

(二) 正压式空气呼吸器的使用

进入硫化氢风险未知区域或者当环境空气中硫化氢浓度超 30mg/m^3(20ppm)时，工作人员必须佩戴正压式空气呼吸器。正压式空气呼吸器能给工作人员提供一个安全呼吸的环境，其有效供气时间应大于 30 分钟。正压式空气呼吸器对于一个在硫化氢潜在的环境中工作的人员是必不可少的，所以掌握正压式空气呼吸器的正确使用方法是非常重要的。下面以常见的霍尼韦尔公司生产的 C900/C850 系列正压空气呼吸器为例，介绍正压式空气呼吸器的编号、组成、使用要领。

1. 正压式空气呼吸器的型号编制规则

依据《正压式消防空气呼吸器》(GA 124—2013)规定，正压式消防空气呼吸器型号的编制应符合下列要求：

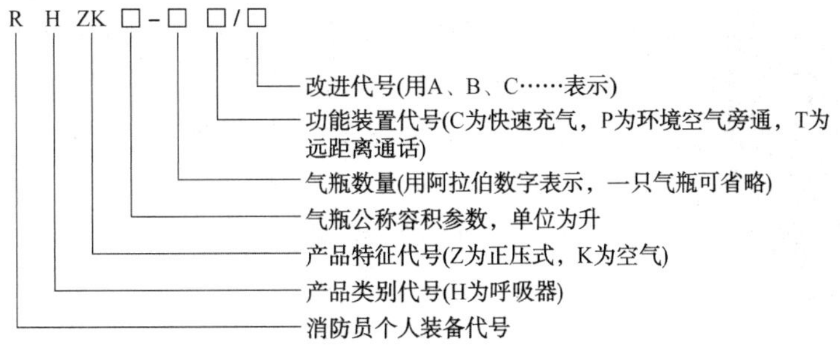

示例：RHZK6.8

R 的含义：消防员个人装备代号；

H 的含义：产品类别代号(H 为呼吸器)；

Z 的含义：产品特征代号(Z 为正压式)；

K 的含义：产品特征代号(K 为空气)；

6.8 的含义：气瓶公称容积参数(L)气瓶的容积为 6.8L。

2. 正压式空气呼吸器的组成

如图 10-9 所示，Honeywell C900/C850 正压式空气呼吸器由储存压缩空气的气瓶、支承气瓶和减压阀的背托架、安装在背托架上的减压阀、面罩及安装于面罩上的供气阀五部分组成。

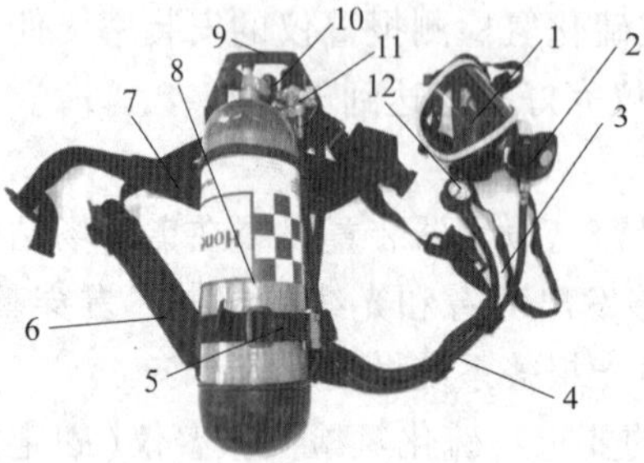

图 10-9　C900 系列便携式正压空气呼吸

1—面罩；2—供气阀；3—中压管；4—背带；5—气瓶；6—腰带；7—瓶阀接头；8—背架；9—压力表；10—高压管；11—中压管；12—气瓶固定带；13—减压阀

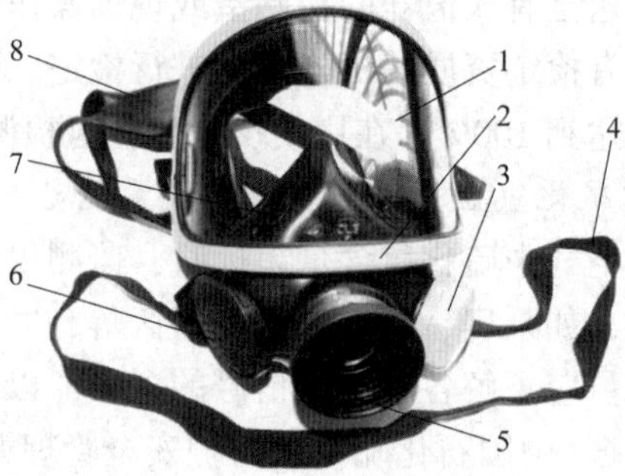

图 10-10　面罩

1—视窗；2—视窗密封圈；3—呼气阀；4—颈带；5—供气阀接口；6—传声器组件；7—呼吸阀片；8—头带

(1) 面罩

如图 10-10 所示，面罩包括用来罩住脸部的面框组件和用来固定面框的头带等。面框组件包括：视窗、视窗密封圈、口鼻罩和传声器组件、呼气阀、供气阀接口。口鼻罩上有两个呼吸阀片。

使用时面框组件与脸部、额头贴合良好，使佩戴者的脸部、额头既不会感到压迫疼痛，又能使脸部的眼、鼻、口与周围环境大气有效地完全隔绝。

面罩上的传声器能为佩戴者提供有效的通信。头带可调节面罩与脸部之间保持良好密封。

(2) 供气阀

图 10-11　供气阀

1—旁通阀按钮(黄色)；2—中压管；3—面罩接口；4—操作按钮

如图 10-11 所示，供气阀直接安装于面罩上并有一根胶管通过快速接头连接到减压阀的中压管上。供气阀的出气口外形呈凸形，配有环行垫圈，使供气阀与面罩连接后保持良好密封。供气阀在流量高达 450L/min 时，面罩内压力仍保持大于环境压力，以满足使用者的供气需要。

供气阀顶部有一个旁通阀按钮(黄色)，当使用者的呼吸出现障碍时，按下此钮供气阀会自动增大供气量至 450L/min。

(3) 气瓶总成

如图 10-12 所示，气瓶总成是由气瓶和气瓶阀组成，气瓶里充的压缩空气，气瓶阀上装有安全膜片，可在气瓶内压力过高时自动卸压，防止由于气瓶压力过高引起气瓶爆裂，从而避免使用人员的伤亡。

C900 系列便携式正压空气呼吸器的额定工作压力为 30MPa，所配备的气瓶是容积从 2L 到 9L 的碳纤维复合气瓶。碳纤维复合气瓶是在铝合金内胆外用碳纤维和玻璃纤维等高强度纤维缠绕制成。它与钢制气瓶相比具有重量轻、储气量大、耐腐蚀、安全性能好、使用寿命长等优点，使佩戴者在使用过程中降低其体力消耗，提高工作能力。

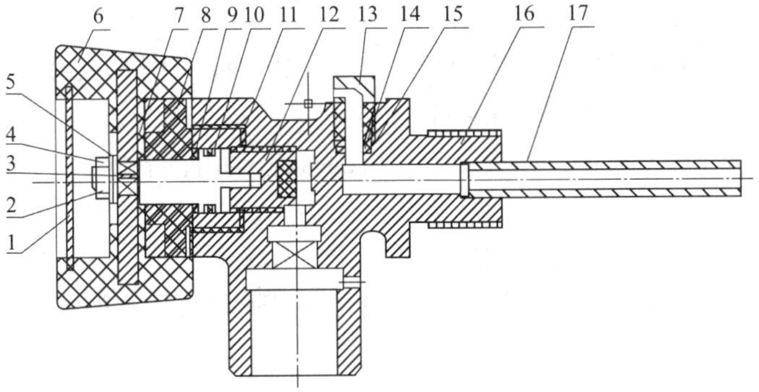

图 10-12　气瓶总成结构示意图

1—手轮盖；2—六角锁紧螺母；3—瓶阀开启杆；4—弹簧垫片；5—垫圈；6—手轮；
7—垫圈；8—螺母盖；9—垫圈；10—O 形圈；11—密封垫圈；12—瓶阀螺塞；
13—安全螺塞；14—安全膜片；15—垫圈；16—气瓶阀体；17—通气管

（4）减压阀

如图 10-13 所示，减压器安装在背架上，包括一个用以连接气瓶总成的手轮、一个连接到肩部的压力表、一个中压安全阀、一个向供气阀供气的中压管和一个报警哨。供气阀连接的中压管上有一快速接头，可快速将供气阀与减压器连接或拆开。

（5）背托架

如图 10-14 所示，背托架的作用是支撑安装气瓶总成和减压器。包括背架、肩带、腰带和固定气瓶的瓶箍带，瓶箍带上装有瓶箍卡扣用以锁紧气瓶。

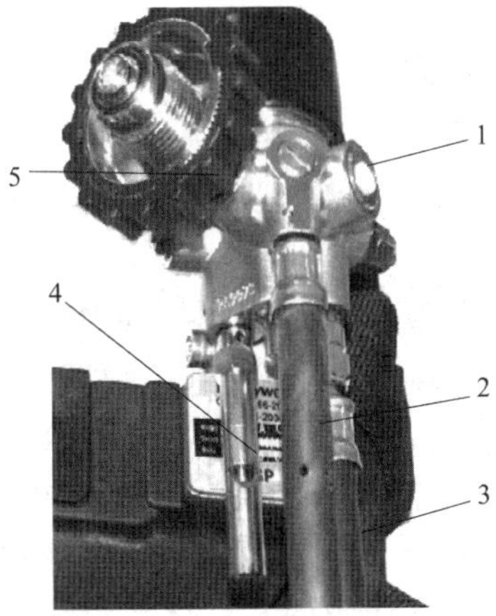

图 10-13　减压阀

1—中压安全阀；2—高压管；
3—中压管；4—报警哨；5—手轮

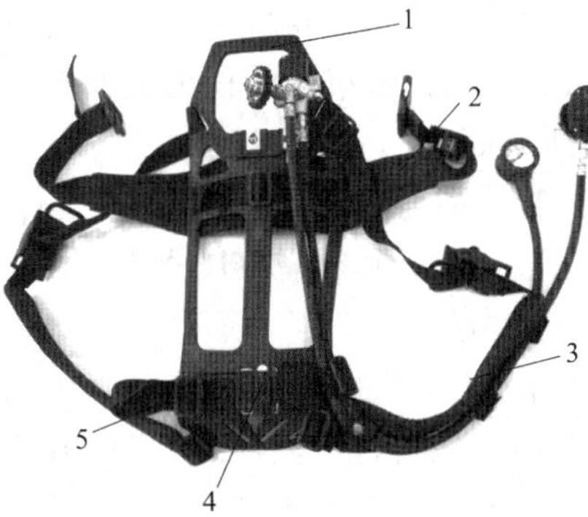

图 10-14　背托架结构示意图

1—背架；2—肩带；3—腰带；
4—瓶箍带；5—瓶箍卡扣

3. 正压式空气呼吸器的使用

（1）使用前的安全检查

为了保证空气呼吸器使用安全，正压式空气呼吸器应处于随时可用状态，每次检查应有记录，记录至少保存一年，每次使用前后都要进行检查、清洁和整理。

① 查看合格证。确认气瓶是否在检验有效期内。

② 检查气瓶压力。观察瓶阀上压力表的读数是否在正常适用范围内。

当瓶阀没有配备总压力表时，打开瓶阀，待压力表指针稳定后关闭瓶阀，观察高压管上的压力表读数。

注意：一般情况下气瓶中压力不应低于 28~30MPa(除个别厂家另有标定)，否则应立即将气瓶充满气，以确保足够的使用时间。

③ 检查气瓶瓶身有无损坏，检查固定气瓶的瓶箍卡扣能否扣紧。

④ 检查附件

a. 检查背架(背托)是否完好；检查腰带、肩带有无破损。

b. 检查腰带扣、肩带扣是否灵活好用。同时将肩带和腰带放松到最大长度。

⑤ 检查面罩外观

a. 检查面罩的视窗是否明亮、无破损。

b. 检查头带有无破损、老化，并将头带放松至最大；检查头带的卡扣是否灵活好用。

c. 检查颈带有无破损，固定是否牢固(颈带是橡胶还要检查是否有老化)。

d. 检查面罩的密封框有无老化、破损现象。

e. 检查口鼻罩是否固定牢固，有无老化现象。

f. 检查呼吸阀片、通话膜片是否脱落。

⑥ 检查面罩的气密性。戴上面罩，使下巴放入面罩的下颌承口中，将面罩密封框与面部贴紧，用手掌心将面罩的进气口堵住，深吸一口气，如果感到面罩有向脸部吸紧的现象，且面罩内无任何气流流动，说明面罩和脸部贴合良好。

注意：

a. 如面罩和脸部贴合不紧密，不能密封，必须重新调整至密封后才能继续使用。

b. 胡须会影响面罩与脸部的气密性。

c. 头发夹压在面罩与脸部之间时，会影响面罩与脸部的气密性。

d. 不必将面罩头带拉得太紧，这样会使人感到不适。

e. 天气较冷时，面罩刚戴在头上可能会有气雾在透镜上产生，将供气阀连接好并呼吸时，气雾就会消除。

⑦ 检查管路系统的气密性。打开瓶阀，待压力表指针稳定后再关闭瓶阀，保持憋压状态至少 1min 以上，然后观察压力表读数的变化。在 1min 内压力下降不超过 1MPa 表示管路密封性能良好；

⑧ 检查报警哨的性能。打开气瓶阀，气瓶压力至少 12MPa，再关闭气瓶阀。霍尼韦尔正压式空气呼吸器直接轻轻点按供气阀上的黄色按钮即可，同时观察压力表读数的变化，当压力下降到(5.5±0.5)MPa 之间时，报警哨开始发出报警声，说明低压报警性能良好。

(2) 穿戴方法

① 打开气瓶阀至少 2.5 圈。

② 使气瓶的瓶底朝向自己(气瓶有压力表的一侧向外)，让背带的左右肩带套在两手外侧，两手握住背架的左右把手，将呼吸器举过头顶，两手向后向下弯曲，将呼吸器落下，使左右肩带落在肩膀上。也可使用类似学生背书包的方法佩戴正压式空气呼吸器。

③ 调节背架：身体前倾，向后下方拉紧肩带，系好腰带扣、拉紧腰带。

④ 佩戴面罩：将面罩上的颈带套在脖子上，面罩跨在胸前。由下向上(现将下巴放入下巴托内)戴面罩(注意：不要让头发或其他物体压在面罩的密封圈上)，然后收紧头带(先收紧下颌处的头带、再调整太阳穴处头带、最后收紧头顶部头带)。用手掌心封住面罩的进气口深吸一口气，如果感到无法呼吸且面罩与脸部充分贴合，说明面罩与脸部的密封良好。

⑤ 观察压力表读数，确认气瓶阀已经打开。

⑥ 将供气阀推进面罩供气口，听到“咔嗒”的声音后，供气阀连接牢固，此时即可正常呼吸。

注：在工作过程中要随时观察压力表读数的变化，如压力下降至报警压力或报警哨发出报警声时，必须立即撤回到安全场所。

(3) 整理装箱

工作完成回到安全场所后，应及时将呼吸器整理装箱。

① 拆下供气阀。大拇指、食指同时按下供气阀两侧按钮，拉动供气阀脱离面罩(注意用两手配合)。

② 卸下面罩。用食指向前拨动面罩头带上的带扣使头带松开，抓住面罩上的进气口向上拉脱开面罩，取下面罩并放置好面罩(面罩的视窗要朝向上方)。

③ 卸下呼吸器。压下腰带扣的按钮，松开腰带；向上拨动肩带上的带扣脱开肩带(有胸带的，脱开胸带扣)；一手抓牢背架上的把手，卸下另一侧的肩带，卸下呼吸器，关闭气瓶阀。

④ 管路卸压。按压供气阀上的旁通阀，将管路内的余气排尽，确保供气阀关闭。

⑤ 清洁整理面罩。对面罩进行清洁、消毒，然后将面罩头带放松到最大状态，然后将面罩入面罩袋内。

⑥ 整理腰带、肩带。腰带、肩带放松到最长状态(以备下次使用)，然后将腰带、肩带按出厂状态摆放。

⑦ 将空气呼吸器所有组成部件装入包箱内。

三、硫化氢应急处置

(一) 现场应急处置方案的编制要求

生产经营单位应根据风险评估及应急能力评估结果，组织编制应急预案。现场应急处置方案应在生产经营单位应急预案体系框架内编制，应急响应和处置应符合综合应急预案及专项应急预案要求，现场应急处置方案编制审核完后应在生产经单位报备。现场应处置方案的编制应符合(GB/T 29639《生产经营单位生产安全事故应急预案编制导则》)的要求，现场应急处置方案根据现场工作岗位、组织形式及人员构成、明确各岗位人员的应急工作分工和职责。

根据 SY/T 7358—2017《硫化氢环境原油采集与处理安全规范》，硫化氢环境原油采集与处理单位每三年至少对应急处置程序进行评审及更新一次，当装置、工艺流程、场站所处周边环境、场站人员发生重大变化或在必要时对应急处置程序立即开展评审和更新。应急处置预案的内容应包括但不限于：

(1) 应急反应工作的组织机构和职责。

（2）参与应急工作人员的岗位和职责。

（3）应急设备、物资、器材的准备。

（4）现场监测制度。

（5）紧急情况报告程序。

（6）应急技术与措施。

（7）应急实施程序（包括人员撤离程序和点火程序）。

（8）应急抢险防护设备及设施布置图。

（9）警戒点的设置。

（10）逃生路线图。

（11）周边情况的信息收集及联系电话。

（二）应急撤离

1. 撤离条件

当硫化氢浓度≥30mg/m^3（20ppm）时，无人身防护的人员应撤离。

当检测到空气中硫化氢气体浓度达到危险临界浓度 150mg/m^3（100ppm）时，有人身防护的现场人员，经应急处置无望，可进行撤离。

井喷失控：撤离命令发布，包括生产经营单位代表或其授权的现场总负责人决策撤离，采用有线应急广播或声光报警等通知形式。

2. 撤离组织

指定专人向当地政府报告，协助当地政府做好居民的疏散，撤离工作。

有专人引导现场人员撤离。

向上风方向，高处撤离。

撤离时佩戴硫化氢防护器具或使用湿毛巾、衣物捂住口鼻呼吸等措施。

监测泄漏区域大气情况（在实施清除泄漏措施后），以确定何时可以重新安全进入。

（三）应急演练

根据 SY/T 7358—2017《硫化氢环境原油采集与处理安全规范》，涉及硫化氢环境原油采集与处理的相关单位和部门应定期组织应急预案培训与演练，采油厂至少每半年组织一次，采油厂下属作业区、联合站、大队等至少三级单位每季度组织一次，小队、班组等四级单位至少每月组织一次。人员培训和应急演练记录应形成文件并至少保留一年。

应急演练可以通过实操演练和模拟演练的方式进行，岗位操作人员应熟练掌握应急状况下流程关断，切换的应急处置操作。

油气井井下作业人员应至少每周进行一次预防井喷演练，确保井控设备能正常运行，作业队人员应明确自己的紧急行动责任，同时达到训练作业人员的目的。

演练内容应包括但不限于以下内容：

（1）采取应急措施的各种必要操作及步骤。

（2）正压式空气呼吸器保护设备的使用演练。

（3）硫化氢中毒人员施救演练。

应急演练应确保作业队人员明确自己的紧急行动责任及操作要点，熟悉应急情况下操作程序、救援设施、通知程序，集合地点，紧急设备的位置和应急流散程序、现应处置方案等。

第三节　火灾预防及应急处置

一、火灾基本知识

火灾是指在时间或空间上失去控制的燃烧。火灾是各种灾害中发生最频繁、且极具毁灭性的灾害之一，其直接损失约为地震的5倍。火灾的发生既有确定性又有随机性，条件具备时，火灾必然会发生。因此，必须时刻警惕火灾的发生。

1. 火灾类型

根据可燃物的类型和燃烧特性，火灾分为A、B、C、D、E、F六类。

A类火灾是指固体物质火灾。这种物质通常具有有机物质性质，一般在燃烧时产生灼热的余烬。如木材、煤、棉、毛、麻、纸张等火灾。

B类火灾是指液体或可熔化的固体物质火灾。如煤油、柴油、原油、甲醇、乙醇、沥青、石蜡等火灾。

C类火灾是指气体火灾。如煤气、天然气、甲烷、乙烷、丙烷、氢气等火灾。

D类火灾是指金属火灾。如钾、钠、镁、铝镁合金等火灾。

E类火灾是指带电物体火灾。物体带电燃烧的火灾。

F类火灾是指烹饪器具内的烹饪物（如动植物油脂）火灾。

2. 燃烧的条件

燃烧是一种放热发光的化学反应，燃烧过程中的化学反应十分复杂。任何物质发生燃烧必须具备三个条件，即可燃物、助燃物（氧化剂）、着火源。

① 可燃物

凡是能与空气中的氧或其他氧化剂发生化学反应的物质称可燃物。

② 助燃物（氧化剂）

可帮助支持可燃物燃烧的物质，即能与可燃物发生反应的物质称为助燃物（氧化剂）。火灾发生时，空气中的氧气是一种最常见的助燃物。在热源能够满足持续燃烧要求的前提下，氧化剂的量和供应方式是影响和控制火灾发展势态的决定性因素。

③ 着火源

着火源是指供可燃物与助燃物发生燃烧反应的能量，常见的是热能，其他还有化学能、电能、机械能和核能等转变成的热能。

二、灭火方法及消防器材的使用

（一）灭火的基本方法

在消防技术中常用的灭火方法有冷却法、窒息法、隔离法和抑制法等几种。

1. 冷却法灭火

冷却灭火法就是将灭火剂直接喷洒到燃烧的物质上，利用灭火剂吸收可燃物燃烧过程中放出的热量，使其温度降到燃点以下；同时抑制可燃物氧化分解，减缓可燃气体产生的速度，使燃烧终止，达到灭火的目的，它是扑救火灾的常用方法。冷却灭火法常用的灭火

剂主要有水和 CO_2 灭火剂等。

2. 窒息法灭火

窒息灭火法就是隔绝空气，使燃烧物因得不到新鲜空气而熄灭，常用的灭火剂有水蒸气、沙、石棉毡、泡沫灭火剂等。

利用窒息法灭火的注意事项主要有：对燃烧面积小或易封闭的物体，适当采取窒息法灭火；对封闭空间采用窒息法灭火时，必须确认火已经彻底熄灭后，方可打开孔洞检查，严防过早打开孔洞，使空气进入发生复燃；用气体灭火时，喷向燃烧区的灭火剂供给强度要大，以便在短时间内能迅速降低燃烧区的含氧量，达到窒息灭火的目的；用覆盖物捂盖灭火时，应捂盖严密，越严密灭火效果越好。

3. 隔离法灭火

隔离法灭火，是将已经着火的可燃物与附近还没着火的可燃物隔离或疏散开，或者切断其来源，使燃烧区得不到充分的燃烧供应而使燃烧停止。

火场上利用隔离法灭火的具体措施有：关闭燃气管道上的阀门，截断流向着火点的气源；将着火点附近能成为火势蔓延的易燃、可燃物品尽快转移到安全地点；用水枪射水形成水帘作为隔离带，将着火区与未燃烧区分割开来，以阻隔、控制火势；用湿麻袋等覆盖火源附近不能搬移的可燃物品，以阻隔火焰的辐射等。

4. 抑制法灭火

抑制灭火法是将化学灭火剂(卤代烷及其替代物七氟丙烷、三氟甲烷等)喷入燃烧区参与燃烧反应、中止连锁反应而使燃烧反应停止的灭火方法。使用这种方法灭火效果好，但要注意：要将灭火剂准确地投放到燃烧区内，使之快速参与中止连锁反应，否则不但浪费灭火剂，而且还灭不了火。在扑救 A 类火灾时，在采用卤代烷灭火剂或干粉灭火剂之后，还应配合冷却降温措施，以防复燃。

以上四种灭火方法各有长处和优点。灭火时具体采用哪些方法和措施，应遵循迅速有效、经济损失小的原则，根据燃烧物质的性质、燃烧特点和火场具体情况，以及灭火器材的性能进行选择。以上四种灭火方法，既可单独采用，也可综合使用。

（二）消防器材的使用

1. 消防设施的保养与维护

消防设施是指火灾自动报警系统、自动灭火系统、消防栓系统、防烟排烟系统以及应急广播和应急照明、安全疏散设施等。

消防设施的保养与维护，一般应满足以下要求：

(1) 室外消防栓由于处在室外，经常受到自然和人为的损坏，所以要经常维护。

(2) 室内消防栓给水系统，至少每半年要进行一次全面的检查。

(3) 自动喷水灭火系统，每两个月应对水流指示器进行一次功能试验，每个季度应对报警阀进行一次功能试验。

(4) 消防水泵是消防系统的心脏，因此应每月启动运转一次，检查水泵运行是否正常，出水压力是否达到设计规定值。每年应对消防水系统进行一次模拟火警联动试验，以检验火灾发生时消防水系统是否迅速开通投入灭火作业。

(5) 对于高、低倍数泡沫灭火系统，每半年应检查泡沫液及其贮存器、过滤器、产生泡沫的有关装置等，对地下管道应至少五年检查一次。

(6) 气体灭火系统每年至少检修一次，自动检测报警系统每年至少检查两次。

（7）火灾自动报警系统投入运行两年后，其中点型感温、感烟探测器应每隔三年由专门清洗单位全部清洗一遍，清洗后应作相应阈值及其他必要功能试验，不合格的严禁重新安装使用。

（8）灭火器应每半年检查一次，到期的应及时更换。

2. 常用灭火器结构原理及使用要求

灭火器种类很多，按驱动压力形式分为贮气瓶式灭火器和贮压式灭火器。按充装的灭火剂分为：水基型灭火器（包括清洁水或带添加剂的水，如湿润剂、增稠剂、阻燃剂或发泡剂等）、干粉型灭火器（干粉有“BC”“ABC”型或可以为 D 类火灾特别配制的类型）、二氧化碳灭火器、洁净气体灭火器等。

灭火器主要是由储罐（内装灭火剂和驱动气体）、阀门（用以控制灭火剂的流动）、喷射软管（用以将灭火剂喷射至炉火上）等组成；其中灭火剂是用来扑灭火灾或控制燃烧的介质，驱动气体是用以驱动灭火剂喷出的。

场站中使用的灭火器主要有干粉灭火器、泡沫灭火器和二氧化碳灭火器等。

（1）干粉灭火器

① 结构

干粉灭火器主要由机身、二氧化碳气管、气管、粉管、喷嘴（或喷管）、提拔和开关等组成。手提式干粉灭火器和推车式干粉灭火器的结构如图 10-15 和图 10-16 所示。

图 10-15　干粉灭火器

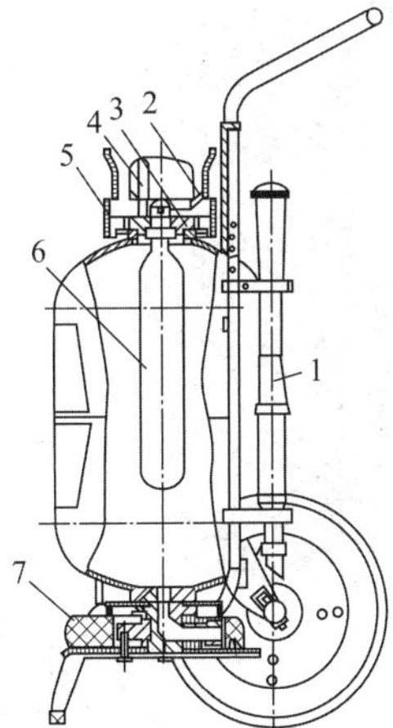

图 10-16　推车式干粉灭火器

1—喷枪；2—提环；3—进气压杆；
4—压力表；5—护罩；6—钢瓶；7—出粉

② 灭火原理

干粉灭火器是一种通用型的灭火器，其内装有一种干燥的、易于流动的、微细固体粉末，主要由钠盐干粉（碳酸氢钠）、钾盐干粉（如氯化钾）或氨基干粉并配有少量的添加剂（流动促进剂、防潮剂等），经研磨混合而成。

干粉之所以能够灭火，主要是盛装于机筒内的干粉灭火剂在惰性气体（二氧化碳）压力作用下喷出，形成浓云般的粉雾覆盖在燃烧物表面，使燃烧的连锁反应终止。同时，粉末受热还会分解出不燃性气体，降低燃烧区域的含氧量，达到灭火的目的。

③ 适用扑救的主要对象

干粉灭火器主要适用于扑救石油及其制品，可燃液体、气体、固体，电气设备及能与水发生燃烧的物质等引起的初起火灾。因干粉有 50kV 以上的电绝缘性能，因此广泛适用于电气设备初起火灾。

④ 使用要求

使用干粉灭火器时，将其提至火场后，选择上风有利地形，一手握住喷嘴，另一手拔掉保险并握紧提柄，提起机身对准炉火迅速扑救。

⑤ 使用方法(以目前较通用的 MF8 型储压式干粉灭火器为例)：

拉出插销，喷嘴对准火焰根部按下压把，干粉喷出即可灭火，松开压把即停喷。

⑥ 注意事项

干粉灭火器使用前，首先要上下翻倒数次，使干粉预先松动，以确保干粉灭火剂的有效喷出。此外，由于干粉灭火剂无太多冷却作用，故扑灭炽热物后，要注意防止复燃。

干粉灭火器要注意防潮、防晒，不要存放于高温场所，每年抽查一次干粉，检视有无受潮结块，驱动气体的气瓶也应每年称重一次，应及时送往厂家检查和补充。

(2) 泡沫灭火器

① 结构

手提式泡沫灭火器和推车式泡沫灭火器的结构如图 10-17 和图 10-18 所示。

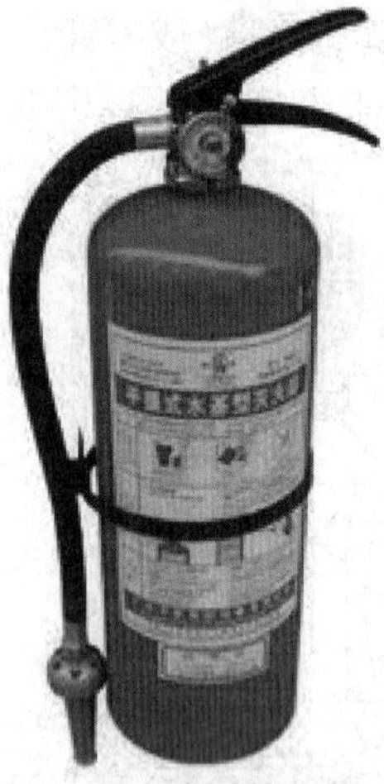

图 10-17　手提式泡沫灭火器

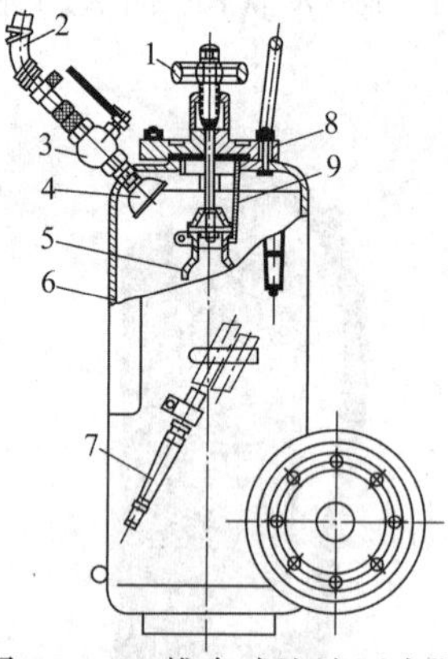

图 10-18　推车式泡沫灭火器

1—手轮；2—喷管；3—阀门；4—过滤器；5—瓶胆；6—筒身；7—喷枪；8—筒盖；9—花篮

② 灭火原理

此类灭火器，外机筒内装有碳酸氢钠(小苏打)与发泡剂的混合药液，内瓶胆内盛装有硫酸铝溶液，两者相混合后，酸碱中和就会产生大量的泡沫液。

泡沫之所以能灭火，主要是由于其比重轻，能够覆盖在着火的物质表面上，阻止空气进入燃烧区内。其次，由于泡沫导热性很低，可以有效地阻止热量向外传递。再次，尽管泡沫的热容量很低，但是也能吸收一定的热量。

③ 适用扑救的主要对象

泡沫灭火器主要适用于扑救油类及一般固体物质的初期火灾(即 A、B 类火灾)。不适用于扑救可燃气体、碱金属、电气以及醇类、醚类、酯类等火灾。

④ 使用要求

使用此类灭火器时，首先应考虑其灭火对象和燃烧范围及风向的影响；然后将灭火器以倾斜45°的角度倒置并适当摇动，使药液充分混合。若是容器内易燃液体（油类）着火，要将泡沫喷射在容器的前沿内壁上，使其平稳地覆盖在油面上，切不可直接向油面喷射，以减少油面的搅动和泡沫层的破坏。此外，在用泡沫扑救的同时不能再用水，因为水有稀释和破坏泡沫的作用。如果扑救的是固体物质火灾时，要接近火源以最快的速度将泡沫向燃烧物上普遍喷射。

⑤ 使用方法

到火场后，一手提环（手柄），一手托起底部，将灭火器颠倒过来，使喷射的泡沫对准燃烧物。在扑灭容器内液体火灾时，要将泡沫喷射到容器上，避免直接喷射到液体上，扩大着火范围。

⑥ 注意事项

使用过程中，泡沫灭火器的底部和机盖不能朝向人；如果灭火器已经颠倒，泡沫喷射不出，应将机身平放在地上，用铁丝疏通喷嘴即可解决，切不可拆卸机盖，以免机盖飞出伤人。

泡沫灭火器内装药液，每年更换一次，冬季要做好防冻保护，以免失效。

（3）二氧化碳灭火器

① 结构

二氧化碳灭火器的结构如图10-19和图10-20所示。此类灭火器主要由钢瓶、开关、喇叭喷射口及手柄组成。开关形式有手轮式和鸭嘴式两种。

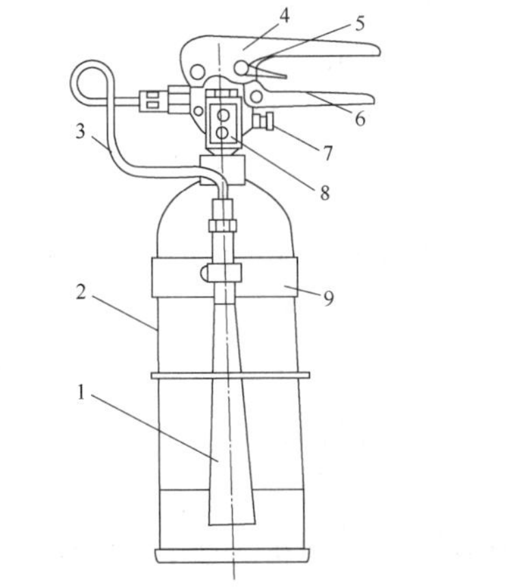

1—喷筒；2—钢瓶；3—喷管；4—压把；5—保险销；6—提把；7—安全堵；8—启闭阀；9—卡带

图10-19　鸭嘴式二氧化碳灭火器图

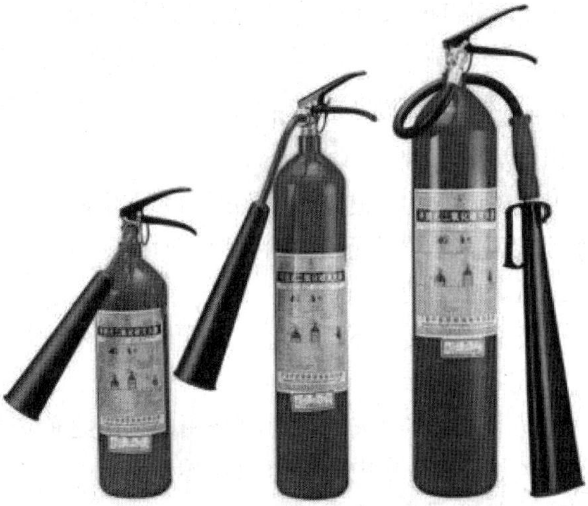

图10-20　鸭嘴式二氧化碳灭火器图

② 灭火原理

二氧化碳之所以能够灭火，主要是它不燃烧也不助燃，能够稀释可燃气体，减少燃烧区内空气的氧含量。此外，二氧化碳含有极低的汽化温度（-78.5℃），可冷却可燃物质。

③ 适用扑救的主要对象

由于二氧化碳灭火剂灭火不留痕迹，并具有一定的电绝缘等性能，因此可用于扑救6kV以下电器、贵重设备、精密仪器、文件档案等场所的初起火灾，主要适用于室内电器着火扑救。不适用扑救可燃气体、普通固体及可燃金属火灾。

④ 使用要求

使用者将灭火器提至起火地点后，应迅速使喇叭口对准火源，打开保险和开关，向火源喷射。由于开关种类不同，打开方法也不同。对于鸭嘴式开关，使用时一手拔去保险销后，紧握鸭嘴开关，另手握住喇叭口的手柄部位向火源喷射。对于手轮开关的操作方法与上述基本一致，但应注意手轮开关开启的方向应向左旋转，并且将其迅速旋转到最大开启位置，以免造成少量的开启，使灭火效率降低。

⑤ 使用方法

二氧化碳灭火器有开关式和闸刀式两种，使用时先拔去保险销子，然后一手提紧喷射式喇叭上的木柄，一手掀开鸭舌开关或旋转开关，然后提握器身。但闸刀式的灭火器一经启开后，内部封口铜片即穿破而无法关闭。

⑥ 注意事项

使用此类灭火器时，一定要采用正常的操作方法，以免出现冻伤事故。灭火时要查清燃烧物的性质后，方能确定是否使用灭火器；扑救火灾时应视炉火大小与火源保持适当的灭火距离，以获得最佳灭火效果。

二氧化碳灭火器必须每三个月进行一次检查保养。每年的所有的二氧化碳灭火器进行称重检查，发现二氧化碳重量减少10%以上时，应及时送往厂家予以检查和补充。此外，每三年应对二氧化碳灭火器进行一次耐压试验，以确保使用安全。

3. 灭火器的基本性能要求

① 使用性能：包括有效喷射时间、喷射滞后时间、喷射距离、操作性能和灭火性能。

② 可靠性能：包括密封性能、抗腐蚀性能、热稳定性能。

③ 安全性能：包括灭火器本身的结构强度、抗振动、抗冲击性能。

（三）扑救火灾的原则

1. 早报警，损失小

由于火灾的发展很快，当发现初起火灾时，在积极组织扑救的同时，尽快报警，使消防人员车辆及时赶到现场，缩短灭火时间，减少损失。

2. 边报警，边扑救

在报警时要及时扑灭初起火灾。初起火灾，用很少的灭火器材就可扑灭。

3. 先控制，后灭火

在气体、液体火灾的可燃物来源未切断之前，扑救应以冷却保护为主，积极设法切断可燃物来源，然后集中力量组织扑救。

4. 先救人，后救物

在组织主要力量抢救人员的同时，部署一定的力量疏散物资，扑救火灾，注意先把受到火灾威胁最严重的人员抢救出来。

5. 防中毒，防窒息

在扑救有毒物品时要正确选用灭火剂。在扑救时人员尽可能站在上风向，必要时佩戴防毒面具。

6. 听指挥，莫惊慌

发生火灾时，一定要保持镇静，采取迅速正确措施扑灭初起火灾。灭火时必须听从火场指挥员的指挥，互相配合，积极主动完成扑救任务。

总之，要按照积极抢救人命、及时控制火势、迅速扑灭火灾的基本要求，及时正确有效地扑救火灾。

三、站库防火

（一）站库防火要求

为了确保集输场站的安全，联合站和油库应建立严格的防火防爆制度。其主要内容如下：

（1）新建和改建时，必须严格按照有关的技术安全规程办事，各建筑物和设备的安全距离和安全防火等级，必须符合安全技术部门的各项规定。

（2）在管理上必须严格按照岗位责任制各项规定办事，室内外做到“三清、四无、五不漏”。

（3）站库内严禁烟火，在允许使用明火和焊接工作的车间，应采取防范措施。

（4）站库内禁止使用明火的地方动火时，需要用火单位提出申请，采取有效措施并经过有关安全技术部门检查批准后，方可用火。

（5）站库内的输电线路不能跨越油罐；有可燃气体的房间上空不准使用裸体导线；所有照明必须采用防爆式；探照灯焦距应适当调整，不得对准可燃易燃物及储罐气孔；非电工人员禁止乱接乱修电器设备。

（6）站内避雷及电器设备的接地装置必须定期检查，其接地电阻不得大于10Ω。

（7）有严格的门卫制度，凡需进站车辆，事先须经有关部门批准和检查。

（8）禁止穿带钉子的鞋进场站。检修清洁油罐时，应避免猛烈敲打和碰击。使用过的油布应集中存放和及时处理。

（9）泵房和机室的防爆墙应严密封闭，若电动机是防爆的，可以不用密封。

（10）油罐区周围必须有高1.2m，顶宽0.6m的防护堤，并经常保持坚固完整。

（11）油罐上的液压机械呼吸阀泡沫室以及分离器的安全阀、放空阀等装置，必须定期检查、维护，保持灵活好用。

（12）场站内消防公路必须畅通，站内除固定的消防装置外，必须配备适量灭火工具、器材，定期检查并保持完好状态。

（13）对场站员工特别是新工人要加强安全防火知识教育，熟知岗位工艺流程。

（二）场站安全生产注意事项

石油和天然气属于易燃易爆、有毒的介质，如果在工作中不慎或不遵守安全技术操作规程，就会发生火灾、爆炸或中毒事故。因此为确保场站工作安全，严防事故发生，就必须采取有效措施，最大限度消除引起火灾爆炸、中毒等事故的一切因素。

1. 场站防火防爆措施

火灾爆炸是对场站安全生产最严重的威胁，一旦发生火灾爆炸事故，就可能造成生命财产的巨大损失，因此必须做好防范措施：

（1）严格执行防火禁区的规定，在防火禁区不准携带火种，严禁吸烟。

（2）不准穿铁钉鞋进入油气区；使用金属工具和搬运油桶时，注意防止撞击，以免产生火星。

（3）油罐区严禁堆放可燃物、易燃物。

（4）油罐区必须按规定设置防火堤，并保持完好。

（5）油罐检尺、取样时，轻开轻关量油孔盖；量油尺、重锤、取样器和检尺孔必须用不产生火花的金属材料制作。

(6) 油罐区内禁止装设非防爆型电气设备。

(7) 油罐避雷接地极每年春秋两季测定一次，接地电阻不大于 10Ω。

(8) 油罐顶透光孔，检尺处盖垫片必须保持完好，保证不冒油气，雷雨天必须用石棉被盖好。

2. 防毒

(1) 毒性分析

根据有毒介质进入人体的速度和剂量、人体与毒物接触时间长短、症状发作的快慢及持续时间，可将中毒分为急性中毒、亚急性中毒和慢性中毒三类。

① 急性中毒是指毒物一次大量进入人体引起的中毒，作用迅速而剧烈，一般以秒、分、时计。

② 亚急性中毒是指介于急、慢性中毒之间，在较短时间内(3~6 个月)有较大剂量的毒物进入人体的中毒。

③ 慢性中毒是指毒物少量长期进入人体后所引起的中毒，一般以月、年计。

(2) 毒物进入人体的途径

毒物只有进入人体并与人体的新陈代谢系统发生作用后，毒物才会对人体造成伤害。毒物进入人体的途径主要有三种：

① 通过呼吸道吸收。大部分生产性毒物是通过呼吸道进入人体而引起中毒的。呼吸道是生产过程中毒物进入人体的主要途径。

② 通过皮肤吸收。由于皮肤的表面屏障作用，毒物经皮肤吸收一般较其他途径慢一些；

吸收速度与毒物的溶脂性成正比，与相对分子质量成反比。

③ 通过消化道吸收。消化道吸收可发生在口腔黏膜、胃、小肠等部位，而以小肠吸收为主。

(3) 防毒措施

为了预防油品及其他有害气体引起人体中毒，在场站中应做好以下防毒措施：

① 加强管理和督促。对工作人员加强防毒安全教育，定期检查工作场地空气中有毒气体含量，使其不超过最大允许浓度(见表 10-5)。

表 10-5　在工作区内油品蒸气的最大允许浓度

油品名称	最大允许浓度/(mg/L)	油品名称	最大允许浓度/(mg/L)
原油、汽油、煤油	0.3	甲苯、二甲苯	0.1
苯	0.1		

② 油管、油罐、油泵设备严密不漏，以减少空气中油蒸气的浓度。

③ 泵房内应注意通风，以使重于空气的油蒸气消散；在通风不良的条件下，应采用机械通风。

④ 清各类油罐时，必须对罐进行通风。如果紧急需要应穿上工作服、胶靴，戴上手套、防毒面具，系上保险带和信号绳，并在罐外派人等候，以便及时联系救护。

⑤ 严禁用嘴从胶管吸取油品，禁止用含铅汽油洗手、洗机械零件、洗涮衣服。

⑥ 要定期检查身体，及时治疗铅、汞中毒。

四、现场急救知识

（一）现场急救概述

生产现场急救，是指在劳动生产过程中和工作场所发生的各种意外伤害事故、急性中毒、外伤和突发危重病员等现场，没有医务人员时，为了防止病情恶化，减少病人痛苦和预防休克等所应采取的一种初步紧急救护措施，又称院前急救。

现场急救步骤：

1. 脱离险区

首先要使伤病员脱离险区，移至安全地带，如对因高处坠落、塌方砸伤的伤员搬运至安全地带；对急性中毒的病人应尽快使其离开中毒现场，搬至空气流通区；对触电的患者，要立即解脱电源等等。

2. 检查病情

现场救护人员要沉着冷静，切忌惊慌失措。应尽快对受伤或中毒的伤病员进行认真仔细的检查，确定病情。检查内容包括病人的清醒程度、受伤部位及状况、有无大出血、有无颈动脉搏动、有无呼吸、气道是否畅通等。

检查时不要给伤病员增加无谓的痛苦，如检查伤员的伤口，切勿一见病人就脱其衣服，若伤口部位在四肢或躯干上，可沿着衣裤线剪开或撕开，暴露其伤口部位即可。

3. 对症救治

根据迅速检查出的伤病情，立即进行初步对症救治，见表 10-6。

表 10-6　初步对症救治措施

外伤出血	立即进行止血和包扎
骨折或疑似骨折	及时固定和包扎，如果手头没有现成的救护包扎用品，可以在现场找适宜的替代品使用
心跳、呼吸骤停	分秒必争地实施胸外心脏按压和人工呼吸
急性中毒	有针对性地采取除毒措施

在救治时，要注意纠正伤病员的体位，有时伤病员自己采用的所谓舒适体位，可能促使病情加重或恶化，甚至于造成不幸死亡，如被毒蛇咬伤下肢时，要使患肢放低，绝不能抬高，以减低毒汁的扩延；上肢出血要抬高患肢，防止增加出血量等。救治伤病员较多时，一定要分清轻重缓急，优先救治伤重垂危者。

4. 安全转移

对伤病员，要根据不同的伤情，采用适宜的担架和正确的搬运方法。在运送伤病员的途中，要密切注视伤病情变化，并且不能中止救治措施，将伤病员迅速而平安地运送到后方医院作后续抢救。

（二）现场急救技术

1. 心肺复苏术

心肺复苏术是指患者心跳呼吸骤停之后，在现场实施紧急的徒手心脏胸外按压和人工呼吸技术，可以使猝死者起死回生，它是最基础的生命支持。

由于心搏骤停发生的突然，而多数又发生在医院外，所以现场抢救常处于无任何设备的情况下进行，人员也大多是非医务人员。只要抢救及时、得法、有效，多数是可以救治的。心肺复苏术操作步骤及要领如下：

（1）评估现场环境安全

为了保障自己、伤员和旁观者的安全，首先要评估现场的危险性，并在数秒钟内完成评估。

① 评估情况

评估时必须迅速控制情况，尽快了解情况，检查现场的安全性。

② 保障安全

在进行现场救护时，应首先确保自身安全，在不能消除存在危险的情况下，尽量确保伤员与自身的距离，然后安全实施救护。

③ 个人防护

在救护现场，实施者在可能的情况下应使用个人防护用品(口腔隔离面膜、手套、眼罩、工作服口罩等)，防止病原体进入身体。

（2）检查患者有无意识

救助者确认环境安全后，应该立即检查受伤者的意识。如图 10-21 所示，在检查中用双手轻拍受伤者双肩，高声呼喊“喂，你怎么了?”如果认识受伤者，可直呼其姓名。如果受伤者无反应，证明受伤者的意识已经丧失。

注意：严禁摇动患者头部，以免损伤颈椎。

（3）大声呼救

当救助者发现受伤者昏迷时，如图 10-22 所示，应立即大声呼叫：

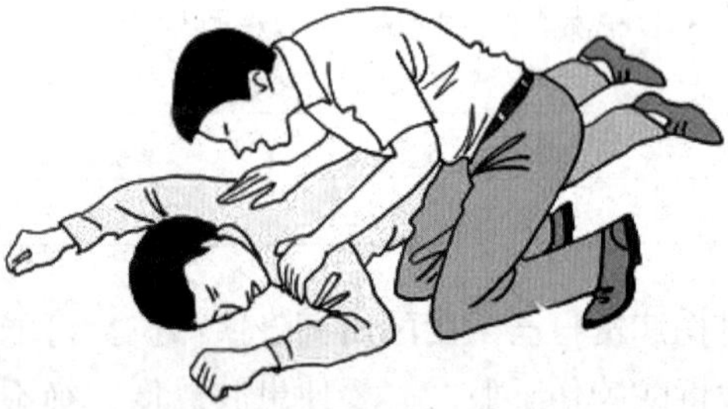

图 10-21　检查患者有无意识

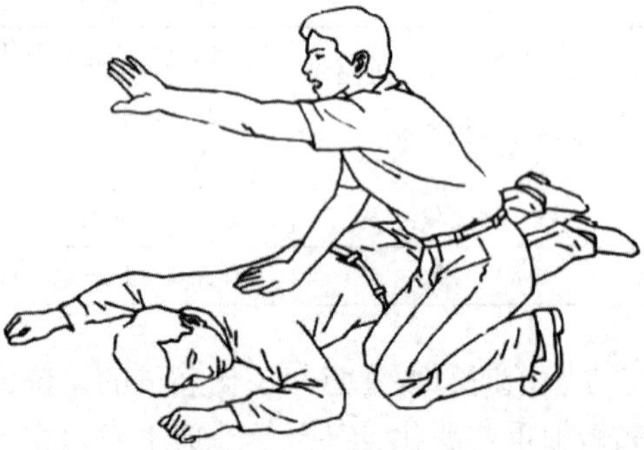

图 10-22　大声呼救

①“快来人呀！这里有人晕倒了!”[目的：尽可能争取更多人的帮忙。]

②“我是救护员，请这位先生快帮忙拨打‘120’并把情况反馈给我。”[目的：表明身份，自己有能力救助他人。]

③“现场有谁会救护，请来协助我!”[目的：心肺复苏术需要耗费大量的体力，寻求更多人的帮助。]

④“现场有除颤器吗，麻烦这位先生帮我取一下。”[目的：当可以取得除颤器时，对于有目击者的成人心脏骤停，应尽快使用除颤器。]

（4）体位摆放

① 患者体位

在进行心肺复苏术时，患者(受伤者)的体位应是仰卧位。如果没有意识的患者体位是俯卧位或者侧卧位，应立即翻转患者成仰卧位。翻转患者时要特别注意，使患者全身各部成一个整体，头、肩和躯干同时翻转，以免加重骨折或其他外伤。

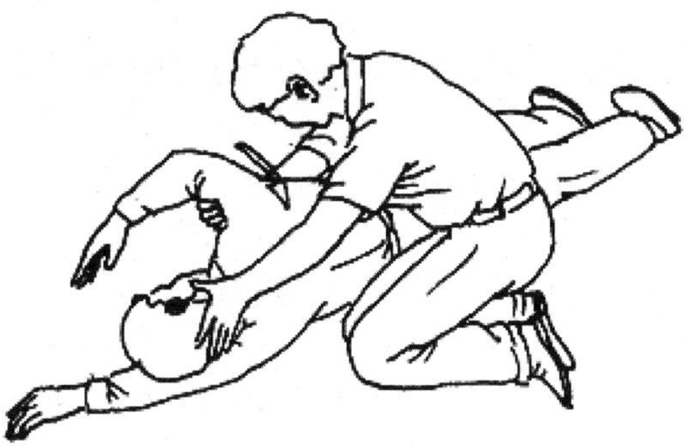

图 10-23　翻转体位

翻转患者的方法如图 10-23 所示，抢救者跪在患者身旁，在患者躯干和自己的膝盖间留一定的空地，以免翻转过来后患者的躯干压在自己的腿上。同时注意手臂，如果呈扭曲，先将其手臂举起向头方伸直，然后一手托住其颈部，另一手托住肩部，使躯干和臀部跟随肩部翻转，恢复患者仰卧而不致歪扭。（注意：将患者翻转于平坦、坚硬的表面。）

② 救护者体位

为方便施救，救护人可跪于病人右侧，并且双膝要与肩同宽，左膝关节与肩部平齐。

（5）判断有无呼吸和脉搏

① 检查呼吸

解开病人衣领、领带以及拉链，观察受伤者胸廓起伏 5~10s，如果胸廓没有起伏，表明呼吸停止。

② 检查脉搏

如图 10-24 所示，用食指及中指指尖先触及气管正中部位，然后向旁滑移 2~3cm，在胸锁乳突肌内侧触摸颈动脉是否有搏动，检查时间不要超过 10s。如果没有脉动表明心脏已停止跳动。

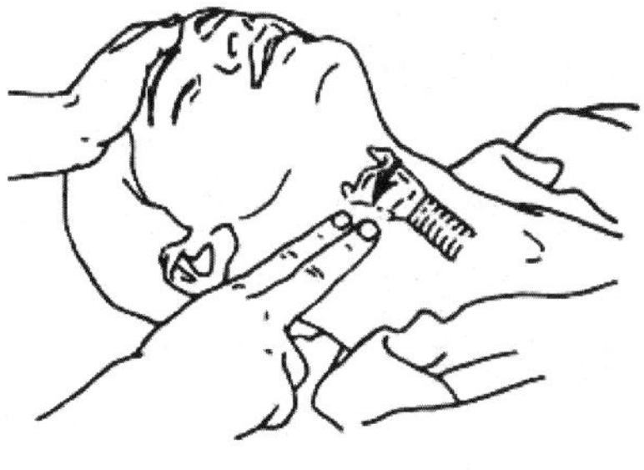

图 10-24　判断有无脉搏

10 秒内同时检查呼吸和脉搏，无指标显示表明心脏骤停，需要立即进行心肺复苏术。

对于非专业急救人员，不再强调训练其检查脉搏，只要发现无反应的患者没有自主呼吸就应按心搏骤停处理。

（6）胸外按压

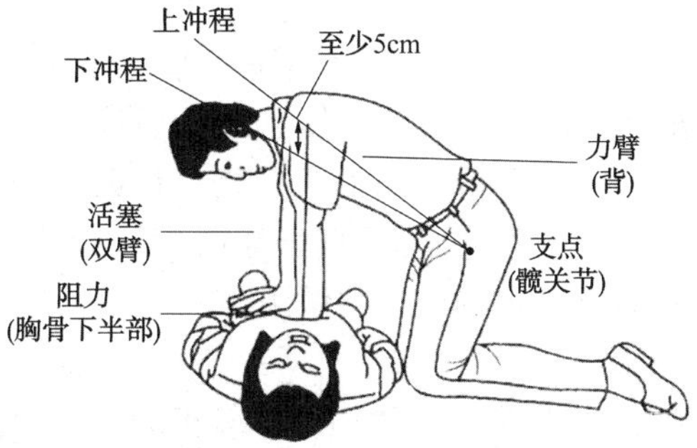

图 10-25　按压姿势

胸外按压技术要求如图 10-25 所示。

① 按压部位

部位：剑突根部两横指处，或男性双乳头连线与前正中线交界处。

定位：用手指触到靠近施救者一侧的胸廓肋缘，手指向中线滑动到剑突部位，取剑突上两横指，另一手掌跟置于两横指上方，置胸骨正中，另一只手叠加之上，手指锁住，交叉抬起。

② 按压手法

双手重叠、扣紧，下手掌掌根压在按压点上，且下手五指翘起。

③ 按压姿势

按压时上半身前倾，腕、肘、肩关节伸直，以髋关节为支点，整体垂直向下用力，借助上半身的重力进行按压，压力均匀，不可使用瞬间力量。

④ 按压深度

按压深度为5~6cm。在徒手心肺复苏术过程中，施救者应以至少5cm的深度对普通成人实施胸部按压，同时不应超过6cm。

注意：每次按压后使胸廓充分回弹；不可在每次按压后倚靠在患者胸上。

⑤ 按压频率

对于心脏骤停的成年患者，施救者以100~120次/min的速率持续按压较为合理。当按压频率过快时，往往会使按压深度不足，按压效果不好。

施救者应尽可能减少胸外按压中断的次数和时间(中断时间限制在10s以内)，尽可能增加每分钟胸外按压的次数。

⑥ 按压方式

按压必须平稳而有规律地进行，不能间断，每次按压后必须迅速抬手(抬起时掌根不要离开胸壁)，使胸骨复位，以利于心脏舒张。但应注意不可猛压猛松，因猛压与猛松易引起血流骤喷，损伤二尖瓣，而搏出量并不增加。

(7) 开放气道

当病人意识消失时，肌肉的张力也完全消失。舌肌松弛，舌根向后坠，正好堵住气道造成上呼吸道梗阻。在口对口吹气前，必须打开气道，使舌根抬起离开咽后壁。

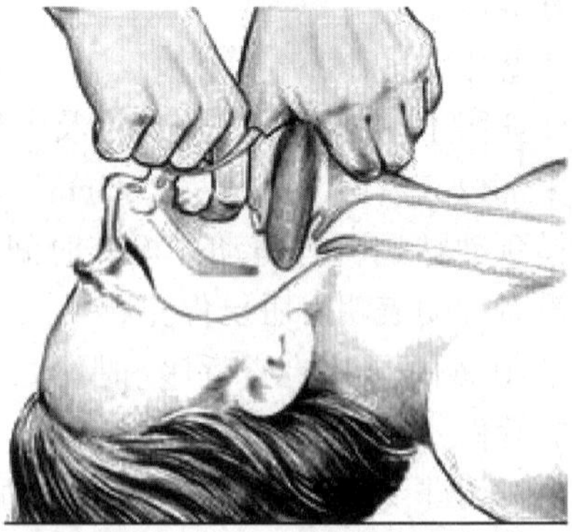

图10-26 清理口腔异物

在开放气道之前，首先要检查口腔有无异物，如果有异物则需要先进行清理。清理方法如图10-26所示，把患者头部偏向一侧(小于45°)；用一只手拇指按住舌头，其余四只手指弯曲并托住下巴；用另外一只手的食指从口腔一侧划向另一侧清理口腔。

然后再进行气道开放，开放气道常用的方法有两种：仰头举颏法，双手抬颌法(拉颌法)。

① 仰头举颌法

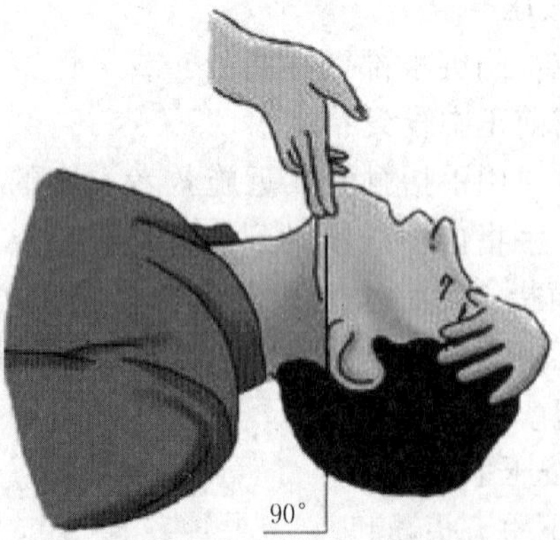

图10-27 仰头举颌法

如图10-27所示，抢救者将一手掌小鱼际(小拇指侧)置于患者前额，下压使其头部后仰，另一手食指、中指置于下颏将下颌骨上提，帮助头部后仰，使下颌角与耳垂连线垂直于地面，气道开放。此法是目前打开气道的最常用做法。

注意：

a. 食指和中指尖不要深压颏下软组织，以免阻塞气道。

b. 不能过度上举下颏，以免口腔闭合。

c. 头部后仰的程度是以下颌角与耳垂间连线与地面垂直为正确位置。

d. 开放气道要在 3～5s 内完成，而且在心肺复苏全过程中，自始至终要保持气道通畅。

② 双手抬颌法(拉颌法)

使病人平卧，将肘部支承在患者所处的平面上，双手放置在患者头部两侧并握紧下颌角，同时用力向上托起下颌，使头后仰，下颌骨前移，即可打开气道。

此方法适用于颈椎损伤时，由于难以掌握，且常常不能有效地开放气道，还可能导致脊髓损伤，因而不建议非医务人员采用。

(8) 人工呼吸

技术指标：

a. 吹气次数：2 次；

b. 每次吹气时间：持续 1s 以上；

c. 吹气量：(吹气看胸)见胸部起伏；

口对口人工呼吸：根据患者的病情选择打开气道的方法，如图 10-28 所示，患者取仰卧位，抢救者一手放在患者前额，并用拇指和食指捏住患者的鼻孔，另一手握住颏部使头尽量后仰，保持气道开放状态，然后深吸一口气，张开口以封闭患者的嘴周围(婴幼儿可连同鼻一块包住)，向患者口内连续吹气 2 次，每次吹气时间为 1～1.5s，吹气量 1000mL 左右，直到胸廓抬起，停止吹气，松开贴紧患者的嘴，并放松捏住鼻孔的手，将脸转向一旁，用耳听是否有气流呼出。再深吸一口新鲜空气为第二次吹气做准备，当患者呼气完毕，即开始下一次同样的吹气。

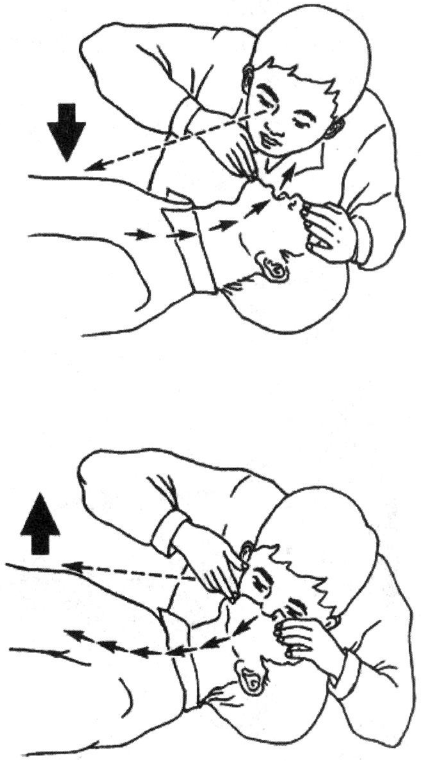

图 10-28　口对口人工呼吸

(9) 判断呼吸和脉搏

一般情况下，胸外按压 30 次，然后人工呼吸 2 次为一个循环，胸外按压与人工呼吸交替进行 5 个循环为一个周期。

连续做完 5 个循环之后，需同时判断患者呼吸和脉搏。如有脉搏，即可触知。

如果有呼吸和脉搏表明心肺复苏抢救成功。

(10) 恢复原位

心肺复苏成功后将伤员恢复至侧卧位。

2. 包扎

包扎是开放性创伤处理中较简单却行之有效的保护措施。及时正确包扎，可以达到压迫止血、减少感染、保护伤口、减少疼痛，以及固定敷料和夹板等目的。

包扎的目的在于保护伤口，减少感染，固定敷料夹板，挟托受伤的肢体，减轻伤员痛苦，防止刺伤血管、神经等严重并发症，加压包扎还有压迫止血的作用。

包扎要求动作轻快、准、牢，包扎前要弄清包扎的目的，以便选择适当的包扎方法，并先对伤口作初步的处理。包扎的松紧要适度，过紧影响血液循环，过松会移动脱落，包扎材料打结或其他方法固定的位置要避开伤口和坐卧受压的位置。为骨折制动的包扎应露出伤肢末端，以便观察肢体血液循环的情况。

3. 搬运

搬运伤病员时，应根据伤病员的具体情况，选择合适的搬运工具和搬运方法。必须强调，凡是创伤伤员一律应用硬直的担架，绝不可用帆布、软性担架，如对腰部、骨盆处骨折的伤员就要选择平整的硬担架。在抬送过程中，尽量少振动，以免增加伤员的痛苦。

搬运病人时，应注意以下四方面：

① 必须先急救，妥善处理后才能搬运；

② 运送时尽可能不摇动伤(病)者的身体。若遇脊椎上伤者，应将其身体固定在担架上，用硬板担架搬送；

③ 运送伤(病)员，应随时观察呼吸、体温、出血、面色变化等情况，注意伤(病)者姿势，给予保温；

④ 人员、器材未准备好时，切记随意搬运。

(三) 常见伤害应对

1. 触电

图 10-29　使触电者脱离电源

人触电以后，会出现神经麻痹，呼吸中断、心脏停止跳动等征象，外表上呈现昏迷不醒的状态。触电急救的基本原则是动作迅速、方法正确，急救时应注意以下几点：

① 紧急呼救，并尽快使触电者脱离电源。断开电源有困难时，不得直接接触触电人员，可用干燥的木棍、竹竿等挑开触电者身上的电线或带电体，如图 10-29 所示。

② 如果触电者伤势不重、神志清醒，但有些心慌、四肢麻木、全身无力，或触电者曾一度昏迷，但已清醒过来，应让触电者安静休息，注意观察。

③ 如果触电者伤势较重，已经失去知觉，但心脏跳动和呼吸尚未中断，应让触电者安静地平卧，解开其紧身衣服以利呼吸；保持空气流通，若天气寒冷，则注意保温。严密观察，速请医生治疗或送往医院。

④ 如果呼吸、心跳停止，应立即实施人工呼吸和胸外心脏按压，并拨打急救电话或送往附近医院。

2. 烧伤

电灼伤、火焰烧伤或高温气、水烫伤均应保持伤口清洁，并应用清洁布片或消毒纱布覆盖。强酸或碱灼伤应立即用大量清水彻底冲洗，冲洗时间不少于 10min，如图 10-30 所示，并迅速将被侵蚀的衣物剪去。灼伤部位不宜涂抹任何东西和药物。送医院途中，可给伤员多次少量口服自制糖盐水。

3. 中毒

急性中毒常发生于生产、检修过程中的意外事故，往往病情严重，发展迅速。急性中毒救治成功的关键是早期处理，而失败的主要原因是大剂量的毒物吸入与现场抢救不力。因此急性中毒一旦发生，现场工作人员应担负起抢救的责任，这是十分重要的环节。现场急救原则是维护患者的生命体征，终止毒物的再吸收，给予必要的早期处理；若有多人急性中毒，要区分病人的轻重缓急，安排好抢救力量，就地或转送医院就治。做到抢救不忙乱，使中毒者不漏诊、不误诊，力求在时间上分秒必争。

现场救护人员戴好合适的防毒面具，如图 10-31 所示，在设法救出患者的同时，快速切断毒源。尽快将患者移到上风向空气新鲜的地方。搬运过程中，要沉着、冷静，不要强拖硬拉，避免搬运过程造成更大损害。患者被搬到空气新鲜处后，要检查神志是否清晰，脉搏、心跳是否存在，呼吸是否停止，有无出血或骨折等外伤。

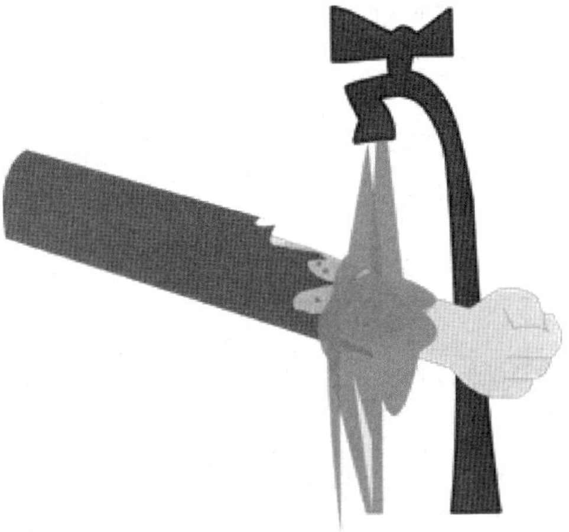

图 10-30　用清水冲洗图

图 10-31　佩戴防毒面具

如发现病人呼吸停止，就地进行人工呼吸；如有心跳停止，应立即在现场做心脏胸外按压术。解开衣领和腰带，以保持呼吸道的通畅。寒冷季节应注意保温，保持患者安静，严密观察患者的病情变化。脱去污染衣物，及时清洗污染的皮肤和眼睛，注意不要忽视会阴和腋窝等处。立即通知医院做好抢救准备。通知时应尽可能说清是什么毒物中毒、中毒人数、侵入途径和大致病情。

患者心肺如未复苏，护送途中须继续进行心肺复苏。护送中对休克患者应取头低位，昏迷或呕吐患者平卧时头应偏向一侧，避免呕吐物吸入肺内。对危重患者应密切观察意识、瞳孔、血压、呼吸与脉搏等变化，并作必要处理。

附录 《集输工(信息化)培训教材》使用说明

章	节	知识点	初级工	中级工	高级工	技师	高级技师
第一章 油气集输基础知识	第一节 油田产出液性质及质量指标	一、油气基本性质及质量指标	√				
		二、油田采出水性质及水质标准	√				
	第二节 油气集输工艺流程	一、油气集输工艺流程分类	√				
		二、注水(注聚)站站内工艺流程及组成	√				
	第三节 油气集输管道	一、管道分类	√				
		二、管材	√				
		三、管阀件	√				
		四、常用阀门	√				
		五、油气集输管道投产与维护					√
	第四节 集输工艺计算	一、流体力学知识			√		
		二、管道的水力计算				√	
		三、管道的热力计算					√
第二章 油气集输设备	第一节 容器的基本知识	一、压力容器的参数	√				
		二、压力容器的分类	√				
		三、压力容器的安全附件	√				
		四、容器接地装置			√		
	第二节 油气水分离设备	一、油气水分离机理	√				
		二、油气水分离设备结构		√			
		三、油气水分离设备的操作与管理	√				
		四、油气水分离设备常见故障及处理	√	√	√		
	第三节 集输加热设备	一、加热炉分类和主要技术参数	√				
		二、加热炉的操作与维护保养		√			
	第四节 原油脱水设备	一、油水混合物的性质	√				
		二、原油脱水方法	√				
		三、原油脱水工艺		√			
		四、合一设备		√			
		五、原油脱水设备		√			
		六、原油脱水设备操作与故障处理			√		
	第五节 油田采出水处理设备	一、油田采出水处理概述	√				
		二、采出水除油方法及设备	√				

续表

章	节	知识点	初级工	中级工	高级工	技师	高级技师
第二章 油气集输设备	第五节 油田采出水处理设备	三、油田采出水的缓蚀、杀菌与除垢		√			
		四、采出水处理工艺流程		√			
		五、采出水处理操作	√				
		六、采出水处理常见故障处理			√		
	第六节 储油罐	一、油罐的分类	√				
		二、拱顶油罐及锥顶油罐		√			
		三、浮顶油罐		√			
		四、油罐容量及数量的确定	√				
		五、油罐附件	√				
		六、储油罐的操作与维护	√	√			
		七、油罐的故障处理			√	√	
	第七节 其他设备	一、过滤器	√				
		二、换热器	√				
第三章 油气集输常用泵	第一节 离心泵	一、离心泵分类及型号	√				
		二、离心泵结构及原理	√	√			
		三、离心泵的性能参数	√				
		四、离心泵的性能曲线与工况调节	√		√		
		五、离心泵的气蚀与吸入特性	√				
		六、离心泵的运行维护与管理		√		√	
	第二节 往复泵	一、柱塞泵分类及型号	√				
		二、柱塞泵结构及原理		√			
		三、柱塞泵的性能参数	√				
		四、柱塞泵的特性曲线及性能调节			√		
		五、柱塞泵的运行维护和管理				√	
	第三节 螺杆泵	一、螺杆泵的分类、结构及工作原理	√				
		二、螺杆泵维护检修规程				√	
	第四节 其他类型泵简介	一、齿轮泵	√				
		二、旋涡泵	√				
	第五节 辅助设备	一、注水泵机组润滑系统		√			
		二、注水泵机组冷却系统		√			
第四章 集输电气设备	第一节 电路	一、电路有关概念	√				
		二、简单电路计算	√				
		三、交流电	√				
	第二节 常用低压电器	一、熔断器		√			
		二、断路器		√			
		三、接触器		√			
		四、电容补偿器		√			

续表

章	节	知识点	初级工	中级工	高级工	技师	高级技师
第四章 集输电气设备	第三节 三相异步电动机	一、电动机的分类	√				
		二、三相异步电动机的结构		√			
		三、三相异步电动机的工作原理		√			
		四、铭牌数据及国产系列	√	√			
	第四节 三相异步电动机的操作与维护	一、故障的分析、检查			√		
		二、三相异步电动机的拆装				√	
		三、三相异步电动机常见故障及处理			√		
		四、三相电动机的定期检修			√		
		五、电机内部日常维护保养			√		
	第五节 变频器与变频柜	一、变频器	√				
		二、变频柜	√				
	第六节 变压器	一、变压器的分类	√				
		二、变压器的基本结构与原理		√			
第五章 油气集输系统效率	第一节 集输(注水)泵机组系统效率计算	一、泵机组效率计算方法			√		
		二、提高泵机组系统效率途径分析			√		
	第二节 注水管网效率计算	一、管网效率的概念			√		
		二、管网效率的计算方法			√		
	第三节 集输(注水)系统效率计算	一、集输系统效率的测试与计算			√		
		二、影响集输系统效率的因素及提高的途径			√		
		三、注水系统效率的计算			√		
		四、影响注水系统效率的因素及提高的途径			√		
	第四节 注水单耗	一、注水单耗的概念			√		
		二、注水单耗的测试			√		
第六章 集输计量与化验	第一节 原油计量	一、原油的计量方法、分级与器具配备		√			
		二、石油静态计量		√			
		三、石油动态计量			√		
	第二节 原油含水测定	一、原油水含量测定原理及意义	√				
		二、原油水含量测定用器材	√				
		三、原油水含量测定及计算	√				
	第三节 石油和液体石油产品密度测定	一、密度测定原理及意义		√			
		二、仪器设备		√			
		三、密度测定		√			

续表

章	节	知识点	初级工	中级工	高级工	技师	高级技师
第六章 集输计量与化验	第四节 原油中有机氯含量测定	一、范围		√			
		二、规范性引用文件		√			
		三、术语和定义		√			
		四、仪器设备及材料		√			
		五、取样规范		√			
		六、试验方法		√			
		七、报告		√			
	第五节 水质监测	一、悬浮固体含量	√				
		二、含油量	√				
	第六节 计量输差的分析与处理	一、流量计交接计量油量计算			√		
		二、流量计交接计量误差			√		
		三、输差原因及措施分析				√	
		四、天然气输差分析				√	
		五、油量的虚假盈亏				√	
第七章 油气集输信息化	第一节 概述	一、测量误差	√				
		二、仪表的性能指标	√				
	第二节 压力测量及变送	一、基本概念	√				
		二、常用的压力计	√				
		三、压力仪表维护		√			
	第三节 液位测量及变送	一、基本概念	√				
		二、常规液位仪表	√				
		三、液位测量仪表维护		√			
	第四节 流量测量及变送	一、基本概念	√				
		二、常用流量测量仪表	√				
		三、流量检测仪表维护		√			
	第五节 温度测量及变送	一、基本概念	√				
		二、常用温度测量仪表	√				
		三、温度变送器维护		√			
	第六节 执行设备	一、执行器		√			
		二、执行机构故障与处理			√		
		三、案例分析			√		
	第七节 可编程逻辑控制器	一、可编程控制器的硬件组成					√
		二、可编程控制器 SIMTIC S7-300 的硬件结构					√
		三、可编程控制器的软件					√

续表

章	节	知识点	初级工	中级工	高级工	技师	高级技师
第七章 油气集输信息化	第七节 可编程逻辑控制器	四、可编程控制器在盘库系统中的应用					√
		五、可编程控制器的运行维护和故障诊断					√
	第八节 计算机控制系统的软件	一、WinCC					√
		二、力控组态软件					√
	第九节 集散控制系统	一、集散控制系统的特点				√	
		二、JX300XP 系统介绍				√	
		三、控制站硬件				√	
		四、系统软件				√	
第八章 常用工量具	第一节 常用手动工具	一、手钳	√				
		二、扳手	√				
		三、旋具	√				
		四、黄油枪	√				
	第二节 钳工工具	一、钢锯		√			
		二、钳工工作台和台虎钳	√				
		三、锉刀	√				
		四、攻螺纹、套螺纹及其注意事项			√		
		五、刮削	√				
	第三节 管工工具	一、管钳	√				
		二、管子割刀		√			
		三、压力钳	√				
	第四节 电工工具	一、剥线钳	√				
		二、电工刀	√				
		三、验电器	√				
	第五节 测量工具	一、量尺	√				
		二、卡钳及卡尺	√				
		三、天平	√				
		四、千分尺			√		
		五、钳型电流表		√			
		六、量规、量仪	√				
		七、指示表	√				
		八、万用表	√				
		九、兆欧表(摇表)			√		
		十、分光光度计		√			
		十一、水平仪		√			

续表

章	节	知识点	初级工	中级工	高级工	技师	高级技师
第八章 常用工量具	第六节 起重器材	一、千斤顶的分类及使用	√				
		二、环链手拉葫芦的使用			√		
		三、绳具的分类及使用			√		
第九章 识图与绘图	第一节 零件图测绘	一、零件图测绘				√	
		二、零件图的识读			√		
	第二节 工艺流程图的绘制	一、工艺流程图的绘制方法			√		
		二、工艺流程设计常用图例	√				
		三、工艺流程图的识读		√	√		
	第三节 管道(设备)工艺安装图识读	一、管道(设备)安装图的绘制方法				√	
		二、管道安装图的识读			√		
		三、管线安装设计常用图例	√		√		
第九章 识图与绘图	第四节 仪表管道图(P&ID)识读	一、仪表安装术语		√			
		二、图形符号		√			
		三、字母代号		√			
		四、仪表位号的表示方法			√		
		五、示例			√		
		六、工艺流程设计过程检测(或调节)就地仪表常用图例			√		
第十章 安全生产管理知识	第一节 安全生产风险辨识	一、安全生产管理	√				
		二、安全风险识别	√				
		三、编写事故应急预案	√				
	第二节 硫化氢防护	一、硫化氢基本知识	√				
		二、硫化氢检测与防护设备	√				
		三、硫化氢应急处置	√				
	第三节 火灾预防及应急处置	一、常见火灾基本知识	√				
		二、灭火方法及消防器材的使用	√				
		三、站库防火	√				
		四、现场急救知识	√				

备注：培训时，高等级内容应包括低等级的要求。

参 考 文 献

[1] 冯叔初，郭揆常．油气集输与矿场加工．东营：中国石油大学出版社，2006.

[2] 郭光臣，董文兰，张志廉．油库设计与管理．东营：中国石油大学出版社，2006.

[3] 杨筱蘅．输油管道设计与管理．东营：中国石油大学出版社，2006.

[4] 王光然．油气集输．北京：石油工业出版社，2006.

[5] 王光然．油气储运设备．北京：石油工业出版社，2006.

[6] 王克华．油气集输仪表自动化．北京：石油工业出版社，2012.

[7] 中国石油天然气集团公司职业技能鉴定指导中心．集输工．北京：石油工业出版社，2008.

[8] 杨光辉，王余宝，徐立伟．油气储运识图与制图．北京：石油工业出版社，2018.

[9] 中国石化员工培训教材编审指导委员会组织编写．油田污水处理站运行与管理．北京：中国石化出版社，2013.

[10] 魏龙．泵运行与维修实用技术．北京：化学工业出版社，2014.

[11] 李琳．长输管道自动化技术．北京：石油工业出版社，2005.

[12] 孟士杰等．工程流体力学(第二版)．北京：石油工业出版社，2014.

[13] 常振武．原油交接计量培训教材．北京：石油工业出版社，2007.

[14] 陈小虎．电工电子技术．北京：高等教育出版社，2000.

[15] 秦曾煌．电工学(上册)．北京：高等教育出版社，1999.

[16] 李振泰．油气集输技能操作读本．北京：石油工业出版社，2009.

[17] 石油天然气集团公司职业技能鉴定指导中心．集输工．北京：石油工业出版社，2008.

[18] 中国石油天然气集团公司职业技能鉴定指导中心．注水泵工．北京：石油工业出版社，2004.

[19] 中国石油天然气集团公司职业技能鉴定指导中心．综合计量工．北京：石油工业出版社，2010.

[20] 中国石油天然气集团公司职业技能鉴定指导中心．油气田水处理工．北京：石油工业出版社，2010.